国家科学技术学术著作出版基金资助出版

中国科学院中国动物志编辑委员会主编

中国动物志

无脊椎动物　第五十三卷

蛛　形　纲
蜘　蛛　目
跳　蛛　科

彭贤锦　著

国家自然科学基金重大项目
中国科学院知识创新工程重大项目
(国家自然科学基金委员会　中国科学院　科学技术部　资助)

科　学　出　版　社

北　京

内 容 简 介

跳蛛科是蜘蛛目中种类最多的科之一,全世界已有记录的跳蛛多达 500 余属 4400 余种。该科蜘蛛体形小,形态多姿,体色多彩,分布范围极为广泛,善跳跃,活动能力强,不结网,游猎生活,性情凶猛,专捕活虫为食或杀而弃之,食量大,耐干旱与饥饿,在非饥饿状况下仍具有捕杀害虫的习性,是农林等多类生态系统中重要的捕食性天敌。在控制农作物、森林、草原害虫及维护自然界的生态平衡方面发挥着重要作用。本志共记述了中国跳蛛 85 属 386 种。内容分总论和各论两部分。总论扼要综述了跳蛛科的研究简史、形态特征、分类系统、经济意义和材料与方法。各论中详细记述了科、属、种的形态特征、文献引证、观察标本、地理分布,并绘制了详细的形态及雌雄外生殖器结构特征图,编制了种检索表。书末附有参考文献、英文摘要、中名索引和学名索引。

本书可供从事动物学教学、科研及农林植保工作者参考。

图书在版编目 (CIP) 数据

中国动物志. 无脊椎动物. 第五十三卷, 蛛形纲. 蜘蛛目. 跳蛛科/彭贤锦著. —北京:科学出版社,2019.12

ISBN 978-7-03-063853-3

Ⅰ. ①中… Ⅱ. ①彭… Ⅲ. ①动物志-中国 ②无脊椎动物门-动物志-中国 ③蛛形纲-动物志-中国 ④蜘蛛目-动物志-中国 ⑤跳蛛科-动物志-中国 Ⅳ. ①Q958.52

中国版本图书馆 CIP 数据核字 (2019) 第 288146 号

责任编辑:韩学哲 矫天扬 /责任校对:郑金红

责任印制:肖 兴 /封面设计:刘新新

科 学 出 版 社 出版
北京东黄城根北街 16 号
邮政编码:100717
http://www.sciencep.com

中国科学院印刷厂 印刷

科学出版社发行 各地新华书店经销

*

2019 年 12 月第 一 版 开本:787×1092 1/16
2019 年 12 月第一次印刷 印张:39 3/4
字数:882 000

定价:368.00 元

Supported by the National Fund for Academic Publication in Science and Technology

Editorial Committee of Fauna Sinica, Chinese Academy of Sciences

FAUNA SINICA

INVERTEBRATA Vol. 53

Arachnida

Araneae

Salticidae

By

Peng Xianjin

A Major Project of the National Natural Science Foundation of China
A Major Project of the Knowledge Innovation Program
of the Chinese Academy of Sciences

(Supported by the National Natural Science Foundation of China,
the Chinese Academy of Sciences, and the Ministry of Science and Technology of China)

Science Press
Beijing, China

前　　言

跳蛛科是蜘蛛目中种类最多的科之一。该科蜘蛛前中眼特别大，眼面朝向正前方，状如汽车的前灯。因其善跳跃，故名跳蛛。本科蜘蛛体形小，形态多姿，体色多彩，不结网，游猎生活，活动能力强，性情凶猛，专捕活虫为食或杀而弃之，为重要的捕食性天敌。在控制农作物、森林、草原害虫及维护自然界的生态平衡方面发挥着重要作用。

本志共记述了中国跳蛛 85 属 386 种。全书包括总论和各论两部分。总论扼要综述了跳蛛科的研究简史、形态特征、分类系统、经济意义和材料与方法。各论中详细记述了科、属、种的形态特征、文献引证、观察标本、地理分布，并绘制了详细的形态及雌雄外生殖器结构特征图，编制了种检索表。书末附有参考文献、英文摘要、中名索引和学名索引。

笔者自 1985 年起从事跳蛛科蜘蛛的系统学研究工作，在攻读硕士和博士学位期间，对中国跳蛛科蜘蛛的系统学做了比较深入的研究。在长期的研究工作中，一直得到众多前辈和同行的支持。首先要感谢我的硕士导师尹长民教授，是她把我带入科学的殿堂，培育我逐步成长，并不断激励我向着更高的目标前进。特别感谢我的博士导师李枢强研究员，长期以来在学术思想和科研方法等方面给予我热情的指导。还要感谢已故的朱传典教授、宋大祥院士、朱明生教授和王家福副教授。此外，还要感谢王洪全教授、胡运谨副教授、胡自强教授、杨海明副教授，以及曾经一起工作过的谢莉萍博士。还有几位曾在湖南师范大学攻读蛛形学硕士学位的同行们：张永靖教授、刘明耀教授、肖小芹教授和张古忍教授等。其中，谢莉萍博士和肖小芹教授的硕士学位论文的部分内容还为本志所引用。

在本志的写作过程中，许多国内外同行在提供文献及标本方面给予了无私的帮助，在此特别对他们表示深深的谢意。国内的学者主要有湖北大学赵敬钊教授、陈建教授，吉林大学高久春教授，台湾东海大学卓忆民博士，湖南师范大学颜亨梅教授，兰州大学唐迎秋教授等。国外学者主要有波兰的 Prószyński、Zabka 和 Wesolowska 博士，俄罗斯的 Logunov 和 Marusik 博士，美国的 Levi、Platnick、Griswold、Coddington、Kavanaugh 和 Berry 博士，英国的 Wanless 博士等。研究生刘萍、雷鹤、万金龙参加了部分内容的编写工作。

彭贤锦

2019 年 3 月于湖南长沙

目　　录

前言
总论 ……………………………………………………………………………………… 1
一、研究简史 ……………………………………………………………………………… 1
二、形态特征 ……………………………………………………………………………… 2
　(一) 头胸部 …………………………………………………………………………… 2
　(二) 腹部 ……………………………………………………………………………… 4
　(三) 外生殖器 ………………………………………………………………………… 4
　　1. 触肢器 …………………………………………………………………………… 4
　　2. 外雌器 …………………………………………………………………………… 7
　(四) 其他常用的形态分类依据 ……………………………………………………… 7
三、分类系统 ……………………………………………………………………………… 7
　(一) 跳蛛科在分类系统中的地位 …………………………………………………… 7
　(二) 跳蛛科的分类体系 ……………………………………………………………… 8
四、经济意义 ……………………………………………………………………………… 9
五、材料与方法 …………………………………………………………………………… 10
　(一) 研究标本 ………………………………………………………………………… 10
　(二) 物种鉴定、描述与绘图 ………………………………………………………… 10
六、地理分布 ……………………………………………………………………………… 10
　(一) 中国跳蛛科各种类在古北界和东洋界的分布状况 …………………………… 11
　(二) 中国跳蛛科分布的特点 ………………………………………………………… 13
　(三) 中国跳蛛科各种类在我国各省 (自治区、直辖市)的分布 …………………… 15
各论 ……………………………………………………………………………………… 34
跳蛛科 Salticidae Blackwall, 1841 …………………………………………………… 34
　1. 豹跳蛛属 *Aelurillus* Simon, 1884 ……………………………………………… 34
　　(1) 黑豹跳蛛 *Aelurillus m-nigrum* Kulczyński, 1891 …………………………… 35
　　(2) V 纹豹跳蛛 *Aelurillus v-insignitus* (Clerck, 1757) ………………………… 36
　2. 暗跳蛛属 *Asemonea* O. P. -Cambridge, 1869 …………………………………… 37
　　(3) 四川暗跳蛛 *Asemonea sichuanensis* Song *et* Chai, 1992 …………………… 37
　　(4) 三点暗跳蛛 *Asemonea trispila* Tang, Yin *et* Peng, 2006 …………………… 38
　3. 亚蛛属 *Asianellus* Logunov *et* Heciak, 1996 …………………………………… 39
　　(5) 丽亚蛛 *Asianellus festivus* (C. L. Koch, 1834) ……………………………… 40
　　(6) 波氏亚蛛 *Asianellus potanini* (Schenkel, 1963) …………………………… 41
　　(7) 榆中亚蛛 *Asianellus yuzhongensis* (Yang *et* Tang, 1996) comb. nov. ……… 43

4. 菱头蛛属 *Bianor* Peckham *et* Peckham, 1886 ··· 44

   (8) 华南菱头蛛 *Bianor angulosus* (Karsch, 1879) ································· 45

   (9) 香港菱头蛛 *Bianor hongkong* Song, Xie, Zhu *et* Hu, 1997 ············· 46

   (10) 裂菱头蛛 *Bianor incitatus* Thorell, 1890 ·································· 47

5. 贝塔蛛属 *Brettus* Thorell, 1895 ··· 48

   (11) 白斑贝塔蛛 *Brettus albolimatus* Simon, 1900 ····························· 48

6. 布氏蛛属 *Bristowia* Reimoser, 1934 ··· 49

   (12) 巨刺布氏蛛 *Bristowia heterospinosa* Reimoser, 1934 ····················· 49

7. 缅蛛属 *Burmattus* Prószyński, 1992 ··· 51

   (13) 西藏缅蛛 *Burmattus nitidus* (Hu, 2001) comb. nov. ······················ 51

   (14) 波氏缅蛛 *Burmattus pococki* (Thorell, 1895) ······························ 52

   (15) 中国缅蛛 *Burmattus sinicus* Prószyński, 1992 ···························· 53

8. 猫跳蛛属 *Carrhotus* Thorell, 1891 ··· 54

   (16) 冠猫跳蛛 *Carrhotus coronatus* (Simon, 1885) ···························· 55

   (17) 角猫跳蛛 *Carrhotus sannio* (Thorell, 1877) ······························ 56

   (18) 白斑猫跳蛛 *Carrhotus viduus* (C. L. Koch, 1846) ······················· 57

   (19) 黑猫跳蛛 *Carrhotus xanthogramma* (Latreille, 1819) ···················· 58

9. 铜蛛属 *Chalcoscirtus* Bertkau, 1880 ··· 60

   (20) 马氏铜蛛 *Chalcoscirtus martensi* Zabka, 1980 ··························· 60

   (21) 黑铜蛛 *Chalcoscirtus nigritus* (Thorell, 1875) ···························· 61

10. 螯跳蛛属 *Cheliceroides* Zabka, 1985 ··· 62

   (22) 长触螯跳蛛 *Cheliceroides longipalpis* Zabka, 1985 ······················ 62

11. 华蛛属 *Chinattus* Logunov, 1999 ··· 64

   (23) 峨眉华蛛 *Chinattus emeiensis* (Peng *et* Xie, 1995) ······················ 65

   (24) 叉状华蛛 *Chinattus furcatus* (Xie, Peng *et* Kim, 1993) ·················· 66

   (25) 炎黄华蛛 *Chinattus sinensis* (Prószyński, 1992) ························· 66

   (26) 台湾华蛛 *Chinattus taiwanensis* Bao *et* Peng, 2002 ····················· 68

   (27) 胫节华蛛 *Chinattus tibialis* (Zabka, 1985) ······························ 69

   (28) 波状华蛛 *Chinattus undulatus* (Song *et* Chai, 1992) ···················· 71

   (29) 强壮华蛛 *Chinattus validus* (Xie, Peng *et* Kim, 1993) ··················· 72

   (30) 武陵华蛛 *Chinattus wulingensis* (Peng *et* Xie, 1995) ··················· 73

   (31) 类武陵华蛛 *Chinattus wulingoides* (Peng *et* Xie, 1995) ·················· 74

12. 丽跳蛛属 *Chrysilla* Thorell, 1887 ·· 75

   (32) 美丽跳蛛 *Chrysilla lauta* Thorell, 1887 ································· 75

13. 剑跳蛛属 *Colyttus* Thorell, 1891 ··· 76

   (33) 莱氏剑蛛 *Colyttus lehtineni* Zabka, 1985 ······························ 76

14. 头蛛属 *Cyrba* Simon, 1876 ·· 77

   (34) 眼斑头蛛 *Cyrba ocellata* (Kroneberg, 1875) ···························· 78

15. 胞蛛属 *Cytaea* Keyserling, 1882 ·· 79

    (35) 列伟胞蛛 *Cytaea levii* Peng *et* Li, 2002 ··· 79

16. 追蛛属 *Dendryphantes* C. L. Koch, 1837 ··· 80

    (36) 卞氏追蛛 *Dendryphantes biankii* Prószyński, 1979 ················· 81

    (37) 棕色追蛛 *Dendryphantes fusconotatus* (Grube, 1861) ··········· 82

    (38) 矛状追蛛 *Dendryphantes hastatus* (Clerck, 1757) ················· 84

    (39) 林芝追蛛 *Dendryphantes linzhiensis* Hu, 2001 ····················· 85

    (40) 波氏追蛛 *Dendryphantes potanini* Logunov, 1993 ················· 85

    (41) 拟呼勒德追蛛 *Dendryphantes pseudochuldensis* Peng, Xie *et* Kim, 1994 ··· 86

    (42) 亚东追蛛 *Dendryphantes yadongensis* Hu, 2001 ··················· 87

17. 右蛛属 *Dexippus* Thorell, 1891 ·· 88

    (43) 台湾右蛛 *Dexippus taiwanensis* Peng *et* Li, 2002 ················· 89

18. 艾普蛛属 *Epeus* Peckham *et* Peckham, 1886 ································· 90

    (44) 白斑艾普蛛 *Epeus alboguttatus* (Thorell, 1887) ··················· 91

    (45) 双尖艾普蛛 *Epeus bicuspidatus* (Song, Gu *et* Chen, 1988) ··· 92

    (46) 荣艾普蛛 *Epeus glorius* Zabka, 1985 ·································· 92

    (47) 广西艾普蛛 *Epeus guangxi* Peng *et* Li, 2002 ······················ 94

    (48) 柔弱艾普蛛 *Epeus tener* (Simon, 1877) ······························ 97

19. 艳蛛属 *Epocilla* Thorell, 1887 ·· 97

    (49) 布氏艳蛛 *Epocilla blairei* Zabka, 1985 ······························ 97

    (50) 锯艳蛛 *Epocilla calcarata* (Karsch, 1880) ·························· 98

    (51) 多彩艳蛛 *Epocilla picturata* Simon, 1901 ························· 100

20. 斑蛛属 *Euophrys* C. L. Koch, 1834 ·· 100

    (52) 白触斑蛛 *Euophrys albopalpalis* Bao *et* Peng, 2002 ············ 101

    (53) 黑斑蛛 *Euophrys atrata* Song *et* Chai, 1992 ······················ 102

    (54) 球斑蛛 *Euophrys bulbus* Bao *et* Peng, 2002 ······················ 103

    (55) 珠峰斑蛛 *Euophrys everestensis* Wanless, 1975 ·················· 104

    (56) 前斑蛛 *Euophrys frontalis* (Walckenaer, 1802) ·················· 105

    (57) 卡氏斑蛛 *Euophrys kataokai* Ikeda, 1996 ·························· 106

    (58) 南木林斑蛛 *Euophrys namulinensis* Hu, 2001 ···················· 107

    (59) 囊谦斑蛛 *Euophrys nangqianensis* Hu, 2001 ······················ 108

    (60) 尼泊尔斑蛛 *Euophrys nepalica* Zabka, 1980 ······················ 109

    (61) 微突斑蛛 *Euophrys rufibarbis* (Simon, 1868) ······················ 110

    (62) 文县斑蛛 *Euophrys wenxianensis* Yang *et* Tang, 1997 ··········· 111

    (63) 玉朗斑蛛 *Euophrys yulungensis* Zabka, 1980 ······················ 112

21. 尤波蛛属 *Eupoa* Zabka, 1985 ·· 113

    (64) 琼尤波蛛 *Eupoa hainanensis* Peng *et* Kim, 1997 ················· 113

    (65) 精卫尤波蛛 *Eupoa jingwei* Maddison *et* Zhang, 2007 ··········· 114

(66) 廖氏尤波蛛 *Eupoa liaoi* Peng *et* Li, 2006 ································· 115

(67) 斑尤波蛛 *Eupoa maculata* Peng *et* Kim, 1997 ······················· 116

(68) 哪吒尤波蛛 *Eupoa nezha* Maddison *et* Zhang, 2007 ··············· 117

(69) 云南尤波蛛 *Eupoa yunnanensis* Peng *et* Kim, 1997 ················ 119

22. 猎蛛属 *Evarcha* Simon, 1902 ·· 120

(70) 白斑猎蛛 *Evarcha albaria* (L. Koch, 1878) ························· 122

(71) 弓拱猎蛛 *Evarcha arcuata* (Clerck, 1757) ························· 123

(72) 鳞状猎蛛 *Evarcha bulbosa* Zabka, 1985 ··························· 123

(73) 韩国猎蛛 *Evarcha coreana* Seo, 1988 ····························· 125

(74) 指状猎蛛 *Evarcha digitata* Peng *et* Li, 2002 ····················· 127

(75) 镰猎蛛 *Evarcha falcata* (Clerck, 1757) ···························· 128

(76) 兴隆镰猎蛛 *Evarcha falcata xinglongensis* Yang *et* Tang, 1996 ······ 129

(77) 带猎蛛 *Evarcha fasciata* Seo, 1992 ······························· 130

(78) 黄带猎蛛 *Evarcha flavocincta* (C. L. Koch, 1846) ················· 131

(79) 毛首猎蛛 *Evarcha hirticeps* (Song *et* Chai, 1992) ················ 132

(80) 喜猎蛛 *Evarcha laetabunda* (C. L. Koch, 1846) ··················· 133

(81) 米氏猎蛛 *Evarcha mikhailovi* Logunov, 1992 ····················· 134

(82) 蒙古猎蛛 *Evarcha mongolica* Danilov *et* Logunov, 1994 ········· 135

(83) 眼猎蛛 *Evarcha optabilis* (Fox, 1937) ····························· 137

(84) 东方猎蛛 *Evarcha orientalis* (Song *et* Chai, 1992) ··············· 138

(85) 波氏猎蛛 *Evarcha pococki* Zabka, 1985 ··························· 139

(86) 普氏猎蛛 *Evarcha proszynski* Marusik *et* Logunov, 1998 ········· 140

(87) 拟波氏猎蛛 *Evarcha pseudopococki* Peng, Xie *et* Kim, 1993 ······· 141

(88) 武陵猎蛛 *Evarcha wulingensis* Peng, Xie *et* Kim, 1993 ············ 143

23. 羽蛛属 *Featheroides* Peng, Yin, Xie *et* Kim, 1994 ·················· 144

(89) 模羽蛛 *Featheroides typicus* Peng, Yin, Xie *et* Kim, 1994 ········· 144

(90) 云南羽蛛 *Featheroides yunnanensis* Peng, Yin, Xie *et* Kim, 1994 ····· 145

24. 格德蛛属 *Gedea* Simon, 1902 ·· 146

(91) 道格德蛛 *Gedea daoxianensis* Song *et* Gong, 1992 ··············· 147

(92) 中华格德蛛 *Gedea sinensis* Song *et* Chai, 1991 ·················· 148

(93) 爪格德蛛 *Gedea unguiformis* Xiao *et* Yin, 1991 ·················· 149

25. 胶跳蛛属 *Gelotia* Thorell, 1890 ·· 150

(94) 针管胶跳蛛 *Gelotia syringopalpis* Wanless, 1984 ················· 150

26. 美蛛属 *Habrocestum* Simon, 1876 ····································· 152

(95) 香港美蛛 *Habrocestum hongkongensis* Prószyński, 1992 ··········· 152

27. 苦役蛛属 *Hakka* Berry *et* Prószyński, 2001 ························· 153

(96) 姬岛苦役蛛 *Hakka himeshimensis* (Dönitz *et* Strand, 1906) ········ 153

(97) 亚东苦役蛛 *Hakka yadongensis* (Hu, 2001) ······················ 155

28. 蛤莫蛛属 *Harmochirus* Simon, 1885··············156

(98) 鳃蛤莫蛛 *Harmochirus brachiatus* (Thorell, 1877) ··············157

(99) 松林蛤莫蛛 *Harmochirus pineus* Xiao *et* Wang, 2005··············158

(100) 普氏蛤莫蛛 *Harmochirus proszynski* Zhu *et* Song, 2001 ··············159

29. 哈蛛属 *Hasarina* Schenkel, 1963 ··············160

(101) 螺旋哈蛛 *Hasarina contortospinosa* Schenkel, 1963··············160

30. 蛤沙蛛属 *Hasarius* Simon, 1871 ··············162

(102) 花蛤沙蛛 *Hasarius adansoni* (Audouin, 1826)··············162

(103) 指状蛤沙蛛 *Hasarius dactyloides* (Xie, Peng *et* Kim, 1993)··············164

(104) 桂林蛤沙蛛 *Hasarius kweilinensis* (Prószyński, 1992) ··············165

31. 闪蛛属 *Heliophanus* C. L. Koch, 1833··············166

(105) 金点闪蛛 *Heliophanus auratus* C. L. Koch, 1835 ··············167

(106) 镰闪蛛 *Heliophanus baicalensis* Kulczyński, 1895 ··············168

(107) 弯曲闪蛛 *Heliophanus curvidens* (O. P. -Cambridge, 1872) ··············170

(108) 尖闪蛛 *Heliophanus cuspidatus* Xiao, 2000 ··············171

(109) 悬闪蛛 *Heliophanus dubius* C. L. Koch, 1835··············172

(110) 黄闪蛛 *Heliophanus flavipes* (Hahn, 1832) ··············173

(111) 线腹闪蛛 *Heliophanus lineiventris* Simon, 1868 ··············174

(112) 翼膜闪蛛 *Heliophanus patagiatus* Thorell, 1875··············176

(113) 波氏闪蛛 *Heliophanus potanini* Schenkel, 1963 ··············177

(114) 简闪蛛 *Heliophanus simplex* Simon, 1868 ··············178

(115) 乌苏里闪蛛 *Heliophanus ussuricus* Kulczyński, 1895 ··············180

32. 蝇象属 *Hyllus* C. L. Koch, 1846 ··············181

(116) 斑腹蝇象 *Hyllus diardi* (Walckenaer, 1837) ··············181

(117) 蜥状蝇象 *Hyllus lacertosus* (C. L. Koch, 1846) ··············182

33. 伊蛛属 *Icius* Simon, 1876··············183

(118) 二岐伊蛛 *Icius bilobus* Yang *et* Tang, 1996 ··············183

(119) 吉隆伊蛛 *Icius gyirongensis* Hu, 2001 ··············184

(120) 钩伊蛛 *Icius hamatus* (C. L. Koch, 1846) ··············185

(121) 香港伊蛛 *Icius hongkong* Song, Xie, Zhu *et* Wu, 1997 ··············186

34. 翘蛛属 *Irura* Peckham *et* Peckham, 1901 ··············187

(122) 钩突翘蛛 *Irura hamatapophysis* (Peng *et* Yin, 1991)··············188

(123) 长螯翘蛛 *Irura longiochelicera* (Peng *et* Yin, 1991)··············189

(124) 角突翘蛛 *Irura trigonapophysis* (Peng *et* Yin, 1991)··············191

(125) 岳麓翘蛛 *Irura yueluensis* (Peng *et* Yin, 1991)··············192

(126) 云南翘蛛 *Irura yunnanensis* (Peng *et* Yin, 1991) ··············193

35. 兰格蛛属 *Langerra* Zabka, 1985··············195

(127) 长跗兰格蛛 *Langerra longicymbia* Song *et* Chai, 1991··············195

(128) 眼兰格蛛 *Langerra oculina* Zabka, 1985 ················ 196

36. 兰戈纳蛛属 *Langona* Simon, 1901 ················ 197

　　(129) 暗色兰戈纳蛛 *Langona atrata* Peng et Li, 2008 ················ 197

　　(130) 不丹兰戈纳蛛 *Langona bhutanica* Prószyński, 1978 ················ 199

　　(131) 双角兰戈纳蛛 *Langona biangula* Peng, Li et Zhang, 2004 ················ 200

　　(132) 香港兰戈纳蛛 *Langona hongkong* Song, Xie, Zhu et Wu, 1997 ················ 201

　　(133) 斑兰戈纳蛛 *Langona maculata* Peng, Li et Yang, 2004 ················ 202

　　(134) 粗面兰戈纳蛛 *Langona tartarica* (Charitonov, 1946) ················ 203

37. 劳弗蛛属 *Laufeia* Simon, 1889 ················ 204

　　(135) 埃氏劳弗蛛 *Laufeia aenea* Simon, 1889 ················ 204

　　(136) 刘家坪劳弗蛛 *Laufeia liujiapingensis* Yang et Tang, 1997 ················ 205

　　(137) 普氏劳弗蛛 *Laufeia proszynskii* Song, Gu et Chen, 1988 ················ 206

38. 莱奇蛛属 *Lechia* Zabka, 1985 ················ 207

　　(138) 鳞斑莱奇蛛 *Lechia squamata* Zabka, 1985 ················ 207

39. 列锡蛛属 *Lycidas* Karsch, 1878 ················ 208

　　(139) 暗列锡蛛 *Lycidas furvus* Song et Chai, 1992 ················ 208

40. 马卡蛛属 *Macaroeris* Wunderlich, 1992 ················ 209

　　(140) 莫氏马卡蛛 *Macaroeris moebi* (Bösenberg, 1895) ················ 209

41. 蝇狮属 *Marpissa* C. L. Koch, 1846 ················ 210

　　(141) 林芝蝇狮 *Marpissa linzhiensis* Hu, 2001 ················ 210

　　(142) 螺蝇狮 *Marpissa milleri* (Peckham et Peckham, 1894) ················ 211

　　(143) 黄棕蝇狮 *Marpissa pomatia* (Walckenaer, 1802) ················ 212

　　(144) 横纹蝇狮 *Marpissa pulla* (Karsch, 1879) ················ 214

42. 杯蛛属 *Meata* Zabka, 1985 ················ 215

　　(145) 蘑菇杯蛛 *Meata fungiformis* Xiao et Yin, 1991 ················ 215

43. 蒙蛛属 *Mendoza* Peckham et Peckham, 1894 ················ 216

　　(146) 卡氏蒙蛛 *Mendoza canestrinii* (Ninni, 1868) ················ 217

　　(147) 长腹蒙蛛 *Mendoza elongata* (Karsch, 1879) ················ 219

　　(148) 高尚蒙蛛 *Mendoza nobilis* (Grube, 1861) ················ 220

　　(149) 美丽蒙蛛 *Mendoza pulchra* (Prószyński, 1981) ················ 222

44. 扁蝇虎属 *Menemerus* Simon, 1868 ················ 223

　　(150) 双带扁蝇虎 *Menemerus bivittatus* (Dufour, 1831) ················ 223

　　(151) 短颌扁蝇虎 *Menemerus brachygnathus* (Thorell, 1887) ················ 225

　　(152) 黑扁蝇虎 *Menemerus fulvus* (C. L. Koch, 1878) ················ 226

　　(153) 五斑扁蝇虎 *Menemerus pentamaculatus* Hu, 2001 ················ 228

45. 摩挡蛛属 *Modunda* Simon, 1901 ················ 228

　　(154) 铜头摩挡蛛 *Modunda aeneiceps* Simon, 1901 ················ 229

46. 莫鲁蛛属 *Mogrus* Simon, 1882 ················ 230

(155) 安东莫鲁蛛 *Mogrus antoninus* Andreeva, 1976·······················230

47. 蚁蛛属 *Myrmarachne* Macleay, 1839 ····································231

   (156) 条蚁蛛 *Myrmarachne annamita* Zabka, 1985·····················233

   (157) 短螯蚁蛛 *Myrmarachne brevis* Xiao, 2002 ·······················235

   (158) 环蚁蛛 *Myrmarachne circulus* Xiao *et* Wang, 2004 ············236

   (159) 长腹蚁蛛 *Myrmarachne elongata* Szombathy, 1915·············237

   (160) 乔氏蚁蛛 *Myrmarachne formicaria* (De Geer, 1778)·············237

   (161) 吉蚁蛛 *Myrmarachne gisti* Fox, 1937·····························239

   (162) 球蚁蛛 *Myrmarachne globosa* Wanless, 1978 ····················240

   (163) 河内蚁蛛 *Myrmarachne hanoii* Zabka, 1985 ····················242

   (164) 无刺蚁蛛 *Myrmarachne inermichelis* Bösenberg *et* Strand, 1906 ·······243

   (165) 日本蚁蛛 *Myrmarachne japonica* (Karsch, 1879) ················244

   (166) 褶腹蚁蛛 *Myrmarachne kiboschensis* Lessert, 1925 ············245

   (167) 叉蚁蛛 *Myrmarachne kuwagata* Yaginuma, 1967·················246

   (168) 临桂蚁蛛 *Myrmarachne linguiensis* Zhang *et* Song, 1992 ······247

   (169) 卢格蚁蛛 *Myrmarachne lugubris* (Kulczyński, 1895)············248

   (170) 颚蚁蛛 *Myrmarachne maxillosa* (C. L. Koch, 1846) ···········249

   (171) 黄蚁蛛 *Myrmarachne plataleoides* (O. P. -Cambridge, 1869)·······250

   (172) 申氏蚁蛛 *Myrmarachne schenkeli* Peng *et* Li, 2002 ············251

   (173) 七齿蚁蛛 *Myrmarachne maxillosa septemdentata* Strand, 1907 ·······252

   (174) 伏蚁蛛 *Myrmarachne volatilis* (Peckham *et* Peckham, 1892) ·······253

48. 新跳蛛属 *Neon* Simon, 1876 ···254

   (175) 光滑新跳蛛 *Neon levis* (Simon, 1871)·························255

   (176) 小新跳蛛 *Neon minutus* Zabka, 1985 ·························256

   (177) 宁新跳蛛 *Neon ningyo* Ikeda, 1995 ····························257

   (178) 网新跳蛛 *Neon reticulatus* (Blackwall, 1853) ·················259

   (179) 王氏新跳蛛 *Neon wangi* Peng *et* Li, 2006 ····················260

   (180) 带新跳蛛 *Neon zonatus* Bao *et* Peng, 2002 ····················261

49. 蝶蛛属 *Nungia* Zabka, 1985 ···262

   (181) 上位蝶蛛 *Nungia epigynalis* Zabka, 1985·····················262

50. 脊跳蛛属 *Ocrisiona* Simon, 1901···263

   (182) 弗勒脊跳蛛 *Ocrisiona frenata* Simon, 1901 ···················264

   (183) 绥宁脊跳蛛 *Ocrisiona suilingensis* Peng, Liu *et* Kim, 1999 ·······264

51. 单突蛛属 *Onomastus* Simon, 1900 ·······································265

   (184) 黑斑单突蛛 *Onomastus nigrimaculatus* Zhang *et* Li, 2005·······266

52. 盘蛛属 *Pancorius* Simon, 1902 ··267

   (185) 陈氏盘蛛 *Pancorius cheni* Peng *et* Li, 2008 ···················268

   (186) 粗脚盘蛛 *Pancorius crassipes* (Karsch, 1881) ·················269

(187) 峋嵝峰盘蛛 *Pancorius goulufengensis* Peng, Yin, Yan *et* Kim, 1998 ····················270

(188) 海南盘蛛 *Pancorius hainanensis* Song *et* Chai, 1991 ························271

(189) 香港盘蛛 *Pancorius hongkong* Song, Xie, Zhu *et* Wu, 1997 ·················272

(190) 大盘蛛 *Pancorius magnus* Zabka, 1985 ····························273

(191) 小盘蛛 *Pancorius minutus* Zabka, 1985 ···························274

(192) 台湾盘蛛 *Pancorius taiwanensis* Bao *et* Peng, 2002 ···················275

53. 蝇犬属 *Pellenes* Simon, 1876 ·······································276

(193) 德氏蝇犬 *Pellenes denisi* Schenkel, 1963 ·························276

(194) 埃普蝇犬 *Pellenes epularis* (O. P. -Cambridge, 1872) ···············278

(195) 噶尔蝇犬 *Pellenes gerensis* Hu, 2001 ···························279

(196) 戈壁蝇犬 *Pellenes gobiensis* Schenkel, 1936 ······················279

(197) 黑线蝇犬 *Pellenes nigrociliatus* (Simon, 1875) ·····················281

(198) 西伯利亚蝇犬 *Pellenes sibiricus* Logunov *et* Marusik, 1994 ···········282

(199) 三斑蝇犬 *Pellenes tripunctatus* (Walckenaer, 1802) ·················284

54. 昏蛛属 *Phaeacius* Simon, 1900 ·····································285

(200) 马莱昏蛛 *Phaeacius malayensis* Wanless, 1981 ····················285

(201) 一心昏蛛 *Phaeacius yixin* Zhang *et* Li, 2005 ······················286

(202) 云南昏蛛 *Phaeacius yunnanensis* Peng *et* Kim, 1998 ·················287

55. 蝇狼属 *Philaeus* Thorell, 1869 ·····································288

(203) 黑斑蝇狼 *Philaeus chrysops* (Poda, 1761) ·························289

(204) 道蝇狼 *Philaeus daoxianensis* Peng, Gong *et* Kim, 2000 ··············290

56. 金蝉蛛属 *Phintella* Strand in Bösenberg *et* Strand, 1906 ·············291

(205) 异形金蝉蛛 *Phintella abnormis* (Bösenberg *et* Strand, 1906) ·········292

(206) 扇形金蝉蛛 *Phintella accentifera* (Simon, 1901) ···················294

(207) 双带金蝉蛛 *Phintella aequipeiformis* Zabka, 1985 ·················294

(208) 机敏金蝉蛛 *Phintella arenicolor* (Grube, 1861) ···················296

(209) 花腹金蝉蛛 *Phintella bifurcilinea* (Bösenberg *et* Strand, 1906) ········297

(210) 卡氏金蝉蛛 *Phintella cavaleriei* (Schenkel, 1963) ··················299

(211) 代比金蝉蛛 *Phintella debilis* (Thorell, 1891) ·····················300

(212) 海南金蝉蛛 *Phintella hainani* Song, Gu *et* Chen, 1988 ··············302

(213) 条纹金蝉蛛 *Phintella linea* (Karsch, 1879) ·······················303

(214) 小金蝉蛛 *Phintella parva* (Wesolowska, 1981) ····················304

(215) 波氏金蝉蛛 *Phintella popovi* (Prószyński, 1979) ··················305

(216) 矮金蝉蛛 *Phintella pygmaea* (Wesolowska, 1981) ·················306

(217) 苏氏金蝉蛛 *Phintella suavis* (Simon, 1885) ·······················307

(218) 多色金蝉蛛 *Phintella versicolor* (C. L. Koch, 1846) ················308

(219) 悦金蝉蛛 *Phintella vittata* (C. L. Koch, 1846) ····················309

57. 绯蛛属 *Phlegra* Simon, 1876 ·······································311

(220) 灰带绯蛛 *Phlegra cinereofasciata* (Simon, 1868) ···················311

(221) 带绯蛛 *Phlegra fasciata* (Hahn, 1826)·······························313

(222) 皮氏绯蛛 *Phlegra pisarskii* Zabka, 1985 ·····················314

(223) 西藏绯蛛 *Phlegra thibetana* Simon, 1901··························316

58. 拟蝇虎属 *Plexippoides* Prószyński, 1984·····························317

(224) 环足拟蝇虎 *Plexippoides annulipedis* (Saito, 1939)············318

(225) 角拟蝇虎 *Plexippoides cornutus* Xie *et* Peng, 1993············319

(226) 指状拟蝇虎 *Plexippoides digitatus* Peng *et* Li, 2002···········320

(227) 盘触拟蝇虎 *Plexippoides discifer* (Schenkel, 1953)·············322

(228) 德氏拟蝇虎 *Plexippoides doenitzi* (Karsch, 1879)··············323

(229) 金林拟蝇虎 *Plexippoides jinlini* Yang, Zhu *et* Song, 2006 ·······324

(230) 林芝拟蝇虎 *Plexippoides linzhiensis* (Hu, 2001) comb. nov. ·······325

(231) 弹簧拟蝇虎 *Plexippoides meniscatus* Yang, Zhu *et* Song, 2006 ······326

(232) 波氏拟蝇虎 *Plexippoides potanini* Prószyński, 1984···········328

(233) 王拟蝇虎 *Plexippoides regius* Wesolowska, 1981 ···············329

(234) 类王拟蝇虎 *Plexippoides regiusoides* Peng *et* Li, 2008·········330

(235) 四川拟蝇虎 *Plexippoides szechuanensis* Logunov, 1993 ·········331

(236) 壮拟蝇虎 *Plexippoides validus* Xie *et* Yin, 1991··············332

(237) 张氏拟蝇虎 *Plexippoides zhangi* Peng, Yin, Yan *et* Kim, 1998 ······334

59. 蝇虎属 *Plexippus* C. L. Koch, 1846 ·······························335

(238) 不丹蝇虎 *Plexippus bhutani* Zabka, 1990 ······················335

(239) 黑色蝇虎 *Plexippus paykulli* (Audouin, 1826) ·················336

(240) 沟渠蝇虎 *Plexippus petersi* (Karsch, 1878)····················338

(241) 条纹蝇虎 *Plexippus setipes* Karsch, 1879 ·····················340

(242) 尹氏蝇虎 *Plexippus yinae* Peng *et* Li, 2003····················341

60. 孔蛛属 *Portia* Karsch, 1878 ·····································342

(243) 缨孔蛛 *Portia fimbriata* (Doleschall, 1859)····················344

(244) 异形孔蛛 *Portia heteroidea* Xie *et* Yin, 1991··················345

(245) 尖峰孔蛛 *Portia jianfeng* Song *et* Zhu, 1998 ··················347

(246) 唇形孔蛛 *Portia labiata* (Thorell, 1887) ·······················348

(247) 东方孔蛛 *Portia orientalis* Murphy *et* Murphy, 1983 ···········349

(248) 昆孔蛛 *Portia quei* Zabka, 1985 ·····························350

(249) 宋氏孔蛛 *Portia songi* Tang *et* Yang, 1997····················352

(250) 台湾孔蛛 *Portia taiwanica* Zhang *et* Li, 2005 ·················353

(251) 吴氏孔蛛 *Portia wui* Peng *et* Li, 2002 ·······················355

(252) 赵氏孔蛛 *Portia zhaoi* Peng, Li *et* Chen, 2003 ·················356

61. 拟斑蛛属 *Pseudeuophrys* Dahl, 1912 ·······················357

(253) 磐田拟斑蛛 *Pseudeuophrys iwatensis* (Bohdanowicz *et* Prószyński, 1987) ···········357

(254) 侏拟斑蛛 *Pseudeuophrys obsoleta* (Simon, 1868) ·· 359

62. 拟伊蛛属 *Pseudicius* Simon, 1885 ··· 360

(255) 剑桥拟伊蛛 *Pseudicius cambridgei* Prószyński *et* Zochowska, 1981 ···················· 361

(256) 中国拟伊蛛 *Pseudicius chinensis* Logunov, 1995 ··· 362

(257) 环拟拟伊蛛 *Pseudicius cinctus* (O. P. -Cambridge, 1885) ································· 362

(258) 考氏拟伊蛛 *Pseudicius courtauldi* Bristowe, 1935 ·· 364

(259) 删拟伊蛛 *Pseudicius deletus* (O. P. -Cambridge, 1885) ···································· 365

(260) 寒冷拟伊蛛 *Pseudicius frigidus* (O. P. -Cambridge, 1885) ································· 366

(261) 韩国拟伊蛛 *Pseudicius koreanus* Wesolowska, 1981 ······································ 367

(262) 四川拟伊蛛 *Pseudicius szechuanensis* Logunov, 1995 ····································· 368

(263) 狐拟伊蛛 *Pseudicius vulpes* (Grube, 1861) ·· 369

(264) 文山拟伊蛛 *Pseudicius wenshanensis* He *et* Hu, 1999 ···································· 371

(265) 韦氏拟伊蛛 *Pseudicius wesolowskae* Zhu *et* Song, 2001 ································· 372

(266) 云南拟伊蛛 *Pseudicius yunnanensis* (Schenkel, 1963) ···································· 373

(267) 扎氏拟伊蛛 *Pseudicius zabkai* Song *et* Zhu, 2001 ·· 374

63. 兜跳蛛属 *Ptocasius* Simon, 1885 ·· 375

(268) 金希兜跳蛛 *Ptocasius kinhi* Zabka, 1985 ··· 376

(269) 林芝兜跳蛛 *Ptocasius linzhiensis* Hu, 2001 ··· 377

(270) 山形兜跳蛛 *Ptocasius montiformis* Song, 1991 ·· 377

(271) 宋氏兜跳蛛 *Ptocasius songi* Logunov, 1995 ··· 378

(272) 毛垛兜跳蛛 *Ptocasius strupifer* Simon, 1901 ·· 379

(273) 饰圈兜跳蛛 *Ptocasius vittatus* Song, 1991 ·· 381

(274) 云南兜跳蛛 *Ptocasius yunnanensis* Song, 1991 ·· 381

64. 宽胸蝇虎属 *Rhene* Thorell, 1869 ·· 382

(275) 阿贝宽胸蝇虎 *Rhene albigera* (C. L. Koch, 1846) ······································· 383

(276) 暗宽胸蝇虎 *Rhene atrata* (Karsch, 1881) ··· 384

(277) 叉宽胸蝇虎 *Rhene biembolusa* Song *et* Chai, 1991 ····································· 386

(278) 指状宽胸蝇虎 *Rhene digitata* Peng *et* Li, 2008 ··· 387

(279) 黄宽胸蝇虎 *Rhene flavigera* (C. L. Koch, 1846) ··· 388

(280) 印度宽胸蝇虎 *Rhene indica* Tikader, 1973 ·· 390

(281) 伊皮斯宽胸蝇虎 *Rhene ipis* Fox, 1937 ··· 390

(282) 普拉纳宽胸蝇虎 *Rhene plana* (Schenkel, 1936) ·· 391

(283) 锈宽胸蝇虎 *Rhene rubrigera* (Thorell, 1887) ·· 392

(284) 条纹宽胸蝇虎 *Rhene setipes* Zabka, 1985 ·· 394

(285) 三突宽胸蝇虎 *Rhene triapophyses* Peng, 1995 ·· 395

65. 跳蛛属 *Salticus* Latreille, 1804 ··· 396

(286) 宽齿跳蛛 *Salticus latidentatus* Roewer, 1951 ··· 396

66. 西菱蛛属 *Sibianor* Logunov, 2001 ·· 398

(287) 安氏西菱蛛 *Sibianor annae* Logunov, 2001 ·················398

(288) 微西菱蛛 *Sibianor aurocinctus* (Ohlert, 1865) ·················399

(289) 隐蔽西菱蛛 *Sibianor latens* (Logunov, 1991) ·················400

(290) 暗色西菱蛛 *Sibianor pullus* (Bösenberg *et* Strand, 1906) ·················402

67. 翠蛛属 *Siler* Simon, 1889 ·················403

(291) 贝氏翠蛛 *Siler bielawskii* Zabka, 1985 ·················404

(292) 科氏翠蛛 *Siler collingwoodi* (O. P. -Cambridge, 1871) ·················405

(293) 蓝翠蛛 *Siler cupreus* Simon, 1889 ·················406

(294) 玉翠蛛 *Siler semiglaucus* (Simon, 1901) ·················408

(295) 酷翠蛛 *Siler severus* (Simon, 1901) ·················409

68. 西马蛛属 *Simaetha* Thorell, 1881 ·················410

(296) 龚氏西马蛛 *Simaetha gongi* Peng, Gong *et* Kim, 2000 ·················410

69. 跃蛛属 *Sitticus* Simon, 1901 ·················412

(297) 白线跃蛛 *Sitticus albolineatus* (Kulczyński, 1895) ·················413

(298) 鸟跃蛛 *Sitticus avocator* (O. P. -Cambridge, 1885) ·················415

(299) 棒跃蛛 *Sitticus clavator* Schenkel, 1936 ·················416

(300) 卷带跃蛛 *Sitticus fasciger* (Simon, 1880) ·················417

(301) 花跃蛛 *Sitticus floricola* (C. L. Koch, 1837) ·················419

(302) 西藏跃蛛 *Sitticus nitidus* Hu, 2001 ·················420

(303) 雪斑跃蛛 *Sitticus niveosignatus* (Simon, 1880) ·················421

(304) 笔状跃蛛 *Sitticus penicillatus* (Simon, 1875) ·················422

(305) 中华跃蛛 *Sitticus sinensis* Schenkel, 1963 ·················423

(306) 台湾跃蛛 *Sitticus taiwanensis* Peng *et* Li, 2002 ·················424

(307) 吴氏跃蛛 *Sitticus wuae* Peng, Tso *et* Li, 2002 ·················425

(308) 齐氏跃蛛 *Sitticus zimmermanni* (Simon, 1877) ·················426

70. 散蛛属 *Spartaeus* Thorell, 1891 ·················427

(309) 椭圆散蛛 *Spartaeus ellipticus* Bao *et* Peng, 2002 ·················428

(310) 峨眉散蛛 *Spartaeus emeishan* Zhu, Yang *et* Zhang, 2007 ·················429

(311) 尖峰散蛛 *Spartaeus jianfengensis* Song *et* Chai, 1991 ·················431

(312) 普氏散蛛 *Spartaeus platnicki* Song, Chen *et* Gong, 1991 ·················432

(313) 泰国散蛛 *Spartaeus thailandicus* Wanless, 1984 ·················434

(314) 张氏散蛛 *Spartaeus zhangi* Peng *et* Li, 2002 ·················435

71. 斯坦蛛属 *Stenaelurillus* Simon, 1886 ·················436

(315) 琼斯坦蛛 *Stenaelurillus hainanensis* Peng, 1995 ·················437

(316) 小斯坦蛛 *Stenaelurillus minutus* Song *et* Chai, 1991 ·················438

(317) 三点斯坦蛛 *Stenaelurillus triguttatus* Simon, 1886 ·················439

72. 似蚁蛛属 *Synageles* Simon, 1876 ·················440

(318) 枝似蚁蛛 *Synageles ramitus* Andreeva, 1976 ·················440

(319) 脉似蚁蛛 *Synageles venator* (Lucas, 1836) ·················441

73. 合跳蛛属 *Synagelides* Strand in Bösenberg *et* Strand, 1906 ·················442

  (320) 日本合跳蛛 *Synagelides agoriformis* Strand, 1906 ·················444

  (321) 安氏合跳蛛 *Synagelides annae* Bohdanowicz, 1979 ·················445

  (322) 卡氏合跳蛛 *Synagelides cavaleriei* (Schenkel, 1963) ·················446

  (323) 蹄形合跳蛛 *Synagelides gambosa* Xie *et* Yin, 1990 ·················448

  (324) 黄桑合跳蛛 *Synagelides huangsangensis* Peng, Yin, Yan *et* Kim, 1998 ·················449

  (325) 湖北合跳蛛 *Synagelides hubeiensis* Peng *et* Li, 2008 ·················450

  (326) 长合跳蛛 *Synagelides longus* Song *et* Chai, 1992 ·················451

  (327) 庐山合跳蛛 *Synagelides lushanensis* Xie *et* Yin, 1990 ·················452

  (328) 长触合跳蛛 *Synagelides palpalis* Zabka, 1985 ·················454

  (329) 拟长触合跳蛛 *Synagelides palpaloides* Peng, Tso *et* Li, 2002 ·················455

  (330) 天目合跳蛛 *Synagelides tianmu* Song, 1990 ·················456

  (331) 云南合跳蛛 *Synagelides yunnan* Song *et* Zhu, 1998 ·················456

  (332) 斑马合跳蛛 *Synagelides zebrus* Peng *et* Li, 2008 ·················457

  (333) 赵氏合跳蛛 *Synagelides zhaoi* Peng, Li *et* Chen, 2003 ·················458

  (334) 齐氏合跳蛛 *Synagelides zhilcovae* Prószyński, 1979 ·················460

  (335) 带状合跳蛛 *Synagelides zonatus* Peng *et* Li, 2008 ·················461

74. 怜蛛属 *Talavera* Peckham *et* Peckham, 1909 ·················462

  (336) 同足怜蛛 *Talavera aequipes* (O. P. -Cambridge, 1871) ·················462

  (337) 彼得怜蛛 *Talavera petrensis* (C. L. Koch, 1837) ·················463

  (338) 三带怜蛛 *Talavera trivittata* (Schenkel, 1963) ·················464

75. 塔沙蛛属 *Tasa* Wesolowka, 1981 ·················466

  (339) 大卫塔沙蛛 *Tasa davidi* (Schenkel, 1963) ·················466

  (340) 日本塔沙蛛 *Tasa nipponica* Bohdanowicz *et* Prószyński, 1987 ·················468

76. 牛蛛属 *Tauala* Wanless, 1988 ·················468

  (341) 长腹牛蛛 *Tauala elongata* Peng *et* Li, 2002 ·················469

77. 纽蛛属 *Telamonia* Thorell, 1887 ·················470

  (342) 开普纽蛛 *Telamonia caprina* (Simon, 1903) ·················470

  (343) 多彩纽蛛 *Telamonia festiva* Thorell, 1887 ·················472

  (344) 泸溪纽蛛 *Telamonia luxiensis* Peng, Yin, Yan *et* Kim, 1998 ·················473

  (345) 弗氏纽蛛 *Telamonia vlijmi* (Prószyński, 1984) ·················474

78. 方胸蛛属 *Thiania* C. L. Koch, 1846 ·················475

  (346) 巴莫方胸蛛 *Thiania bhamoensis* Thorell, 1887 ·················476

  (347) 卡氏方胸蛛 *Thiania cavaleriei* Schenkel, 1963 ·················477

  (348) 无刺方胸蛛 *Thiania inermis* (Karsch, 1897) ·················478

  (349) 黄枝方胸蛛 *Thiania luteobrachialis* Schenkel, 1963 ·················479

  (350) 细齿方胸蛛 *Thiania suboppressa* Strand, 1907 ·················480

79. 莎茵蛛属 *Thyene* Simon, 1885 ···481

(351) 双带莎茵蛛 *Thyene bivittata* Xie *et* Peng, 1995·····················482

(352) 阔莎茵蛛 *Thyene imperialis* (Rossi, 1846) ·························483

(353) 东方莎茵蛛 *Thyene orientalis* Zabka, 1985 ·························484

(354) 射纹莎茵蛛 *Thyene radialis* Xie *et* Peng, 1995 ·················485

(355) 三角莎茵蛛 *Thyene triangula* Xie *et* Peng, 1995 ···············486

(356) 玉溪莎茵蛛 *Thyene yuxiensis* Xie *et* Peng, 1995··················487

80. 沃蛛属 *Wanlessia* Wijesinghe, 1992 ·································488

(357) 齿沃蛛 *Wanlessia denticulata* Peng, Tso *et* Li, 2002 ·········488

81. 雅蛛属 *Yaginumaella* Prószyński, 1979 ·························489

(358) 巴东雅蛛 *Yaginumaella badongensis* Song *et* Chai, 1992 ·······490

(359) 双屏雅蛛 *Yaginumaella bilaguncula* Xie *et* Peng, 1995 ·········491

(360) 曲雅蛛 *Yaginumaella flexa* Song *et* Chai, 1992·················492

(361) 垂雅蛛 *Yaginumaella lobata* Peng, Tso *et* Li, 2002 ·············493

(362) 陇南雅蛛 *Yaginumaella longnanensis* Yang, Tang *et* Kim, 1997·····494

(363) 卢氏雅蛛 *Yaginumaella lushiensis* Zhang *et* Zhu, 2007 ·········496

(364) 梅氏雅蛛 *Yaginumaella medvedevi* Prószyński, 1979 ···········497

(365) 山地雅蛛 *Yaginumaella montana* Zabka, 1981 ····················498

(366) 南岳雅蛛 *Yaginumaella nanyuensis* Xie *et* Peng, 1995·········499

(367) 尼泊尔雅蛛 *Yaginumaella nepalica* Zabka, 1980 ················500

(368) 萨克雅蛛 *Yaginumaella thakkholaica* Zabka, 1980 ·············501

(369) 异形雅蛛 *Yaginumaella variformis* Song *et* Chai, 1992 ·········502

(370) 文县雅蛛 *Yaginumaella wenxianensis* (Tang *et* Yang, 1995) ·····503

(371) 吴氏雅蛛 *Yaginumaella wuermli* Zabka, 1981 ····················504

82. 后雅蛛属 *Yaginumanis* Wanless, 1984 ···························505

(372) 陈氏后雅蛛 *Yaginumanis cheni* Peng *et* Li, 2002 ·················505

(373) 沃氏后雅蛛 *Yaginumanis wanlessi* Zhang *et* Li, 2005 ···········507

83. 树跳蛛属 *Yllenus* Simon, 1868·······································508

(374) 白树跳蛛 *Yllenus albocinctus* (Kroneberg, 1875) ···············509

(375) 环纹树跳蛛 *Yllenus auspex* (O. P. -Cambridge, 1885) ·········510

(376) 巴彦树跳蛛 *Yllenus bajan* Prószyński, 1968·······················511

(377) 巴托尔树跳蛛 *Yllenus bator* Prószyński, 1968 ···················512

(378) 黄绒树跳蛛 *Yllenus flavociliatus* Simon, 1895 ···················513

(379) 牦牛树跳蛛 *Yllenus maoniuensis* (Liu, Wang *et* Peng, 1991) ········514

(380) 南木林树跳蛛 *Yllenus namulinensis* Hu, 2001 ·····················515

(381) 拟巴彦树跳蛛 *Yllenus pseudobajan* Logunov *et* Marusik, 2003·····516

(382) 粗树跳蛛 *Yllenus robustior* Prószyński, 1968 ·····················517

(383) 路树跳蛛 *Yllenus salsicola* (Simon, 1937) ·······················518

84. 斑马蛛属 *Zebraplatys* Zabka, 1992 ···519

(384) 球斑马蛛 *Zebraplatys bulbus* Peng, Tso *et* Li, 2002 ···············520

85. 长腹蝇虎属 *Zeuxippus* Thorell, 1891 ···521

(385) 白长腹蝇虎 *Zeuxippus pallidus* Thorell, 1895 ·····················521

(386) 滇长腹蝇虎 *Zeuxippus yunnanensis* Peng *et* Xie, 1995 ··········522

参考文献 ··524

英文摘要 ··547

中名索引 ··578

学名索引 ··586

《中国动物志》已出版书目 ··596

总　论

一、研 究 简 史

　　跳蛛科是蜘蛛目中种类最多的科之一。本科蜘蛛体形小，形态多姿，体色多彩，善跳跃，不结网，游猎生活。跳蛛的前中眼特别大，眼面朝向正前方，状如汽车的前灯。跳蛛科分类研究最突出的特点是：种多、属多 (每个属平均仅有 8.7 种)。许多属为单型属，而且新属还在不断建立。目前全世界已有记录的跳蛛多达 500 余属 4400 余种。跳蛛科分类研究工作做得最出色的当属波兰的 Prószyński 教授，他系统地研究了日本、蒙古、苏联、美国、英国、波兰等地的跳蛛，并对许多属进行过修订，发表跳蛛科研究论文 50 多篇，出版专著 6 部，其中《跳蛛名录》 (Prószyński, 1991) 记述有全世界的跳蛛 498属 4273 种。波兰的 Zabka 博士以研究古北区、东洋区及澳洲区的跳蛛为主，目前已发表系列论文 10 多篇，发表跳蛛科研究论文共 20 余篇，出版专著 2 部。此外，英国的 Wanless、美国的 Culter、阿根廷的 Galiano、印度的 Tikader、俄罗斯的 Logunov 等也做了大量的分类学工作。新西兰的 Jackson 发表了有关跳蛛行为学的论文 20 余篇。

　　我国对蜘蛛观察研究的文字记录，早期见于《诗经》、《尔雅》。之后，记录内容较为丰富者有晋朝崔豹的《古今注·鱼虫》、明朝李时珍的《本草纲目》和清朝赵学敏的《本草纲目拾遗》等书。经考证，其中可以入药者为 5 科 7 种 (肖小芹，1990)。跳蛛科的记录始见于《古今注》，称之为蝇狐、蝇豹、蝇蝗，《本草纲目拾遗》中称之为蝇虎，皆以其捕食蝇类而得名。近代对蜘蛛分类学的研究，国内首推秉志秉农山先生 (1931)。另有王风振先生于 1935 年根据各种文献，撰写《中国蜘蛛名录》初稿，总结前人发表的中国蜘蛛共计 566 种。1936-1946 年他到柏林、慕尼黑、维也纳、巴塞尔及巴黎等地的自然历史博物馆，查阅中国蜘蛛标本及有关文献，删去可疑种类，合并同物异名，尚有 33科 130 属 438 种。1962-1963 年经朱传典补充后共得 34 科 149 属 522 种 15 亚种。中国跳蛛科的种类据朱传典 (1983) 修订的《中国蜘蛛名录》计有 44 属 119 种，加上近几年发表的新种、新记录种则已逾 89 属 370 余种。研究中国跳蛛科的国外学者主要有 Simon(1880)、Strand (1907)、Chamberlin (1924)、Schenkel (1953，1963)、Yaginuma (1967)、Zabka(1985) 及 Prószyński (1992) 等。国内学者主要有尹长民、王家福、宋大祥、朱传典、彭贤锦、肖小芹、谢莉萍、朱明生、李枢强、周娜丽、张俊霞、杨自忠、唐贵明、黄其良等。随着我国以蛛治虫生物防治研究的开展与深入，不少学者编著了农田蜘蛛方面的专著图鉴，这些著作中均记述有我国跳蛛科的部分种类。

二、形 态 特 征

跳蛛身体分头胸部 (Cephalothorax) 与腹部 (Abdomen)，其间以腹柄 (Pedical) 相连，腹部不分节 (图 1-3)。

(一) 头 胸 部

外骨骼角质化、坚硬，背面称背甲 (Carapace)，腹面称胸甲或胸板 (Sternum)。跗肢 6 对，着生于背甲与胸甲之间的膜质侧板上。第 1、2 对为头部跗肢，分别称为螯肢 (Chelicera) 和触肢；第 3-6 对为胸部附肢，称为步足。

背甲 (图 1a) 表面多被浓密的毛，有的尚有鳞状毛，褐色或黑褐色。头部与胸部以颈沟 (Cervical groove) 分隔，颈沟前方为头区 (Cephalic region)，后方为胸区 (Thoracic region)。蚁蛛属 *Myrmarachne* 的种类颈沟最深，头区与胸区的分界最为明显。头区着生有眼及口器，胸区有中窝 (Thoracic groove) 及放射沟 (Radial groove)。

胸甲 (图 2a) 由胚胎时期头胸部各节的腹板愈合而成，多为橄榄状，被绒毛。蚁蛛属种类的胸甲很长，其长为宽的 3 倍以上。胸甲前缘与下唇相连，两侧及后缘与步足相嵌合。

眼 (图 1a-c) 位于头区，8 个，排成 3 列，依次称为前眼列 (Anterior eye row)、中眼列 (Second eye row) 和后眼列 (Posterior eye row)。前眼列 4 眼，多为后曲 (Recurve) 或端直 (Straight)，依其着生的位置分别称为前中眼 (Anterior median eye) 和前侧眼 (Anterior lateral eye)。前中眼为诸眼中最大者，状若汽车的前灯。中眼列 2 眼，为后中眼 (Posterior median eye)，最小，肉眼难以见及，但孔蛛属 *Portia* 的后中眼与前侧眼等大。后眼列 2 眼，为后侧眼 (Posterior lateral eye)。前中眼间的距离称前中眼间距 (Anterior-medians interval)，前中、侧眼间的距离称前中、侧眼间距 (Anterior-median-laterals interval)。所有诸眼占有的头区部分称眼域 (Eye field or ocular area)，呈梯形、方形或倒梯形。

额 (Clypeus) (图 1b) 为前眼列至背甲前缘之间的部分，狭长。本科蜘蛛的额高 (垂直方向) 通常不超过前中眼的直径。

口及口器 (图 1e-g, 2a)：口位于头胸部前端正中，两触肢基部之间。口器由螯肢、触肢基节的颚叶、上唇 (包括上咽舌) 及下唇等部分组成。螯肢由螯基 (Paturon) 和螯爪 (Fang) 组成。螯爪细长而弯曲，腹面具细齿，背面近端部有 1 毒腺开孔。螯基内缘有牙沟，沟的两岸具齿，故称齿堤。位于前侧的称前齿堤 (Promargin)，多具 2 齿；位于后侧的称后齿堤 (Retromargin)。多数种类后齿堤只有 1 齿，称单齿 (Unidentati) (图 1e)；有的为 1 分叉的板齿 (Fissidentati) (图 1f)，如翘蛛属 *Irura*；有的则为数个独立的齿 (Pluridentati) (图 1g)，如蚁蛛属 *Myrmarachne*；也有的后齿堤无齿，如跃蛛属 *Sitticus*。有的属的雄蛛，螯基或极度延长，如螯蛛属 *Cheliceroides*，或背面具缺刻，如宽胸蝇虎

属 *Rhene*。触肢 (Palp) 由 6 节组成 (图 2a)，即基节 (Coxa)、转节 (Trochanter)、腿节 (Femur)、膝节 (Patella)、胫节 (Tibia) 和跗节 (Tarsus)。基节向内扩展形成颚叶 (Endite)，片状，端部较宽、具毛丛 (Scopula)。成熟雄蛛触肢的跗节，特化成具有交媾功能的触肢器 (Palpal organ)，其结构具有种的特异性，是现代分类学的主要形态依据，其详细结构见后面的描述。

步足 (Leg) (图 2a) 共 4 对，即第 I、第 II、第 III 和第 IV 步足。每足由 7 节组成，即基节、转节、腿节、膝节、胫节、后跗节 (Metatarsus) 和跗节，跗节末端具爪。步足上常具有毛 (Hair)、刺 (Spine, macroseta)、听毛 (Trichobothrium)、毛丛等。

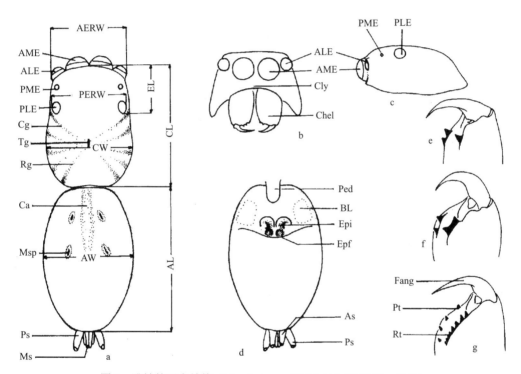

图 1　跳蛛的形态结构 (Morphology of Salticids) (仿 Zabka, 1985)

a. 外形背面观 (body, dorsal), b. 头部前面观 (head, frontal), c. 背甲侧面观 (carapace, lateral), d. 腹部腹面观 (abdomen, ventral), e-g. 螯肢 (chelicera). 缩写注解 (abbreviations)：AERW. 前眼列宽 (anterior eye row width), AME. 前中眼 (anterior median eye), AL. 腹部长 (abdominal length), ALE. 前侧眼 (anterior lateral eye), As. 前纺器 (anterior spinneret), AW. 腹部宽 (abdominal width), BL. 书肺 (book lung), Ca. 心脏斑 (cardiac pattern), Cg. 颈沟 (cervical groove), Chel. 螯肢 (chelicera), Cl. 头胸部长 (length of cephalothorax), Cly. 额 (clypeus), CW. 头胸部宽 (width of carapace), EL. 眼域长 (length of eye field), Epf. 生殖沟 (epigastric furrow), Epi. 生殖厣 (epigynum), Fang. 螯爪 (cheliceral fang), Ms. 中纺器 (median spinneret), Msp. 肌痕 (muscular depression), Ped. 腹柄 (pedical), PERW. 后眼列宽 (posterior eye row width), PLE. 后侧眼 (posterior lateral eye), PME. 后中眼 (posterior median eye), Ps. 后纺器 (posterior spinneret), Pt. 前齿堤 (promarginal teeth), Rg. 放射沟 (radial groove), Rt. 后齿堤 (retromarginal teeth), Tg. 中窝 (thoracic groove)

(二) 腹 部

跳蛛的腹部 (图 1a, d) 绝大多数为卵圆形，少数呈圆柱状。柔软、不分节，体色多样，有的具金属光泽，或由特殊的毛形成斑纹，或体暗黑色无明显斑纹。大多数种类腹部背面前端中央有 1 棒状的心脏斑 (Cardiac pattern)，其两侧或后面常有 3 对肌痕 (Muscular depression)，腹部腹面前端两侧有 1 对书肺 (Book lung)，其后有生殖沟 (Epigastric furrow)，此沟的正中有生殖厣 (Epigynum)，其内壁具有纳精囊 (Spermatheca)、交媾管 (Copulatory duct) 等，开口称交媾孔 (Copulatory opening)，生殖厣内部的结构统称为阴门 (Vulva)。阴门与生殖厣共同构成雌性外生殖器 (Female genitalia)，简称外雌器，是雌蛛分类的重要形态依据，其详细结构将另述于后。腹部末端具 3 对纺器 (Spinnerets)，即前纺器 (Anterior spinnerets) 1 对、中纺器 (Median spinnerets) 1 对和后纺器 (Posterior spinnerets) 1 对。中纺器较小，隐藏于前、后纺器之间，不易见及。纺器的后方有肛突 (Anal tubercle)。

(三) 外 生 殖 器

外生殖器 (Genitalia) 是蜘蛛生殖系统中，除生殖细胞及其导管外的重要组成部分，具有交媾功能，其结构具有种的特异性，同种蜘蛛雌雄个体的外生殖器具有一种"锁与钥"的关系，即有什么样的外雌器，就有与之相应的触肢器。因此，外生殖器的特征及其细微结构，是分类学很重要的形态依据。

1. 触肢器 (Palpal organ) (图 2b-e, 3a)

跳蛛的雄性触肢特化，形成了复杂的触肢器。触肢器具有贮精、移精的装置，是雄性的交媾器官，它由基节、转节、腿节、膝节、胫节、跗节组成。跗节特化，包括形若扁舟的跗舟 (Cymbium) 及其上内陷形成的腔窝 (Alveolus) 和藏纳于腔窝中的生殖球 (Genitalia bulb)。生殖球的内外部结构不同，其外部形态一般分为 3 个部分：基部及包括亚盾片 (Subtegulum) 在内的第一套骨片，中部及包括盾片 (Tegulum) 在内的第二套骨片，以及顶部及包括插入器 (Embolus) 和引导器 (Conductor) 在内的第三套骨片。跳蛛雄性触肢器生殖球之基部及顶血囊不发达，未展开时仅见盾片、中血囊 (Median haematodocha)、插入器和引导器。生殖球的内部结构也可分 3 个部分：位于生殖球基部的盲囊 (或盲管)，称为容精球或基底 (Fundus)；居中的一段管子管径较容精球小，内壁衬有微几丁质环，称为贮精囊 (Reservoir) 或贮精管 (Sperm duct)；远端的细管称为射精管 (Ejaculatory duct)，伸入插入器。生殖球未展开时，透过角质膜，内部结构仅贮精管和射精管清楚可见。鉴定标本时，主要依据生殖球的外部结构，如插入器、引导器、中血囊 (本书中皆以生殖球代之) 等。跳蛛的引导器可见两种情况：部分种类具有膜质结构的引导器，与插入器的远端相伴而行，如剑跳蛛属 Colyttus、宽胸蝇虎属 Rhene 和猎蛛属 Evarcha 的部分种类；多数种类的引导器不明显或不存在，静止时插入器裸藏于跗

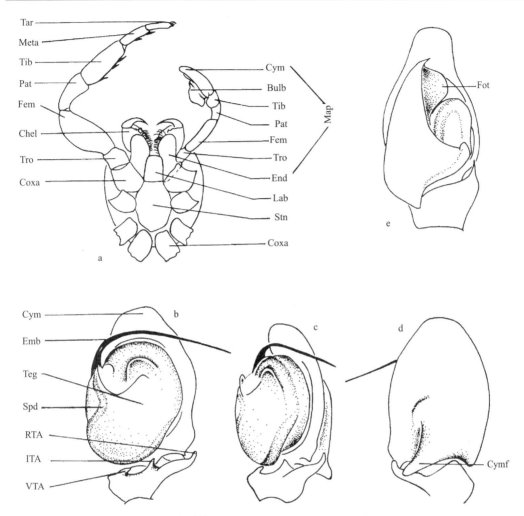

图 2　跳蛛的形态结构 (Morphology of Salticids) (a. 仿 Zabka, 1985)

a. 头胸部腹面观 (cephalothorax, ventral), b-e. 雄性触肢器 (male palpal organ). 缩写注解 (abbreviations)：Bulb. 生殖球 (genitalia bulb), Chel. 螯肢 (chelicera), Coxa. 基节 (coxa), Cym. 跗舟 (cymbium), Cymf. 跗舟翼 (cymbial flange), Emb. 插 入器 (embolus), End. 颚叶 (endite), Fem. 腿节 (femur), Fot. 片状突 (flaky outgrowth), Lab. 下唇 (labium), Map. 雄性触肢 (male palp), Meta. 后跗节 (metatarsus), Pat. 膝节 (patella), Spd. 贮精管 (sperm duct), Stn. 胸甲 (sternum), Tar. 跗节 (tarsus), Teg. 盾片 (tegulum), Tib. 胫节突 (tibial apophysis), VTA. 腹侧胫节突 (ventral tibial apophysis), ITA. 胫节间突 (intermediate tibial apophysis), RTA. 后侧胫节突 (retrolateral tibial apophysis), Tro. 转节 (trochanter)

舟远端的陷沟内，跗舟的这部分结构起保护作用。此外，金蝉蛛属 *Phintella* 在靠近插入器基部处有片状突起 (图 2e)。有些属在插入器基部尚有一些特殊的骨片，即卵圆形基底，如剑跳蛛属 *Colyttus* (图 3a)；半环形骨片，如合跳蛛属 *Synagelides* (图 324b)。中血囊多呈球形、椭圆形、三角形等。但有些种类向后延伸出 1 个垂状部后叶 (Posterior lobe)，如剑跳蛛属 *Colyttus* (图 3a)；或舌状突，如蝇虎属 *Plexippus* (图 243b)。跗舟位于生殖球背侧，有些种类跗舟的后、侧方具有侧突 (Outgrowth) (图 49b-e, 129c-d, 230b-d)，如翘蛛属 *Irura*、艾普蛛属 *Epeus*、拟蝇虎属 *Plexippoides* 等。孔蛛属 *Portia* 的跗舟后下方尚

具有跗舟翼 (Cymbial flange) (图 249c)。此外，纽蛛属 *Telamonia* 跗舟侧面近胫节突处尚可见 1 束特殊的、粗硬直立的刚毛 (图 348b-d)；有的雄蛛整个触肢上生有长而扁平的羽状毛 (图 92b-c)。大多数种类具胫节突，有具单个胫节突的，如菱头蛛属 *Bianor* (图 11d-e)；具 2 个胫节突的，如格德蛛属 *Gedea* (图 94b-d)；也有具 3 个或 3 个以上胫节突的，如散蛛属 *Spartaeus* (图 315b-d)；但少数种类缺胫节突，如羽蛛属 *Featheroides* (图 92b-c)。有的属雄蛛触肢的腿节膨大或具有突起，如闪蛛属 *Heliophanus*、合跳蛛属 *Synagelides* (图 111d、328e)。

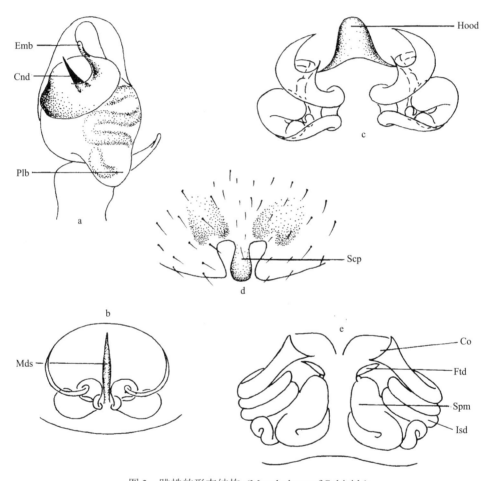

图 3 跳蛛的形态结构 (Morphology of Salticids)

a. 雄性触肢器 (male palpal organ), b-e. 雌蛛外雌器 (female genitalia). 缩写注解 (abbreviations)：Emb. 插入器 (embolus),
Cnd. 引导器 (conductor), Co. 交媾孔 (copulatory opening), Ftd. 受精管 (fertilization duct), Hood. 外雌器兜 (epigynal hood),
Isd. 交媾管 (copulatory duct), Mds. 中隔 (median septum), Plb. 垂状部 (posterior lobe), Scp. 垂体 (scape), Spm. 纳精囊
(spermatheca)

对雄蛛种类的鉴定来说，触肢器的以下结构特征常常至关重要：①插入器的起始位置、形状、大小、长短、走向及分叉与否；②胫节突的有无、数目、形状、相对位置及分叉与否等；③引导器能否见及、形状、与插入器的相对位置；④腿节突起的有无、形

状及分叉情况；⑤其他附属结构的特征，如跗舟、跗舟侧突、跗舟翼、舌状突、特殊骨片等。

为了便于描述，本文中将触肢器 (如图 2b、2c、2d) 的观测方位分别称为腹面观 (Ventral)、侧面观 (Lateral) 和背面观 (Dorsal)。

2. 外雌器 (Female genitalia) (图 3b-e)

跳蛛科雌蛛外雌器结构繁简不一，形态各异，就其生殖厣 (Epigynum) 而言，有的具中隔 (Median septum)，如剑跳蛛属 (图 3b)、扁蝇虎属 *Menemerus*；有的具垂体 (Scape) (图 3d)；有的具角质化的兜 (Hood)。其中菱头蛛属 *Bianor* (图 3c) 等属具单个兜，兜跳蛛属 *Ptocasius* (图 275f) 等属具 2 个兜。从阴门结构来看，基本结构如图 3e 所示，包括受精管 (Fertilization duct)、纳精囊 (Spermatheca)、交媾管 (Copulatory duct) 和交媾孔 (Copulatory opening)。附腺 (Accessory gland) 常不易见及。交媾管的长短、盘旋的圈数、扭曲的方式，纳精囊的大小、形状及分室情况，交媾孔的大小、形状及位置等变化很大，结合生殖厣的特征，常常是很重要的定属、定种的依据。

(四) 其他常用的形态分类依据

在跳蛛科的分类研究中，除上述雌雄外生殖器结构是重要的形态依据外，以下特征也常用作分亚科、属及定种的依据。

1、体形 (尤其是头胸部的形状) 及斑状。如艳蛛属 *Epocilla*，体长形，具有很鲜艳的橘红色纵带贯穿整个身体。蚁蛛属 *Myrmarachne* 外形似蚂蚁。

2、眼的大小、比例、排列方式、眼域占头胸部的比例。如宽胸蝇虎属 *Rhene*，眼域占头胸部的一大半，后眼列显著宽于前眼列，后中眼紧接前侧眼基部。孔蛛属 *Portia* 后中眼与前侧眼等大。

3、螯肢及齿堤，如螯跳蛛属 *Cheliceroides*、蚁蛛属 *Myrmarachne*、金蝉蛛属 *Phintella* 的雄蛛螯肢特别发达，并有一些特殊的突起。齿堤上的齿数也各具特色，如格德蛛属 *Gedea* 前齿堤有数枚大齿，后齿堤有 1 枚多分叉的板齿；跃蛛属 *Sitticus* 后齿堤无齿；蚁蛛属 *Myrmarachne* 前、后齿堤均有数齿。

4、步足 (尤其是第 I 步足) 的形态及特殊的毛与刺。如蛤莫蛛属 *Harmochirus* 第 I 步足腿节、膝节、胫节上着生有扁平毛。豹跳蛛属 *Aelurillus*、兰戈纳蛛属 *Langona* 步足的跗节有毛丛。

三、分 类 系 统

(一) 跳蛛科在分类系统中的地位

跳蛛科隶属于节肢动物门，有螯亚门蛛形纲蜘蛛目后纺亚目新蛛下目，它们之间的关系如下。

节肢动物门 Phylum Arthropoda
有螯亚门 Subphylum Chelicerata
蛛形纲 Class Arachnida
蜘蛛目 Order Araneae
后纺亚目 Suborder Opisthothelae
新蛛下目 Infraorder Araneomorphae
跳蛛科 Family Salticidae

(二) 跳蛛科的分类体系

跳蛛科除种类多外，还有一个显著特点：属多。每个属平均包含的种数少 (不足 10 个)，且新属还在不断建立。这大大增加了该科分类学研究的难度。

表 1　Simon, 1892 跳蛛科分类系统 (Classification of the family Salticidae by Simon, 1892)

Pluridentati (复齿类)	Unidentati (单齿类)	Fissidentati (裂齿类)
Lycssomaneae	Agorieae	Simaetheae
Boetheae	Zuningeae	Rudreae
Cocaleae	Leptorchesteae	Maevia
Cocalodeae	Synageleae	Harmochirus
Lineae	Zenodoreae	Zygoballeae
Cyrbeae	Aelurilleae	Peckhamieae
Tomocyrbeae	Sitticeae	Bellineae
Amycieae	Chalcoscirteae	Hyetusseae
Codetae	Thyeneae	Hermotimeae
Diolenieae	Hylleae	Athameae
Astieae	Bythocroteae	Spilargeae
Scopocireae	Saitideae	Emathideae
Rogmocrypteae	Vicirieae	Serveae
Hisponeae	Plessipaeae	Microhasarieae
Holcoletae	Hurieae	Hassarieae
Thiodineae	Dendryphanteae	Cyteae
Balleae	Rheneae	Silereae
Bavieae	Coccorchesteae	Pilleae
Copocrosseae	Itateae	Laufeieae
Ligonipedeae	Cophoeae	Triteae
Peckhamieae	Marpisseae	
Myrmarachyne	Flacilleae	
Sobasineae	Evophrydeae	
Synemosyneae	Chrysilleae	
Sarindeae	Thianieae	

表 2　Roewer, 1954 跳蛛科分类系统 (Classification of the family Salticidae by Roewer, 1954)

Pluridentati (复齿类)	Unidentati (单齿类)	Fissidentati (裂齿类)
Boethinae	Peckhamiinae	Synagelinae
Myrmarachninae	Spilarginae	Agoriinae
Magoninae	Hasariinae	Hyllinae
Thiodininae	Maepiinae	Plexxippinae
	Zygoballinae	Thyeninae
	Cytaeiinae	Pelleninae
		Itatinae
		Coccorchestinae
		Heliophaninae
		Dendryphantinae
		Sitticinae
		Marpissinae

　　就分类体系而言，最早的分类系统是由 Simon 于 1892 年建立的，该系统以螯肢的后齿堤齿数为依据，将跳蛛科分为 3 大类，即复齿类 (Pluridentati)、单齿类 (Unidentati) 和裂齿类 (Fissidentati)。大类下再分组 (表 1)。1928 年 Petrunkevitch 做了修改。Roewer 在 1954 年的名录中，对上述 3 大类下再按亚科排列 (表 2)。Wanless 在研究东洋界、埃塞俄比亚界跳蛛的系统发生后，建立了一个分类系统。Prószyński 以全北界的跳蛛为依据，根据它们的地理分布、交媾器官的结构特征，建立了一个分类系统，据他 1971 年统计，该系统列举了 437 属 3170 余种。Zabka (1985) 在系统研究越南跳蛛后出版了《越南跳蛛的分类及其动物地理研究》，补充完善了 Prószyński 的系统。Prószyński 近年来不断修订补充了全球的跳蛛名录。由于以上各体系未能正确反映各属之间的亲缘关系，不易被众人接受。近来出版的专著中均按属名的字母组合依次排列。正如 Prószyński 所说的："一个能正确反映各属之间亲缘关系、能被众人接受的分类系统，并非某一位学者能完成的，而需要几代人的共同努力。"

四、经 济 意 义

　　跳蛛科蜘蛛分布范围极为广泛，善跳跃，活动能力强，活动范围广，性情凶猛，专捕活虫为食或杀而弃之。食量大，耐干旱与饥饿，在非饥饿状况下仍具有捕杀害虫的习性，是农林等多类生态系统中重要的捕食性天敌。在控制农作物、森林、草原害虫及维护自然界的生态平衡方面发挥着重要作用。

五、材料与方法

(一) 研 究 标 本

本项研究所用标本主要来源于以下各单位：湖南师范大学 (HNU)；中国科学院动物研究所 (IZCAS)；吉林大学 (JLU)；兰州大学 (LZU)；台湾东海大学 (THU)；广西农学院 (GAU)；Museum of Comparative Zoology, Harvard University, USA (MCZ)；American Museum of Natural History, New York, USA (AMNH)；National Museum of Natural History, Washington, USA (NMNH)；Muséum National d'Histoire Naturelle, Paris, France (MNHNP)；Museum d'histoire naturelle, Geneve, Switzerland (MHNG) 等。

(二) 物种鉴定、描述与绘图

所有用于观察研究的标本均为 70%-75% 酒精溶液中保存的标本。在 Olympus SZ 体式显微镜下观察、描述和绘图。部分细微结构在 Olympus BX 系统显微镜下观察和绘图。雄性触肢器以左侧的一个为准进行绘图。生殖厣在未解剖前进行观察与绘图。阴门则在解剖后置于乳酸中浸泡后进行观察与绘图。浸泡时间的长短视阴门角质化程度的强弱而定，一般 3-5 分钟即可，角质化程度强的阴门可浸泡 12 小时。各步足量度数据按以下次序排列：总长 (腿节长，膝节长 + 胫节长，后跗节长，跗节长)。量度单位均为毫米 (mm)。足刺的描述为：ap 为端刺；d 为背侧刺；pr 为前侧刺；rt 为后侧刺；v 为腹侧刺。为节省篇幅，各论中各个种的文献引证中仅引用了研究材料中含有中国标本的文献，以及 Platnick (2003) 蜘蛛名录中未列入的文献。详细文献引证资料请参见 Platnick (2003) 的名录，后者总结了 2002 年底以前的所有文献引证资料。

六、地 理 分 布

我国地跨古北界 (Palearctic Realm) 和东洋界 (Oriental Realm)，物种丰富，其中跳蛛科共记录了 85 属 386 种，分别占全世界总数的 14.7% 和 7.1% (全世界共记录跳蛛科 579 属 5468 种)。古北界和东洋界在我国的分界线划分，各学者所持观点不一，本书所用观点为：东部以喜马拉雅山-横断山-岷山-秦岭为界，西部以长江为界；界线以南为东洋界，以北为古北界。

（一）中国跳蛛科各种类在古北界和东洋界的分布状况

1. 古北界分布 104 种[*]

Aelurillus v-insignitus，**Asianellus potanini**，*A. yuzhongensis*，**Burmattus nitidus**，*Chalcoscirtus martensi*，*C. nigritus*，*Dendryphantes biankii*，*D. fusconotatus*，**D. linzhiensis**，**D. pseudochuldensis**，**D. yadongensis**，**Euophrys atrata**，**E. namulinensis**，**E. nangqianensis**，**E. wenxianensis**，*Evarcha arcuata*，*E. falcata*，*E. mikhailovi*，*E. mongolica*，**Hakka yadongensis**，**Harmochirus proszynski**，*Heliophanus auratus*，*H. baicalensis*，*H. curvidens*，**H. cuspidatus**，*H. dubius*，*H. flavipes*，*H. lineiventris*，*H. patagiatus*，*H. potanini*，*H. simplex*，**Icius bilobus**，**I. gyirongensis**，*I. hamatus*，**Laufeia liujiapingensis**，*Lycidas furvus*，**Marpissa linzhiensis**，*M. milleri*，*M. pomatia*，*Menemerus fulvus*，*M. pentamaculatus*，*Mogrus antoninus*，*Neon levis*，*Pellenes epularis*，**P. gerensis**，**P. gobiensis**，*P. nigrociliatus*，*P. sibiricus*，*P. tripunctatus*，*Philaeus chrysops*，*Phintella linea*，*P. parva*，*Phlegra cinereofasciata*，*P. fasciata*，**P. thibetana**，**Plexippoides digitatus**，**P. linzhiensis**，**P. regiusoides**，**Portia songi**，*Pseudeuophrys iwatensis*，*P. obsoleta*，*Pseudicius cinctus*，*P. courtauldi*，*P. wesolowskae*，**P. zabkai**，**Ptocasius lizhiensis**，**Rhene digitata**，*R. indica*，**R. plana**，*Salticus latidentatus*，*Sibianor latens*，*Siler severus*，*Sitticus albolineatus*，*S. avocator*，*S. floricola*，**S. nitidus**，*S. niveosignatus*，*S. zimmermanni*，*Stenaelurillus triguttatus*，*Synageles ramitus*，*S. venator*，*Synagelides agoriformis*，**S. hubeiensis**，**S. longus**，**S. tianmu**，*S. zhaoi*，*S. zonatus*，*Talavera petrensis*，*T. trivittata*，*Yaginumaella badongensis*，**Y. lushiensis**，*Y. medvedevi*，*Y. nepalica*，*Y. thakkholaica*，**Y. wenxianensis**，**Y. wuermli**，*Yllenus auspex*，*Y. bajan*，*Y. bator*，*Y. flavociliatus*，*Y. maoniuensis*，*Y. namulinensis*，*Y. pseudobajan*，*Y. robustior*，*Y. salsicola*。

2. 东洋界分布 176 种

Bianor hongkong，*B. incitatus*，*Brettus albolimatus*，*Bristowia heterospinosa*，*Burmattus pococki*，*Carrhotus sannio*，*C. viduus*，*Cheliceroides longipalpis*，**Chinattus furcatus**，**C. taiwanensis**，*C. tibialis*，**C. undulatus**，**C. validus**，**C. wulingensis**，**C. wulingoides**，*Chrysilla lauta*，*Colyttus lehtineni*，*Cyrba ocellata*，**Cytaea levi**，**Dexippus taiwanensis**，*Epeus alboguttatus*，**E. bicuspidatus**，*E. glorius*，**E. guangxi**，*Epocilla blairei*，*E. calcarata*，**Euophrys albopalpalis**，**E. bulbus**，*E. everestensis*，*E. rufibaris*，**Eupoa hainanensis**，**E. jingwei**，**E. liaoi**，**E. maculata**，**E. nezha**，**E. yunnanensis**，*Evarcha bulbosa*，**E. digitata**，**E. falcata**

---

　　* ①种名为粗体者表示此物种的新种模式标本采自中国，为中国特有种，下文同。②此外 *Burmattus sinicus*，*Dendryphantes hastatus*，*Epeus tener*，*Evarcha laetabunda*，*E. optabilis*，*Langona tartarica*，*Laufeia aenea*，*Mendoza pulchra*，*Myrmarachne inermichelis*，*M. japonica*，*M. lugubris*，*M. maxillosa*，*Neon minutus*，*Ocrisiona frenata*，*Onomastus nigrimaculatus*，*Phintella abnormis*，*Plexippoides annulipedis*，*Pseudicius cambridgei*，*P. frigidus*，*Ptocasius lizhiensis*，*P. songi*，*Sitticus penicillatus*，*Synagelides cavalieri*，*Tasa nipponica*，*Thiania luteobrachialis*，*Yaginumaella variformis*，*Yllenus albocinctus*，*Y. pseudobajan* 因没有国内具体采集地点信息，故未进行地理分布分析，实际进行地理分布分析的共 358 种。

xinglongensis，**E. hirticeps**，**E. orientalis**，*E. pococki*，**E. pseudopococki**，**E. wulingensis**，**Featheroides typicus**，**F. yunnanensis**，**Gedea daoxianensis**，**G. sinensis**，**G. unguiformis**，*Gelotia syringopalpis*，**Habrocestum hongkongensis**，**Harmochirus pineus**，**Hasarius kweilinensis**，*Hyllus diardi*，*H. lacertosus*，**Icius hongkong**，**Irura hamatapophysis**，**I. longiochelicera**，**I. trigonapophysis**，**I. yueluensis**，**I. yunnanensis**，*Langerra longicymbia*，*L. oculina*，**Langona atrata**，*L. bhutanica*，**L. biangula**，**L. hongkong**，**L. maculata**，**Laufeia proszynskii**，*Lechia squamata*，*Macaroeris moebi*，**Meata fungiformis**，*Modunda aeneiceps*，*Myrmarachne annamita*，**M. brevis**，**M. circulus**，*M. elongata*，*M. globosa*，*M. hanoii*，*M. kiboschensis*，*M. kuwagata*，**M. linguiensis**，*M. plataleoides*，**M. schenkeli**，*M. maxillosa septemdentata*，*M. volatilis*，*Neon ningyo*，**N. wangi**，**N. zonatus**，*Nungia epigynalis*，**Ocrisiona suilingensis**，**Pancorius cheni**，*P. crassipes*，**P. goulufengensis**，**P. hainanensis**，**P. hongkong**，*P. magnus*，*P. minutus*，**P. taiwanensis，**，*Phaeacius malayensis*，**P. yixin**，**P. yunnanensis**，**Philaeus daoxianensis**，*Phintella accentifera*，**P. hainani**，*P. linea*，*P. vittata*，**Plexippoides cornutus**，**P. jinlini**，**P. meniscatus**，**P. validus**，*P. zhangi*，*Plexippus bhutani*，**P. yinae**，*Portia fimbriata*，**P. jianfeng**，*P. labiata*，*P. orientalis*，*P. quei*，**P. taiwanica**，**P. wui**，**P. zhaoi**，**Pseudicius chinensis**，*P. koreanus*，**P. szechuanensis**，**P. wenshanensis**，*P. yunnanensis*，*Ptocasius kinhi*，**P. montiformis**，*P. strupifer*，**P. vittatus**，**P. yunnanensis**，*Rhene albigera*，**R. biembolusa**，*R. flavigera*，*R. ipis*，*R. rubrigera*，*R. setipes*，**R. triapophyses**，*Sibianor annae*，*Siler bielawskii*，*S. collingwoodi*，**Simaetha gongi**，**Sitticus taiwanensis**，**S. wuae**，**Spartaeus ellipticus**，**S. emeishan**，**S. jianfengensis**，*S. thailandicus*，**S. zhangi**，**Stenaelurillus hainanensis**，**S. minutus**，**Synagelides annae**，**S. gambosa**，**S. huangsangensis**，**S. lushanensis**，*S. palpalis*，**S. palpaloides**，**S. yunnan**，**S. zebrus**，**Tasa davidi**，**Tauala elongata**，*Telamonia caprina*，*T. festiva*，**T. luxiensis**，*T. vlijmi*，*Thiania bhamoensis*，**T. cavaleriei**，*T. inermis*，**T. luteobrachialis**，*T. suboppressa*，**Thyene bivittata**，*T. imperialis*，*T. orientalis*，**T. radialis**，**T. triangula**，**T. yuxiensis**，**Wanlessia denticulata**，*Yaginumaella montana*，**Y. nanyuensis**，**Yaginumanis cheni**，**Y. wanlessi**，**Zebraplatys bulbus**，*Zeuxippus pallidus*，**Z. yunnanensis**。

3. 在古北界、东洋界均有分布的有 49 种

Aelurillus m-nigrum，*Asianellus festivus*，*Bianor angulosus*，*Carrhotus coronatus*，*C. xanthogramma*，*Evarcha albaria*，*E. coreana*，*E. fasciata*，*E. proszynski*，*Harmochirus brachiatus*，*Hasarina contortospinosa*，*Hasarius adansoni*，**H. dactyloides**，*Heliophanus ussuricus*，*Marpissa pulla*，*Mendoza canestrinii*，*M. elongata*，*M. nobilis*，*Menemerus bivittatus*，*M. brachygnathus*，*Myrmarachne formicaria*，*M. gisti*，*Neon reticulatus*，*Pellenes denisi*，*Phintella arenicolor*，*P. bifurcilinea*，**P. cavaleriei**，*P. debilis*，*P. versicolor*，*Phlegra pisarskii*，**Plexippoides discifer**，*P. doenitzi*，*P. potanini*，*P. regius*，*Plexippus paykulli*，*P. petersi*，*P. setipes*，*Pseudicius vulpes*，*Rhene atrata*，*Sibianor aurocinctus*，*S. pullus*，*Siler cupreus*，**Sitticus clavator**，*S. fasciger*，**S. sinensis**，**Spartaeus platnicki**，*Synagelides zhilcovae*，*Talavera aequipes*，*Telamonia vlijmi*。

（二）中国跳蛛科分布的特点

1. 东洋界的种类最多，共 176 种，占总数的 68.2%；在古北界、东洋界均有分布的种类最少，只有 49 种，占总数的 19%。

2. 中国特有种多，共 171 种，占总数的 44.3%。

它们是：*Asemonea sichuanensis*，*A. trispila*，*Asianellus potanini*，*Bianor hongkong*，*Burmattus nitidus*，*B. sinicus*，*Chinattus emeiensis*，*C. furcatus*，*C. sinensis*，*C. taiwanensis*，*C. undulatus*，*C. validus*，*C. wulingensis*，*C. wulingoides*，*Cytaea levi*，*Dendryphantes linzhiensis*，*D. pseudochuldensis*，*D. yadongensis*，*Dexippus taiwanensis*，*Epeus bicuspidatus*，*E. guangxi*，*Euophrys albopalpalis*，*E. atrata*，*E. bulbus*，*E. namulinensis*，*E. nangqianensis*，*E. wenxianensis*，*Eupoa hainanensis*，*E. jingwei*，*E. liaoi*，*E. maculata*，*E. nezha*，*E. yunnanensis*，*Evarcha orientalis*，*E. pseudopococki*，*E. wulingensis*，*Featheroides typicus*，*F. yunnanensis*，*Gedea daoxianensis*，*G. sinensis*，*G. unguiformis*，*Habrocestum hongkongensis*，*Hakka yadongensis*，*Harmochirus pineus*，*H. proszynski*，*Hasarina contortospinosa*，*Hasarius dactyloides*，*H. kweilinensis*，*Heliophanus cuspidatus*，*Icius bilobus*，*I. gyirongensis*，*I. hongkong*，*Irura hamatapophysis*，*I. longiochelicera*，*I. trigonapophysis*，*I. yueluensis*，*I. yunnanensis*，*Langerra longicymbia*，*Langona atrata*，*L. biangula*，*L. hongkong*，*L. maculata*，*Laufeia liujiapingensis*，*L. proszynskii*，*Lycidas furvus*，*Marpissa linzhiensis*，*Meata fungiformis*，*Myrmarachne brevis*，*M. circulus*，*M. linguiensis*，*M. schenkeli*，*Neon wangi*，*N. zonatus*，*Ocrisiona suilingensis*，*Onomastus nigrimaculatus*，*Pancorius cheni*，*P. goulufengensis*，*P. hainanensis*，*P. hongkong*，*P. taiwanensis*，*Pellenes denisi*，*P. gerensis*，*P. gobiensis*，*Phaeacius yixin*，*P. yunnanensis*，*Philaeus daoxianensis*，*Phintella cavalieriei*，*P. hainani*，*Phlegra thibetana*，*Plexippoides cornutus*，*P. digitatus*，*P. discifer*，*P. jinlini*，*P. linzhiensis*，*P. meniscatus*，*P. regiusoides*，*P. szechuanensis*，*P. validus*，*Plexippus yinae*，*Portia heteroidea*，*P. jianfeng*，*P. songi*，*P. taiwanica*，*P. wui*，*P. zhaoi*，*Pseudicius chinensis*，*P. szechuanensis*，*P. wenshanensis*，*P. yunnanensis*，*P. zabkai*，*Ptocasius lizhiensis*，*P. montiformis*，*P. songi*，*P. vittatus*，*P. yunnanensis*，*Rhene biembolusa*，*R. digitata*，*R. plana*，*R. triapophyses*，*Simaetha gongi*，*Sitticus clavator*，*S. nitidus*，*S. sinensis*，*S. taiwanensis*，*S. wuae*，*Spartaeus ellipticus*，*S. emeishan*，*S. jianfengensis*，*S. platnicki*，*S. zhangi*，*Stenaelurillus hainanensis*，*S. minutus*，*Synagelides cavalieriei*，*S. gambosa*，*S. huangsangensis*，*S. hubeiensis*，*S. longus*，*S. lushanensis*，*S. palpaloides*，*S. tianmu*，*S. yunnan*，*S. zebrus*，*S. zhaoi*，*S. zonatus*，*Talavera trivittata*，*Tasa davidi*，*Tauala elongata*，*Telamonia luxiensis*，*Thiania cavalieriei*，*T. luteobrachialis*，*Thyene bivittata*，*T. radialis*，*T. triangula*，*T. yuxiensis*，*Wanlessia denticulata*，*Yaginumaella badongensis*，*Y. bilaguncula*，*Y. flexa*，*Y. lobata*，*Y. longnanensis*，*Y. lushiensis*，*Y. nanyuensis*，*Y. variformis*，*Y. wenxianensis*，*Y. wuermli*，*Yaginumanis cheni*，*Y. wanlessi*，*Yllenus maoniuensis*，*Y. namulinensis*，*Zebraplatys bulbus*，*Zeuxippus yunnanensis*。

3. 西南各省 (区) 种类数、特有种数多，为我国跳蛛的演化中心。

种类数排前 10 位的省 (区) 依次为：湖南 112 (总种类数) /37 (中国特有种数，下同)、云南 79/27、广西 71/19、湖北 44/18、海南 39/17、广东 39/10、西藏 38/12、四川 36/11、福建 36/4、台湾 35/16。

（三）中国跳蛛科各种类在我国各省（自治区、直辖市）的分布

表3　地理分布 (Distribution)

省（自治区、直辖市）／种名	北京	黑龙江	吉林	辽宁	内蒙古	宁夏	甘肃	青海	西藏	新疆	天津	河北	山西	陕西	山东	河南	上海	江苏	安徽	浙江	湖北	江西	湖南	福建	台湾	广东	香港	海南	广西	四川	贵州	云南	其他
Aelurillus m-nigrum										★																							
A. v-insignitus										●																							
Asemonea sichuanensis																														▲			
A. trispila																																★	
Asianellus festivus	★	★	★		★		★	★				★	★	★	★			★		★													
A. potanini					★		●																										
A. yuzhongensis							●																										
Bianor angulosus													★	★	★	★	★	★	★	★		★		★	★					★	★	★	
B. hongkong																											▲						
B. incitatus																							▲								▲	▲	
Brettus albolimatus																																▲	
Bristowia heterospinosa																							▲			▲					▲	▲	
Burmattus nitidus									●											★													
B. pococki																										▲				▲	▲	▲	
B. sinicus																																	
Carrhotus coronatus																				★												★	
C. sannio																					▲	▲	▲	▲		▲		▲					
C. viduus																					▲	▲	▲	▲		▲		▲					

续表

省（自治区、直辖市） 种名	北京	黑龙江	吉林	辽宁	内蒙古	宁夏	甘肃	青海	西藏	新疆	天津	河北	山西	陕西	山东	河南	上海	江苏	安徽	浙江	湖北	江西	湖南	福建	台湾	广东	香港	海南	广西	四川	贵州	云南	其他
C. xanthogramma	★	★	★	★								★		★	★	★				★	★	★	★	★	★	★			★	★	★	★	
Chalcoscirtus martensi									●																								
C. nigritus									●																								
Cheliceroides longipalpis																												◄	◄				
Chinattus emeiensis																					★									★			
C. furcatus																							◄										
C. sinensis																					★										★		
C. taiwanensis																									◄								
C. tibialis																						◄		◄									
C. undulatus																							◄										
C. validus																							◄										
C. wulingensis																							◄										
C. wulingoides																							◄										
Chrysilla lauta																											◄						
Colyttus lehtineni																												◄					
Cyrba ocellata																								◄				◄	◄		◄	◄	◄
Cytaea levi																						◄			◄				◄				
Dendryphantes biankii	●				●																												
D. fusconotatus			●		●																												
D. hastatus																																	
D. linzhiensis									●																								

续表

种名 ＼ 省（自治区、直辖市）	北京	黑龙江	吉林	辽宁	内蒙古	宁夏	甘肃	青海	西藏	新疆	天津	河北	山西	陕西	山东	河南	上海	江苏	安徽	湖北	浙江	江西	湖南	福建	台湾	广东	香港	海南	广西	四川	贵州	云南	其他
D. potanini																														▲			
D. pseudochuldensis					●																												
D. yadongensis					●																												
Dexippus taiwanensis																									▲								
Epeus alboguttatus																					▲												
E. bicuspidatus																							▲				▲		▲				
E. glorius																										▲							
E. guangxi																													▲				
E. tener																																	
Epocilla blairei																											▲	▲					
E. calcarata																							▲			▲			▲			▲	
E. picturata																																	
Euophrys albopalpalis																									▲						▲		
E. atrata																				●													
E. bulbus									●																								
E. everestensis									●																								
E. frontalis										●		●																					
E. kataokai																																	
E. namulinensis									●																								
E. nangqianensis								●																									
E. nepalica									●																								

续表

省（自治区、直辖市）／种名分布表

种名	北京	黑龙江	吉林	辽宁	内蒙古	宁夏	甘肃	青海	西藏	新疆	天津	河北	山西	陕西	山东	河南	上海	江苏	安徽	浙江	湖北	江西	湖南	福建	台湾	广东	香港	海南	广西	四川	贵州	云南	其他
E. rufibaris																							◀										
E. wenxianensis							●																										
E. yulungensis									●																								
Eupoa hainanensis																												◀					
E. jingwei																													◀				
E. liaoi																												◀					
E. maculata																												◀					
E. nezha																													◀				
E. yunnanensis																																◀	
Evarcha albaria	★	★	★	★	★	★	★	★	★	★	★	★	★	★	★	★	★	★	★	★	★	★	★	★	★	★	★	★	★	★	★	★	
E. arcuata			●		●					●																							
E. bulbosa																							◀										
E. coreana																				★			★	★									
E. digitata																														◀			
E. falcata							●																										
E. falcata xinglongensis							●																										
E. fasciata	★																				★												
E. flavocincta																							◀			◀		◀	◀	◀		◀	
E. hirticeps																							◀										
E. laetabunda																																	
E. mikhailovi					●																												

续表

种名 \ 省（自治区、直辖市）	北京	黑龙江	吉林	辽宁	内蒙古	宁夏	甘肃	青海	西藏	新疆	天津	河北	山西	陕西	山东	河南	上海	江苏	安徽	浙江	湖北	江西	湖南	福建	台湾	广东	香港	海南	广西	四川	贵州	云南	其他
E. mongolica					●					●																							
E. optabilis																																	
E. orientalis																					◀									◀			
E. pococki																							◀			◀		◀	◀			◀	
E. proszynski			★																									★					
E. pseudopococki																																	
E. wulingensis																							◀									◀	
Featheroides typicus																							◀									◀	
F. yunnanensis																							◀									◀	
Gedea daoxianensis																							◀										
G. sinensis																							◀						◀				
G. unguiformis																													◀				
Gelotia syringopalpis																							◀										
Habrocestum hongkongensis																											◀						
Hakka himeshimensis															★											★							
H. yadongensis									●																								
Harmochirus brachiatus																				★			★	★		★			★		★	★	
H. pineus												●											◀										
H. proszynskii							★																★	★						★			
Hasarina contortospinosa																														★			

续表

种名 \ 省(自治区、直辖市)	北京	黑龙江	吉林	辽宁	内蒙古	宁夏	甘肃	青海	西藏	新疆	天津	河北	山西	陕西	山东	河南	上海	江苏	安徽	浙江	湖北	江西	湖南	福建	台湾	广东	香港	海南	广西	四川	云南	贵州	其他
Hasarius adansoni	★						★																★	★	★	★		★		★			★
H. dactyloides																			★				★	★	★	★		★		★			
H. kweilinensis																							◀					◀					
Heliophanus auratus					●					●																							
H. baicalensis					●																												
H. curvidens					●																												
H. cuspidatus					●																												
H. dubius			●																														
H. flavipes										●																							
H. lineiventris			●	●	●					●			●																				
H. patagiatus										●																							
H. potanini					●					●																							
H. simplex										●																							
H. ussuricus			★				★							★							★		★										★
Hyllus diardi																																	◀
H. lacertosus																																	◀
Icius bilobus							●														●												
I. gvirongensis								●																									
I. hamatus								●																									
I. hongkong																											◀						
Irura hamatapophysis																							◀										

续表

种名	北京	黑龙江	吉林	辽宁	内蒙古	宁夏	甘肃	青海	西藏	新疆	天津	河北	山西	陕西	山东	河南	上海	江苏	安徽	浙江	湖北	江西	湖南	福建	台湾	广东	香港	海南	广西	四川	贵州	云南	其他
I. longiochelicera																							▲	▲								▲	
I. trigonapophysis																								▲	▲								
I. yueluensis																				▲			▲							▲			
I. yunnanensis																																▲	
Langerra longicymbia																												▲					
L. oculina																											▲						
Langona atrata																																▲	
L. bhutanica																														▲			
L. biangula																																▲	
L. hongkong																										▲							
L. maculata																																▲	
L. tartarica																																	
Laufeia aenea							●																										
L. liujiapingensis																												▲					
L. proszynskii																												▲					
Lechia squamata																					●												
Lycidas furvus																							▲										
Macaroeris moebi										●																							
Marpissa linzhiensis									●																								
M. milleri		●	●																														
M. pomatia		●	●																														

续表

种名（省、自治区、直辖市）	北京	黑龙江	吉林	辽宁	内蒙古	宁夏	甘肃	青海	西藏	新疆	天津	河北	山西	陕西	山东	河南	上海	江苏	安徽	浙江	江西	湖北	湖南	福建	台湾	广东	香港	海南	广西	四川	贵州	云南	其他
M. pulla	★	★																														◀	
Meata fungiformis																																	
Mendoza canestrinii	★	★	★										★	★				★	★	★	★	★	★	★	★						★	★	
M. elongata		★	★				★						★	★				★	★	★	★	★	★	★	★						★	★	
M. nobilis			★		★																		★					★					
M. pulchra	★																								★								
Menemerus bivittatus	★																						★	★				★		★		★	★
M. brachygnathus	★											★							★				★	★				★			★	★	★
M. fulvus																		●		●													
M. pentamaculatus									●																			◀					
Modunda aeneiceps																								◀				◀					
Mogrus antoninus										●																							
Myrmarachne annamita																												◀					
M. brevis																							◀	◀				◀					◀
Myrmarachne circulus																							◀			◀							◀
M. elongata																												◀					
M. formicaria	★													★	★			★	★	★		★								★			
M. gisti														★	★			★	★	★		★	★	★	★					★	★	★	★
M. globosa																																★	◀
M. hanoii																																◀	◀
M. inermichelis																																	

续表

省(自治区、直辖市)／种名	北京	黑龙江	吉林	辽宁	内蒙古	宁夏	甘肃	青海	西藏	新疆	天津	河北	山西	陕西	山东	河南	上海	江苏	安徽	浙江	湖北	江西	湖南	福建	台湾	广东	香港	海南	广西	四川	贵州	云南	其他
M. japonica																																	
M. kiboschensis																						▲	▲									▲	
M. kawagata																							▲										
M. linguiensis																													▲				
M. lugubris																																	
M. maxillosa																																	
M. plataleoides																																▲	
M. schenkeli																											▲			▲			
M. septemdentata																				▲			▲		▲					▲			
M. volatilis																							▲			▲		▲					
Neon levis										●																							
N. minutus																																	
N. ningyo																																	
N. reticulatus			★	★																★													
N. wangi																									▲								
N. zonatus																							▲								▲		
Nungia epigynalis																												▲		▲		▲	
Ocrisiona frenata																																	
O. suilingensis																							▲										
Onomastus nigrimaculatus																																	
Pancorius cheni																													▲				

续表

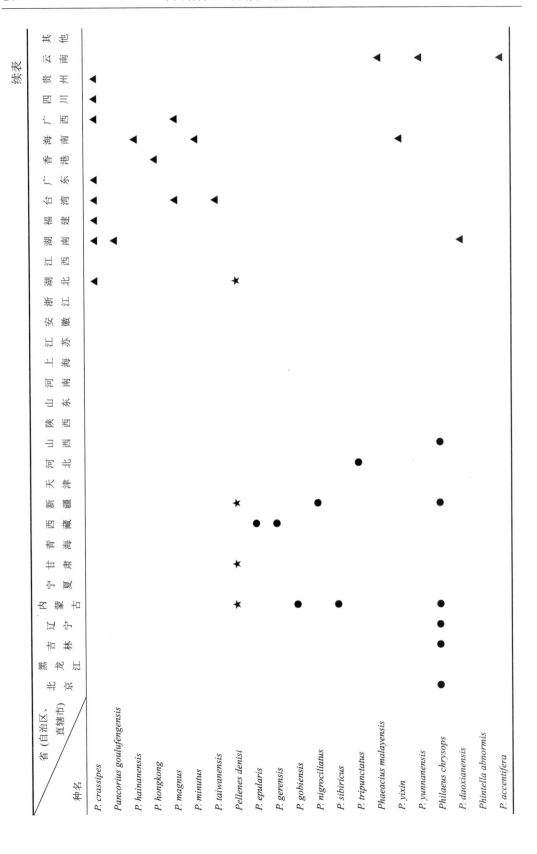

种名＼省（自治区、直辖市）	北京	黑龙江	吉林	辽宁	内蒙古	宁夏	甘肃	青海	西藏	新疆	天津	河北	山西	陕西	山东	河南	上海	江苏	安徽	浙江	湖北	江西	湖南	福建	台湾	广东	香港	海南	广西	四川	贵州	云南	其他
P. crassipes																					▲		▲	▲	▲	▲			▲	▲	▲		
Pancorius goulufengensis																							▲										
P. hainanensis																												▲					
P. hongkong																											▲						
P. magnus																													▲				
P. minutus																												▲					
P. taiwanensis																									▲								
Pellenes denisi					★		★			★											★												
P. epularis									●																								
P. gerensis									●																								
P. gobiensis					●																												
P. nigrociliatus										●																							
P. sibiricus					●																												
P. tripunctatus												●																					
Phaeacius malayensis																																▲	
P. yixin																												▲					
P. yunnanensis																																▲	
Philaeus chrysops	●	●	●	●	●					●			●																				
P. daoxianensis																							▲										
Phintella abnormis																																	
P. accentifera																																▲	

续表

种名 \ 省（自治区、直辖市）	北京	黑龙江	吉林	辽宁	内蒙古	宁夏	甘肃	青海	西藏	新疆	天津	河北	山西	陕西	山东	河南	上海	江苏	安徽	浙江	湖北	湖南	江西	福建	台湾	广东	香港	海南	广西	四川	贵州	云南	其他
P. aequipeiformis																						◀							◀				
P. arenicolor			★				★							★						★		★		★					★				★
P. bifurcilinea																				★		★		★	★	★				★		★	★
P. cavaleriei							★													★		★	★	★					★	★	★	★	
P. debilis							★							★						★		★	★		★	★			★				
P. hainani																												◀					
P. linea																					◀	◀											
P. parva	●												●																				
P. popovi	●		●	●	●																												
P. pygmaea																										◀							
P. suavis																										◀							◀
P. versicolor								★	★										★	★	★	★		★	★	★		★	★	★		★	★
P. vittata																																	◀
Phlegra cinereofasciata										●																							
P. fasciata								●																									
P. pisarskii									★												★	★											★
P. thibetana									●																								
Plexippoides annulipedis																																◀	
P. cornutus							●														●												
P. digitatus																				●													
P. discifer	★													★	★							★											

续表

种名	北京	黑龙江	吉林	辽宁	内蒙古	宁夏	甘肃	青海	西藏	新疆	天津	河北	山西	陕西	山东	河南	上海	江苏	安徽	浙江	湖北	江西	湖南	福建	台湾	广东	香港	海南	广西	四川	贵州	云南	其他
P. doenitzi																				★			★			★							
P. jinlini																																◀	
P. linzhiensis									●																								
P. meniscatus																																◀	
P. potanini							★														★									★			
P. regius	★		★																★	★			★							★			
P. regiusoides																					●												
P. szechuanensis																														◀			
P. validus																															◀		
P. zhangi																						◀									◀		
Plexippus bhutani																							◀									◀	
P. paykulli	★	★	★				★		★					★	★	★	★	★	★	★	★	★	★	★	★	★	★	★	★	★	★	★	★
P. petersi	★	★	★				★		★					★	★	★	★	★	★	★	★	★	★	★	★	★	★	★	★	★	★	★	★
P. setipes											★				★	★		★	★	★	★	★	★	★	★	★	★	★	★	★		★	
P. yinae																																◀	
Portia fimbriata																									◀			◀					
P. heteroidea							★							★									★							★	★		
P. jianfeng																												◀					
P. labiata																											◀					◀	
P. orientalis																												◀					
P. quei																							◀						◀	◀	◀	◀	

续表

种名	北京	黑龙江	吉林	辽宁	内蒙古	宁夏	甘肃	青海	西藏	新疆	天津	河北	山西	陕西	山东	河南	上海	江苏	安徽	浙江	湖北	江西	湖南	福建	台湾	广东	香港	海南	广西	四川	贵州	云南	其他
P. songi							●																										
P. taiwanica																									▲								
P. wui																													▲				
P. zhaoi																					▲								▲				
Pseudeuophrys iwatensis			●																														
P. obsoleta									●	●																							
P. cambridgei																																	
P. chinensis																														▲			
P. cinctus										●																							
P. courtauldi										●																							
P. deletus																																	
P. frigidus																																	
P. koreanus	★	★																					▲	▲					▲			▲	
P. szechuanensis																														▲			
P. vulpes	★	★					★									★					★	★	★	★							★		
P. wenshanensis																																▲	
P. wesolowskae												●																					
P. yunnanensis																																▲	
P. zabkai												●																					
Ptocasius kinhi																																▲	
P. lizhiensis									●																								

种名	北京	黑龙江	吉林	辽宁	内蒙古	宁夏	甘肃	青海	西藏	新疆	天津	河北	山西	陕西	山东	河南	上海	江苏	安徽	浙江	江西	湖北	湖南	福建	台湾	广东	香港	海南	广西	四川	贵州	云南	其他
P. montiformis																																▲	
P. songi																																	
P. strupifer																							▲	▲	▲		▲	▲	▲			▲	
P. vittatus																												▲	▲	▲		▲	
P. yunnanensis																								▲	★	★			★	★		★	
Rhene albigera																							★	★	★	▲		▲	▲			▲	
R. atrata							★							★	★									★	★								
R. biembolusa																										★			▲	★		▲	
R. digitata																						●											
R. flavigera																							▲	▲					▲			▲	
R. indica									●			●		●																▲			
R. ipis								●																									
R. plana							●																										
R. rubrigera																						▲	▲			▲			▲				
R. setipes																																▲	
R. triapophyses					★			★														▲				▲							
Salticus latidentatus	●					●	●																										
Sibianor annae					★																					▲							
S. aurocinctus					★							★			★	★		★	★	★			★							★	★	★	
S. latens												●																					
S. pullus	●				★					★				★	★	★		★	★	★		★	★	★	★	★				★	★	★	★

续表

种名 \ 省（自治区、直辖市）	北京	黑龙江	吉林	辽宁	内蒙古	宁夏	甘肃	青海	西藏	新疆	天津	河北	山西	陕西	山东	河南	上海	江苏	安徽	浙江	湖北	江西	湖南	福建	台湾	广东	香港	海南	广西	四川	贵州	云南	其他
Siler bielawskii																										▲							
S. collingwoodi																											▲	▲					
S. cupreus	★														★			★	★	★	★		★	★	★				★		★		
S. semiglaucus																													▲			▲	
S. severus																		●															
Simaetha gongi																						▲											
Sitticus albolineatus		●																															
S. avocator					●																												
S. clavator	★	★	★				★	★		★						★		★	★	★	★		★			★					★	★	
S. fasciger	★	★	★		★			★				★			★								★										
S. floricola										●																							
S. nitidus									●																								
S. niveosignatus	●																																
S. penicillatus																																	
S. sinensis	★	★	★	★			★	★		★		★		★	★			★					★										
S. taiwanensis																									▲								
S. wuae																									▲								
S. zimmermanni										●																							
Spartaeus ellipticus																									▲								
S. emeishan																														▲			
S. jianfengensis																												▲					

续表

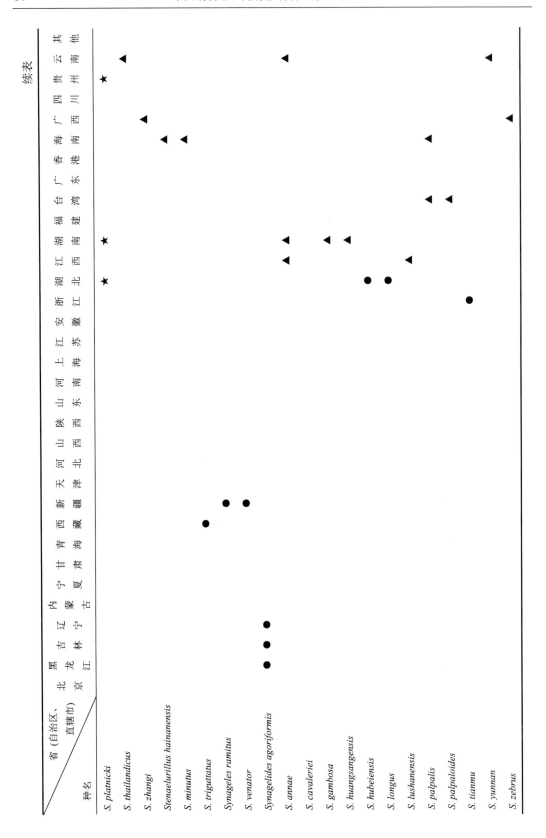

省（自治区、直辖市）种名	北京	黑龙江	吉林	辽宁	内蒙古	宁夏	甘肃	青海	西藏	新疆	天津	河北	山西	陕西	山东	河南	上海	江苏	安徽	浙江	湖北	江西	湖南	福建	台湾	广东	香港	海南	广西	四川	贵州	云南	其他
S. platnicki																					★		★								★		
S. thailandicus																																◀	
S. zhangi																													◀				
Stenaelurillus hainanensis																												◀					
S. minutus																												◀					
S. triguttatus									●																								
Synageles ramitus										●																							
S. venator										●																							
Synagelides agoriformis		●	●	●																													
S. annae																						◀										◀	
S. cavaleriei																																	
S. gambosa																							◀										
S. huangsangensis																							◀										
S. hubeiensis																					●												
S. longus																					●												
S. lushanensis																						◀											
S. palpalis																									◀			◀					
S. palpaloides																									◀								
S. tiannu																				●													
S. yunnan																																◀	
S. zebrus																													◀				

续表

种名	北京	黑龙江	吉林	辽宁	内蒙古	宁夏	甘肃	青海	西藏	新疆	天津	河北	山西	陕西	山东	河南	上海	江苏	安徽	浙江	湖北	江西	湖南	福建	台湾	广东	香港	海南	广西	四川	贵州	云南	其他
S. zhaoi																																	
S. zhilcovae			★																		●												
S. zonatus																					●				★								
Talavera aequipes			★							★													★										
T. petrensis										●																							
T. trivittata					●																												
Tasa davidi																						▲	▲										
T. nipponica																																	
Tauala elongata																								▲								▲	
Telamonia caprina																							▲			▲			▲			▲	
T. festiva																						▲	▲						▲			▲	
T. luxiensis																							▲										
T. vlijmi																			★	★			★	★									
Thiania bhamoensis																										▲			▲			▲	
T. cavalieriei																											▲				▲		
T. inermis																										▲		▲					
T. luteobrachialis																																	
T. suboppressa																								▲	▲	▲	▲						
Thyene bivittata																							▲	▲		▲			▲				
T. imperialis																				▲	▲		▲						▲			▲	
T. orientalis																							▲						▲				

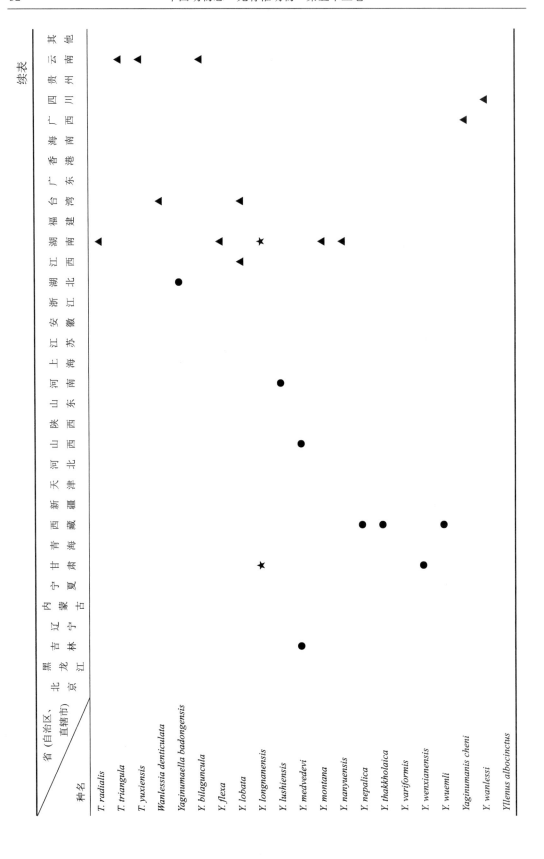

续表

种名 \ 省（自治区、直辖市）	北京	黑龙江	吉林	辽宁	内蒙古	宁夏	甘肃	青海	西藏	新疆	天津	河北	山西	陕西	山东	河南	上海	江苏	安徽	浙江	湖北	江西	湖南	福建	台湾	广东	香港	海南	广西	四川	贵州	云南	其他
Y. auspex										●																							
Y. bajan										●																							
Y. bator					●				●																								
Y. flavociliatus					●																												
Y. maoniuensis									●																								
Y. namulinensis									●																								
Y. pseudobajan																																	
Y. robustior					●		●			●																							
Y. salsicola									●																								
Zebraplatys bulbus																									▲								
Zeuxippus pallidus																				▲	▲		▲	▲		▲				▲			
Z. yunnanensis																												▲				▲	

注：●表示此物种在古北界分布；★表示此物种在东洋界分布；▲表示此物种在古北界、东洋界均有分布；没有任何标记的种类表示该种没有国内具体采集地点信息。

各 论

跳蛛科 Salticidae Blackwall, 1841

Salticidae Blackwall, 1841: 616.

Type genus: *Salticus* Latreille, 1804: 135.

跳蛛科是蜘蛛目中种类最多的科之一。本科蜘蛛体形小，形态多姿，体色多彩，善跳跃，不结网，游猎生活。8 眼，排成 3 列，前眼列 4 眼，多为后曲或端直，前中眼特别大，眼面朝向正前方，状如汽车的前灯；中眼列 2 眼，为后中眼，最小，肉眼难以见及；后眼列 2 眼，为后侧眼。

目前全世界已有记录的跳蛛多达 500 余属，4400 余种。中国已记录 85 属，407 种。

1. 豹跳蛛属 *Aelurillus* Simon, 1884

Aelurillus Simon, 1884: 31.

Type species: *Aelurillus v-insignitus* Clerck, 1758.

头胸部高而宽，头部显然短于胸部。眼区宽为长的 1.5 倍，长约为头胸部长的 1/3。额高约与前中眼直径相等，跗节有毛丛，第 IV 步足长于第 III 步足。身体具有明显的斑纹。

从外形及雄性触肢看，本属与绯蛛属 *Phlegra* Simon, 1876 及兰戈纳蛛属 *Langona* Simon, 1901 密切相关。但兰戈纳蛛属 *Langona* 雄性触肢仅有 1 个胫节突，且伴随有 1 束致密、坚硬而厚的鬃 (Bristle)。有的个体跗舟背面、胫节、螯肢上有鳞片。绯蛛属 *Phlegra* 头胸部长而狭，胸部长为头部长的 2 倍。3 属之间外雌器结构有明显区别：兰戈纳蛛属 *Langona* 外雌器的结构最复杂，纳精囊及交媾管缠绕成螺旋状，交媾孔上方有半圆形翼；绯蛛属 *Phlegra* 外雌器的纳精囊及交媾管也缠绕成螺旋状，但不如兰戈纳蛛属 *Langona* 复杂；豹跳蛛属 *Aelurillus* 外雌器结构比较简单。由于豹跳蛛属 *Aelurillus* 与绯蛛属 *Phlegra* 之间差别不明显，Harm (1977) 等人主张将这 2 属合并，但 Prószyński、Zabka 等人根据其外雌器结构及其他一些细微差别 (如躯体的颜色及各部分的比例)，主张将 2 属并存。

该属全球共报道了 67 种，主要分布于古北区，中国已记录 2 种。

(1) 黑豹跳蛛 *Aelurillus m-nigrum* **Kulczyński, 1891** (图 4)

Aelurillus m-nigrum Kulczyński, in: Chyzer *et* Kulczyński, 1891: 31, pl. 1, f. 5 (♀); Zhou *et* Song, 1988:
　　1, figs. 1a-e (♀♂); Hu *et* Wu, 1989: 357, figs. 281.1-4 (♀♂); Peng *et al.*, 1993: 21, figs. 18-21 (D♀♂);
　　Song, Zhu *et* Chen, 1999: 505, figs. 88H-J, 289A ♀♂); Azarkina, 2002: 259, f. 72-80 (♀♂).

　　雄蛛：体长 4.00-4.80。体长 4.80 者，头胸部长 2.40，宽 1.70；腹部长 2.40，宽 1.40。
前眼列宽 1.20，后中眼居中，后眼列宽 1.20，眼域长 0.90。头胸甲黑褐色，胸部长为头
部长的 2 倍。螯肢前齿堤 2 齿，后齿堤 1 齿。步足黑色，多刺。腹部背面黑色，两侧及
前端被有白毛。腹部腹面黑色，两侧有许多黄色小点形成的斜纹。触肢腿节、膝节背面
有白毛。胫节突 2 个，腹侧突弯曲呈指状，后侧突较宽，2 胫节突之间的夹角较小，呈
锐角状。触肢器中的插入器鞭毛状，生殖球的基部有 1 明显的垂状部。

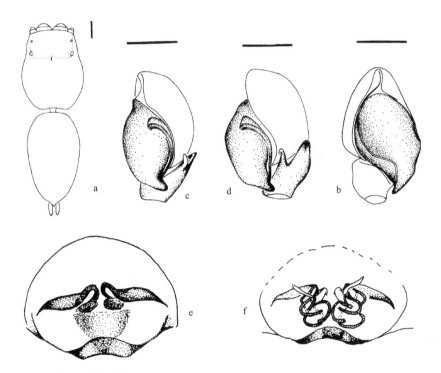

图 4　黑豹跳蛛 *Aelurillus m-nigrum* Kulczyński (e-f 仿 Azarkina, 2002)
a. 雄蛛外形 (body, ♂), b-d. 触肢器 (palpal organ): b. 腹面观 (ventral), c. 后侧观 (retrolateral), d. 背面观 (dorsal), e. 生殖
厣 (epigynum), f. 阴门 (vulva) (比例尺 scales = 0.40)

　　雌蛛：体长 6.00-7.00。头胸部长大于宽，前端较窄，后端宽圆，呈黑棕褐色，密被
白色细毛，头部长约为胸部长的 1/3，胸部后缘显著向后倾斜。中窝纵向，短而明显，呈
黑色。眼区黑色，两侧平行，其前缘及两侧布有黑色长刚毛，前眼列稍后曲，后中眼位
于前、后列眼之间偏后。额高等于前中眼直径，丛生白色长毛并散有棕色刚毛向前直伸。
螯肢黑褐色，前齿堤 2 齿，第 2 齿较小；后齿堤仅 1 小齿。触肢黄色。颚叶基部黑色，

端部之内侧角有灰色毛丛。下唇与颚叶同色。胸甲呈橄榄形，黑褐色，周缘丛生黑色长毛。步足黄褐色，具黑褐色环纹，两侧的基节彼此接近，第 I、II 步足后跗节内、外侧各有 2 对黄色长刺，跗节具黑色毛束，约占跗节长的 1/2。第 III 步足长于第 IV 步足。腹部背面黑褐色，密布黄色短毛。腹部显褐色，具黄色点斑。纺器黑褐色 (引自 Hu et Wu, 1989)。

观察标本：1♂，湖南绥宁黄桑，1986.Ⅷ，王家福采；1♂，湖南张家界，1984.Ⅷ.25，张永靖采；1♂，湖南道县，1988.Ⅵ.5，龚联溯采；1♂，湖南城步，1982.Ⅶ.25，尹长民采；2♂，湖南长沙，其他信息不详；1♂，江西上饶，1987.Ⅵ.5，谢莉萍采。

地理分布：江西、湖南 (长沙、临澧、张家界、绥宁、城步、道县)、广西、四川、新疆。

(2) V 纹豹跳蛛 *Aelurillus v-insignitus* (Clerck, 1757) (图 5)

Araneus litera insignitus Clerck, 1757: 121, pl. 5, fig. 16 (D♂).

Araneus v-insignitus: Chyzer *et* Kulczyński, 1891: 29, pl. 1, f. 6 (♀♂); Hu *et* Wu, 1989: 357, figs. 281.5-6 (♀); Zabka, 1997: 36, f. 25-46 (♀♂).

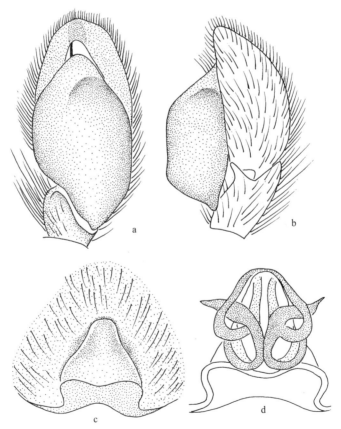

图 5 V 纹豹跳蛛 *Aelurillus v-insignitus* (Clerck) (仿 Zabka, 1997)

a-b. 触肢器 (palpal organ): a. 腹面观 (ventral), b. 后侧观 (retrolateral), c. 生殖厣 (epigynum), d. 阴门 (vulva)

雌蛛：体长 6.00。头胸部长大于宽，呈棕褐色，周缘显黑色，密被白毛并疏生黑色长毛，头部短于胸部，前缘较窄，胸部后缘宽并显著向后倾斜。眼域黑色，宽大于长，其前缘隐约可见一倒 "V" 字形白色斑。眼域两侧平行，并布有黑色长刚毛，前眼列稍后曲，后中眼位于前、后侧眼之间偏后。额高相当于前中眼直径。螯肢褐色，前齿堤 2 齿，第 1 齿较大；后齿堤仅 1 小齿。触肢黄色。颚叶、下唇皆显灰褐色。胸甲橄榄形，呈黑褐色，布有白色长毛。步足黄褐色，基节为黄色，并彼此接近，其余各节具黑色轮纹，第 III 步足长于第 IV 步足；第 I 步足胫节内侧有 3 根长刺 (前 2，后 1)，外侧有 3 根长刺；第 II 步足胫节内侧有 2 根长刺，外侧有 3 根长刺；第 I、II 步足后跗节内侧有 4 根长刺 (前 2，后 2)，外侧有 2 根长刺 (前 1，后 1)，跗节具毛丛。腹部呈卵圆形，背面正中显灰黄色，密被白毛及棕色细毛，其两侧为黑褐色。腹部腹面中央部位呈黄色，其两侧布有褐色与黄色相间的斜行麻纹。纺器棕褐色。栖息于林间草丛 (引自 Hu et Wu, 1989)。

雄蛛：尚未发现。

观察标本：无。

地理分布：新疆；欧洲。

2. 暗跳蛛属 *Asemonea* O. P. -Cambridge, 1869

Asemonea O. P. -Cambridge, 1869: 52-74.

Type species: *Lyssomanes tenuipes* O. P. -Cambridge, 1869.

后中眼移到前侧眼内侧；雄性触肢腿节腹面有沟，远端有突起。

该属已记录有 21 种，主要分布在非洲、南亚和东南亚，中国已记录 2 种。

(3) 四川暗跳蛛 *Asemonea sichuanensis* Song et Chai, 1992 (图 6)

Asemonea sichuanensis Song et Chai, 1992: 76, f. 1A-E (♂); Song et Li, 1997: 430, f. 37A-E (♂); Song, Zhu et Chen, 1999: 505, f. 288K-L (♂); Zhang, Chen et Kim, 2004: 7, f. A-F (♀♂).

雌蛛：体长 4.50-4.80。体长 4.80 者，头胸部长 1.80，宽 1.50；腹部长 3.00，宽 1.70。前眼列宽 1.20，后眼列宽 0.80。背甲淡黄色，眼域稍隆起。前中眼基部黄色，其余各眼基部深黑色，8 眼后部均有稀疏白色长毛。后侧眼后有 1 对浅黑色纵带直达背甲末端。额部灰色。中窝浅褐色，细棒状。颈沟、放射沟不明显。胸甲卵圆形，前端稍宽，浅黄色，光滑无毛。螯肢淡黄色，前齿堤 3 齿，后齿堤 6 齿。颚叶、下唇黄色，颚叶远端向外倾斜，末端具较密浅黄色绒毛。下唇宽大于长。步足淡黄色，各步足腿节有 5 根背刺，近膝节端一排 3 个，近端 1 个较小。各步足胫节两端的后侧面均有 1 块浅黑色斑，第 I、II 步足的胫节、后跗节腹面均有 5 对粗刺。足式：I，IV，III，II。腹部长卵形，后端 1/3 处最宽，腹末较尖。腹背淡黄色，光滑无毛，肌痕不明显，腹背有数个浅灰色斑点 (不同个体中斑点浓淡不一)，腹背前侧有 3 对斑点，后部中线上有 2 个斑点。腹面浅黄色，无斑纹。纺器淡黄色。外雌器浅褐色，交媾腔横向裂缝状，交媾管细小，纳精囊分为两

室 (引自 Zhang, Chen *et* Kim, 2004)。

雄蛛：体长 5.24；头胸部长 2.07，宽 1.67；腹部长 3.10，宽 1.19。前眼列宽 1.29，后眼列宽 0.91，眼域长 0.65，前侧眼后凹。背甲黑色。螯肢黄色，前齿堤 3 齿，后齿堤 4 齿。颚叶、下唇及胸甲均呈褐色。第 I 步足胫节有刺 v2-2-1-3-2-2，后跗节腹面有刺 4 对。腹部背面褐色，尾部有 1 个黑色圆斑。腹部腹面黄色 (引自 Song *et* Chai, 1992)。

观察标本：正模♂，副模 1♂，四川武隆县，1989.VI.13 (IZCAS)，采集人不详；3♀，湖南石门壶瓶山江坪，2003.VII.6-8，唐果、文菊华采。

地理分布：湖南 (石门)、四川、贵州。

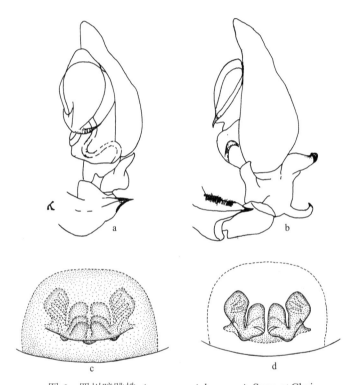

图 6　四川暗跳蛛 *Asemonea sichuanensis* Song *et* Chai

(a, b 仿 Song *et* Chai, 1992; c, d 仿 Zhang, Chen *et* Kim, 2004)

a-b. 触肢器 (palpal organ): a. 腹面观 (ventral), b. 后侧观 (retrolateral), c. 生殖厣 (epigynum), d. 阴门 (vulva)

(4) 三点暗跳蛛 *Asemonea trispila* Tang, Yin *et* Peng, 2006 (图 7)

Asemonea trispila Tang, Yin *et* Peng, 2006: 547, f. 1-3 (D♀).

雌蛛：体长 3.10；头胸部长 1.30，宽 0.80；腹部长 1.80，宽 0.95。背甲淡黄色，斑纹黑色。前中眼眼基黑色，其余各眼基部深黑色，8 眼后部均有稀疏白色长毛。后侧眼后有 1 对黑色纵带直达背甲末端。额部灰色。中窝浅褐色，细棒状。颈沟、放射沟不明显。胸甲卵圆形，前端稍宽，浅黄色，光滑无毛。螯肢淡黄色，前齿堤 3 齿，后齿堤 5

齿。颚叶、下唇淡黄色，颚叶端部向外倾斜，浅黄色绒毛。下唇宽大于长。步足淡黄色，各步足胫节两端的后侧面各有 1 块浅黑色斑，第 I、II 步足的腿节具 1 排弱小的背刺，共 9 个；第 I、II 步足的胫节、后跗节各有 4 对粗壮的腹刺。腹部长卵形，前端较宽，末端稍尖，向后突出。腹背浅黄色，斑纹黑色，似京剧脸谱，十分醒目；肌痕不明显。腹面淡黄色，无斑纹。纺器淡黄色。

本种与田中暗跳蛛 *Asemonea tanikawai* Ikeda, 1996 相似，但有以下区别：①本种腹背斑纹大而清晰且对称，腹背末端有 3 个明显的黑色点状斑；②本种纳精囊粗，交媾管未见及。

雄蛛：尚未发现。

观察标本：1♀，湖南石门壶瓶山南坪，2003.VII.4，陈媛采。

地理分布：湖南 (石门)。

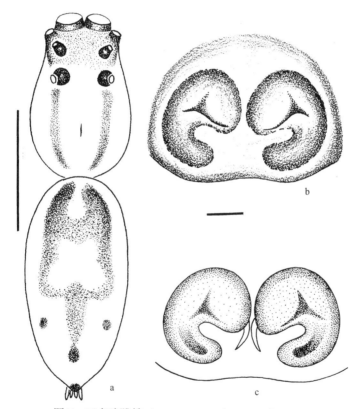

图 7　三点暗跳蛛 *Asemonea trispila* Tang, Yin *et* Peng

a. 雌蛛外形 (body ♀), b. 生殖厣 (epigynum), c. 阴门 (vulva)　比例尺 scales = 1.00 (a), 0.10 (b-c)

3. 亚蛛属 *Asianellus* Logunov *et* Heciak, 1996

Asianellus Logunov *et* Heciak, 1996: 104.

Type species: *Euophrys festivus* C. L. Koch, 1834.

眼域部分有棒状毛，背甲有闪光的鳞片。体大，长 4.5-8.5。前齿堤 2 齿，基部相连，后齿堤 1 齿。雌蛛触肢无顶爪，交媾孔小，彼此远离，生殖厣有兜。雄性触肢器具胫节突 2 个。插入器细，螺旋状，端部膨大。

该属已记录有 5 种，主要分布在东亚、欧洲、西伯利亚，中国记录 3 种。

种 检 索 表

1. 雄蛛···2
　　雌蛛···3
2. 触肢器腹面观可见插入器···波氏亚蛛 *A. potanini*
　　触肢器腹面观未见插入器···丽亚蛛 *A. festivus*
3. 交媾腔远离兜···丽亚蛛 *A. festivus*
　　交媾腔靠近兜···4
4. 交媾腔圆形···波氏亚蛛 *A. potanini*
　　交媾腔半圆形··榆中亚蛛 *A. yuzhongensis*

(5) 丽亚蛛 *Asianellus festivus* (C. L. Koch, 1834) (图 8)

Euophrys festiva C. L. Koch, 1834: 123, figs. 5-6 (D); Zhu *et* Shi, 1983: 199, figs. 180a-e (♀♂); Chen *et* Zhang, 1991: 318, fig. 338 (♀).

Phlegra pichoni Schenkel, 1963: 438, figs. 251a-b (D♂); Yin *et* Wang, 1979: 36, figs. 20A-E (♀♂); Hu, 1984: 383, figs. 398.1-3 (♀♂); Chen *et* Gao, 1990: 191, figs. 244a-b (♀♂, misidentified).

Phlegra festiva (C. L. Koch, 1834): Weiss, 1979b: 246, figs. 21-25 (♀♂); Zhang, 1987: 249, figs. 221.1-4 (♀♂); Peng *et al.*, 1993: 168, figs. 590-597 (♀♂); Song, Chen *et* Zhu, 1997: 1739, figs. 51a-b (♀).

Asianellus festivus (C. L. Koch, 1834): Logunov *et* Heciak, 1996: 106, figs. 1-5, 8, 10, 17-19, 23-28, 39 (T♀♂ from *Phlegra*, S); Song, Zhu *et* Chen, 1999: 505, figs. 288M-O, 289B-C (♀♂); Peng *et al.*, 2003: 92.

雌蛛：体长 6.00-9.00。体长 6.80 者，头胸部长 3.80，宽 3.00；腹部长 3.50，宽 3.00。背甲黄褐色，后侧眼后方有 2 条浅色纵带，直达头胸部末端。眼域方形，长 1.40，宽 1.80。螯肢前齿堤 2 齿，后齿堤 1 齿。腹部背面灰黑色，两侧各有 2 个白色圆斑。后端中央有 2 条锯齿状的纵带，相对而立。两侧有 4 对白色条斑。生殖厣中央有 1 大的钟形兜，其两侧上方隐约可见纳精囊及交媾管。

雄蛛：体长 5.00-6.00。体长 5.10 者，头胸部长 2.80，宽 2.10；腹部长 2.30，宽 1.80。前眼列宽 1.60，后眼列宽 1.50，眼域长 1.00。体色及斑纹同雌蛛。腹部背面后端有 4-5 个浅色"山"字形纹。触肢器具胫节突 2 个，腹侧胫节突宽，呈板状；后侧胫节突细长、膜质、指状；插入器不易见及；生殖球基部中间有 1 个凹陷。

观察标本：1♂，湖南张家界，1984.Ⅷ.25，张永靖采；1♀，湖南长沙岳麓山，1986.Ⅵ.24，谢莉萍采；1♀，湖南沅陵棉田，1♀，湖南炎陵，1981.Ⅶ.30，1♀，湖南炎陵中村，1981.Ⅶ.30，张永靖采；1♀，广西兴安山稻，张永强采 (GAU)；4♂4♀，湖北英山长冲，

1983.Ⅳ，1♀，陕西佛平窑沟，海拔 870-1000m，1998.Ⅶ.25，陈军采 (SP 98051)；1♀，甘肃文县文碧口镇碧峰沟，海拔 900-1500m，1998.Ⅵ.25，陈军采 (SP 98006)；5♂6♀，河北涞水野三坡，2001.Ⅴ.12-13，彭贤锦采；1♀1♂，内蒙古呼和浩特；1♀，西南农学院，1♀，贵州湄潭，1983.Ⅴ.4，李富江采；1♀，四川 (Shin Kai Shi)，1934.Ⅶ.6-25，D. C. Graham 采。

地理分布：北京、河北、内蒙古、吉林、黑龙江、浙江、安徽、山东、湖南（长沙、张家界、沅陵、炎陵）、广西、贵州、西藏、陕西、甘肃；欧洲，西伯利亚，韩国，蒙古。

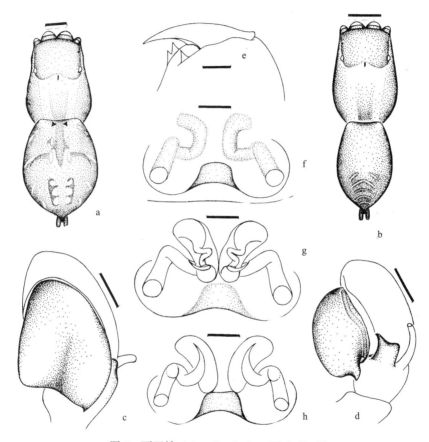

图 8　丽亚蛛 *Asianellus festivus* (C. L. Koch)

a-b. 外形 (body)：a. 雌蛛 (♀)，b. 雄蛛 (♂)，c-d. 触肢器 (palpal organ)：c. 腹面观 (ventral)，d. 后侧观 (retrolateral)，e. 雌性螯肢 (chelicera ♀)，e. s 生殖厣 (epigynum)，g-h. 阴门 (vulva)：g. 背面观 (dorsal)，h. 腹面观 (ventral)

比例尺 scales = 1.00 (a-b), 0.10 (c-h)

(6) 波氏亚蛛 *Asianellus potanini* (Schenkel, 1963) (图 9)

Phlegra potanini Schenkel, 1963: 436, figs. 250a-b (D♂).

Asianellus potanini (Schenkel, 1963): Logunov *et* Heciak, 1996: 113, figs. 7, 12, 31-32, 36, 49-56 (T♀♂ from *Phlegra*); Song, Zhu *et* Chen, 1999: 506, figs. 288P-Q, 289D (♀♂).

雄蛛：头胸部长 2.88，宽 2.20；腹部长 2.88，宽 2.33。后侧眼处高 1.13。前眼列宽 1.53，后眼列宽 1.53，眼域长 1.23。前中眼直径 0.43。螯肢长 1.03。额高 0.25。背甲黄棕色夹杂黑色斑纹，中间和侧面覆盖棕色毛发。后侧眼后端有 2 条纵向的白色带状纹。眼域黑色，覆盖绿色闪光鳞片，前部密布直立短刺。额黄色披稀疏黑毛，前眼列周围有白毛。胸甲、下唇呈黄色到棕色不等。颚叶、螯肢黄色。步足黄色，有黄棕色不等的斑纹。第 I 步足跗节、后跗节较其他部分颜色略深。腹部黑灰色到灰色，背面有 2 条纵向的黑棕色毛发带。此毛发带在颜色偏黑的标本上，有时不明显，有时呈现为闪光鳞片。腹面黄色到灰黄色不等。纺器棕色。触肢的基节、腿节、膝节、胫节呈黄色。跗舟和盾片呈棕色。膝节、胫节背面被浓密白毛。

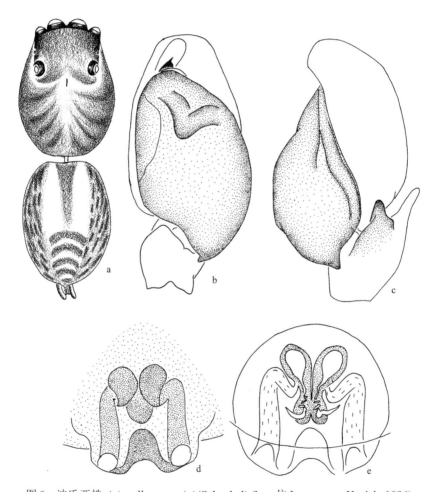

图 9　波氏亚蛛 *Asianellus potanini* (Schenkel) (b-e 仿 Logunov *et* Heciak, 1996)

a. 雌蛛外形 (body ♀), b-c. 触肢器 (palpal organ): b. 腹面观 (ventral), c. 后侧观 (retrolateral), d. 生殖厣 (epigynum), e. 阴门 (vulva)

雌蛛：头胸部长 3.38，宽 2.40，后侧眼处高 1.53；腹部长 4.13，宽 3.25。前眼列宽 4.55，后眼列宽 1.64，眼域长 1.33。前中眼 0.40。螯肢长 1.20。额高 0.30。颜色较雄蛛浅。步足黄色夹杂棕色斑纹。背甲黄棕色，眼域棕色。额黄色到橘黄色不等，密布白色毛发。眼域前部着短小硬刺。鳞片黄色夹杂淡灰色。颚叶、下唇黄色。螯肢棕黄色。背面呈黄灰色。2 条纵向的斑纹不明显。纺器棕色。触肢黄色，有时腿节的基部有灰色斑纹（引自 Logunov *et* Heciak, 1996）。

观察标本：1♂，甘肃，Ⅴ.24 (Paris)。

地理分布：甘肃；阿塞拜疆，蒙古，哈萨卡至蒙古山脉。

(7) 榆中亚蛛 *Asianellus yuzhongensis* (Yang *et* Tang, 1996) comb. nov. (图 10)

Phlegra yuzhongensis Yang *et* Tang, 1996: 104, figs. 1.1-5 (D♀).

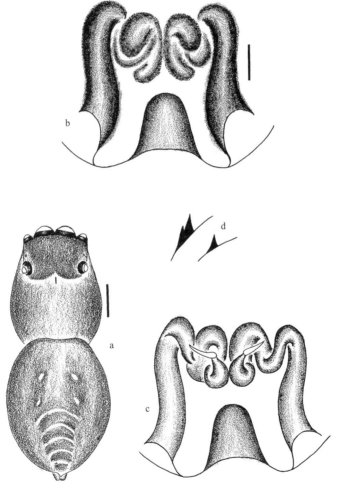

图 10　榆中亚蛛 *Asianellus yuzhongensis* (Yang *et* Tang)

a. 雌蛛外形 (body ♀), b. 生殖厣 (epigynum), c. 阴门 (vulva), d. 雌性螯肢齿堤 (cheliceral teeth ♀)

比例尺 scales = 1.00 (a), 0.10 (b-d)

　　雌蛛：体长 8.50；头胸部长 4.21，宽 3.21；腹部长 4.71，宽 3.71。前眼列宽 1.96，后眼列宽 2.07，眼域长 1.38。头胸甲黄褐色，覆以短白毛。中窝之前方凹。后侧眼后方至头胸甲末端有 2 条由白毛覆盖而成的纵带。眼域黑色，前方和侧缘有棕色长毛。螯肢红褐色，前齿堤 2 齿，基部愈合，后齿堤 1 齿。颚叶黄色，近内侧白色，有细的棕色边。下唇浅褐色，胸甲呈橄榄形，黄色，边缘色暗。步足粗壮，黄褐色，有不规则褐斑。第 I 步足胫节腹面有 3 对刺，后跗节腹面有 2 对刺；第 II 步足刺同第 I 步足。腹部灰黑色，具红棕色及灰白色毛，由此毛组成多个 "W" 字形横带，中部后方约有 6 条细的黄色横纹。腹面淡黄色，有零星灰褐色斑点。纺器小，呈浅褐色。

　　雄蛛：尚未发现。

　　观察标本：正模♀，副模 1♀，甘肃省榆中县兴隆山自然保护区 (LZU) (未镜检)，1982. VII.3。

　　地理分布：甘肃。

4. 菱头蛛属 *Bianor* Peckham *et* Peckham, 1886

Bianor Peckham *et* Peckham, 1886: 284.

Type species: *Bianor incitatus* Thorell, 1890.

　　头胸部菱形，略扁平，稍肥大，长约大于宽。眼域梯形，后眼列约比前眼列宽 1/3。有的雄蛛腹部具盾片，多数种有白毛覆盖而成的白斑。有的具 "人" 字形斑。第 I 步足肥厚，但没有蛤莫蛛属 *Harmochirus* 所具有的特别膨大的腿节及羽毛状的刺。生殖厣有 1 大的钟形兜，位于卵圆形陷窝中，交媾管缠绕成环，包在不易见及的纳精囊周围。雄性触肢的种间差别很小，难以区分。

　　本属从触肢器结构及生殖厣来看与蛤莫蛛属 *Harmochirus* 很相似，且本属中个别种雄蛛第 I 步足也有羽毛状刺，蛤莫蛛属 *Harmochirus* 的雌蛛生殖厣也有钟形兜。在研究本属标本时，笔者发现雄的种类很少而雌的种类很多，可能是雄蛛交媾后很快死亡或雌雄个体成熟季节不同所致。

　　本属全球共记录了 23 种，分布广泛，中国记录 3 种。

种 检 索 表

1.　雄蛛 ·· 2
　　雌蛛 ·· 3
2.　插入器起始于 9:00 点位置 ··· 华南菱头蛛 *B. angulosus*
　　插入器起始于 6:00 点位置 ··· 裂菱头蛛 *B. incitatus*
3.　外雌器的兜钟形 ··· 香港菱头蛛 *B. hongkong*
　　外雌器的兜近方形 ·· 华南菱头蛛 *B. angulosus*

(8) 华南菱头蛛 *Bianor angulosus* (Karsch, 1879) (图 11)

Ballus angulosus Karsch, 1879d: 553 (D♀).

Bianor hotingchiehi Schenkel, 1963: 434, figs. 249a-f (D♂); Yin *et* Wang, 1979: 27, figs. 1A-E (♀♂, D♀); Yin *et* Wang, 1981b: 268, figs. 1A-H (♀♂); Hu, 1984: 354, figs. 368.1-5 (♀♂); Zabka, 1985: 210, figs. 1-15 (♀♂); Song, 1987: 286, figs. 243 (♀♂); Feng, 1990: 198, figs. 173.1-6 (♀♂); Chen *et* Gao, 1990: 180, figs. 229a-c (♀♂); Chen *et* Zhang, 1991: 288, figs. 301.1-5, 302.1-6 (♀♂); Song, Zhu *et* Li, 1993: 883, figs. 58A-D ♀♂); Peng *et al.*, 1993: 26, figs. 34-42 (♀♂); Zhao, 1993: 391, figs. 195a-c (♀♂); Song, Zhu *et* Chen, 1999: 506, figs. 289J, 290A, 324M (♀♂); Hu, 2001: 375, figs. 233.1-4 (♀♂).

Bianor angulosus (Karsch, 1879): Zabka, 1988: 442, figs. 56-58 (T♀ from *Simaetha*).

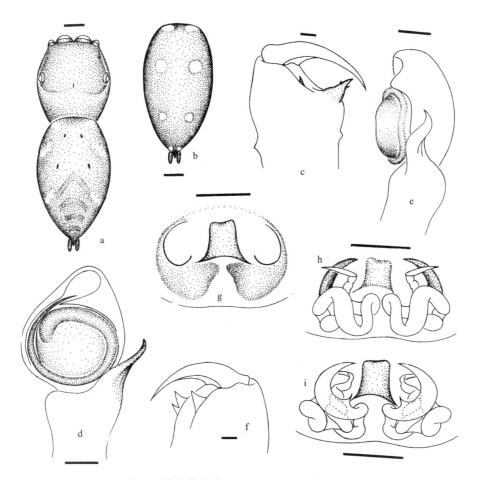

图 11　华南菱头蛛 *Bianor angulosus* (Karsch)

a. 雄蛛外形 (body ♂), b. 雌蛛腹部 (abdomen ♀), c. 雄性螯肢 (chelicera ♂), d-e. 触肢器 (palpal organ): d. 腹面观 (ventral),
e. 后侧观 (retrolateral), f. 雌性螯肢 (chelicera ♀), g. 生殖厣 (epigynum), h-i. 阴门 (vulva): h. 背面观 (dorsal), i. 腹面观
(ventral) 比例尺 scales = 0.50 (a, b), 0.10 (c-i)

雌蛛：体长 4.00-5.80。头胸甲黑褐色。眼域长、宽约相等，占头胸甲的 1/2。胸甲红褐色，前、后端皆平削。螯肢前齿堤 2 齿，后齿堤 1 齿。腹部背面浅褐色，隐约可见 3 对白斑，后端有黑色"山"字形纹 4-5 个。腹部腹面浅褐色。外雌器兜前缘稍狭于后缘，稍凹陷。交媾管缠绕较简单。

雄蛛：体长 4.00-5.50。头胸甲黑褐色，有 3 对白斑：中部 1 对，第 2、3 眼列后方各有 1 对。螯肢前齿堤 2 齿，基部的齿宽大，两侧各有 1 突起，后齿堤 1 齿。腹部背面橘褐色，有白斑 4 对，最末 1 对较小。腹部腹面黄褐色。触肢器的插入器稍粗短。胫节突细长，末端弯曲呈钩状。

观察标本：1♂2♀，湖南湘阴，1980.XI，胡自强采；1♂1♀，湖南张家界，1986.X，王家福采；1♂，湖南城步，1982.VIII，张永靖采；1♂，湖南慈利，1986.VII，彭贤锦采；2♂，湖南江永，1982.VIII.12，张永靖采。

地理分布：江苏、浙江、安徽、山东、江西、河南、湖南 (长沙、慈利、张家界、湘阴、绥宁、城步、江永)、广东、广西、四川、贵州、云南、陕西；越南，印度。

(9) 香港菱头蛛 *Bianor hongkong* Song, Xie, Zhu *et* Hu, 1997 (图 12)

Bianor hongkong Song, Xie, Zhu *et* Hu, 1997: 149, figs. 1A-C (D♀); Song, Zhu *et* Chen, 1999: 506, figs. 289G-H (♀).

雌蛛：体长 3.16 者，头胸部长 1.45，宽 1.35；腹部长 1.45，宽 1.14。前眼列 1.10，中眼列 1.10，后眼列 1.32，眼域长 0.71 (约为头胸部长的 1/2)。头胸部后部中线处有 1 长而尖的三角形区域，有黑色斑纹。头胸部其余部分密布白色长毛，间杂稀疏的褐色长毛。头胸部在后眼列处最高，由此处向前、后方倾斜。自侧面观，头胸部两侧在眼的下方分成宽度相当而色泽明显不同的 2 条纵带：上面 1 条为无毛的褐色带；下面 1 条密布排列整齐的白色长毛，构成 1 条白色带。螯肢前齿堤 2 齿。后齿堤 1 齿。中窝不明显。胸甲暗褐色。第 I 步足各节粗壮，色深，淡红褐色，有一些深黑褐斑。其余 3 足黄褐色，有一些黑褐斑。第 I、II 步足的胫节和后跗节的腹面各有 2 对粗壮的侧刺。腹部背面密布灰白色长毛，间杂一些褐色毛，近前缘有 1 圈弧形排列的稀疏褐斑，中部向后具 1 倒"U"字形的黑褐斑。纺器上方有褐斑，纺器周围有褐色毛包围 (引自 Song et al., 1999)。

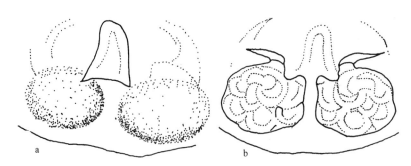

图 12　香港菱头蛛 *Bianor hongkong* Song, Xie, Zhu *et* Hu (仿 Song *et al*., 1999)
a. 生殖厣 (epigynum), b. 阴门 (vulva)

雄蛛：尚未发现。

观察标本：正模♀，香港新界河上乡，1995.Ⅷ.21，草地，陷阱法 (未镜检)。

地理分布：香港。

(10) 裂菱头蛛 *Bianor incitatus* Thorell, 1890 (图 13)

Bianor incitatus Thorell, 1890c: 159 (D♀).

Bianor maculatus Peng, 1989: 158, figs. 1A-C (D♂, misidentified); Peng *et al.*, 1993: 29, figs. 46-49 (D♂, misidentified); Song, Zhu *et* Chen, 1999: 506, figs. 289K, 324N (D♂, misidentified).

雄蛛：体长 3.70-4.50。体长 3.70 者，头胸部长 1.70，宽 1.40；腹部长 2.00，宽 1.60。前眼列宽 1.00，后中眼偏前，后眼列宽 1.40，眼域长 1.00。头胸甲黑褐色，密被白毛，边缘黑色，其内为白色缘带。胸部正中及后眼列后方有白斑。中窝明显，有白毛。胸甲黑褐色，边缘有长毛。螯肢黑褐色，前齿堤 2 齿 (板齿)，后齿堤 1 齿。步足红褐色，具黄色环纹，被有白毛。腹部长卵形，被白毛，两侧有白斑 3 对，前端正中有 1 个白斑。腹部腹面灰色至灰黑色，被白毛，有 4 条以上由黄色小点形成的纵条纹，有的个体在 2 条纹之间尚有红色小点。插入器细长，远端部分丝状。生殖球宽明显大于长。胫节突细长，远端稍弯曲。

雌蛛：尚未发现。

观察标本：1♂，湖南长沙，湖南师大附中，1984.Ⅵ.6，刘明耀采 (HUN)；1♂，湖南湘阴，1980.Ⅶ.25，尹长民采 (HUN)；1♂，广西钦州，1981.Ⅷ，采集人不详 (HUN)。

地理分布：湖南 (长沙、湘阴)、广西、云南；越南，澳大利亚。

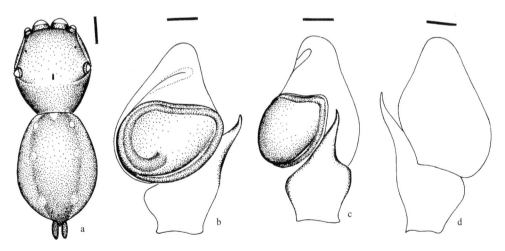

图 13　裂菱头蛛 *Bianor incitatus* Thorell

a. 雄蛛外形 (body ♂), b-d. 触肢器 (palpal organ)：b. 腹面观 (ventral), c. 后侧观 (retrolateral), d. 背面观 (dorsal)

比例尺 scales = 0.10 (a), 0.50 (b-d)

5. 贝塔蛛属 *Brettus* Thorell, 1895

Brettus Thorell, 1895: 345.

Type species: *Brettus cingulatus* Thorell, 1895.

后中眼膨大，背甲边缘有由白毛形成的宽的缘带，螯肢前齿堤 3 齿，后齿堤 3-4 齿。雄蛛第 I 步足腿节上有槽状腿节器；触肢胫节上有瓶状凹陷，其上着生有突起。生殖厣有长的中导管。

该属已记录有 6 种，主要分布在东南亚，中国记录 1 种。

(11) 白斑贝塔蛛 *Brettus albolimatus* Simon, 1900 (图 14)

Brettus albolimatus Simon, 1900d: 31 (D♀); Peng *et* Kim, 1998: 411, figs. 1A-C (♀).

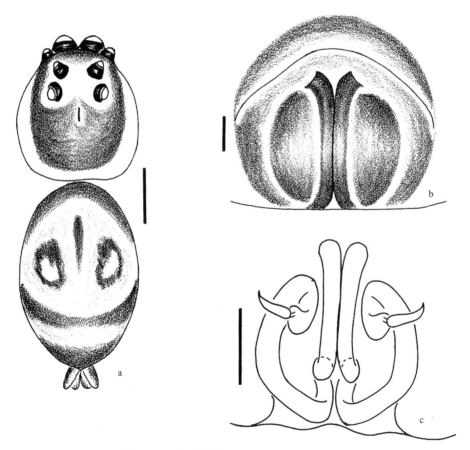

图 14　白斑贝塔蛛 *Brettus albolimatus* Simon
a. 雌蛛外形 (body ♀), b. 生殖厣 (epigynum), c. 阴门 (vulva)　比例尺 scales = 1.00 (a), 0.10 (b-c)

雌蛛：体长 5.5；头胸部长 2.3，宽 2.0，腹部长 3.2，宽 2.1。后中眼宽 1.35，后眼列宽 1.2，眼域长 0.9。背甲褐色，被白色及褐色毛，两侧及后缘为 1 宽的由白毛覆盖而成的白带。前眼列强后曲，前中眼直径稍大于前侧眼半径，后中眼发达，几乎与前后侧眼等大，且具有明显的眼丘，中窝暗褐色，纵条状。胸甲长形，边缘平滑，前后缘约等宽，浅褐色，被褐色长毛。额褐色，高不及前中眼半径，被白毛，前缘有褐色刚毛。额褐色，被白色及褐色毛，前齿堤 3 齿，第 1、2 齿较大，后齿堤 4 小齿。颚叶、下唇褐色，端部色浅，具绒毛。触肢白色。步足褐色，具强刺及环纹，第 I、II 步足除端部 2 节外深褐色，腹面具有浓密的刷状毛，第 I、II 步足腿节腹面具有白色羽状毛。第 IV 步足胫节端部腹面具刷状毛。腹部长卵形，背面黄褐色，有由暗褐色刚毛覆盖而成的斑纹，心脏斑棒状，其后端两侧有 1 对眼状斑，末端有 2 条横纹，前缘为弧形纹。腹面黄褐色，中央有 2 条黑色纵带。纺器暗褐色。

雄蛛：尚未发现。

观察标本：1♀，云南，1987.X，王家福采 (HNU) (已镜检)。

地理分布：云南；印度，斯里兰卡，缅甸，泰国，马来西亚，印度尼西亚。

6. 布氏蛛属 *Bristowia* Reimoser, 1934

Bristowia Reimoser, 1934: 17.

Type species: *Bristowia heterospinosa* Reimoser, 1934.

中、小型蜘蛛。眼域长占头胸部长的 1/2 以上；后侧眼明显大于前侧眼；螯肢后齿堤 1 板齿且分叉；第 I 步足长而粗大，胫节下有扁平毛及强刺。

本属全球仅记录 2 种，已知分布于韩国、越南、印度尼西亚、中国。中国记录 1 种。因模式标本为 Bristowe 所采而得此属名。

(12) 巨刺布氏蛛 *Bristowia heterospinosa* Reimoser, 1934 (图 15)

Bristowia heterospinosa Reimoser, 1934a: 17, figs. 1-3 (D♀♂); Peng et al., 1993: 30, figs. 50-57 (♀♂);
　　Song et Li, 1997: 431, figs. 38A-D (♀♂); Song, Zhu et Chen, 1999: 506, figs. 289L-M, 290C (♀♂).

雄蛛：体长 3.00-3.60。体长 3.60 者，头胸部长 1.75，宽 1.30；腹部长 1.80，宽 1.13。头胸部粗壮，头胸甲高而隆起，红褐色，少毛，边缘有黑边。头胸甲在后侧眼后方倾斜，因而后侧眼的位置最高。中窝后方有放射状黑褐线。前眼列宽 1.15，后中眼居中，后眼列宽 1.25，后侧眼大于前侧眼。眼域长 0.95，眼周围黑色。胸甲黄色发亮，卵圆形，前端平切。螯肢深红褐色，前齿堤 2 齿，后齿堤 1 板齿，端部分成 2 大叉，在 2 大叉之间有 1 小分叉。颚叶、下唇褐色，下唇长等于宽。第 I 步足长而强大，基节和转节明显伸长，分别为第 II 步足基节和转节长度的 2 倍。第 I 步足胫节下方有由扁平毛形成的长毛刷，并有 3 对强刺。第 I 步足后跗节下方有 2 对强刺，跗节黄色，其余各节红褐色。第 II、III、IV 步足黄色，第 IV 步足长于第 III 步足。腹部背面灰褐色，有不规则斑纹。腹部腹面黄色，自生殖沟至纺器前有 2 条褐色纵带。触肢黄色，生殖球不特别膨大，胫节突较窄而尖，插入器短而直，如刺状。

雌蛛：体长 3.50-3.60。体长 3.60 者，头胸部长 1.60，宽 1.36；腹部长 2.00，宽 1.16。前眼列宽 1.00，后眼列宽 1.10，眼域长 0.94。外形和雄蛛相似，但体色较浅。螯肢、颚叶、下唇皆浅黄色。第 I 步足基节、转节稍短，其他各步足基节、转节、后跗节及跗节皆为黄色，其余各节红褐色。外雌器半透明，纳精囊及交媾管清晰可见。纳精囊球形，交媾管细长，呈倒 "U" 字形。

观察标本：1♀1♂，湖南绥宁，1982.Ⅷ，张永靖采；1♂，贵州湄潭，1985.Ⅴ，李富江采；1♀1♂，云南，1981.Ⅷ，王家福采。

地理分布：湖南 (绥宁)、贵州、云南；韩国，越南，印度尼西亚。

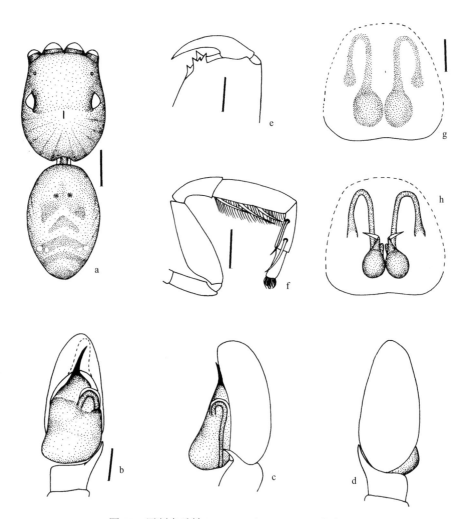

图 15　巨刺布氏蛛 *Bristowia heterospinosa* Reimoser

a. 雄蛛外形 (body ♂), b-d. 触肢器 (palpal organ): b. 腹面观 (ventral), c. 后侧观 (retrolateral), d. 背面观 (dorsal), e. 雄蛛螯肢 (chelicera ♂), f. 雄蛛第 I 步足 (leg I ♂), g. 生殖厣 (epigynum), h. 阴门 (vulva) 比例尺 scales = 0.50 (a, f), 0.10 (b-e, g-h)

7. 缅蛛属 *Burmattus* Prószyński, 1992

Burmattus Prószyński, 1992: 89.
Type species: *Plexippus pococki* Thorell, 1895.

中型蜘蛛，外形与猎蛛属 *Evarcha* 有些相似。触肢器结构特殊，插入器军刀状，胫节突长而弯曲，与膨大的跗舟侧缘相关节。跗舟侧面在接近胫节突处有 1 凹槽，此槽边缘有 1 束弯曲的刚毛。

本属已记录 4 种，分布于中国、东南亚。中国记录 3 种。

种 检 索 表

1.　插入器内可见射精管 ·· 中国缅蛛 *B. sinicus*
　　插入器内未见射精管 ·· 2
2.　背面观胫节突中部膨大 ·· 西藏缅蛛 *B. nitidus*
　　背面观胫节突中部不膨大 ·· 波氏缅蛛 *B. pococki*

(13) 西藏缅蛛 *Burmattus nitidus* (Hu, 2001) comb. nov. (图 16)

Marpissa nitidus Hu, 2001: 393, figs. 249.1-5 (D♂).

雄蛛：体长 6.10；头胸部长 3.00，宽 2.20；腹部长 3.05，宽 2.00。头胸部扁平，眼域及胸区后端呈黑褐色，在二者之间为 1 个赤褐色"人"字形区，眼域宽大于长，两侧近乎平行，并布有白色短毛，眼域长小于头胸部长的 1/2。前眼列后曲，第 2 行眼位于第 1 行与第 3 行眼中间位置。螯肢栗褐色，螯爪赤褐色，在螯爪的内缘中段位置有 1 个齿突。前齿堤 2 齿，其两齿的基部相连，且显著突出；后齿堤 1 齿。触肢器黑褐色，其腿节远端外侧有 1 根短刺，触肢器的跗舟黑褐色，其基部外缘有 1 列粗长的梳毛，胫节突呈长指状，在其中段位置略显膨大，顶端尖突并向背侧扭曲。插入器粗壮，但顶部尖锐如刺。颚叶栗褐色。下唇长大于宽，与颚叶同色，前缘具白色宽边。胸甲橄榄形、黄褐色，周缘具褐色宽边，布有褐色长毛。步足黄褐色，有黑色轮纹，第 I 步足粗壮，其胫节有 4 对腹刺；第 II 步足胫节有 4 对腹刺；第 I、II 步足后跗节各有 2 对腹刺。腹部长椭圆形，其后端较尖细，背面为黄白色，密布黑色点斑及黑色长毛，心脏斑部位及其前缘显赤黄色，心脏斑两侧各有 3 个黑斑，两两对称排列；另外，在尾端的正中线还有 1 个较大的倒三角形黑斑。腹部腹面黑褐色。纺器棕褐色 (引自 Hu, 2001)。

雌蛛：尚未发现。

观察标本：正模♂，西藏噶尔 4300m，1988.VI.13，江巴采 (未镜检)。

地理分布：西藏。

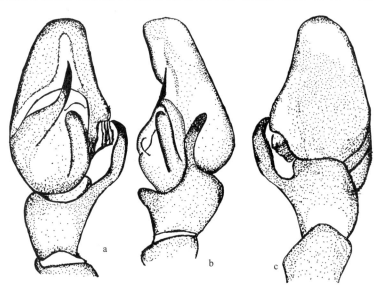

图 16 西藏缅蛛 *Burmattus nitidus* (Hu) (仿 Hu, 2001)

a-c. 触肢器 (palpal organ): a. 腹面观 (ventral), b. 后侧观 (retrolateral), c. 背面观 (dorsal)

(14) 波氏缅蛛 *Burmattus pococki* (Thorell, 1895) (图 17)

Plexippus pocockii Thorell, 1895: 368 (D♀♂; N. B. : omitted by Roewer).

Burmattus pococki (Thorell, 1895): Prószyński, 1992a: 89 (T♀♂ from *Plexippus*); Xie, 1993: 358, figs. 1-5 (♀♂); Peng *et al.*, 1993: 32, figs. 58-65 (♀♂); Song, Zhu *et* Chen, 1999: 507, figs. 289N, 290D-E, 324O (♀♂).

雄蛛: 体长 4.20-6.00。体长 6.30 者, 头胸部长 2.90, 宽 2.53; 腹部长 3.40, 宽 1.70。前眼列宽 2.05, 后眼列宽 2.05, 眼域长 1.35。头胸甲橘黄色, 两侧弧形。侧缘及后缘褐色, 侧缘有黄色圆斑并被灰白色鳞状毛。胸甲橘黄色。螯肢褐色, 前齿堤 2 齿, 后齿堤 1 齿。颚叶、下唇褐色, 端部黄白色。第 I、II 步足的腿节、膝节、胫节褐色, 后跗节、跗节黄色, 第 III、IV 步足淡黄色, 有褐色环纹。腹部背面黄褐色, 正中带前端橘黄色, 后端黄褐色, 后端有 4 个黄色卵圆形斑, 被灰白色毛。腹部腹面黄褐色底, 正中带楔形, 褐色。纺器黄褐色。触肢器细长, 插入器长刀形, 胫节突很大。跗舟侧面在接近胫节突处有 1 横沟槽, 此沟边缘生有 1 簇褐色刚毛。

雌蛛: 体长 6.50-7.50。体长 6.70 者, 头胸部长 3.20, 宽 2.52; 腹部长 3.50, 宽 2.08。体色较雄蛛淡, 头胸甲橘黄色。眼域黄褐色, 眼周围黑褐色。前眼列宽 2.10, 后眼列宽 2.10, 眼域长 1.35。胸甲淡黄色, 螯肢、颚叶、下唇皆橘黄色。步足橘黄色, 被淡褐色毛和刺。腹部卵形, 背面颜色、斑纹都与雄蛛相似, 橘黄色底, 腹侧缘有褐色线纹, 后端有 4 个黄色圆斑, 上被灰白色毛。纺器黄褐色。外雌器强角质化, 中央凹槽之两侧缘平行, 纳精囊长茄形, 受精后交媾孔常有栓塞。

观察标本: 1♂, 湖南绥宁, 1985.IV, 王家福采; 5♂, 云南勐腊, 1983.VII. 8, 王家

福采；2♂，广西南宁，1985.Ⅶ.19，王家福采；4♀，广东佛山市，1975.Ⅺ-Ⅻ，王家福
采；14♀，广西南宁，1983.Ⅵ.29，王家福采。

地理分布：湖南 (龙山、绥宁)、广东、广西、贵州、云南；缅甸，越南。

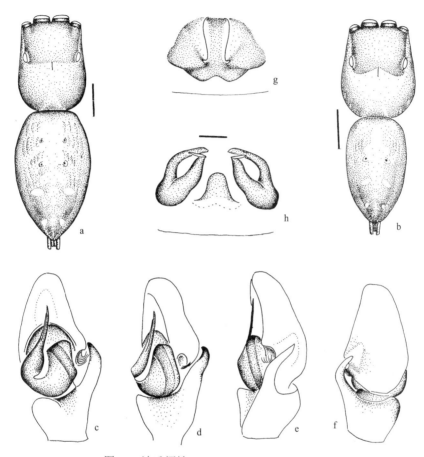

图 17　波氏缅蛛 *Burmattus pococki* (Thorell)

a. 雄蛛外形 (body ♂), b. 雌蛛外形 (body ♀), c-f. 触肢器 (palpal organ)：c. 腹面观 (ventral), d. 侧面观 (lateral), e. 后侧观
(retrolateral), f. 背面观 (dorsal), g. 生殖厣 (epigynum), h. 阴门 (vulva)　比例尺 scales = 1.00 (a, b), 0.10 (c-h)

(15) 中国缅蛛 *Burmattus sinicus* Prószyński, 1992 (图 18)

Burmattus sinicus Prószyński, 1992a: 89, figs. 1-3 (D♂); Song, Zhu *et* Chen, 1999: 507, figs. 289O-P
(D♀♂).

雄蛛：头胸部长 2.75，宽 2.37；腹部长 3.00；眼域长 1.12；前眼列宽 1.87；后眼列
宽 1.94；头胸部正面观高而窄，有垂直面。呈深棕色，胸部平坦区域呈黑棕色和浅棕色，
被少许白色刚毛，占总长的 4/5。后部斜而峭。眼域占头胸部总长的 40%。有时后部加
宽 4%。后眼列占头胸部总宽的 82%。腹部卵圆形，后逐渐变小，前中部着灰色夹杂浅
棕色斑纹，有 3 对小白斑。腹部被稀疏直刚毛。前面观：黑色夹杂白色硬刚毛沿腹面至

额边缘 (约有 20 根)，前面内部至螯肢边缘的刚毛最长。前侧眼的直径小于前中眼直径的一半。额及腹部边缘向背甲弯曲。触肢棕色。第 I 步足胫节呈黑色，腹面有刚毛。环纹深棕色，后端较浅。触肢器的插入器军刀状，长且弯曲的隆起连接扩展到跗舟边缘；跗舟边缘前端有 1 簇弯曲的刚毛，靠近突起 (引自 Prószyński, 1992)。

雌蛛：尚未发现。

观察标本：无镜检标本。

地理分布：中国 (具体不详)。

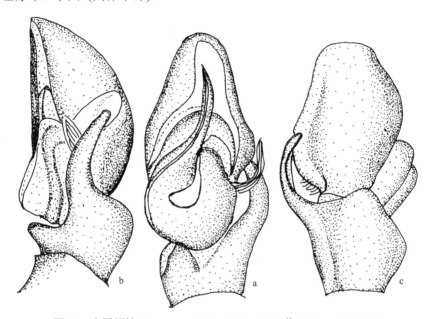

图 18　中国缅蛛 *Burmattus sinicus* Prószyński (仿 Prószyński, 1992)

a-c. 触肢器 (palpal organ)：a. 腹面观 (ventral), b. 后侧观 (retrolateral), c. 背面观 (dorsal)

8. 猫跳蛛属 *Carrhotus* Thorell, 1891

Carrhotus Thorell, 1891. *Kongl. Svenska Vet. Akad. Handl.*, 24(2): 140.

Type species: *Carrhotus viduus* (Koch, 1846).

中型蜘蛛。头胸部前部平坦，后端急剧倾斜，无斑纹，两侧多被白毛。眼域方形，占头胸部的 1/2 以内，宽大于长，步足多刺和毛。外雌器的内部结构变化不大，其基本模式是：纳精囊紧接交媾管，交媾管绕过纳精囊开口于两陷窝中。雄性触肢器主要在插入器起点、长短及胫节突上有变化。

本属全球共记录了 23 种，分布于古北区和东洋区。中国记录 4 种。

种 检 索 表

1. 雄蛛 ··· 2

　　雌蛛 ··· 4

2. 腹面观生殖球后端垂状部呈角状 ································· 角猫跳蛛 *C. sannio*

　　腹面观生殖球后端垂状部不呈角状 ··· 3

3. 胫节突短，后侧观呈钩状 ··· 白斑猫跳蛛 *C. viduus*

　　胫节突长，后侧观呈指状 ····································· 黑猫跳蛛 *C. xanthogramma*

4. 纳精囊侧面有角状突起 ··· 角猫跳蛛 *C. sannio*

　　纳精囊侧面无突起 ··· 5

5. 外雌器无中隔 ··· 白斑猫跳蛛 *C. viduus*

　　外雌器有中隔 ··· 6

6. 中隔长约为生殖厣的 3/4 ··································· 黑猫跳蛛 *C. xanthogramma*

　　中隔长约为生殖厣的 1/3 ··· 冠猫跳蛛 *C. coronatus*

(16) 冠猫跳蛛 *Carrhotus coronatus* (Simon, 1885) (图 19)

Ergane coronata Simon, 1885a: 33 (D♂).

Carrhotus coronatus (Simon, 1885): Zabka, 1985: 207, figs. 60-62 (♀); Chen *et* Zhang, 1991: 296, figs. 311.1-3 (♀); Song, Zhu *et* Chen, 1999: 507, figs. 290F-G (♀).

雌蛛：体长 6.20。头胸部橙黄色至褐色。眼域色深，几乎为黑色，前眼列周围着生有黄色、橙色、褐色长毛和白色短毛，其余各眼周围和眼域全被有白色毛。眼域后方有 1 稍宽的黄褐色带，两侧伸至眼域侧方，也被有白色毛。头胸部后方则呈黑褐色。螯肢、下唇黑褐色，触肢、颚叶和胸甲橙黄色。步足粗壮、橙黄色，着生许多白色和浅褐色毛。刺褐色。腹部背面灰色至黄褐色，密被灰色、黑褐色毛，并形成短条纹、斑点等花纹，后方的花纹更粗大。腹面灰黄色，布有稀疏黑色斑纹。外雌器可见 2 个小凹陷，纳精囊管似弓形，连接膨大的纳精囊 (引自 Zabka, 1985)。

雄蛛：尚未发现。

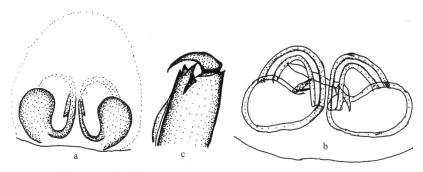

图 19　冠猫跳蛛 *Carrhotus coronatus* (Simon) (仿 Zabka, 1985)

a. 生殖厣 (epigynum), b. 阴门 (vulva), c. 雌性螯肢 (chelicera ♀)

观察标本：无镜检标本。

地理分布：浙江、云南；越南到爪哇。

(17) 角猫跳蛛 *Carrhotus sannio* (Thorell, 1877) (图 20)

Plexippu sannio Thorell, 1877b: 617 (D♂).

Carrhotus sannio (Thorell, 1877): Prószyński, 1984: 16 (♀♂); Peng *et al.*, 1993: 35, figs. 66-74 (♀♂);
Song, Zhu *et* Chen, 1999: 507, figs. 289Q, 290H, 324P (♀♂).

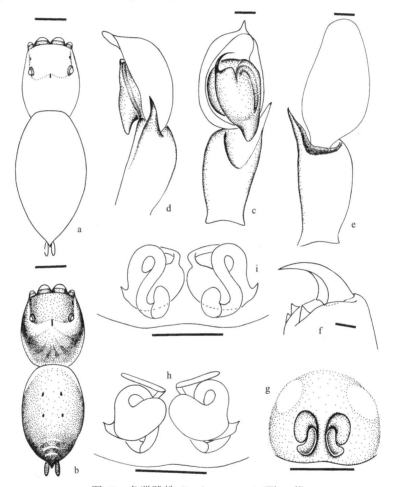

图 20　角猫跳蛛 *Carrhotus sannio* (Thorell)

a-b. 外形 (body): a. 雄蛛 (♂), b. 雌蛛 (♀), c-e. 触肢器 (palpal organ): c. 腹面观 (ventral), d. 后侧观 (retrolateral), e. 背面
观 (dorsal), f. 雌蛛螯肢 (chelicera ♀), g. 生殖厣 (epigynum), h-i. 阴门 (vulva): h. 背面观 (dorsal), i. 腹面观 (ventral)

比例尺 scales = 1.00 (a, b), 0.10 (c-i)

雄蛛：体长 4.80-6.00。体长 5.00 者，头胸部长 2.50，宽 2.10；腹部长 2.50，宽 1.80。头胸甲黑褐色，边缘黑色。眼域两侧及其后方有白带，边缘的白带后端不相连。前眼列宽 1.80，后中眼居中，后眼列宽 1.80，眼域长 1.10。额被白色长毛。胸甲黑褐色，被稀疏的白色长毛。螯肢黑褐色，背面被浓密的白色长毛，前齿堤 2 齿，后齿堤 1 齿。第 I、

II 步足的腿节、膝节、胫节的背、腹面有毛丛。腹部背面灰黑色，前端有弧形白带，后端有 3-6 个深色弧形纹。腹部腹面浅黑色，有 4 条由浅黄色小点形成的纵条纹。触肢器的插入器细长，生殖球下部有角状垂状部，胫节突细长，端部尖。

雌蛛：体长 5.00-6.60。体长 6.60 者，头胸部长 2.60，宽 1.80；腹部长 4.00，宽 2.70。体色变化很大，有的个体无白毛形成的白带。额、螯肢及步足上白毛较少或无白毛。步足无毛丛，褐黑色，端部几节有浅褐色环纹。外雌器的纳精囊有 1 角状突起，交媾管细长，交媾腔凹陷较深，纵向。

观察标本：1♀，湖南绥宁，1981.Ⅷ.8，张永靖采；1♀，湖南衡阳岣嵝峰，1997.Ⅷ.2，彭贤锦采；1♀1♂，福建三港，1987.Ⅵ.9，彭贤锦采；2♂，广西德宝稻田，1981.Ⅷ，张永强采。

地理分布：福建、江西、湖南 (衡阳、绥宁)、广东、广西；越南，印度，缅甸，马来西亚。

(18) 白斑猫跳蛛 *Carrhotus viduus* (C. L. Koch, 1846) (图 21)

Plexippus viduus C. L. Koch, 1846: 104, fig. 1166 (D♂).

Carrhotus viduus (C. L. Koch, 1846): Thorell, 1891: 142; Song *et* Chai, 1991: 13, figs. 1A-D (♀♂); Peng *et al*., 1993: 36, figs. 75-83 (♀♂); Song, Zhu *et* Chen, 1999: 507, figs. 290I-J, 291A-B, 324Q (♀♂).

雄蛛：体长 6.50-7.00。体长 6.50 者，头胸部长 3.50，宽 2.80；腹部长 3.00，宽 2.10。头胸甲红褐色，被白毛，边缘及后端黑色，两侧有由鳞片状白毛形成的宽纵带。前眼列宽 2.10，后中眼居中，后眼列宽 2.20，眼域长 1.50。额红褐色，额高不及前中眼的半径。胸甲前缘宽于后缘，边缘黑色，被白色长毛。螯肢红褐色，前齿堤 2 齿，后齿堤 1 齿，螯肢基部有 1 突起。步足红褐色，被白色长毛及浓密的褐色毛，足刺多而长。腹部背面褐色，闪金属光泽，最前端有 1 白色弧形带，后端两侧有 2 对白斑，中间有 4 条弧形细纹。腹部腹面灰白色，中间有 1 条宽的褐黑色纵带，有的个体腹面灰黑色，并有 4 条由浅色小点形成的细条纹。插入器短而粗。胫节突短，腹面观指状，侧面观钩状。生殖球下部呈斧状。

雌蛛：体长 6.00-6.80。体长 6.80 者，头胸部长 3.30，宽 2.80；腹部长 3.50，宽 2.50。前眼列宽 2.10，后中眼居中，后眼列宽 2.20，眼域长 1.50。头胸甲红褐色至暗褐色，被白毛，边缘黑色。眼域两侧及后方有 1 条由白毛形成的 "U" 字形纹，边缘两侧各有 1 条由白毛形成的宽纵带。前眼列后方有白毛。腹部背面有 3 对白斑，第 2 对最大，有的个体此斑与第 3 对白斑愈合。其余外形特征与雄蛛相同。

观察标本：2♀，湖南张家界，1986.Ⅷ.11，彭贤锦采；1♀，湖南道县，1986.Ⅴ.22，龚联溯采；16♀8♂，海南海口人民公园，1975.Ⅺ.30，朱传典采；1♀3♂，广州，彭统序采；2♀，广东湛江，1986.Ⅵ.25，王家福采。

地理分布：福建、江西、湖南 (张家界、道县)、广东、广西、海南；印度，斯里兰卡，缅甸，马来西亚。

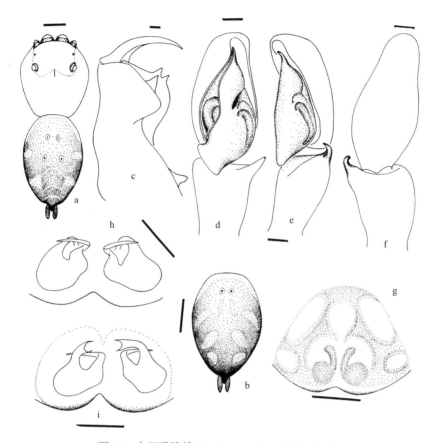

图 21 白斑猫跳蛛 *Carrhotus viduus* (C. L. Koch)

a-b. 外形 (body)：a. 雄蛛 (♂)，b. 雌蛛腹部 (abdomen ♀)，c. 雄蛛螯肢 (chelicera ♂)，d-f. 触肢器 (palpal organ)：d. 腹面观 (ventral)，e. 后侧观 (retrolateral)，f. 背面观 (dorsal)，g. 生殖厣 (epigynum)，h-i. 阴门 (vulva)：h. 背面观 (dorsal)，i. 腹面观 (ventral) 比例尺 scales = 1.00 (a, b), 0.10 (c-i)

(19) 黑猫跳蛛 *Carrhotus xanthogramma* (Latreille, 1819) (图 22)

Aranea bicolor Walckenaer, 1802: 247 (D♂; N. B. : preoccupied by Olivier, 1789 and Fabricius, 1798).

Carrhotus xanthogramma (Latreille, 1819): Lessert, 1910b: 592; Guo, 1985: 175, figs. 2-99.1-4 (♀♂); Song, 1987: 287, figs. 244 (♀♂); Zhang, 1987: 236, figs. 207.1-4 (♀♂); Chen *et* Gao, 1990: 181, figs. 230a-c (♀♂); Chen *et* Zhang, 1991: 295, figs. 310.1-3 (♀♂); Peng *et al.*, 1993: 38, figs. 84-91 (♀♂); Zhao, 1993: 392, figs. 196a-c (♀♂); Song, Zhu *et* Chen, 1999: 507, figs. 290K, 291C (♀♂); Hu, 2001: 376, figs. 234.1-2 (♀); Song, Zhu *et* Chen, 2001: 425, figs. 281A-C (♀♂).

Carrhotus pichoni Schenkel, 1963: 444, figs. 254a-c (D♂); Yin *et* Wang, 1979: 28, figs. 3A-E (♀♂); Yin *et* Wang, 1981b: 269, figs. 2A-F (♀♂, D♀); Hu, 1984: 356, figs. 370.1-4 (♀♂).

Carrhotus bicolor xanthogramma (Latreille, 1819): Peng, 1989: 158, figs. 2A-F (♀♂).

雌蛛：体长 5.30-5.70。体长 5.30 者，头胸部长 2.30，宽 1.60；腹部长 3.00，宽 1.70。头胸甲红褐色，被白毛。前眼列宽 1.40，后中眼居中，后眼列宽 1.40。螯肢赤褐色，前齿堤 2 齿，后齿堤 1 齿。步足黄色。腹部背面黄色底上有灰色条纹。腹部腹面中央为 1 宽的灰黑色纵带，其上有 4 条由浅色小点形成的纵条纹。外雌器的交媾孔长而狭，纵向。中隔长，带状。交媾管细长。

　　雄蛛：体长 5.20-8.00。体长 5.20 者，头胸部长 2.60，宽 1.90；腹部长 2.60，宽 1.70。胸甲椭圆形，暗褐色。步足褐色，密被长毛，足刺多而长。腹部背面灰黑色，有长而密的白色细毛。腹部腹面灰黑色。其余外形特征与雌蛛相同。触肢器的插入器较短，生殖球下部的垂状部大，胫节突较长，侧面观端部稍弯曲。

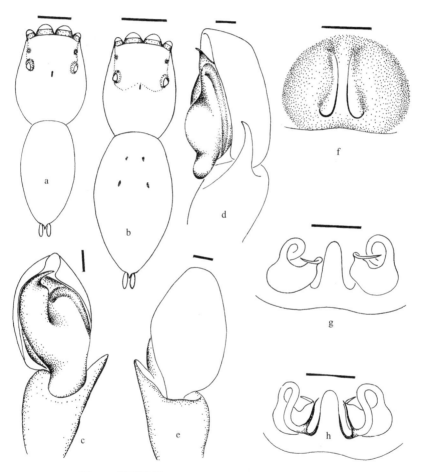

图 22　黑猫跳蛛 *Carrhotus xanthogramma* (Latreille)

a-b. 外形 (body): a. 雄蛛 (♂), b. 雌蛛 (♀), c-e. 触肢器 (palpal organ): c. 腹面观 (ventral), d. 后侧观 (retrolateral), e. 背面观 (dorsal), f. 生殖厣 (epigynum), g-h. 阴门 (vulva): g. 背面观 (dorsal), h. 腹面观 (ventral)

比例尺 scales = 1.00 (a, b), 0.10 (c-h)

　　观察标本：1♀，湖南宜章溶家洞，1982.VI.20，张永靖采；1♂，湖南长沙岳麓山，王家福采；1♀1♂，湖南城步，1982.VII.22，张永靖采；1♂，湖南张家界，1981.VIII，王家福采；1♂，湖南通道，1996.VI.3，彭贤锦采；1♀1♂，湖南绥宁黄桑，1996.V.31，彭贤锦采；2♀，湖南衡阳岣嵝峰，1997.VIII.2，彭贤锦采；1♀，湖南龙山火岩，1995.IX.9，张永靖采。

地理分布：北京、河北、辽宁、吉林、浙江、福建、江西、山东、湖北、湖南 (长沙、张家界、龙山、浏阳、衡阳、东安、新宁、绥宁、城步、宜章、通道)、广东、广西、四川、贵州、陕西、台湾；保加利亚，越南，印度。

9. 铜蛛属 *Chalcoscirtus* Bertkau, 1880

Chalcoscirtus Bertkau, 1880: 284.
Type species: *Calietherus infimus* Simon, 1868.

体形小，体长 3.0 左右。头胸部长大于宽，胸区为头部长的 2 倍。眼域长为背甲的 33%-46%，前眼列稍宽。前齿堤 2 齿，后齿堤无齿。雄蛛腹部有盾片。雌蛛外雌器附腺开孔的结构及位置为定种的依据。

该属已记录有 43 种，主要分布在南亚，中国仅记录 2 种。

(20) 马氏铜蛛 *Chalcoscirtus martensi* Zabka, 1980 (图 23)

Chalcoscirtus martensi Zabka, 1980b: 360, figs. 1-9 (D♂); Hu *et* Wu, 1989: 359, figs. 282.1-3.

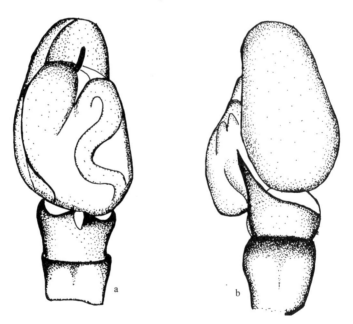

图 23　马氏铜蛛 *Chalcoscirtus martensi* Zabka (仿 Zabka, 1980)
a-b. 触肢器 (palpal organ)：a. 腹面观 (ventral), b. 后侧观 (retrolateral)

雄蛛：体长 2.30，身体呈黑铜色，有金属光泽，头胸部长大于宽，胸区为头部长的 2 倍，在第三列眼后缘有 1 凹陷。中窝隐约可见，呈纵向。眼域宽大于长，约占头胸部长的 1/3，其前缘及两侧布有黑色长刚毛，前眼列后曲，前中眼间距小于前中侧眼间距，后中眼位于前、后侧眼之中间位置，后眼列稍短于前眼列，额高等于前中眼间距。螯肢棕褐色，前齿堤 2 齿，第 2 齿极小，后齿堤无齿。触肢黑褐色，触肢器之跗舟短而粗，基部呈棕褐色，端部显灰黄色，生殖球明显凸出，胫节外末角突起呈黑刺状，颚叶棕褐色，其外缘凹陷。下唇长大于宽，与颚叶同色，其前端超过颚叶长的 1/2，胸甲呈黑褐色。步足与胸甲同色。第 I、II 步足腿节较粗壮，其胫节腹面外侧有 3 根长刺，后跗节腹面有 2 对长刺。腹面呈黑褐色。纺器亦显黑褐色。见于林间草丛。

雄蛛：尚未发现。

观察标本：未见标本。

地理分布：新疆；尼泊尔，俄罗斯。

(21) 黑铜蛛 *Chalcoscirtus nigritus* (Thorell, 1875) (图 24)

Heliophanus nigritus Thorell, 1875b: 114 (D♂).

Euophrys nigritus (Thorell, 1875): Prószyński, 1976: 150, fig. 93 (T♂ from *Heliophanus*); Hu *et* Wu, 1989: 362, figs. 284.3-5 (D♂).

Chalcoscirtus nigritus: Bauchhenss, 1993: 43, f. 1a, 2a, 3-4 (Tm from *Euophrys*, D♀); Metzner, 1999: 47, f. 12d-i (♀♂); Logunov *et* Marusik, 1999a: 216, f. 44-48, 53-54 (♀♂).

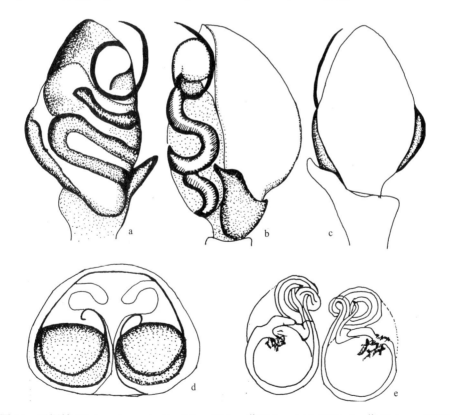

图 24　黑铜蛛 *Chalcoscirtus nigritus* (Thorell) (a-c 仿 Prószyński, 1979; d-e 仿 Metzner, 1999)

a-c. 触肢器 (palpal organ)：a. 腹面观 (ventral), b. 后侧观 (retrolateral), c. 背面观 (dorsal), d. 生殖厣 (epigynum), e. 阴门 (vulva)

雄蛛：体长 2.80-3.10，全体呈黑褐色，头胸部长大于宽，中部隆起，胸部后缘明显向后倾斜，背甲周缘具黑色细边。眼域黑色，宽大于长，约占头胸部长的 2/5，前眼列稍后曲，在前眼列后缘前、后眼列之间及其外侧，疏生黑色长刚毛。螯肢黄褐色，前齿堤 2 齿，后齿堤无齿。触肢黑褐色，触肢器之胫节外末角突起粗壮，在其端部显著向侧弓曲。颚叶呈灰褐色，下唇黑色，长宽约等。胸甲呈橄榄形，黑褐色，疏生灰色细毛。步足亦呈黑褐色，第 I 步足粗壮，其胫节腹面外侧有 3 根粗刺，内侧有 2 根粗刺；第 II 步足胫节腹面外侧有 2 根粗刺，内侧有 1 根粗刺。第 I、II 步足后跗节有 2 对腹刺。腹面呈长卵圆形，背部为黑褐色，密布黄色点斑及白色、褐色细毛。腹面显灰褐色。纺器呈黑色。见于农田。

雌蛛：尚未发现。

观察标本：无镜检标本。

地理分布：新疆；俄罗斯。

10. 螯跳蛛属 *Cheliceroides* Zabka, 1985

Cheliceroides Zabka, 1985: 209.

Type species: *Cheliceroides longipalpis* Zabka, 1985.

大型蜘蛛，体长可达 8.00。螯肢基节极度延长，近端和远端有齿和螯疣 (outgrowth)。螯爪长，有结。触肢尤其是胫节长，胫节突细长。生殖球卵圆形，可见 "S" 字形的贮精囊，插入器细长，起始于生殖球靠胫节突的 1 侧，围绕生殖球。本属蜘蛛体形及螯肢的结构与 *Opisthoncus* 属相似，但触肢器显然不同。

全球仅记录 1 种，分布在越南和中国。

(22) 长触螯跳蛛 *Cheliceroides longipalpis* Zabka, 1985 (图 25)

Cheliceroides longipalpis Zabka, 1985: 210, figs. 76-80 (D♂); Peng, 1989: 158, figs. 3A-D (D♀♂);
　　Peng et Xie, 1993: 81, figs. 5-10 (♀♂, D♀); Peng et al., 1993: 40, figs. 92-96 (D♀♂); Song, Zhu et
　　Chen, 1999: 507, figs. 290L-M, 291D-E, 325A (♀♂).

雄蛛：体长 6.00-6.90。体长 6.30 者，头胸部长 3.00，宽 2.30；腹部长 3.30，宽 2.00。前眼列宽 2.05，后中眼居中，后眼列宽 1.90，眼域长 1.40。头胸甲褐色，边缘及后缘黑色，眼域两侧被白毛。胸甲淡黄色。螯肢赤褐色，前齿堤端部 2 小齿，后齿堤基部有 1 弯曲的大齿，端部 1 小齿，螯爪腹面有 2 个结节。步足褐色。腹部背面淡黄色，前端有 1 黑色圆弧，两侧中部有 1 黑色斜纹，中央有 1 宽的黑色纵带，其上有 5 个淡黄色圆斑，前后各 1 对，中间 1 个。也有具 7 个白色小圆斑者，排成 3 对，第 1、2 对之间散生 1 个，且在此带两侧尚有 3 对白色圆斑，第 1 对彼此相距最远，第 1、3 对紧贴纵带。腹部腹面浅黄色，正中有 1 宽的浅灰色纵带，其上有 4 条由黄色小点形成的细条纹。插入器细长，丝状，末端弯曲。胫节突细长，腹面观呈针状。

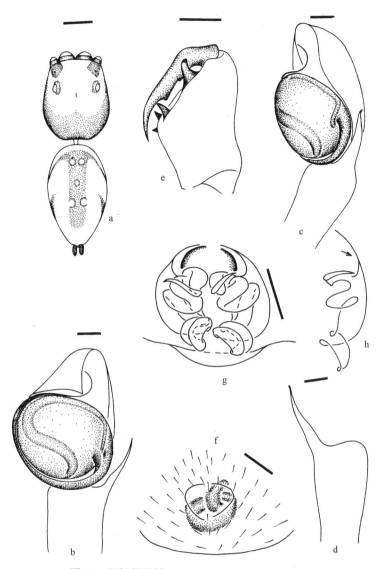

图 25　长触螯跳蛛 *Cheliceroides longipalpis* Zabka

a. 雄蛛外形 (body ♂), b-d. 触肢器 (palpal organ): b. 腹面观 (ventral), c. 后侧观 (retrolateral), d. 胫节突 (tibial apophysis), e. 雄性螯肢 (chelicera ♂), f. 生殖厣 (epigynum), g. 阴门 (vulva), h. 交媾管走向示意图 (course of canals)

比例尺 scales = 1.00 (a), 0.20 (b-h)

雌蛛：体长 10.50，头胸部长 3.50，宽 2.70；腹部长 7.00，宽 2.60。前眼列宽 2.25，中眼列略偏前，后眼列宽 2.15，眼域长 1.70。头胸部的头区褐色，胸区浅褐色。中窝及 2 对放射沟明显，边缘褐色，眼的基部及周围黑色。额褐色，有黑斑，额高不及前中眼直径的 1/4。胸甲枣核状，浅褐色，边缘褐色。步足浅褐色至褐色，第 I 步足粗壮，第 III、IV 步足细长。腹部卵圆形，背面黄灰色，正中有 1 条宽的黑色纵带，其上有 7 个白色小圆斑，其中 6 个排成 3 对，1 个散生于第 1、3 对白斑之间。此带两侧尚有 3 对白斑，第 2 对彼此相距最远，第 1、3 对紧贴纵带。腹部背面前端有 1 宽的灰黑色弧形带，向两侧延伸，其上散生有白色小圆斑。腹部腹面黄灰色，正中央可见 1 黑色纵条纹，两侧有许多黑色斜纹。纺器暗褐色。外雌器的交媾腔括号状，内部结构隐约可见。交媾管长，折叠缠绕复杂。

观察标本：1♀4♂，湖南石门壶瓶山，1992.VI.25-VII.5，彭贤锦、谢莉萍采；1♀，湖南通道甘溪乡，1996.VI.1，彭贤锦采；1♂，湖南龙山火岩，1995.IX.9，张永靖采；1♂，海南尖峰岭，1975.XII.15，朱传典采；2♂，广西金秀，1999.V.11，张国庆采。

地理分布：湖南 (石门、龙山、通道)、广西、海南；越南。

11. 华蛛属 *Chinattus* Logunov, 1999

Chinattus Logunov, 1999: 145.

Type species: *Chinattus szechwanensis* (Prószyński, 1992).

头胸甲稍隆起，眼域较平坦，占背甲一半以下、宽大于长，后中眼偏后。前齿堤 2 小齿，后齿堤 1 齿。雌蛛触肢无刺或无顶爪。雄蛛触肢器有胫节突 1-2 个，盾片向生殖球侧面突出。雌蛛生殖厣基板有孔状内部结构，两交媾孔彼此远离，交媾管横向排列，有发达的棒状附腺。

该属已记录有 12 种，主要分布在中国，中国记录 9 种。

种 检 索 表

1. 雄蛛 ··· 2
   雌蛛 ··· 7
2. 胫节突 2 个 ·· 胫节华蛛 *C. tibialis*
   胫节突 1 个 ··· 3
3. 胫节突末端圆钝 ··· 强壮华蛛 *C. validus*
   胫节突末端尖 ·· 4
4. 生殖球侧面观可见 1 突起 ··· 5
   生殖球侧面观未见突起 ·· 6
5. 胫节突侧面观宽大 ·· 炎黄华蛛 *C. sinensis*
   胫节突侧面观细长 ·· 台湾华蛛 *C. taiwanensis*
6. 腹面观生殖球下半部椭圆形 ·· 叉状华蛛 *C. furcatus*
   腹面观生殖球下半部三角形 ·· 波状华蛛 *C. undulatus*
7. 外雌器角质化程度弱，透过体壁可见其内部结构的阴影 ·· 8
   外雌器角质化程度强，透过体壁未见其内部结构的阴影 ··· 10
8. 生殖厣的基板上未见孔状结构 ··· 胫节华蛛 *C. tibialis*
   生殖厣的基板上有孔状结构 ··· 9
9. 附腺位于交媾管端部 ·· 峨眉华蛛 *C. emeiensis*
   附腺位于交媾管中部 ·· 波状华蛛 *C. undulatus*

10. 附腺被片状结构覆盖···类武陵华蛛 *C. wulingoides*

　　附腺未被片状结构覆盖···武陵华蛛 *C. wulingensis*

(23) 峨眉华蛛 *Chinattus emeiensis* (Peng *et* Xie, 1995) (图 26)

Habrocestoides emeiensis Peng *et* Xie, 1995a: 58, figs. 8-11 (D♀); Peng *et* Xie, 1995: Song, Zhu *et* Chen, 1999: 512, figs. 297G-H (♀).

Chinattus emeiensis (Peng *et* Xie, 1995): Logunov, 1999a: 147 (T♀ from *Habrocestoides*).

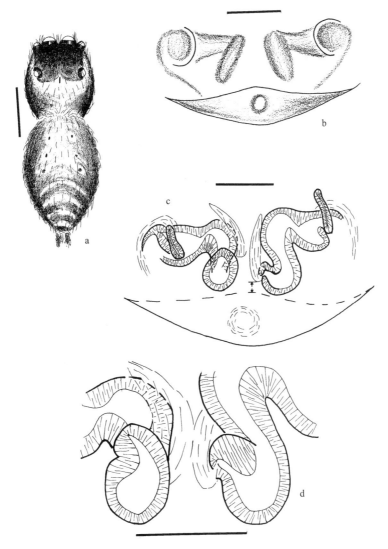

图 26　峨眉华蛛 *Chinattus emeiensis* (Peng *et* Xie)

a. 雌蛛外形 (body ♀), b. 生殖厣 (epigynum), c-d. 阴门 (vulva)：c. 背面观 (dorsal), d. 腹面观 (ventral)

比例尺 scales = 1.00 (a), 0.10 (b-d)

雌蛛：体长 4.00-4.50。体长 4.30 者，头胸部长 1.80，宽 1.70；腹部长 2.50，宽 1.90。前眼列宽 1.30，后眼列宽 1.30，眼域长 0.90。背甲黑褐色，被有稀疏的白毛，边缘及眼域黑色。中窝及放射沟明显可见。前列 4 眼等距排列，前中眼直径为前侧眼直径的 2 倍，前后侧眼直径等大，后中眼居中。胸甲卵圆形，被有白色长毛，边缘暗褐色。额狭，被白色长毛，额高约为前中眼直径的 1/4，螯肢褐色，前齿堤 2 齿，后齿堤 1 齿。颚叶、下唇褐色，端部色浅被绒毛。步足浅褐色，具黑色环纹。腹部卵圆形，背面灰黑色，肌痕 3 对，后端具有浅色弧形纹 5 条。腹部腹面灰黄色底，有黑色斑点。纺器浅褐色。

雄蛛：尚未发现。

观察标本：1♀，湖北神农架，1986，陈建采；4♀，湖北，地址不详 (HBU)；2♀，贵州黔灵公园，1985.Ⅵ.21，朱传典采 (JLU)；1♀，四川青城山，1978.Ⅷ.19，朱传典采 (JLU)；3♀，四川峨眉山，1980.Ⅷ，陈孝恩采 (HUN)；2♀，1985.Ⅵ.1，85-267 贵州贵阳黔灵公园 (JLU)；1♀，78-92，1978.Ⅷ.19，四川青城山 (JLU)。

地理分布：湖北、四川、贵州。

(24) 叉状华蛛 *Chinattus furcatus* (Xie, Peng *et* Kim, 1993) (图 27)

Habrocestoides furcatus Xie, Peng *et* Kim, 1993: 24, fig. 5-9 (D♂); Peng *et* Xie, 1995a: 59, figs. 12-16 (D♀♂); Song, Zhu *et* Chen, 1999: 512, figs. 297Q, 298I (D♀♂).

Chinattus furcatus (Xie, Peng *et* Kim, 1993): Logunov, 1999a: 147 (T♂ from *Habrocestoides*).

雄蛛：体长 3.35；头胸部长 1.80，宽 1.15；腹部长 1.60，宽 1.20。背甲赤褐色，眼域暗褐色，前眼列宽 1.40，后眼列宽 1.30，眼域长 0.70，被褐色毛。中窝短、颈沟、放射沟不明显。螯肢浅褐色，前齿堤 2 齿，后齿堤 1 齿。胸甲、颚叶、下唇皆褐色。步足黄褐色，粗而壮，腿节、膝节及胫节远端有暗褐色环纹。腹部卵形，斑纹明显，腹面浅黄褐色。触肢器的插入器短，前侧观刺状，后侧观稍分叉。胫节突腹面观钩状，后侧观叉状。

雌蛛：尚未发现。

观察标本：1♂，湖南张家界，1981.Ⅷ，王家福采。

地理分布：湖南 (张家界)。

(25) 炎黄华蛛 *Chinattus sinensis* (Prószyński, 1992) (图 28)

Habrocestoides sinensis Prószyński, 1992: 94, figs. 17-22 (D♂); Peng *et* Xie, 1995a: 59, figs. 17-22 (D♀♂); Song, Zhu *et* Chen, 1999: 512, figs. 298J-K (D♀♂).

Chinattus sinensis (Prószyński, 1992): Logunov, 1999a: 147 (T♂ from *Habrocestoides*).

雄蛛：体长 3.60；头胸部长 1.80，宽 1.50；腹部长 1.80，宽 1.40；前眼列宽 1.30，后眼列宽 1.20；眼域长 0.90。体小，背甲褐色，螯肢浅褐色。腹部背面灰色底，后端有醒目的白斑，前半部有弧形纹。触肢褐色，胫节及跗舟背面有羽状白毛，胫节突粗短、呈钩状，插入器粗短。

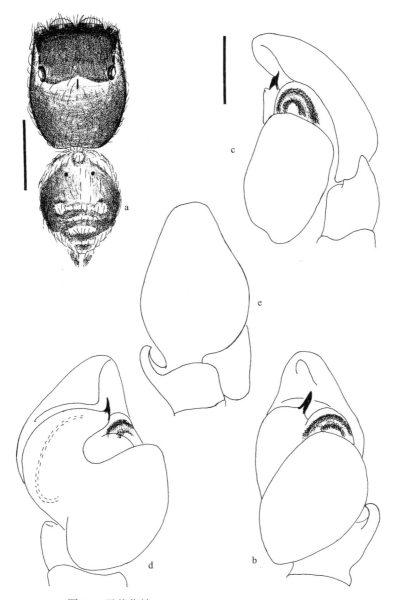

图 27　叉状华蛛 *Chinattus furcatus* (Xie, Peng *et* Kim)

a. 雄蛛外形（body ♂），b-e. 触肢器（palpal organ）：b. 腹面观（ventral），c. 前侧观（prolateral），d. 后侧观（retrolateral），e. 背面观（dorsal）　比例尺 scales = 1.00 (a), 0.10 (b-e)

雌蛛：尚未发现。

观察标本：2♂，湖北神农架，1986，陈建采；1♂，贵州剑河县，1982.Ⅴ（HBU）；7♂，湖北，其他信息不详。

地理分布：湖北、贵州。

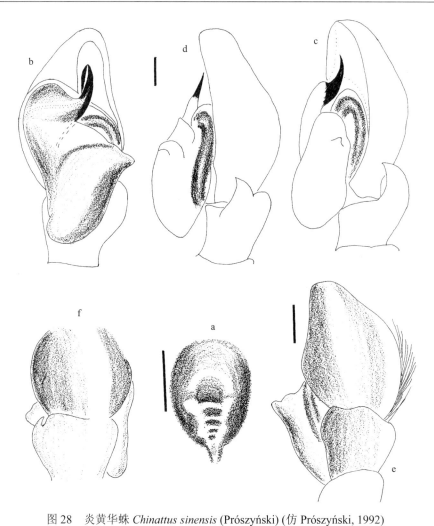

图 28 炎黄华蛛 *Chinattus sinensis* (Prószyński) (仿 Prószyński, 1992)

a. 雄蛛腹部 (abdomen ♂), b-f. 触肢器 (palpal organ)：b. 腹面观 (ventral), c. 腹侧观 (ventrolateral), d. 后侧观 (retrolateral),

e-f. 背面观 (dorsal) 比例尺 scales = 1.00 (a), 0.10 (b-e)

(26) 台湾华蛛 *Chinattus taiwanensis* Bao *et* Peng, 2002 (图 29)

Chinattus taiwanensis Bao *et* Peng, 2002: 404, figs. 1-5 (D♂).

雄蛛：体长 3.90。头胸部长 2.10，宽 1.50；腹部长 1.80，宽 1.30；前眼列宽 1.40，后眼列宽 1.35，眼域长 0.30。背甲黑褐色，眼域前缘及两侧、背甲边缘黑色；白毛较短而稀，眼域前缘及两侧被有褐色长毛；中窝黑色，较短，颈沟、放射沟不明显。胸甲长卵形，前缘稍宽；中央隆起，深灰褐色，边缘深灰色，有少许褐色细毛。额黑色，高不及前中眼半径的 1/2，前缘有 1 排褐色长毛。螯肢黑褐色，前齿堤 2 齿，后齿堤 1 齿。下唇黑褐色，端部稍浅。颚叶褐色，端部黄褐色具绒毛。触肢被有较密的白毛，胫节、跗舟暗褐色，其余各节浅黄褐色。步足灰黑色，具黄褐色斑，毛和刺稀少，第 I 步足胫节

腹面具刺 3 对；第 II 步足胫节腹面前侧具刺 1 枚，后侧 3 枚；第 I、II 步足后跗节腹面
各具刺 2 对。腹部约呈筒状，前缘稍宽。背面灰黑色，被有短而细的褐色毛；肌痕 2 对；
两侧为黑色斜纹，中央有 5 个短的弧形纹。腹面灰黑色，两侧为黑色斜纹，中央有 4 条
由浅黄色小点形成的纵条纹。纺器灰褐色。触肢器：插入器较短，呈长指状，胫节突短，
末端弯曲成钩状；生殖球侧面观可见 1 锥形突。

　　雌蛛：尚未发现。

　　观察标本：1♂，台湾南投，1998.VI，吴海英采 (THU)。

　　地理分布：台湾。

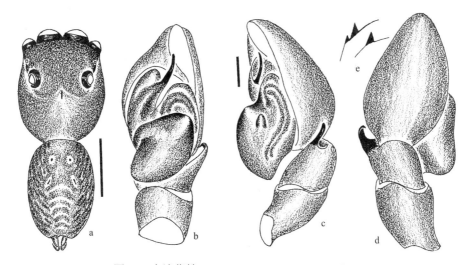

图 29　台湾华蛛 *Chinattus taiwanensis* Bao *et* Peng
a. 雄蛛外形 (body ♂), b-d. 触肢器 (palpal organ): b. 腹面观 (ventral), c. 后侧观 (retrolateral), d. 背面观 (dorsal), e. 螯肢齿
堤 (cheliceral teeth)　比例尺 scales = 1.00 (a), 0.10 (b-e)

(27) 胫节华蛛 *Chinattus tibialis* (Zabka, 1985) (图 30)

Phintella tibialis Zabka, 1985: 430, figs. 442-443, 454 (D♂); Peng *et al.*, 1993: 161, figs. 565-568
　　(D♀♂); Song *et* Li, 1997: 437, figs. 48A-B (D♀♂).
Heliophanus geminus Song *et* Chai, 1992: 78, figs. 4A-C (D♀); Song *et* Li, 1997: 433, figs. 43A-C (♀).
Habrocestoides tibialis (Zabka, 1985): Peng *et* Xie, 1995a: 61, figs. 29-34 (T♂ from *Phintella*, D♀);
　　Song, Zhu *et* Chen, 1999: 512, figs. 298E-F, L-D (♀♂).
Habrocestoides geminus (Song *et* Chai, 1992): Song, Zhu *et* Chen, 1999: 512, figs. 298A-B (T♀ from
　　Heliophanus).
Chinattustibialis (Zabka, 1985): Logunov, 1999a: 147 (T♀♂ from *Habrocestoides*).

　　雄蛛：体长 3.00；头胸部长 1.50，宽 1.25；腹部长 1.35，宽 1.05。头胸甲黄褐色，
眼区及头胸甲的后、侧缘皆黑褐色。前眼列宽 1.15，后眼列宽 1.10，眼域长 0.60。胸甲
黄色。螯肢、颚叶黄褐色，螯肢前齿堤 2 齿，后齿堤 1 齿，螯爪背面无缺口。步足纤细，

黄褐色，第 I 步足腿节端部及膝节、胫节内侧面黑褐色。腹部卵圆形，背面黑褐色，有黄白色斑纹，前缘有 1 条弧形带，并延伸至两侧缘。前半部有 1 钟状斑，其后依次沿正中线排列有 1 对圆斑及 4 条弧形纹，末端还有 1 圆斑。腹部腹面黄白色，无斑纹。触肢器有 2 个大的胫节突。插入器很短，刺状，基部围以片状突。

雌蛛：体长 3.25-4.20。体长 3.30 者，头胸部长 1.50，宽 1.30；腹部长 1.80，宽 1.40。背甲褐色，前眼列 4 眼等距排列，前眼列宽 1.20，后眼列宽 1.15，眼域长 0.65。胸甲卵形，浅褐色，边缘色深。步足浅褐色，腹面具长刺，侧刺少，第 I 步足胫节腹面具刺 3 对，第 II 步足胫节腹面具刺 5 对，第 I、II 步足后跗节各具刺 2 对。腹部卵形，背面灰黑色，前缘有浅灰色弧形纹，后端中央有 6 个浅色弧纹，肌痕 3 对。腹部腹面黄色，中央有 3 条不清晰的纵纹，两侧为黑色斜纹。外雌器的基板狭，无孔状结构；纳精囊 2 室，纳精囊及交媾管远离基板。

观察标本：1♀，湖南张家界，1984.X.18，张永靖采；4♀1♂，湖南石门壶瓶山，1992.VI，彭贤锦、谢莉萍采；4♀5♂，湖南道县，1987.X.3，龚联溯采；1♀1♂，湖南浏阳大围山，1994.VII.30，唐赛一采；1♀，湖南衡阳岣嵝峰，1997.VIII.1，颜亨梅采；1♀，湖南绥宁黄桑，1996.V.20，彭贤锦采；2♀，湖南通道木脚，1996.VI.4，彭贤锦采；2♀，福建崇安，1986.VII.21，彭贤锦采。

地理分布：福建、湖南 (石门、张家界、浏阳、衡阳、绥宁、通道、道县)。

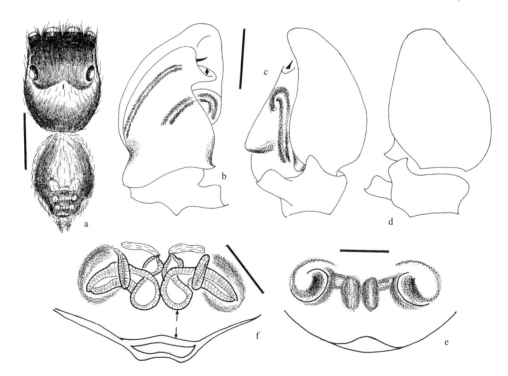

图 30 胫节华蛛 *Chinattus tibialis* (Zabka)

a. 雄蛛外形 (body ♂), b-d. 触肢器 (palpal organ): b. 腹面观 (ventral), c. 后侧观 (retrolateral), d. 背面观 (dorsal), e. 生殖厣 (epigynum), f. 阴门 (vulva) 比例尺 scales =1.00 (a), 0.10 (b-f)

(28) 波状华蛛 *Chinattus undulatus* (Song *et* Chai, 1992) (图 31)

Heliophanus undulatus Song *et* Chai, 1992: 79, figs. 5A-C (D♀).

Habrocestoides szechwanensis Prószyński, 1992a: 94, figs. 22-27 (D♀♂); Peng *et* Xie, 1995a: 60, figs. 23-28 (♀♂).

Habrocestoides undulatus (Song *et* Chai, 1992): Song, Zhu *et* Chen, 1999: 512, figs. 298G, N (T♀ from *Heliophanus*, Sm).

Chinattus undulatus (Song *et* Chai, 1992): Logunov, 1999a: 148 (T♀ from *Habrocestoides*).

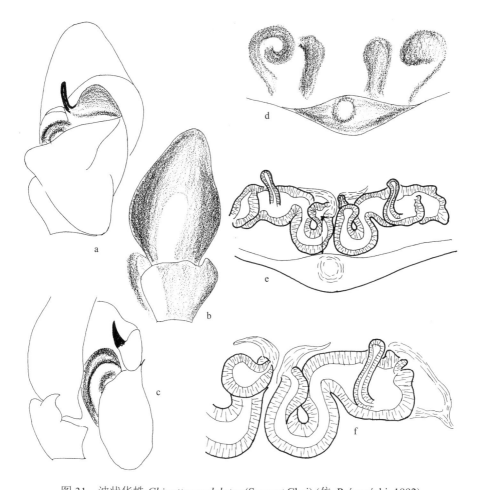

图 31　波状华蛛 *Chinattus undulatus* (Song *et* Chai) (仿 Prószyński, 1992)

a-c. 触肢器 (palpal organ): a. 腹面观 (ventral), b. 背面观 (dorsal), c. 前侧观 (prolateral), d. 生殖厣 (epigynum), e-f. 阴门 (vulva): e. 背面观 (dorsal), f. 腹面观 (ventral)

雌蛛：体长 4.46；头胸部长 1.87，宽 1.61；腹部长 2.10，宽 1.61。眼域黑色，背甲黑褐色，两侧有稀散的白毛。眼域长 0.81，前眼列宽 1.29，后眼列宽 1.23。螯肢红色，前齿堤 2 齿，后齿堤 1 齿。颚叶和下唇红色，胸甲黄褐色。第 I 步足胫节腹面有 3 对刺，后跗节腹面有 2 对刺。足式：IV，III，I，II。腹部背面黄色，有褐色斑点；腹面黄色，有褐色斑点 (引自 Song *et* Chai, 1992)。

雄蛛：尚未发现。

观察标本：1♀，湖北利川县星斗山，1989.VI.6 (IZCAS)，其他信息不详。

地理分布：湖北。

(29) 强壮华蛛 *Chinattus validus* (Xie, Peng *et* Kim, 1993) (图 32)

Habrocestoides validus Xie, Peng *et* Kim, 1993: 25, figs. 10-13 (D♂); Peng *et* Xie, 1995a: 62, figs. 35-38 (D♀♂); Song, Zhu *et* Chen, 1999: 512, figs. 298O-P (D♀♂).

Chinattus validus (Xie, Peng *et* Kim, 1993): Logunov, 1999a: 148 (T♂ from *Habrocestoides*).

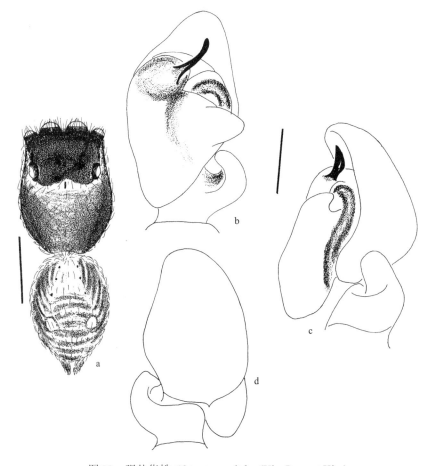

图 32 强壮华蛛 *Chinattus validus* (Xie, Peng *et* Kim)

a. 雄蛛外形 (body ♂), b-d. 触肢器 (palpal organ)：b. 腹面观 (ventral), c. 后侧观 (retrolateral), d. 背面观 (dorsal)

比例尺 scales = 1.00 (a), 0.10 (b-d)

雄蛛：体长 3.35；头胸部长 1.80，宽 1.45；腹部长 1.60，宽 1.30。背甲暗褐色，边缘覆盖有白毛。前眼列后缘及眼域两侧有较密的褐色粗毛，前眼列宽 1.30，后眼列宽 1.30，眼域长 0.75。螯肢赤褐色，前齿堤 2 齿，后齿堤 1 齿。胸甲、颚叶、下唇皆褐色。步足细而短，第 I 步足的腿节、膝节、胫节端部黑褐色，其余各节黄褐色；第 II、III、IV 步足黄色，各节两端有环纹。腹部卵形，黑褐色，有密的褐色及灰白色细毛，前缘有由白毛形成的缘带，两侧有许多黄褐色斜纹，中央有 4-5 个褐色横带，后部有 2 个浅色椭圆形斑。触肢器的插入器较细，腹面观呈指状。胫节突粗壮，弯曲，端部钝圆。生殖球有三角状的侧突。

雌蛛：尚未发现。

观察标本：1♂，湖南宁乡，1976.VII，尹长民采；1♂，湖南江永，1993.VIII.13，颜亨梅采。

地理分布：湖南 (宁乡、江永)。

(30) 武陵华蛛 *Chinattus wulingensis* (Peng *et* Xie, 1995) (图 33)

Habrocestoides wulingensis Peng *et* Xie, 1995a: 62, figs. 39-43 (D♀); Song, Zhu *et* Chen, 1999: 512,
    figs. 298H, 299A (♀).
Chinattus wulingensis (Peng *et* Xie, 1995): Logunov, 1999a: 148 (T♀ from *Habrocestoides*).

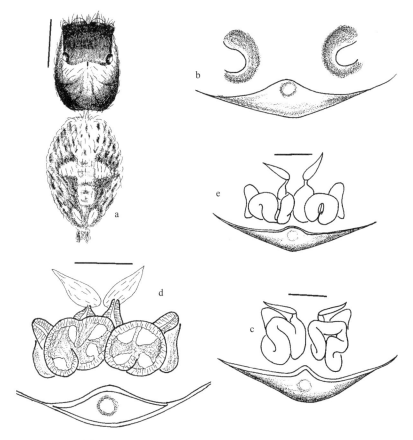

图 33　武陵华蛛 *Chinattus wulingensis* (Peng *et* Xie)
a. 雌蛛外形 (body ♀), b. 生殖厣 (epigynum), c-e. 阴门 (vulva)　比例尺 scales = 1.00 (a), 0.10 (b-e)

雌蛛：体长 3.40-5.00。体长 5.00 者，头胸部长 2.00，宽 1.70；腹部长 3.20，宽 2.30。背甲褐色至黑褐色，边缘黑色。中窝、放射沟明显。前眼列宽 1.40，后眼列宽 1.30，眼域长 0.90，前眼列 4 眼等距排列。额褐色，狭，高不及前中眼半径的 1/3。胸甲卵形，褐色，边缘有长毛。螯肢暗褐色，前齿堤 2 齿，后齿堤 1 齿。颚叶、下唇暗褐色，端部色浅，有密的绒毛。步足黄色至浅褐色，各节远端有黑色环纹，第 I、II 步足有少许刺，第 I 步足胫节腹面有刺 5 枚，第 I、II 步足后跗节腹面各有刺 2 对。腹部卵形，背面灰色，散生许多黑色斜纹，中央有 2 对大的白斑，前 1 对大，三角形，后 1 对卵圆形。腹部腹面黄色，中央有 3 对不清晰的黑色纵纹，两侧有黑色斜纹。纺器褐色。外雌器宽，交媾腔间隔宽。交媾管折叠方式复杂。

雄蛛：尚未发现。

观察标本：2♀，湖南慈利索溪峪，1981.Ⅷ，王家福采。

地理分布：湖南 (慈利)。

(31) 类武陵华蛛 *Chinattus wulingoides* (Peng *et* Xie, 1995) (图 34)

Habrocestoides wulingoides Peng *et* Xie, 1995a: 63: figs. 44-47 (D♀).

Chinattus wulingoides (Peng *et* Xie, 1995): Logunov, 1999a: 148 (T♀ from *Habrocestoides*).

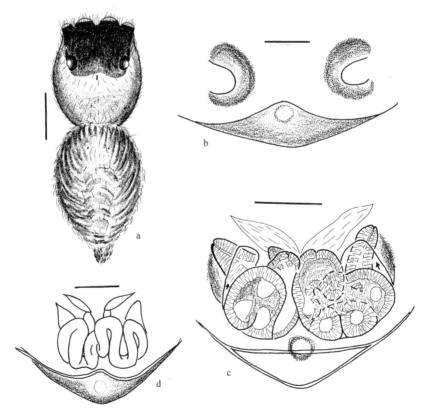

图 34　类武陵华蛛 *Chinattus wulingoides* (Peng *et* Xie)

a. 雌蛛外形 (body ♀), b. 生殖厣 (epigynum), c-d. 阴门 (vulva)　比例尺 scales = 1.00 (a), 0.10 (b-d)

雌蛛：体长 5.00；头胸部长 2.50，宽 2.20；腹部长 2.50，宽 2.00。前眼列宽 1.70，后眼列宽 1.50，眼域长 1.00。前眼列 4 眼等距排列。背甲褐色，有稀疏的褐色及白色毛，边缘及眼域黑褐色。中窝及放射沟清晰可见。额褐色，狭，高约为前中眼半径的 1/3，被有稀疏的白色及褐色长毛。胸甲浅褐色，有稀疏的褐色毛。螯肢褐色，前齿堤 2 齿，后齿堤 1 齿，螯基近前齿堤处有 1 黑色纵带。颚叶、下唇褐色，远端色浅，有密的绒毛。触肢有长的白毛，刷状。步足褐色，无环纹，有少许褐色毛及长刺，第 I、II 步足无侧刺，第 I 步足胫节腹面有刺 3 对，第 II 步足胫节腹面有刺 5 枚，第 I、II 步足后跗节腹面各具刺 2 对。腹部卵形，有稀疏的褐色毛。背面灰褐色，两侧有许多黑色斜纹，后端中央有 4 个"人"字形纹。腹部腹面灰褐色，有 2 条不连续的黑色纵带，两侧为黑色斜纹。外雌器基部基板中央有孔状结构，交媾管折叠复杂，附腺上覆盖有大的片状结构。

雄蛛：尚未发现。

观察标本：1♀，湖南张家界，1984.VIII.26，刘明耀采。

地理分布：湖南 (张家界)。

12. 丽跳蛛属 *Chrysilla* Thorell, 1887

Chrysilla Thorell, 1887: 386.

Type species: *Chrysilla lauta* Thorell, 1887.

背甲椭圆形，长大于宽，近腹柄处有明显的凹痕。头部平，相对较小，胸部长，侧面陡峭，背甲密被橘红色毛发。在头部前后垂直交叉，眼列间有蓝白色毛发细带。相似的毛发细带延至背甲边缘。螯肢粗壮分开，不前凹。腹部长窄呈管状，前端圆形，后部逐渐变尖呈钝状。具 1 长的盾片 (scutum)，覆盖除近肩部和纺器之外的部分，密被黑棕色、青铜色毛。步足长细，除胫节腹面刺和第 I 步足后跗节外，刺不明显。第 I 步足和第 IV 步足后跗节呈棕色，其余部分均呈棕黄色。

该属已记录有 6 种，分布于印度、缅甸、越南、中国、马来群岛、新加坡、苏门答腊岛、澳大利亚。中国记录 1 种。

(32) 美丽跳蛛 *Chrysilla lauta* Thorell, 1887 (图 35)

Chrysilla lauta Thorell, 1887: 387 (D♂); Song *et* Chai, 1991: 14, figs. 2A-B (D♀♂); Song, Zhu *et* Chen, 1999: 507, figs. 290N-O (D♀♂).

雄蛛：体长 5.40；头胸部长 1.98，宽 1.43；腹部长 3.02，宽 0.87。背甲被红色毛，但在眼域两侧各有 1 无红毛带。背甲后中部也有 1 无红毛的方块。眼基黑色。螯肢前齿堤 2 齿。后齿堤 1 齿。第 I 步足黑色。触肢的腿节和膝节黑色，胫节和跗节黄色。腹部细长，背面有 2 条黑色纵带。

雌蛛：尚未发现。

观察标本：1♂，海南尖峰岭，1989. XII，朱明生采。

地理分布：海南；缅甸，越南。

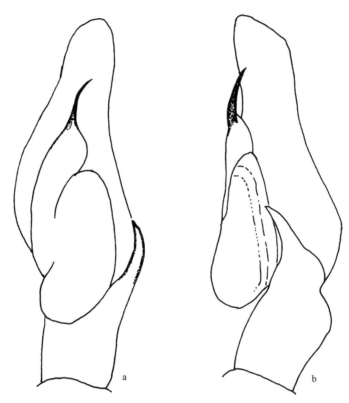

图 35　美丽跳蛛 *Chrysilla lauta* Thorell (仿 Prószyński, 1983)

a-b. 触肢器 (palpal organ)：a. 腹面观 (ventral), b. 后侧观 (retrolateral)

13. 剑跳蛛属 *Colyttus* Thorell, 1891

Colyttus Thorell, 1891: 132.

Type species: *Colyttus bilineatus* Thorell, 1891.

雄蛛触肢器的插入器与剑状引导器位于同一个卵圆形的基底上。生殖球有 1 垂状部，贮精囊呈 "S" 字形弯曲，清晰可见。胫节突长，多呈棒状。雌蛛的生殖厣有 1 大的陷窝，边缘清晰，中隔楔形，交媾孔大。近似属为 *Thiania*。

该属已记录有 2 种，主要分布在中国和东南亚。中国记录 1 种。

(33) 莱氏剑蛛 *Colyttus lehtineni* Zabka, 1985 (图 36)

Colyttus lehtineni Zabka, 1985: 212, figs. 97-105 (D♀♂); Peng, 1989: 158, figs. 4A-F (♀♂); Peng *et al.*, 1993: 42, figs. 97-103 (♀♂); Song, Zhu *et* Chen, 1999: 507, figs. 290P-Q, 291F-G (♀♂).

雌蛛：体长 7.00；头胸部长 4.00，宽 3.00；腹部长 4.30，宽 2.70。头胸甲浅褐色，边缘黑褐色。前眼列宽 2.70，后中眼居中，后眼列宽 2.50。眼域长 1.70，褐色，前缘及两侧缘黑色。胸甲方形。螯肢前齿堤 2 齿，后齿堤有 1 分叉的板齿。具步足多刺。腹部卵形，浅黄色，肌痕 2 对，无斑纹。腹部腹面浅黄色，中央有 2 条由褐色小点形成的纵条纹。

雄蛛：体长 6.70；头胸部长 3.20，宽 2.50；腹部长 3.50，宽 1.90。前眼列宽 2.40，后眼列宽 2.20，眼域长 1.70。体色较雌蛛深，第 I 步足黑褐色，腹部腹面有 1 浅褐色大斑。其余外形特征同雌蛛。

观察标本：1♀1♂，海南尖峰林业局，1975.Ⅻ.15，朱传典采 (JLU)。

地理分布：海南；越南。

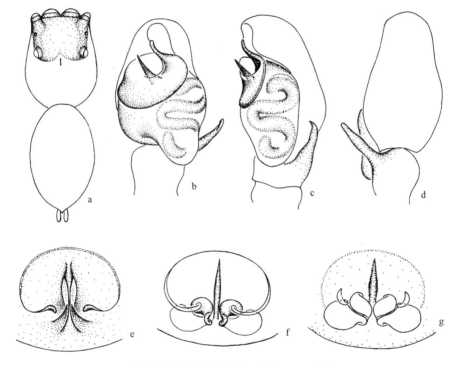

图 36　莱氏剑蛛 *Colyttus lehtineni* Zabka

a. 雄蛛外形 (body ♂)，b-d. 触肢器 (palpal organ)：b. 腹面观 (ventral)，c. 后侧观 (retrolateral)，d. 背面观 (dorsal)，e. 生殖厣 (epigynum)，f-g. 阴门 (vulva)：f. 背面观 (dorsal)，g. 腹面观 (ventral)

14. 头蛛属 *Cyrba* Simon, 1876

Cyrba Simon, 1876: 166.

Type species: *Salticus algerina* Lucas, 1846.

后中眼小，有长的中窝。螯肢前齿堤 3 齿，后齿堤 3-5 齿。生殖厣有双片状基板，其上有插入器导管，插入器导管中部愈合，向前延伸并与交媾管愈合。雄蛛触肢器膝节及胫节背侧前缘、跗舟的后侧缘有发达的结节，胫节有腹突及后侧突，插入器细长而弯曲，有时具分支。

该属已记录有 12 种，主要分布在中亚。中国记录 1 种。

(34) 眼斑头蛛 *Cyrba ocellata* (Kroneberg, 1875) (图 37)

Euophrys ocellata Kroneberg, 1875: 48, pl. 5, fig. 35 (D♀).

Cyrba ocellata (Kroneberg, 1875): Nenilin, 1984a: 14 (removed from S of *C. algerina*, S); Wanless, 1984b: 455, f. 7A-F, 8A-G, 18A-C; Song *et* Chai, 1991: 15, figs. 4A-D (♀♂); Song, Zhu *et* Chen, 1999: 508, fig. 291H.

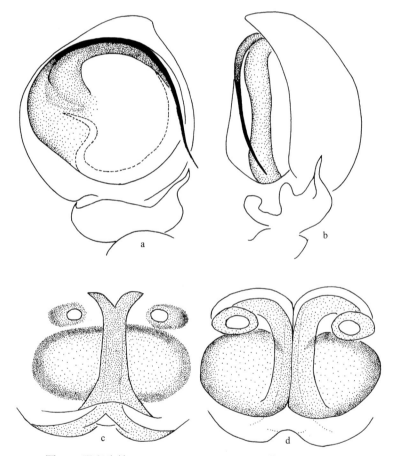

图 37 眼斑头蛛 *Cyrba ocellata* (Kroneberg) (仿 Wanless, 1984)

a-b. 触肢器 (palpal organ): a. 腹面观 (ventral), b. 后侧观 (retrolateral), c. 生殖厣 (epigynum), d. 阴门 (vulva)

雌蛛：体长 5.50-6.00；头胸部长 2.70，宽 1.70；腹部长 3.00，宽 1.90。前眼列宽 1.45，后眼列宽 1.40，眼域长 0.90。背甲褐色，密被白毛，边缘、各眼基部及眼域两侧黑色，中窝长，纵向，黑色；放射沟深灰色。胸甲卵圆形，褐色，边缘深褐色具褐色长毛。额狭，高不及前中眼半径的一半，褐色，被褐色长毛。螯肢褐色，前齿堤 3 大齿，后齿堤

4 齿。颚叶、下唇深褐色，边缘黑色，端部浅褐色具绒毛。步足褐色，深色轮纹不明显，足刺少而弱，第 I 步足胫节腹面具刺 3 对，第 II 步足胫节腹面前侧端部具刺 1 根，后侧具刺 3 根；第 I、II 步足后跗节腹面各具刺 1 对。腹部长卵形，背面黄褐色，具不规则深褐色斑；腹面灰褐色，两侧各有 1 条深褐色纵带。纺器灰褐色。

雄蛛：背甲低，狭长。背甲红褐色，眼域颜色深，眼基部有黑色环。眼区有短的淡黄色毛，眼周围有长的褐色硬毛。中窝细长，清晰可见。螯肢褐色，前后齿堤各有 3 齿。下唇浅褐色，端部色浅。胸甲淡黄色，卵圆形。腹部狭长，比背甲窄，前端浅黄褐色，后端灰色。腹部前部覆盖鳞片。整个腹部密被短的褐色毛。腹部腹面灰色。纺器灰黄色。步足浅褐色，仅腿节的远端颜色深。步足被短的褐色毛和浅灰色毛。足刺褐色。触肢大，褐色。跗舟宽。生殖球卵圆形，插入器周围有整齐的皱褶，插入器细长。触肢器胫节突非常长而弯曲，顶端尖，着生 1 簇长的硬毛 (引自 Wesolowska *et* Tomasiewicz, 2008)。

观察标本：1♂，广西靖西县底定乡，海拔 1000-1700m，2000.VI.23，CG074，陈军采 (IZCAS)；1♀，云南福贡县城郊，2000.VII.25，D. Kavanaugh，颜亨梅采 (HNU)；1♀，贵州荔波，1991.VII.30；1♀，云南大理 (IZCAS)；1♀1♂，海南尖峰，1989.XII (IZCAS)；3♂，海南通什，1989.XII.(IZCAS)；1♀，福建福州 (MCZ)；1♀，25 H. H. Chung in Gardens Traps。

地理分布：福建、广西、海南、贵州、云南。

15. 胞蛛属 *Cytaea* Keyserling, 1882

Cytaea Keyserling, 1882: 1380.
Type species: *Cytaea alburna* Keyserling, 1882.

螯肢后齿堤板齿双叉，等大；前齿堤 3-6 齿。胫节、膝节及跗节具侧刺，后跗节很少无侧刺，胫节基部具 1 背刺。个别种类第 I、II 步足胫节无背刺。

该属已记录有 37 种，主要分布在非洲、美国。中国记录 1 种。

(35) 列伟胞蛛 *Cytaea levii* Peng *et* Li, 2002 (图 38)

Cytaea levii Peng *et* Li, 2002: 338, figs. 1-4(D♀).

雌蛛：体长 5.10-6.40。体长 5.10 者，头胸部长 2.50，宽 2.10；腹部长 2.60，宽 1.20。前中眼直径 0.6，前侧眼直径 0.25，后侧眼直径 0.25。前眼列宽 1.70，后眼列宽 1.60，眼域长 1.20。背甲浅灰褐色，毛稀少，眼域两侧黑色至暗褐色；前眼列强后曲，几乎成为前后两列，前、后侧眼直径等大，直径小于前中眼的半径；中窝短，纵向；颈沟、放射沟均不明显。胸甲阔卵形，浅黄褐色，毛稀少；有深灰色放射状条纹与各步足基节相对。额黄褐色，密被白色长毛，额高约为前中眼直径的 1/3。螯肢浅褐色，前齿堤 2 齿，后齿堤 1 齿。颚叶、下唇黄褐色，端部色浅具绒毛。触肢浅黄褐色，无刺。步足黄褐色，深色轮纹不明显，毛稀少；胫节及后跗节具强刺：第 I 步足胫节腹面 4 对，第 II 步足胫节腹面 3 对，第 I、II 步足后跗节腹面各具 2 对。腹部长卵形，灰黄色，背面无明显的斑纹；腹面灰褐色。纺器黄褐色。

　　雄蛛：尚未发现。

　　观察标本：2♀，广西龙州县武德乡，海拔 350-550m，2000.VI.14，CG055，陈军采 (IZCAS)；1♀，广西金秀县罗香乡；海拔 490m，2000.VII.1，CG083，陈军采 (IZCAS)；1♀，台湾 Taihoku，1934.V.2，(MCZ)；1♀，江西 (MCZ)。

　　地理分布：江西、广西、台湾。

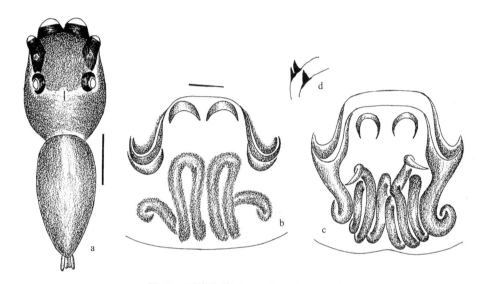

图 38　列伟胞蛛 *Cytaea levii* Peng *et* Li

a. 雌蛛外形 (body ♀), b. 生殖厣 (epigynum), c. 阴门 (vulva), d. 雌性螯肢齿堤 (cheliceral teeth ♀)　比例尺 scales = 1.00 (a), 0.10 (b-d)

16. 追蛛属 *Dendryphantes* C. L. Koch, 1837

Dendryphantes C. L. Koch, 1837: 30.

Type species: *Dendryphantes hastatus* (Clerck, 1758).

　　头胸部高而隆起，胸部最宽，后侧眼处最高。前列眼大，后中眼偏前，眼域约占头胸部的 2/5。前齿堤 2 齿，后齿堤 1 齿。从生殖球结构来看，本属与宽胸蝇虎属 *Rhene* 相似。但头胸部的形状、眼域及雄蛛螯肢有明显区别：后者头胸部梯形，前部平坦，后部急剧倾斜；眼域梯形，后眼列宽明显宽于前眼列宽，后中眼紧接前侧眼基部；雄蛛螯肢有缺刻。

　　该属已记录有 57 种，主要分布在中国、俄罗斯、秘鲁。中国记录 7 种。

种 检 索 表

1. 雄蛛 ··· 2

　　雌蛛 ··· 5

2. 引导器发达，明显可见 ·· 3

　　引导器不可见 ··· 4

3. 引导器细长，粗细均匀 ····························· 棕色追蛛 *D. fusconotatus*

　　引导器粗壮，基部远粗于端部 ························· 卞氏追蛛 *D. biankii*

4. 插入器顶端尖细，矛状 ······························· 矛状追蛛 *D. hastatus*

　　插入器顶端呈指状 ···································· 波氏追蛛 *D. potanini*

5. 交媾孔开口于生殖厣顶端 ··· 6

　　交媾孔开口于生殖厣中部 ··· 7

6. 交媾管短，纵向排列 ················· 拟呼勒德追蛛 *D. pseudochuldensis*

　　交媾管长，横向排列 ·································· 林芝追蛛 *D. linzhiensis*

7. 交媾腔小，呈裂缝状 ·· 8

　　交媾腔大 ·· 9

8. 交媾管短，简单折叠 ·································· 波氏追蛛 *D. potanini*

　　交媾管很长，折叠并盘曲 ····························· 矛状追蛛 *D. hastatus*

9. 交媾管近交媾孔部分稍膨大 ····················· 亚东追蛛 *D. yadongensis*

　　交媾管近交媾孔部分极度膨大 ·· 10

10. 交媾腔 1 个 ··· 棕色追蛛 *D. fusconotatus*

　　交媾腔 2 个 ··· 卞氏追蛛 *D. biankii*

(36) 卞氏追蛛 *Dendryphantes biankii* Prószyński, 1979 (图 39)

Dendryphantes biankii Prószyński, 1979: 304, f. 30-33 (D♀); Logunov *et* Marusik, 1994a: 103, f. 2A-E
(f, Tm only, not f lectotype, from *D. thorelli*); Su *et* Tang, 2005: 83, f. 1-3 (♀).

雌蛛：体长 7.10-8.50。体长 8.50 者，头胸部长 3.30，宽 2.50；腹部长 5.00，宽 3.50。背甲卵圆形，深棕色。颈沟不明显，放射沟隐约可见。中窝纵向，黑褐色细缝状。背面观，眼域黑棕色。前中眼 0.50，前侧眼 0.25，后侧眼 0.20，后中眼 0.06。前中眼间距 0.05，前中侧眼间距 0.08，后中眼间距 1.45，后中侧眼间距 0.40，前后侧眼间距 0.81。额高 0.12。螯肢深棕色，前齿堤 2 齿，后齿堤 1 大齿。颚叶长大于宽，黄棕色，向端部色渐淡，前端内侧角处白色且具 1 丛细长毛。下唇长大于宽，深棕色，前端具深色短毛。胸甲长椭圆形，前端平截，向后端渐窄，末端钝圆，深黄色，被白色长毛。触肢深黄色，步足黄棕色，步足远端色较深。足式：IV，I，III，II。腹部椭圆形，背面前部深黄色，中央有 2 对棕色小肌痕，心脏斑明显，浅棕色，腹面较背面色浅，中央具 2 条由深色小点形成的纵纹。纺器深黄色。外雌器具横卵圆形生殖厣，交媾孔大，纳精囊骨化强烈，由许多复杂的小室组成。

雄蛛：头胸部长 2.95，宽 2.25；腹部长 3.10，宽 2.00。前眼列宽 1.63，后眼列宽 1.73，眼域长 1.28。额高 0.15。背甲深褐色，眼域黑色。前眼列前被有白毛，眼域下方的背甲两边被有类似白毛。额红褐色。胸板、唇、颚叶和螯肢深褐色。颚叶被有白毛。腹部腹面灰红色，被有稀疏的毛；背面有 4 对横向白色斑纹。书肺被有灰毛，纺器微红色。步足颜色一致：第 II-IV 步足后跗节和跗节同第 I 步足跗节颜色为黄色；膝节红棕色；剩余各节为深褐色。足式：I，IV，III，II。触肢褐色 (引自 Logunov et Marusik, 1994)。

观察标本：7♀，兴安盟阿尔山市伊尔施，1984.VI.26，乌力塔采；3♀，兴安盟科尔沁右翼前旗宝格达山，1984.VIII.28，乌力塔采；1♀，兴安盟突泉县哈马甲，1984.VIII.4，乌力塔采。

地理分布：内蒙古；俄罗斯，蒙古。

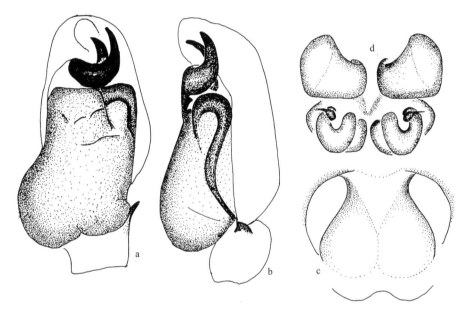

图 39 卞氏追蛛 *Dendryphantes biankii* Prószyński

(a, b 仿 Logunov et Marusik, 1994; c-d 仿 Su et Tang, 2005)

a-b. 触肢器 (palpal organ)：a. 腹面观 (ventral), b. 后侧观 (retrolateral), c. 生殖厣 (epigynum), d. 阴门 (vulva)

(37) 棕色追蛛 *Dendryphantes fusconotatus* (Grube, 1861) (图 40)

Attus fusconotatus Grube, 1861: 22 (D).

Dendryphantes fusconotatus (Grube, 1861): Prószyński, 1971c: 210, figs. 10-12 (T♂ from *Attus*= *Salticus*); Zhu et al., 1985: 200, figs. 182a-c (♀); Hu et Wu, 1989: 359, figs. 283.1-5 (♀); Peng et al., 1993: 46, figs. 112-120 (♀♂); Song, Zhu et Chen, 1999: 508, figs. 291K, 292B, 325B (♀♂); Hu, 2001: 377, figs. 235.1-2 (♀); Song, Zhu et Chen, 2001: 426, figs. 282A-E (♀♂).

雌蛛：体长 7.00-7.30。体长 7.30 者，头胸部长 2.80，宽 2.20；腹部长 4.50，宽 3.20。头胸甲黑褐色，被白毛，边缘黑色，有白色缘带。前眼列宽 1.50，后眼列宽 1.80，眼域长 1.30，黑色，被白色鳞状毛。额被白毛。胸甲赤褐色至黑褐色，边缘有白色长毛。螯肢背面有白毛。步足赤褐色，被白毛，侧刺少。腹部背面褐色，有白毛。心脏斑长条状，黑褐色。腹背中央有 2 条黑褐色纵带，每条带上有 4 个白斑，第 1 个最大，三角形。第 2 个最小。腹部腹面灰色，有白毛，中央有 1 条深色细条纹。

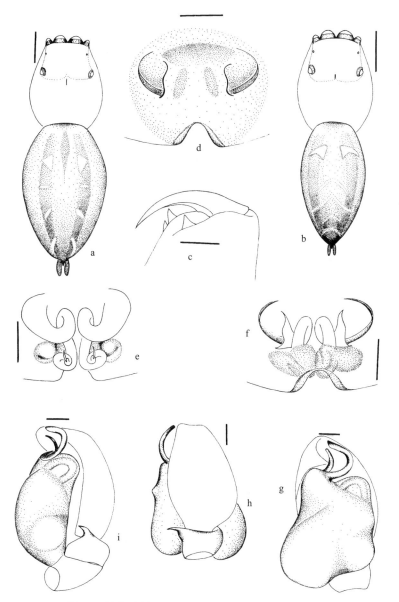

图 40　棕色追蛛 *Dendryphantes fusconotatus* (Grube)

a. 雌蛛外形 (body ♀), b. 雄蛛外形 (body ♂), c. 雌蛛螯肢齿堤 (cheliceral teeth ♀), d. 生殖厣 (epigynum), e-f. 阴门 (vulva):
e. 背面观 (dorsal), f. 腹面观 (ventral), g-i. 触肢器 (palpal organ): g. 腹面观 (ventral), h. 背面观 (dorsal), i. 后侧观
(retrolateral)　比例尺 scales = 1.00 (a, b), 0.10 (c-i)

雄蛛：体长5.10-5.50。体长5.10者，头胸部长2.40，宽1.90；腹部长2.70，宽1.60。前眼列宽1.30，后眼列宽1.50，眼域长1.00。腹部背面有2条深色纵带，前端有1对三角形白斑，后端有4条白色弧形纹。插入器呈弓状，引导器呈镰刀状。其余外形特征同雌蛛。

观察标本：1♀1♂，兴安中旗代钦塔拉力塔(HNU)；2♀，北京(HNU)；1♀，内蒙古扎旗呼日勒(HNU)；4♀，内蒙古呼和浩特市(HNU)；1♀，内蒙古树木沥乌力塔(HNU)。

地理分布：北京、内蒙古、吉林；蒙古，俄罗斯。

(38) 矛状追蛛 *Dendryphantes hastatus* (Clerck, 1757) (图41)

Araneus hastatus Clerck, 1757: 115, pl. 5, f. 11 (♀).

Dendryphantes hastatus (Clerck, 1757): C. L. Koch, 1846: 81, f. 1145-1146 (♀); Maddison, 1996: 335, f. 76, 103-104; Prószyński 1991: 496, f 1326.1-4.

雌蛛：体长7.50，宽5.60；头胸部长3.28，宽2.58；腹部长2.48，宽1.80。背甲浅褐色，杂生白色斑点。眼域淡黄色。背甲后端中间有黄褐色的纵带。额密被白毛。步足褐色，基部黑色。所有的腿着生白毛。触肢密被长毛。腹部大部分红褐色，边缘黑色，腹部前端和两侧有宽的浅黄色斜纹。生殖厣宽大于长，中间有拱状结构。交媾腔前端有窄的中隔。交媾孔在交媾腔的侧缘。交媾管宽而弯曲(引自Almquist, 2006)。

雄蛛：雄蛛体色跟雌蛛相同。体长5.90，头胸部长2.82，宽2.17。触肢器胫节后侧突小而尖。跗舟顶端截形。生殖球突出，覆盖在胫节的腹侧。插入器粗大，弯曲，基部有尖的横突(引自Almquist, 2006)。

标本观察：无镜检标本。

地理分布：山西；古北区。

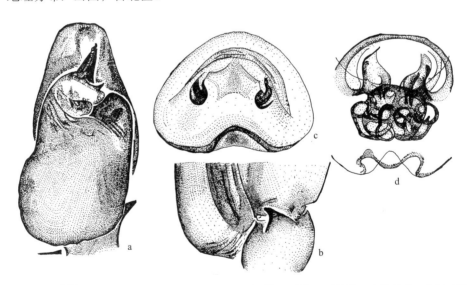

图41 矛状追蛛 *Dendryphantes hastatus* (Clerck) (a-b 仿 Maddison, 1996; c-d 仿 Prószyński, 1991)
a-b. 触肢器 (palpal organ): a. 腹面观 (ventral), b. 后侧观 (retrolateral), c. 生殖厣 (epigynum), d. 阴门 (vulva)

(39) 林芝追蛛 *Dendryphantes linzhiensis* Hu, 2001 (图 42)

Dendryphantes linzhiensis Hu, 2001: 378, figs. 236.1-3 (D♀).

雌蛛：体长 6.10；头胸部长 2.30，宽 1.80；腹部长 3.80，宽 2.70。头胸部隆起，以第三行眼处为最高，由此逐渐向后倾斜，背甲褐色，前眼及周缘及前、后侧眼之间呈浓黑色，胸部正中线部位显黄色，中窝明显，纵向，黑褐色。整个背甲密被白色鳞状毛及黑色细毛，眼域宽大于长，前、后边约等，黑褐色，占头胸部长的 2/5，前眼列后曲，后中眼 (中眼列) 位于前侧眼与后侧眼的中间偏前，在前眼列后缘及前、后侧眼直径外侧布有黑色长刚毛，额部丛生白色长刚毛。螯肢前缘基部呈黑褐色，其端部和后缘显赤褐色，前齿堤 2 齿，后齿堤 1 齿。触肢腿节、膝节黄褐色，胫节、跗节黑褐色。颚叶基部黑色，端部黄白色。下唇长大于宽，与颚叶同色。胸甲橄榄形，黄色，周缘围有黑色块斑，并布有白色长毛。步足黄褐色，具黑褐色块斑和轮纹，第 I、II 步足粗壮，其胫节有 3 对腹刺，后跗节有 2 对腹刺。足式：IV，III，I，II。腹部呈长椭圆形，被有白色、黑褐色短毛，背面纵贯中央部位呈黄褐色，散有黑褐色点斑，在其中段的正中线上有 1 个长三角形黑斑，其后有 2 对长叶状黄斑，两两呈"八"字形排列，腹部背面两侧呈浓黑褐色并密布黄色小点斑。腹部腹面黄褐色，散有黑褐色小圆斑。纺器褐色。生殖厣有 1 个漏斗状凹坑，2 个插入孔大而明显，分别位于凹坑的前上角内侧。插入管粗长，呈横向扭曲 (引自 Hu, 2001)。

雄蛛：尚未发现。

观察标本：2♀，西藏林芝，海拔 3000m，1988.Ⅶ.26，张涪平采。

地理分布：西藏。

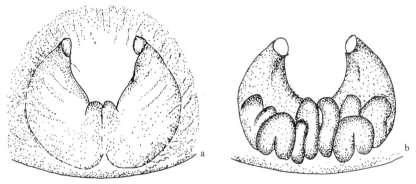

图 42 林芝追蛛 *Dendryphantes linzhiensis* Hu (仿 Hu, 2001)
a. 生殖厣 (epigynum), b. 阴门 (vulva)

(40) 波氏追蛛 *Dendryphantes potanini* Logunov, 1993 (图 43)

Dendryphantes potanini Logunov, 1993a: 55, figs. 6A-G (D♀♂); Song, Zhu *et* Chen, 1999: 508, figs. 291M, 292D-E (♀♂).

雄蛛：头胸部长 2.25-2.83，宽 1.85-2.20；后侧眼处高 1.03-1.40。眼域长 1.15-1.23，前端宽 1.25-1.43，后端宽 1.40-1.65。前中眼直径 0.35-0.43。腹部长 2.70-3.05，宽 1.85-2.10。螯肢长 1.05-1.50。额高 0.06-0.07。背甲黑棕色，被白色细毛和白色横线。眼域黑色，表面粗糙。胸甲和螯肢黑棕色。颚叶和下唇黑棕色，顶端白色。步足棕色，腿节较黑。触肢黄棕色。腹部灰色，背面棕色。纺器和书肺灰色。

雌蛛：头胸部长 2.18-2.75，宽 1.80-2.13；腹部长 3.50-3.75，宽 2.45-2.50。后侧眼处高 1.00-1.40。前眼列宽 1.35，后眼列宽 1.55，眼域长 1.23。前中眼直径 0.38-0.40。螯肢长 0.93-1.00。额高 0.05-0.08。背甲红棕色，额密被白毛。背甲有 2 条棕色纵带，2 对白斑。腹部前方有白毛横带 (引自 Logunov, 1993)。

观察标本：无镜检标本。

地理分布：四川。

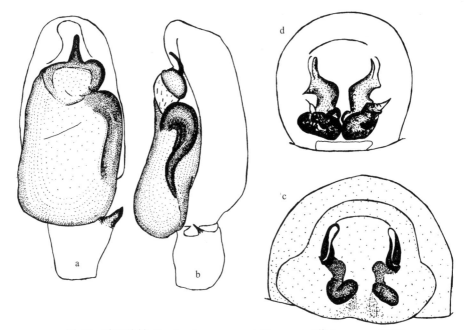

图 43　波氏追蛛 *Dendryphantes potanini* Logunov (仿 Logunov, 1993)
a-b. 触肢器 (palpal organ): a. 腹面观 (ventral), b. 后侧观 (retrolateral), c. 生殖厣 (epigynum), d. 阴门 (vulva)

(41) 拟呼勒德追蛛 *Dendryphantes pseudochuldensis* Peng, Xie *et* Kim, 1994 (图 44)

Dendryphantes chuldensis Prószyński, 1982: Peng, 1992a: 84, figs. 5-8 (♀, misidentified); Peng *et al.*,
　　1993: 44, figs. 108-111 (♀, misidentified).
Dendryphantes pseudochuldensis Peng, Xie *et* Kim, 1994: 31, figs. 1-4 (D♀); Song, Zhu *et* Chen, 1999:
　　508, figs. 292F-G, 325C (♀).

雌蛛：体长 8.50-9.00。体长 8.80 者，头胸部长 3.60，宽 2.80；腹部长 5.20，宽 3.40。头胸甲深褐色至黑褐色，被稀疏的白毛。眼域黑色。螯肢黑褐色，前齿堤 2 小齿，后齿堤 1 大齿。胸甲枣核形，褐黑色。步足褐色，具深色轮纹。腹部背面灰黑色，前缘有 1 条白色弧形带，沿两侧缘向后延伸至腹部的前 1/3 处，其后各有 3 个白色斜斑。腹背中央有 2 条黑色纵带，每条带上有 4 个白斑，第 1 个最大，三角形，第 2 个最小，末端 2 个呈眉状。腹部腹面灰色，有 3 条黑色细条纹，始自生殖沟，终于纺器，中央的条纹最明显，两侧的条纹有的不太明显。

雄蛛：尚未发现。

观察标本：12♀，内蒙古，1987.Ⅶ，王家福采 (HNU)。

地理分布：内蒙古；蒙古。

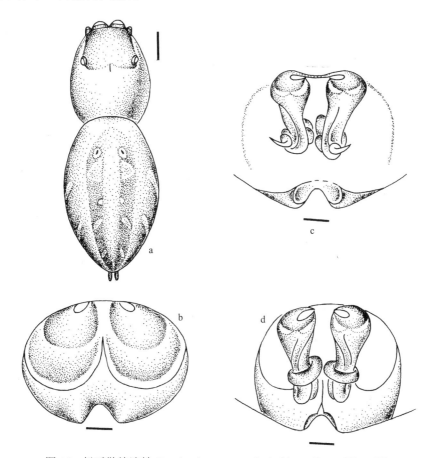

图 44　拟呼勒德追蛛 *Dendryphantes pseudochuldensis* Peng, Xie *et* Kim

a. 雌蛛外形 (body ♀), b. 生殖厣 (epigynum), c-d. 阴门 (vulva)：c. 背面观 (dorsal), d. 腹面观 (ventral)

比例尺 scales = 1.00 (a), 0.10 (b-d)

(42) 亚东追蛛 *Dendryphantes yadongensis* Hu, 2001 (图 45)

Dendryphantes yadongensis Hu, 2001: 378, figs. 237.1-5 (D♀).

雌蛛：体长 3.70-4.00。体长 4.00 者，头胸部长 1.90，宽 1.35；腹部长 2.30，宽 1.75。

头胸部黑褐色，被有白色鳞状毛，背面隆起，以第三列眼处为最高，由此逐渐向后倾斜。眼域浓黑色，宽大于长，约占头胸部长的 2/5 以上，并布有黑色长刚毛，从背面观前眼列微后曲，中眼列位于前、后眼列之间，中眼列与前侧眼间距小于中眼列与后侧眼间距。额部丛生白色刚毛。螯肢褐色，前齿堤 2 齿，后齿堤 1 齿。触肢黄色。颚叶褐色。下唇长大于宽，黑褐色。胸甲橄榄形，浓黑色。步足各腿节浓褐色，膝节、胫节及后跗节为棕色，各跗节黄褐色，第 I 步足粗壮，其胫节有 3 对腹刺，后跗节有 2 对腹刺；第 II 步足腹面外侧的近体端和离体端各有 1 根刺，内侧的离体端有 1 根刺；第 II 步足后跗节各有 2 对腹刺。足式：I，IV，III，II。腹部长椭圆形，背部为棕褐色，密布白色细毛，正中线两侧各有 1 对褐色肌痕，腹背两侧缘隐约可见黄色、褐色相间的斜纹。腹部腹面在胃外区至纺器间有 1 条黄褐色纵带，其两侧为黄褐色。外雌器为 1 个前窄后宽的凹坑，中隔在其后缘，中隔较宽，其两侧有赤褐色角质化纵脊并呈"八"字形。插入管粗壮而长，扭曲成腊肠状。

雄蛛：尚未发现。

观察标本：2♀，西藏亚东，海拔 2900m，1981.VII.30，胡胜昌采。

地理分布：西藏。

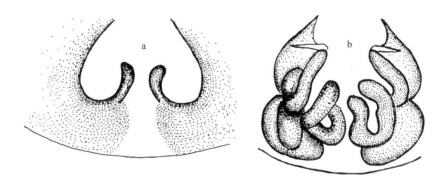

图 45　亚东追蛛 Dendryphantes yadongensis Hu (仿 Hu, 2001)
a. 生殖厣 (epigynum), b. 阴门 (vulva)

17. 右蛛属 *Dexippus* Thorell, 1891

Dexippus Thorell, 1891: 112.
Type species: *Dexippus kleini* Thorell, 1891.

体中型，体长 4.0-6.2。单齿类。雄蛛触肢器生殖球近圆形，多有锥状突；插入器较宽，呈扭曲的带状；胫节突 1 个；跗舟较短，长宽约相等。

该属已记录有 3 种，主要分布在印度。中国仅记录 1 种。

(43) 台湾右蛛 *Dexippus taiwanensis* Peng *et* Li, 2002 (图 46)

Dexippus taiwanensis Peng *et* Li, 2002: 339, figs. 5-8 (D♂).

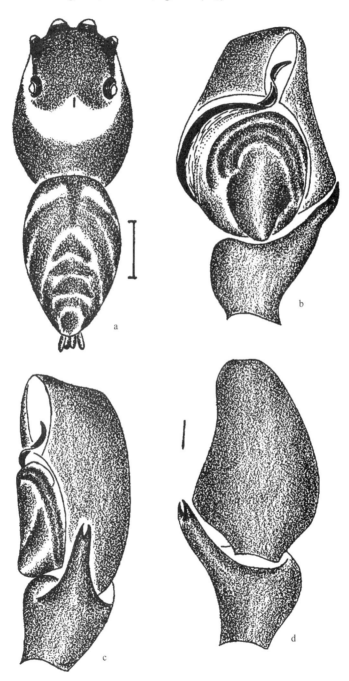

图 46　台湾右蛛 *Dexippus taiwanensis* Peng *et* Li

a. 雄蛛外形 (body ♂), b-d. 触肢器 (palpal organ)：b. 腹面观 (ventral), c. 后侧观 (retrolateral), d. 背面观 (dorsal)

比例尺 scales = 1.00 (a), 0.10 (b-d)

雄蛛：体长 6.2；头胸部长 3.2，宽 2.4；腹部长 3.0，宽 2.1。前眼列宽 1.9，后眼列宽 1.85，前中眼直径 0.6，前侧眼直径 0.3，后侧眼直径 0.3，眼域长 1.3，背甲暗褐色，密被白毛，边缘、各眼基部及眼域两侧黑色；中窝纵向，黑色，其后方及眼域两侧有浅褐色马蹄状纹，密被白毛；颈沟、放射沟不明显。胸甲盾形，前、后缘约等宽，被褐色长毛，边缘深褐色，中央色浅。额褐色，高约为前中眼之半径，被褐色长毛。螯肢、颚叶、下唇暗褐色，端部色浅，前齿堤 2 齿，后齿堤 1 齿。触肢、步足暗褐色，被褐色及白色长毛；第 I、II 步足暗褐色，腹面具刷状毛及毛刺，胫节腹面各具 3 对刺，后跗节腹面各具 2 对刺；第 III、IV 步足浅褐色具深色轮纹，足刺长而多。腹部卵形，前缘稍宽，背面灰黑色，具浅色弧形纹及横纹，心脏斑褐色，腹面正中有 1 宽的灰黑色纵带，两侧为灰色斜纹。纺器灰黑色。

雌蛛：尚未发现。

观察标本：1♂，台湾 Rokki，1934.Ⅴ.13-20 (MCZ)。

地理分布：中国台湾。

18. 艾普蛛属 *Epeus* Peckham *et* Peckham, 1886

Epeus Peckham *et* Peckham, 1886: 271, 334.

Type species: *Epeus tener* (Simon, 1877).

体色暗，无明显鲜亮的斑纹。头胸部高且隆起，眼区占头胸部的比例不及 1/2，中眼列居中或稍偏前。触肢器之跗舟扁而细长，其基部外侧缘有 1 很长的角状侧突指向胫节突的外腹侧，或与胫节突相对。生殖球上的舌状突位于其中下部。外雌器的交媾管长而透明，呈螺旋状缠绕数圈。雌蛛、雄蛛步足均密被毛和无数的刺。

该属已记录有 13 种，主要分布于东洋区。中国记录 5 种。

种 检 索 表

1. 雄蛛 ·· 2
　　雌蛛 ··· 6
2. 跗舟基部侧缘的角状突长，延伸至胫节的中部 ······················· 荣艾普蛛 *E. glorius*
　　跗舟基部侧缘的角状突短，指向胫节的端部 ·· 3
3. 舌状突位于生殖球的中上部 ·· 4
　　舌状突位于生殖球的中下部 ·· 5
4. 舌状突始于生殖球的 12:00 点位置 ································· 广西艾普蛛 *E. guangxi*
　　舌状突始于生殖球的 3:00 点位置 ······························· 双尖艾普蛛 *E. bicuspidatus*
5. 舌状突细长，位于生殖球的 5:00 点位置 ······················· 柔弱艾普蛛 *E. tener*
　　舌状突粗短，位于生殖球的 6:00 点位置 ······················· 白斑艾普蛛 *E. alboguttatus*
6. 交媾孔纵向，几乎垂直 ··· 白斑艾普蛛 *E. alboguttatus*
　　交媾孔与纵轴约呈 45° 夹角 ··· 柔弱艾普蛛 *E. tener*

(44) 白斑艾普蛛 *Epeus alboguttatus* (Thorell, 1887) (图 47)

Viciria alboguttata Thorell, 1887: 397 (D♀); Chen *et* Zhang, 1991: 316, figs. 336.1-5 (♀).
Epeus alboguttatus (Thorell, 1887): Zabka, 1985: 214, figs. 109-120 (T♀♂ from *Viciria*).

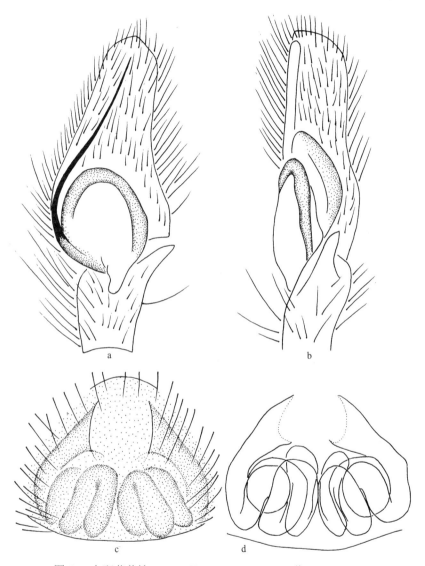

图 47　白斑艾普蛛 *Epeus alboguttatus* (Thorell) (仿 Zabka, 1985)
a-b. 触肢器 (palpal organ): a. 腹面观 (ventral), b. 后侧观 (retrolateral), c. 生殖厣 (epigynum), d. 阴门 (vulva)

雌蛛：体长 8.90。头胸部橙黄色，眼域色稍浅，被有橙黄色鬃毛。前中眼周围浅褐色，其余各眼周围黑褐色，着生有白色、橙黄色的纤细毛和长的鬃毛。额部着生白色至黄色的鬃毛。螯肢浅黄色，颚叶、下唇、胸甲同色，但颚叶、下唇前缘的毛为黑色。触肢的远端 1 节橙黄色，被许多黄色长毛。步足灰黄色，腿节有刺。腹部灰黄色。背面前方中央可见 2 浅灰色纵条而后合并为 1 黑褐色纵带，液浸标本常常褪色，只见到自腹背中端至末端的黑褐色纵带。腹面的书肺两侧各有 1 黑斑，中央有浅褐色宽纵带，纺器黑褐色。外雌器有杯形的生殖孔，内管道长，盘绕成多圈 (引自 Chen et Zhang, 1991)。

雄蛛：头胸部长 3.70，眼域长 1.70。头胸部高，橙色。眼域和侧面暗色。中眼基部浅褐色，其余眼基部黑色，着生浅色白毛。头胸部的前端有明显橙色毛和短的浅毛。腹部黄橙色，中间和两侧有黑灰色条纹。腹部着生很多黄色、灰色、橙色的毛和单一的深色毛。螯肢黑褐色，下唇和颚叶褐色，尖端色浅。胸甲黄色，边缘黑色。腹面边缘深灰色，中间有宽的纵带，由灰色向两侧逐渐变成黄色。触肢器细长，跗舟侧突小。插入器长，丝状。第 I 步足黑褐色，细长，均匀地着生很多黑色毛、硬毛和足刺。其他步足颜色逐渐变淡，第 IV 步足褐色，稍微有些灰色，毛和足刺也相应减少 (引自 Zabka, 1985)。

观察标本：无镜检标本。

地理分布：浙江；越南，缅甸。

(45) 双尖艾普蛛 *Epeus bicuspidatus* (Song, Gu *et* Chen, 1988) (图 48)

Plexippodes bicuspidatus Song, Gu *et* Chen, 1988: 71, figs. 6-8 (D♂).

Epeus bicuspidatus (Song, Gu *et* Chen, 1988): Peng *et al.*, 1993: 48, figs. 121-124 (T♂ from *Plexippoides*); Song, Zhu *et* Chen, 1999: 508, figs. 291N-O (D♀♂); Peng *et* Li, 2002a: 386, figs. 1A-D (D♀♂).

雄蛛：体长 7.42-8.03。体长 7.95 者，头胸部长 3.15，宽 2.70；腹部长 4.65，宽 2.05。体色暗，头胸部高且隆起，头胸甲褐色，除前中眼外，其余各眼周围黑色。前眼列宽 2.35，后眼列宽 2.10，眼域长 1.50。胸甲淡黄色。螯肢、颚叶、下唇皆褐色，螯肢前齿堤 2 齿，后齿堤 1 齿。步足细长，除转节和腿节为淡黄色外，第 I、II 步足基节、腿节末端至跗节皆为褐色；第 III、IV 步足的后跗节、跗节的中段为黄褐色，两端为褐色，膝节、胫节仍为褐色。腹部细长，灰黑褐色，无明显斑纹。触肢褐色，跗舟宽扁，其基部外侧缘角状侧突末端分叉，胫节突短钩状，较小。插入器起始于生殖球的基部，舌状突位于生殖球的中上部。

雌蛛：尚未发现。

观察标本：7♂，海南尖峰岭，1981.VI.25，顾茂彬采；1♂，广西金秀，2000.VI.29，陈军采。

地理分布：湖南、广西、海南。

(46) 荣艾普蛛 *Epeus glorius* Zabka, 1985 (图 49)

Epeus glorius Zabka, 1985: 216, figs. 121-124 (D♂); Xie *et* Peng, 1993: 20, figs. 5-8 (D♀♂); Peng *et al.*, 1993: 49, figs. 125-128 (D♀♂); Song, Zhu *et* Chen, 1999: 508, figs. 291P-Q (D♀♂); Peng *et* Li, 2002a: 387, figs. 2A-E (D♀♂).

雄蛛：体长 6.80；头胸部长 2.90，宽 2.30；腹部长 3.90，宽 2.10。背甲浅褐色，毛稀少，仅眼域两侧及前列各眼之间被有少许白毛，除前中眼外，其余各眼基部及其周围

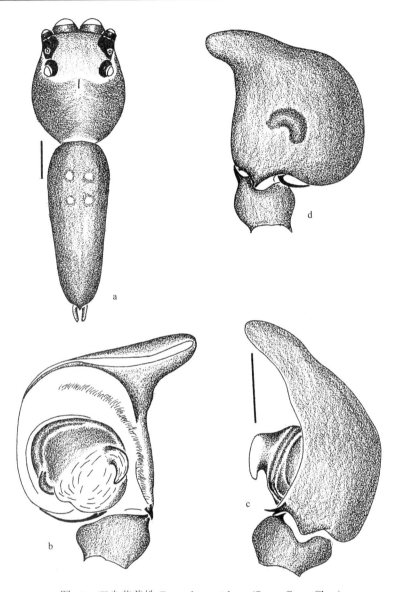

图 48　双尖艾普蛛 *Epeus bicuspidatus* (Song, Gu *et* Chen)

a. 雄蛛外形 (body ♂), b-d. 触肢器 (palpal organ)：b. 腹面观 (ventral), c. 后侧观 (retrolateral), d. 背面观 (dorsal)

比例尺 scales = 1.00 (a), 0.25 (b-d)

黑色，前眼列宽 1.85，后眼列宽 1.75。眼域长 1.10。中窝赤褐色，纵向，较短，颈沟、放射沟隐约可见。胸甲卵圆形，前缘稍宽，浅褐色，被稀疏褐色毛，边缘深褐色。额褐色，被褐色及白色长毛，额高 0.2，不及前中眼半径。螯肢、颚叶及下唇皆褐色，前齿堤 2 齿，后齿堤 1 齿。步足细长多毛，深褐色，暗色环纹隐约可见，第 I 步足胫节腹面有 4 对长刺，第 II 步足胫节腹面有 3 对，第 I、II 步足后跗节腹面各 2 对。腹部筒状，细长，背面浅黄褐色，无斑纹，腹面浅黄褐色，中央色深。纺器褐色。触肢之跗舟扁而细长，其基部外侧缘角状侧突箭状，尖而细长，伸至胫节突之腹面。

雌蛛：尚未发现。

观察标本：1♂，台湾屏东县垦厂国家公园，2003.Ⅲ.3，谢玉龙采，THU-Ar-01-0115。

地理分布：广东、广西 (龙胜)；越南。

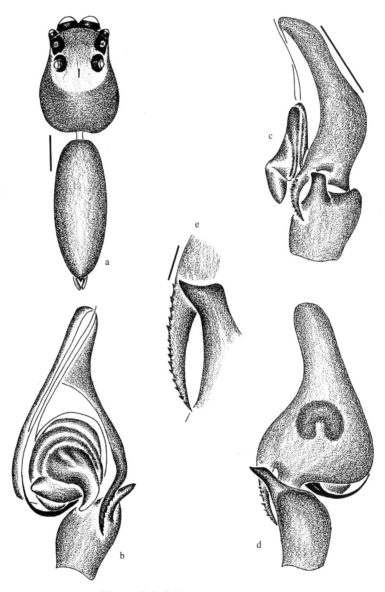

图 49　荣艾普蛛 *Epeus glorius* Zabka

a. 雄蛛外形 (body ♂), b-d. 触肢器 (palpal organ)：b. 腹面观 (ventral), c. 后侧观 (retrolateral), d. 背面观 (dorsal), e. 跗舟基
突和胫节突 (cymbial and tibial apophysis)　比例尺 scales = 1.00 (a), 0.50 (b-d), 0.10 (e)

(47) 广西艾普蛛 *Epeus guangxi* Peng *et* Li, 2002 (图 50)

Epeus guangxi Peng *et* Li, 2002a: 388, figs. 3A-D (D♂).

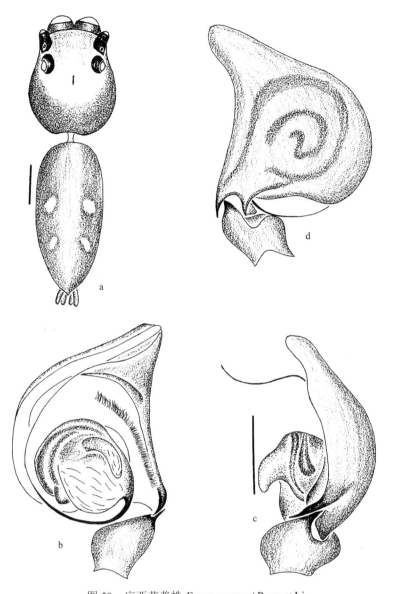

图 50　广西艾普蛛 *Epeus guangxi* Peng *et* Li

a. 雄蛛外形 (body ♂), b-d. 触肢器 (palpal organ)：b. 腹面观 (ventral), c. 后侧观 (retrolateral), d. 背面观 (dorsal)

比例尺 scales = 1.00 (a), 0.50 (b-d)

雄蛛：体长 7.90；头胸部长 2.80，宽 2.30；腹部长 4.10，宽 1.70。前眼列宽 1.95，后眼列宽 1.70，眼域长 1.25。背甲褐色，前中眼基部褐色，其余各眼基部黑色，眼域及后眼列后方浅黄褐色；背甲密被短的褐色毛，眼域前部被有黑褐色长毛；中窝赤褐色，较短，颈沟、放射沟不明显。胸甲盾形，浅黄色，边缘黄褐色；毛灰黑色，较稀少。额浅黄色，密被白色长毛，前中眼下方各有 1 块褐黑色毛形成的深色斑。螯肢深褐色，前侧密被白色长毛，螯沟及内侧被有黑褐色长毛；前齿堤 2 齿，后齿堤 1 齿。颚叶、下唇褐色；端部浅黄色，被褐色及灰黑色绒毛。触肢腿节背面被有密的白色长毛。第 I 步足褐色，腿节端部黄白色，前后侧各有 1 灰褐色斑，基部灰褐色，第 I 步足腿节及后跗节背腹面均被有灰黑色长毛形成的毛刷，胫节腹面有 3 对长刺，后跗节腹面有 2 对长刺。第 II、III、IV 步足浅褐色，腿节灰黑色有浅黄色轮纹；腿节被有较密的灰黑色毛，刺较长而稀少。腹部柱状，前端稍大。背面密被灰色短毛及少许褐色长毛；有 2 对由白色色素颗粒形成的椭圆形斑。腹部腹面灰白色，无斑纹，被有稀疏的灰黑色细毛。纺器灰褐色，被黑色长毛。

雌蛛：尚未发现。

观察标本：1♂，广西金秀县圣堂乡，1999.V.18，张国庆采 (IZCAS)。

地理分布：广西。

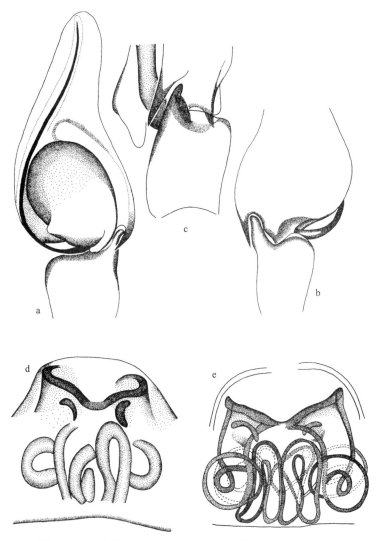

图 51 柔弱艾普蛛 *Epeus tener* (Simon) (仿 Prószyński, 1984)

a-c. 触肢器 (palpal organ)：a. 腹面观 (ventral)，b. 背面观 (dorsal)，c. 后侧观 (retrolateral)，d. 生殖厣 (epigynum)，e. 阴门 (vulva)

(48) 柔弱艾普蛛 *Epeus tener* (Simon, 1877) (图 51)

Evenust tener Simon, 1877b: 59, pl. 3, f. 12 (D♀).

Epeus tener (Simon, 1877): Peckham *et* Peckham, 1886: 334; Prószyński, 1984b: 409, f. 13-16, 18 (T♀♂ from *Viciria*); Zabka, 1985: 216, f. 125-126 (♂).

雌蛛：体长 8.10；头胸部长 3.60，宽 2.60；腹部长 4.50，宽 4.50。头部白色，被有稀疏黑毛，胸部被有稠密白色细毛。头部正前方带有黄色金属光泽，被有稀疏红色细毛。腹部微红色，被有细长黄色毛。唇和颚叶无毛 (引自 Simon, 1877)。

雄蛛：主要特征与雌蛛类似。

标本观察：无镜检标本。

地理分布：中国 (具体不详)；爪哇。

19. 艳蛛属 *Epocilla* Thorell, 1887

Epocilla Thorell, 1887: 378.

Type species: *Epocilla aurantiaca* (Simon, 1885).

躯体上具长的橘红色纵条纹。触肢有 2 个胫节突，生殖球表面有明显的突起，插入器长短不等，有的弯曲。生殖厣外形不一，微角质化，纳精囊卵形。附腺发达，交媾管短或缺。从交媾器官尤其是生殖球的结构来看，本属与 *Phintella* 和 *Icius* 相近。

该属已记录有 10 种，分布在古北区和东洋区。中国记录 3 种。

种 检 索 表

1. 雄蛛 ·· 2
   雌蛛 ·· 3
2. 插入器很短，不及生殖球长的 1/2 ································· 锯艳蛛 *E. calcarata*
   插入器很长，长于生殖球的 1/2 ·································· 布氏艳蛛 *E. blairei*
3. 生殖厣后缘中部的凹陷呈倒 "V" 字形 ···················· 多彩艳蛛 *E. picturata*
   生殖厣后缘中部的凹陷呈半圆形 ·· 4
4. 纳精囊中部有 1 片状突 ··· 锯艳蛛 *E. calcarata*
   纳精囊顶端有 1 片状突 ··· 布氏艳蛛 *E. blairei*

(49) 布氏艳蛛 *Epocilla blairei* Zabka, 1985 (图 52)

Epocilla blairei Zabka, 1985: 217, figs. 127-131 (D♀♂); Song *et* Chai, 1991: 16, figs. 5A-D (D♀♂); Song, Zhu *et* Chen, 1999: 508, figs. 291R-S (D♀♂).

雄蛛：体长 7.14；头胸部长 3.17，宽 2.54；腹部长 3.97，宽 2.54。背甲黄色，眼基黑色，背甲两侧及中央各有 1 白色毛带。前眼列有红色毛，在后眼列附近及背甲后中部有羽状毛散布。背甲两缘也有羽状毛。螯肢前后齿堤无典型的齿，只有 1 条硬脊。螯基前面内侧上方有 1 突起，基部也有 1 突起。从前面看，螯爪上也有突起，腹部背面两侧黄色，中间是 1 条由羽状毛形成的纵带，腹面黄色。第 I 步足最长 (引自 Song *et* Chai, 1991)。

雌蛛：外雌器生殖沟两边各有 1 椭圆形插入孔。纳精囊椭圆形。附腺和受精管发达。交媾管不可见。其他特征与雄蛛类似 (引自 Zabka, 1985)。

标本观察：1♂，海南坝王岭，1989，朱明生采；1♂，海南沟谷雨林，1990，顾茂彬采；1♂，香港 (SP025)，落叶层，1999.Ⅹ.31，P. W. Chan coll. TLES；1♀，香港 (SP031)，落叶层，1999.Ⅸ.24，P. W. Chan coll. TLES。

地理分布：海南、香港；越南。

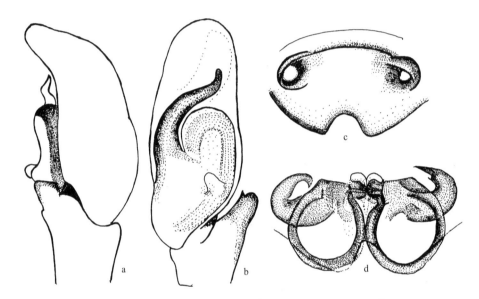

图 52　布氏艳蛛 *Epocilla blairei* Zabka (a-b 仿 Prószyński, 1984; c-d 仿 Zabka, 1985)
a-b. 触肢器 (palpal organ)：a. 后侧观 (retrolateral)，b. 腹面观 (ventral)，c. 生殖厣 (epigynum)，d. 阴门 (vulva)

(50) 锯艳蛛 *Epocilla calcarata* (Karsch, 1880) (图 53)

Plexippus calcaratus Karsch, 1880c: 398 (D♂).
Epocilla calcarata (Karsch, 1880): Zabka, 1985: 217, figs. 132-148 (T♂ from *Plexippus*, S). Feng, 1990: 218, figs. 193.1-6 (♀♂); Chen *et* Zhang, 1991: 315, figs. 335.1-6 (D♀♂); Peng *et al.*, 1993: 51, figs. 129-137 (♀♂); Song, Zhu *et* Chen, 1999: 509, figs. 292H-I, 325D-E (♀♂).

雌蛛：体长 6.50-7.00。体长 6.50 者，头胸部长 3.00，宽 2.40；腹部长 3.50，宽 1.80。头胸甲扁而圆，浅褐色，边缘灰黑色，两侧各有 1 条白色纵带。自前侧眼至腹部末端有 2 条橘红色纵带贯穿整个躯体。前眼列宽 1.80，后中眼居中，后眼列宽 1.70，眼域长 1.20。额被白毛。前齿堤 2 齿，后齿堤 1 齿。步足黄色至浅褐色，毛稀少而短，刺短而弱。腹部细长，2 条橘红色纵带末端愈合，各向内侧分出 6 个锯齿状突起。腹部腹面淡黄色。

外雌器的纳精囊球形，各有 1 片状突起，弯曲呈钩状。

雄蛛：体长 7.30-7.80。体长 7.30 者，头胸部长 3.00，宽 2.50；腹部长 4.30，宽 1.70。头胸甲橘红色至深红色。斑纹与雌蛛相同。螯爪端部 1/3 处有 1 三角形小突起。第 I 步足远比其他步足粗壮而长。腹部背面正中为 1 宽的橘红色纵带，两侧各有 1 条白色纵带与头胸部两侧的白带相对。插入器很短，胫节突 2 个，腹侧突宽而大，背面观后侧突扭曲成 "S" 字形。

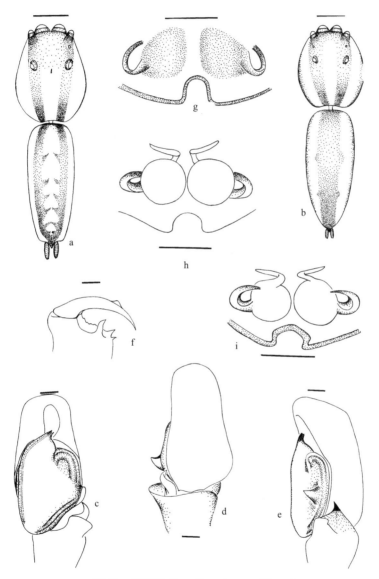

图 53　锯艳蛛 *Epocilla calcarata* (Karsch)

a-b. 外形 (body): a. 雄蛛 (♂), b. 雌蛛 (♀), c-e. 触肢器 (palpal organ): c. 腹面观 (ventral), d. 后侧观 (retrolateral), e. 背面观 (dorsal), f. 雄性螯肢 (chelicera ♂), e. 生殖厣 (epigynum), h-i. 阴门 (vulva): h. 背面观 (dorsal), i. 腹面观 (ventral)　比例尺 scales = 1.00 (a, b), 0.10 (c-i)

观察标本：1♂，湖南新宁舜皇山，1980.Ⅶ，王家福采；2♀，湖南宜章，1980.Ⅷ，王家福采；1♂，湖南衡阳岣嵝峰，1997.Ⅷ.2，彭贤锦采；1♀，广西南宁，1985.Ⅶ.12，张永靖采；4♀，云南勐腊，1981，王家福采；5♀，四川成都，陈孝恩采。

地理分布：湖南 (衡阳、新宁、宜章)、广东、广西、四川、云南。

(51) 多彩艳蛛 *Epocilla picturata* Simon, 1901 (图 54)

Epocilla picturata Simon, 1901f: 62 (D♂); Prószyński, 1984a: 39 (♀).

雌蛛：体长 9.00；头胸部长 3.00，宽 2.40；腹部长 6.00，宽 3.00。足式：IV，I，II，II (引自 Strand, 1909)。

雄蛛：体长 6.00；头胸部长 2.50，宽 2.10；腹部长 3.50。足式：I，IV，III，II (引自 Strand, 1909)。

标本观察：无镜检标本。

地理分布：广东。

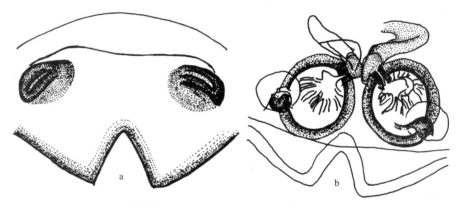

图 54　多彩艳蛛 *Epocilla picturata* Simon (仿 Prószyński, 1984)
a. 生殖厣 (epigynum), b. 阴门 (vulva)

20. 斑蛛属 *Euophrys* C. L. Koch, 1834

Euophrys C. L. Koch, 1834: 123.
Type species: *Euophrys frontalis* (Walckenaer, 1802).

该属蜘蛛个体小，体长 2.40-4.00，体黑色，上有白斑。眼域长不及头胸部长的 1/2，宽为长的 2 倍。后中眼居中。前齿堤 2 齿，后齿堤无齿或 1 齿。生殖球表面可见弯曲的贮精囊，插入器常绕成环状，有的有引导器。雌蛛的纳精囊卵圆形，交媾管的长度变化较大。

全球共报道 127 种。分布很广，以古北区为中心，南美洲、北美洲、尼泊尔、缅甸、印度、澳大利亚有分布。中国记录 12 种。

种 检 索 表

1. 雄蛛··2
   雌蛛··8
2. 跗舟侧面基部有 1 向下的突起··**文县斑蛛 *E. wenxianensis***
   跗舟侧面基部无突起···3
3. 插入器端部膨大呈帽状···**白触斑蛛 *E. albopalpalis***
   插入器端部变细···4
4. 插入器基部未盘曲成圈···5
   插入器基部盘曲成圈···6
5. 生殖球腹面观可见长的贮精管呈大的 "S" 字形盘曲·······················**前斑蛛 *E. frontalis***
   生殖球腹面观贮精管呈 "C" 字形盘曲···**卡氏斑蛛 *E. kataokai***
6. 生殖球腹面观贮精管呈 "S" 字形盘曲···**尼泊尔斑蛛 *E. nepalica***
   生殖球腹面观贮精管呈 "C" 字形盘曲···7
7. 插入器端部细长，呈丝状···**珠峰斑蛛 *E. everestensis***
   插入器端部粗，呈鞭状···**南木林斑蛛 *E. namulinensis***
8. 纳精囊端部上方有 1 膜质团环绕交媾管···9
   纳精囊端部无膜质团···10
9. 交媾管短，不折叠···**球斑蛛 *E. bulbus***
   交媾管长，折叠多圈···**前斑蛛 *E. frontalis***
10. 纳精囊纵向，长大于宽···**黑斑蛛 *E. atrata***
    纳精囊横向，长不大于宽···11
11. 交媾管短，不折叠···**囊谦斑蛛 *E. nangqianensis***
    交媾管长，折叠成圈···12
12. 纳精囊稍膨大，其直径约为交媾管直径的 3 倍·····························**玉朗斑蛛 *E. yulungensis***
    纳精囊直径为交媾管直径的 4 倍以上···13
13. 交媾管折叠成大圆圈状，圆圈直径与纳精囊直径相当·····················**微突斑蛛 *E. rufibarbis***
    交媾管端部呈螺旋状折叠···**卡氏斑蛛 *E. kataokai***

(52) 白触斑蛛 *Euophrys albopalpalis* Bao *et* Peng, 2002 (图 55)

Euophrys albopalpalis Bao *et* Peng, 2002: 405, figs. 6-10 (D♂).

雄蛛：体长 2.8；头胸部长 1.5，宽 1.15；腹部长 1.3，宽 1.0。前眼列宽 1.15，后眼列宽 1.05，眼域长 0.60，前中眼直径 0.375，前侧眼直径 0.25，后侧眼直径 0.175。背甲黑褐色，被有少许白色及褐色毛，各眼基部、眼域两侧、背甲边缘黑色；中窝黑色，其前方有 1 "W" 字形黑色横带。胸甲卵形，被褐色长毛，中央稍隆起，黑褐色，边缘黑色。额黑褐色，高约为前中眼半径的 1/2，被有少许黑色毛。螯肢暗褐色，前齿堤 2 齿，后齿堤 1 齿。颚叶、下唇暗褐色，端部色浅具绒毛。步足黑褐色，具浅黄褐色轮纹及条斑，足刺少而弱，第 I、II 步足胫节腹面有 3 对刺，后跗节腹面有 2 对刺。腹部卵形，背面前缘被有较密的白色毛，两侧为黑色不规则斜纹，中央前端 1/3 部位有 1 对浅褐色三角形斑，其后有浅褐色弧形横纹 4 条；腹面深灰褐色，斑纹不清晰。纺器灰褐色。触肢器胫节端部及跗舟基部被有长而密的白色毛。

　　雌蛛：尚未发现。

　　标本观察：1♂，贵州荔波茂兰 (P-190)，1994 (HNU)；1♂，台湾屏东县垦丁公园，2000.III，谢玉龙采 (THU)。

　　地理分布：贵州、台湾。

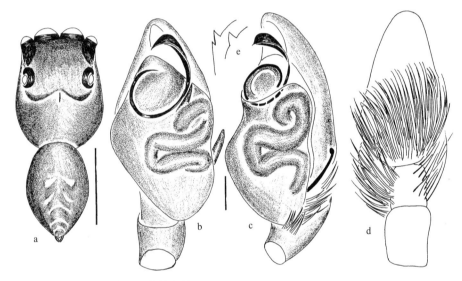

图 55　白触斑蛛 *Euophrys albopalpalis* Bao *et* Peng

a. 雄蛛外形 (body ♂), b-d. 触肢器 (palpal organ): b. 腹面观 (ventral), c. 后侧观 (retrolateral), d. 背面观 (dorsal)

比例尺 scales = 1.00 (a), 0.10 (b-e)

(53) 黑斑蛛 *Euophrys atrata* Song *et* Chai, 1992 (图 56)

Euophrys atrata Song *et* Chai, 1992: 77, figs. 2A-C (D♀); Song *et* Li, 1997: 431, figs. 39A-C (♀); Song, Zhu *et* Chen, 1999: 509, figs. 293A, 325F (♀).

　　雌蛛：体长 3.71；头胸部长 1.87，宽 1.39；腹部长 1.94，宽 1.39。眼域黑色，背甲正中有 1 浅色纵线，两侧为褐色。前眼列宽 1.29，后眼列宽 1.16，眼域长 0.75。前侧眼 0.40，前中眼 1.11，后侧眼 0.58。螯肢红色，前齿堤 2 齿，后齿堤 1 齿。颚叶黄色，下唇褐色，胸甲黄色。第 I 步足胫节腹面有刺 3 对，后跗节腹面有刺 2 对。腹部背面有密集的黑色斑纹，腹面有黑色斑点 (引自 Song *et* Chai, 1992)。

　　雄蛛：尚未发现。

　　标本观察：2♀，湖北巴东县，1989.V.21。

地理分布：湖北。

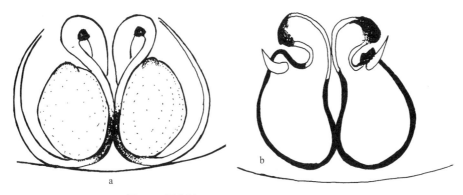

图 56　黑斑蛛 *Euophrys atrata* Song *et* Chai

a. 生殖厣 (epigynum), b. 阴门 (vulva) (仿 Song *et* Chai, 1992)

(54)　球斑蛛 *Euophrys bulbus* Bao *et* Peng, 2002 (图 57)

Euophrys bulbus Bao *et* Peng, 2002: 406, figs. 11-14 (D♀).

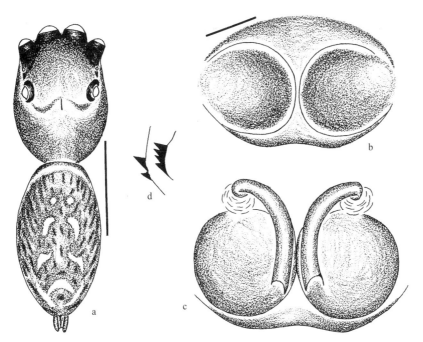

图 57　球斑蛛 *Euophrys bulbus* Bao *et* Peng

a. 雌蛛外形 (body ♀), b. 生殖厣 (epigynum), c. 阴门 (vulva), d. 雌蛛螯肢齿堤 (cheliceral teeth ♀)

比例尺 scales = 1.00 (a), 0.10 (b-e)

雌蛛：体长 3.09；头胸部长 1.49，宽 1.10；腹部长 1.60，宽 1.05。前眼列宽 1.10，后眼列宽 1.00，眼域长 1.10。背甲暗褐色，边缘及眼域黑色；毛稀少，白色或褐色，前眼列基部有 1 排长毛；中窝纵向，赤褐色，其前方有 1 黑色弧形纹与后侧眼基部相连，颈沟、放射沟均不明显。胸甲长卵形；中央明显隆起，灰褐色；边缘褐色，被有长的褐色毛。额暗褐色，前缘白色，两侧浅褐色；被有 1 排长的褐色毛；额高约为前中眼半径的 1/2。螯肢深褐色，端部色稍浅；前齿堤 2 齿，后齿堤板齿 4 分叉。颚叶灰褐色，端部浅褐色，具灰黑色绒毛。下唇长宽约相等，灰褐色，端部色浅具灰黑色粗毛。触肢深褐色，具灰褐色斑，跗节前侧具粗的羽状毛。步足暗褐色，具灰黑色斑；足刺少而粗，第 I 步足胫节腹面前侧有 2 根刺，后侧有 3 根刺；第 II 步足胫节腹面前侧有 1 根刺，后侧有 2 根刺；第 I、II 步足后跗节腹面各有 2 对长刺。腹部约呈筒状，背面两侧有灰黑色斜纹；体壁可见纳精囊，纳精囊球形，端部上方有 1 膜质团环绕交媾管；交媾管较长；受精管缺。

雄蛛：尚未发现

标本观察：1♀，台湾南投，1998.Ⅳ，吴海英采 (THU)。

地理分布：台湾。

(55) 珠峰斑蛛 *Euophrys everestensis* Wanless, 1975 (图 58)

Euophrys everestensis Wanless, 1975: 134, figs. 4-5, 9-11 (D♂); Song, Zhu *et* Chen, 1999: 509, figs. 292J (D♂).

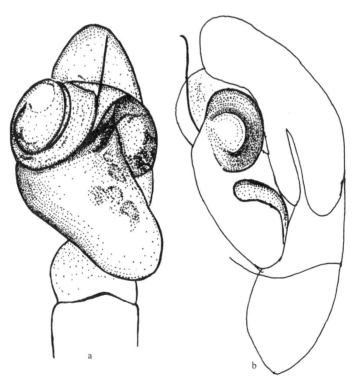

图 58　珠峰斑蛛 *Euophrys everestensis* Wanless (仿 Wanless, 1975)

a-b. 触肢器 (palpal organ)：a. 腹面观 (ventral), b. 后侧观 (retrolateral)

雄蛛：体长 3.8；头胸部长 2.0，宽 1.6，高 1.1；腹部长 1.8，宽 1.6。前眼列宽 1.30，中眼列宽 1.22，第三眼列宽 1.24，眼域长 0.92。背甲黑棕色，前方具黑色金属光泽，边缘周围有稀疏黑线。前端密被白毛和刚毛。眼前端边缘上方覆黄白色毛，下有白毛。背面正面观呈弯曲状。额高度适中，边缘后部黑棕色覆盖白色长毛。螯肢大小适中，垂直、平行状。浅黄棕色夹杂黑色，边缘后端呈白色。前齿堤 2 齿，后齿堤 1 齿。颚叶较短，边缘末端外侧微微隆起。黄棕色斑纹夹杂黑色，内部边缘末端呈白色。下唇近三角形，呈黑色，顶端黄棕色。胸甲盾状，微宽，呈淡棕色夹杂黑色，密被长白毛，尤其是边缘四周。基节黄棕色。步足均粗壮，有黄棕色和黑色条纹，尤其是步足后端。第 I 步足跗节有白色毛，后跗节边缘密布棕色细毛和刚毛，与其他部分明显不同。其他部分大多覆盖白毛。触肢腹面黄色，腿节黑色，边缘覆白毛。腹部黑色，被白色和黄棕色毛，有白色斑点组成的模糊斑纹。侧面中间有棕色毛发带。

雌蛛：尚未发现。

观察标本：1♂，西藏上绒布珠峰大本营 (17 500ft)，珠穆拉峰远征队 (R. W. G. Hingston 少校)，1924.Ⅴ，(B. M. (N. H.) Reg. no. 1934.2. 28.311) (未镜检标本)。

地理分布：西藏。

(56) 前斑蛛 *Euophrys frontalis* (Walckenaer, 1802) (图 59)

Aranea frontalis Walckenaer, 1802: 246 (D♀; preoccupied by Olivier, 1789, but amply protected by usage).

Euophrys frontalis (Walckenaer, 1802): C. L. Koch, 1834: 123, pl. 1, figs. 7-8; Chen *et* Zhu, 1982: 51, figs. 1a-d (D♀♂); Hu, 1984: 358, figs. 373.1-4 (D♀♂); Zhang, 1987: 237, figs. 208.1-2 (D♀♂); Zhou *et* Song, 1988: 1, figs. 2a-c (♀); Hu *et* Wu, 1989: 363, figs. 285.1-2 (♀); Peng *et al.*, 1993: 55, figs. 146-149 (♀); Logunov, Cutler *et* Marusik, 1993: 111, f. 5A, 10A-E, 11A-B (♀♂); Song, Zhu *et* Chen, 1999: 509, figs. 292K-L, 293B-C (♀♂); Hu, 2001: 381, figs. 238.1-2 (♀, lapsus).

雌蛛：体长 5.00-5.50。体长 5.00 者，头胸部长 1.70，宽 1.30；腹部长 2.70，宽 2.30。头胸甲褐色，被稀疏的白毛，边缘及眼域黑色。后端隐约可见 1 对浅色纵条纹。前眼列宽 1.10，后中眼稍偏前，后眼列宽 1.05，眼域长 0.70。额狭，高不及前中眼直径的 1/4，被黑色长毛。胸甲黄褐色，第 I 步足胫节腹面有刺 3 对；第 II 步足胫节腹面外侧有刺 2 根，内侧端部具刺 1 根。腹部背面黄色底上有黑色条纹，中央有 3 条黑色纵条纹，贯穿前后端；两侧有许多不规则的斜纹。腹部腹面黄色，中央有 3 条灰黑色纵带，两侧为不规则的斜纹。纺器褐色。

雄蛛：体长 3.0。头胸部背面黄褐色。眼域长方形，宽大于长，约占头胸部长的 1/3，眼域黑褐色，前半部着生稀疏的白毛。后中眼位于前、后眼列中间偏前位置。额部密被白毛。胸甲心脏形，黄色并着生长毛。腹部卵圆形，短于头胸部，背面深褐色，并有 6 对浅色 "八" 字形纹。步足黄色，后跗节和胫节离体端 2/3 处的腹面、侧面为黑色。第 I 步足最粗壮，第 I 步足后跗节至腿节腹面、胫节背面和第 II 步足胫节、膝节腹面生有长毛丛，以第 I 步足后跗节和胫节腹面毛丛最为浓密，后跗节、胫节背面和胫节腹面外侧的毛丛黑色，其他橙黄色。触肢器黄色，胫节外侧有 1 细长的突起。

标本观察：2♀，新疆天池，1988.Ⅶ.14，王家福、彭贤锦、谢莉萍采 (HNU)；1♀，新疆天池，1987.Ⅶ.15，王家福、彭贤锦、谢莉萍采 (HNU)。

地理分布：河北、新疆；古北区。

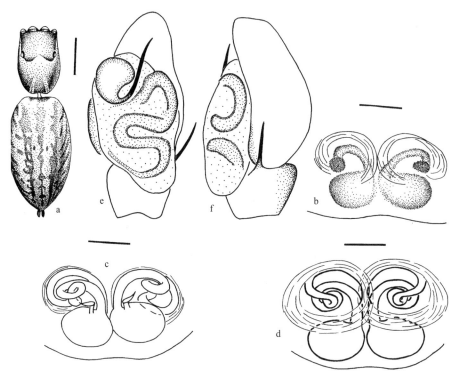

图 59　前斑蛛 *Euophrys frontalis* (Walckenaer) (e-f 仿 Logunov, Cutler *et* Marusik, 1993)

a. 雌蛛外形 (body ♀), b. 生殖厣 (epigynum), c-d. 阴门 (vulva)：c. 背面观 (dorsal), d. 腹面观 (ventral), e-f. 触肢器 (palpal organ)：e. 腹面观 (ventral), f. 后侧观 (retrolateral)　比例尺 scales = 1.00 (a), 0.10 (b-e)

(57) 卡氏斑蛛 *Euophrys kataokai* Ikeda, 1996 (图 60)

Euophrys kataokai Ikeda, 1996a: 33, figs. 16-27 (D♀♂).

雄蛛：体长 3.39；头胸部长 1.73，宽 2.43；腹部长 1.68，宽 1.12。头胸部褐色，被白色和黑色毛。眼周围黑色，被白色和黑色毛。前眼边缘被橘色毛。额黑色，被密白色毛，中间部分着生褐色的刚毛。胸板褐色或土黄色，被黑色毛，边缘黑色。下唇、颚叶和螯肢褐色或土黄色。腹部背面土褐色，有黑色斑纹，被黑色毛和细的白色毛，腹部前端着生黑色刚毛，边缘有黑色毛。腹部腹面土黄色，被短的黑色毛和白色细毛。第 I 步足腿节和膝节黄色，胫节褐色、黑褐色或黑色，后跗节黑褐色或黑色，跗节黄色，没有或者有黑色的带；基节、腿节、膝节和胫节的背部和腹侧有橙色的毛和橙色的刚毛；后跗节和胫节的背部和腹侧有 1 列黑色的刚毛；膝节、胫节、后跗节和跗节被黑色毛。其他步足黄色或棕黄色 (引自 Ikeda, 1996)。

雌蛛：体长 3.39；头胸部长 1.76，宽 1.22；腹部长 2.02，宽 1.47。体形同雄蛛。额褐色。腹部和步足黑色。第 I 步足褐色，没有橘色毛和黑色刚毛 (引自 Ikeda, 1996)。

观察标本：无镜检标本。

地理分布：中国；俄罗斯，韩国，日本。

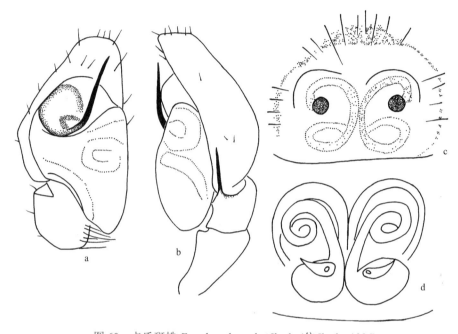

图 60　卡氏斑蛛 *Euophrys kataokai* Ikeda (仿 Ikeda, 1996)

a-b. 触肢器 (palpal organ): a. 腹面观 (ventral), b. 后侧观 (retrolateral), c. 生殖厣 (epigynum), d. 阴门 (vulva)

(58) 南木林斑蛛 *Euophrys namulinensis* Hu, 2001 (图 61)

Euophrys namulinensis Hu, 2001: 382, figs. 239.1-3 (D♂).

雄蛛：体长 3.40；头胸部长 1.90，宽 1.20；腹部长 1.50，宽 1.30。头胸部黑褐色，密被污褐色和黑褐色短毛，眼域及额部具黑色长刚毛，头部以后眼列部位为最高，并由此向后倾斜，眼域黑色，宽大于长，约占头胸部长的 1/3，前眼列略后曲，各眼周围丛生白粗毛，中眼列位于前、后眼列的中间偏前，后眼列稍短于前眼列。螯肢黄色，前齿堤 2 齿，后齿堤 1 齿。触肢黄色，布有白色长毛，触肢器的跗舟亦呈黄色，生殖球肥大，胫节突黑褐色，呈长针状，且向腹面弓曲。颚叶灰褐色。下唇黑褐色。胸甲黑色，其后半部布有白色长刚毛。步足黄褐色，具黑色条斑和块斑，第 I 步足最长，但腿节不特别粗壮，其胫节具 3 对腹刺；后跗节显黑褐色并密布浓黑色羽状毛丛；跗节为浅黄色且羽状毛丛显白色。第 II 步足胫节有 3 对腹刺，后跗节有 2 对腹刺。第 I 步足跗节无听毛，第 II、III 步足跗节各有 1 根听毛，第 IV 步足跗节有 2 根听毛。第 III 步足膝节、胫节长度之和小于第 IV 步足膝节、胫节长度之和。足式：I，IV，III，II。腹部短于头胸部的长度，呈茄状，前端狭窄，后端宽圆，背部呈浓黑色，密布污褐色短毛，尾端中央隐约可见有 3-4 个污褐色"人"字形纹。腹部腹面灰褐色。纺器黑褐色 (引自 Hu, 2001)。

雌蛛：尚未发现。

观察标本：2♂，西藏南木林，海拔 4100m，1985.VI.27，李爱华采。

地理分布：西藏。

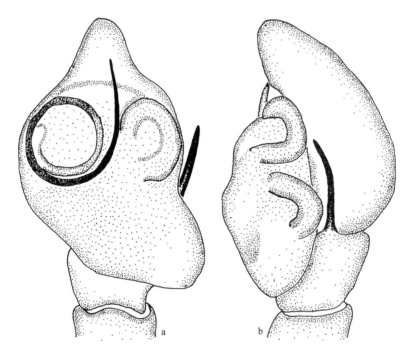

图 61 南木林斑蛛 *Euophrys namulinensis* Hu (仿 Hu, 2001)
a-b. 触肢器 (palpal organ): a. 腹面观 (ventral), b. 后侧观 (retrolateral)

(59) 囊谦斑蛛 *Euophrys nangqianensis* Hu, 2001 (图 62)

Euophrys nangqianensis Hu, 2001: 383, figs. 239.1-3 (D♀).

雌蛛：体长 2.90；头胸部长 1.00，宽 0.65；腹部长 1.90，宽 1.15。背甲黑褐色，眼域黑色，疏生白色短毛和黑色长刚毛，眼域矩形，占头胸部长的 1/3，宽为长的 2 倍，中眼列位于前、后眼列中间偏前。螯肢黑褐色，前齿堤 2 齿，后齿堤无齿。触肢黄色。颚叶灰褐色。下唇长大于宽，黑褐色，其前端超过颚叶 1/2 长度。胸甲椭圆形，棕褐色，前端平直，后端较尖突。步足黄褐色，疏生褐色毛，第 I 步足腿节较粗壮，其胫节有 3 对腹刺，后跗节有 2 对腹刺，第 I、II、III 步足跗节各有 1 根长听毛；第 IV 步足跗节有 2 根长听毛，第 III 步足膝节、胫节长度之和小于第 IV 步足膝节、胫节长度之和。足式：IV，I，III，II。腹部呈长椭圆形，黑褐色，密布黄色小点斑。腹部背面的黑褐色心脏斑后侧，有 1 对黄色肾形斑，其后有 3 对黄色"人"字形斑，尾端的 1 对黄斑呈弯月状。腹部腹面有 4 条黄色纵纹。纺器黑褐色。外雌器前缘为 1 个漏斗状凹坑，插入管与纳精囊构成鸭状，两两对称排列 (引自 Hu, 2001)。

雄蛛：尚未发现。

观察标本：正模♀，青海囊谦，海拔 3643m，1988.Ⅶ.23，杨增军采 (未镜检)。

地理分布：青海。

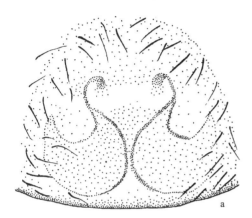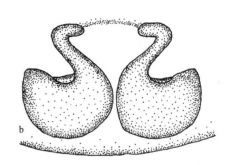

图 62　囊谦斑蛛 *Euophrys nangqianensis* Hu (仿 Hu, 2001)

a. 生殖厣 (epigynum), b. 阴门 (vulva)

(60) 尼泊尔斑蛛 *Euophrys nepalica* Zabka, 1980 (图 63)

Euophrys nepalica Zabka, 1980b: 363, figs. 10-11 (D♂); Hu, 2001: 384, figs. 241.1-2 (D♀♂).

雄蛛：体长 3.30。头胸部棕黑色，眼域黑色，布有白毛和黑色刚毛，胸区正中央部位稍显黄色，眼域宽大于长，约占头胸部长的 1/3，前眼列稍后曲，中眼列位于前眼列与后眼列之间偏前。螯肢黑褐色，前齿堤 2 齿，后齿堤 1 齿。触肢的膝节黄色，被有白毛，其余各节显棕褐色，触肢器的跗舟为栗褐色。胫节外末角突起细长，呈长刺状。颚叶棕褐色。下唇黑褐色。胸甲与颚叶同色。步足黄色，除跗节外，其余各节具黑色轮纹。第 I 步足粗壮，其胫节有 3 对腹刺，后跗节有 2 对腹刺。腹部背面正中央有 1 条黄色纵带，其两侧呈波纹状，心脏斑赤褐色，位于纵带中央，从纵带后半段直至尾端显 4-5 条横向黑纹；腹部背面两侧为黑褐色并显黄色斜纹。腹部腹面黑褐色，散有黄色块斑。纺器黑色。本种多游猎于林间树干上。

雌蛛：尚未发现。

观察标本：西藏林芝，海拔 3000m，1987. Ⅸ. 9，张涪平采。

地理分布：西藏 (林芝)；尼泊尔。

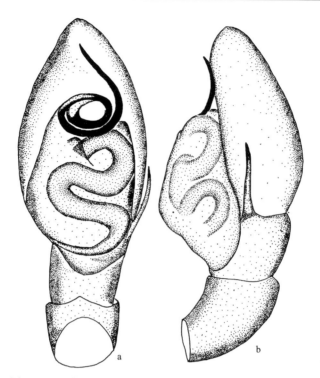

图 63　尼泊尔斑蛛 *Euophrys nepalica* Zabka (仿 Zabka, 1980)

a-b. 触肢器 (palpal organ)：a. 腹面观 (ventral), b. 后侧观 (retrolateral)

(61) 微突斑蛛 *Euophrys rufibarbis* (Simon, 1868) (图 64)

Attus rufibarbis Simon, 1868b: 602, pl. 6, figs. 8 (D♀♂).

Euophrys rufibarbis (Simon, 1868): Simon, 1876a: 186, pl. 11, figs. 12 (♀♂); Peng, 1989: 159, figs. 5A-C (♀); Peng *et al.*, 1993: 58, figs. 154-158 (♀); Song, Zhu *et* Chen, 1999: 509, figs. 293G, 325H (♀).

雌蛛：体长 3.40；头胸部长 1.90，宽 1.40；腹部长 1.50，宽 1.00。头胸甲灰褐色，边缘黑色，中窝明显，后缘宽于前缘。前眼列宽 1.30，后眼列宽 1.20，眼域长 0.90，被稀疏白毛，两侧黑色。胸甲橄榄状，黑褐色，边缘黑色。螯肢褐色，前齿堤 2 齿，后齿堤 1 大齿。步足黄色底上有黑色环纹。第 I 步足无侧刺，第 II 步足胫节背侧端部 1/3 处有 1 侧刺。第 I、II 步足胫节腹面各有 3 对刺，后跗节腹面各有 2 对刺。腹部背面灰黑色，被稀疏白毛，前端有 2 对浅色斑，呈"八"字形排列，后端有 4 个浅色弧形斑。腹部腹面灰黄色，有黑色块斑。外雌器的纳精囊近圆形，交媾管末端绕成 1 大的圆环。

雄蛛：尚未发现。

观察标本：1♀，湖南张家界，1986.Ⅹ，肖小芹采。

地理分布：湖南 (张家界)。

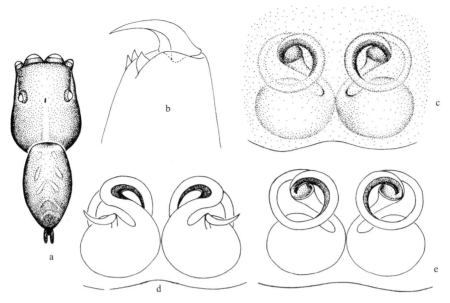

图 64　微突斑蛛 *Euophrys rufibarbis* (Simon)

a. 雌蛛外形 (body ♀), b. 螯肢 (chelicera), c. 生殖厣 (epigynum), d-e. 阴门 (vulva)：d. 背面观 (dorsal), e. 腹面观 (ventral)

(62) 文县斑蛛 *Euophrys wenxianensis* **Yang** *et* **Tang, 1997** (图 65)

Euophrys wenxianensis Yang *et* Tang, 1997: 93, figs. 1-5 (D♂).

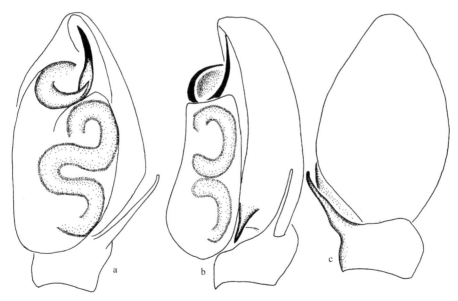

图 65　文县斑蛛 *Euophrys wenxianensis* Yang *et* Tang

a-c. 触肢器 (palpal organ)：a. 腹面观 (ventral), b. 后侧观 (retrolateral), c. 背面观 (dorsal)

雄蛛：体长 2.98；头胸部长 1.49，宽 1.16；腹部长 1.40，宽 1.05。前眼列宽 1.14，后眼列宽 1.05，眼域长 0.69。头胸甲黄褐色，被短白毛。眼域周围黑色，中部和后部褐色。螯肢淡黄色，前齿堤 2 齿，后齿堤 1 齿。颚叶、下唇灰黄色，胸甲椭圆形，灰黄色，边缘淡褐色，步足毛和刺均多。各步足淡黄色，均具明显的褐色环带。第 I、II 步足胫节腹面有刺 3 对，后跗节腹面有刺 2 对。各足的膝节、胫节、后跗节背面具直立的长毛。腹部背面淡黄色，心脏斑后方约有 6 个灰黑色横带。腹面淡黄色，有不规则的灰斑。整个腹部被很多淡褐色长毛，纺器周围的毛长。触肢黄褐色，生殖球长椭圆形，插入器绕成环状。生殖球表面被 1 薄膜。跗舟基部侧面有嵴状突起。

雌蛛：尚未发现。

观察标本：1♂，甘肃文县，1992.VI，唐迎秋采 (LZU) (模式标本保存在兰州大学生物学系，未镜检)。

地理分布：甘肃。

(63) 玉朗斑蛛 *Euophrys yulungensis* Zabka, 1980 (图 66)

Euophrys yulungensis Zabka, 1980b: 363, figs. 12 (D♀); Hu *et* Li, 1987b: 331, figs. 48.1-2 (♀); Hu, 2001: 386, figs. 243.1-2 (♀).

雌蛛：体长 4.30。头胸部长大于宽，密被黑色及白色细毛，中央部位颇隆起，眼域长小于头胸部长的 1/2，其宽大于长。前眼列略后曲，后中眼位于前、后侧眼中间偏前。在后侧眼之前、后侧丛生黑色长刚毛。螯爪呈黄褐色，前齿堤 2 齿，后齿堤 1 齿。触肢黄色。颚叶为黄褐色，其端部之内侧角显白色。下唇长宽约等，显褐色。胸甲橄榄形，显黑褐色，布有黄色长毛。步足黄褐色，各节具黑色轮纹，并布有粗刺，各跗节末端具黑色毛丛。第 I 步足粗壮。足式：IV，III，I，II。腹部宽圆，其背面呈黄褐色，正中央部位具 1 黑褐色纵带，前端狭窄，逐渐向后展宽，纵带两侧缘被有黑、白及黄褐色细毛，并布有黑斑。腹部腹面正中央部位呈黄色，其两侧为黑褐色。纺器显棕褐色。多游猎于山野草丛 (引自 Hu, 2001)。

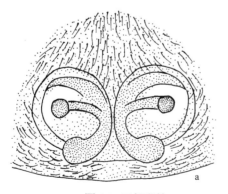 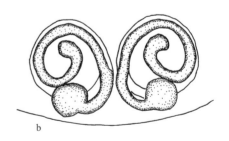

图 66 玉朗斑蛛 *Euophrys yulungensis* Zabka (仿 Hu, 2001)
a. 生殖厣 (epigynum), b. 阴门 (vulva)

雄蛛：尚未发现。

观察标本：西藏定结，海拔 4400m，1983. Ⅷ. 10，王志忠、索曲采，数量不详 (未镜检)。

地理分布：西藏；尼泊尔。

21. 尤波蛛属 *Eupoa* Zabka, 1985

Eupoa Zabka, 1985: 220.
Type species: *Eupoa prima* Zabka, 1985.

体小型，背甲约呈方形，前缘稍宽；前侧眼大，雄蛛前侧眼几乎与前中眼等大；雄蛛触肢器的膝节、胫节及生殖球上有许多突起；插入器细丝状。外雌器弱角质化，交媾管长，纳精囊梨状。

该属已记录有 7 种，主要分布在中国、越南。中国记录 6 种。

种 检 索 表

1. 雄蛛 ··· 2
   雌蛛 ··· 4
2. 生殖球腹面观未见中突 ·· 云南尤波蛛 *E. yunnanensis*
   生殖球腹面观可见中突 ·· 3
3. 中突末端直，呈指状 ·· 精卫尤波蛛 *E. jingwei*
   中突末端呈钩状 ·· 哪吒尤波蛛 *E. nezha*
4. 左右交媾管远端愈合为单一管道 ·· 廖氏尤波蛛 *E. liaoi*
   左右交媾管未愈合 ··· 5
5. 外雌器的基板有 2 个突起和孔状结构 ·································· 琼尤波蛛 *E. hainanensis*
   外雌器的基板无突起和孔状结构 ·· 斑尤波蛛 *E. maculata*

(64) 琼尤波蛛 *Eupoa hainanensis* Peng *et* Kim, 1997 (图 67)

Eupoa hainanensis Peng *et* Kim, 1997: 193, figs. 1A-C (D♀).

雌蛛：体长 2.00；头胸部长 1.00，宽 0.90；腹部长 1.10，宽 0.90。前眼列宽 0.85，后眼列宽 0.80，眼域长 0.60。背甲褐色，边缘黑色，眼域中央及背甲后部中央浅褐色，被褐色及白色绒毛。眼丘黑色，基部相连。前侧眼及后侧眼相对较大，后中眼位于前、后侧眼连线偏后处。背甲约呈方形，前部平坦，后眼列后方陡然倾斜。胸甲卵圆形，浅褐色，被绒毛。额褐色，被绒毛，前缘黑色，高不及前中眼之半径。螯肢褐色，基部色深。颚叶、下唇褐色，端部色浅具绒毛。触肢端部一节浅褐色，其余各节灰黑色。步足褐色，具强刺，具灰黑色轮纹，端部两节的轮纹不明显。腹部背面灰黑色，被绒毛，斑纹浅褐色，前面 2 对较大，第三个为 1 横带，最末 1 个呈小三角形。腹面中央浅褐色，两侧灰黑色。纺器浅褐色。

雄蛛：尚未发现。

观察标本：1♀，海南乐东县尖峰岭，1993.Ⅻ，廖崇惠等采 (IZCAS)。

地理分布：海南。

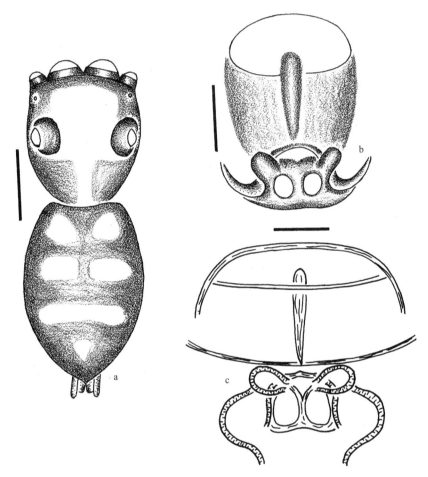

图 67　琼尤波蛛 *Eupoa hainanensis* Peng *et* Kim

a. 雌蛛外形 (body ♀), b. 生殖厣 (epigynum), c. 阴门 (vulva)　比例尺 scales = 1.00 (a), 0.10 (b-c)

(65) 精卫尤波蛛 *Eupoa jingwei* Maddison *et* Zhang, 2007 (图 68)

Eupoa jingwei Maddison *et* Zhang, in Maddison, Zhang *et* Bodner, 2007: 28, f. 8-14 (D♀♂).

雄蛛：体长 1.8-1.9。体长 1.8 者，头胸部长 1.0，宽 0.8，高 0.5；腹部长 0.9，宽 0.6。背甲黑棕色，眼域黑色，呈三角形，自后侧眼到背甲后端有黄棕色斑纹。额黄棕色，覆长白毛。后眼列宽 0.76，眼域长 0.50。额高 0.12。无中窝。螯肢小，黄色，前面灰色，前缘有 2 齿，后缘有 3 齿和 2 小齿。两边缘有长刚毛。颚叶和下唇黄棕色。胸甲灰棕色，具黄色斑点。腿节、膝节和胫节灰色，有黄色纵向条纹。其他节黄棕色夹杂灰色。第 I 步足后跗节腹面有 3 对刺，胫节腹面有 2 对刺。腹部黑色密被盾片，前缘有少许长刚毛，腹面生殖沟后侧有黄色纵带。触肢结构与 *E. nezha* 相似，盾片突起较长，中突较小，膝节突起多粗壮 (引自 Maddison, Zhang *et* Bodner, 2007)。

雌蛛：体长 2.5；头胸部长 1.2，宽 1.0，高 0.6；腹部长 1.2，宽 1.1。背甲和腹部颜色、斑纹与雄蛛相似。额黑棕色，具黄棕色斑点。眼大小：前中眼 0.28，前侧眼 0.20，后中眼 0.04，后侧眼 0.14。前眼列宽 0.96，中眼列宽 0.74，后眼列宽 0.86，眼域长 0.58。额高 0.12。生殖厣有 2 个环区，位于覆盖生殖沟的盾片的前端 (引自 Maddison, Zhang *et* Bodner, 2007)。

观察标本：正模♂，广西凭祥大青山公园 (N22°07′18″，E106°43′59″)，海拔 247m，2006.Ⅴ.14，张俊霞、朱明生、连伟光等采 (JXZ06#004)；副模 1♀1♂，采集信息同正模。

地理分布：广西。

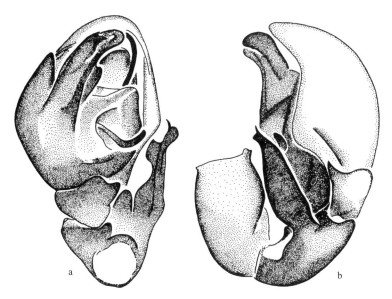

图 68　精卫尤波蛛 *Eupoa jingwei* Maddison *et* Zhang (仿 Maddison, Zhang *et* Bodner, 2007)
a-b. 触肢器 (palpal organ)：a. 腹面观 (ventral), b. 后侧观 (retrolateral)

(66) 廖氏尤波蛛 *Eupoa liaoi* Peng *et* Li, 2006 (图 69)

Eupoa liaoi Peng *et* Li, 2006b: 66, f. 1-3 (D♀).

雌蛛：体长 2.60；头胸部长 1.10，宽 1.10；腹部长 1.50，宽 0.90。前眼列宽 1.00，后眼列宽 0.95，眼域长 0.70。前列 4 眼等距排列；前侧眼直径稍大于前中眼半径，稍大于后侧眼；后中眼位于前、后侧眼连线中部，眼丘黑色，基部相连，被白色毛，眼域中央白色。背甲被褐色及白色毛，浅褐色，边缘深褐色，背甲后部浅褐色。胸甲卵圆形，浅褐色；边缘有灰黑色斑与各步足基节相对，并被有 1 圈褐色毛。额灰黑色，被几根褐色长毛，高不及前中眼之半径。螯肢浅褐色，前齿堤 2 齿，后齿堤 4 小齿。触肢褐色，被褐色毛。步足褐色，足刺强状，第 I 步足胫节腹面有 3 对刺，第 II 步足胫节腹面有 2 对刺，第 I、II 步足后跗节腹面各有 3 对刺；足式：IV, I, III, II。腹部筒状，黄灰色；斑纹灰黑色，树枝状；前缘及末端被褐色长毛。腹面浅褐色，无斑纹。纺器浅褐色，前纺器粗短，后纺器细长。本种与该属其他种的外形斑纹均很相似，但外雌器结构独特，为帽状，内部结构可见左右交媾管远端愈合为单一管道。

雄蛛：尚未发现。

观察标本：1♀，海南乐东县尖峰岭，1994.IV，廖崇惠采 (IZCAS)。

地理分布：海南。

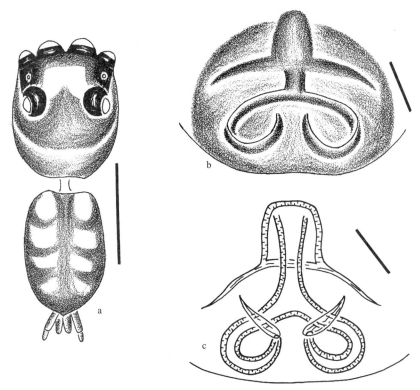

图 69　廖氏尤波蛛 *Eupoa liaoi* Peng *et* Li

a. 雌蛛外形 (body ♀), b. 生殖厣 (epigynum), c. 阴门 (vulva)　比例尺 scales = 1.00 (a), 0.10 (b-c)

(67) 斑尤波蛛 *Eupoa maculata* **Peng** *et* **Kim, 1997** (图 70)

Eupoa maculata Peng *et* Kim, 1997: 195, figs. 2A-C (D♀).

雌蛛：体长 2.00；头胸部长 1.00，宽 0.90；腹部长 1.00，宽 0.80。背甲褐色，边缘黑色，被白色及褐色绒毛。眼域中央浅褐色，与背甲后缘中央的浅褐色纵纹相连。背甲约呈方形，前部平坦，后眼列后陡然倾斜。眼域长 0.60，前眼列宽 0.85，后眼列宽 0.80。

眼丘黑色，基部相连，眼域中央有 1 对黑斑。前侧眼及第三列眼相对较大，后中眼位于前侧眼及第三列眼连线中间偏后处。胸甲心形，浅褐色，被褐色短毛。额褐色，前缘黑色，被深褐色毛，高不及前中眼直径。螯肢、颚叶及下唇浅褐色，被绒毛。触肢除端部一节浅褐色外，其余各节灰黑色。步足浅褐色，具强刺，各节端部具灰黑色轮纹。端部两节的轮纹不明显。腹部浅褐色，前缘有褐色长毛。背面两侧为灰黑色斜纹，中央有 4 条灰黑色横纹。腹面及纺器浅褐色，无斑纹。

雄蛛：尚未发现。

观察标本：1♀，海南乐东县尖峰岭，1994.Ⅲ，廖崇惠采 (IZCAS)；1♀，海南乐东县尖峰岭，1993.Ⅷ，廖崇惠采 (IZCAS)。

地理分布：海南。

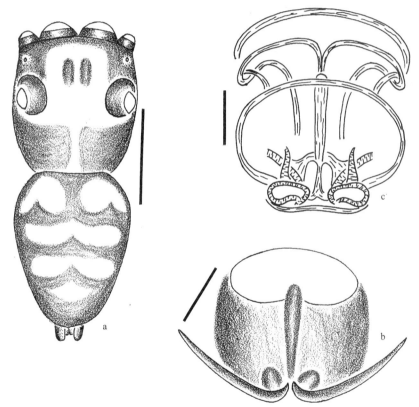

图 70　斑尤波蛛 *Eupoa maculata* Peng *et* Kim

a. 雌蛛外形 (body ♀), b. 生殖厣 (epigynum), c. 阴门 (vulva)　比例尺 scales = 1.00 (a), 0.10 (b-c)

(68) 哪吒尤波蛛 *Eupoa nezha* Maddison *et* Zhang, 2007 (图 71)

Eupoa nezha Maddison *et* Zhang, in Maddison, Zhang *et* Bodner, 2007: 26, f. 1-7 (D♀♂).

雄蛛：体长 1.5-1.6。体长 1.5 者，头胸部长 0.9，宽 0.7，高 0.4；腹部长 0.7，宽 0.6。背甲黄棕色，侧缘灰棕色，眼周围黑色；眼域灰棕色。额灰棕色覆少许长毛。前中眼 0.24，前侧眼 0.16，后中眼 0.03，后侧眼 0.14。前眼列宽 0.80，后中眼列宽 0.60，后侧眼列宽 0.68，眼域长 0.50，额高 0.06。无中窝。螯肢小、黄色；前齿堤 2 齿，后齿堤 3 大齿和 3 小齿；两侧有长刚毛。颚叶、下唇和胸甲黄色夹杂灰色，步足灰色有黄色纵向条纹。第 I 步足后跗节腹面有 3 对刺，跗节侧面无刺。腹部背面黑色，覆鳞片，有成对黄斑。腹面黄色。触肢器结构复杂。腹部后侧有较大骨片，盾片可见，末端有明显突起；插入器开始隐藏于盾片后部，然后弯曲至最接近盾片下方，再卷起至前侧方，最后在触肢末端的前侧卷起 (引自 Maddison, Zhang *et* Bodner, 2007)。

雌蛛：体长 1.8 者，头胸部长 0.9，宽 0.8，高 0.5；腹部长 0.9，宽 0.8。背甲颜色和斑纹与雄蛛相似。前中眼 0.24，前侧眼 0.16，后中眼 0.04，后侧眼 0.14。前眼列宽 0.86，后中眼列宽 0.70，后侧眼列宽 0.76，眼域长 0.52，额高 0.06。腹部灰棕色，末端有成对的黄斑，前缘具少数黑色刚毛，腹面黄色。生殖厣前方有两个弱角质化的环状区，其后有盾片覆盖生殖沟 (引自 Maddison, Zhang *et* Bodner, 2007)。

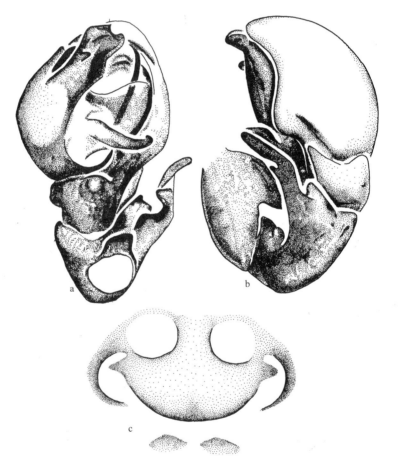

图 71　哪吒尤波蛛 *Eupoa nezha* Maddison *et* Zhang (仿 Maddison, Zhang *et* Bodner, 2007)
a-b. 触肢器 (palpal organ)：a. 腹面观 (ventral), b. 后侧观 (retrolateral), c. 生殖厣 (epigynum)

观察标本：正模♂，广西凭祥大青山公园 (N 22°07′18″，E 106°43′59″)，海拔 247m，

2006.Ⅴ.14，张俊霞、朱明生、连伟光等采 (JXZ06#004)；副模 1♀3♂1 幼蛛，采集信息同正模 (引自 Maddison, Zhang *et* Bodner, 2007)。

地理分布：广西。

(69) 云南尤波蛛 *Eupoa yunnanensis* **Peng *et* Kim, 1997** (图 72)

Eupoa yunnanensis Peng *et* Kim, 1997: 196, figs. 3A-C (D♂).

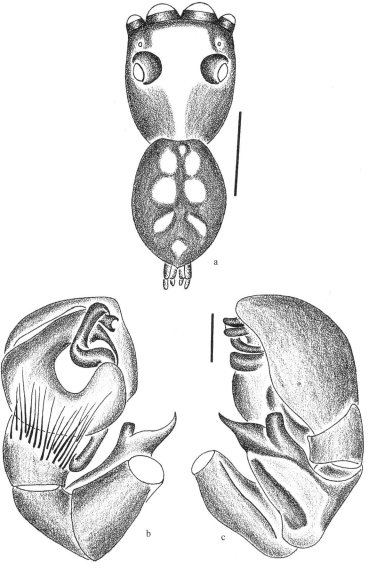

图 72　云南尤波蛛 *Eupoa yunnanensis* Peng *et* Kim

a. 雄蛛外形 (body ♂), b-c. 触肢器 (palpal organ)：b. 腹面观 (ventral), c. 后侧观 (retrolateral)

比例尺 scales = 1.00 (a), 0.10 (b-c)

　　雄蛛：体长 1.80；头胸部长 0.90，宽 0.80；腹部长 0.90，宽 0.60。背甲近方形，前部平坦，后部陡然倾斜。背甲褐色，被褐色及白色绒毛，边缘黑色，眼域中央及背甲后缘浅褐色。前后侧眼相对较大，后中眼位于前后侧眼连线中间偏后处。眼丘黑色，基部相连。前眼列宽 0.80，后眼列宽 0.75，眼域长 0.55。胸甲心形，边缘色深，被褐色绒毛。额褐色，被白毛，前缘黑色，额高不及前中眼的半径。螯肢、颚叶及下唇浅黄色。触肢灰黑色，被白毛。步足浅褐色，具强刺，除端部两节外，其余各节具灰黑色纵条纹及环纹。腹部背面深褐色，被有白毛，两侧各有 1 条浅黄色纵条纹。背面中央深褐色斑纹呈"土"字形，腹面中央浅黄色，两侧及后缘灰黑色。纺器灰黑色。

　　雌蛛：尚未发现。

　　观察标本：1♂，云南勐腊，1990.III.4，李朝达采 (IZCAS)。

　　地理分布：云南。

22. 猎蛛属 *Evarcha* Simon, 1902

Evarcha Simon, 1902: 397.

Type species: *Evarcha falcata* (Clerck, 1758).

　　体中等大小，步足强壮。眼域宽大于长，后中眼偏前，后眼列不宽于前眼列。第 III 步足的膝节与胫节的长度之和与第 IV 步足膝节、胫节长度之和相等。与 *Hasarius* 属相比，后侧眼甚小于前侧眼。后齿堤仅有 1 不分叉的齿。

　　该属已记录有 68 种，主要分布在中国、俄罗斯、南非。中国记录 19 种。

种 检 索 表

1. 雄蛛 ·· 2
   雌蛛 ·· 17
2. 胫节突 1 个 ··· 3
   胫节突 3 个 ·· 14
3. 胫节突端部不分叉 ·· 4
   胫节突端部分叉 ··· 12
4. 胫节突顶端尖细 ·· 5
   胫节突顶端钝圆 ·· 8
5. 生殖球腹面有垂状突 ··································· 弓拱猎蛛 **E. arcuata**
   生殖球腹面无垂状突 ·· 6
6. 插入器起始于 12:00 点位置 ······················· 指状猎蛛 **E. digitata**
   插入器起始于 11:00 点位置 ·· 7
7. 插入器端部延伸至胫节突 ······················ 拟波氏猎蛛 **E. pseudopococki**
   插入器端部延伸至生殖球端部上方 ················· 波氏猎蛛 **E. pococki**
8. 生殖球侧面观有 1 锥状突 ·· 9

生殖球侧面观无锥状突 ·· 10

9. 贮精管明显可见 ··· 普氏猎蛛 *E. proszynski*
   贮精管未见及 ·· 镰猎蛛 *E. falcata*

10. 插入器末端尖细 ··· 蒙古猎蛛 *E. mongolica*
    插入器末端粗 ·· 11

11. 侧面观胫节突顶端平滑 ·· 米氏猎蛛 *E. mikhailovi*
    侧面观胫节突顶端凹陷 ·· 喜猎蛛 *E. laetabunda*

12. 插入器长，绕生殖球一圈半，端部细丝状 ··············· 鳞状猎蛛 *E. bulbosa*
    插入器短，仅位于生殖球端部 ·· 13

13. 腹面观插入器与引导器交叉 ································· 东方猎蛛 *E. orientalis*
    腹面观插入器与引导器不交叉 ······························ 毛首猎蛛 *E. hirticeps*

14. 背侧胫节突端部无小齿 ·· 15
    背侧胫节突端部有小齿 ·· 16

15. 胫节突的间突细长 ·· 韩国猎蛛 *E. coreana*
    胫节突的间突短小 ·· 武陵猎蛛 *E. wulingensis*

16. 背侧胫节突端部 4 小齿 ·· 白斑猎蛛 *E. albaria*
    背侧胫节突端部 7 小齿 ·· 带猎蛛 *E. fasciata*

17. 外雌器基板无突起 ··· 18
    外雌器基板有突起 ··· 19

18. 中隔长大于宽的 8 倍 ··· 喜猎蛛 *E. laetabunda*
    中隔长小于宽的 2 倍 ·· 眼猎蛛 *E. optabilis*

19. 交媾孔几乎呈圆形 ··· 20
    交媾孔约呈括号状 ··· 21

20. 交媾管短，仅见简单的 "S" 字形折叠 ····················· 镰猎蛛 *E. falcata*
    交媾管长，折叠呈螺旋状 ·································· 黄带猎蛛 *E. flavocincta*

21. 交媾管短，简单折叠或端直 ··· 22
    交媾管长，折叠多次 ··· 26

22. 交媾管端直 ·· 白斑猎蛛 *E. albaria*
    交媾管折叠呈 "S" 字形 ·· 23

23. 左右交媾腔后缘完全愈合 ·· 弓拱猎蛛 *E. arcuata*
    左右交媾腔后缘不愈合 ·· 24

24. 左右交媾腔前缘愈合 ··· 米氏猎蛛 *E. mikhailovi*
    左右交媾腔前缘不愈合 ·· 25

25. 基板的 2 个突起相连 ··· 东方猎蛛 *E. orientalis*
    基板的 2 个突起不相连 ·· 蒙古猎蛛 *E. mongolica*

26. 生殖厣长约为宽的一半 ·· 普氏猎蛛 *E. proszynski*
    生殖厣长稍小于宽 ·················· 兴隆镰猎蛛 *E. falcata xinglongensis*

(70) 白斑猎蛛 *Evarcha albaria* (L. Koch, 1878) (图 73)

Hasarius albarius L. Koch, 1878c: 780, pl. 16, fig. 39 (D♂).

Evarcha albaria (L. Koch, 1878): Simon, 1903a: 697, fig. 837 (D♀♂); Yin *et* Wang, 1979: 30, figs. 6A-C (♀♂); Wang, 1981: 137, figs. 77A-C (♀♂); Hu, 1984: 361, figs. 376.1-4 (♀♂); Guo, 1985: 176, figs. 2-100.1-4 (♀♂); Zhu *et* Shi, 1983: 212, figs. 184a-d (♀♂); Song, 1987: 290, fig. 246 (♀♂); Zhang, 1987: 238, figs. 209.1-4 (♀♂); Feng, 1990: 199, figs. 174.1-6 (♀♂); Chen *et* Gao, 1990: 183, figs. 232a-b (♀♂); Chen *et* Zhang, 1991: 312, figs. 331.1-4 ♀♂); Song, Zhu *et* Li, 1993: 884, figs. 59A-D (♀♂); Peng *et al.*, 1993: 61, figs. 159-165 (♀♂); Zhao, 1993: 395, figs. 198a-c (♀♂); Song, Chen *et* Zhu, 1997: 1734, figs. 44a-d (♀♂); Song, Zhu *et* Chen, 1999: 509, figs. 292P-Q, 294B-C (♀♂); Song, Zhu *et* Chen, 2001: 427, figs. 283A-D (♀♂).

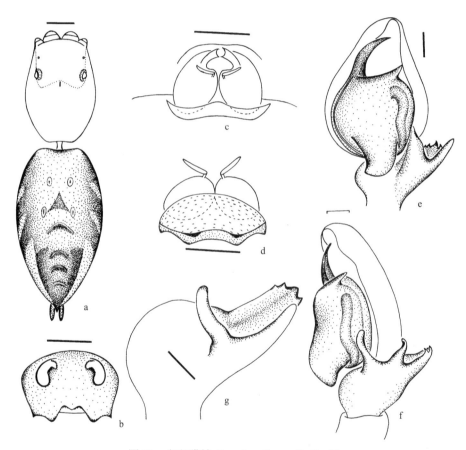

图 73 白斑猎蛛 *Evarcha albaria* (L. Koch)

a. 雌蛛外形 (body ♀), b. 生殖厣 (epigynum), c-d. 阴门 (vulva): c. 背面观 (dorsal), d. 腹面观 (ventral), e-g. 触肢器 (palpal organ): e. 腹面观 (ventral), f. 后侧观 (retrolateral), g. 胫节突 (tibial apophysis) 比例尺 scales = 0.50 (a), 0.20 (b-g)

雌蛛：体长 6.00-8.00。头胸甲褐色，眼域黑褐色，长不及头胸部长度之半。前、后眼列等宽。额部有 1 白色横带。螯肢赤褐色。步足黄褐色，有浅色环纹。腹部背面黄褐色底上有褐色斑。肌痕 2 对，第 2 对肌痕间有 1 三角形黑斑，前端两侧有 3 对褐色斜斑，后端有 3-4 个弧形斑。腹末中央有 2 条黑色纵带。腹部腹面浅黄色。纺器灰褐色。外雌器的交媾管不明显，开孔宽。

雄蛛：体长 4.50-6.00。体色较雌蛛深。前眼列后方有 1 白色横带。跗舟白色，覆盖长的白毛。斑纹与雌蛛相同。雄蛛触肢器的生殖球向后突出。插入器及引导器共同组成钳状结构。胫节突 3 个，后侧突宽大，端部有 4 个小齿。

观察标本：5♀8♂，湖南索溪峪，1986.Ⅶ.27，彭贤锦采；1♂，湖南浏阳，1985.Ⅷ，张永靖采；5♀4♂，湖南长沙，1986.Ⅴ，肖小芹采；3♀4♂，湖南新宁舜皇山，1980.Ⅶ，王家福采；8♀12♂，湖南桑植，1984.Ⅷ.23，张永靖采；2♀，湖南宜章，1982.Ⅶ.2，张永靖采。

地理分布：全球分布。中国各省市均有分布。

(71) 弓拱猎蛛 *Evarcha arcuata* (Clerck, 1757) (图 74)

Araneus arcuatus Clerck, 1757: 125, pl. 6, fig. 1 (D♀).

Evarcha arcuata (Clerck, 1757): Lessert, 1910b: 593; Zhou, Wang *et* Zhu, 1983: 158, figs. 10a-f (♀♂); Hu *et* Wu, 1989: 366, figs. 286.1-2 (D♀♂); Peng *et al.*, 1993: 62, figs. 166-174 (♀♂); Song, Zhu *et* Chen, 1999: 510, figs. 293L, 294D, 325K (♀♂).

雄蛛：体长 5.70-6.30。体长 5.70 者，头胸部长 2.70，宽 2.00；腹部长 3.00，宽 2.00。头胸甲深褐色，眼域四周黑色。前眼列宽 1.60，后中眼居中，后眼列宽 1.50，眼域长 1.10。额有白色长毛。胸甲橄榄状，黑褐色，边缘色深，被白毛。螯肢赤褐色，基部有白毛。步足黑褐色，第 I、II 步足胫节腹面各具刺 3 对，后跗节各具刺 2 对。腹部宽卵形，背面黑褐色，有闪光的褐色毛。肌痕 2 对，后端有 5 个黑色弧形纹。腹部腹面灰黑色，有 4 条由黄色小点形成的细条纹。触肢器的插入器末端膜状，生殖球末端呈尾状 (腹面观)。

雌蛛：体长 7.50-8.10。体长 7.80 者，头胸部长 3.10，宽 2.30；腹部长 4.70，宽 3.30。前、后眼列宽均为 1.80，眼域长 1.20。腹部背面后端 1/3 处有 1 长卵形白斑，两侧各有 2 条白色弧形纹。其余外形特征同雄蛛。外雌器的交媾管粗短，缠绕呈 "S" 字形。

观察标本：1♀，内蒙古扎兴，1983.Ⅰ.26，邹力塔采 (HNU)；1♀，吉林春化，1971.Ⅵ.30 (JLU)；1♀，吉林左家，1971.Ⅵ.20 (JLU)；1♀，吉林先锋，1971.Ⅵ.11 (JLU)；1♂，柳河八里哨，1973.Ⅶ.25 (JLU)；1♂，柳河八里哨，1973.Ⅴ.25 (JLU)；1♂，伊敏河，1972.Ⅶ.26 (JLU)；7♂，哈泥，1973.Ⅵ.27 (JLU)；1♂，新疆米泉，1988.Ⅶ.22 (HNU)。

地理分布：内蒙古、吉林、新疆；越南，法国，保加利亚，芬兰。

(72) 鳞状猎蛛 *Evarcha bulbosa* Zabka, 1985 (图 75)

Evarcha bulbosa Zabka, 1985: 222, figs. 173-175 (D♂); Peng, 1989: 159, figs. 6A-C (D♀♂); Zhang, Song *et* Zhu, 1992: 1, figs. 1.1-3 (D♀♂); Peng *et al.*, 1993: 64, figs. 175-178 (D♀♂); Song, Zhu *et* Chen, 1999: 510, figs. 293J-K, 325L (D♀♂).

雄蛛：体长 6.60-9.30。体长 6.60 者，头胸部长 3.10，宽 2.20；腹部长 3.50，宽 1.80。头胸甲黑褐色，前、后眼列后方密被白毛，眼域两侧及后方有马蹄形白斑。头胸部边缘

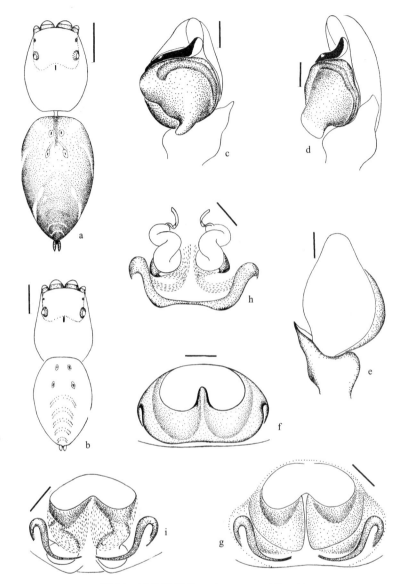

图 74 弓拱猎蛛 *Evarcha arcuata* (Clerck)

a. 雌蛛外形 (body ♀), b. 雄蛛外形 (body ♂), c-e. 触肢器 (palpal organ): c. 腹面观 (ventral), d. 后侧观 (retrolateral), e. 背面观 (dorsal), f. 生殖厣 (epigynum), g-i. 阴门 (vulva) 比例尺 scales = 1.00 (a, b), 0.10 (c-i)

白色，后端有白带，2 带不相连。前眼列宽 1.80，与后眼列等宽。胸甲长卵形，黑色，长约为宽的 2 倍，螯肢深褐色。步足褐色，基节、转节浅黑色。第 III、IV 步足端部几节颜色较浅，除基节、转节处，各节中部有浅色环纹。第 I、II 步足膝节、胫节及后跗节背、腹面有浓密的毛丛。第 I 步足胫节腹面有 3 对刺；第 II 步足胫节腹面有 3 根刺，背侧有 2 根刺。第 I、II 步足后跗节腹面各有 2 对刺。腹部长卵形，后端 1/3 部分颜色更深，具 2 条纵带，2 带之间有 4 条横带相连，末端愈合。肌痕 2 对。腹部腹面浅黑色，有 4 条由黄色小点形成的纵条纹。触肢器的插入器长，端部鞭毛状，胫节突端部 2 分叉。

　　雌蛛：尚未发现。

　　观察标本：1♂，湖南张家界，1986.Ⅷ.11，彭贤锦采；1♂，湖南绥宁，1982.Ⅷ.14，王家福采；1♂，湖南城步，1982.Ⅶ.26，王家福采；1♂，湖南宜章，1982.Ⅵ，尹长民采。

　　地理分布：湖南 (张家界、绥宁、城步、宜章)；越南。

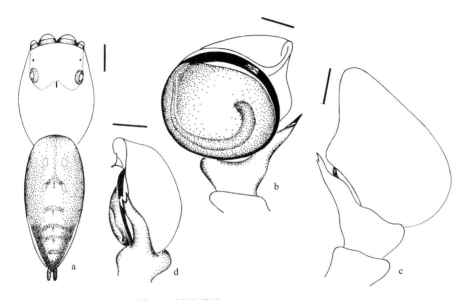

图 75　鳞状猎蛛 *Evarcha bulbosa* Zabka

a. 雄蛛外形 (body ♂)，b-d. 触肢器 (palpal organ)：b. 腹面观 (ventral)，c. 后侧观 (retrolateral)，d. 背面观 (dorsal)

比例尺 scales = 1.00 (a), 0.20 (b-d)

(73) 韩国猎蛛 *Evarcha coreana* Seo, 1988 (图 76)

Evarcha coreana Seo, 1988b: 91, figs. 1-5 (D♂); Peng, Xie *et* Kim, 1993: 7, figs. 1-8 (D♀♂, D♀); Song, Zhu *et* Chen, 1999: 510, figs. 293L-M, 294E (♀♂).

Evarcha paralbaria Song *et* Chai, 1992: 77, figs. 3A-F (D♀♂); Peng *et al.*, 1993: 71, figs. 203-210 (♀♂); Song *et* Li, 1997: 432, figs. 41A-F (♀♂); Song, Zhu *et* Chen, 1999: 510, figs. 295C, I-J (♀♂).

　　雌蛛：体长 6.00-6.80。体长 6.80 者，头胸部长 3.40，宽 2.70；腹部长 3.40，宽 2.50。前、后眼列等宽，宽 2.00，后中眼居中，眼域长 1.80。头胸甲褐色至黑色，边缘黑色，被白色细毛。后眼列后方有 1 浅色马蹄形斑。额上有稀疏的白色长毛，额高约等于前中眼半径。胸甲后缘宽于前缘，边缘黑色，被稀疏白色绒毛，中间褐色底上有黑色网状纹。螯肢赤褐色，前齿堤 2 齿，后齿堤 1 齿。步足褐色，各节端部有黑色环纹。后跗节及跗节颜色较浅。第 I、II 步足侧面刺少，第 III、IV 步足侧面刺多。第 I 步足胫节腹面有 3 对刺；第 II 步足胫节腹面端部有 2 对刺，基部有 1 根刺。第 I、II 步足后跗节腹面各有 2 对刺。腹部背面具细的黑色斜纹，肌痕 2 对，其后有 4 条浅色弧形纹。腹部两侧有 2 条白色斜纹呈 "八" 字形排列，后端有 3 个大的黑斑。腹部腹面浅黄色，末端有 1 黑色横带，与正中央的黑色纵带相连成倒 "T" 字形。有的个体腹面灰黑色，具 4 条由黄色小点形成的纵条纹。纺器灰黑色。外雌器的交媾腔纵向括号状，基板两侧各有 1 角状突起。纳精囊呈"S"字形扭曲。

　　雄蛛：体长 6.00-6.60。体长 6.60 者，头胸部长 3.30，宽 2.30；腹部长 3.30，宽 2.20；眼域长 1.90，宽 1.30。体色暗，斑纹不明显。触肢器的跗舟被白毛，胫节突 3 个，腹突最短，锥状；间突细而长，后侧突宽而卷曲呈兔耳状。

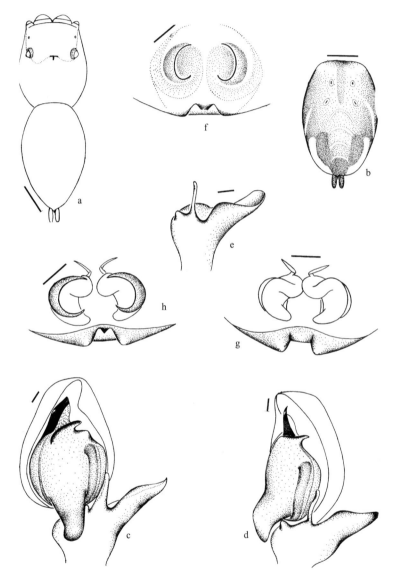

图 76　韩国猎蛛 *Evarcha coreana* Seo

a. 雄蛛外形 (body ♂), b. 雌蛛腹部 (abdomen ♀), 背面观 (dorsal), c-e. 触肢器 (palpal organ): c. 腹面观 (ventral), d. 后侧观 (retrolateral), e. 胫节突 (tibial apophysis), f. 生殖厣 (epigynum), g-h. 阴门 (vulva): g. 背面观 (dorsal), h. 腹面观 (ventral) 比例尺 scales = 1.00 (a, b), 0.10 (c-h)

观察标本：10♀，湖南索溪峪，1986.Ⅷ.17，彭贤锦采；6♀，湖南桑植，1984.Ⅷ.20，张永靖采；2♀1♂，湖南张家界，1987.Ⅴ.23，张古忍采；9♂，湖南石门壶瓶山，1992.Ⅵ.25，彭贤锦、谢莉萍采。

地理分布：浙江、福建、湖北、湖南 (石门、张家界、索溪峪)；韩国。

(74) 指状猎蛛 *Evarcha digitata* Peng *et* Li, 2002 (图 77)

Evarcha digitata Peng *et* Li, 2002d: 469, figs. 1A-D(D♂).

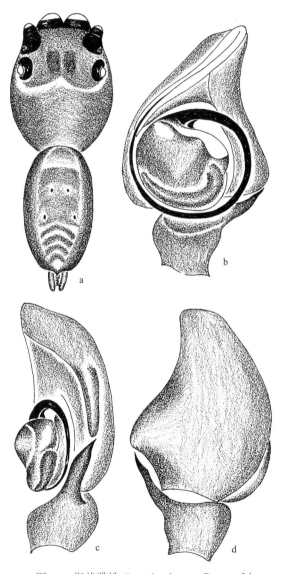

图 77　指状猎蛛 *Evarcha digitata* Peng *et* Li

a. 雄蛛外形 (body ♂), b-d. 触肢器 (palpal organ)：b. 腹面观 (ventral), c. 后侧观 (retrolateral), d. 背面观 (dorsal)

　　雄蛛：体长 4.90；头胸部长 2.40，宽 1.90；腹部长 2.50，宽 1.50。前眼列宽 1.60，后眼列宽 1.70，眼域长 1.00。额高 0.15。前中眼 0.50，前侧眼 0.30，后侧眼 0.30。背甲褐黑色，边缘及各眼基部黑色；被褐色及褐黑色毛；眼域中央后部有 1 对大的黑斑；中窝、颈沟及放射沟不明显。胸甲倒梨形，被黑褐色长毛；深褐色，边缘黑褐色。额褐色，被白色及少许褐黑色长毛；前缘黑色。螯肢暗褐色，被浅色长毛；前侧有许多横的皱纹；前齿堤 2 齿，后齿堤 1 齿。颚叶、下唇黑褐色；端部浅黄褐色，被褐黑色绒毛；下唇梯形。步足褐色至暗褐色，被较密的褐色细毛；环纹不明显，足刺较多而强壮，第 I、II 步足胫节腹面各有 3 对刺，后跗节腹面各有 2 对长刺。腹部卵形、前端稍宽。背面密被白色及褐色毛，两侧为褐黑色纵带，中央浅褐色，肌痕 2 对、赤褐色，后端中央有 5 条黑色"人"字形纹。腹面灰褐色；中央有 3 条灰黑色纵带，末端愈合，两侧有许多黑色纵带。纺器灰黑色，被黑色细毛。

　　雌蛛：尚未发现。

　　观察标本：1♂，广西那坡县德孚保护区，2000.VI.18，陈军采 (IZCAS)。

　　地理分布：广西。

(75) 镰猎蛛 *Evarcha falcata* (Clerck, 1757) (图 78)

Araneus falcatus Clerck, 1757: 125, pl. 5, figs. 19 (D♀).

Evarcha falcata (Clerck, 1757): Lessert, 1910b: 594; Hu *et* Wu, 1989: 366, figs. 285.5-6 (D♀♂); Peng *et al.*, 1993: 66, figs. 184-187 (D♀♂); Peng *et* Xie, 1994b: 62, figs. 6-8 (D♀♂); Song, Zhu *et* Chen, 1999: 510, figs. 293O-P (D♀♂).

Evarcha flammata Zabka, 1997: 51, f. 113-118 (♀♂).

　　雄蛛：体长 5.00，头胸部长 2.50，腹部长 2.50。头胸部黄褐色，背甲稍隆起，带有金属光泽。额部被白色毛，额高为前中眼半径。头部黑褐色，被灰白色并带黑褐色细毛，稀疏黑长毛。眼域长 1.14，前、后宽为 1.37。中眼列位于前、后眼列中间偏前，后侧眼微小于前侧眼。螯肢红褐色，前齿堤 2 齿，后齿堤 1 齿。颚叶黄褐色，端部淡黄色。胸甲椭圆形，中央隆起呈褐色，边缘黑色被长白毛。步足粗壮，第 I 步足腿节发达。腹部卵圆形，背面黑褐色，被黑褐色细毛，散布黄色小斑并带有黑色长毛。背面两边缘有 1 条白色带状斑。中央纵斑密被灰白色细毛，前半部两对肌斑明显，后半部有 4 个"人"字形横纹。腹部腹面灰黄色，密被细毛 (引自 Zhou *et* Song, 1988)。

　　雌蛛：体长 7.00；头胸部长 2.70，腹部长 4.30；眼域长 1.00，前、后眼列宽为 1.70。头胸部为棕色，眼区周边为橙色。其他特征与雄蛛类似。足式：IV，III，I，II (引自 Zabka, 1997)。

　　观察标本：无镜检标本。

　　地理分布：甘肃；古北区。

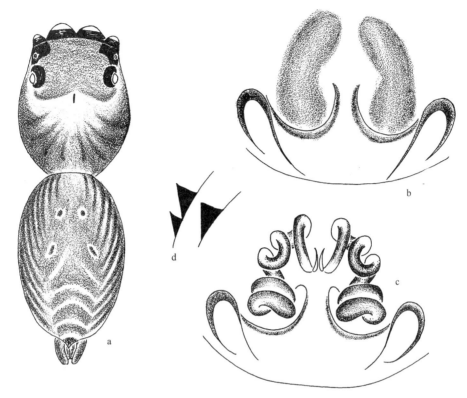

图 78　镰猎蛛 *Evarcha falcata* (Clerck) (仿 Zabka, 1997)

a-b. 触肢器 (palpal organ): a. 腹面观 (ventral), b. 后侧观 (retrolateral), c. 生殖厣 (epigynum), d. 阴门 (vulva)

(76) 兴隆镰猎蛛 *Evarcha falcata xinglongensis* Yang *et* Tang, 1996 (图 79)

Evarcha falcata xinglongensis Yang *et* Tang, 1996: 105, figs. 3.1-4 (D♀).

雌蛛：体长 6.08；头胸部长 2.70，宽 2.18；腹部长 3.48，宽 2.44。背甲褐色，胸区有 1 赤褐色区，覆以短白毛。眼域黑色，前侧缘有棕色长毛，后缘凹。前眼列宽 1.68，后眼列宽 1.72，眼域长 1.02。前侧眼 0.38，前中眼 0.98，后侧眼 0.61。螯肢赤褐色，前齿堤 2 齿，后齿堤 1 齿。颚叶、下唇暗褐色，内缘白色，有浅褐色毛。胸甲突，黄褐色，亚缘色深，有白毛。步足赤褐色，各足腿节近端部 3/4 为褐色，胫节、后跗节亦为褐色。第 I、II 步足胫节腹面有 3 对刺，后跗节腹面有 2 对刺，均为长刺。腹部底色为淡黄褐色，密布黑色不规则纵斑，故腹部灰黑色，后端有 1 大黑斑，此斑前方有 3 条黄褐色弧形纹，腹部两侧有黑色斜纹，腹面灰黄色，纺器褐色。

雄蛛：尚未发现。

观察标本：1♀，甘肃榆中县麻家寺，1982.Ⅶ，唐迎秋采 (LZU)。

地理分布：甘肃。

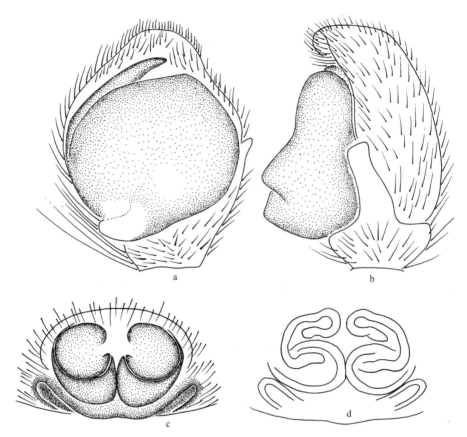

图 79 兴隆镰猎蛛 *Evarcha falcata xinglongensis* Yang *et* Tang

a. 雌蛛外形 (body ♀), b. 生殖厣 (epigynum), c. 阴门 (vulva), d. 雌蛛螯肢齿堤 (cheliceral teeth ♀)

(77) 带猎蛛 *Evarcha fasciata* Seo, 1992 (图 80)

Evarcha fasciata Seo, 1992a: 160, figs. 1-5 (D♂); Peng, Xie *et* Kim, 1993: 9, figs. 9-11 (D♂); Peng *et al.*, 1993: 69, figs. 196-198 (D♂); Song, Zhu *et* Chen, 1999: 510, figs. 294I-J (D♂).

雄蛛：体长 5.00-6.00。体长 5.60 者，头胸部长 2.80，宽 2.10；腹部长 2.80，宽 1.60。前眼列宽 1.80，后中眼居中，后眼列宽 1.70，眼域长 1.20。头胸甲褐色，眼域周围黑褐色，后眼列后方有 1 对黑褐色弧形细条纹，中窝纵向，其后有 1 褐色马蹄形纹，纹上覆盖有白毛。额褐色，高不及前中眼半径。胸甲浅褐色，边缘灰黑色。螯肢褐色，前齿堤 2 小齿，后齿堤 1 大齿。颚叶、下唇褐色。步足褐色，有深色环纹。腹部卵圆形。背面浅褐色，具 2 条宽的黑褐色纵带，此带前端 2/3 段隐约可见 3 对深色斑纹，后 1/3 段有 1 对黑斑。2 带末端以 1 黑斑相连，其间尚有 4 条细的褐色横纹，并有 1 纵向褐色细纹间隔于 2 带的前 2/3 部位之间。腹部腹面中央黄色，两侧灰色。纺器灰黑色。触肢器有 3 个胫节突，间突最短，后侧突上缘呈锯齿状，腹突侧面观呈勺状。

雌蛛：尚未发现。

观察标本：2♂，湖南长沙，1978，尹长民采；1♂，湖南浏阳，1985.Ⅷ.21，张永靖采；2♂，福建崇安，1986.Ⅶ.19，谢莉萍采；3♂，湖北武汉，1984.Ⅸ，刘明耀采；1♂，北京怀柔，2001.Ⅵ.1，彭贤锦采。

地理分布：北京、福建、湖北、湖南 (长沙、浏阳)；韩国。

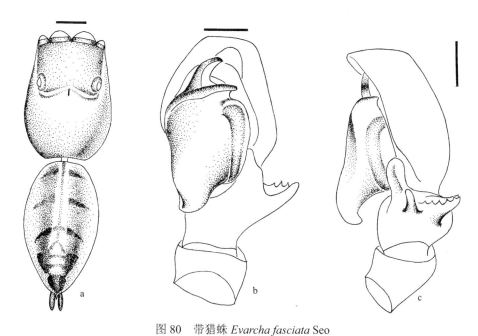

图 80　带猎蛛 *Evarcha fasciata* Seo

a. 雄蛛外形 (body ♂), b-c. 触肢器 (palpal organ)：b. 腹面观 (ventral), c. 后侧观 (retrolateral)

比例尺 scales = 1.00 (a), 0.20 (b-c)

(78) 黄带猎蛛 *Evarcha flavocincta* (C. L. Koch, 1846) (图 81)

Maevia flavocincta. C. L. Koch, 1846: 74, fig. 1330 (D♀).

Evarcha flavocincta (C. L. Koch, 1846): Zabka, 1985: 224, figs. 187-196; Peng, 1989: 159, figs. 7A-C (♀); Peng *et al.*, 1993: 70, figs. 199-202 (♀); Song, Zhu *et* Chen, 1999: 510, figs. 294F, 325M (♀).

雌蛛：体长 7.90-9.90。体长 7.90 者，头胸部长 3.40，宽 2.50；腹部长 4.50，宽 2.40。头胸甲赤褐色，被白毛。前眼列宽 1.90，与后眼列等宽，后中眼居中或略偏前，眼域长 1.40，黑色。胸甲浅褐色，橄榄状。螯肢赤褐色，内缘黑色。步足多刺，第 Ⅰ 步足胫节腹面有刺 3 对，第 Ⅱ 步足胫节腹面有刺 5 根。腹部背面浅黄色底上有黑斑，前端有 3 对黑色弧形纹，后端有 2 条宽的黑色纵带，末端愈合，其间有 4 条黑色细纹相连。腹部腹面浅黄色，中央有 1 条黑色纵带。外雌器的交媾管缠绕成螺旋状。

雄蛛：尚未发现。

观察标本：1♀，湖南靖州，1979.Ⅻ.3，尹长民采；3♀，湖南宜章，1982.Ⅵ.30，张永靖采；1♀，湖南城步，1982.Ⅶ，尹长民采；1♀，湖南绥宁，1983.Ⅷ，刘明星采；1♀，海南尖峰岭林业局，1975.Ⅻ.15，朱传典采；1♀，云南贡山当丹森林公园，2000.Ⅵ.29，1♀，广西那坡，2000.Ⅵ.19，陈军采。

地理分布：湖南 (绥宁、城步、靖县、宜章)、广东、广西、海南、云南；爪哇至日本。

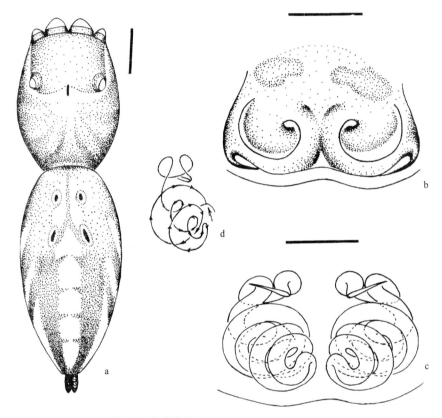

图 81　黄带猎蛛 *Evarcha flavocincta* (C. L. Koch)

a. 雌蛛外形 (body ♀)，b. 生殖厣 (epigynum)，c. 阴门 (vulva)，d. 交媾管走向示意图 (course of canal)

比例尺 scale = 1.00 (a), 0.20 (b-c)

(79) 毛首猎蛛 *Evarcha hirticeps* (**Song** *et* **Chai, 1992**) (图 82)

Pharacocerus hirticeps Song *et* Chai, 1992: 80, figs. 7A-C (D♂); Song *et* Li, 1997: 436, figs. 46A-C (D♀♂).

Evarcha hirticeps (Song *et* Chai, 1992): Song, Zhu *et* Chen, 1999: 510, figs. 294K-L (T♂ from *Pharacocerus*).

Evarcha hunanensis Peng, Xie *et* Kim, 1993: 9, figs. 12-15 (D♂); Song, Zhu *et* Chen, 1999: 510, figs. 294M-N (D♀♂).

雄蛛：体长 6.60；头胸部长 3.30，宽 2.50；腹部长 3.30，宽 2.10。背甲黑褐色，眼域两侧及后眼列后方褐色并覆盖有白毛。前眼列宽 2.10，后眼列宽 2.00，眼域长 1.50。

前眼列等距排列，后中眼居中。步足黑褐色，有环纹，第 III、IV 步足颜色浅。腹部卵形，背面灰黑色。心脏斑黑色，棒状，侧面有 3 对黄褐色斜纹，后端中央有 4 条黑色弧纹。腹部腹面灰褐色，有 3 条纵带，中间 1 条细，纵带的前后端各有黑色横带相连。触肢器的生殖球末端有 1 长棒状垂状部，胫节突端部 2 分叉，插入器较短，有宽的膜质结构相伴。

雌蛛：尚未发现。

观察标本：1♂，湖南炎陵，VII.30，尹长民采；1♂，湖南通道，1996.VI.2，彭贤锦、张永靖采；2♂，湖南宜章，1982.VI.20，张永靖采。

地理分布：湖南 (炎陵、通道、宜章)。

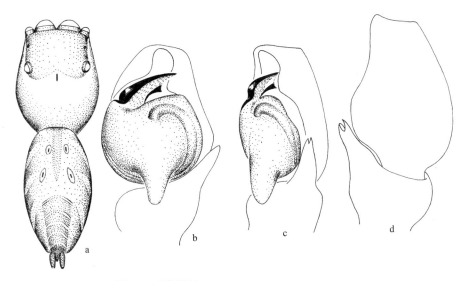

图 82　毛首猎蛛 *Evarcha hirticeps* (Song *et* Chai)

a. 雄蛛外形 (body ♂), b-d. 触肢器 (palpal organ)：b. 腹面观 (ventral), c. 后侧观 (retrolateral), d. 背面观 (dorsal)

(80) 喜猎蛛 *Evarcha laetabunda* (C. L. Koch, 1846) (图 83)

Euophrys laetabunda C. L. Koch, 1846: 21, figs. 1287-1289 (D♀♂);

Ergane laetabunda (C. L. Koch, 1846): Chyzer *et* Kulczyński, 1891: 37, pl. 1, f. 9 (♀♂); Dahl, 1926: 51, figs. 156-157 (♀♂); Peng *et* Xie, 1994b: 62, figs. 9-10 (♀); Song, Zhu *et* Chen, 1999: 510, figs. 294G-H (♀); Zabka, 1997: 52, f. 119-124 (♀♂); Almquist, 2006: 530, f. 444a-e (♀♂).

雄蛛：体长 3.60-4.10；头胸部长 1.88-2.26，宽 1.30-1.62。头胸部红棕色。眼域周前边缘为深褐色到黑色变化。头胸部两侧被白色长毛，两边缘为黑色。第 I 步足腿节深褐色到黑色，其他部分为黄白色。第 II-IV 步足腿节呈褐色被白色细毛。腹部背面呈亮褐色被黑色细毛，前端和两侧边缘被白色细毛。触肢器胫节有 1 较大侧突，钝形。跗舟宽，但顶端钝形。生殖器突状，下边缘有突起。插入器从生殖器下方逆时针方向，伸至生殖器上方中间位置 (引自 Almquist, 2006)。

雌蛛：体长 4.60-5.70；头胸部长 2.09-2.40，宽 1.50-1.66。头部深褐色。眼周边为黑色。胸部为浅棕色到微红色，被白色长毛，后缘为黑色。唇长和宽一样。胸甲椭圆形，下端不到第 IV 步足基节。步足浅棕色。腹部背面中间有多条狭窄而弯曲的"V"字形纹，并被棕色和白色细毛。腹部腹面为浅黄棕色，并被 3 条深黑色纵条纹。生殖器宽大于长，中隔长而变窄。交媾管弯曲，远端变宽 (引自 Almquist, 2006)。

观察标本：未镜检标本。

地理分布：中国 (具体不详)；古北区。

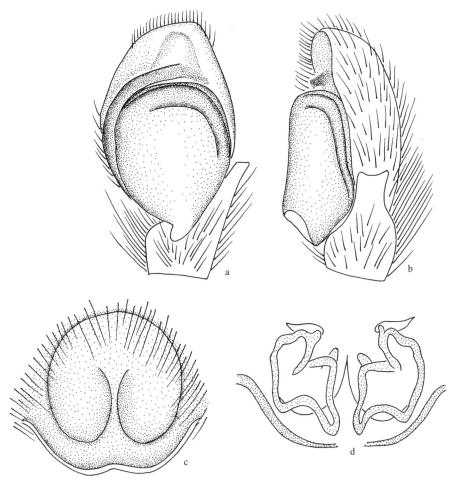

图 83　喜猎蛛 *Evarcha laetabunda* (C. L. Koch) (仿 Zabka, 1997)

a-b. 触肢器 (palpal organ): a. 腹面观 (ventral), b. 后侧观 (retrolateral), c. 生殖厣 (epigynum), d. 阴门 (vulva)

(81) 米氏猎蛛 *Evarcha mikhailovi* Logunov, 1992 (图 84)

Evarcha mikhailovi Logunov, 1992c: 34, f. 2A-B, 3A-B (D♀♂); Rakov, 1997: 109, f. 14-17 (♀♂); Ledoux *et* Emerit, 2004: 25, f. 17A-E ♀♂); Su *et* Tang, 2005: 84, f. 4-8 (♀♂).

雌蛛：体长 5.90；头胸部长 2.40，宽 1.82；腹部长 3.20，宽 2.31。头胸部深棕色。颈沟不明显，放射沟隐约可见。中窝纵向，黑褐色细缝状。背面观，眼域长方形，色较头胸部稍深。前中眼＞前侧眼＞后侧眼＞后中眼 (0.40∶0.20∶0.15∶0.05)，前中眼间距 0.03，前中侧眼间距 0.07，后中眼间距 1.32，后中侧眼间距 0.23，前后侧眼间距 0.63。额高 0.13。螯肢深棕色，前齿堤 2 齿，后齿堤 1 齿。颚叶浅棕色，外缘白色，下唇长大于宽，浅棕色，前端具短毛。胸甲长椭圆形，前端平截，向后端渐窄，末端钝圆，深棕色，被覆白色长毛。触肢及步足均为深黄色，步足远端色较深。足式：IV，III，I，II。腹部椭圆形，背面黑棕色，被覆深棕色半直立长毛，中央有 2 对棕色小肌痕。腹面较背面色浅，纺器深黄色，外雌器交媾管短，纳精囊形状不规则 (引自 Su et Tang, 2005)。

雄蛛：体长 4.50-4.82。体长 4.50 者，头胸部长 2.20，宽 1.70；腹部长 2.20，宽 1.30。足式：IV，III，I，II。触肢器胫节突顶端近平截。生殖球略呈圆形，引导器膜质。其他特征同雌蛛，体色较深 (引自 Su et Tang, 2005)。

观察标本：1♀4♂，兴安盟阿尔山市伊尔施，1984.VI.26，乌力塔采。

地理分布：内蒙古 (兴安盟)；俄罗斯，中亚。

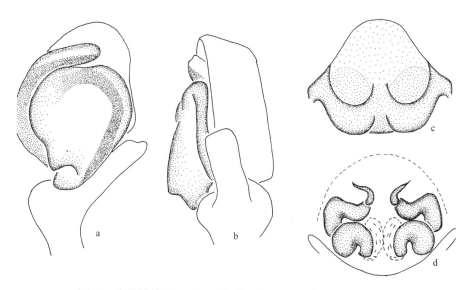

图 84　米氏猎蛛 *Evarcha mikhailovi* Logunov (仿 Logunov, 1992)
a-b. 触肢器 (palpal organ)：a. 腹面观 (ventral)，b. 后侧观 (retrolateral)，c. 生殖厣 (epigynum)，d. 阴门 (vulva)

(82) 蒙古猎蛛 *Evarcha mongolica* Danilov *et* Logunov, 1994 (图 85)

Evarcha mongolica Danilov *et* Logunov, 1994: 30, figs. 2A-B (D♂); Logunov *et* Marusik, 2002: 93 (Sf).
Evarcha pseudolaetabunda Peng *et* Xie, 1994b: 62, figs. 1-5 (D♀♂); Song, Zhu *et* Chen, 1999: 511, figs.
　　295F-G, O-P (♀♂).

雄蛛：体长 5.00；头胸部长 2.50，宽 1.90；腹部长 2.50，宽 1.80。头胸部黄褐色，边缘及眼的周围黑色，两侧及后端灰黑色，被黑色长毛，眼域两侧及前缘被白色长毛，后眼列后方有 1 对大的黑斑，此斑后方有 1 对黑色弧形条纹。前眼列宽 1.40，与后眼列等宽，后中眼居中。额黄褐色，被稀疏白毛和黑色长毛，额高约小于前中眼的半径。胸甲枣核状，被白色绒毛，褐色，边缘黑色。螯肢褐色，被白毛和黑色绒毛，前齿堤 2 齿，1 大 1 小，后齿堤 1 齿。颚叶、下唇浅褐色，端部色浅，被褐色绒毛。步足多刺和黑色长毛，灰黑色，具深色轮纹，第 I 步足胫节腹面有 2 对刺；第 II 步足胫节腹面外侧有 3 根刺，内侧有 2 根刺。第 I、II 步足后跗节腹面有 2 对刺。腹部卵形，背面灰黑色，被黑色长毛。正中央有 1 黑斑，近三角形。两侧有 3 对黑斑，第 1 对最细，眉状；第 2 对最大，第 3 对呈块状，每对斑之后有 1 白色圆斑。腹末为 1 黑斑，此斑前方尚可见 3 个深色弧形纹。腹部腹面灰黑色，两侧为黑色斜纹，中央为 4 条由浅黄色小点形成的条纹。纺器浅褐色。

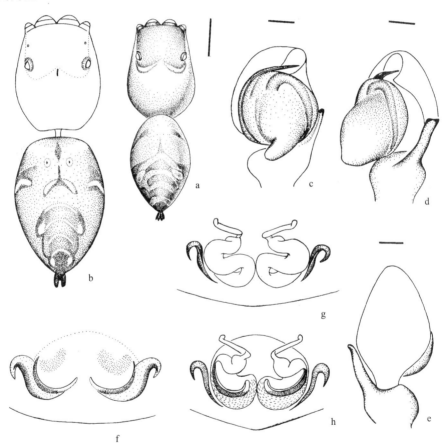

图 85　蒙古猎蛛 *Evarcha mongolica* Danilov *et* Logunov

a. 雄蛛外形 (body ♂), b. 雌蛛外形 (body ♀), c-e. 触肢器 (palpal organ): c. 腹面观 (ventral), d. 后侧观 (retrolateral), e. 背面观 (dorsal), f. 生殖厣 (epigynum), g-h. 阴门 (vulva): g. 背面观 (dorsal), h. 腹面观 (ventral)

比例尺 scales = 1.00 (a, b), 0.10 (c-h)

　　雌蛛：体长 5.30；头胸部长 2.50。头胸部棕色，被白毛，边缘黑色。眼域长 1.1，不及头胸部长的 1/2，方形，宽 1.6，后中眼居中，前眼列后方被白毛，眼域周缘黑色，前中眼是前侧眼的两倍，前侧眼与前后眼列相等，中窝明显，额上被稀疏的白毛，额高约大于前中眼半径。螯肢浅棕色，背面有稀疏的白毛，前齿堤 2 齿，后齿堤 1 齿。颚叶、下唇棕色，端部有黑色绒毛。胸甲橄榄状，棕色，边缘黑色，被白色绒毛。步足浅棕色到棕色，第 III、IV 步足多侧刺；第 I 步足胫节腹面有 3 对刺，背侧有 2 根刺；第 II 步足胫节背侧有 2 根刺，腹面背侧有 2 根刺；第 I、II 步足后跗节各有 2 对刺。腹部背面棕灰色，肌痕 1 对，浅棕色，前端 1/3 处两侧有浅色斑 1 对 (近白色)，其间有 1 对呈 "八" 字形排列的浅色斑，后端 1/2 部分中央有浅色斑 2 对 (近白色)，其间有 4 条浅色弧形纹，腹部末端及各浅色斑周缘黑色。腹部腹面棕黄色，正中具黑色纵带，两侧各有 1 条连续的棕黑色棕带。纺器基部白色，端部棕色。

观察标本：1♂，内蒙古呼和浩特 (HNU)；1♀1♂，内蒙古呼和浩特 (HNU)。

地理分布：内蒙古、新疆；俄罗斯。

(83) 眼猎蛛 *Evarcha optabilis* (Fox, 1937) (图 86)

Plexippus optabilis Fox, 1937d: 16, figs. 7 (D♀).

Evarcha optabilis (Fox, 1937): Prószyński, 1987: 26 (T♀ from *Plexippus*).

雌蛛：体长 7.32；头胸部长 3.27，宽 2.38；腹部长 3.76，宽 2.47。背甲黑色，约 1/3 的长度为倒三角形的黑色区域，浅色部分有纵向条纹，其上有分支。背甲基部 1/3 处黑褐色，向两侧延伸为褐色。额浅褐色，着生许多长毛。螯肢、胸甲和颚叶浅褐色，下唇黑色。基节连接胸甲处颜色单一，但在两边有黑色的标记。步足橘色，在腿节、膝节和胫节的末端或多或少有环纹。第 III、IV 步足腿节有宽的黑色纵带。腹部中间有 1 条浅的纵带，后方有 4 个大的斑点。腹部两侧黑色或白色，由白色形成不同的条纹。腹部腹面浅色，有 1 条明显的黑色纵带，纵带后面有 "人" 字形纹 (引自 Fox, 1937)。

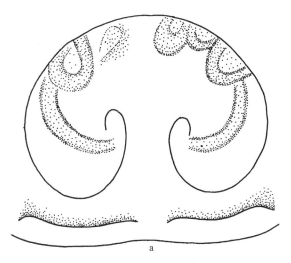

图 86　眼猎蛛 *Evarcha optabilis* (Fox) (仿 Prószyński, 1987)

a. 生殖厣 (epigynum)

雄蛛：尚未发现。

标本观察：无镜检标本。

地理分布：四川、云南。

(84) 东方猎蛛 *Evarcha orientalis* (Song *et* Chai, 1992) (图 87)

Pharacocerus orientalis Song *et* Chai, 1992: 80, figs. 8A-D (D♂); Yang *et* Tang, 1995: 142, figs. 1-4
　　(D♀); Song *et* Li, 1997: 436, figs. 47A-D (D♀♂).

Evarcha orientalis (Song *et* Chai, 1992): Song, Zhu *et* Chen, 1999: 510, figs. 294O-P, 295A-B (T♀♂
　　from *Pharacocerus*).

Evarcha sichuanensis Peng, Xie *et* Kim, 1993: 11, figs. 22-29 (D♀♂); Song, Zhu *et* Chen, 1999: 511,
　　figs. 295H, 296G-H (♀♂).

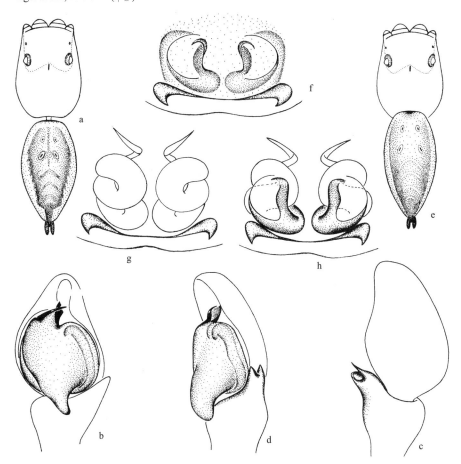

图 87　东方猎蛛 *Evarcha orientalis* (Song *et* Chai)

a. 雄蛛外形 (body ♂), b-d. 触肢器 (palpal organ): b. 腹面观 (ventral), c. 背面观 (dorsal), d. 后侧观 (retrolateral), e. 雌蛛外
形 (body ♀), f. 生殖厣 (epigynum), g-h. 阴门 (vulva): g. 背面观 (dorsal), h. 腹面观 (ventral)

雄蛛：体长 7.10-7.50。体长 7.10 者，头胸部长 3.4，宽 2.5；腹部长 3.7，宽 2.0。头
胸甲褐黑色，眼域周围及眼后方被白毛。眼域长 1.30，不及头胸部长的 1/2，宽 2.00，后

中眼居中。前中眼直径是前侧眼直径的 2 倍，前、后侧眼等大，中窝明显，后眼列后有 1 浅色马蹄形斑。前中眼间距与前、中侧眼间距相等。胸甲深褐色。额高约小于前中眼半径。螯肢橘红色，前齿堤 1 齿，后齿堤 2 齿。颚叶、下唇深褐色，端部色浅，具褐色长毛。第 I、II 步足褐黑色，第 III、IV 步足浅褐色，具黑色环纹。第 I 步足胫节腹面具刺 3 对；第 II 步足胫节腹面具刺 3 根，背面具刺 2 根；第 I、II 步足后跗节具腹刺 2 对。腹部长卵形，背面黄黑色，两侧具 2 条浅黄色纵带，肌痕 2 对，中部有 2 条黑色纵带，后端有 4 个黑色弧形纹。腹面灰黑色，具浅黑色纵带，末端相连，间隔以 4 条由浅黄色小点形成的细条纹。

雌蛛：体长 7.00-7.30。体长 7.30 者，头胸部长 3.20，宽 2.0；腹部长 4.00，宽 2.00。前眼列宽 2.10，后眼列宽 2.00，眼域长 1.50。前眼列略宽于后眼列。背甲边缘及眼域周围黑色。第 I、II 步足胫节腹面各具刺 3 对，后跗节腹面各具刺 2 对。腹部背面前缘及两侧黄褐色，肌痕 2 对，中央有 2 条黑色纵带，末端愈合，两黑带之间有 4 个黑色弧形纹。腹面黄白色，中央有 2 条黑色纵带，末端愈合。其余外形特征同雄蛛。

观察标本：2♀，四川峨眉山，1975.IX.28，朱传典采 (JLU)；2♂，四川青城山，1978 VIII.19，朱传典采 (JLU)；1♂，湖北巴东，1989.V.19 (IZCAS)。

地理分布：湖北、四川。

(85) 波氏猎蛛 *Evarcha pococki* Zabka, 1985 (图 88)

Evarcha pococki Prószyński, 1984a: 49-50 (♀♂), misidentification of *Plexippus pococki* Thorell, 1895; Zabka, 1985: 223, figs. 180-186 (D♂); Peng, 1989: 159, figs. 9A-C (D♀♂); Zhang, Song *et* Zhu, 1992: 2, figs. 2.1-3 (D♂); Peng, Xie *et* Kim, 1993: 11, figs. 21 (D♀♂); Peng *et al.*, 1993: 73, figs. 211-214 (D♂); Song, Zhu *et* Chen, 1999: 511, figs. 295K-L, 325N (D♂).

雄蛛：体长 7.30-8.00。体长 7.30 者，头胸部长 3.80，宽 2.80；腹部长 3.50，宽 2.00。前眼列宽 2.10，与后眼列等宽，后中眼居中，眼域长 1.60。头胸甲深褐色至黑色，边缘及眼域颜色较深。前眼列后方被白毛，后眼列后方有 1 马蹄形白斑。胸甲橄榄状，被直立的黑色长毛。螯肢深褐色，被长而弯曲的毛。步足深褐色，多毛和刺。第 I、II 步足的膝节、胫节、后跗节的背、腹面均有浓密的毛丛。第 I 步足胫节腹面有刺 3 对，第 II 步足胫节腹面有刺 5 根；第 I、II 步足后跗节腹面各有刺 2 对。腹部长卵形，背面两侧各有 1 宽的黑色纵带，后端颜色加深，其间有 6 条黑色横带相连。肌痕 2 对，心脏斑长条形。腹部腹面灰色，中间有 1 条黑色纵带，两侧各有 2 条由黄色小点形成的细条纹。纺器灰黑色。触肢器的插入器细丝状，胫节突末端较尖。

雌蛛：尚未发现。

观察标本：1♂，湖南长沙岳麓山，1982，张永靖采；1♂，湖南龙山火岩，1995.IX.9，张永靖采；1♂，湖南绥宁，刘明星采；1♂，湖南宜章，1982.VI，张永靖采；1♂，云南，1983.VII，朱传典采；1♂，广西防城，2000.VI.4，陈军采。

地理分布：湖南 (长沙、龙山、绥宁、宜章)、广东、广西、海南、云南；不丹，越南。

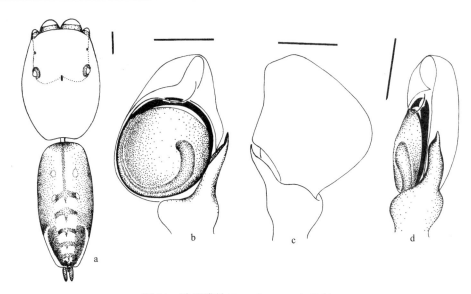

图 88　波氏猎蛛 *Evarcha pococki* Zabka

a. 雄蛛外形 (body ♂), b-d. 触肢器 (palpal organ)：b. 腹面观 (ventral), c. 后侧观 (retrolateral), d. 背面观 (dorsal)

比例尺 scales = 0.40

(86) 普氏猎蛛 *Evarcha proszynski* Marusik *et* Logunov, 1998 (图 89)

Evarcha hoyi (Peckham *et* Peckham, 1883): Peng, 1989: 159, figs. 8A-F (♀♂, misidentified).
Evarcha falcata hoyi (Peckham, 1883): Peng *et al*., 1993: 68, figs. 188-195 (♀♂, misidentified).
Evarcha proszynski Marusik *et* Logunov, 1998: 101, figs. 1-2, 6-8, 14, 19-20 (D♀♂); Song, Zhu *et* Chen, 1999: 511, figs. 295D-E, M-N (♀♂).

　　雄蛛：体长 5.40-6.00。体长 5.40 者，头胸甲长 2.60，宽 1.90；腹部长 2.80，宽 1.80。头胸甲黑褐色，前、后眼列后缘及头胸部两侧缘被白毛。前眼列宽 1.60。后中眼居中，后眼列宽 1.50，眼域长 1.10，黑色。胸甲黑色，螯肢赤褐色，颚叶、下唇黑褐色。步足浅褐色，腿节、膝节、胫节具黑色环纹。第 I、II 步足胫节腹面各有 3 对刺，后跗节腹面各有 3 对刺，跗节腹面各有 2 对刺。腹部宽卵形，背面黑色，两侧各有 1 条白色波浪状纵带。肌痕 2 对，后端有 5 对由黄色小点形成的弧形纹。腹部腹面灰色，有 4 条由黄色小点形成的纵条纹。触肢器的插入器短，生殖球表面有锥形突起。

　　雌蛛：体长 5.00-5.80。体长 5.50 者，头胸部长 3.00，宽 2.30；腹部长 5.50，宽 3.50。眼域长 1.20，宽 1.80，后眼列后方有 1 马蹄形褐色斑。腹部背面灰黑色，后端有 5 个弧形纹，末端有 3 个黑斑。有的个体两侧各有 1 条白色纵带。第 II 步足胫节腹面有刺 5 根，其余外形特征同雄蛛。外雌器的交媾管扭曲呈 "S" 字形，开孔处呈杯状。

　　观察标本：1♂，甘肃宕昌黄家路，海拔 2100-2150m (SP98029)，1998.Ⅶ.8，陈军采 (IZCAS)；1♀，海口，1975.Ⅻ.25，朱传典采 (JLU)；2♀，临江西小山，1976.Ⅲ.10，朱传典采 (JLU)；14♀16♂，吉林先锋，1971.Ⅵ，朱传典采 (JLU)；1♂2♀，哈泥，1973.Ⅵ.27，朱传典采 (JLU)；1♂，漫江，1975.Ⅶ，朱传典采 (JLU)；1♂，内蒙古图里河，

1956.Ⅷ.5，朱传典采 (JLU)；6♂，临江西小山，1973.Ⅵ.10，朱传典采 (JLU)；1♂，吉林先锋，1971.Ⅶ.12，朱传典采 (JLU)。

地理分布：内蒙古、吉林、海南；南美洲。

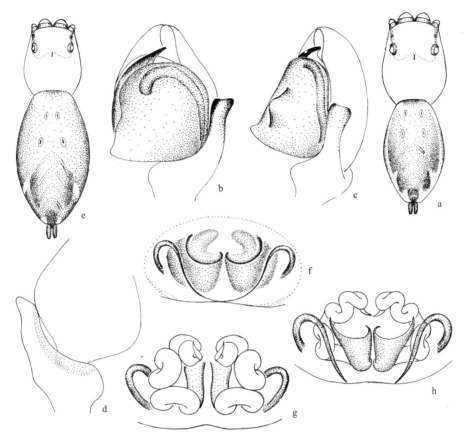

图 89 普氏猎蛛 *Evarcha proszynski* Marusik *et* Logunov

a. 雄蛛外形 (body ♂), b-d. 触肢器 (palpal organ)：b. 腹面观 (ventral), c. 后侧观 (retrolateral), d. 背面观 (dorsal), e. 雌蛛外形 (body ♀), f. 生殖厣 (epigynum), g-h. 阴门 (vulva)：g. 背面观 (dorsal), h. 腹面观 (ventral)

(87) 拟波氏猎蛛 *Evarcha pseudopococki* Peng, Xie *et* Kim, 1993 (图 90)

Evarcha pseudopococki Peng, Xie *et* Kim, 1993: 10, figs. 16-20 (D♂); Song, Zhu *et* Chen, 1999: 511, figs. 296E-F, 325O (D♀♂).

雄蛛：体长 7.90；头胸部长 3.70，宽 2.80；腹部长 4.20，宽 2.50。前眼列宽 2.10，后眼列宽 2.10，眼域长 2.00。头胸甲深褐色至黑褐色，前眼列后方边缘覆盖有白毛，眼域两侧及后方的白毛形成"U"字形白斑。中窝及放射沟明显。前中眼直径大于前侧眼直径的 2 倍，前中眼间距小于前中、侧眼间距。后中眼居中。额褐色，高不及前中眼半径的 1/2。螯肢褐色，前齿堤 2 齿，后齿堤 1 齿。胸甲枣核状，褐色，边缘暗褐色。第 I、

II 步足黑褐色，膝节、胫节、后跗节有浓密的毛丛。第 III、IV 步足暗褐色，具浅色轮纹。腹部卵圆形，背面灰黑色，中央及后端两侧各有 1 浅黄色纵带。肌痕 2 对。心脏斑棒状，末端与 1 对黑色斜斑相连，呈倒"Y"字形。其后有 4 个黑色"山"字形纹。腹部背面末端有 3 个大的黑斑。腹部腹面灰黑色，两侧淡黄色而具黑色斜纹。纺器暗褐色。

雌蛛：尚未发现。

观察标本：1♂，广西风山稻田，1981.VIII，张永强采 (GAU)。

地理分布：广西。

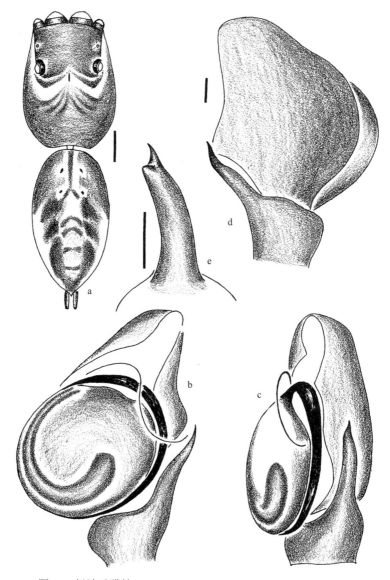

图 90 拟波氏猎蛛 *Evarcha pseudopococki* Peng, Xie *et* Kim, 1993

a. 雄蛛外形 (body ♂), b-d. 触肢器 (palpal organ): b. 腹面观 (ventral), c. 后侧观 (retrolateral), d. 背面观 (dorsal), e. 胫节突 (tibial apophysis)　比例尺 scales = 0.50 (a), 0.20 (b-d), 0.10 (e)

(88) 武陵猎蛛 *Evarcha wulingensis* Peng, Xie *et* Kim, 1993 (图 91)

Evarcha wulingensis Peng, Xie *et* Kim, 1993:12, figs. 30-34 (D♂); Song, Zhu *et* Chen, 1999: 511, fig. 296J (D♂).

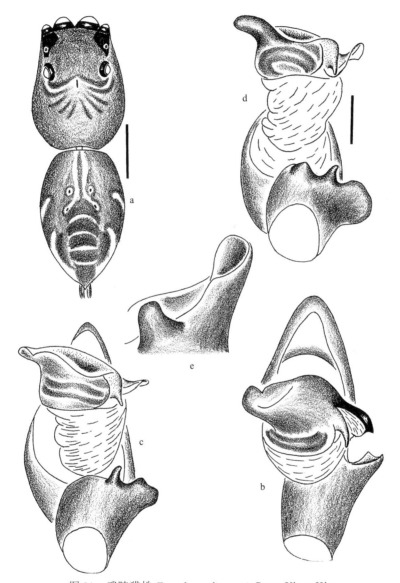

图 91 武陵猎蛛 *Evarcha wulingensis* Peng, Xie *et* Kim

a. 雄蛛外形 (body ♂), b-d. 触肢器 (palpal organ): b. 腹面观 (ventral), c. 后侧观 (retrolateral), d. 背面观 (dorsal), e. 胫节突 (tibial apophysis)　比例尺 scales = 1.00 (a), 0.10 (b-e)

　　雄蛛：体长 5.60；头胸部长 2.80，宽 2.30；腹部长 2.80，宽 1.90。背甲褐色，边缘及各眼周围黑色。中窝及放射沟明显。前眼列宽 1.90，后眼列宽 1.80，眼域长 1.30。后眼列后方有 1 大的"U"字形浅色斑。额黄褐色，被白毛，额高不及前中眼半径。胸甲枣核状，灰褐色，边缘黑色。螯肢褐色，前齿堤 2 齿，后齿堤 1 齿。下唇黄褐色，颚叶浅褐色。步足灰褐色，无毛丛，有环纹。腹部阔卵形，背面灰黑色，心脏斑棒状，其后有 5 个黑色"人"字形纹，腹末有 3 个大的黑斑，彼此相连，腹部两侧有 2 对浅色弧纹。腹部腹面黑色，有黄褐色纵纹。触肢器的生殖球有较长的垂状部。胫节突 3 个，后侧突短而宽，间突指状，腹侧突最短。

雌蛛：尚未发现。

观察标本：1♂，湖南张家界武陵源，1988.Ⅸ.25，彭贤锦采。

地理分布：湖南 (张家界)。

23. 羽蛛属 *Featheroides* Peng, Yin, Xie *et* Kim, 1994

Featheroides Peng, Yin, Xie *et* Kim, 1994: 1.

Type species: *Featheroides typica* Peng, Yin, Xie *et* Kim, 1994.

小型蜘蛛，体长 2.80-4.00。背甲暗褐色，毛稀少，斑纹不清晰，两侧近平行。前眼列稍宽于后眼列，后中眼位于前、后侧眼中间，眼域长约为背甲的一半。螯肢前齿堤 2 齿，后齿堤 1 齿。步足被长的羽状毛，第 I 步足远端有长的白色刷状毛。腹部长卵形，褐色至黑褐色，毛稀少，无斑纹。触肢被长的羽状毛，无胫节突，插入器基部伴有膜质结构。

该属已记录有 2 种，主要分布在中国。中国记录 2 种。

(89) 模羽蛛 *Featheroides typicus* Peng, Yin, Xie *et* Kim, 1994 (图 92)

Featheroides typica Peng, Yin, Xie *et* Kim, 1994: 2, figs. 1-3 (D♂).

Featheroides typicus Peng, Yin, Xie *et* Kim, 1994: Song, Zhu *et* Chen, 1999: 511, figs. 296M-N (D♂).

雄蛛：体长 3.20-4.00。体长 4.00 者，头胸部长 2.00，宽 1.52；腹部长 2.00，宽 1.48。背甲暗褐色，有少许褐色毛。后眼列处隆起；前眼列宽 1.50，后眼列宽 1.48，眼域长 0.90。额暗褐色，高不及前中眼半径。胸甲卵形，暗褐色，被稀疏的黑褐色毛。螯肢基节黑褐色，爪褐色。颚叶、下唇黑褐色。第 I 步足及各步足后跗节浅褐色，其余各节黑褐色，以下部位有长的白色羽状毛：第 I、II 步足腿节的背、腹面，第 II 步足膝节，第 II、III、IV 步足胫节及第 I 步足后跗节的腹面。第 I 步足端部 4 节有长的白色刷状毛，胫节腹面有刺 3 对，后跗节腹面有刺 2 对，第 II 步足后跗节腹面有刺 2 对。腹部灰褐色，前、后缘约等宽，有 6 个"人"字形纹彼此相连。腹部腹面灰黑色。触肢的腿节、膝节、胫节及跗舟被长的羽状毛。插入器基部有膜质结构相伴，前者环绕后者 1 圈后向跗舟延伸。贮精管清晰，"S"字形。生殖球垂状部长，垂至胫节中部。

雌蛛：尚未发现。

观察标本：1♂，湖南张家界武陵源，1981.Ⅷ，王家福采；1♂，云南，其他信息不详；1♂，无采集信息。

地理分布：湖南 (张家界)、云南。

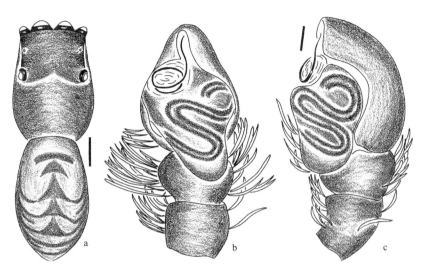

图 92　模羽蛛 *Featheroides typicus* Peng, Yin, Xie *et* Kim

a. 雄蛛外形 (body ♂), b-c. 触肢器 (palpal organ)：b. 腹面观 (ventral), c. 后侧观 (retrolateral)

比例尺 scales = 0.50 (a), 0.10 (b, c)

(90)　云南羽蛛 *Featheroides yunnanensis* Peng, Yin, Xie *et* Kim, 1994 (图 93)

Featheroides yunnanensis Peng, Yin, Xie *et* Kim, 1994: 3, figs. 4-6 (D♂); Song, Zhu *et* Chen, 1999: 511, figs. 296O-P (D♀♂).

雄蛛：体长 2.80-3.20。体长 3.10 者，头胸部长 1.80，宽 1.20；腹部长 1.30，宽 1.00。背甲黑褐色，具光泽，被很少的毛，无明显的斑纹。前眼列宽 1.20，后眼列宽 1.10，眼域长 0.80。前列 4 眼等距排列，前中眼直径为前侧眼直径的 2 倍，后中眼居中，后侧眼与前侧眼等大，后眼列中央有 1 大的凹陷。胸甲卵圆形，黑褐色，毛少而稀。额黑褐色，额高约小于前中眼半径，被少数毛。螯肢黑褐色，前齿堤 2 齿，后齿堤 1 齿，颚叶、下唇黑褐色。第 I 步足的 4 节及其余步足从胫节端部到后跗节为黄色或灰黄色，其余各节黑褐色。步足少刺和毛，第 I 步足仅胫节腹面具刺 3 对，后跗节腹面具刺 2 对；第 II 步足仅胫节具刺 1 根，后跗节具刺 5 根，即腹面 2 对刺、端部背侧 1 根刺。第 III、IV 步足上的刺相对来说较多。在以下部位有扁平状毛：第 I 步足腿节背面和腹面、后跗节腹面，第 II、III、IV 步足的腿节背面、腹面，膝节、胫节腹面。此外，第 I 步足胫节腹面，后跗节背面、腹面具浓密的白色长毛，呈刷状。足式：IV, I, III, II。腹部前、后端约等宽，背面褐黑色，有光泽，毛很少，斑纹不明显。腹部腹面黑色，被稀疏长毛，斑纹不明显。

雌蛛：尚未发现。

观察标本：2♂，云南 (HNU)，其他信息不详。

地理分布：云南。

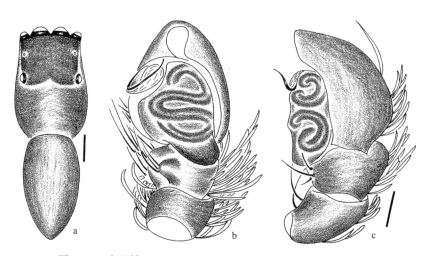

图 93 云南羽蛛 *Featheroides yunnanensis* Peng, Yin, Xie *et* Kim

a. 雄蛛外形 (body ♂), b-c. 触肢器 (palpal organ)：b. 腹面观 (ventral), c. 后侧观 (retrolateral)

比例尺 scales = 0.50 (a), 0.10 (b-c)

24. 格德蛛属 *Gedea* Simon, 1902

Gedea Simon, 1902: 390.

Type species: *Gedea flavogularis* Simon, 1902.

小型蜘蛛，体长 4.00-5.00。本属区别于其他属的主要特征是：雄蛛触肢具 2 个胫节突，第 1 胫节突细长，第 2 胫节突粗短，生殖球长大；螯肢前齿堤有数个大齿，后齿堤有 1 板齿，端部分多叉，如锯片状。雄蛛螯基背侧端部具 1 簇长毛。外雌器有大的肾形交媾腔，其内有 2 个开孔，纳精囊位于开孔的前方。

该属已记录有 5 种，主要分布在中国、越南。中国记录 3 种。

种 检 索 表

1. 雄蛛 ··· 2

   雌蛛 ··· 4

2. 胫节腹侧突长于后侧突 ······································· 爪格德蛛 *G. unguiformis*

   胫节腹侧突短于后侧突 ···3

3. 引导器未能见及 ··· 道格德蛛 *G. daoxianensis*

   引导器发达，明显可见 ··· 中华格德蛛 *G. sinensis*

4. 交媾腔括号状 ··· 道格德蛛 *G. daoxianensis*

   交媾腔圆孔状 ··· 爪格德蛛 *G. unguiformis*

(91) 道格德蛛 *Gedea daoxianensis* Song *et* Gong, 1992 (图 94)

Gedea daoxianensis Song *et* Gong, 1992: 291, figs. 1-6 (D♀♂); Peng *et al.*, 1993: 75, figs. 215-219
　　(D♂); Song, Zhu *et* Chen, 1999: 511, figs. 296D, Q, 297A, I (♀♂).

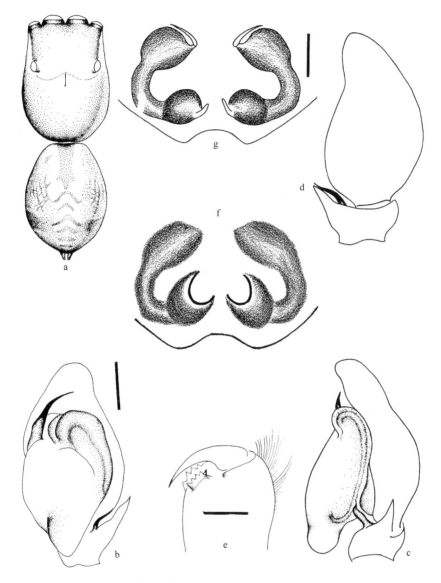

图 94　道格德蛛 *Gedea daoxianensis* Song *et* Gong

a. 雄蛛外形 (body ♂), b-d. 触肢器 (palpal organ)：b. 腹面观 (ventral), c. 后侧观 (retrolateral), d. 背面观 (dorsal), e. 雄性螯
　　肢 (chelicera ♂), f. 生殖厣 (epigynum), g. 阴门 (vulva)　　比例尺 scales = 0.40 (a), 0.20 (b-g)

　　雄蛛：体长 2.90-3.60。体长 3.60 者，头胸部长 1.85，宽 1.40；腹部长 1.65，宽 1.30。
前眼列宽 1.30，后眼列宽 1.15，前侧眼与后侧眼等大，眼域长 0.75。头胸甲暗褐色，眼
域黑褐色，胸部两侧缘及眼域皆密被白色细绒毛，眼域的毛向由两侧斜向中央。胸甲褐

色。螯肢黄褐色，前齿堤 4 齿，后齿堤 1 板齿，端部分为 5 叉，螯基背侧端部着生 1 列粗长的黄褐色毛。颚叶黄褐色，下唇褐色。步足黄褐色，第 I 步足腿节黑褐色，其余各步足关节处有黑褐色环纹。腹部长卵圆形，背面黄褐色，有褐色或黑褐色斑纹。正中带盾形的心形斑及 6 个"山"字形纹，正中带左右两侧各有 1 个菱形和椭圆形斑，这 4 块斑与正中带组成似"蝶形"的花纹。触肢的插入器较长。胫节突 2 个，腹面观腹突细而弯曲，黑色，侧面观 2 胫节突粗细相近，腹突尖端呈钩状。

雌蛛：体长 3.51；头胸部长 1.61，宽 1.39；腹部长 1.90，宽 1.39。前眼列宽 1.20，后眼列宽 1.10，眼域长 0.81。体色较雄蛛浅，斑纹与雄蛛相同。外雌器的 2 个生殖孔位于中部，彼此靠近。纳精囊卵形，交媾管较粗短。

观察标本：13♀5♂，湖南道县营江乡双桥青山石壁，1988.Ⅴ.26，龚联溯采；1♂，湖南石门壶瓶山江坪，唐果采。

地理分布：湖南 (石门、道县)。

(92) 中华格德蛛 *Gedea sinensis* Song *et* Chai, 1991 (图 95)

Gedea sinensis Song *et* Chai, 1991: 17, figs. 6A-D (D♂); Song, Zhu *et* Chen, 1999: 511, figs. 297J-K (D♀♂).

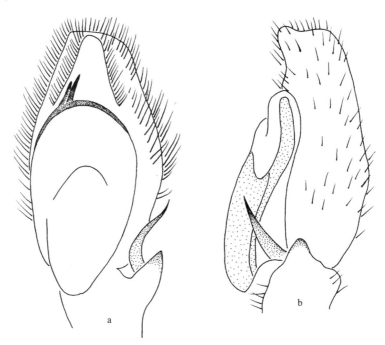

图 95 中华格德蛛 *Gedea sinensis* Song *et* Chai (仿 Song *et* Chai, 1991)
a-b. 触肢器 (palpal organ): a. 腹面观 (ventral), b. 后侧观 (retrolateral)

雄蛛：体长 3.57；头胸部长 1.83，宽 1.35；腹部长 1.51，宽 1.19。背甲黑色，散布有稀疏的白毛。眼域长 0.84，前眼列宽 1.23，后眼列宽 1.10。眼域长对头胸部长之比为 0.46，眼域前缘长对眼域后缘长之比为 1.12，眼域长对眼域前缘长之比为 0.68。螯肢棕

色，前齿堤 4 齿，近牙基的 3 齿相连，第 4 齿稍离开一点；后齿堤 1 板齿，顶部分为 5
叉。颚叶及胸甲均呈褐色，下唇黑色。所有步足的腿节均呈黑色。第 I 步足的后跗节腹
面有刺 2 对，胫节腹面有刺 1 对。腹部背面为褐色，有 2 对白斑，腹面褐色。触肢长度：
腿节 0.55，膝节 0.24，胫节 0.10，跗节 0.55，总长 1.44。腿节和跗节均呈黑色 (引自 Song
et Chai, 1991)。

　　雌蛛：尚未发现。

　　观察标本：正模♂，海南尖峰岭，1989.XII，朱明生采 (IZCAS)。

　　地理分布：海南。

(93) 爪格德蛛 *Gedea unguiformis* Xiao *et* Yin, 1991 (图 96)

Gedea unguiformis Xiao *et* Yin, 1991a: 48, figs. 1-9 (D♀♂); Peng *et al.*, 1993: 76, figs. 220-228 (♀♂);
　　Song, Zhu *et* Chen, 1999: 512, figs. 297B, L, 325Q (♀♂).

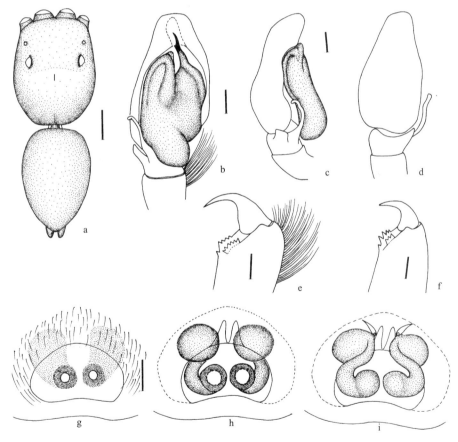

图 96　爪格德蛛 *Gedea unguiformis* Xiao *et* Yin

a. 雄蛛外形 (body ♂), b-d. 触肢器 (palpal organ): b. 腹面观 (ventral), c. 后侧观 (retrolateral), d. 背面观 (dorsal), e. 雄性螯
肢 (chelicera ♂), f. 雌性螯肢 (chelicera ♀), g. 生殖厣 (epigynum), h-i. 阴门 (vulva): h. 腹面观 (ventral), i. 背面观 (dorsal)

比例尺 scales = 0.50 (a), 0.10 (b-i)

雄蛛：体长 4.00；头胸部长 2.00，宽 1.37；腹部长 1.75，宽 1.12。头胸甲红褐色，眼域黑褐色。前眼列宽 1.24，后中眼居中或略偏后，后眼列宽 1.12。眼域长 0.85，占头胸部长的 1/2 以下。两前中眼之间、后中眼之后及头胸部两侧被有少数白毛。头胸部后端 1/3 倾斜。螯肢红褐色，螯基背侧端部着生 1 排粗长的黄褐色毛。前齿堤 5 齿，近端部 4 齿紧密排列，近基部 1 齿与前 4 齿稍分离；后齿堤 1 板齿，端部分为 6 叉。颚叶红褐色，前外角向外突出，中部外侧向内凹陷。下唇黑褐色，长大于宽。胸甲橄榄色，前端宽而平切。第 I 步足较长而粗大，膝节、后跗节及跗节黄色，其余各节褐色。第 II、III、IV 步足橙黄色具红褐色轮纹。腹部背面褐色，具灰白色及黑褐色毛，无明显斑纹，但散生有黄褐色斑点。腹部腹面黄褐色，纺器褐色。触肢红褐色，胫节突 2 个：第 I 步足胫节突细长，基部稍宽，端部弯曲，尖端钝；第 II 步足胫节突粗短。生殖球长而粗大，插入器尖端如爪状。

雌蛛：体长 4.00；头胸部长 1.90，宽 1.35；腹部长 2.00，宽 1.30。前眼列宽 1.10，后眼列宽 1.00，眼域长 0.90。与雄蛛相似，但螯基端部背面无长毛；后齿堤之板齿端部分 3 叉；第 I 步足并不大于其他步足；4 对步足均橙黄色，具红褐色纵条纹及轮纹。外雌器为 1 大肾形凹陷，其内有 2 个开孔，纳精囊球形，位于开孔的上方，交媾管粗短而弯曲。在外雌器前部有 2 个笔筒状的骨化物。

观察标本：1♀1♂，广西大明山，1985.Ⅶ，张永靖采。

地理分布：广西。

25. 胶跳蛛属 *Gelotia* Thorell, 1890

Gelotia Thorell, 1890: 164.

Type species: *Gelotia frenata* Thorell, 1892.

该属特征：后中眼膨大或较小。雄性触肢器腹面观生殖球有帽状后侧突，部分种类胫节具细长注射器状突起向后方延伸。外雌器具中脊或有 2 对纳精囊。螯肢前齿堤 3 齿，后齿堤 4-5 齿。部分种类有腿节器。

该属已记录有 7 种，主要分布在新加坡、苏门答腊。中国记录 1 种。

(94) 针管胶跳蛛 *Gelotia syringopalpis* Wanless, 1984 (图 97)

Gelotia syringopalpis Wanless, 1984a: 178, figs. 21A-I (D♀♂); Xie *et* Peng, 1995a: 289, figs. 1-5 (♀♂); Song *et* Li, 1997: 433, figs. 42A-D (D♀♂); Song, Zhu *et* Chen, 1999: 512, figs. 297C-D, M-N, 326A (♀♂).

雄蛛：体长 5.35。背甲黄褐色，眼域褐色，正中有 2 条黑褐色纵纹，背甲胸部有数条放射纹。后中眼较大，直径约为前侧眼的 1/2。螯肢前齿堤 3 齿，后齿堤 5 齿。步足细长，密被短刺。第 I 步足腿节前侧面近基部处有 1 角质化小突起，称为腿节器 (femur organ)。腹部长卵圆形，背面淡黄色，两侧有许多黑褐色波状斜纹、纵纹。正中斑淡黑色，由前后排列的 1 个"八"字形纹和 5 个"山"字形纹组成，腹部末端黑褐色。触肢器结构特殊，插入器粗短，端部呈钩状弯曲，其基部有 2 块较大的膜状突，有射精管穿过其中 1 个突起的尖端。盾片近卵圆形，外缘有输精管环绕。腹面观胫节突有 3 个，指向后方者细长如注射器针头状，故名。

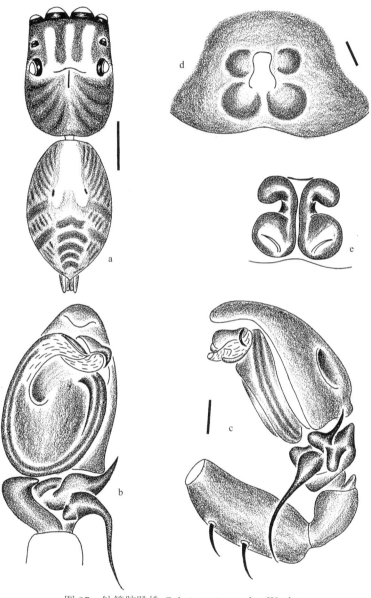

图 97　针管胶跳蛛 *Gelotia syringopalpis* Wanless

a. 雄蛛外形 (body ♂), b-c. 触肢器 (palpal organ): b. 腹面观 (ventral), c. 后侧观 (retrolateral), d. 生殖厣 (epigynum), e. 阴门 (vulva)　比例尺 scales = 1.00 (a), 0.20 (b, c), 0.10 (d, e)

雌蛛：体长 6.25，体形与雄蛛相似，体色稍暗，眼区无黑色纵纹。腹部背面灰黄褐色，"山"字形纹不明显，两侧有几条黑褐色斜纹。外雌器结构简单，半透明。纳精囊 2

室，下面 1 室远大于上面 1 室。

观察标本：1♂，广西桂林，Ⅷ-Ⅺ；2♂，湖南石门壶瓶山江坪，采集时间不详，唐果采。

地理分布：湖南 (石门)、广西；马来西亚。

26. 美蛛属 *Habrocestum* Simon, 1876

Habrocestum Simon, 1876: 130.

Type species: *Habrocestum pullatu* Simon, 1876.

背甲宽广，略长于宽。后眼列后方环绕成圆，前方闪微光。头胸部宽广，腹部略小，呈梨形，椭圆状。小型蜘蛛腹部有 2 个大的白斑。

分布：大多在地中海地区，少数在中国香港。

该属已记录有 44 种，主要分布在南非、北非、沙特阿拉伯。中国记录 1 种。

(95) 香港美蛛 *Habrocestum hongkongensis* Prószyński, 1992 (图 98)

Habrocestum hongkongensis Prószyński, 1992a: 96, figs. 28-32 (D♂); Song, Zhu *et* Chen, 1999: 513, figs. 299I-J (D♀♂).

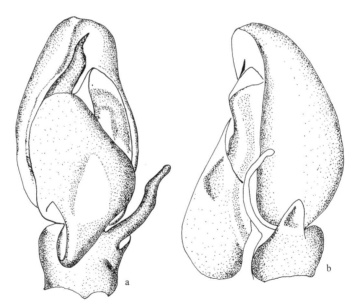

图 98 香港美蛛 *Habrocestum hongkongensis* Prószyński (仿 Prószyński, 1992)
a-b. 触肢器 (palpal organ)：a. 腹面观 (ventral), b. 后侧观 (retrolateral)

雄蛛：头胸部长 1.75，宽 1.37；腹部长 1.75；头胸部高 0.61。前眼列宽 1.12，后眼列宽 1.12，眼域长 0.87。背甲黑棕色，中间有白毛覆盖的模糊纵线。眼域处有 2 条横线，横线微斜，覆有白毛。前中眼连接处后方有白斑。后眼列前方也有模糊的呈横线状毛发，后方有少许毛发。前眼列边缘覆白毛，前中眼侧缘和前侧眼上覆少许红毛，额棕色，螯肢上被稀疏刚毛，中间向边缘扩展，近螯爪基部外侧有成簇的长刚毛。第 I 步足腿节黑棕色，膝节背面黄色，胫节背面棕色夹杂浅黄色斑点 (少许白色刚毛)，有不明显的刺，后蹠节和跗节呈黄色，触肢器胫节突 2 支，长且细的分支向腹面弯曲；插入器长而小，跗舟黑棕色，胫节棕色，内缘覆白色刚毛，膝节黄色被稀疏白毛；腿节黄色覆白毛。

雌蛛：尚未发现。

观察标本：无镜检标本。

地理分布：香港。

27. 苦役蛛属 *Hakka* Berry *et* Prószyński, 2001

Hakka Berry *et* Prószyński, 2001: 201.

Type species: *Menemerus himeshimensis* Dönitz *et* Strand, 1906.

单齿类跳蛛，前齿堤 2 齿。膝节无刺，第 I、II 步足后蹠节无侧刺。无发音器。生殖球较长，下垂部分盖于胫节之上。雌蛛具有发达的附腺，交媾管自交媾孔处向前延伸后再折向后方与纳精囊相连。

该属已记录有 2 种，主要分布在中国。中国记录 2 种。

(96) 姬岛苦役蛛 *Hakka himeshimensis* (Dönitz *et* Strand, 1906) (图 99)

Menemerus himeshimensis Dönitz *et* Strand, in Bösenberg *et* Strand, 1906: 395, pl. 8, fig. 116, pl. 14, fig. 309 (D♀♂); Hu, 1984: 377, figs. 393.1-2 (♀♂); Hu, 1990: 109, figs. 1-8 (♀♂, S); Zhao, 1993: 407, figs. 208a-b (♀♂).

Salticus koreanus Wesolowska, 1981; Peng, 1989: 160, figs. 13A-C (♀); Peng *et al*., 1993: 205, figs. 723-726 (♀); Song, Zhu *et* Chen, 1999: 558, figs. 315E (♀).

Pseudicius himeshimensis (Dönitz *et* Strand, 1906): Peng *et al*., 1993: 191, figs. 667-670 (D♀♂); Song, Zhu *et* Chen, 1999: 542, figs. 312K-L, 313N (♀♂).

Hakka himeshimensis (Dönitz *et* Strand, 1906): Berry *et* Prószyński, 2001: 202, figs. 1-7 (T♀♂ from *Pseudicius*).

雄蛛：体长 6.50-7.00。体长 6.80 者，头胸部长 3.20，宽 2.30；腹部长 3.60，宽 2.40。头胸甲黑褐色，眼域及边缘黑色，胸区可见浅色放射沟。整个头胸部扁平，有金属光泽。前眼列宽 1.70，后中眼居中，后眼列宽 1.60，眼域长 1.30。螯肢红褐色，前齿堤 2 齿，后齿堤 1 齿。颚叶、下唇红褐色，下唇长大于宽。胸甲褐色，前端平切。步足黄褐色，4 对步足胫节及后蹠节腹面都有小刺。腹部卵圆形，背面褐色，较扁平，无明显斑纹，腹面灰黑色，触肢黄褐色，胫节突粗壮，略呈三角形，内侧缘具细锯齿，插入器长剑状。

雌蛛：体长 6.90；头胸部长 3.20，宽 2.50；腹部长 3.70，宽 2.30。头胸甲黑褐色，较扁平，被稀疏的白毛。前眼列宽 1.70，后中眼略偏前，后眼列宽 1.60。眼域长 1.30，黑色。胸甲长卵形，黑褐色。螯肢前齿堤 2 齿，后齿堤 1 齿。颚叶、下唇深褐色。步足浅褐色至灰黑色。第 I、II 步足少侧刺，仅腿节背侧具 1 刺。第 I 步足胫节腹面有刺 3 对，第 II 步足胫节腹面内侧有刺 2 根，外侧有刺 1 根。第 III、IV 步足多侧刺。腹部长卵形，背面灰黑色，被白色绒毛，斑纹不明显。腹部腹面浅灰色，中央有 2 条黑色细纹。纺器灰黑色。外雌器基部两侧各有 1 凹窝；交媾管在靠近纳精囊处有 1 指状分支 (即附腺)。

观察标本：1♀，山东烟台，1987.VI.21，颜亨梅采 (HNU)；1♂，广西龙胜 (HNU)，其他信息不详。

地理分布：山东、广西；朝鲜。

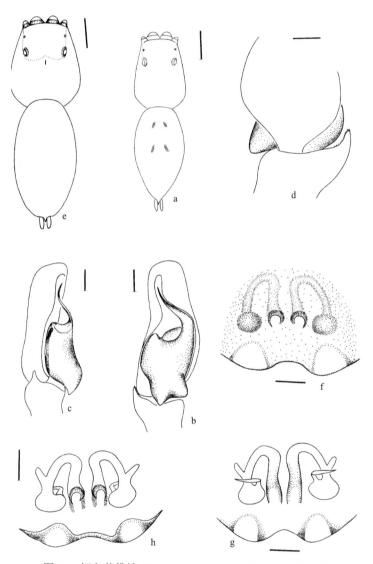

图 99　姬岛苦役蛛 *Hakka himeshimensis* (Dönitz *et* Strand)

a. 雄蛛外形 (body ♂), b-d. 触肢器 (palpal organ): b. 腹面观 (ventral), c. 后侧观 (retrolateral), d. 背面观 (dorsal), e. 雄蛛外形 (body ♂), f. 生殖厣 (epigynum), g-h. 阴门 (vulva): g. 腹面观 (ventral), h. 背面观 (dorsal)

比例尺 scales = 1.00 (a, e), 0.10 (b-d, f-h)

(97) 亚东苦役蛛 *Hakka yadongensis* (Hu, 2001) (图 100)

Icius yadongensis Hu, 2001: 389, f. 247.1-7 (D♀♂).

Hakka yadongensis (Hu, 2001): Prószyński, 2005.

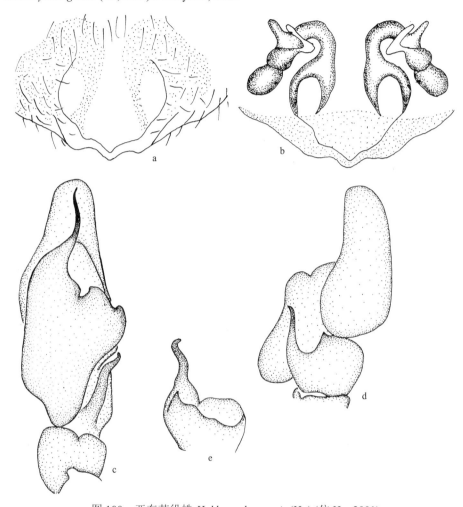

图 100　亚东苦役蛛 *Hakka yadongensis* (Hu) (仿 Hu, 2001)

a. 生殖厣 (epigynum), b. 阴门 (vulva), c-e. 触肢器 (palpal organ)：c. 腹面观 (ventral), c. 后侧观 (retrolateral), e. 胫节突 (tibial apophysis)

雌蛛：体长 4.00-5.00。体长 5.00 者，头胸部长 2.00，宽 1.25；腹部长 3.00，宽 1.90。头胸部黑褐色，前端较窄，被有白色短毛，胸区正中线及眼域两侧显黄褐色，眼域黑色，宽大于长，其长度小于头胸部长的 1/2，前、后边等长。前眼列稍后曲，中眼列位于前、后眼列之间偏前。眼域前缘及两侧布有黑色长刚毛。额部密布白色短毛。螯肢棕褐色，前齿堤 2 齿，第 1 齿显著大于第 2 齿，后齿堤 1 大齿。触肢黄色。颚叶灰褐色，其外缘稍凹陷。下唇狭长，褐色，其前端超过颚叶 1/2 长度。胸甲橄榄形，灰黄色，周缘显黑色。步足黄色，具黑褐色轮纹，各腿节背中线皆有 3 根刺，第 I、II 步足腿节的离体端内侧各有 1 根刺，第 III、IV 步足腿节的离体端外侧各有 1 根刺，第 I 步足胫节腹面内缘有 3 根刺，外缘有 2 根刺，第 II 步足胫节腹面外缘各有 2 根刺，第 I、II 步足后跗节各有 2 对腹刺。第 I 步足粗壮。足式：IV，I，III，II。腹部椭圆形，前端稍窄于后端，背面灰褐色，前缘色泽较浅，黄褐色，整个背面布有 6 个大型黑褐色 "人" 字形斑纹。腹部腹面灰黄色，散有黑色小点斑。外雌器赤褐色，其凹坑长大于宽，后缘突出，两生殖孔较大，各开口于凹坑的两侧缘 (引自 Hu, 2001)。

雄蛛：体长 3.70-4.20。体长 4.20 者，头胸部长 1.90，宽 1.15；腹部长 2.30，宽 1.50。触肢黑褐色，胫节突分叉，其腹面的 1 个突起细长，且端部扭曲，背面的 1 个突起呈浓黑色，基部展宽，腹侧挺直，而背侧弓起，端部尖锐如齿。插入器基部粗壮，端部细长、扭曲且向前直伸。第 I 步足粗壮，黑色。其他形态结构皆同雌蛛 (引自 Hu, 2001)。

观察标本：正模♀，副模 3♀3♂，西藏亚东 2900m，1984.VIII.16，王从福采 (未镜检)。

地理分布：西藏。

28. 蛤莫蛛属 *Harmochirus* Simon, 1885

Harmochirus Simon, 1885: 440.

Type species: *Harmochirus brachiatus* (Thorell, 1877).

中、小型蜘蛛，体长 2.30-4.90。头胸部背面略成菱形，头胸部在后眼列的位置最宽最高。眼域梯形，约占头胸部长的 2/3，后眼列宽于前眼列，中眼列居中略偏后，后眼列后方急剧倾斜。胸甲前端平切。第 I 步足特别强大，其腿节、膝节上着生有扁平鳞片状毛。螯肢前齿堤 2 齿，后齿堤 1 齿，分 2 叉或不分叉。下唇长约等于宽。触肢器结构简单，胫节突粗大，插入器长，常绕生殖球 1 周。外雌器中央具有 1 个大的钟形兜。

交媾器官的结构表明，本属和菱头蛛属 *Bianor* 是近亲，但根据下列特征可以把 2 属区别开来：①本属之头胸部比菱头蛛属要短而宽；②本属第 I 步足胫节较宽大，腿节、膝节腹面及胫节背腹面具有扁平鳞状毛；③本属之步足刺比菱头蛛属的要长而强大。

本属已记录有 9 种，主要分布在中国、越南、印度。中国记录 3 种。

种 检 索 表

1. 雄蛛 ··2
   雌蛛 ··4
2. 生殖球侧面观明显呈锥形突出 ··普氏蛤莫蛛 *H. proszynski*
   生殖球侧面观稍突出 ···3
3. 胫节突侧面观宽大，端部骤小 ··鳃蛤莫蛛 *H. brachiatus*
   胫节突侧面观稍窄，端部渐小 ··松林蛤莫蛛 *H. pineus*
4. 交媾腔宽大于长的 2 倍 ··鳃蛤莫蛛 *H. brachiatus*
   交媾腔宽小于长的 2 倍 ··松林蛤莫蛛 *H. pineus*

(98) 鳃蛤莫蛛 *Harmochirus brachiatus* (Thorell, 1877) (图 101)

Ballus brachiatus Thorell, 1877b: 626 (D♂).

Harmochirus brachiatus (Thorell, 1877): Simon, 1903a: 867, figs. 1024-1026 (D♀♂); Yin *et* Wang, 1979: 30, figs. 7A-B (D♀♂); Feng, 1990: 205, figs. 180.1-4 (D♀♂); Chen *et* Zhang, 1991: 304, figs. 322.1-5 (D♀♂); Song, Zhu *et* Li, 1993: 884, figs. 60A-C (♀♂); Peng *et al.*, 1993: 79, figs. 229-241 (♀♂); Song, Zhu *et* Chen, 1999: 513, fig. 299D, K, 326B-C (♀♂).

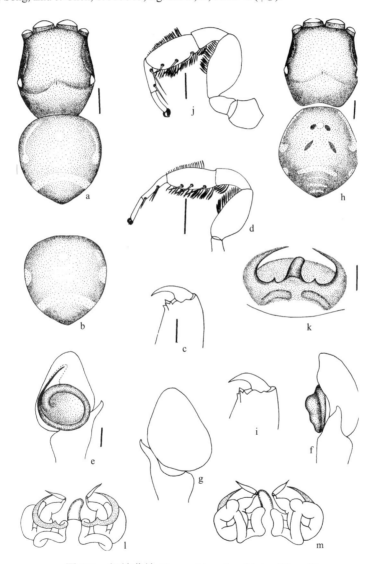

图 101　鳃蛤莫蛛 *Harmochirus brachiatus* (Thorell)

a. 雄蛛外形 (body ♂), b. 雄蛛腹部 (abdomen ♂), c. 雄蛛螯肢 (chelicera ♂), d. 雄蛛第 I 步足 (leg I ♂), e-g. 雄蛛触肢器 (palpal organ ♂): e. 腹面观 (ventral), f. 后侧观 (retrolateral), g. 背面观 (dorsal), h. 雌蛛外形 (body ♀), i. 雌蛛螯肢 (chelicera ♀), j. 雌蛛第 I 步足 (leg I ♀), k. 生殖厣 (epigynum), l-m. 阴门 (vulva): l. 背面观 (dorsal), m. 腹面观 (ventral)

比例尺 scales = 0.50 (a, b, d, h, j), 0.10 (c, e-g, i, k-m)

雄蛛：体长 2.30-3.70。体长 3.50 者，头胸部长 1.80，宽 1.71；腹部长 1.70，宽 1.72。头胸甲红褐色至黑褐色，眼周围黑色，眼域平坦。前眼列宽 1.30，后眼列宽 1.51，眼域长 1.30。胸部两侧有白毛形成的白边。胸甲黑褐色。螯肢红褐色，前齿堤 2 齿，后齿堤 1 板齿，尖端分 2 叉。颚叶黄褐色，外侧平行。下唇黑褐色。触肢黄色。第 I 步足粗大，深褐色，其腿节、膝节腹面及胫节背腹面整齐排列着扁平鳞状毛，似鳃叶。第 I 步足胫节下方有 3 对刺，后跗节下方有 2 对刺。第 II、III、IV 步足黄色，各关节处有黑褐色环纹。腹部卵形，暗褐色，背面前缘有少数闪光毛，自腹部前缘至中部两侧有 1 对月牙形白斑，此白斑从背面不易看到，中部两侧有 1 对圆形或半圆形白斑，此白斑和月牙形斑相连。中央后端有 1 较宽的弧形白斑。触肢器结构简单，插入器长，绕生殖球 1 周，胫节突粗长，略弯曲。

雌蛛：体长 3.30-4.90。体长 4.90 者，头胸部长 2.20，宽 1.65；腹部长 2.80，宽 2.61。前眼列宽 1.50，后眼列宽 1.70，眼域长 1.35。体色及斑纹与雄蛛很相似，但腹部背面中央有 2 对肌痕，在前对肌痕之间常有 1 圆形白斑。腹部后端弧形白斑后方有 1-4 个褐色细弧纹。外雌器之钟形兜及交媾管的绕曲方式有个体差异。

观察标本：4♀2♂，湖南绥宁，1984.Ⅷ，王家福采；1♀1♂，湖南城步，1982.Ⅷ，张永靖采；2♀，湖南张家界，1981.Ⅷ，王家福采；2♀，湖南炎陵，1979.Ⅶ，尹长民采；2♀，湖南宜章，1982.Ⅵ，张永靖采；2♀1♂，福建崇安三港，1986.Ⅶ，王家福、彭贤锦采；2♀1♂，贵州梵净山，1985.Ⅵ，王家福采。

地理分布：浙江、福建、湖南 (张家界、龙山、炎陵、绥宁、城步、宜章)、广东、广西、贵州、云南；日本，印度，越南，澳大利亚。

(99) 松林蛤莫蛛 *Harmochirus pineus* Xiao *et* Wang, 2005 (图 102)

Harmochirus pineus Xiao *et* Wang, 2005: 527, f. 1-12 (D♀♂).

雄蛛：体长 4.20；头胸部长 2.15，宽 1.40；腹部长 2.05，宽 1.85。前眼列宽 1.35，后眼列宽 1.40，眼域长 1.50，前中眼 0.52，前侧眼 0.26，后侧眼 0.27。头胸部黑棕色，前面和侧面覆白毛。腹部椭圆形，覆黑棕色刚毛，边缘周围覆浅灰色长刚毛。额棕色，被稀疏灰毛。螯肢、颚叶和下唇棕色。胸甲颜色较浅。腹部黑灰色，有灰色刚毛，具金属光泽。第 I 步足浅棕色，末端部分较亮较长。腿节和膨大的胫节有羽状刚毛，胫节上有橙灰色毛和 3 对刺。触肢器灰棕色，插入器较短较薄 (引自 Xiao *et* Wang, 2005)。

雌蛛：体长 4.25；头胸部长 1.75，宽 1.20；腹部长 2.60，宽 1.85。前眼列宽 1.16，后眼列宽 1.20，眼域长 1.25；前中眼 0.50，前侧眼 0.25，后侧眼 0.27。背甲黑棕色。眼域有长灰毛发。额棕色，螯肢黄棕色，颚叶、下唇和胸甲颜色相似。触肢橙灰色，第 I 步足较厚，橙棕色，覆灰色和浅棕色毛发。腿节和胫节覆长羽状刚毛，其他步足黄灰色，覆灰棕色毛，腹面黑灰色，覆灰色刚毛。腹部灰黑色，有白色小斑点，斑点前方有金属光泽。边缘周围覆长灰和棕色毛。纺器棕色。生殖厣外观各异，生殖厣兜中间如 *Harmochirus brachiatus* (Thorell, 1877)。内部结构复杂：交媾管成环，其末端弯曲成 "S" 字形 (引自 Xiao *et* Wang, 2005)。

本种与 *Harmochirus brachiatus* (Thorell, 1877) 相关，存在下列不同：①螯肢后缘有 1 齿，无分叉，后者分叉；②雄蛛第 I 步足有刺，位于胫节末端，后者整个胫节有刺；③雌蛛第 I 步足外侧无刚毛，后者有羽状长刚毛；④腹部斑纹不同。

观察标本：正模♂，湖南省张家界 (29.1°N，110.5°E)，1986.VII.30，秦晓晓采 (已镜检)；副模2♀，采集信息同正模 (已镜检)。

地理分布：湖南。

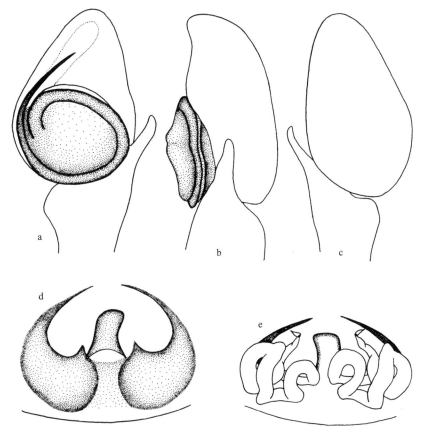

图 102　松林蛤莫蛛 *Harmochirus pineus* Xiao *et* Wang (仿 Xiao *et* Wang, 2005)
a-c. 触肢器 (palpal organ)：a. 腹面观 (ventral), b. 后侧观 (retrolateral), c. 背面观 (dorsal), d. 生殖厣 (epigynum), e. 阴门 (vulva)

(100) 普氏蛤莫蛛 *Harmochirus proszynski* Zhu *et* Song, 2001 (图 103)

Harmochirus proszynski Zhu *et* Song, in Song, Zhu *et* Chen, 2001: 429, f. 284A-D (D♂).

雄蛛：体长 3.74；头胸部长 1.80，宽 1.36；腹部长 1.87，宽 1.36。前眼列宽 1.09，后眼列宽 1.33，眼域长 0.88。背甲红褐色，被有很多白色羽状毛，眼周围及背甲中部浅黑色。螯肢浅黄褐色，前齿堤 2 齿，后齿堤 1 齿。颚叶黄褐色，下唇黑褐色。胸甲红褐色，具有很多黄色小圆点。第 I 步足红褐色，粗壮，胫节腹面的外侧有 3 根刺，内侧具

2 根刺，后跗节的腹面有 2 对刺。第 III、IV 步足腿节呈浅黑褐色，膝节、胫节、后跗节和跗节黄色。触肢器的生殖球外侧突起；胫节突宽而短，腹侧有瘤。腹部卵圆形。背面黑褐色，前部具 1 白色横带，中、后部每侧有 3 个斜向排列的白色短条斑，由羽状毛组成。腹部腹面黑褐色。

雌蛛：尚未发现。

观察标本：2♂，河北平泉县，1981.V.16，张维生采。

地理分布：河北。

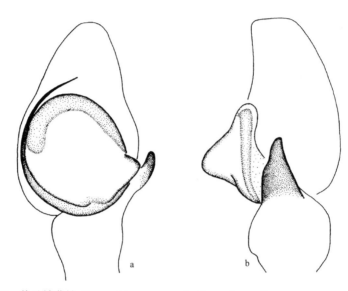

图 103 普氏蛤莫蛛 *Harmochirus proszynski* Zhu *et* Song (仿 Song, Zhu *et* Chen, 2001)
a-b. 触肢器 (palpal organ)：a. 腹面观 (ventral), b. 后侧观 (retrolateral)

29. 哈蛛属 *Hasarina* Schenkel, 1963

Hasarina Schenkel, 1963: 461.

Type species: *Hasarina contortospinosa* Schenkel, 1963.

中、小型蜘蛛，体长 4.50-5.00。头胸部较长，眼域占头胸部长的 1/2 以下，中眼列位于前、后眼列之中间偏后。螯肢前齿堤 2 齿，后齿堤 1 板齿，尖端分 2 叉，螯基前侧面着生浓密的毛。插入器作螺旋状弯曲。外雌器大而强角质化，外面观如猫的头面部。

该属已记录有 1 种，主要分布在中国。

(101) 螺旋哈蛛 *Hasarina contortospinosa* Schenkel, 1963 (图 104)

Hasarina contortospinosa Schenkel, 1963: 462, figs. 262a-g (D♂); Xiao, 1991: 383, figs. 1-4 (D♀);
  Peng *et al.*, 1993: 83, figs. 254-263 (♀♂); Song, Zhu *et* Chen, 1999: 513, fig. 299F (D♀♂).

雄蛛：体长 4.50-4.70。体长 4.70 者，头胸部长 2.60，宽 1.51；腹部长 2.20，宽 1.33。头胸甲深红褐色，隆起较高，两侧缘较圆。整个背甲上覆盖有细密的白毛。前眼列宽 1.50，后中眼偏后，后眼列宽 1.35。眼域长 1.10，眼周围黑色。胸甲黄褐色，前端平切。螯肢红褐色，螯基前侧面有浓密的灰白毛，前齿堤 2 齿，后齿堤 1 板齿，顶端分 2 叉。颚叶黄褐色。下唇红褐色，宽大于长。步足黄褐色，第 I、II 步足具黑褐色环纹，第 III、IV 步足具黄色环纹。腹部背面黄褐色，前端中央有 1 个不太明显的红褐色纵斑，后端有 1

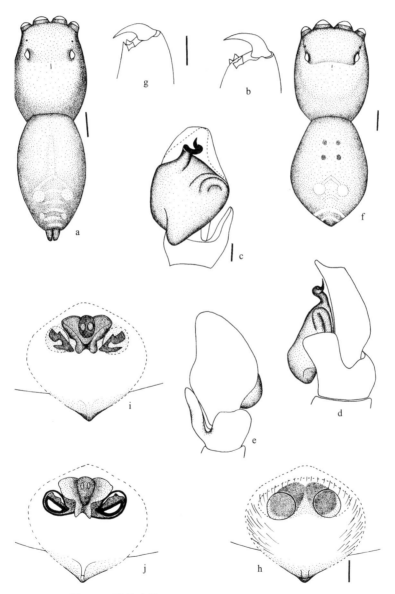

图 104　螺旋哈蛛 *Hasarina contortospinosa* Schenkel

a. 雄蛛外形 (body ♂), b. 雄蛛螯肢 (chelicera ♂), c-e. 触肢器 (palpal organ)：c. 腹面观 (ventral), d. 后侧观 (retrolateral), e. 背面观 (dorsal), f. 雌蛛外形 (body ♀), g. 雌蛛螯肢 (chelicera ♀), h. 生殖厣 (epigynum), i-j. 阴门 (vulva)：i. 腹面观 (ventral), j. 背面观 (dorsal)　比例尺 scales = 0.50 (a, f), 0.10 (b-e, g-j)

大 1 小 2 对圆形白斑，其间有 5-7 个弧形白斑。腹部腹面黄色。触肢红褐色，胫节突粗大如桨状，生殖球粗大鼓起，插入器螺旋状扭转 1 圈半。

雌蛛：体长 5.00；头胸部长 2.60，宽 1.75；腹部长 2.50，宽 1.81。前眼列宽 1.45，后眼列宽 1.30，眼域长 1.10。与雄蛛相比，头胸甲两侧近平行，4 对步足均具黑褐色环纹。腹部背面中部有 4 个呈正方形排列的小椭圆形肌痕，近末端 1/3 处有 1 对圆形白斑，其前方有 1 "人" 字形斑，其后方有 3-5 个弧形白斑。腹部腹面灰黄色，多毛，两侧缘有褐色斜纹。外雌器大且强角质化，外形如猫的头面部，其下端伸至生殖沟以下。内部结构十分特别，与其他跳蛛有很大差别。

观察标本：1♀2♂，湖南张家界，1981.Ⅷ，王家福采；1♂，四川峨眉山，1975.Ⅸ，1♀，四川东山，1975.Ⅹ。

地理分布：福建、湖南 (张家界)、四川、甘肃。

30. 蛤沙蛛属 *Hasarius* Simon, 1871

Attus Savigny *et* Audouin, 1825: 169.
Hasarius Simon, 1871: 29.
Type species: *Hasarius adansoni* (Savigny *et* Audouin, 1825).

中型蜘蛛，体长 5.50-6.50。头胸甲两侧颇圆，背面光滑少毛。眼域长为宽的 2/3，其长占头胸部长的 1/2 以下。后中眼居中，后列眼与前侧眼等大。后齿堤 1 板齿，其顶端分 2 叉，或顶端钝，或顶端具栉齿。下唇长大于或等于宽。第 I 步足胫节腹面有 3 对刺，后跗节腹面有 2 对刺。雄蛛触肢胫节长于跗节，插入器短小。外雌器具有 2 个大而彼此分离的生殖孔。

该属已记录有 29 种，主要分布在中国、越南、日本。中国记录 4 种。

种 检 索 表

1. 雄蛛 ·· 2
   雌蛛 ·· 3
2. 胫节很长；插入器很短，刺状 ·· 花蛤沙蛛 *H. adansoni*
   插入器很长，呈 "S" 字形 ·· 指状蛤沙蛛 *H. dactyloides*
3. 交媾腔圆形 ·· 花蛤沙蛛 *H. adansoni*
   交媾腔不呈圆形 ·· 4
4. 外雌器有钟形兜 ·· 指状蛤沙蛛 *H. dactyloides*
   外雌器无钟形兜 ·· 桂林蛤沙蛛 *H. kweilinensis*

(102) 花蛤沙蛛 *Hasarius adansoni* (Audouin, 1826) (图 105)

Attus adansonii Audouin, 1826: 404, pl. 7, fig. 8 (D♀♂).
Hasarius adansoni (Audouin, 1826): Simon, 1871: 330 (108); Yin *et* Wang, 1979: 30, figs. 8A-E (♀♂);

Hu, 1984: 363, figs. 378.1-5 (♀♂); Feng, 1990: 206, figs. 181.1-7 (♀♂); Chen *et* Gao, 1990: 183, figs. 233a-c (♀♂); Peng *et al.*, 1993: 85, figs. 264-272 (♀♂); Zhao, 1993: 396, figs. 199a-c (♀♂); Song, Chen *et* Zhu, 1997: 1735, figs. 45a-c (♀); Song, Zhu *et* Chen, 1999: 513, figs. 299G, N, 326F-G (♀♂).

雄蛛：体长 5.20-6.00。体长 5.70 者，头胸部长 2.80，宽 2.14；腹部长 2.90，宽 1.77。头胸甲浅红褐色，光滑少毛。前眼列宽 1.85，后眼列宽 1.80，眼域长 1.20。眼域黑褐色，眼周围黑色，前缘和两侧有黑褐色长毛，后方有 1 亮色区。胸甲灰黄色。螯肢红褐色，前齿堤 2 齿，后齿堤 1 板齿，顶端 2 分叉。颚叶、下唇红褐色。触肢胫节长，腿节背侧前有强刺 2 枚。步足无环纹。腹部背面前端灰黑色，随后有 1 黄褐色弧形纹，正中条斑黄褐色，后端两侧各有 2 个圆形白斑。腹部腹面灰黄色，纺器黄褐色。触肢不甚膨大，插入器短锥状，胫节突短小。

雌蛛：体长 6.00-6.50。体长 6.50 者，头胸部长 3.00，宽 2.44；腹部长 3.30，宽 2.52。前眼列宽 1.90，后眼列宽 1.80，眼域长 1.20。体色较雄蛛略浅。腹部背面斑纹不如雄蛛明显。外雌器具 1 对坛状纳精囊。交媾孔 1 对，圆形。

观察标本：1♂，湖南常德，1976.Ⅹ，尹长民采；2♀2♂，广西凌云，1981.Ⅷ，3♀1♂，广西龙胜，1982.Ⅷ，张永靖采；2♀1♂，广西南宁，1985.Ⅶ，王家福采；1♀1♂，海南，

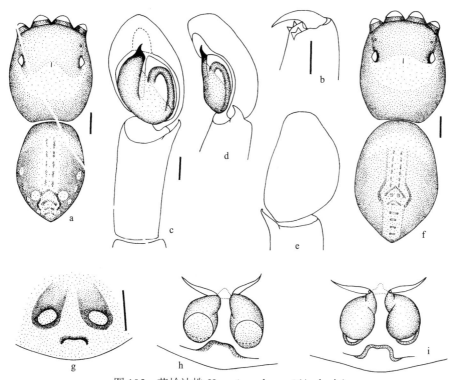

图 105　花蛤沙蛛 *Hasarius adansoni* (Audouin)

a. 雄蛛外形 (body ♂), b. 雄蛛螯肢 (chelicera ♂), c-e. 触肢器 (palpal organ)：c. 腹面观 (ventral), d. 后侧观 (retrolateral), e. 背面观 (dorsal), f. 雌蛛外形 (body ♀), g. 生殖厣 (epigynum), h-i. 阴门 (vulva)：h. 腹面观 (ventral), i. 背面观 (dorsal)

比例尺 scales = 0.50 (a, f), 0.10 (b-e, g-i)

1984.Ⅵ，刘明耀采；3♀2♂，云南、昆明、开远、思茅、石屏，1984.Ⅴ-Ⅶ，汪海珍采；3♀1♂，广东广州，1962.1 Ⅺ，1973.Ⅲ，1975.Ⅺ采；3♀3♂，云南楚雄、勐海、大理，1973.Ⅶ采；1♂，四川成都，1957.Ⅸ采。

地理分布：福建、湖南（常德）、广东、广西、海南、四川、云南、甘肃、台湾；越南，日本。

(103) 指状蛤沙蛛 *Hasarius dactyloides* (Xie, Peng *et* Kim, 1993) (图 106)

Habrocestoides dactyloides Xie, Peng *et* Kim, 1993: 23, figs. 1-4 (D♂); Peng *et* Xie, 1995a: 57, figs. 1-7 (♀♂, D♀); Song, Zhu *et* Chen, 1999: 512, figs. 297E-F, O-P (♀♂).

Hasarius dactyloides (Xie, Peng *et* Kim, 1993): Logunov, 1999a: 148 (T♀♂ from *Habrocestoides*).

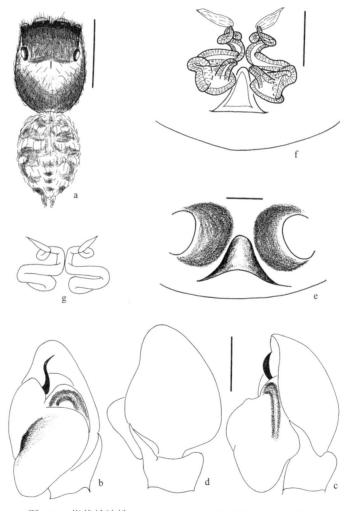

图 106 指状蛤沙蛛 *Hasarius dactyloides* (Xie, Peng *et* Kim)

a. 雄蛛外形 (body ♂), b-d. 触肢器 (palpal organ): b. 腹面观 (ventral), c. 后侧观 (retrolateral), d. 背面观 (dorsal), e. 生殖厣 (epigynum), f. 阴门 (vulva), g. 交媾管走向示意图 (course of canals) 比例尺 scales = 1.00 (a), 0.10 (b-g)

雄蛛：体长 2.90；头胸部长 1.55，宽 1.30；腹部长 1.40，宽 1.10。背甲赤褐色，有较密的白毛。眼域黑色，前眼列后方、眼域两侧有褐色长毛。前眼列宽 1.15，后眼列宽 1.10，眼域长 0.60。胸甲黄褐色。螯肢赤褐色，前齿堤 2 齿，后齿堤 1 齿。颚叶、下唇黄褐色。步足细弱，各节两端有暗褐色环纹。腹部卵形，背面黄褐色，斑纹黑色。腹面黄色。触肢器的插入器长，呈"S"字形。胫节突长，指状。

雌蛛：体长 3.00-4.00。体长 3.30 者，头胸部长 1.60，宽 1.30；腹部长 1.70，宽 1.20。背甲黑褐色，边缘黑色，被有较密的白毛及少许褐色长毛。前眼列宽 1.10，后眼列宽 1.05，眼域长 0.75。眼域两侧黑色。其余外形特征与雄蛛相同。外雌器有钟形兜，交媾腔反括号形。交媾管长，纵向盘曲。

观察标本：1♂，湖南石门壶瓶山，1975.Ⅹ.23，学生采；1♀2♂，湖南道县，1991.Ⅳ.25，龚联溯采；1♀，湖南长沙岳麓山，1986.Ⅷ，肖小芹采；1♀，安徽黄山，1974.Ⅹ.23。

地理分布：安徽、湖南 (长沙、石门、衡阳、道县)。

(104) 桂林蛤沙蛛 *Hasarius kweilinensis* (Prószyński, 1992) (图 107)

Habrocestum kweilinensis Prószyński, 1992a: 96, figs. 33-34 (D♀).

Habrocestoides kweilinensis (Prószyński, 1992): Peng *et* Xie, 1995a: 58 (T♀ from *Habrocestum*); Song, Zhu *et* Chen, 1999: 512, figs. 298C-D (♀).

Hasarius kweilinensis (Prószyński, 1992): Logunov, 1999a: 148 (T♀ from *Habrocestoides*).

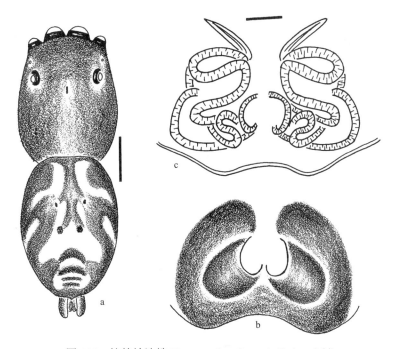

图 107　桂林蛤沙蛛 *Hasarius kweilinensis* (Prószyński)

a. 雌蛛外形 (body ♀), b. 生殖厣 (epigynum), c. 阴门 (vulva)　比例尺 scales = 0.50 (a), 0.10 (b-c)

雌蛛：体长 3.60；头胸部长 1.70，宽 1.40；腹部长 1.90，宽 1.40。背甲褐色，被白色短毛及褐色长毛，边缘及眼域黑褐色。前眼列宽 1.25，中眼列居中，后眼列宽 1.20，眼域长 0.80。额褐色，前缘黑色，被白色长毛。胸甲灰黑色，边缘黑色，被黑褐色长毛。螯肢褐色，前齿堤 4 齿，后齿堤 1 板齿，端部分为 5 小齿。颚叶、下唇褐色，端部色浅，具绒毛及刚毛。触肢浅褐色，被白色长毛。步足黄褐色，具灰黑色环纹，足刺强壮。腹部卵形，背面黄褐色，斑纹灰黑色。腹面黄褐色，正中为 1 大的灰色宽带，两侧有灰黑色点状斑及斜纹。纺器黄褐色。外雌器角质化较弱，交媾腔 1 对，括号形，彼此靠近。交媾管长，纵向折叠盘曲。

雄蛛：尚未发现。

观察标本：1♀，湖南衡阳岣嵝峰，1997.Ⅷ.2，彭贤锦采。

地理分布：湖南 (衡阳)、广西。

31. 闪蛛属 *Heliophanus* C. L. Koch, 1833

Heliophanus C. L. Koch, 1833: 1.

Type species: *Heliophanus cuprea* (Walckenaer, 1802).

中小型蜘蛛，体长 2.50-7.50。体黑色或深褐色，具金属光泽。头胸部较长，背面隆起，背甲在第 Ⅲ 步足基节着生处最宽。眼域梯形，宽大于长，长约占头胸部长的 1/2。眼周围常有白色鳞状毛。螯肢前齿堤 2 齿，后齿堤 1 齿。胸甲前缘宽而平切。步足常短小而色浅。腹部常具由白色鳞状毛形成的白斑。雄蛛触肢腿节粗大，常具骨突，骨突的形状具种的特异性。胫节具 2 个突起：腹侧胫节突较大，稍弯曲。后侧胫节突较小，高度骨化。生殖厣有 1 或 2 个开孔。有的种类成熟的生殖厣凹陷内有胶质分泌物形成的栓。

该属已记录有 154 种，主要分布于古北区及埃塞俄比亚区。中国记录 11 种。

种 检 索 表

1.　雄蛛···2

　　雌蛛··· 10

2.　腹面观插入器喙状，端部扭曲···镰闪蛛 *H. baicalensis*

　　插入器端部不扭曲···3

3.　插入器细长，约与生殖球等长···黄闪蛛 *H. flavipes*

　　插入器短于生殖球···4

4.　插入器顶端有 1 凹陷···简闪蛛 *H. simplex*

　　插入器顶端无凹陷···5

5.　生殖球腹面观在靠近插入器基部有 1 锥形突起·······························尖闪蛛 *H. cuspidatus*

　　生殖球腹面观在靠近插入器基部无锥形突···6

6.　插入器端直，指状···7

　　插入器弯曲，刺状··· 8

7. 胫节突背侧突位于胫节中部 ·· 波氏闪蛛 *H. potanini*
　　胫节突背侧突位于胫节端部 ···································· 翼膜闪蛛 *H. patagiatus*

8. 插入器腹面观呈顺时针弯曲 ·································· 线腹闪蛛 *H. lineiventris*
　　插入器腹面观呈逆时针弯曲 ··· 9

9. 生殖球腹面观长约为宽的 2 倍 ······························ 弯曲闪蛛 *H. curvidens*
　　生殖球腹面观长约等于宽 ···································· 乌苏里闪蛛 *H. ussuricus*

10. 生殖厣有基板 ·· 镰闪蛛 *H. baicalensis*
　　　生殖厣无基板 ··· 11

11. 左右交媾腔愈合 ··· 12
　　　左右交媾腔不愈合 ··· 15

12. 交媾腔三角形，后缘最宽，以生殖沟为后缘 ············ 乌苏里闪蛛 *H. ussuricus*
　　　交媾腔后缘远离生殖沟 ··· 13

13. 交媾腔围有发达的脊 ··· 线腹闪蛛 *H. lineiventris*
　　　交媾腔没有发达的脊 ··· 14

14. 交媾孔靠近交媾腔上部两侧，开口向上 ················· 黄闪蛛 *H. flavipes*
　　　交媾孔靠近交媾腔中部，开口向下 ···················· 波氏闪蛛 *H. potanini*

15. 交媾腔圆形 ·· 金点闪蛛 *H. auratus*
　　　交媾腔弧形 ··· 16

16. 交媾腔前曲 ··· 17
　　　交媾腔非前曲 ··· 18

17. 交媾孔椭圆形 ·· 悬闪蛛 *H. dubius*
　　　交媾孔弧形 ·· 简闪蛛 *H. simplex*

18. 交媾孔括号形 ·· 尖闪蛛 *H. cuspidatus*
　　　交媾孔反括号形 ··· 翼膜闪蛛 *H. patagiatus*

(105) 金点闪蛛 *Heliophanus auratus* C. L. Koch, 1835 (图 108)

Heliophanus auratus C. L. Koch, 1835: 128, pl. 8-9 (D♀♂); Peng *et al.*, 1993: 88, figs. 273-276 (♀); Song, Zhu *et* Chen, 1999: 513, fig. 29.

雌蛛：体长 4.50-5.70。体长为 5.50 者，头胸部长 2.10，宽 1.49；腹部长 3.40，宽 1.92。前眼列宽 1.25，后眼列宽 1.34。头胸甲黑褐色，具金属光泽。眼域黑色，其周围点缀有数根白色鳞状毛。颚叶黄褐色，下唇及胸甲黑褐色。触肢黄色或其端部黄色，基部黑褐色。步足黄色，有的个体步足各节具有棕色纵条纹。腹部黑褐色，背面具白色鳞片覆盖而成的白斑：前缘有窄的月牙形斑，并延伸至两侧；近末端有 1 弧形斑。外雌器具有 2 个相互靠近的圆形凹陷，交媾管粗而弯曲。

雄蛛：尚未发现。

观察标本：1♀，内蒙古，1972.VI，朱传典采；2♀，新疆博湖，1982.V，朱传典采。

地理分布：内蒙古、新疆；阿尔巴尼亚，澳大利亚，比利时，塞浦路斯，法国，希腊，意大利，南斯拉夫，波兰，俄罗斯，美国，西班牙，瑞士，德国。

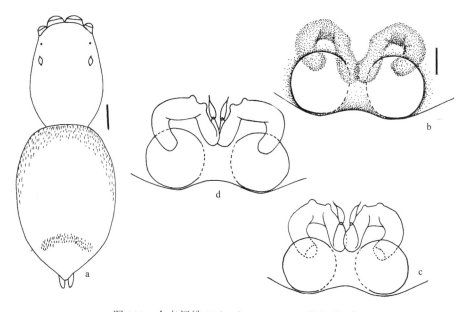

图 108　金点闪蛛 *Heliophanus auratus* C. L. Koch

a. 雌蛛外形 (body ♀), b. 生殖厣 (epigynum), c-d. 阴门 (vulva): c. 腹面观 (ventral), d. 背面观 (dorsal)

比例尺 scales = 0.50 (a), 0.10 (b-d)

(106) 镰闪蛛 *Heliophanus baicalensis* Kulczyński, 1895 (图 109)

Heliophanus baicalensis Kulczyński, 1895d: 54, 97, pl. 2, fig. 11 (D♀); Zhu *et al*., 1985: 203, figs. 185a-c (♀); Zhang, 1987: 239, figs. 210.1-3 (♀); Hu *et* Wu, 1989: 368, figs. 288.1-3 (♀); Zhao, 1993: 396, figs. 200a-b (♀); Song, Zhu *et* Chen, 1999: 513, figs. 299O, 300A (♀♂); Song, Zhu *et* Chen, 2001: 431, figs. 286A-E (♀♂).

Heliophanus falcatus Xiao *et* Yin, 1991a: 49, figs. 10-21 (D♀♂; preoccupied); Peng *et al*., 1993: 90, figs. 280-291 (♀♂).

雄蛛：体长 3.55-4.00。体长 4.00 者，头胸部长 2.10，宽 1.41；腹部长 2.00，宽 1.18。头胸部背面隆起稍高，黑褐色具有金属光泽。头胸甲在第 III 步足基节着生处最宽。眼域黑色，宽大于长，其长不及头胸部长的 1/2，前眼列宽 1.10，后眼列宽 1.30。前眼列窄于后眼列，后中眼居中，前列眼周围有较粗长的褐色毛。螯肢褐色，前齿堤 2 小齿，后齿堤 1 较大的齿。颚叶、下唇褐色。胸甲褐色，前端宽且平切。各步足弱小，棕褐色。腹部背面黑褐色，被稀疏的闪光鳞状毛，腹面黑褐色，纺器前缘有 1 对黄白色圆斑。触肢棕褐色，其腿节腹面膨大形成 1 指状突起。胫节具 2 个胫节突：第 I 步足胫节突略粗，尖端向下弯曲，第 II 步足胫节突较细长，与胫节纵轴成垂直着生，尖端略向上翘。生殖球如鸵鸟状，插入器镰刀状。跗舟在胫节突对侧之边缘有由白色鳞状毛覆盖而成的纵带。

雌蛛：体长 3.20-4.00。体长 4.00 者，头胸部长 1.50，宽 1.07；腹部长 2.60，宽 1.52。

前眼列宽 0.82，后眼列宽 0.90。与雄蛛相似，但步足及触肢黄色，腹部背面有由白色鳞状毛覆盖而成的白斑：前缘有窄月牙形斑，中央后端有 3 对方形斑，方形斑前方有 4 个椭圆形肌痕。外雌器卵圆形，具 1 大而深的中央凹陷，纳精囊花生形，近生殖沟中部有 1 对向前突起。

观察标本：3♀6♂，内蒙古白音敖包，1972.VI.12-16，朱传典采；2♀，内蒙古昭达乌盟，1972.V.21，朱传典采。

地理分布：内蒙古。

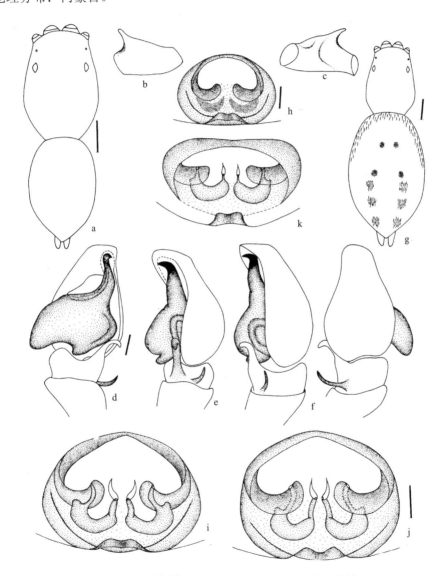

图 109　镰闪蛛 *Heliophanus baicalensis* Kulczyński

a. 雄蛛外形 (body ♂), b-c. 腿节突 (femoral apophysis), d-f. 触肢器 (palpal organ): d. 腹面观 (ventral), e. 后侧观 (retrolateral), f. 背面观 (dorsal), g. 雌蛛外形 (body ♀), h. 生殖厣 (epigynum), i-k. 阴门 (vulva)

比例尺 scales = 0.50 (a, g), 0.10 (b-f, h-k)

(107) 弯曲闪蛛 *Heliophanus curvidens* (O. P. -Cambridge, 1872) (图 110)

Salticus curvidens O. P. -Cambridge, 1872a: 345 (D♂).

Heliophanus curvidens (O. P. -Cambridge, 1872): Simon, 1876a: 165; Song, Zhu *et* Chen, 1999: 514, figs. 300D-E, J-L (♀♂).

Heliophanus berlandi Schenkel, 1963: Song, Zhu *et* Chen, 1999: 513, figs. 299P-R, 300B-C.

雄蛛：体长 4.10；头胸部长 1.90，宽 1.40；腹部长 2.20，宽 1.60。前眼列宽 1.10，后眼列宽 1.20，眼域长 0.70。背甲褐色，边缘黑色，眼域两侧、后侧眼基部黑褐色，被有稀疏的白色及褐色毛；中窝黑褐色，短，纵条状；中窝前方两侧各有 1 条黑色横纹；颈沟、放射沟暗褐色，清晰可见，胸甲倒梨状，灰褐色，边缘黑色，被有长的褐色细毛。额褐色，前缘黑色，被有稀疏的褐色长刚毛。螯肢褐色，毛稀少，前齿堤 2 齿，后齿堤 1 齿。颚叶褐色，内缘浅黄白色、被密的褐色绒毛；外缘前半部有 2 个短锥状突起。下唇三角形，深褐色。步足灰褐色，毛稀少，刺较少，第 I、II 步足胫节腹面前侧无刺、后侧 2 刺，后跗节腹面各具刺 2 对。腹部卵形，背面深灰色，被白色及褐色短毛；两侧为灰黑色斜纹，心脏斑长棒状，后端中央有 6-7 个灰黑色"人"字形纹。腹部腹面灰褐色，

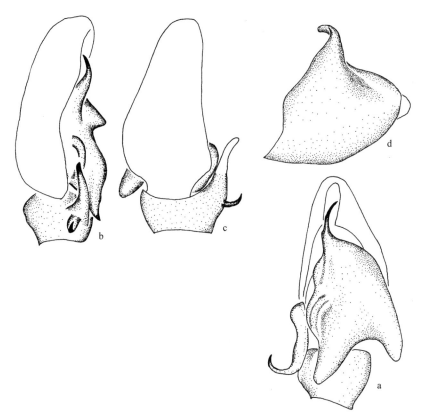

图 110　弯曲闪蛛 *Heliophanus curvidens* (O. P. -Cambridge)

a-c. 触肢器 (palpal organ)：a. 腹面观 (ventral), b. 后侧观 (retrolateral), c. 背面观 (dorsal), d. 腿节突 (femoral apophysis)

无斑纹。纺器浅褐色，柱状。

雌蛛：尚未发现。

观察标本：1♂，Type of *Heliophanus berlandi* Schenkel, 1963，内蒙古[Lau-wa-sja (Lowacheng) am Siningho]，1885. Ⅳ. 19，　(Paris)。

地理分布：内蒙古。

(108) 尖闪蛛 *Heliophanus cuspidatus* Xiao, 2000 (图 111)

Heliophanus cuspidatus Xiao, 2000: 282, figs. 1-8 (D♀♂).

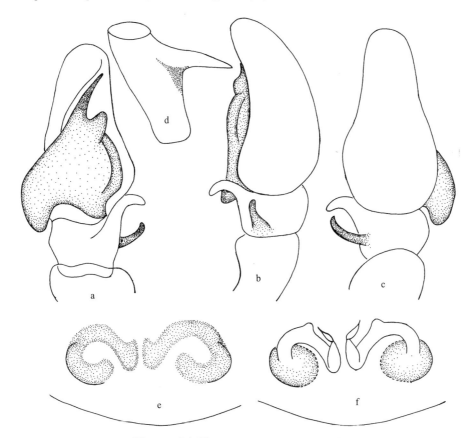

图 111　尖闪蛛 *Heliophanus cuspidatus* Xiao

a-c. 触肢器 (palpal organ)：a. 腹面观 (ventral), b. 后侧观 (retrolateral), c. 背面观 (dorsal), d. 腿节突 (femoral apophysis), e. 生殖厣 (epigynum), f. 阴门 (vulva)

雄蛛：体长 4.00，头胸部长 2.10，腹部长 2.00。眼域长 0.90，前眼列宽 1.10，后眼列宽 1.10。头胸部背面稍隆起，深褐色具金属光泽。头胸甲在第 III 步足基节着生处最宽。眼域黑色，宽大于长，其长略小于头胸部长的 1/2，前眼列与后眼列等宽，后中眼居前、后眼列之中间偏前位置。前列眼周围有较粗长的褐色毛。螯肢褐色，前齿堤 2 小齿，后齿堤 1 较大的齿。颚叶、下唇褐色。胸甲褐色，前端宽且平切。各步足弱小，棕黄色。

腹部背面黑褐色，被稀疏的闪光鳞毛，腹面黑褐色，纺器前有 1 对黄色圆斑。触肢棕褐色，其腿节腹面膨大形成 1 锥状突起。胫节具有 2 个胫节突：端部的胫节突较粗，尖端朝下弯曲，如拇指状；基部的胫节突较细，与胫节纵轴成垂直着生，尖端略向上翘。插入器尖且直，如剑状 (本种根据腿节突和插入器均尖直而命名)。

雌蛛：体长 4.00-4.50。体长 4.40 者，头胸部长 1.80，腹部长 2.60。前眼列宽 1.15，后眼列宽 1.15，眼域长 0.80。与雄蛛相似，但步足及触肢黄色，腹部背面近边缘处有褐色与黄色相间的条斑。腹部腹面灰黄色，从生殖沟后至纺器前有 2 条纵黑线。腹部背腹面之间有 1 白色环带。外雌器如 1 个横写的 "3" 字形，两开孔远离，孔内有胶质分泌物形成的栓。

观察标本：正模♂，副模 3♀，内蒙古包头市，1997.Ⅵ.13，肖小芹采 (HNU) (已镜检)。

地理分布：内蒙古。

(109) 悬闪蛛 *Heliophanus dubius* C. L. Koch, 1835 (图 112)

Heliophanus dubius C. L. Koch, 1835: 128, pl. 12-13 (D♀♂); Peng *et al.*, 1993: 89, figs. 277-279 (♀);
Song, Zhu *et* Chen, 1999: 514, figs. 300F, 326I (♀).

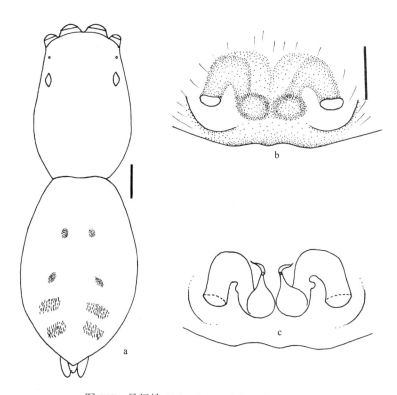

图 112 悬闪蛛 *Heliophanus dubius* C. L. Koch

a. 雌蛛外形 (body ♀), b. 生殖厣 (epigynum), c. 阴门 (vulva) 比例尺 scales = 0.50 (a), 0.10 (b-c)

雌蛛：体长 5.20；头胸部长 2.10，宽 1.51；腹部长 3.10，宽 1.95。前眼列宽 1.20，后眼列宽 1.25，眼域长 0.80。头胸甲褐色，具金属光泽，眼周围黑色，并点缀有少数白色鳞状毛。螯肢、下唇及胸甲均为褐色，颚叶前内侧有黄白色边，其余部分为褐色。触肢端部 1/2 为黄色，基部 1/2 为褐色。步足弱小，黄色。腹部灰褐色，密被褐色闪光行。背面中央有 4 个圆形肌痕，成梯形排列，其后有 2 对由白色鳞状毛覆盖而成的斜形白斑。腹部腹面灰褐色。外雌器外面观为 2 个浅凹陷，交媾管作拱状弯曲，开孔于浅凹陷内。

雄蛛：尚未发现。

观察标本：1♀，吉林长春，1972.Ⅶ，朱传典采。

地理分布：吉林；阿尔巴尼亚，法国，波兰，西班牙，瑞士，俄罗斯，蒙古。

(110) 黄闪蛛 *Heliophanus flavipes* (Hahn, 1832) (图 113)

Salticus flavipes Hahn, 1832: 66, fig. 50 (D♀♂).

Heliophanus flavipes (Hahn, 1832): C. L. Koch, 1846: 64, figs. 1320-1322 (♀♂); Zhou et Song, 1985b: 275, figs. 6a-c (D♀♂); Hu et Wu, 1989: 369, figs. 289.1-8 (♀♂); Song, Zhu et Chen, 1999: 514, fig. 30.

雄蛛：体长 4.00。头胸部椭圆形，长大于宽。背甲黑褐色至黑色，多皱纹，具金属光泽，密被灰黑色细毛夹杂白色鳞状毛，侧缘较明显。眼域黑色矩形，占头胸部长的 1/3，眼域宽为长的 2 倍，其上散生黑长毛。中眼列位于前、后眼列中间。螯肢黄褐色至红褐色，前齿堤 2 齿，第 2 齿小，后齿堤 1 大齿有不发达的毛丛。颚叶红褐色，长大于宽，基部色深，端部向内倾斜，外缘上端有 1 尖突起和 1 圆钝突起。下唇黑褐色，呈三角形，长略大于宽。胸甲心脏形，深黑褐色被白毛。步足黄褐色，有黑色斑纹，多淡色毛，并夹杂白色鳞状毛。各步足胫节约有背刺 3 根。第 I、II 步足胫节和后跗节各有腹刺 2 对。腹部卵圆形，后端尖，背面灰黑色，无斑纹，密被白毛，散生黑毛，前端白色鳞状毛较清晰，肌斑明显。腹面及纺器皆为灰黑色。触肢器红褐色，腿节及跗节杂黑色。胫节外端有 1 透明的长钩状突起，内侧有黑刺突，尖端稍向外弯曲，下方有 1 黑灰色三叉形鳞片状突起。腿节腹面有 1 两叉状粗壮突起。生活在苜蓿地，5 月采到成熟雄蛛 (引自 Hu et Wu, 1989)。

雌蛛：体长 5.10。背甲黑褐色，被白色及黄色细毛并有金属光泽。胸部两边各有 1 条白毛，颈沟明显，无中窝。眼区黑色，约占头胸部长的 2/5，前眼列微后凹，中眼列位于前、后眼列中间。螯肢黑色，前齿堤 2 齿，后齿堤 1 齿。颚叶黑褐色，其前端及内侧角边缘为白色并有黑色毛丛。下唇呈三角形，黑褐色。胸甲黑褐色。步足黄褐色，有黑色条斑，并具稀疏白色鳞状毛。第 I、II 步足胫节腹面有 2 对刺。各步足跗节末端有黑色毛丛。腹部黑色，呈长卵形，被白色和黄色鳞状毛，具金属光泽；背面前缘及两侧有 1 细白条，后端有 1 "八"字形白斑；腹面黑褐色，被白色鳞状毛。纺器黑色，后纺器较粗长 (引自 Hu et Wu, 1989)。

观察标本：1♂，新疆玛纳斯，Ⅷ.28 (HBU)；1♂，新疆吉林萨尔，1983.Ⅴ.25，祝得荣采。

地理分布：新疆；古北区。

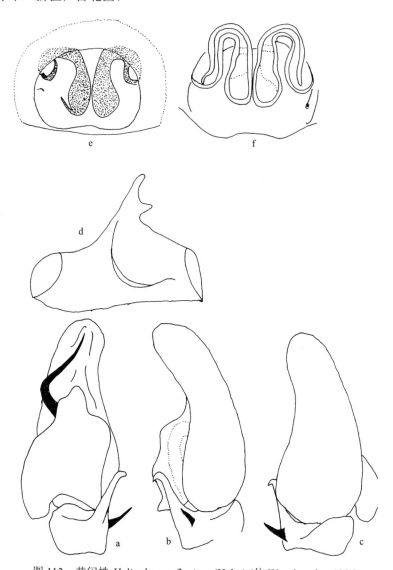

图 113 黄闪蛛 *Heliophanus flavipes* (Hahn) (仿 Wesolowska, 1986)

a-c. 触肢器 (palpal organ)：a. 腹面观 (ventral), b. 后侧观 (retrolateral), c. 背面观 (dorsal), d. 腿节突 (femoral apophysis),
e. 生殖厣 (epigynum), f. 阴门 (vulva)

(111) 线腹闪蛛 *Heliophanus lineiventris* Simon, 1868 (图 114)

Heliophanus lineiventris Simon, 1868b: 688 (D♀♂); Song, 1987: 291, fig. 247 (♀♂); Peng *et al.*, 1993: 92, figs. 292-300 (♀♂); Song, Zhu *et* Chen, 1999: 514, figs. 300G-H, O-P, 326J-K (♀♂).

雄蛛：体长 3.80-5.40。体长 5.40 者，头胸部长 2.60，宽 1.86；腹部长 2.90，宽 1.66。前眼列宽 1.35，后眼列宽 1.45，眼域长 0.90。头胸甲黑色或黑褐色，具金属光泽。前列眼周围有少数白鳞行，后侧眼后角有白斑。螯肢、颚叶、下唇及胸甲均棕褐色。步足褐色。腹部灰褐色，背面中部有 4 个椭圆形肌痕。背面前缘有月牙形白斑，腹末有倒"八"字形斑。有的个体此斑一直延伸到肌痕周围，形成 2 条白纵带。腹部腹面亦有倒"八"字形白斑。触肢黑褐色，腿节突尖端形成浅的 2 分叉。第 I 步足胫节突较粗大，如拇指状，尖端朝下。第 II 步足胫节突细长而弯曲，尖端朝上。生殖球下部有 1 大 1 小 2 个突起，插入器锥状。

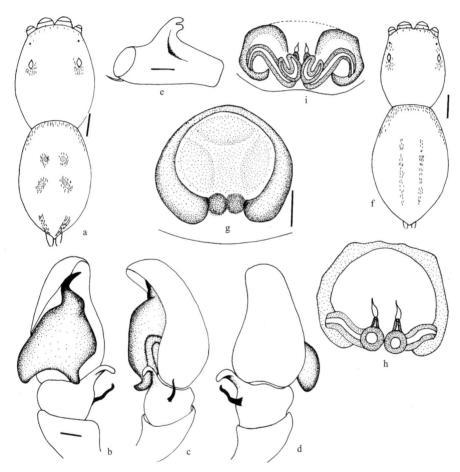

图 114　线腹闪蛛 *Heliophanus lineiventris* Simon

a. 雄蛛外形 (body ♂), b-d. 触肢器 (palpal organ): b. 腹面观 (ventral), c. 后侧观 (retrolateral), d. 背面观 (dorsal), e. 腿节突 (femoral apophysis), f. 雌蛛外形 (body ♀), g. 生殖厣 (epigynum), h-i. 阴门 (vulva): h. 背面观 (dorsal), i. 腹面观 (ventral)

比例尺 scales = 0.50 (a, f), 0.10 (b-e, g-h)

雌蛛：体长 4.50-5.00。体长 5.00 者，头胸部长 2.00，宽 1.51；腹部长 3.00，宽 1.98。前眼列宽 1.10，后眼列宽 1.30，眼域长 0.93。和雄蛛相似，但步足为黄色，腹背常无肌痕，而具有 2 条白的纵带或 2-3 对白斑。腹部背面末端无倒"八"字形白斑。外雌器卵形，具有 1 个大而深的中央凹陷。所有见及的标本中，凹陷内均塞有 1 胶质栓。纳精囊、交媾管成"S"字形弯曲。

观察标本：3♂，内蒙古，1983.Ⅶ，朱传典采；1♀1♂，吉林龙井，1971.Ⅵ，朱传典采；1♀1♂，吉林柳河，1972.Ⅳ，朱传典采；1♀6♂，吉林八家子，1971.Ⅴ，朱传典采；10♀2♂，辽宁蛇岛，朱传典采。

地理分布：山西、内蒙古、辽宁、吉林；捷克，斯洛伐克，法国，希腊，朝鲜，葡萄牙，俄罗斯，西班牙。

(112) 翼膜闪蛛 *Heliophanus patagiatus* Thorell, 1875 (图 115)

Heliophanus patagiatus Thorell, 1875b: 112 (D♀♂); Rakov *et* Logunov, 1996: 94, figs 115-122; Hu *et* Wu, 1989: 370, figs. 290.1-6 (♀♂); Zhao, 1993: 398, figs. 201a-c (♀♂).

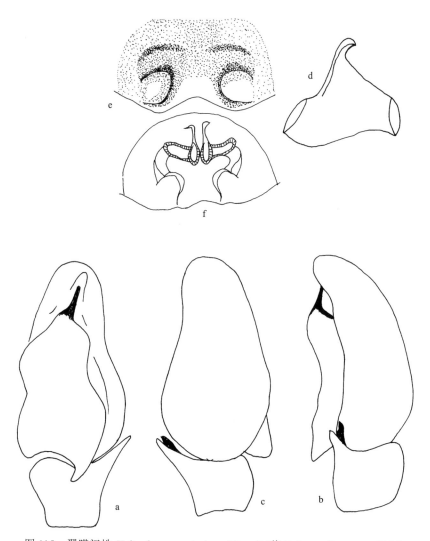

图 115　翼膜闪蛛 *Heliophanus patagiatus* Thorell (仿 Rakov *et* Logunov, 1996)

a-c. 触肢器 (palpal organ)：a. 腹面观 (ventral), b. 后侧观 (retrolateral), c. 背面观 (dorsal), d. 腿节突 (femoral apophysis),

e. 生殖厣 (epigynum), f. 阴门 (vulva)

雌蛛：体长 4.80-5.00。背甲棕褐色，其周缘的色泽较浅，呈黄褐色，并围有 1 黑色细边，整个头胸部被白色及褐色鳞状毛，闪有金属光泽。眼域黑色，其宽大于长，约占头胸部长的 1/3，后中眼位于前、后侧眼之间的中线上。螯肢褐色，前齿堤 2 齿，后齿堤 1 齿。触肢黄色。颚叶及下唇皆呈黄褐色。胸甲黄色。步足除各腿节、膝节之背侧显有淡灰色条斑外，其余部位皆显黄色，各跗节末端具黑褐色爪毛丛。腹部呈长椭圆形，被白色鳞状毛，闪有金属光泽，背面呈褐色，密布黄色小圆斑。腹面显灰黄色。在纺器前侧各有 1 三角形褐色斑纹 (引自 Hu et Wu, 1989)。

雄蛛：体长 3.80-4.00。头胸部后缘之倾斜部位具放射状黑色条纹。螯肢黑褐色，其前侧之垂直面上具 1 黑斑。触肢呈浓褐色，腿节腹外侧之表皮突呈翼膜状，其顶部不分叉且向内侧弓曲，触肢器之跗舟呈黑褐色，在胫节外末角有 1 黄色拇指状突起，在该突起之中段背侧又具 1 黑色喙状突起，使二者形成钳状。其他形态结构皆同雌蛛。多栖息于林间、果园之树干，亦见于农田 (引自 Hu et Wu, 1989)。

观察标本：无镜检标本。

地理分布：新疆。

(113) 波氏闪蛛 *Heliophanus potanini* Schenkel, 1963 (图 116)

Heliophanus potanini Schenkel, 1963: 397, figs. 228a-b (D♀♂); Wesolowska, 1981b: 133, f. 14-17; Zhou et Song, 1988: 3, figs. 4a-e (♀♂); Hu et Wu, 1989: 373, figs. 282.4-7 (♀♂); Song, Zhu et Chen, 1999: 514, figs. 300R-S, 301A.

雌蛛：背甲褐色，边缘浅黄白色，眼域两侧黑色；被稀疏的白色鳞状毛，颈沟、放射沟色深，清晰可见；中窝很短，棒状，黑褐色。胸甲倒梨形，浅黄褐色，边缘灰黑色，被细的浅黄褐色毛。额黄褐色，密被白色羽状毛。螯肢粗短，黄褐色，被稀疏的褐色毛，前齿堤 2 齿，后齿堤 1 齿。颚叶、下唇浅褐色，端部色浅，具密的褐色绒毛。触肢白色。步足浅黄褐色，无环纹，毛稀少，刺少、短而弱。第 I 步足胫节腹面前侧 1 刺、后侧 2 刺；第 II 步足胫节腹面前侧无刺，后侧 2 刺；第 I、II 步足后跗节腹面各具刺 2 对。腹部长卵形，浅黄白色，中央有 2 条宽的灰黑色纵带，带上布满黑色不规则状网纹；两带之间部分灰色。腹部腹面浅黄白色，无斑纹。纺器短筒状，浅黄褐色。

雄蛛：体长 3.00。体形较雌蛛瘦小，体色较深，有鲜艳的金属光泽。头胸部黑褐色，眼域及背甲边缘黑色。螯肢、颚叶、下唇红褐色。胸甲黑褐色，边缘黑色。步足黄褐色，背侧面有黑色纵带。腹部背面黑色，腹面黑褐色。触肢器黑褐色，跗舟覆黄色鳞状毛，散生黑长毛，腿节有 1 粗壮强大的突起，胫节外侧上端有 1 尖突，下端有 1 钩状突起。多游猎于麦田、菜地、果园及草丛等处 (引自 Hu et Wu, 1989)。

观察标本：1♀，Type of Menemerus fagei Schenkel，1963. 江苏苏州 [Zwischen Tschintasy und Suwanko (Su，Suchow)]，1886. Ⅵ. 1-5 (Paris)。

地理分布：江苏、浙江、内蒙古、新疆。

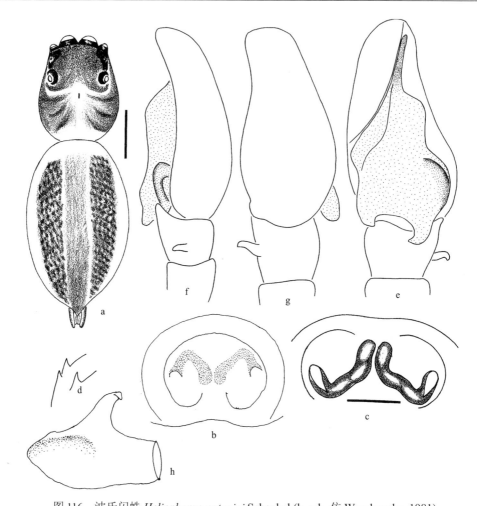

图 116 波氏闪蛛 *Heliophanus potanini* Schenkel (b, e-h 仿 Wesolowaka, 1981)

a. 雌蛛外形 (body ♀), b. 生殖厣 (epigynum), c. 阴门 (vulva), d. 雌性螯肢齿堤 (cheliceral teeth ♀), e-g. 触肢器 (palpal organ): e. 腹面观 (ventral), f. 后侧观 (retrolateral), g. 背面观 (dorsal), h. 腿节突 (femoral apophysis)

比例尺 scales = 1.00 (a), 0.10 (b-h)

(114) 简闪蛛 *Heliophanus simplex* Simon, 1868 (图 117)

Heliophanus simplex Simon, 1868b: 673 (D♂); Wesolowska, 1986: 210, f. 601-611; Hu *et* Wu, 1989: 373, figs. 288.4-5 (♀).

雌蛛：体长 4.00-5.00。背甲黑褐色，闪金属光泽，被白色鳞状毛，眼域黑色，宽大于长，约占头胸部长的 1/3。后中眼位于前、后侧眼之间的中线上，在前中侧眼及前、后侧眼之间，疏生黑色长毛。螯肢棕褐色，前齿堤 2 齿，后齿堤 1 齿。触肢赤黄色。颚叶及下唇皆呈褐色。胸甲橄榄形，显栗褐色。步足与触肢同色。各腿节具 3 根背刺，第 I 步足胫节、后跗节具 2 对腹刺。各跗节末端二爪间具黑灰色爪毛丛。腹部呈长圆柱形，前端颇钝圆，后端较尖突，腹部背面呈黑褐色，密布黑色及黄色短毛。腹面之正中央部位显棕褐色，两侧为黑褐色，并布有黄色点斑，在接近纺器处显有 1 对黄色块斑。纺器呈黑褐色。见于林带草丛 (引自 Hu *et* Wu, 1989)。

　　雄蛛：尚未发现。

　　观察标本：无镜检标本。

　　地理分布：新疆；欧洲，俄罗斯。

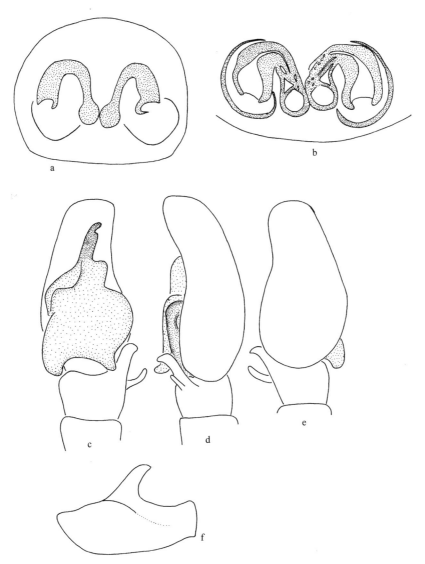

图 117　简闪蛛 *Heliophanus simplex* Simon (仿 Wesolowaka, 1986)

a. 生殖厣 (epigynum), b. 阴门 (vulva), c-e. 触肢器 (palpal organ)：c. 腹面观 (ventral), d. 后侧观 (retrolateral), e. 背面观 (dorsal), f. 腿节突 (femoral apophysis)

(115) 乌苏里闪蛛 *Heliophanus ussuricus* Kulczyński, 1895 (图 118)

Heliophanus ussuricus Kulczyński, 1895d: 51, pl. 2, figs. 6-9 (D♀♂); Zhu *et al.*, 1985: 203, figs. 32, 186a-b (D♀♂); Song, 1987: 292, fig. 248 (D♀♂); Zhang, 1987: 239, figs. 211.1-2 (D♀♂); Peng *et al.*, 1993: 94, figs. 301-309 (♀♂); Song, Zhu *et* Chen, 1999: 514, figs. 301B, I-J (♀♂); Song, Zhu *et* Chen, 2001: 433, figs. 287A-D (♀♂).

　　雄蛛：体长 2.80-3.00。体长 3.00 者，头胸部长 1.60，宽 1.17；腹部长 1.50，宽 1.15。前眼列宽 0.90，后眼列宽 0.97，眼域长 0.65。背甲黑褐色，眼域黑色，具金属光泽。眼周围有少数白色鳞状毛。螯肢、胸甲及颚叶均深褐色，颚叶前内侧缘有黄白边。步足黄色，但第 I 步足腿节为黄褐色并有黑褐色纵条纹。腹部黑褐色，全体被极短而黑色闪光毛。触肢黑褐色，腿节突锥形，腿节突着生处另有 1 三角形隆起。腹侧胫节突较粗大，尖端略向下弯曲。第 II 步足胫节突较细小，与胫节的纵轴成垂直着生，其尖端略向下翘。生殖球下部具 2 个短而粗的角状突起。插入器粗大而弯曲，如牛角状。

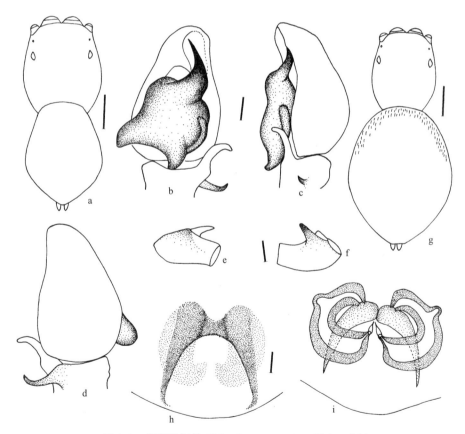

图 118　乌苏里闪蛛 *Heliophanus ussuricus* Kulczyński

a. 雄蛛外形 (body ♂), b-d. 触肢器 (palpal organ)：b. 腹面观 (ventral), c. 后侧观 (retrolateral), d. 背面观 (dorsal), e-f. 腿节突 (femoral apophysis ♂), g. 雌蛛外形 (body ♀), h. 生殖厣 (epigynum), i. 阴门 (vulva)

比例尺 scales = 0.50 (a, g), 0.10 (a-f, h-i)

雌蛛：体长 3.40-4.40；头胸部长 1.80，宽 1.22；腹部长 2.70，宽 2.02。前眼列宽 1.00，后眼列宽 1.20，眼域长 0.75。与雄蛛外形相似，但触肢为黄色，腹部背面前缘有由白色鳞状毛形成的月牙形斑。生殖厣外观为 1 深的凹陷，如拱门状，两边各有 1 个近半圆形的阴影。

观察标本：1♀，湖南石门壶瓶山三河村，海拔 1000m，2002.Ⅷ.2，唐果采 (HNU)；1♂2♀，陕西宁狭火地塘平河梁，海拔 2330-2390m，SP98055，1998.Ⅶ.29，陈军采 (IZCAS)。

地理分布：吉林、湖北、湖南 (石门)、云南、陕西、甘肃；韩国，俄罗斯，蒙古。

32. 蝇象属 *Hyllus* C. L. Koch, 1846

Hyllus C. L. Koch, 1846: 16

Type species: *Hyllus giganteus* C. L. Koch, 1846.

中、大型蜘蛛，体长常在 10.00 以上，全身被浓密的毛。头胸部粗壮，眼域占头胸部长的 1/2 以下，前边略小于后边，后中眼居中。螯肢前齿堤 2 齿，后齿堤 1 齿。下唇长大于宽，胸甲呈多边形。雄蛛触肢之插入器常与 1 膜质结构相伴。外雌器通常在靠近生殖沟处有 2 个开口。

本属全球已知 75 种，主要分布在非洲大部分地区及印度。中国记录 2 种。

(116) 斑腹蝇象 *Hyllus diardi* (Walckenaer, 1837) (图 119)

Attus diardi Walckenaer, 1837: 460 (D♀).

Hyllus diardi (Walckenaer, 1837): Simon, 1886a: 139; Peng *et al.*, 1993: 96, figs. 310-313 (♀); Song, Zhu *et* Chen, 1999: 514, figs. 301E, 326L (♀).

雌蛛：体长 13.60；头胸部长 5.90，宽 5.10；腹部长 7.80，宽 4.93。前眼列宽 2.90，后眼列宽 3.10，眼域长 2.30。体较粗大，全身被浓密的白色长毛。头胸甲近圆形，红褐色，前中部隆起较高，背甲两侧有黑边。眼周围黑色，前列眼周围有稀疏的黑褐色长刚毛，后中眼外侧各有 1 束向前伸的黑色刚毛。螯肢深红褐毛，前齿堤 2 齿，后齿堤 1 齿。颚叶深红色或褐色，前内缘具黄白边，外侧近平行。下唇深红褐色，胸甲橘红色。4 对步足均粗状多毛，各足腿节为黑褐色，其余各节为红褐色。腹部背面棕褐色，具十分醒目的黄白色斑：前端中央为月牙形斑，中部为 2 个大的三角形斑，近后端有 1 长方形斑，两侧等距离排列着 3 对斜白斑。腹部腹面黄色，两侧有褐色梅花点，中央自生殖沟至纺器前有褐色宽纵带。纺器褐色，基部前缘有黑环纹。外雌器大，红褐色，中央有 1 对纽扣状黑饼，系胶质物干涸硬化而成。撬去此物，其下为 2 个大而深的圆孔。透过体壁，可见纳精囊的阴影。

雄蛛：尚未发现。

观察标本：3♀，云南勐腊，1981.Ⅲ，王家福采。

地理分布：云南；越南。

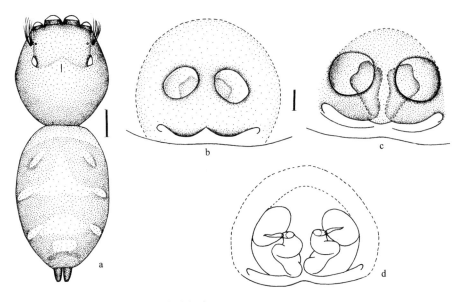

图 119　斑腹蝇象 *Hyllus diardi* (Walckenaer)

a. 雌蛛外形 (body ♀), b. 生殖厣 (epigynum), c-d. 阴门 (vulva)：c. 背面观 (dorsal), d. 腹面观 (ventral)

比例尺 scales = 1.00 (a), 0.10 (b-d)

(117) 蜥状蝇象 *Hyllus lacertosus* (C. L. Koch, 1846) (图 120)

Plexippus lacertosus C. L. Koch, 1846: 94, figs. 1157-1158 (D♂).

Hyllus lacertosus (C. L. Koch, 1846): Simon, 1899a: 111; Peng *et* Kim, 1998: 411, figs. 1D-F (D♀♂).

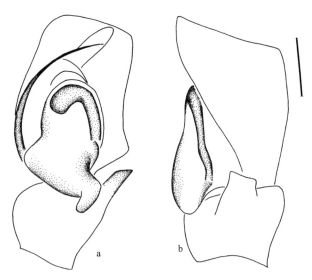

图 120　蜥状蝇象 *Hyllus lacertosus* (C. L. Koch)

a-b. 触肢器 (palpal organ)：a. 腹面观 (ventral), b. 后侧观 (retrolateral)　比例尺 scales = 0.50

雄蛛：体长 15.5；头胸部长 7.0，宽 6.0；腹部长 7.5，宽 5.0。前眼列宽 3.3，后眼列宽 3.5，眼域长 2.7。背甲近圆形，被白色短毛及褐色长毛；边缘深褐色，眼丘及眼域四周黑色，中窝纵向，黑色。胸甲暗褐色，前后缘略等宽，有 1 圈白色长毛。额褐色，被白色短毛，额高约为前中眼之半径，螯肢、颚叶、下唇黑褐色，被浓密的褐色长毛，前齿堤 2 齿，后齿堤 1 齿。步足黑褐色，黑褐色绒毛长而密，第 I、II 步足端部 4 节腹面的绒毛呈刷状。腹部纺锤状，前端稍宽，被白色及褐色绒毛。背面有金属光泽，两侧有 3 对由白毛覆盖而成的白斑。腹面灰黑色，中央色深，两侧有点状纵纹。纺器灰黑色。

雌蛛：尚未发现。

观察标本：1♂，云南，1987.X，王家福采 (HNU)。

地理分布：云南。

33. 伊蛛属 *Icius* Simon, 1876

Icius Simon, 1876: 52.

Type species: *Icius notabilis* (C. L. Koch, 1846).

体小型，眼域宽大于长，长不及背甲的一半，后中眼居中。前齿堤 2 齿，后齿堤 1 齿。背甲侧面及第 I 步足腿节上无发音器。

该属已记录 27 种，主要分布在中国、欧洲。中国记录 4 种。

种 检 索 表

1. 雄蛛···2

   雌蛛···3

2. 侧面观胫节背侧突短于腹侧突，末端分叉·····································二岐伊蛛 *I. bilobus*

   侧面观胫节背侧突长于腹侧突，末端不分叉·································钩伊蛛 *I. hamatus*

3. 交媾腔位于生殖厣基部···吉隆伊蛛 *I. gyirongensis*

   交媾腔位于生殖厣上部··4

4. 交媾腔呈圆形···钩伊蛛 *I. hamatus*

   交媾腔半圆形···香港伊 *I. hongkong*

(118) 二岐伊蛛 *Icius bilobus* Yang *et* Tang, 1996 (图 121)

Icius bilobus Yang *et* Tang, 1996: 105, figs. 2.1-5 (D♂).

雄蛛：体长 4.78；头胸部长 2.44，宽 1.60；腹部长 2.70，宽 2.29。头胸甲黑褐色，有短白毛，头部较低平，胸区稍隆起。眼域黑色，眼域长 0.85，前眼列宽 1.18，后眼列宽 1.15。螯肢赤褐色。前齿堤 1 大齿，后齿堤 2 齿稍小。颚叶、下唇长形，颚叶黄褐色，下唇褐色。胸甲长椭圆形，黑褐色。步足细长多毛，黄褐色，有黑色块斑或纵纹，第 I 步足粗壮，腿节褐色，至后跗节逐渐变为棕褐色，胫节刺 v2-2-1，后跗节刺 v2-2。第 II

步足腿节黄褐色，具不规则的褐色斑，胫节刺 v1-1，后跗节刺 v2-2。第 III、IV 步足腿节同第 II 步足，其他各节黄褐色具褐色环带。腹部背面黑色，覆以浅棕色和白色毛，又由白毛形成 4 个波状横带及腹部前面两侧的白毛纵带。腹面灰褐色，由灰色组成 4 条纵线。纺器黑色。

雌蛛：尚未发现。

观察标本：1♂，湖北武师，XII. 8 (HBU)；1♂，甘肃榆中县兴隆山，1992.VII.20，唐迎秋采 (LZU)。

地理分布：湖北 (武师)、甘肃 (榆中县兴隆山)。

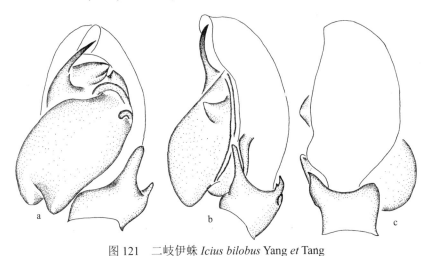

图 121　二岐伊蛛 *Icius bilobus* Yang *et* Tang
a-c. 触肢器 (palpal organ): a. 腹面观 (ventral), b. 后侧观 (retrolateral), c. 背面观 (dorsal)

(119) 吉隆伊蛛 *Icius gyirongensis* Hu, 2001 (图 122)

Icius gyirongensis Hu, 2001: 387, figs. 244.1-3 (D♀).

雌蛛 (正模)：体长 5.90；头胸部长 2.10，宽 1.40；腹部长 3.75，宽 2.00。头胸部长大于宽，前端较窄，后半部颇宽，以第 II 步足的基节间为最宽。背甲棕黄色，眼域黑色，始自眼域直至胸区后端具 1 对浓黑色宽纵带，仅在胸区的正中线显有 1 条棕黄色条纹，胸区两侧具黑色窄边。眼域宽大于长，前边与后边长度相等，其长度小于头胸部长的 1/2，整个眼域散有黑色长毛并密布白色短毛，前眼列稍后曲，后中眼位于前、后侧眼之间的中线上。螯肢棕褐色，前齿堤 2 齿，后齿堤 1 大齿。触肢黄色。下唇窄长，基部黑色，端部增厚，呈白色。胸甲椭圆形，黑褐色。步足黄褐色，第 I 步足粗长，其腿节离体端的内外缘显黑色，各腿节有 3 根背刺，第 I 步足腿节腹面内缘有 3 根刺，外缘有 2 根刺，后跗节有 2 对腹刺。足式：IV，I，III，II。腹部呈长椭圆形，背面灰褐色，散有黄色小点斑，前半部有 2 对黄色肌斑，后半部有 4 条黄色"人"字形纹。腹部腹面灰黄色，正中央部位具 3 条褐色带纹，腹面两侧缘布有灰褐色斜纹。纺器黑褐色。外雌器有 1 对蚕豆形凹坑，2 个生殖孔各位于凹坑的前缘内侧。

雄蛛：尚未发现。

观察标本：6♀，西藏吉隆2800m，1984.Ⅴ.19，阎兆兴采。

地理分布：西藏。

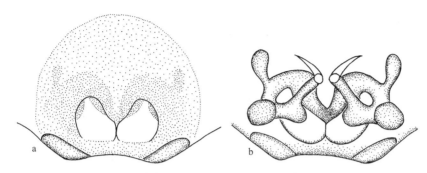

图122　吉隆伊蛛 *Icius gyirongensis* Hu (仿 Hu, 2001)

a. 生殖厣 (epigynum), b. 阴门 (vulva)

(120) 钩伊蛛 *Icius hamatus* (C. L. Koch, 1846) (图 123)

Marpissa hamata C. L. Koch, 1846: 67, fig. 1132 (D♀).

Icius hamatus (C. L. Koch, 1846): Peckham *et* Peckham, 1886: 306; Hu *et* Li, 1987a: 379, figs. 42.1-2, 43.1-3 (♀♂); Hu, 2001: 388, figs. 245.1-2 (♀).

雌蛛：体长4.90-6.00。头胸部长大于宽，黑褐色，前端较窄，后端颇宽阔，眼域占头胸部的2/5，呈黑色，背甲两侧缘具黑色细边，前后侧眼之下方显赤褐色，整个胸都布有白色细毛。前眼列后曲，后中眼位于前、后侧眼之间偏前。螯肢黑褐色，前齿堤2齿，后齿堤1齿。触肢黄色，跗节多黑色长毛。颚叶呈肾形，显褐色，其两侧边缘为白色，并具褐色毛丛。下唇长大于宽，与颚叶同色。胸甲呈橄榄形，棕褐色，疏生白色细毛。步足黄褐色，其腿节、膝节、胫节之两侧为黑褐色。第Ⅰ步足胫节内侧有1根刺，腹面有3根刺，第Ⅱ步足胫节内侧有1根刺，第Ⅰ、Ⅱ步足后跗节腹面有2对刺。腹部长椭圆形，灰褐色，密被白色、棕色细毛，腹部背面有心脏斑，两侧各有1黑色宽纵带，纵带的边缘呈波纹状。腹部腹面灰色，正中央部位色泽较浅，呈灰黄色，其两侧各具1褐色条斑。纺器呈棕褐色。

雄蛛：体长4.30-5.00，体色较浓。头胸部及腹部背面皆呈黑褐色，步足为赤褐色，具黑色轮纹。第Ⅰ步足强大，该步足之胫节内侧具1刺，其腹面内侧具3刺并排1列，第Ⅱ步足胫节内侧的腹面各有1刺；第Ⅰ、Ⅱ步足后跗节腹面各有2对刺。腹部背面在2黑纵带之外侧，各显有1白色条斑。触肢器之跗舟为黑色，生殖球在跗舟基部向外突出并向内侧扭曲，胫节之外侧角突起向内侧弯曲呈钩状。

观察标本：西藏乃东，海拔3500-3800m，1981，王保海采；西藏亚东，海拔2900m，1984，胡胜昌采。

地理分布：西藏；欧洲。

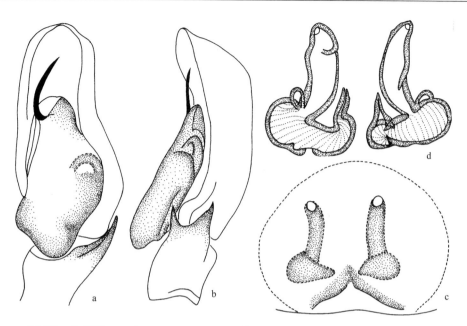

图 123　钩伊蛛 *Icius hamatus* (C. L. Koch) (仿 Andreeva, Heciak *et* Prószyński, 1984)

a-b. 触肢器 (palpal organ)：a. 腹面观 (ventral), b. 后侧观 (retrolateral), c. 生殖厣 (epigynum), d. 阴门 (vulva)

(121) 香港伊蛛 *Icius hongkong* Song, Xie, Zhu *et* Wu, 1997 (图 124)

Icius hongkong Song, Xie, Zhu *et* Wu, 1997: 150, figs. 2A-C (D♀); Song, Zhu *et* Chen, 1999: 532, figs. 301F-G (♀).

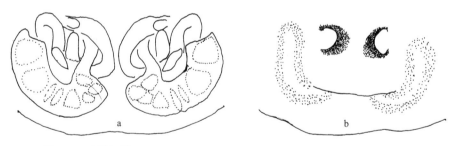

图 124　香港伊蛛 *Icius hongkong* Song, Xie, Zhu *et* Wu (仿 Song *et al.*, 1999)

a. 生殖厣 (epigynum), b. 阴门 (vulva)

雌蛛：体长 3.97；头胸部长 1.45，宽 0.91；腹部长 2.49，宽 1.10。前眼列宽 0.78，中眼列宽 0.75，后眼列宽 0.81，眼域长 0.61 (不到头胸部长的一半)。全体黄褐色，略显淡红色，但有黑褐色斑。各眼周围有黑斑。眼域黄橙色，中部有 1 对并行的短纵斑。背甲较平坦，中部往后成 1 斜坡。背甲上有白毛及稀疏的褐色长毛。眼域以外稍显淡黑色。无中窝。背甲侧缘有 1 细褐边。触肢和胸甲黄色。第 I 步足腿节的末半部到后跗节的末端，在内侧面近腹面处有 1 黑色纹，连在 1 条黑线上。第 I、II 步足胫节和后跗节腹面各有 2 对壮刺。腹部窄长，背面有 5 个较明显的黑褐色"山"字形纹。腹面无斑纹。

雄蛛：尚未发现。

观察标本：1♀，香港新界深涌，1995.XI.17。

地理分布：香港。

34. 翘蛛属 *Irura* Peckham *et* Peckham, 1901

Irura Peckham *et* Peckham, 1901: 227.

Type species: *Irura pulchra* Peckham *et* Peckham, 1901.

中型蜘蛛，扁平。头胸部前部平坦，梯形或近方形，后端收缩并急剧倾斜。眼域梯形，后眼列明显宽于前眼列，后中眼接近前侧眼基部，眼域占头胸部一半以上。腹部背面有大的橘红色表皮内突 (有的雄蛛此突起不太明显)。雄蛛螯肢无缺刻，前齿堤 1 小齿，后齿堤板齿，端部分叉。第 I 步足粗壮，最长，第 I 步足基节长于第 II 步足基节与转节长度之和。雄蛛触肢器的跗舟有 1 长的后侧突，插入器细长，胫节突一般不明显。跗舟与胫节关联处有 1 膜状结构。雌蛛外雌器外壁弱角质化，半透明。交媾管呈 "S" 字形扭曲。纳精囊有的具 2 室，有的分室不明显。交媾孔位于纳精囊的后方或中侧方。

该属已记录有 10 种，主要分布在东南亚。中国记录 5 种。

种 检 索 表

1. 雄蛛 ·· 2
   雌蛛 ·· 6
2. 插入器短刺状 ·· 长螯翘蛛 *I. longiochelicera*
   插入器细长，丝状 ··· 3
3. 跗舟背面观后侧突向背面弯曲呈钩状 ···························· 钩突翘蛛 *I. hamatapophysis*
   跗舟背面观后侧突不向背面弯曲呈钩状 ·· 4
4. 胫节无突起 ·· 岳麓翘蛛 *I. yueluensis*
   胫节有突起 ·· 5
5. 跗舟侧面观后侧突呈角状 ···································· 云南翘蛛 *I. yunnanensis*
   跗舟侧面观后侧突呈三角形 ································ 角突翘蛛 *I. trigonapophysis*
6. 生殖厣有兜 ·· 7
   生殖厣无兜 ·· 8
7. 生殖厣兜三角形，位于两纳精囊之间 ···················· 长螯翘蛛 *I. longiochelicera*
   生殖厣兜弧形，位于纳精囊之上 ······························ 岳麓翘蛛 *I. yueluensis*
8. 纳精囊稍膨大，仅有 1 室 ································ 云南翘蛛 *I. yunnanensis*
   纳精囊明显膨大，分 2 室 ·· 9
9. 纳精囊 2 室上下排列 ·· 钩突翘蛛 *I. hamatapophysis*
   纳精囊 2 室左右排列 ·· 角突翘蛛 *I. trigonapophysis*

(122) 钩突翘蛛 *Irura hamatapophysis* (Peng *et* Yin, 1991) (图 125)

Kinhia hamatapophysis Peng *et* Yin, 1991: 35, figs. 1A-I (D♀♂).
Iura hamatapophysis (Peng *et* Yin, 1991): Peng *et al.*, 1993: 99, figs. 314-322 (♀♂).
Irura hamatapophysis (Peng *et* Yin, 1991): Song, Zhu *et* Chen, 1999: 532, figs. 301H, K (♀♂).

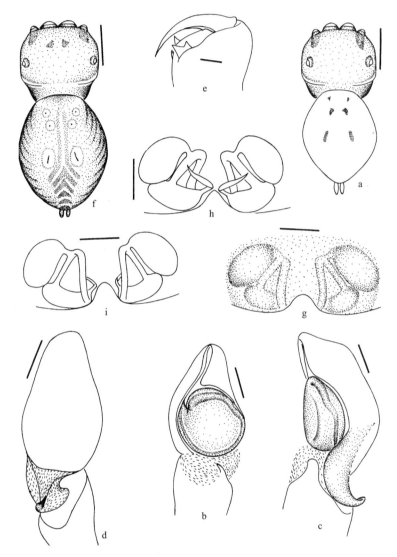

图 125　钩突翘蛛 *Irura hamatapophysis* (Peng *et* Yin)

a. 雄蛛外形 (body ♂), b-d. 触肢器 (palpal organ): b. 腹面观 (ventral), c. 后侧观 (retrolateral), d. 背面观 (dorsal), e. 雄蛛螯肢 (chelicera ♂), f. 雌蛛外形 (body ♀), g. 生殖厣 (epigynum), h-i. 阴门 (vulva): h. 背面观 (dorsal), i. 腹面观 (ventral)

比例尺 scales = 1.00 (a, f), 0.10 (b-e, g-i)

雄蛛：体长 3.50；头胸部长 1.90，宽 1.60；腹部长 1.90，宽 1.70。头胸甲赤褐色，被细毛，闪金属光泽，边缘黑色，被白毛。前眼列宽 1.40，后中眼偏前，后眼列宽 1.60，眼域长 1.10。额很狭。胸甲褐色，中间灰黑色，心形，前缘宽于后缘。螯肢前齿堤 2 齿，后齿堤有 1 分叉的板齿。步足浅褐色至褐色，少刺，第 III、IV 步足仅腿节背面有刺。第 I 步足比体长，转节也较长。第 I 步足胫节腹面腹侧有弱刺 3 根，背侧端部有粗刺 2 根，后跗节腹面有刺 2 对，背侧的刺长而粗壮。第 II 步足胫节、后跗节腹面腹侧各具 2 根弱刺。腹部阔卵形，背面被白色鳞状毛，闪金属光泽，肌痕 3 对。腹部腹面灰黑色，中间有 2 条由黑色小点形成的细条纹，两侧有许多黑色斜纹。纺器灰褐色。触肢器跗舟的后侧突大而短，向背面弯曲呈钩状。

雌蛛：体长 4.60；头胸部长 1.90，宽 2.00；腹部长 2.70，宽 2.20。前眼列宽 1.50，后眼列宽 1.90，眼域长 1.10。中央有 2 个三角形黑斑。胸甲黑褐色，菱形，前、后缘约等宽。第 I 步足胫节腹面腹侧有刺 3 根，背侧有刺 2 根。第 I 步足后跗节腹面有刺 2 对，第 II 步足胫节腹面腹侧有刺 1-2 根。第 I、II 步足腿节腹面各具 3 个圆斑。腹部背面灰黑色，闪金属光泽。肌痕 3 对，第 3 对长条状，各位于 1 橘红色圆斑中。两侧有许多黑色斜纹，后端中央有 5-6 个黑色"山"字形纹。外雌器的纳精囊 2 室，前后排列，后面的 1 室较小，交媾孔后位。其余外形特征与雄蛛相同。

观察标本：1♀1♂，湖南宜章溶家洞，1982.VI.20，张永靖采。

地理分布：湖南 (宜章)。

(123) 长螯翘蛛 *Irura longiochelicera* (Peng *et* Yin, 1991) (图 126)

Kinhia longiochelicera Peng *et* Yin, 1991: 43, figs. 5A-K (D♀♂).

Iura longiochelicera (Peng *et* Yin, 1991): Peng *et al.*, 1993: 101, figs. 323-333 (♀♂).

Irura longiochelicera (Peng *et* Yin, 1991): Song, Zhu *et* Chen, 1999: 532, figs. 301L, 302A, 326M (♀♂).

雄蛛：体长 6.00-7.00。体长 6.60 者，头胸部长 3.20，宽 2.90；腹部长 3.20，宽 3.40。头胸甲黑褐色，被白毛，有金属光泽，边缘黑色有白毛。前眼列宽 2.10，后中眼位于前侧眼与后侧眼之连线的前 1/3 处，后眼列宽 2.60，眼域长 1.80。额有长毛，额高不及前中眼直径的 1/4。胸甲赤褐色，有白色绒毛。螯肢赤褐色，长而粗壮，前齿堤 2 齿，后齿堤的板齿端部裂为 2 大齿、1 小齿，其中有 1 大齿很长，有的个体小齿不明显，螯爪有结。步足赤褐色，少刺，第 III、IV 步足仅腿节背面有刺。第 I 步足粗壮，长于体长。第 I 步足胫节腹面端部 1/3 部分有短刺 2 对，后跗节腹面有长刺 2 对；第 II 步足胫节、后跗节腹面各具刺 1 根。腹部背面黑褐色，被鳞状毛，有金属光泽。肌痕 3 对，后端 1/3 处有 1 闪光的横带，末端有 1 闪光的大斑，均由鳞状毛形成。腹部腹面灰黑色，有 4 条由黄色小点形成的纵条纹。纺器黑褐色。触肢器的插入器短，胫节突发达，跗舟的后侧突较短。

雌蛛：体长 5.90-6.50。体长 5.90 者，头胸部长 2.40，宽 2.40；腹部长 2.50，宽 2.10。前眼列宽 2.10，后眼列宽 2.60，眼域长 1.40。螯肢赤褐色，前齿堤 2 齿，后齿堤的板齿端部裂为 4 小齿，爪下有刺。第 I 步足胫节腹面有侧刺 3 根，背侧端部有刺 2 根；后跗节腹面有长刺 2 对。第 II 步足胫节、后跗节腹面各具刺 2 根。腹部背面灰黑色，两侧有许多黑色斜纹，后端有 5-6 个黑色"山"字形纹。肌痕 3 对，最后 1 对断裂为 3-4 个小点。腹部腹面灰黑色，有 4 条由黄色小点形成的细条纹。纺器灰黑色。其余外形特征与雄蛛相同。外雌器的纳精囊前、后排列，后面的 1 室远小于前面的 1 室，有钟形兜，交媾管很短，交媾孔中位。

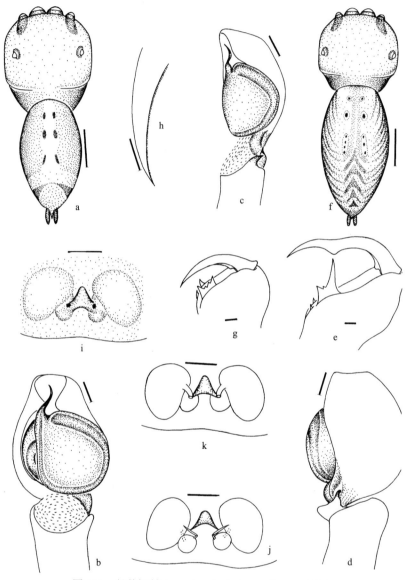

图 126　长螯翘蛛 *Irura longiochelicera* (Peng *et* Yin)

a. 雄蛛外形 (body ♂), b-d. 触肢器 (palpal organ)：b. 腹面观 (ventral), c. 后侧观 (retrolateral), d. 背面观 (dorsal), e. 雄蛛螯肢 (chelicera ♂), f. 雌蛛外形 (body ♀), g. 雌蛛螯肢 (chelicera ♀), h. 雌蛛螯爪 (fang ♀), i. 生殖厣 (epigynum), j-k. 阴门 (vulva)：j. 背面观 (dorsal), k. 腹面观 (ventral)　比例尺 scales = 1.00 (a, f), 0.10 (b-e, g-k)

观察标本：3♀1♂，湖南新宁舜皇山，1987.Ⅶ.8，王家福采；5♀，湖南宜章莽山溶家洞，1986.Ⅵ.20，张永靖采；1♂，湖南攸县农业局测报站，1♀，湖南衡阳岣嵝峰，1997.

VIII.2，尹长民采；1♂，湖南张家界，1981.VII.12，王家福采；3♀，福建武夷山，1987.VI.8，彭贤锦采；1♂，云南勐腊，1983.VI.15，王家福采。

地理分布：福建、湖南 (张家界、攸县、衡阳、新宁、宜章)、云南。

(124) 角突翘蛛 *Irura trigonapophysis* (Peng *et* Yin, 1991) (图 127)

Kinhia trigonapophysis Peng *et* Yin, 1991: 36, figs. 2A-I (D♀♂).

Iura trigonapophysis (Peng *et* Yin, 1991): Peng *et al.*, 1993: 103, figs. 334-343 (♀♂).

Irura trigonapophysis (Peng *et* Yin, 1991): Song, Zhu *et* Chen, 1999: 532, figs. 301M, 302B, 326N-O (♀♂).

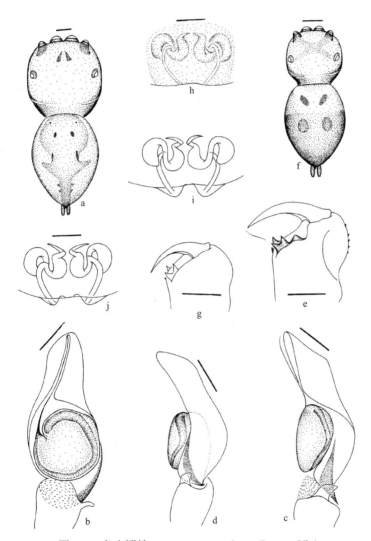

图 127　角突翘蛛 *Irura trigonapophysis* (Peng *et* Yin)

a. 雄蛛外形 (body ♂), b-d. 触肢器 (palpal organ): b. 腹面观 (ventral), c. 后侧观 (retrolateral), d. 背面观 (dorsal), e. 雄蛛螯肢 (chelicera ♂), f. 雌蛛外形 (body ♀), g. 雌蛛螯肢 (chelicera ♀), h. 生殖厣 (epigynum), i-j. 阴门 (vulva): i. 背面观 (dorsal), j. 腹面观 (ventral)　比例尺 scales = 0.50 (a, f), 0.20 (b-e, g-j)

雄蛛：体长 5.80；头胸部长 2.50，宽 2.70；腹部长 3.30，宽 2.40。头胸甲赤褐色，边缘黑色被白毛。前眼列宽 2.00，后眼列宽 2.50，后中眼位于前侧眼与后侧眼之连线的前 1/3 处，眼域长 1.40。额很狭，胸甲褐色被白毛，螯肢赤褐色，前齿堤 2 齿，后齿堤有 1 两分叉的板齿，板齿基部上方还有 1 齿状突。步足褐色，少刺和毛。第 III、IV 步足仅腿节背面有弱刺。第 I 步足比体长，基节、转节均很长；胫节、后跗节腹面各具刺 2 对，背侧的刺长而粗壮，腹侧的细而弱。腹部背面两侧密被白毛，形成 2 条宽而闪亮的纵带。中央有 2 条由黑色小点形成的纵条纹。纺器灰褐色。触肢器的后侧突呈三角形，较短；胫节突膜质、透明、呈指状。

雌蛛：体长 3.50；头胸部长 1.50，宽 1.50；腹部长 2.00，宽 1.60。前眼列宽 1.10，后眼列宽 1.40，眼域长 0.80。胸甲卵圆形。腹部背面前端 1/3 部分黄褐色，中间有 1 对橘红色圆斑；后端灰黑色，也有 1 对橘红色圆斑，腹部背面闪金属光泽。腹部腹面灰黄色，两侧有许多黑色斜纹，中间有 2 条由黑色小点形成的细条纹，其余外形特征同雄蛛。外雌器内部结构清晰可见，似 1 对鸵鸟相对而立，纳精囊呈横的"S"字形，交媾孔后位。

观察标本：1♀，福建崇安三港，1986.Ⅶ，尹长民采 (HNU)；1♂，广州昆虫所，1978，彭统序采 (HNU)。

地理分布：福建、广东。

(125) 岳麓翘蛛 *Irura yueluensis* (Peng et Yin, 1991) (图 128)

Kinhia yueluensis Peng et Yin, 1991: 41, figs. 4A-J (D♀♂).
Iura yueluensis (Peng et Yin, 1991): Peng et al., 1993: 105, figs. 344-353 (♀♂).
Irura longiochelicera (Peng et Yin, 1991): Song, Zhu et Chen, 1999: 532, figs. 301N, 302C (♀♂).

雄蛛：体长 4.60-5.60。体长 4.60 者，头胸部长 2.20，宽 2.00；腹部长 2.40，宽 1.70。头胸甲被白毛，闪金属光泽，边缘黑色被白毛。前眼列宽 1.60，后中眼位于前侧眼与后侧眼之连线的前 1/3 处，后眼列宽 2.00，眼域长 1.30，眼丘黑色。额高不及前中眼半径的 1/3。螯肢赤褐色，长而粗壮，前齿堤 2 齿，后齿堤的板齿 2 分叉，1 长 1 短，螯爪长且有 1 结。第 I 步足比体长，胫节腹面端部 1/3 部分有短刺 2 对，后跗节腹面有长刺 2 对。第 II 步足胫节腹面有刺 1 根或无刺，后跗节腹面有刺 1-2 根。腹部背面有肌痕 3 对，心脏斑长条形，整个腹部背面被有闪金属光泽的鳞状毛。腹部腹面灰色至灰黑色，隐约可见 3 条深色纵条斑。触肢器无胫节突，插入器短，跗舟的后侧突后侧观呈新月形。

雌蛛：体长 5.10-6.00。体长 5.10 者，头胸部长 2.30，宽 2.20；腹部长 2.80，宽 1.80。前眼列宽 1.70，后眼列宽 2.20，眼域长 1.30。螯肢前齿堤 2 小齿，后齿堤板齿端部裂为 3 齿，爪有细刺。第 I 步足胫节腹面腹侧有 3 根长刺，背侧端部有刺 2 根，后跗节的长刺 2 对。第 II 步足胫节腹面无刺或有 1 根刺，后跗节腹面无刺。腹部背面灰黑色，肌痕 4 对，褐色，最后 1 对裂为 4-5 个褐色小点。两侧有许多黑色斜纹，后端有 5-6 个黑色"山"字形纹。腹部腹面两侧为黑色斜纹，中央有 3 条纵带，末端相连。其余外形特征与雄蛛相同。外雌器的纳精囊 2 室，前后排列，后面 1 室较小，前方有角质化垂兜。

观察标本：1♀1♂，湖南长沙岳麓山，1979.Ⅹ.10，王家福采；1♂，湖南城步，1982.

VII.22，张永靖采；1♂，浙江三门，1979.X，冯钟琪采；1♀，四川江安，罗宗明采。

　　地理分布：浙江、湖南 (长沙、城步)、四川。

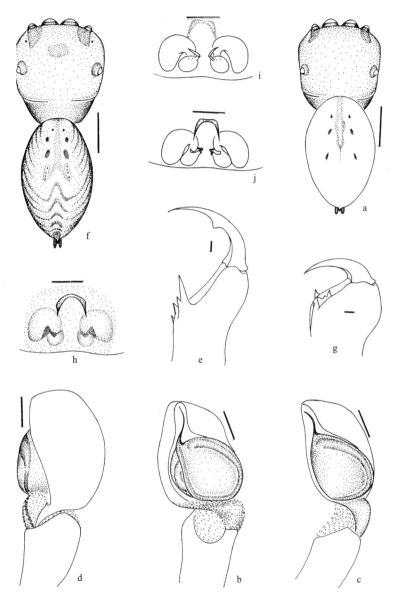

图 128　岳麓翘蛛 *Irura yueluensis* (Peng *et* Yin)

a. 雄蛛外形 (body ♂), b-d. 触肢器 (palpal organ): b. 腹面观 (ventral), c. 后侧观 (retrolateral), d. 背面观 (dorsal), e. 雄蛛螯
肢 (chelicera ♂), f. 雌蛛外形 (body ♀), g. 雌蛛螯肢 (chelicera ♀), h. 生殖厣 (epigynum), i-j. 阴门 (vulva): i. 背面观
(dorsal), j. 腹面观 (ventral)　比例尺 scales = 1.00 (a, f), 0.10 (b-e, g-j)

(126) 云南翘蛛 *Irura yunnanensis* (Peng *et* Yin, 1991) (图 129)

Kinhia yunnanensis Peng *et* Yin, 1991: 39, figs. 3A-I (D♀♂).

Iura yunnanensis (Peng *et* Yin, 1991): Peng *et al.*, 1993: 106, figs. 354-362 (♀♂).

Irura yunnanensis (Peng *et* Yin, 1991): Song, Zhu *et* Chen, 1999: 532, figs. 301O, 302D, 326P (♀♂).

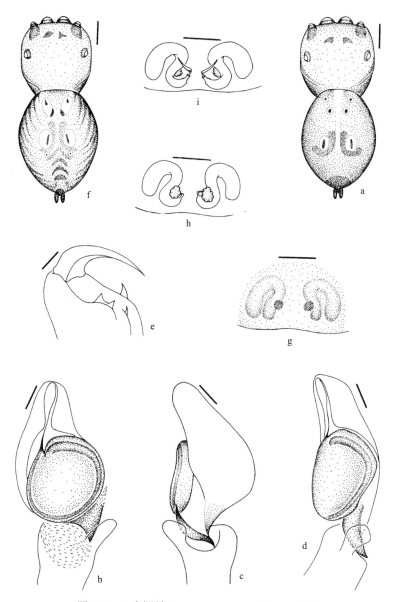

图 129 云南翘蛛 *Irura yunnanensis* (Peng *et* Yin)

a. 雄蛛外形 (body ♂), b-d. 触肢器 (palpal organ): b. 腹面观 (ventral), c. 后侧观 (retrolateral), d. 背面观 (dorsal), e. 雄蛛螯肢 (chelicera ♂), f. 雌蛛外形 (body ♀), g. 生殖厣 (epigynum), h-i. 阴门 (vulva): h. 腹面观 (ventral), i. 背面观 (dorsal)

比例尺 scales = 0.50 (a, f), 0.10 (b-e, g-i)

雄蛛：体长 4.60；头胸部长 1.90，宽 2.00；腹部长 2.00，宽 1.80。头胸甲橘红色被白毛；边缘有由白毛形成的缘带。前眼列宽 1.50，后眼列宽 1.70，后中眼位于前侧眼的眼丘处，眼域长 1.00，中央有 2 个三角形黑斑。额很狭，高不及前中眼半径的 1/3，被白色长毛。胸甲赤褐色，长宽约相等，近圆形。螯肢赤褐色，前齿堤 2 齿，后齿堤有 1 两分叉的板齿。步足褐色，第 I、III、IV 步足端部 4 节黄褐色，少刺和毛。第 I 步足比体长，胫节、后跗节腹面各具刺 2 对，背侧的刺粗壮而长，腹侧的短而细弱。第 II 步足胫节、后跗节腹面各具刺 2 根。腹部背面褐色底上有黑斑，肌痕 3 对，周围各有 1 圈白毛，第 3 对肌痕内侧有黑色弧形纹。末端黑色。腹面中央有 1 灰黑色大斑，斑内有 4 条由棕色小点形成的纵条纹，两侧有许多黑色斜纹。纺器灰黑色，端部浅黄色。

雌蛛：体长 3.20-4.00。体长 3.80 者，头胸部长 1.80，宽 1.70；腹部长 2.00，宽 1.80。头胸部赤褐色，被白色绒毛。边缘黑色被白毛。前眼列宽 1.30，后眼列宽 1.60，眼域长 0.90。第 I 步足胫节腹面有刺 5 根，后跗节腹面有刺 2 对。第 II 步足胫节腹面有弱刺 2 根。第 III、IV 步足仅腿节背面有刺。腹部背面灰黑色，肌痕 4 对，红褐色，除第 1 对外，其余各对位于 1 橘红色圆斑中，有的前 2 对橘红色圆斑愈合。两侧有许多黑色斜纹，后端有 3-4 个黑色"山"字形纹。腹部腹面灰黄色，中央颜色较深，并有 2 条由褐色小点形成的细条纹。纺器褐色。外雌器的纳精囊呈纵的"S"字形，交媾孔后位。

观察标本：1♂♀，云南勐腊，1981.III，王家福采 (HNU)。

地理分布：云南。

35. 兰格蛛属 *Langerra* Zabka, 1985

Langerra Zabka, 1985: 234.

Type species: *Langerra oculina* Zabka, 1985.

头胸部高而坚硬，长方形，长大于宽，后部较宽；后缘有橙棕色的浅斑纹。腹部椭圆形，比背甲略小。前中眼周围黑棕色，其余部分黑色。腹部灰色。后部较黑，覆灰棕色毛。第 I、III 步足橙黑色，腿节灰色，第 III、IV 步足跗节黄色且颜色较浅。步足均覆灰毛，边缘相连。

该属已记录有 2 种，主要分布在中国、越南。中国记录 2 种。

(127) 长跗兰格蛛 *Langerra longicymbia* Song *et* Chai, 1991 (图 130)

Langerra longicymbia Song *et* Chai, 1991: 18, figs. 7A-E (D♂); Song, Zhu *et* Chen, 1999: 532, figs. 301P, 327A (D♂).

雄蛛：体长 5.16；头胸部长 2.78，宽 1.98；腹部长 2.54，宽 1.83。背甲棕红色，眼基黑色。眼域有一些短白毛，眼际有灰色鬃毛。背甲后部两侧各有 1 条白毛带。前眼列宽 2.13，后眼列宽 1.94，眼域长 1.29。螯肢深褐色，前齿堤 2 小齿，后齿堤 1 板齿，板齿顶部两端较尖突。颚叶及下唇为深褐色，胸甲黄褐色。步足黑红色。多毛多刺。第 I 步足较粗壮且多黑毛。第 I 步足后附节腹面有刺 2 对，胫节腹面有刺 3 对。足式：I, III, IV, II。腹部背面底色为黄白色，上有黑色斑点，腹面黄白色，近纺器处有块黑斑。跗舟后面下部向侧面延伸为 1 长突，胫节突粗短，插入器由一侧上卷包绕生殖球周长的大约 2/3 (引自 Song *et* Chai, 1991)。

雌蛛：尚未发现。

观察标本：1♂，海南尖峰岭，1989.XII，朱明生采；1♂，海南通什渡假村，1989.XII，朱明生采。

地理分布：海南。

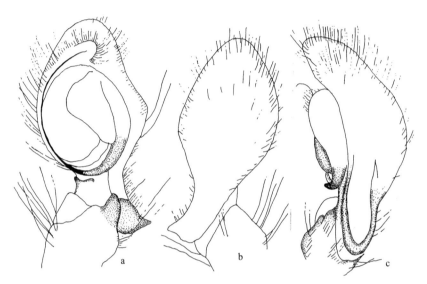

图 130 长跗兰格蛛 *Langerra longicymbia* Song *et* Chai (仿 Song *et* Chai, 1991)

a-c. 触肢器 (palpal organ): a. 腹面观 (ventral), b. 后侧观 (retrolateral), c. 背面观 (dorsal)

(128) 眼兰格蛛 *Langerra oculina* Zabka, 1985 (图 131)

Langerra oculina Zabka, 1985: 234, figs. 251-254 (D♀); Song *et* Chai, 1991: 19, figs. 8A-B(♀); Song, Zhu *et* Chen, 1999: 532, figs. 302E-F (♀).

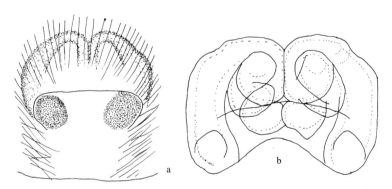

图 131 眼兰格蛛 *Langerra oculina* Zabka (仿 Zabka, 1985)

a. 生殖厣 (epigynum), b. 阴门 (vulva)

雌蛛：体长 4.29；头胸部长 1.98，宽 1.83；腹部长 2.22，宽 1.67。背甲的眼域红色，两侧黑色。眼基黑色，中窝竖直。头胸部的后部较陡。螯肢前齿堤 2 齿，后齿堤 1 板齿，板齿顶部两端尖突。腹部背面黄色，有褐色网状斑纹，腹面黄色，纺器前面有 1 黑色圆斑（引自 Song et Chai, 1991）。

雄蛛：尚未发现。

观察标本：2♀，海南通什渡假村，1989.Ⅻ，朱明生采。

地理分布：海南；越南。

36. 兰戈纳蛛属 *Langona* Simon, 1901

Langona Simon, 1901: 70.

Type species: *Langona redii* (Savigny et Audoin, 1825).

头胸部狭而长，胸区长约为头部长的 2 倍。眼域占头部的 1/3。螯肢后齿堤无齿。颈节突 1 个，伴有 1 束致密、坚硬而厚的鬃。生殖厣后端有 1 垂直方向的无裂隙壁与表皮质的陷窝相连，前方有 1 白色膜状结构，交媾孔上方各有 1 短的半圆形翼。足式：III，IV，I，II。有的跗舟背面、胫节、触肢上有鳞片。本属与豹跳蛛属 *Aelurillus* 及绯蛛属 *Phlegra* 的关系见豹跳蛛属 *Aelurillus*。分布在南非、亚洲中部及东部、埃及及地中海东南部。

该属已记录有 33 种，全球分布。中国记录有 6 种。

种 检 索 表

1. 雄蛛 ··2
   雌蛛 ··4
2. 插入器可见 ··不丹兰戈纳蛛 *L. bhutanica*
   插入器未能见及 ··3
3. 胫节突粗短，锥状 ··香港兰戈纳蛛 *L. hongkong*
   胫节突细长，指状 ··粗面兰戈纳蛛 *L. tartarica*
4. 生殖厣无兜 ···粗面兰戈纳蛛 *L. tartarica*
   生殖厣有兜 ··5
5. 交媾腔几乎纵向平行 ···暗色兰戈纳蛛 *L. atrata*
   交媾腔走向呈对角倾斜 ··6
6. 外雌器角质化程度弱，透过体壁可以见及内部结构的阴影 ········双角兰戈纳蛛 *L. biangula*
   外雌器角质化程度高，透过体壁难以见及内部结构的阴影 ········斑兰戈纳蛛 *L. maculata*

(129) 暗色兰戈纳蛛 *Langona atrata* Peng et Li, 2008 (图 132)

Langona atrata Peng et Li, in: Peng, Tang et Li, 2008: 248, f. 1-4 (D♀).

雌蛛：体长 6.4；头胸部长 3.2，宽 2.4；腹部长 3.6，宽 2.4。眼域长 1.0，前眼列宽

1.7，后眼列宽 1.70。背甲黑褐色，边缘黑褐色，边缘及眼域色浅，被有细的白色及黑色毛，此外尚有较多的黑色长毛；边缘有 1 圈白色毛，眼域前部有直立的棒状短毛，颈沟、放射沟及中窝不明显。胸甲瓶状，黑色，被有细长的白毛。额深褐色，前缘黑色，两侧有黑色网纹，被白色细毛及少许黑色长毛。螯肢暗褐色，前侧被白色细毛，前齿堤 2 齿，后齿堤 1 齿。颚叶浅褐色，端部浅黄色被褐色绒毛。下唇暗褐色，端部色浅具褐色毛。触肢、步足深褐色，具醒目的黑色环纹及浅色椭圆形斑，被白色及褐色长毛；足刺少而长，第 I、II 步足胫节腹面前侧端部各有 1 根刺、后侧 3 根刺，第 I 步足后跗节无侧刺，第 II 步足后跗节末端有刺 2 根刺，第 I、II 步足后跗节腹面具刺 2 对。腹部约呈方形，后端稍尖。背面灰黑色，密被灰色及黑色毛，肌痕 2 对，色浅，两侧为深色纵向皱纹，中央有许多深色横向皱纹。腹面黄褐色，中央有 3 条灰黑色纵纹，两侧有许多黑色斜纹。纺器灰黑色，被灰色及黑色长毛。

雄蛛：尚未发现。

本种体色与 *Langona biangula*、*L. yunnanensis* 比最暗，斑纹不清晰，腹部背面有纵向及横向皱纹。

本种与 *L. simoni* Heciak *et* Prozynski, 1983 (219, figs. 24, 30-31) 相似，但有以下区别：①外雌器兜长宽约相等，仅前缘有浅的凹陷，而后者宽远大于长，且明显分为 2 个兜，仅基部相连；②交媾孔远离兜，而后者则与兜相连；③交媾管走向不同。

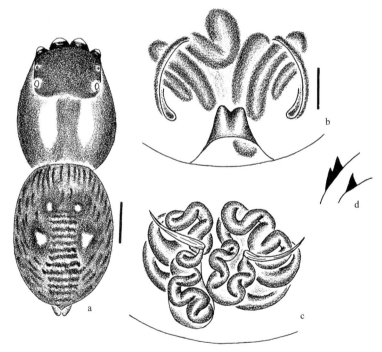

图 132 暗色兰戈纳蛛 *Langona atrata* Peng *et* Li

a. 雌蛛外形 (body ♀), b. 生殖厣 (epigynum), c. 阴门 (vulva), d. 雌性螯肢齿堤 (cheliceral teeth ♀)

比例尺 scales = 1.00 (a), 0.10 (b-d)

观察标本：1♀，云南苍山东坡，1999.Ⅵ.9 (IZCAS)。

地理分布：云南。

(130) 不丹兰戈纳蛛 *Langona bhutanica* Prószyński, 1978 (图 133)

Langona bhutanica Prószyński, 1978a: 10, figs. 4-6 (D♂); Peng, 1989: 159, figs. 10A-C (D♂); Peng *et al.*, 1993: 108, figs. 363-366 (D♂); Song, Zhu *et* Chen, 1999: 532, figs. 301Q, 327B (D♀♂).

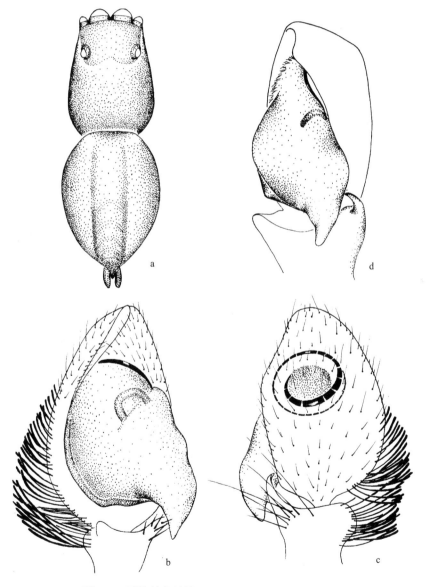

图 133　不丹兰戈纳蛛 *Langona bhutanica* Prószyński

a. 雄蛛外形 (body ♂), b-d. 触肢器 (palpal organ)：b. 腹面观 (ventral), c. 背面观 (dorsal), d. 后侧观 (retrolateral)

雄蛛：体长 5.70；头胸部长 2.90，宽 2.00；腹部长 2.80，宽 2.10。前眼列宽 1.40，后中眼居中，后侧眼宽 1.35，眼域长 1.00，占头胸部的 1/3，黑色。额高约为前中眼直径的 1/3。胸甲长卵形，边缘及中央黑色，其间为黄色。螯肢的齿堤无齿。步足基节、转节浅褐色，其余各节灰黑色。第 II 步足胫节腹面背侧有刺 1 根，腹侧有刺 3 根；后跗节腹面有刺 2 对。腹部背面灰黑色，正中有 1 条浅灰色纵带，此带后端断裂为 4 个弧形纹。纵带两侧颜色较深，黑色。腹部腹面浅灰色，隐约可见 3 条灰色纵带。雄蛛触肢器末端突出呈尾状，胫节及跗舟左侧有扁平毛，插入器自跗舟背面清晰可见。

雌蛛：尚未发现。

观察标本：1♂，四川康定，1975.Ⅹ.7，朱传典采 (JLU)。

地理分布：四川；不丹。

(131) 双角兰戈纳蛛 *Langona biangula* Peng, Li *et* Zhang, 2004 (图 134)

Langona biangula Peng, Li *et* Yang, 2004: 414, f. 1A-E (D♀).

雌蛛：体长 6.8；头胸部长 3.0，宽 2.3；腹部长 3.8，宽 3.0。前眼列宽 1.6，后侧眼宽 1.6，眼域长 1.0。体深灰黑色，背甲上被有白色、黑色短毛及黑色长毛。背甲眼域前半有棒状短毛。额部无密的白色长毛，仅有稀疏的褐色细毛。步足深褐色，有醒目的黑色环纹及浅色椭圆形斑，第 I、II 步足胫节腹部前侧端部 1 刺、后侧 3 刺。第 I 步足后跗节无侧刺，第 II 步足后跗节 pr 1-1ap，rt 0-0。腹部灰黑色，密被灰色及黑色毛，中央有 3 对浅色斑。腹面浅褐色，散生褐黑色不规则斑。腹部斑纹清晰可见，但无皱纹。

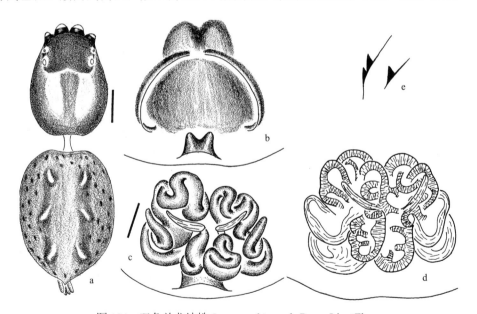

图 134 双角兰戈纳蛛 *Langona biangula* Peng, Li *et* Zhang

a. 雌蛛外形 (body ♀), b. 生殖厣 (epigynum), c-d. 阴门 (vulva), e. 雌性螯肢齿堤 (cheliceral teeth ♀)

比例尺 scales = 1.00 (a), 0.10 (b-e)

雄蛛：尚未发现。

本种与斑兰戈纳蛛 *Langona maculata* Peng, Li *et* Yang, 2004 相似，但有以下区别：①外雌器兜上缘中央凹陷浅；②外雌器角质化程度弱，透过体壁可以见及内部结构，而后者外雌器角质化程度高，透过体壁难以见及内部结构；③腹部背面的斑纹不同。

观察标本：1♀，云南大理师专北门，2001.Ⅰ.18，李志祥采 (IZCAS)。

地理分布：云南。

(132) 香港兰戈纳蛛 *Langona hongkong* Song, Xie, Zhu *et* Wu, 1997 (图 135)

Langona hongkong Song, Xie, Zhu *et* Wu, 1997: 150, figs. 3A-D (D♂); Song, Zhu *et* Chen, 1999: 532, figs. 302I-J (D♀♂).

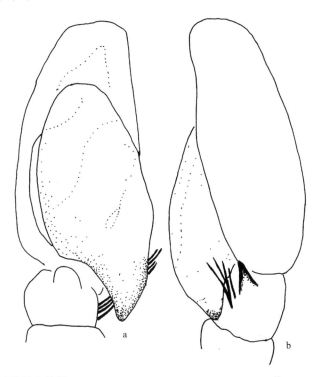

图 135　香港兰戈纳蛛 *Langona hongkong* Song, Xie, Zhu *et* Wu (仿 Song *et al.*, 1997)

a-b. 触肢器 (palpal organ)：a. 腹面观 (ventral)，b. 后侧观 (retrolateral)

雄蛛：体长 5.70；头胸部长 2.81；腹部长 2.74，宽 1.94。头胸部暗褐色，眼域稍黑，眼周围更黑。前眼列宽 1.59，后眼列宽 1.58，眼域长 0.94 (约为头胸部长的 1/3)。背甲上有许多细白毛，眼域周缘有稀疏的褐色长刚毛。额部红褐色，杂以不规则黑斑，密布白色毛。前中眼和前侧眼的下方色相同。螯肢红褐色，稍有一些黑色细斑及一些白色或褐色毛。螯爪小，前、后齿堤在螯基的角上各有 1 极小的齿。胸甲褐色，密布黑褐色细斑。触肢跗节黄橙色，端部密布黄白色短毛，基半部生有扁平的羽状白色长毛；胫节和膝节背面也有这种长毛。腿节端部的白色长行较细而短，不十分醒目。胫节外侧有 1 暗褐色突起，基部较粗，末端尖而钩曲。此突起的基部有数根黑褐色刺状长毛，集成 1 束。胫节腹面内侧有 1 圆形突起。步足黄褐色，有黑褐色环纹，唯第 I 步足胫节、后跗节和跗节全黑褐色，步足多刺。足式：III，IV，II，I。腹部背面黑褐色，有 4 个稍大的黄褐色肌斑和多个小黄褐色斑，杂生褐色和白色长毛。侧面色较淡，腹面更淡，黄橙色，有一些不明显的黑褐色斑纹。纺器的基节黑色，尤以前纺器明显，端节黄色 (引自 Song et al., 1997)。

雌蛛：尚未发现。

观察标本：正模♂，香港 (具体产地不详)，1995.Ⅶ.24，草地，陷阱法。

地理分布：香港。

(133) 斑兰戈纳蛛 *Langona maculata* Peng, Li *et* Yang, 2004 (图 136)

Langona maculata Peng, Li *et* Yang, 2004: 415, f. 2A-E (D♀).

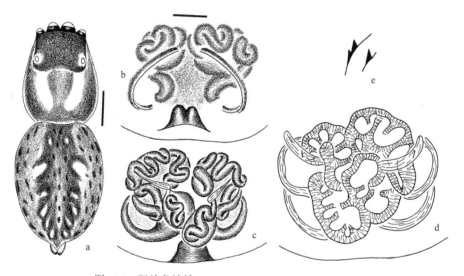

图 136 斑兰戈纳蛛 *Langona maculata* Peng, Li *et* Yang
a. 雌蛛外形 (body ♀), b. 生殖厣 (epigynum), c-d. 阴门 (vulva), d. 雌性螯肢齿堤 (cheliceral teeth ♀)
比例尺 scales = 1.00 (a), 0.10 (b-e)

雌蛛：体长 6.7；头胸部长 3.0，宽 2.2；腹部长 3.7，宽 2.3。前眼列宽 1.6，后侧眼宽 1.6，眼域长 1.0。背甲褐色，边缘黑色并覆盖有褐色细毛，眼域黑色，被有较密的黑色、褐色短毛及稀疏的黑色长毛；眼域前部有棒状短毛，胸区中央有 1 对浅色斑；中窝未见及、颈沟、放射沟暗褐色。胸甲瓶状，后缘宽，被有均匀的浅褐色长毛，褐色，边缘暗褐色，中央为黑色网纹。额浅褐色，前缘及两侧有灰黑色斑，被有褐色细毛及数根黑色长毛，螯肢褐色至暗褐色，前齿堤 2 齿，后齿堤 1 齿。颚叶浅褐色，端部浅黄色，具黑色绒毛。下唇三角形，暗褐色，端部色浅有绒毛。步足褐色，具黑色环纹及浅褐色圆斑，被黑色长毛；足刺少而长，第 I、II 步足胫节腹面前侧端部 1 刺、后侧 3 刺，第 I 步足后跗节无侧刺，第 II 步足后跗节 pr 1-1ap，rt 1-0ap 或 0-0，第 I、II 步足后跗节腹面具刺 2 对。腹部阔卵形，前缘稍宽。背面密被灰黑色及黑色毛，斑纹最清晰，无皱纹，中央色深，具 5 对浅色斑，散生有许多黑色块状斑。腹面黄褐色，散生许多深色块状斑。纺器短、柱状、褐色。

雄蛛：尚未发现。

本种与 *L. atrata* Peng, Tang *et* Li, 2008 相似，但有以下不同：①交媾孔上端向中央靠近，后者则几乎为纵向；②外雌器兜更靠近生殖沟；③交媾管走向不同；④腹部背面的斑纹明显不同。

观察标本：1♀，云南大理凤仪公山山顶石，2000.XI.7，杨自忠采 (IZCAS)。

地理分布：云南。

(134) 粗面兰戈纳蛛 *Langona tartarica* (Charitonov, 1946) (图 137)

Phlegra tartarica Charitonov, 1946: 30, figs. 57-58 (D♀♂)

Langona tartarica (Charitonov, 1946): Heciak *et* Prószyński, 1983: 229, figs. 8-9, 18, 34-35, 42-43
　　(T♀♂ from *Aelurillus*); Wesolowska, 1996: 30, f. 17A-C, 18A-C.

Aelurillus tartaricus (Charitonov, 1946): Andreeva, 1975: 339 (T♀♂ from *Phlegra*); Hu, 2001: 373, figs.
　　231.1-3 (♀♂).

雌蛛：体长 6.70-7.00。头胸部棕褐色，被白色短毛，并疏生黑色刚毛。眼区黑色，宽大于长，前眼列微后凹，中眼列位于前、后眼列之间偏前。额高等于前中眼直径。螯肢黄褐色，前齿堤 2 齿，后齿堤 1 齿。触肢黄色，有黑色环纹。胸板橄榄形，黄色，被白色长毛。步足黄褐色，有黑色环纹，第 I、II 步足胫节和后跗节腹面各有 2 对刺。腹部长卵形，背面灰褐色，被黄色、黑色斑点。外雌器为一个马蹄形凹陷，纳精囊圆形，交媾管呈肠状，粗长并呈倒 "U" 字形 (引自 Hu, 2001)。

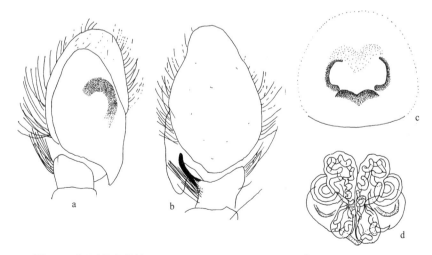

图 137　粗面兰戈纳蛛 *Langona tartarica* (Charitonov)(仿 Wesolowska, 1996)

a-b. 触肢器 (palpal organ)：a. 腹面观 (ventral), b. 后侧观 (retrolateral), c. 生殖厣 (epigynum), d. 阴门 (vulva)

雄蛛：体长 5.00。触肢器跗舟基部黑色、端部黄色，胫节外末端有 2 个胫节突，并呈黑刺状，在突起的外侧有 1 束黑色刚毛 (引自 Hu, 2001)。

观察标本：无镜检标本。

地理分布：西藏；也门，中亚。

37. 劳弗蛛属 *Laufeia* Simon, 1889

Laufeia Simon, 1889: 240.

Type species: *Laufeia aenea* Simon, 1889.

背甲方形，两后侧边缘平行，头区和胸区前半部扁平，侧缘胸区后半部陡峭，腹部长卵形，步足长而粗壮。

该属已记录有 9 种，分布于马来西亚、苏门答腊岛、爪哇、越南、新西兰、中国。中国记录 3 种。

种 检 索 表

1. 插入器长不及生殖球宽的 1/3 ·· 埃氏劳弗蛛 *L. aenea*
   插入器细长 ·· 2
2. 插入器不盘曲 ·· 普氏劳弗蛛 *L. proszynskii*
   插入器盘曲 ·· 刘家坪劳弗蛛 *L. liujiapingensis*

(135) 埃氏劳弗蛛 *Laufeia aenea* Simon, 1889 (图 138)

Laufeia aenea Simon, 1889d: 249 (D♂); Bösenberg *et* Strand, 1906: 370, pl. 9, fig. 137, pl. 13, fig. 364 (D♀); Bohdanowicz *et* Prószyński, 1987: 74, figs. 84-89 (♀♂).

雄蛛：体长 4.07，头胸部长 1.78，腹部长 2.29。眼域长 0.79，前眼列宽 1.17，后眼列宽 1.00。背甲棕褐色至黑棕色不等，有铜的光泽，眼边缘黑色，后部陡斜。腹部平坦，覆鳞片，灰褐色有黄色斑纹。头胸部和腹部无清晰的彩色斑纹，被稀疏白色短刚毛。触肢顶端部分背面呈浅褐色，斑点不一。覆白色刚毛，前眼列侧面被稀疏白毛，浅棕色斑点，眼列前端边缘覆白毛。螯肢后齿堤齿双裂。颚叶金属色，下唇黑棕色，顶端白色，胸甲棕色，基部灰色。腹部腹面灰色。触肢器的插入器小的扭曲成圆形。步足黑棕色，侧面和腹面深黑棕色或棕褐色，第 II、III、IV 步足跗节浅黄色，膝节背面和胫节色较浅，在白色标本中呈浅棕色到黄色不等 (引自 Bohdanowicz *et* Prószyński, 1987)。

雌蛛：体长 3.56，头胸部长 1.74，腹部长 1.82。眼域长 0.76，前眼列宽 1.06，后眼列宽 1.01。

观察标本：无镜检标本。

地理分布：中国 (具体不详)；韩国，日本。

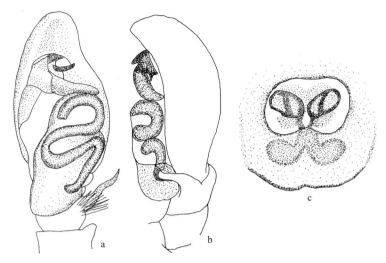

图 138　埃氏劳弗蛛 *Laufeia aenea* Simon (仿 Bohdanowicz *et* Prószyński, 1987)

a-b. 触肢器 (palpal organ)：a. 腹面观 (ventral), b. 后侧观 (retrolateral), c. 生殖厣 (epigynum)

(136) 刘家坪劳弗蛛 *Laufeia liujiapingensis* Yang *et* Tang, 1997 (图 139)

Laufeia liujiapingensis Yang *et* Tang, 1997: 94, figs. 6-10 (D♂).

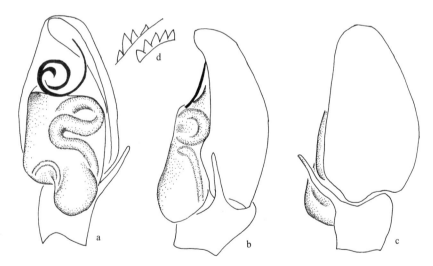

图 139　刘家坪劳弗蛛 *Laufeia liujiapingensis* Yang *et* Tang

a-c. 触肢器 (palpal organ)：a. 腹面观 (ventral), b. 后侧观 (retrolateral), c. 背面观 (dorsal), d. 雄性螯肢齿堤 (cheliceral teeth ♂)

　　雄蛛：体长 4.84；头胸部长 2.60，宽 1.92；腹部长 2.60，宽 1.98。背甲黑褐色，中央褐色，中窝短而明显。眼域周围黑色，眼域长 1.10，前眼列宽 1.63，后眼列宽 1.60。螯肢淡褐色，前齿堤 4 齿，后齿堤 5 齿，基部相连。颚叶黄褐色，下唇淡褐色，胸甲前缘直、灰黄色。步足黄褐色，各步足腿节颜色最暗，均为褐色。第 III、IV 步足胫节、后跗节中部褐色环比较明显。第 I、II 步足腿节、膝节、胫节腹面毛较足第 III、IV 步足多。第 I、II 步足后跗节腹面刺有 2 对，胫节腹面刺有 3 对，腹部背面褐色，后端比中部色深，腹面灰褐色，有 4 列纵线。纺器灰褐色。肌痕 2 对，赤褐色；两侧为黑色斜纹，后端中央有 7 个"人"字形纹；心脏斑长约为腹部长的一半。

雌蛛：尚未发现。

观察标本：1♂，甘肃文县刘家坪，1993.VI，杨友桃采 (LZU)。

地理分布：甘肃。

(137) 普氏劳弗蛛 *Laufeia proszynskii* Song, Gu *et* Chen, 1988 (图 140)

Laufeia proszynskii Song, Gu *et* Chen, 1988: 70, figs. 1-2 (D♂); Song, Zhu *et* Chen, 1999: 532, fig. 302K (D♀♂).

雄蛛：体长 6.18；头胸部长 3.09，宽 2.41；腹部长 3.09，宽 2.28。体形粗壮。背甲红褐色。眼域长 1.67，前眼列宽 2.17，后眼列宽 2.04。后中眼位于前、后眼列的中间位置。眼域暗褐色，散生一些褐色毛。眼域后方的背甲红褐色。螯肢红褐色，前齿堤 2 齿。后齿堤为 1 薄板 (lamella)。下唇和颚叶均为红褐色。胸甲淡红褐色。触肢胫节突细长，末端不膨大。插入器弯曲。前两对步足红褐色，后两对步足黄褐色。第 I 步足显著强大，腿节粗壮；胫节内侧面近腹缘有 3 根粗刺，腹面外侧有 3 根较细的刺；后跗节腹面有 2 对粗刺。腹部椭圆形，灰褐色，密布褐色长毛和微白的短毛。腹面淡黄色 (引自 Song, Gu *et* Chen, 1988)。

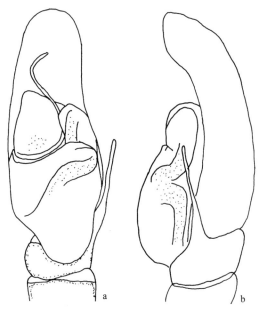

图 140　普氏劳弗蛛 *Laufeia proszynskii* Song, Gu *et* Chen (仿 Song, Gu *et* Chen, 1988)

a-b. 触肢器 (palpal organ)：a. 腹面观 (ventral), b. 后侧观 (retrolateral)

雌蛛：尚未发现。

观察标本：1♂，海南尖峰岭，1982.Ⅴ.3。

地理分布：海南。

38. 莱奇蛛属 *Lechia* Zabka, 1985

Lechia Zabka, 1985: 235.

Type species: *Lechia sguamata* Zabka, 1985.

体中型，长 5.0-7.0。雌蛛交媾腔大，交媾孔袋状，交媾管短；纳精囊大、球状，远端较 *Euophrys* 属发达；副腺未能见及；腹部被鳞状毛。

该属已记录 1 种，分布在中国、越南。中国记录 1 种。

(138) 鳞斑莱奇蛛 *Lechia squamata* Zabka, 1985 (图 141)

Lechia squamata Zabka, 1985: 236, figs. 259-262 (D♀); Song *et* Chai, 1991: 20, figs. 9A-B (♀); Song, Zhu *et* Chen, 1999: 533, figs. 302G-H (♀).

雌蛛：体长 4.37；头胸部长 1.98，宽 1.03；腹部长 1.98，宽 1.19。背甲褐色，眼基黑色，背甲两侧及后端有白色羽状毛，眼域内也有较稀的白色羽状毛分布。螯肢前齿堤 2 齿，后齿堤 1 齿。胸甲黄色，周缘黑色。步足每节的远端都有黑色环，第 I-III 步足腿节的两侧都有黑色纵带。腹部背面有白色羽状毛和黑色羽状毛相杂分布，腹面黄色，有褐色斑纹 (引自 Song *et* Chai, 1991)。

雄蛛：尚未发现。

观察标本：1♀，海南尖峰岭，1989.Ⅻ，朱明生采。

地理分布：海南；越南。

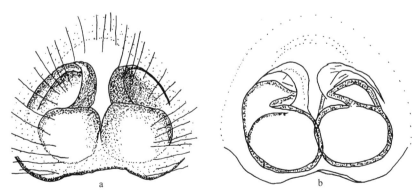

图 141　鳞斑莱奇蛛 *Lechia squamata* Zabka (仿 Zabka, 1985)

a. 生殖厣 (epigynum), b. 阴门 (vulva)

39. 列锡蛛属 *Lycidas* Karsch, 1878

Lycidas Karsch, 1878: 25.

Type species: *Lycidas anomalus* Karsch, 1878.

头胸部和腹部均较长。腹部覆鳞片。外雌器的交媾管开始较宽，之后变成较大的贮精囊，附腺清晰可见，与纳精囊相连。

该属已记录有 20 种，中国仅记录 1 种。

(139) 暗列锡蛛 *Lycidas furvus* Song *et* Chai, 1992 (图 142)

Lycidas furvus Song *et* Chai, 1992: 79, figs. 6A-D (D♂); Song *et* Li, 1997: 435, figs. 45A-D (D♀♂);
　　Song, Zhu *et* Chen, 1999: 533, figs. 302L (D♀♂).

雄蛛：体长 4.07；头胸部长 1.77，宽 1.26；腹部长 2.07，宽 1.48。背甲黑色。眼域长 0.65，前眼列宽 1.23，后眼列宽 1.16。螯肢褐色，前齿堤 1 板齿，顶部分为 5 个小齿。颚叶、下唇和胸甲黑色，步足黑色。第 I 步足胫节腹面有刺 3 对，后跗节腹面有刺 2 对。腹部背面黑色，中央有黄色斑纹，腹面黑色 (引自 Song *et* Li, 1997)。

雌蛛：尚未发现。

观察标本：1♂，湖北宣恩县，1989.Ⅷ.17。

地理分布：湖北。

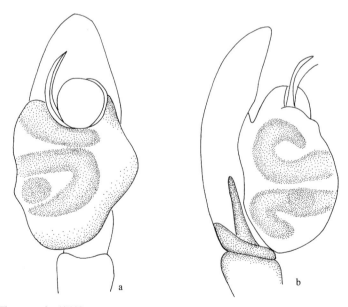

图 142　暗列锡蛛 *Lycidas furvus* Song *et* Chai (仿 Song, Zhu *et* Chen, 1999)

a-b. 触肢器 (palpal organ)：a. 腹面观 (ventral), b. 后侧观 (retrolateral)

40. 马卡蛛属 *Macaroeris* Wunderlich, 1992

Macaroeris Wunderlich, 1992a: 512.

Type species: *Eris nidicolens* (Walckenaer, 1802).

头胸部长而宽，边缘膨大。眼域占背甲的 38%，宽大于长，后眼列宽于前眼列。腹部长而宽，前缘平切，较扁平，无鳞片。第 I 步足粗壮，稍长。与追蛛属 *Dendryphantes* 相似，但外雌器及触肢器的结构有明显区别。

该属已记录有 9 种，分布于欧洲南部、地中海及中国。中国记录 1 种。

(140) 莫氏马卡蛛 *Macaroeris moebi* (Bösenberg, 1895) (图 143)

Dendryphantes moebii Bösenberg, 1895: 10, figs. 12 (D♀♂).

Dendryphantes canariensis Schmidt, 1977: 66, figs. 15 (D♀); Peng, 1992a: 83, figs. 1-4 (♀); Peng *et al.*, 1993: 43, figs. 104-107 (♀).

Macaroeris moebi (Bösenberg, 1895): Wunderlich, 1992a: 519, figs. 845-847 (T♀♂ from *Dendryphantes*, S); Song, Zhu *et* Chen, 1999: 533, figs. 303A-B (♀).

Rhene canariensis (Schmidt, 1977): Peng, Xie *et* Kim, 1994: 33, figs. 10-13 (T♀ from *Dendryphantes*).

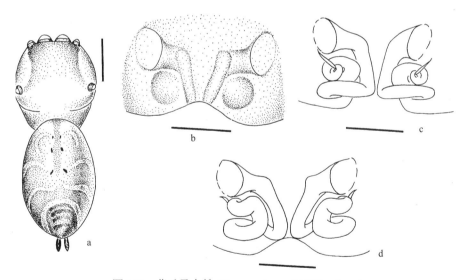

图 143　莫氏马卡蛛 *Macaroeris moebi* (Bösenberg)

a. 雌蛛外形 (body ♀), b. 生殖厣 (epigynum), c-d. 阴门 (vulva): c. 背面观 (dorsal), d. 腹面观 (ventral)

比例尺 scales = 1.00 (a), 0.10 (b-d)

雌蛛：体长 5.60；头胸部长 2.80，宽 2.40；腹部长 2.80，宽 2.00。头胸甲褐色，密被白毛，后端宽于前端。前眼列宽 1.60，后眼列宽 2.40，眼域长 1.60，前端黑色。胸甲末端有 6 根黑色长毛。螯肢前齿堤 2 齿，后齿堤 1 板齿。步足被白毛。腹部背面灰白色，有 4 条波浪状的横纹。腹末颜色较深，隐约可见 3 条弧形横纹。肌痕 3 对。腹部腹面中央有 1 大的黑斑，中间有 4 条由浅黄色小点形成的纵带。外雌器角质化程度弱，内部结构清晰可见，交媾腔圆形。纳精囊膨大不明显，交媾管长，有 2 圈螺旋，开口处呈喇叭状。

雄蛛：尚未发现。

观察标本：1♀，湖南炎陵中村，其他信息不详。

地理分布：湖南 (炎陵)；巴西。

41. 蝇狮属 *Marpissa* C. L. Koch, 1846

Marpissa C. L. Koch, 1846: 60.

Type species: *Marpissa muscosa* (Clerck, 1758).

中、大型跳蛛，体长 5.00-11.00，体稍扁平。背甲卵圆形，眼域宽大于长，长约占头胸部长的 2/5，中列眼居中。胸甲前端狭窄。螯肢前齿堤 2 齿，后齿堤 1 齿，下唇长大于宽。步足无毛丛，第 I 步足较其他步足粗壮，基节接近，胫节腹面 3-4 对刺，后跗节腹面 2 对刺。

该属已记录有 50 种，主要分布在中国、朝鲜、俄罗斯、日本。中国记录 4 种。

种 检 索 表

1. 雄蛛 ·· 2
   雌蛛 ·· 4
2. 侧面观胫节突末端尖 ·· 螺蝇狮 *M. milleri*
   侧面观胫节突末端钝圆 ·· 3
3. 插入器起始于 11:00 点位置 ··· 黄棕蝇狮 *M. pomatia*
   插入器起始于 9:00 点位置 ·· 横纹蝇狮 *M. pulla*
4. 交媾管呈螺旋状缠绕 ·· 横纹蝇狮 *M. pulla*
   交媾管不呈螺旋状缠绕 ·· 5
5. 交媾腔位于生殖厣前缘 ·· 林芝蝇狮 *M. linzhiensis*
   交媾腔位于生殖厣后缘 ·· 6
6. 交媾腔后缘与生殖沟相连 ·· 螺蝇狮 *M. milleri*
   交媾腔后缘远离生殖沟 ·· 黄棕蝇狮 *M. pomatia*

(141) 林芝蝇狮 *Marpissa linzhiensis* Hu, 2001 (图 144)

Marpissa linzhiensis Hu, 2001: 392, figs. 248.1-3 (D♀).

雌蛛：体长 5.00-5.50。(正模) 体长 5.50 者，头胸部长 2.15，宽 1.60；腹部长 3.40，宽 2.10。背甲卵形，黑褐色，被白色细毛及黑褐色长毛，其两侧缘具黑色窄边。眼域宽大于长，约占头胸部的 1/3，两侧平行，眼域周缘显黑色，其两侧及前缘布有黑色长刚毛，在前、后侧眼间的内侧各有 1 个肾形黄斑，胸区的正中线有 1 个大型菱形黄斑，前眼列稍后曲，中眼列位于前、后眼列之间。螯肢前缘黑褐色，后缘赤褐色，前齿堤 2 齿，后齿堤 1 齿。触肢黄色，其胫节外侧各有 1 个黑斑。颚叶赤黄色。下唇长大于宽，褐色，约占颚叶长的 1/2。胸甲椭圆形，黄色，中央部位略隆起，其两侧隐约可见 4 个灰黑色块斑。步足黄色，具黑褐色轮纹，各腿节背中线皆有 2 根刺，第 I 步足粗壮，第 I、II 步足胫节有 3 对腹刺，后跗节各有 2 对腹刺。足式：IV，III，I，II。腹部长椭圆形且平坦，黄色，整个背面具 1 个大型黑色叶斑，并布有大、小对称的黄色圆斑和圆点。心脏斑黄褐色，其两侧各有 1 个棕黄色肌点。腹部腹面黑褐色，密布黄色小点斑，正中线部位具 1 条黑色条斑。纺器黑褐色 (引自 Hu, 2001)。

雄蛛：尚未发现。

观察标本：正模♀，副模 1♀，西藏林芝，海拔 3000m，1988.VIII.30，张涪平采 (未镜检)。

地理分布：西藏 (林芝)。

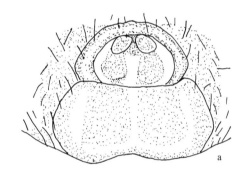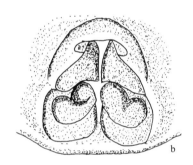

图 144　林芝蝇狮 *Marpissa linzhiensis* Hu (仿 Hu, 2001)
a. 生殖厣 (epigynum), b. 阴门 (vulva)

(142) 螺蝇狮 *Marpissa milleri* (Peckham *et* Peckham, 1894) (图 145)

Marptusa millerii Peckham *et* Peckham, 1894: 91, pl. 8, fig. 6 (D♀♂).

Marpissa milleri (Peckham *et* Peckham, 1894): Simon, 1901a: 603; Prószyński, 1973b: 116, f. 51-58; Zhou, Wang *et* Zhu, 1983: 160, figs. 12a-f (♀♂).

Marpissa dybowskii Kulczyński, 1895; Peng *et al*., 1993: 111, figs. 367-370 (♀); Song, Zhu *et* Chen, 1999: 533, fig. 303C (♀).

雌蛛：体长 8.00-11.00。体长 8.50 者，头胸部长 3.70，宽 2.49；腹部长 4.70，宽 2.42。前眼列宽 1.90，后眼列宽 2.10，眼域长 1.60。背甲被白色细毛和散生粗的黑毛，中部红褐色，边缘黑褐色，眼周围黑色。螯肢褐红色，颚叶及下唇端部为黄色，基部为褐色，胸甲黄色。步足多毛，黄色具黑褐色轮纹。第 I 步足胫节腹面具 4 对黑刺、后跗节腹面具 2 对黑刺。第 II 步足胫节腹面具 3 对黑刺，端部有由毛形成的 5 个 "人" 字形斑纹。中部有 3 对椭圆形白斑，两侧有数对环状白斑，腹部边缘为黑褐色，腹面黄色，具 3 条褐色纵带。外雌器结构复杂。交媾管细长而无规则缠绕，生殖孔大而紧贴生殖沟，开口朝向腹末。

雄蛛：体形同雌蛛。触肢器大，跗舟的尖端细长，弯曲。跗舟的内侧面凹陷或扁平，后部分有半圆形的槽，与短和弯曲胫节突相连。插入器非常长，绕生殖球 1 圈，向上延伸到跗舟的尖端 (引自 Prószyński, 1973)。

观察标本：1♀，黑龙江伊春，1984.VIII，朱传典采；1♀，吉林珲春，1971.IX，朱传典采。

地理分布：吉林、黑龙江；俄罗斯，朝鲜，日本。

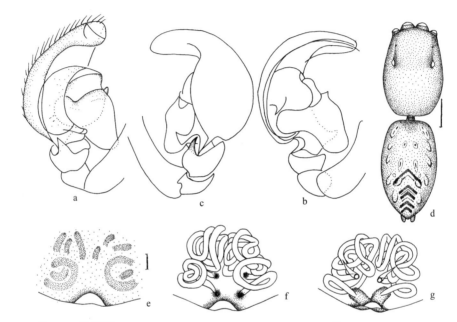

图 145　螺蝇狮 *Marpissa milleri* (Peckham *et* Peckham) (a-c 仿 Prószyński, 1973)

a-c. 触肢器 (palpal organ)：a. 腹面观 (ventral), b. 前侧观 (prolateral), c. 后侧观 (retrolateral), d. 雌蛛外形 (body ♀), e. 生殖厣 (epigynum), f-g. 阴门 (vulva)：f. 背面观 (dorsal), g. 腹面观 (ventral)　比例尺 scales = 1.00 (a), 0.10 (e-g)

(143) 黄棕蝇狮 *Marpissa pomatia* (Walckenaer, 1802) (图 146)

Aranea pomatia Walckenaer, 1802: 244 (D♀♂).

Marpissa pomatia (Walckenaer, 1802): Simon, 1868b: 19, pl. 5, fig. 1 (D♀♂); Zhou, Wang *et* Zhu, 1983: 159, g. 11a-d (♀); Peng *et al.*, 1993: 112, figs. 371-379 (♀♂); Song, Zhu *et* Chen, 1999: 534, figs. 302Q, 303H, 327E-F (♀♂).

雄蛛：体长 7.50-8.00。体长 7.50 者，头胸部长 3.50，宽 2.83；腹部长 4.00，宽 2.02。前眼列宽 1.85，后眼列宽 1.90，眼域长 1.30。背甲近中窝两侧各有 1 大的黄褐色斑。颚叶前外角有齿状突起。步足淡褐色，多刺，并有黑色纵条斑。第 I 步足粗大，胫节下方有 4 对刺，后跗节下方 2 对刺。第 II 胫节下方有 3 对刺，后跗节下方有 4 对刺，后跗节下方有 2 对刺。腹部背面中央有 2 对椭圆形淡黄色斑。中央后端有 4 个 "人" 字形斑。

整个腹背被有稀疏的白毛。触肢黄色，跗舟瓢状，下部有 1 锥状突指向胫节突中部。生殖球较小，下部如心形。插入器绕生殖球 1 周后伸向跗舟顶部，胫节突窄小。

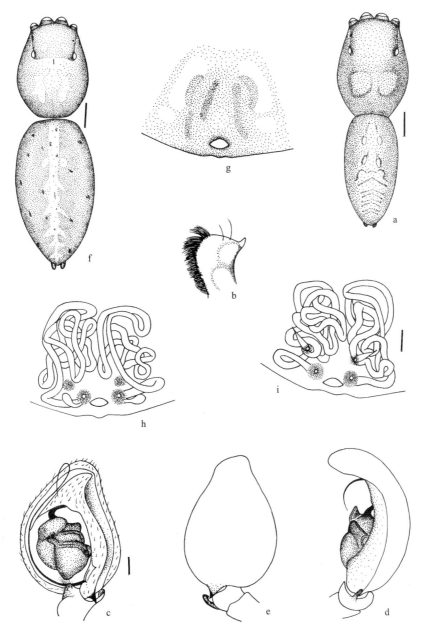

图 146　黄棕蝇狮 *Marpissa pomatia* (Walckenaer)

a. 雄蛛外形 (body ♂), b. 雄蛛颚叶 (endite ♂), c-e. 触肢器 (palpal organ): c. 腹面观 (ventral), d. 后侧观 (retrolateral), e. 背面观 (dorsal), f. 雌蛛外形 (body ♀), g. 生殖厣 (epigynum), h-i. 阴门 (vulva): h. 背面观 (dorsal), i. 腹面观 (ventral)

比例尺 scales = 1.00 (a, f), 0.20 (b-e, g-i)

雌蛛：体长 9.00-10.00。体长 9.30 者，头胸部长 3.20，宽 2.41；腹部长 6.10，宽 2.75。

前眼列宽 1.75，后眼列宽 1.90，眼域长 1.40。外形和雄蛛相似，但体色略深。眼域内有1 对黄褐色豆状斑。整个头胸甲被有稀疏的白毛，如霜状。中窝两侧各有 1 手枪状黄白斑，颚叶前外角无齿状突起。腹部背面中央有 1 条淡黄色倒树枝状纵带，其两侧各有 1 条宽的黑纵带。外雌器结构复杂，交媾管细长而作无规则缠绕。生殖孔卵形，位于生殖沟上方，二者之间有一点距离。

本种和 *M. dybowskii* Kulczyński, 1895 相似，但二者有下列差别：①本种外雌器生殖孔位于生殖沟上方，开孔朝向腹面，而后者生殖孔紧贴生殖沟，开孔朝向腹末；②后者雄蛛胫节突上垂直着生有 1 刺状突，而本种无此结构。

观察标本：1♀，吉林长春，1962.Ⅴ，朱传典采；3♀4♂，吉林长春，1973.Ⅵ采；1♀1♂，吉林长春，1981.Ⅴ采；1♂，黑龙江巴彦，1970.Ⅷ采。

地理分布：吉林、黑龙江；俄罗斯，朝鲜，日本。

(144) 横纹蝇狮 *Marpissa pulla* (Karsch, 1879) (图 147)

Marptusa pulla Karsch, 1879g: 87 (D♂).

Marpissa pulla (Karsch, 1879): Prószyński, 1976: 155, fig. 255 (T♀♂ from *Menemerus*); Yin *et* Wang, 1979: 34, fig. 16; Hu, 1984: 374, figs. 390-391 (♀♂); Peng *et al.*, 1993: 114, figs. 380-386 (♀♂); Song, Zhu *et* Chen, 1999: 534, figs. 303J, 304A, 327I (♀♂).

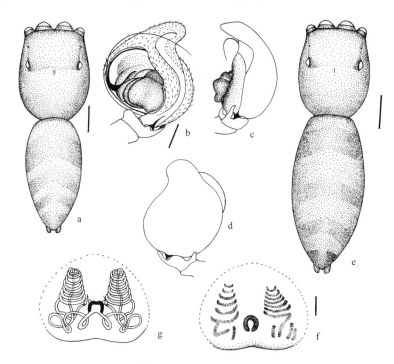

图 147　横纹蝇狮 *Marpissa pulla* (Karsch)

a. 雄蛛外形 (body ♂), b-d. 触肢器 (palpal organ): b. 腹面观 (ventral), c. 后侧观 (retrolateral), d. 背面观 (dorsal), e. 雌蛛外形 (body ♀), f. 生殖厣 (epigynum), g. 阴门 (vulva)　比例尺 scales = 0.50 (a-e), 0.20 (f, g)

雄蛛：体长 4.50-6.00。体长 5.70 者，头胸部长 2.75，宽 1.99；腹部长 3.00，宽 1.60。头胸部背面黄褐色，眼域后方有 1 黄白色马蹄形斑纹，后侧眼后方各有 1 月形淡色斑。前眼列宽 1.70，后眼列宽 1.70，眼域长 1.25。胸甲中央淡色，周围黑褐色。颚叶、下唇黑褐色，颚叶前外角有 1 钝齿状突起。第 I 步足红褐色，胫节上有黄斑，第 II 步足淡黄色，第 III、IV 步足除腿节为红褐色外，其余黄色。腹部长卵圆形，背面黄白色，散布褐色圆点及 4 条古铜色横纹。腹部腹面黑褐色，生殖区和纺器前方有黄色条纹，纺器黑灰色。触肢灰褐色，跗舟扁圆，顶端狭而弯曲，近胫节突处有 1 刺状结构指向胫节突基部。插入器绕生殖球 1 周半后伸向跗舟顶部，胫节突较细长而呈弧形弯曲。

雌蛛：体长 4.60-6.70。体长 6.60 者，头胸部长 2.67，宽 1.93；腹部长 3.88，宽 2.03。前眼列宽 1.67，后眼列宽 1.67，眼域长 1.22。外形与雄蛛相似，但体色较深，斑纹更清晰。颚叶前外角无齿状突起。外雌器外面观中央有 1 葫芦形生殖孔，两侧隐约可见弯曲的交媾管，内部结构为 2 条细长的交媾管分别绕成宝塔形结构。

观察标本：1♀1♂，湖南邵阳，1980.Ⅶ，胡运瑾采；1♀，吉林长春，1971.Ⅴ。

地理分布：吉林、黑龙江、湖南 (邵阳、绥宁)；韩国，日本。

42. 杯蛛属 *Meata* Zabka, 1985

Meata Zabka, 1985: 239.

Type species: *Meata typica* Zabka, 1985.

小型蜘蛛，体长 4.00 左右。本属区别于跳蛛科其他属的最主要特征是：外雌器两交媾管平行，端部如杯状，基部收缩，与两室的纳精囊相连。

本属已知 2 种：*M. typica* Zabka, 1985 已知分布于越南河内；中国记录 1 种 *M. fungiformis* Xiao *et* Yin, 1991，已知分布于中国云南。

(145) 蘑菇杯蛛 *Meata fungiformis* Xiao *et* Yin, 1991 (图 148)

Meata fungiformis Xiao *et* Yin, 1991b: 150, figs. 1-5 (D♀); Peng *et al.*, 1993: 123, figs. 410-414 (♀); Song, Zhu *et* Chen, 1999: 534, figs. 304B, 327J (♀).

雌蛛：体长 1.10；头胸部长 1.65，宽 1.29；腹部长 2.70，宽 1.68。前眼列宽 1.10，后眼列宽 1.00，眼域长 0.75。头胸甲红褐色，前端隆起稍高，后端 1/3 倾斜。眼域深红褐色，第二、三列眼周围呈黑褐色。前列眼周围被较长的褐色粗毛，后中眼较大而明显，偏后。螯肢红褐色，前齿堤 4 齿，端部 3 齿等大，基部 1 齿较小；后齿堤 1 板齿，端部分 5 叉。颚叶、下唇红褐色，下唇长约等于宽。胸甲近圆形，红褐色，前端平切，左右第 I 步足基节远离。触肢黄色，步足橙黄色，具黑褐色轮纹。腹部卵圆形，黄褐色，被浅灰褐色细毛。背面具不规则的褐色斑纹。纺器灰黄色，稍细长。外雌器前部为 1 椭圆形凹陷，其后部透过体壁可隐约见到交媾管和纳精囊的阴影。交媾管呈漏斗状，一端通向前部的椭圆形凹陷，另一端通向蘑菇状的两室纳精囊。

雄蛛：尚未发现。

本种与 *Meata typica* Zabka, 1985 有下列差别：①后者后齿堤 1 板齿，端部分 4 叉，而本种分 5 叉；②后者外雌器两交媾管在纳精囊后方收缩，交媾管形似酒杯，而本种交媾管在两纳精囊之间收缩，交媾管形似漏斗；③二者纳精囊两室之间的连接方式很不相同，本种连接成蘑菇状，而后者不呈蘑菇状。

观察标本：正模♀，云南勐腊，1981.Ⅷ，王家福采 (已镜检)。

地理分布：云南。

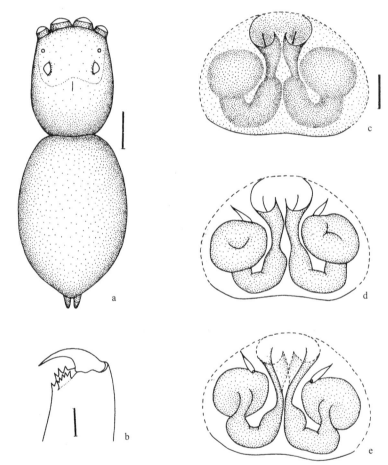

图 148　蘑菇杯蛛 *Meata fungiformis* Xiao *et* Yin

a. 雌蛛外形 (body ♀), b. 雌性螯肢 (chelicera ♀), c. 生殖厣 (epigynum), d-e. 阴门 (vulva)：d. 背面观 (dorsal), e. 腹面观 (ventral)　比例尺 scales = 1.00 (a), 0.10 (b-e)

43. 蒙蛛属 *Mendoza* Peckham *et* Peckham, 1894

Mendoza Peckham *et* Peckham, 1894; Logunov, 1999c: 46.

Type species: *Mendoza memorabilis* (O. P. -Cambridge, 1876).

跗舟正常，不变扁；颚叶端部外侧无齿状突，后中眼下方有成簇的笔状毛。盾片远端无瘤状突；插入器基部位于生殖球的前侧，插入器弯曲度小于 180°，生殖厣有中隔，管状纳精囊的长度为交媾管的 1-2 倍。

该属已记录有 8 种，主要分布在中国、日本、越南。中国记录 4 种。

种 检 索 表

1. 雄蛛 ·· 2
　　雌蛛 ·· 5
2. 跗舟腹面观长大于宽 ·· 美丽蒙蛛 *M. pulchra*
　　跗舟腹面观长不大于宽 ··· 3
3. 插入器起始于 11:00 点位置 ·· 卡氏蒙蛛 *M. canestrinii*
　　插入器起始于 9:00 点位置 ·· 4
4. 腹面观生殖球宽约为跗舟宽的 0.63 倍 ··· 高尚蒙蛛 *M. nobilis*
　　腹面观生殖球宽约为跗舟宽的 0.78 倍 ·· 长腹蒙蛛 *M. elongata*
5. 垂体三角形 ·· 卡氏蒙蛛 *M. canestrinii*
　　垂体舌状 ··· 6
6. 交媾管无扭结 ·· 长腹蒙蛛 *M. elongata*
　　交媾管有扭结 ··· 7
7. 交媾管缠绕呈 "8" 字形 ··· 高尚蒙蛛 *M. nobilis*
　　交媾管盘曲呈 "C" 字形 ··· 美丽蒙蛛 *M. pulchra*

(146) 卡氏蒙蛛 *Mendoza canestrinii* (Ninni, 1868) (图 149)

Marpissa canestrinii Ninni, in Canestrini *et* Pavesi, 1868: 866 (D♀).

Marpissa magister Prószyński, 1973b: 116; 1976: 155, figs. 251, 258 (T♀♂ from *Mithion = Thyene*); Yin *et* Wang, 1979: 33, figs. 14A-D (♀♂); Song, 1980: 205, figs. 114a-f (♀♂); Hu, 1984: 372, figs. 389.1-4 (♀♂); Guo, 1985: 180, figs. 2-103.1-3 (♀♂); Zhu *et* Shi, 1983: 205, figs. 187a-e (♀♂); Song, 1987: 296, figs. 252 (♀♂); Zhang, 1987: 241, figs. 213.1-4 (♀♂); Feng, 1990: 208, figs. 183.1-6 (♀♂); Chen *et* Gao, 1990: 185, figs. 235a-b (♀♂); Chen *et* Zhang, 1991: 307, figs. 326.1-5 (♀♂); Peng *et al.*, 1993: 118, figs. 394-402 (♀♂); Zhao, 1993: 405, figs. 206a-c (♀♂); Song, Zhu *et* Chen, 1999: 533, figs. 302N, 303E (♀♂).

Mendoza canestrinii (Ninni, 1868): Logunov, 1999c: 49, figs. 14-15, 24-25, 29, 37, 39, 44, 78-79, 98-104, 107-108, 114, 119, 123-124, 131-132.

雌蛛：体长 9.10-10.80。体长 10.00 者，头胸部长 4.50，宽 3.51；腹部长 5.50，宽 2.56。前眼列宽 1.80，后眼列宽 1.90，眼域长 1.60。头胸甲红褐色，眼周围黑色，眼域中央有 1 对灰黑色斑，中窝后有 1 黑褐色纵纹，向两边放射出 2-3 条斑纹。胸甲黄褐色。螯肢红褐色，颚叶、下唇、触肢皆黄白色。步足橘黄色，多刺，第 I 步足胫节腹面有 4 对刺。后跗节腹面有 2 对刺。腹部淡黄褐色，背面具有 2 条深褐色纵带。纵带后方近腹末有 1-2 对方形黑褐色斑，纵带在阳光下闪金光。腹部腹面正中具黑灰色细纵纹，两侧有数条相互平行且不很明显的淡灰色纵纹。外雌器结构较简单，体壁常半透明，在靠近生殖沟处有 1 对卵圆形凹陷，分别与内部的交媾管相连接，交媾管末端作简单盘卷，2 凹陷之间有 1 三角形垂体。

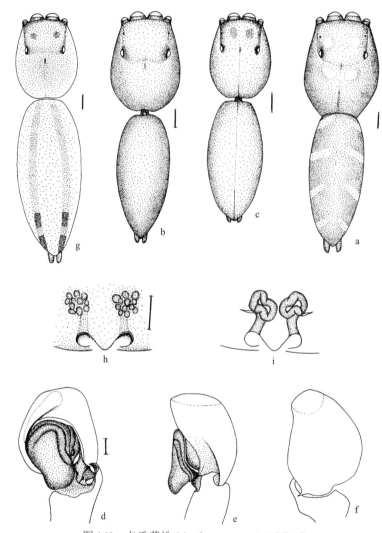

图 149　卡氏蒙蛛 *Mendoza canestrinii* (Ninni)

a-c. 雄蛛外形 (body ♂), d-f. 触肢器 (palpal organ)：d. 腹面观 (ventral), e. 后侧观 (retrolateral), f. 背面观 (dorsal), g. 雌蛛外形 (body ♀), h. 生殖厣 (epigynum), i. 阴门 (vulva) 比例尺 scales = 0.50 (a-c, g), 0.10 (d-f, h, i)

雄蛛：体长 6.90-7.20。体长 7.20 者，头胸部长 3.01，宽 2.16；腹部长 4.05，宽 1.92。前眼列宽 1.50，后眼列宽 1.60，眼域长 1.10。体色和斑纹有个体差异，可分为 4 种类型。浅色型：体橘黄色至黄褐色；与雌蛛相似，但腹部背面无纵带及黑斑，自中窝至腹末有 1 条深褐色纵线；腹部腹面无斑纹及纵带。深色有斑型：全体背面褐色或漆黑，具明显的斑纹，中列眼内侧有 1 对豆状白斑，后列眼后方有 1 对圆形白斑，腹部背面有 4 对等距离排列的"八"字形白斑，自中窝至腹末还可见 1 条不太明显的黑纵纹；腹部腹面黄褐色，具灰黑色纵纹。深色无斑型：全体黑褐色或漆黑，无任何斑纹。介于浅色型和深色有斑型的中间类型：各对白斑隐约可见。

观察标本：1♀，湖南长沙，1986.X；4♂，湖南湘阴，1986.X，肖小芹采；4♂，湖南绥宁，1984.Ⅷ，刘明耀采；2♀，湖南湘西，1975，尹长民采；2♂，湖南江永，1982.Ⅷ，张永靖采；2♂，江西兴国，1979.Ⅷ，2♂，江西武宁，1978.Ⅷ，尹长民采；2♂，江西庐山，1987.Ⅵ，谢莉萍采；8♂，四川成都，1980.Ⅸ，陈孝恩采；5♀7♂，贵州，1979，李富江采；2♀4♂，福建崇安，1986.Ⅶ，余昭杰采、肖小芹采；1♀，福建三港，1986.Ⅶ，王家福采；5♀，贵州花溪黑湾河，1985.Ⅴ采；1♀，吉林九台，1961.Ⅶ采。

地理分布：北京、山西、吉林、黑龙江、江苏、浙江、福建、江西、湖北、湖南 (长沙、湘阴、湘西、绥宁、江永)、四川、贵州、陕西、台湾；日本，越南。

(147) 长腹蒙蛛 *Mendoza elongata* (Karsch, 1879) (图 150)

Icius elongatus Karsch, 1879g: 83 (D♂).

Marpissa elongata (Karsch, 1879): Prószyński, 1973b: 114, figs. 47-50 (D♀♂); Yin *et* Wang, 1979: 34, figs. 15A-B(D♀♂); Hu, 1984: 372, figs. 388.1-8 (♀♂); Guo, 1985: 178, figs. 2-102.1-4 (♀♂); Feng, 1990: 207, figs. 182.1-4 (♀♂); Chen *et* Zhang, 1991: 306, figs. 325.1-3 (♀♂); Peng *et al.*, 1993: 116, figs. 387-393 (♀♂); Zhao, 1993: 403, figs. 205a-c (♀♂); Song, Zhu *et* Chen, 1999: 533, figs. 302M, 303D, 327C-D (♀♂).

Mendoza elongata (Karsch, 1879): Logunov, 1999c: 53, figs. 45, 122 (T♀♂ from *Marpissa*, S).

雄蛛：体长 7.20-8.00。体长 7.30 者，头胸部长 3.10，宽 2.21；腹部长 4.20，宽 1.63。前眼列宽 1.50，后眼列宽 1.50，眼域长 1.10。头胸甲边缘黑色，紧靠边缘内侧为白色细纹。背甲中部黑褐色，两侧金色。眼域黑色，两前侧眼间有 1 列白毛，中眼列后方有 1 对近三角形白斑。眼域外侧被均匀白毛，后方各有 1 对左右对称的星状辐射大白斑。胸甲边缘黑褐色，中央黄色。螯肢、颚叶、下唇皆黄褐色。腹部背面黑褐色闪金光，4 对白斑等距排列：前 2 对几乎左右相连成矢状，后 2 对呈 "八" 字形。腹部腹面褐色。触肢器较短且瘦，插入器粗短，胫节突较直，尖端钝，略弯向内侧。

雌蛛：体长 8.00-9.00。体长 8.20 者，头胸部长 3.20，宽 1.76；腹部长 4.90，宽 2.48。前眼列宽 1.55，后眼列宽 1.60，眼域长 1.30。体色较雄蛛浅。前侧眼后外侧各有 2-3 撮粗刚毛。腹部背面黄褐色，被白色细毛和黑色长毛，后端正中有 1 条黑细线，两侧各有 1 条宽的黑色纵带，2 纵带在前后端相连，整个纵带具金色光泽。腹部腹面黄色，自生殖沟至纺器前有 3 条黑色纵带，纵带在纺器前端相连。外雌器外面观可见 1 个两侧近平行的舌状垂体，垂体前方两侧各有 1 个隐约可见的马蹄形阴影。

观察标本：1♀，湖南宜章莽山，1964.Ⅷ，刘林翰采；1♀，湖南新宁舜皇山，1980.Ⅶ，胡运瑾采；1♀，湖南城步，1982.Ⅶ，张永靖采；3♀2♂，福建三港，1986.Ⅶ，尹长民、肖小芹、彭贤锦、谢莉萍采；3♀1♂，北京，1974.Ⅵ采。

地理分布：北京、山西、黑龙江、江苏、浙江、福建、湖北、湖南 (新宁、城步、宜章)、四川、贵州、陕西、甘肃、台湾；韩国，日本。

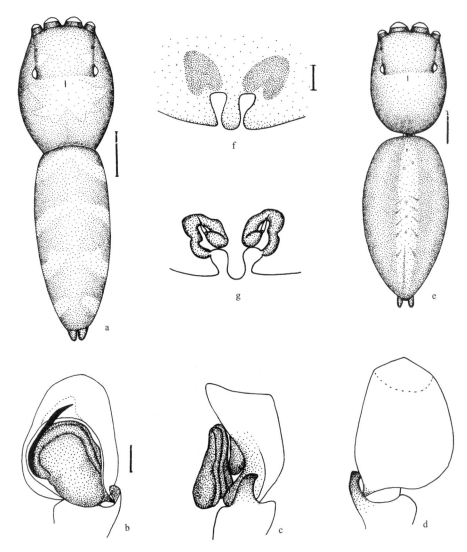

图 150　长腹蒙蛛 *Mendoza elongata* (Karsch)

a. 雄蛛外形 (body ♂), b-d. 触肢器 (palpal organ)：b. 腹面观 (ventral), c. 后侧观 (retrolateral), d. 背面观 (dorsal), e. 雌蛛外
形 (body ♀), f. 生殖厣 (epigynum), g. 阴门 (vulva) 比例尺 scales = 1.00 (a, e), 0.10 (b-d, f, g)

(148) 高尚蒙蛛 *Mendoza nobilis* (Grube, 1861) (图 151)

Attus nobilis Grube, 1861: 28 (D♂).

Marpissa pulchra (Grube, 1861): Logunov *et* Wesolowska, 1992: 128, figs. 17A-D (♀, misidentified);
　　Peng *et al.*, 1993: 120, figs. 403-309 (♀♂).

Marpissa nobilis (Grube, 1861): Prószyński, 1971c: 212, figs. 16-19; Song, Zhu *et* Chen, 1999: 533, figs.
　　302O, 303F (♀♂).

Mendoza nobilis (Grube, 1861): Logunov, 1999c: 53, figs. 16-17, 26-27, 38, 46, 113, 120 (T♀♂ from
　　Marpissa).

　　雄蛛：体长 6.50-10.00。体长 6.50 者，头胸部长 2.75，宽 1.78；腹部长 3.70，宽 1.45。前眼列宽 1.40，后眼列宽 1.35，眼域长 1.15。头胸甲深红褐色，眼周围黑色，前列眼周围生有褐色长毛，前眼列后外侧有 1 小束刚毛。背甲具由白毛形成的白边，整个背甲上有由白色闪光毛形成的 4 对白斑：2 中眼之间有 1 对大的三角形斑，中眼外侧各有 1 小圆斑，后列眼后方各有 1 较大的圆斑，中窝后方有 1 对"八"字形斑。胸甲黑褐色。螯肢红褐色，颚叶外侧黑褐色，内侧黄色。下唇、步足黑褐色。腹部背面黑灰色，密被褐色毛，两侧边缘有 4 对等距排列的"八"字形白斑。腹部腹面生殖沟以前为黄褐色，生殖沟以后为黑褐色。触肢器结构简单，插入器较粗，尖端锹形，胫节突较宽扁，端部弯向后内侧。

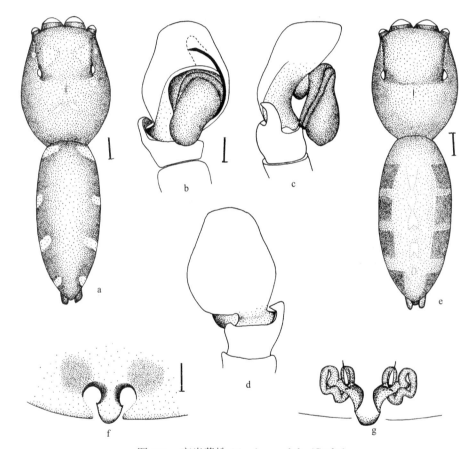

图 151　高尚蒙蛛 *Mendoza nobilis* (Grube)

a. 雄蛛外形 (body ♂), b-d. 触肢器 (palpal organ)：b. 腹面观 (ventral), c. 前侧观 (prolateral), d. 背面观 (dorsal), e. 雌蛛外形 (body ♀), f. 生殖厣 (epigynum), g. 阴门 (vulva)　比例尺 scales = 0.50 (a, e), 0.10 (b-d, f, g)

　　雌蛛：体长 6.00-10.00。体长 6.00 者，头胸部长 2.60，宽 1.74；腹部长 3.50，宽 1.52。前眼列宽 1.35，后眼列宽 1.30，眼域长 1.10。和雄蛛相比，头胸部色较浅，整个背甲覆盖有细密的白毛，并具明显的黑边。胸甲中央黄色，周围黑褐色。触肢黄色，端部具长白毛。螯肢及步足同雄蛛。腹部背面灰黄色，中央有由白毛形成的白斑，组成断续的纵带。两侧有 4 对长方形黑褐斑，在后 2 对黑褐斑之间有 1 对由白毛形成的白斑，无斑纹部分具美丽的金黄色光泽。腹部腹面黄色，自生殖沟至纺器前有 3 条平行的黑褐色纵带。外雌器结构较简单，生殖沟上方有 2 个圆形交媾腔凹陷与内部交媾管相接。2 凹陷之间有 1 蛇头形垂体，生殖管短小并紧密缠绕。

观察标本：1♀，湖南绥宁，1984.Ⅷ，刘明耀采；1♂，湖南邵阳，1980.Ⅶ，胡运瑾、杨海明采；1♀，广西龙胜，1982.Ⅷ，张永靖采；1♀，内蒙古扎兴；3♀15♂，吉林长春，1962.Ⅴ采。

地理分布：内蒙古、吉林、湖南 (邵阳、绥宁)、广西；韩国，日本。

(149) 美丽蒙蛛 *Mendoza pulchra* (Prószyński, 1981) (图 152)

Marpissa pulchra Prószyński, in Wesolowska, 1981a: 66, figs. 63-64, 67-74 (D♀♂); Logunov *et* Wesolowska, 1992: 128, f. 16A-D; Song, Zhu *et* Chen, 1999: 534, figs. 302R, 303I, 327G-H (♀♂).
Mendoza pulchra (Prószyński, 1981): Logunov, 1999c: 55, figs. 127-128 (T♀♂ from *Marpissa*).

雄蛛：头胸部长 2.53，宽 1.70；腹部长 3.45，宽 1.40。背甲黑棕色，眼域黑色，眼域后部有 2 个白色斑点。胸甲、螯肢黑棕色，下唇、颚叶棕色，边缘黄色。腹部棕色有金属光泽，覆鳞片。腹部有 4 对白色斑点，被毛。纺器棕色，步足均呈黑棕色，仅跗舟呈黄色，触肢器的胫突顶端有小齿。

雌蛛：头胸部长 2.88，宽 1.95；腹部长 5.30，宽 1.25。背甲棕色，覆白毛，眼域黑色，腹部灰色，中间有纵向的白色条纹和 4 对黑斑。腹部腹面有纵向的棕色条纹和 2 条黄色细线，侧面黄色，第 I 步足棕色，跗节和后跗节黄色，跗节末端黄色夹杂棕色。触肢黄色，跗节棕色。栖息于沼泽森林草地。

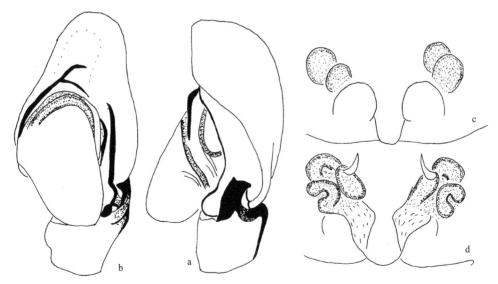

图 152 美丽蒙蛛 *Mendoza pulchra* (Prószyński) (仿 Wesolowska, 1981)
a-b. 触肢器 (palpal organ)：a. 后侧观 (retrolateral), b. 腹面观 (ventral), c. 生殖厣 (epigynum), d. 阴门 (vulva)

观察标本：无镜检标本。

地理分布：中国；俄罗斯，韩国，日本。

44. 扁蝇虎属 *Menemerus* Simon, 1868

Menemerus Simon, 1868: 662.

Type species: *Menemerus semilimbatus* (Hahn, 1827).

中小型跳蛛，体长 5.00-8.00。背腹扁平，背甲卵圆形，两侧常有白边。眼域方形、宽大于长，后边≤前边，中列眼居中。螯肢前齿堤 2 齿，后齿堤 1 齿，下唇长大于宽。第 I 步足较第 II 步足粗大，第 I、II 步足胫节腹面均有刺。腹部背面常具"人"字形斑。触肢器粗壮，生殖球矮胖，插入器鸟喙状，通常有 1 膜质引导器相伴。生殖厣具 1 大的凹陷，其中间有 1 纵中隔。凹陷内常塞有胶质栓，内部结构为 1 杯状交媾管通入梨形纳精囊。

该属已记录有 67 种，主要分布在中国、东南亚、日本、阿根廷，世界性分布。中国记录 4 种。

种 检 索 表

1. 雄蛛 ··· 2

   雌蛛 ··· 3

2. 胫节突长指状 ··· 双带扁蝇虎 *M. bivittatus*

   胫节突短而尖 ··· 短颌扁蝇虎 *M. brachygnathus*

3. 交媾腔长不及生殖厣长的一半 ······················ 五斑扁蝇虎 *M. pentamaculatus*

   交媾腔长约为生殖厣长的 3/4 ·· 4

4. 中隔仅向前延伸至生殖厣前部 3/4 处 ···················· 黑扁蝇虎 *M. fulvus*

   中隔向前延伸至生殖厣顶部 ··· 5

5. 中隔细条状 ·· 短颌扁蝇虎 *M. brachygnathus*

   中隔三角形 ··· 双带扁蝇虎 *M. bivittatus*

(150) 双带扁蝇虎 *Menemerus bivittatus* (Dufour, 1831) (图 153)

Salticus bivittatus Dufour, 1831: 369, pl. 11, figs. 5 (D♀).

Menemerus bivittatus: Peckham *et* Peckham, 1886: 292; Zabka, 1985: 240, figs. 283-292 (♀♂); Peng *et al.*, 1998: 37, figs. 1-3 (♀).

Menemerus bonneti Schenkel, 1963: 430, figs. 248a-e (D♂). Peng *et al.*, 1993: 125, figs. 418-421 (D♀♂); Song, Zhu *et* Chen, 1999: 534, fig. 303K (D♀♂).

雌蛛：体长 7.40；头胸部长 3.10，宽 2.40；腹部长 4.30，宽 2.70。前眼列宽 1.80，后眼列宽 1.70，眼域长 1.20。背甲扁平，黑褐色，被褐色及白色长毛，边缘黑色，并有由白毛覆盖而成的白带，眼域及其后端也有由白毛覆盖而成的宽带。胸甲卵形，被白色及褐色长毛，边缘暗褐色，中央灰黑色。额褐色，前缘被黑色长毛，前列 4 眼之间及下方密被白色长毛，额高小于前中眼半径。螯肢黑褐色，前齿堤 2 齿，后齿堤 1 齿。颚叶、下唇褐色，被黑色长毛，端部色浅具绒毛。触肢密被白色长毛。步足褐色，具灰黑色环纹，足刺短而弱。腹部背面灰褐色，斑纹黑褐色，两侧各有 1 条纵带，中央为心脏斑，其后有 3 个"人"字形纹。腹面浅灰色，中央隐约可见 3 条灰色纵纹。纺器灰黑色。

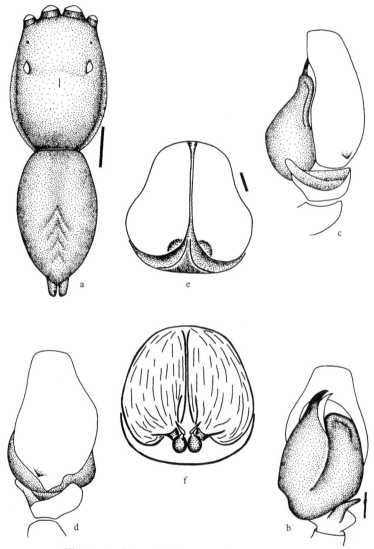

图 153　双带扁蝇虎 *Menemerus bivittatus* (Dufour)

a. 雄蛛外形 (body ♂), b-d. 触肢器 (palpal organ): b. 腹面观 (ventral), c. 后侧观 (retrolateral), d. 背面观 (dorsal), e. 生殖厣 (epigynum), f. 阴门 (vulva)　比例尺 scales = 1.00 (a), 0.20 (b-e)

　　雄蛛：体长 5.80-7.50。体长 5.80 者，头胸部长 2.70，宽 1.88；腹部长 2.80，宽 1.62。前眼列宽 1.60，后眼列宽 1.55，眼域长 1.20。背甲红褐色，眼域黑褐色。眼域、中窝附近及头胸部两侧被白毛，两侧有由白毛形成的白边。额部有由白毛形成的白带，此带常与两侧的白边相连。螯肢、颚叶、下唇红褐色。颚叶前端宽扁，前外侧有角状突起。胸甲红褐色，后端边缘具白毛。第Ⅰ步足胫节下具 3 对刺，第Ⅱ步足胫节下具 2 刺。腹部背面黄色，中央前端具较宽的褐色纵带，其后端为不太明显的 4 个褐色"人"字形纹，两侧为褐色纵带。腹部腹面生殖沟前为黄褐色，生殖沟后为浅黄色。触肢黄褐色具白毛，胫节突指状，插入器鸟喙状，有 1 膜质引导器相伴。

观察标本：1♀，衡阳岣嵝峰，1997.Ⅷ.2，彭贤锦采；1♂，云南勐海，1987.Ⅲ.5，1♂2♀，云南六库怒江，2000.Ⅵ.26，D. Kavanaugh、C. E. Griswold、颜亨梅采；1♂1♀，海南尖峰热带雨林，1989.Ⅻ采；1♂，广西防城港扶隆乡，海拔 200m，1999.Ⅳ.23，张国庆采；2♀，北京，1952.Ⅸ.15，P. W. Claassen 采。

地理分布：北京、福建、湖南 (衡阳) 广东、广西、海南、云南；越南。

(151) 短颌扁蝇虎 *Menemerus brachygnathus* (Thorell, 1887) (图 154)

Tapinattus brachygnathus Thorell, 1887: 364 (D♀♂).

Menemerus brachygnathus (Thorell, 1887): Simon, 1901a: 604, 606; Peng *et al.*, 1993: 127, figs. 422-429 (♀♂).

雄蛛：体长 5.10-6.20。体长 6.20 者，头胸部长 3.10，宽 2.42；腹部长 3.00，宽 1.58。前眼列宽 1.65，后眼列宽 1.62。背甲黑褐色，中窝附近红褐色并被细长白毛。眼周围黑色，前列眼各眼之间及前侧眼后外侧有粗而长的褐色毛，背甲两侧有白边，前眼列下方有白毛带。胸甲黑褐色。螯肢、颚叶红褐色，颚叶外侧有角状突起。下唇红褐色。第Ⅰ步足胫节腹面有 3 对刺，第Ⅱ步足胫节腹面内侧 2 刺、外侧 1 刺，4 对步足均红褐色，多毛，并具黑褐色纵条。腹部背面灰褐色，密被黑褐色和灰白色毛，前端有 1 褐色宽纵带，后端有 3-4 个"人"字形纹。腹部腹面褐色，纺器黑褐色。触肢红褐色，胫节突短而不明显。生殖球粗壮，中部有 1 纵沟，插入器鸟喙状，并伴有 1 膜质引导器。

雌蛛：体长 6.80-7.50。体长 7.30 者，头胸部长 3.30，宽 2.43；腹部长 4.00，宽 2.32。前眼列宽 1.80，后眼列宽 1.78，眼域长 1.40。雌蛛与雄蛛形态相似，但有下列不同：颚叶前端圆，前外侧无角状突起，胸甲红褐色，边缘生有白毛，触肢黄色，4 对步足均黄褐色，具黑褐色环纹。腹部背面中央有 1 大型叶状黄斑，黄斑中央前端有 1 褐色纵带，后端有 2-3 个"人"字形褐色斑。腹部两侧为黑褐色纵带，2 纵带前端不相连而后端在腹末处相连。腹部腹面黄色，中央有 1 大的黄褐色斑。外雌器凹陷内有胶质栓覆盖，透过体壁可见 1 对纳精囊。

观察标本：1♀，湖南石门壶瓶山，2001.Ⅶ.30，唐果采；1♂，广西那坡，1998.Ⅳ.2，WM98GXSP21，吴岷采；1♂1♀，云南福贡城郊，2000.Ⅶ.25，D. Kavanaugh、颜亨梅采。

地理分布：北京、河北、江苏、安徽、福建、江西、湖北、湖南 (龙山、石门)、广西、海南、贵州、云南、台湾；印度，越南，马来西来，日本，阿根廷。

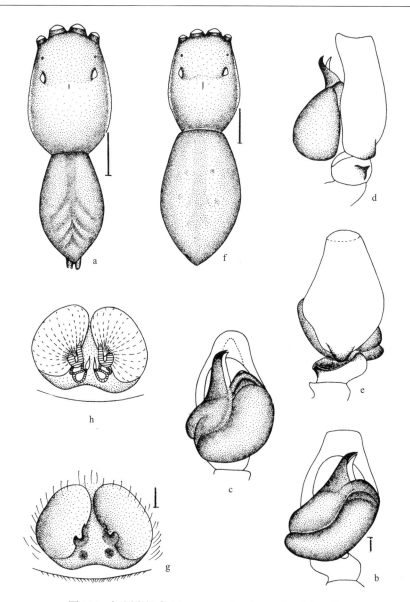

图 154 短颌扁蝇虎 *Menemerus brachygnathus* (Thorell)

a. 雄蛛外形 (body ♂), b-e. 触肢器 (palpal organ)：b-c. 腹面观 (ventral), d. 后侧观 (retrolateral), e. 背面观 (dorsal), f. 雌蛛 外形 (body ♀), g. 生殖厣 (epigynum), h. 阴门 (vulva)　比例尺 scales = 1.0 (a, f), 0.1 (b-e, g-h)

(152) 黑扁蝇虎 *Menemerus fulvus* (C. L. Koch, 1878) (图 155)

Hasarius fulvus C. L. Koch, 1878c: 782, pl. 16, fig. 40 (D♀♂).

Menemerus fulvus (C. L. Koch, 1878): Prószyński, 1987: 155 (Tmf from *Hasarius*, S).

Menemerus schensiensis Schenkel, 1963: 429, figs. 247a-d (D♀).

Menemerus confusus: Bösenberg *et* Strand, 1906: 350, pl. 9, fig. 146, pl. 14, fig. 370 (D♀♂); Lee, 1966: 73, figs. 27c-d (♀); Yin *et* Wang, 1979: 35, figs. 17A-D (♀♂); Hu, 1984: 376, figs. 392.1-2 (♀); Guo,

1985: 181, figs. 2-104.1-3 (♀); Song, 1987: 297, fig. 253 (♀); Zhang, 1987: 242, figs. 214.1-5 (♀); Feng, 1990: 209, figs. 184.1-6 (♀); Chen *et* Gao, 1990: 186, figs. 236a-b (♀♂); Chen *et* Zhang, 1991: 308, figs. 327.1-3 (♀); Zhao, 1993: 406, figs. 207a-c (♀♂); Song, Zhu *et* Chen, 1999: 534, figs. 303L, 304C (♀); Song, Zhu *et* Chen, 2001: 437, figs. 290A-C (♀).

Synonym: *M. confusus* Bösenberg *et* Strand, 1906: 350; Prószyński, 1987: 155 (Syn.); *M. schensiensis* Schenkel, 1963: 429; Wesolowska, 1981: 147 (Syn., sub. of *M. confusus*); *M. sinensis* Schenkel, 1963: 427; Wesolowska, 1981: 147 (Syn., sub. of *M. confusus*).

雌蛛：头胸部长 3.00，宽 2.50；腹部长 5.30，宽 3.00。前眼列宽 1.70，后眼列宽 1.65，眼域长 1.10。前中眼 0.55，前侧眼 0.30，后侧眼 0.25。额高 0.10。背甲扁平，褐色，边缘、眼域两侧黑色；背甲两侧缘及头部被有密的白色长毛，眼域中央有 1 对黑斑；中窝黑色，纵条状；颈沟、放射沟暗褐色，清晰可见。胸甲长大于宽，纺锤形，前缘稍宽，黄褐色；边缘色深，有灰黑色斑与各步足基节相对应；被细的白色及褐色长毛。额狭，密被白色长毛。螯肢较强壮，暗褐色，前齿堤 2 齿，后齿堤 1 齿。颚叶、下唇长，褐色，端部浅黄色有绒毛，下唇三角形，长约为宽的 2 倍。步足黄褐色，无环纹，被较密的白色及褐色长毛；足刺少而短，第 I 步足胫节腹面前侧 3 刺、后侧基部 2 刺；第 II 步足胫节腹面前侧端部 1 刺，后侧基部 1 刺；第 I、II 步足后跗节腹面各具刺 2 对。腹部已胀裂，背面黄白色，两侧可见由褐色毛覆盖而成的纵带各 1 条，无其他斑纹，腹部腹面浅黄白色，无斑纹。纺器短，浅褐色。副模腹部背面黄褐色，两侧有由褐色毛覆盖而成的不连续的纵带，肌痕 2 对，心脏斑大，灰黑色。腹面黄白色，中央有 2 条由深灰色小点形成的纵条纹。

雄蛛：尚未发现。

观察标本：3♀，海南尖峰岭热带雨林，1990.Ⅴ.20 (日内瓦)；1♀，浙江西部 (W. Tscheking)，1972. Ⅳ，(*M. sinensis* Schenkel, 1963)，David (Paris)；2♀，江苏南京 (Naking)，1908，(*M. sinensis* Schenkel, 1963)，(Paris)。

地理分布：江苏、浙江。

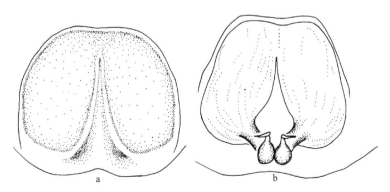

图 155　黑扁蝇虎 *Menemerus fulvus* (C. L. Koch)

a. 生殖厣 (epigynum), b. 阴门 (vulva)

(153) 五斑扁蝇虎 *Menemerus pentamaculatus* Hu, 2001 (图 156)

Menemerus pentamaculata Hu, 2001: 395, figs. 250.1-3 (D♀).

雌蛛：体长 7.40；头胸部长 2.80，宽 2.00；腹部长 4.60，宽 3.50。体躯颇扁平，头胸部隆起，长大于宽，以后侧眼处为最高，背甲棕褐色，眼域方形，栗褐色，小于头胸部 1/2 长度，其宽大于长，前、后边约等，后中眼位于前、后侧眼的中间偏前，前、后侧眼间呈浓黑色。胸区正中线部位呈黄色，其两侧显浓褐色。中窝纵向。眼域前缘及两侧具黑长刚毛。额部丛生白色粗毛。螯肢棕褐色，前齿堤 2 齿，后齿堤 1 齿。触肢、颚叶黄褐色。下唇长大于宽，棕褐色。胸甲橄榄形，前端较窄且稍凹，后端狭窄而钝圆，散有褐色长毛。步足黄褐色，有棕褐色轮纹，第 I 步足粗壮，第 I-II 步足腿节背中线各有 2 根背刺，远端背面各有 4 根短刺，第 I 步足胫步足节有 3 对腹刺；第 II 步足胫节腹面内侧有 2 根刺，其外侧有 3 根刺；第 I-II 步足后跗节各有 2 对腹刺。足式：IV，III，I，II。腹部呈卵圆形，背面灰褐色。密布灰色、白色细毛并散有棕褐色粗毛，在尾端显有 5 个黑褐色块斑。腹部腹面灰褐色。纺器棕褐色。外雌器前缘有马蹄形凹陷，中央纵隔的前端展宽，后端狭窄，其内部结构的交媾管粗壮而扭曲 (引自 Hu, 2001)。

雄蛛：尚未发现。

观察标本：正模♀，西藏林芝，海拔 3000m，1988.Ⅶ.26，张涪平采 (未镜检)。

地理分布：西藏 (林芝)。

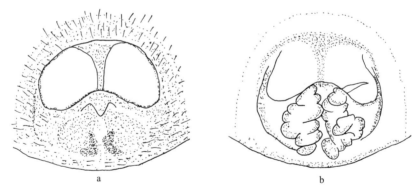

图 156　五斑扁蝇虎 *Menemerus pentamaculatus* Hu (仿 Hu, 2001)

a. 生殖厣 (epigynum), b. 阴门 (vulva)

45. 摩挡蛛属 *Modunda* Simon, 1901

Modunda Simon, 1901: 160; Logunov, 2001: 276.

Type species: *Modunda fragmitis* Simon, 1901.

体中型，长 3.5-4.6，单齿类。后中眼居中，眼域宽等于背甲宽，后侧眼稍隆起。颚叶无突起，第 IV 步足无刺，盾片无节结。

　　该属已记录有 2 种。中国记录 1 种。

(154) 铜头摩挡蛛 *Modunda aeneiceps* Simon, 1901 (图 157)

Modunda aeneiceps Simon, 1901c: 161 (D♀); Logunov, 2001a: 276, figs. 338-346 (T♀ from *Bianor*).
Bianor aeneiceps (Simon, 1901): Prószyński, 1987: 9 (T♀ from *Modunda*); Peng, 1992b: 10, figs. 1-2
　　(♀); Peng *et al.*, 1993: 24, figs. 22-25 (♀); Song, Zhu *et* Chen, 1999: 506, fig. 289E (♀).

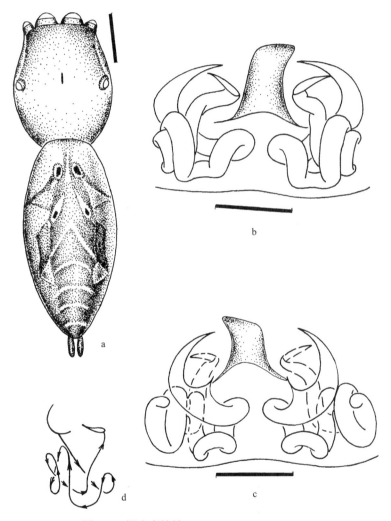

图 157　铜头摩挡蛛 *Modunda aeneiceps* Simon
a. 雌蛛外形 (body ♀), b. 阴门 (vulva), c. 生殖厣 (epigynum), d. 交媾管走向示意图 (course of canal)
比例尺 scales = 1.00 (a), 0.10 (b, c)

　　雌蛛：体长 6.00-6.80。体长 6.10 者，头胸部长 2.50，宽 1.80；腹部长 3.60，宽 2.00。
头胸甲黑褐色，被白毛，中窝明显，位于后眼列前方。前眼列宽 1.60，后中眼居中，后
眼列宽 1.80，眼域长 1.40。额及触肢被白毛。第 I 步足胫节有刺 3 对，第 I 步足后跗节

有刺 2 对。腹部长卵形，背面黄黑色，被白毛。有大的三角形白斑 2 对，覆盖白毛，背面中央有黑色"山"字形纹 6 个，中部两侧有 1 对斜方形黑斑。腹部腹面黄色，两侧有许多黑色纵条纹。外雌器半透明，交媾管隐约可见。兜较长，端部弯曲呈角状。

雄蛛：尚未发现。

观察标本：2♀，湖南张家界，1984.VIII.20，王家福采；3♀，湖南绥宁黄桑，1984. VIII，张永靖采；1♀，湖南城步，1982，张永靖采；2♀，湖南江永，1982.VIII，王家福采；10♀，广西龙胜，1982.VIII.6，王家福采；1♀，福建崇安，1986.VII，谢莉萍采。

地理分布：福建、湖南 (张家界、绥宁、城步、江永)、广西；斯里兰卡。

46. 莫鲁蛛属 *Mogrus* Simon, 1882

Mogrus Simon, 1882: 212.

Type species: *Mogrus fulvovittatus* Simon, 1882.

体密被长窄鳞片，边缘有刺。背甲长而宽，高度适中。中窝不明显；眼域高，宽大于长，宽是长的 1.3-1.5 倍；四边长占头胸部长的 39%-50%，中眼列在前侧眼和后侧眼之间。额垂直，较低 (前中眼直径是其高的 2.5-5 倍)。螯肢垂直，大小适中；前齿堤 2 齿，后齿堤 1 齿。颚叶水平或微斜。下唇和胸甲椭圆形。腹柄短，背面不可见。腹部椭圆形；雄蛛背面有纵向黑色条带。雌蛛触肢顶端无螯爪。雄蛛触肢跗舟较窄，顶端弯曲，胫节突纤细；插入器螺旋状，长而纤细，顶端较细。生殖厣简单；交媾孔似 2 个较平行的孔；纳精囊强角质化；附腺短，清晰可见。主要鉴别特征：受精管较宽，纳精囊较大、强角质化，交媾孔为 2 个细小平行的孔，插入器有发达的摆状结构，顶突明显。

该属已记录有 27 种，主要分布在中国、俄罗斯、蒙古。中国记录 1 种。

(155) 安东莫鲁蛛 *Mogrus antoninus* Andreeva, 1976 (图 158)

Mogrus antoninus Andreeva, 1976: 82, figs. 86-90 (D♀♂); Zhou *et* Song, 1988: 4, figs. 5a-e (♀♂); Hu *et* Wu, 1989: 376, figs. 295.1-7 (♀♂); Song, Zhu *et* Chen, 1999: 534, figs. 303M-N, 304E-F (♀♂).

雌蛛：体长 6.10-8.90。头胸部长大于宽，呈黑褐色，头部颇隆起，两侧略呈弧状，胸区后缘较窄，并显著向后倾斜，眼域宽大于长，约占头胸部长的 1/3，其两侧平行，并显黑色。前眼列后曲，前中眼间距小于前中侧眼间距，后中眼与前侧眼之间距大于后中眼与后侧眼之间距。整个眼域密被白色及黑色细毛，并散有棕褐色长刚毛。在前、后侧眼之间的内侧具 1 由白色细毛组成的带纹，另外在后侧眼内侧各有 1 白色宽纵带一直延伸至胸区后缘。额高 2 倍于前中眼间距，丛生白色细毛。螯肢黑褐色，前齿堤 2 齿，第 1 齿大于第 2 齿，后齿堤仅 1 小齿。触肢黄褐色。颚叶基部呈黑褐色，端部外侧角为赤褐色，内侧角显灰白色，并具黑色毛丛。下唇长大于宽，棕褐色，其前端超过颚叶 1/2 长度，胸甲呈长椭圆形，赤黄色，周缘具黑色宽边，整个胸甲布有白色细毛。步足赤黄色，多刺，两侧的基节彼此接近，第 I、II 步足腿节粗壮，第 I 步足胫节腹面外侧有 3 根黑刺，内侧有 2 根黑刺；第 II 步足胫节腹面外侧有 3 根黑刺，内侧有 1 根黑刺，第 I、II 步足后跗节有 2 对腹刺。第 III、IV 步足膝节、胫节之和相等，第 IV 步足胫节、后跗节之和大于第 III 步足胫节、后跗节之和。腹部呈长卵形，背面前端呈灰褐色，正中央部位有 1 黑褐色宽纵带，其两侧各有 1 灰色宽纵带，腹背之两侧缘呈棕褐色。腹部腹面显黄色，正中央有 1 褐色条斑，在胃外区与纺器之间的正中线上，有 1 明显的脐状气孔 (引自 Zhou et Song, 1988)。

雄蛛：体长 1.00-5.90，背甲呈黑色，第二、三列眼内侧之白色宽纵带特别明显，一直伸至胸区后缘。第 I 步足强大，各步足之腿节背面皆有 2 根黑色长刺，并在离体端背面有 5 根短刺，呈扇状排列。触肢黄褐色，其腿节之离体端背面具 1 根短刺，膝节背侧有 2 根长刚毛，胫节背侧有 1 根长刚毛，触肢器之胫节外末角突起。其他形态结构皆同雌蛛。游猎于葡萄丛之树干 (引自 Hu et Wu, 1989)。

观察标本：3♀，新疆吐鲁番，1980.IX.17 (HBU)。

地理分布：新疆；俄罗斯，蒙古。

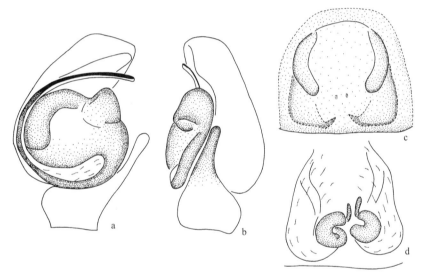

图 158 安东莫鲁蛛 *Mogrus antoninus* Andreeva (仿 Logunov, 1995)
a-b. 触肢器 (palpal organ)：a. 腹面观 (ventral), b. 后侧观 (retrolateral), c. 生殖厣 (epigynum), d. 阴门 (vulva)

47. 蚁蛛属 *Myrmarachne* Macleay, 1839

Myrmarachne Macleay, 1839:10.
Type species: *Myrmarachne melanocephala* Macleay, 1839.

体形及体色似蚂蚁，体长 3.00-9.00。腹柄背面观明显可见。眼域长宽相等或宽稍大于长，中列眼居中或略偏前，或略偏后。头胸部狭长，其长为宽的 3 倍。4 对步足均瘦弱而色浅，各侧的第 II、III 步足基节间彼此远离。螯肢前齿堤和后齿堤均有数个独立的齿。雄蛛螯肢特别发达，长大且粗壮，向前平伸。触肢插入器细长，绕生殖球 2 周，生殖球近边缘处可见 1 贮精囊。雌蛛触肢末端扁平，易被误认为雄蛛。外雌器结构简单：具 2 个彼此分隔而又不易见及的开孔，纳精囊位于开孔的前方，形状多变。本属分布广泛。

　　该属已记录有 218 种，主要分布在中国、越南、保加利亚、中亚、芬兰。中国记录 19 种。

种 检 索 表

1. 雄蛛 ·· 2
　 雌蛛 ·· 19
2. 触肢器腹面观胫节突不明显 ·· 3
　 触肢器腹面观可见胫节突 ·· 5
3. 触肢器腹面观插入器左半部环绕生殖球外缘 ··························· 河内蚁蛛 *M. hanoii*
　 触肢器腹面观插入器左半部环绕生殖球内侧，远离外缘 ······························ 4
4. 插入器短，末端未延伸至跗舟外缘 ································· 伏蚁蛛 *M. volatilis*
　 插入器长，末端伸出跗舟外缘 ···································· 日本蚁蛛 *M. japonica*
5. 触肢器腹面观胫节突端部呈钳状 ······························· 无刺蚁蛛 *M. inermichelis*
　 触肢器腹面观胫节突端部不呈钳状 ··· 6
6. 螯肢有 3 排齿 ··· 球蚁蛛 *M. globosa*
　 螯肢有 2 排齿 ··· 7
7. 螯爪中部有突起 ··· 叉蚁蛛 *M. kuwagata*
　 螯爪中部无突起 ··· 8
8. 跗舟端部有 1 粗刺 ·· 颚蚁蛛 *M. maxillosa*
　 跗舟端部无粗刺 ··· 9
9. 插入器端部螺旋明显小于基部螺旋 ··· 10
　 插入器端部螺旋几乎与基部螺旋等大 ·· 14
10. 螯肢后齿堤齿少于 5 个 ·· 条蚁蛛 *M. annamita*
　 螯肢后齿堤齿等于或多于 5 个 ··· 11
11. 触肢器侧面观胫节突扭曲 ··· 吉蚁蛛 *M. gisti*
　 触肢器侧面观胫节突不扭曲 ··· 12
12. 插入器端部扭曲 ··· 黄蚁蛛 *M. plataleoides*
　 插入器端部不扭曲 ··· 13
13. 插入器末端尖细 ··· 褶腹蚁蛛 *M. kiboschensis*
　 插入器末端钝圆 ·· 临桂蚁蛛 *M. linguiensis*
14. 插入器末端钝圆 ··· 环蚁蛛 *M. circulus*
　 插入器末端尖细 ··· 15
15. 触肢器腹面观胫节突覆盖于跗舟之上 ··· 16
　 触肢器腹面观胫节突未覆盖于跗舟之上 ··· 18
16. 触肢器腹面观胫节突不扭曲 ·· 卢格蚁蛛 *M. lugubris*

　　　触肢器腹面观胫节突扭曲 ·· 17
17. 跗舟及胫节上有羽状毛 ·· 申氏蚁蛛 *M. schenkeli*
　　　跗舟及胫节上无羽状毛 ···························· 七齿蚁蛛 *M. maxillosa septemdentata*
18. 触肢器侧面观胫节突不扭曲 ·· 短螯蚁蛛 *M. brevis*
　　　触肢器侧面观胫节突扭曲 ·· 乔氏蚁蛛 *M. formicaria*
19. 交媾腔封闭 ··· 20
　　　交媾腔不封闭 ··· 27
20. 外雌器无兜 ··· 21
　　　外雌器有兜 ··· 22
21. 交媾腔之间偏后方有1月牙形骨化物 ·· 条蚁蛛 *M. annamita*
　　　交媾腔之间偏后方无月牙形骨化物 ·· 长腹蚁蛛 *M. elongata*
22. 兜半圆形 ··· 申氏蚁蛛 *M. schenkeli*
　　　兜三角形 ··· 23
23. 交媾管有扭结 ·· 伏蚁蛛 *M. volatilis*
　　　交媾管无扭结 ··· 24
24. 兜长等于宽 ··· 25
　　　兜长小于宽 ··· 26
25. 交媾腔圆形 ·· 球蚁蛛 *M. globosa*
　　　交媾腔椭圆形 ·· 环蚁蛛 *M. circulus*
26. 背面观兜紧靠两交媾管底部 ·· 黄蚁蛛 *M. plataleoides*
　　　背面观兜远离两交媾管底部 ·· 河内蚁蛛 *M. hanoii*
27. 交媾腔2对 ··· 吉蚁蛛 *M. gisti*
　　　交媾腔1对 ··· 28
28. 交媾腔位于生殖厣中、下部 ··· 29
　　　交媾腔位于生殖厣上部 ·· 31
29. 交媾腔位于生殖厣下部 ·· 无刺蚁蛛 *M. inermichelis*
　　　交媾腔位于生殖厣中部 ·· 30
30. 交媾腔上缘向内卷曲，呈钩状 ·· 乔氏蚁蛛 *M. formicaria*
　　　交媾腔上缘不向内卷曲，呈弧形 ······························· 七齿蚁蛛 *M. maxillosa septemdentata*
31. 交媾腔小，三角形 ·· 日本蚁蛛 *M. japonica*
　　　交媾腔大，半圆形 ·· 卢格蚁蛛 *M. lugubris*

(156) 条蚁蛛 *Myrmarachne annamita* Zabka, 1985 (图 159)

Myrmarachne annamita Zabka, 1985: 243, figs. 306-313 (D♀♂); Zhang, Song *et* Zhu, 1992: 2, figs. 3.1-6 (♀♂); Peng *et al.*, 1993: 130, figs. 430-439 (♀♂); Song, Zhu *et* Chen, 1999: 535, figs. 303O-P, 304G-H, 327K (♀♂).

雄蛛：体长 4.80-5.00。体长 4.80 者，螯基长 1.20；头胸部长 2.10，宽 1.12；腹部长

2.60，宽 0.78。前眼列宽 0.99，后眼列宽 1.03，眼域长 0.80。体瘦小而细长，呈长条形。背甲红褐色，较平坦，眼域前缘及两侧具细长毛，中眼列居中。颈沟浅而短，不伸向背面。螯肢红褐色，螯爪背面光滑，腹面中段有波状缺刻，前齿堤 9 齿，端部 6 齿较长大，基部 3 齿小，后齿堤 3-5 小齿，颚叶红褐色，窄而长，其长约为宽的 3 倍，下唇红褐色，长大于宽，中部两侧收缩。胸甲红褐色，后端尖细，步足弱小，黄色。第 I、IV 步足腿节、胫节及后跗节具红褐色纵条。腹部圆筒形，橘黄色或黄褐色。纺器灰褐色。触肢红褐色，胫节突稍细长且弯成钩状，胫节突基部有 1 三角形突起。贮精囊作"S"字形弯曲，近端部粗大，近基部细小。

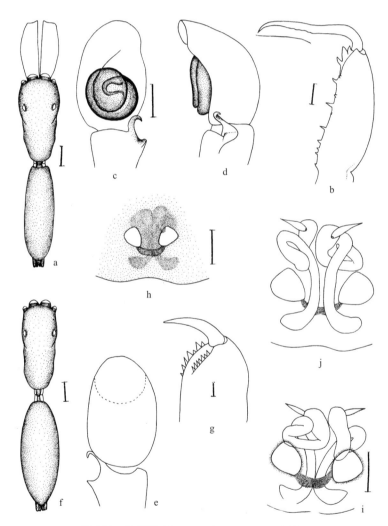

图 159 条蚁蛛 *Myrmarachne annamita* Zabka

a. 雄蛛外形 (body ♂), b. 雄性螯肢 (chelicera ♂), c-e. 触肢器 (palpal organ): c. 腹面观 (ventral), d. 后侧观 (retrolateral), e. 背面观 (dorsal), f. 雌蛛外形 (body ♀), g. 雌性螯肢 (chelicera ♀), h. 生殖厣 (epigynum), i-j. 阴门 (vulva): i. 腹面观 (ventral), j. 背面观 (dorsal) 比例尺 scales = 0.50 (a, f), 0.10 (b-e, g-j)

雌蛛：体长 5.50 者，螯基长 0.47；头胸部长 2.00，宽 0.86；腹部长 3.10，宽 1.17。前眼列宽 0.90，后眼列宽 0.95，眼域长 0.80。体形及体色与雄蛛相似，但螯肢前齿堤 6-7 齿等距离排列，后齿堤 7 齿紧密排列。触肢胫节及跗节扁平而膨大。外雌器具 2 个远离生殖沟的卵圆形凹陷，在两凹陷之间偏后方，有 1 月牙形骨化物。交媾管在近纳精囊处作无规则扭曲。

观察标本：3♀2♂，湖南石门壶瓶山溇水，2002.IX.27，唐果采。

地理分布；湖南 (石门)、广西；越南。

(157) 短螯蚁蛛 *Myrmarachne brevis* Xiao, 2002 (图 160)

Myrmarachne brevis Xiao, 2002: 447, figs. 1-6.

雄蛛：体长 6.82 者，头胸部长 3.05，腹部长 3.50。前眼列宽 1.45，后眼列宽 1.50，眼域长 1.26。头胸部红棕色，眼列周围黑色，眼域周围有 2 个黑棕色条带。头部和胸部之间有橙黄色的环形连接。螯肢短而小，前齿堤 5 齿，后齿堤 7 齿。颚叶较长，呈红棕色。下唇长，灰色，胸甲梭形，黄灰色。步足纤细，黄色。腹部呈花生形，棕灰色。触肢器圆盘状，生殖球椭圆形，插入器呈双环状。胫节侧突微弯。侧表面密被刚毛 (引自 Xiao, 2002)。

雌蛛：尚未发现。

观察标本：正模♂，1983.VII.10，朱传典教授采于云南省景洪县，存放于吉林大学生物系，秦晓晓收集，存于湖南大学传统中国医学生物教研组。

地理分布：云南。

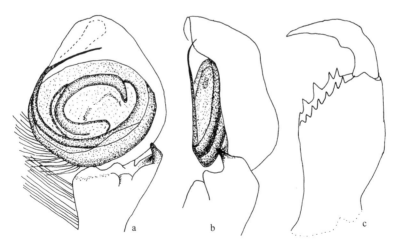

图 160　短螯蚁蛛 *Myrmarachne brevis* Xiao (仿 Xiao, 2002)

a-b. 触肢器 (palpal organ)：a. 腹面观 (ventral), b. 后侧观 (retrolateral) c. 雄性螯肢 (chelicera ♂)

(158) 环蚁蛛 *Myrmarachne circulus* Xiao *et* Wang, 2004 (图 161)

Myrmarachne circulus Xiao *et* Wang, 2004: 263, f. 1-10 (D♂♀).

雄蛛：体长 6.10；头胸部长 3.2，宽 1.1；腹部长 2.2，宽 1.1。头胸部中间收缩，呈黑红色，眼列后方有稀疏浅灰色毛。表面有单一灰色毛。腹部椭圆形，覆稀疏灰棕色刚毛。额橙棕色，密被毛颜色相似。螯肢棕色。颚叶、下唇和胸甲橙色。腹面黄灰色，有黑灰色的纵向窄条纹。纺器棕色。触肢棕灰色，椭圆形，插入器宽，背面薄而小。整个触肢密被毛发。步足灰色，端部被稀疏刚毛，刺明显，浅棕色 (引自 Xiao *et* Wang, 2004)。

雌蛛：体长 7.1；头胸部长 3.2，宽 1.1；腹部长 3.2，宽 1.1。头胸部中间收缩，呈黑棕色，覆单一的小灰毛，腹部椭圆形，黑灰色或浅棕色，前端较黑，整体小而模糊，有浅色斑点。覆灰毛。纺器橙灰色。额橙棕色，被浅灰色短刚毛和黑色长毛。螯肢棕色，厚，有齿。触肢黑棕色，颚叶、下唇和胸甲颜色较浅。腹面灰色，侧面纵向条带有浅斑，生殖厣被中脊分成 2 个大的凹陷 (引自 Xiao *et* Wang, 2004)。

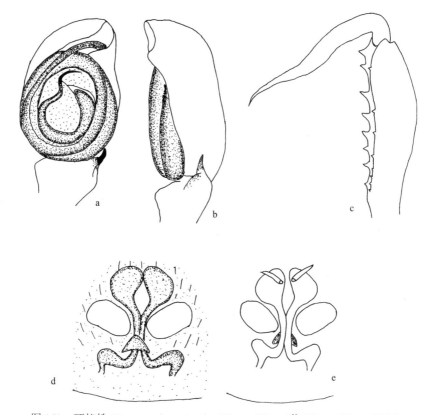

图 161 环蚁蛛 *Myrmarachne circulus* Xiao *et* Wang (仿 Xiao *et* Wang, 2004)

a-b. 触肢器 (palpal organ)：a. 腹面观 (ventral), b. 后侧观 (retrolateral) c. 雄性螯肢 (chelicera ♂), d. 生殖厣 (epigynum), e. 阴门 (vulva)

特征：本种与 *Myrmarachne blataleoides* (O. P. -Cambridge, 1869) 相关但存在以下不同：①雄蛛螯肢外缘近垂直，后者呈 "P" 字形；②生殖球较大，后者纤细而小；③受精管较大，呈 "C" 字形，后者较小，呈 "S" 字形；④生殖厣兜位于纵轴后侧的 1/2 处，而后者位于基部 (引自 Xiao *et* Wang, 2004)。

观察标本：1♂1♀，云南勐腊，1981. Ⅷ. 6，王家福采。

地理分布：云南。

(159) 长腹蚁蛛 *Myrmarachne elongata* Szombathy, 1915 (图 162)

Myrmarachne elongata Szombathy, 1915: 475, fig. 6 (D♂); Zhang, Song *et* Zhu, 1992: 3, figs. 4.1-3 (♀);
　　Song, Zhu *et* Chen, 1999: 535, figs. 304I-J, 3.

雌蛛：体长 5.70；头胸部长 2.50，宽 1.20；腹部长 2.70，宽 1.30。背甲黄褐色，第二、三列眼基部黑色。颈沟深，黄白色。螯肢黄色，前、后齿堤各 6 齿。第 I、II 步足黄色，外侧面与内侧面呈褐色。第 III、IV 步足褐色，但转节和膝节的基半部呈黄色。腹部黄褐色，后半部色转深。外雌器构造与吉蚁蛛相近，但交媾管端部弯转成 "口" 字形，而与后者不同 (引自 Zhang, Song *et* Zhu, 1992)。

雄蛛：尚未发现。

观察标本：无观察标本。

地理分布：广西 (凭祥)；越南。

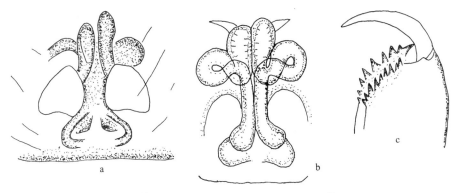

图 162　长腹蚁蛛 *Myrmarachne elongata* Szombathy (仿 Zabka, 1985)
a. 生殖厣 (epigynum), b. 阴门 (vulva), c. 雌性螯肢 (chelicera ♀)

(160) 乔氏蚁蛛 *Myrmarachne formicaria* (De Geer, 1778) (图 163)

Aranea formicaria De Geer, 1778: 293, pl. 18, figs. 1-2 (D♀).
Aranea joblotii Scopoli, 1763: 402 (D; nomen oblitum, see Bonnet, 1957: 3002).
Myrmarachne formicaria (De Geer, 1778): Simon, 1901a: 499, fig. 594 (D♀♂); Yin *et* Wang, 1979: 35,
　　figs. 18A-D (♀♂); Hu, 1984: 378, figs. 394.1-6 (♀♂); Zhu *et* Shi, 1983: 206, figs. 188a-e (♀♂); Hu *et*
　　Wu, 1989: 378, figs. 299.1-2 (♀); Chen *et* Gao, 1990: 187, figs. 237a-d (♀♂); Chen *et* Zhang, 1991:
　　310, figs. 329.1-7 (♀♂); Zhao, 1993: 408, figs. 209a-c (♀♂); Song, Zhu *et* Chen, 1999: 535, figs.

303Q, 304K-D♀♂ (♀♂); Song, Zhu *et* Chen, 2001: 439, figs. 291A-B (♀♂).

Myrmarachne joblotii (Scopoli, 1763): Dahl, 1926: 23; Peng *et al.*, 1993: 136, figs. 460-468 (♀♂); Hu, 2001: 398, figs. 252.1-2 (♀).

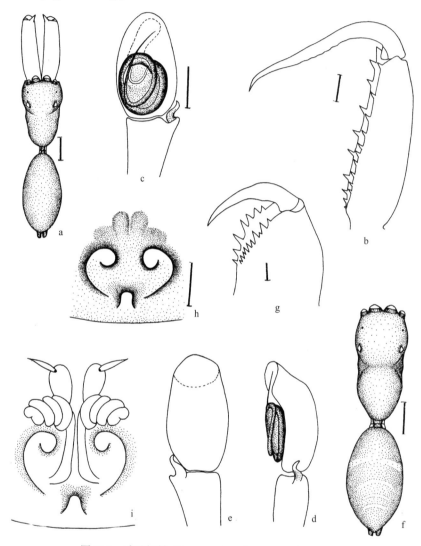

图 163　乔氏蚁蛛 *Myrmarachne formicaria* (De Geer)

a. 雄蛛外形 (body ♂), b. 雄性螯肢 (chelicera ♂), c-e. 触肢器 (palpal organ): c. 腹面观 (ventral), d. 后侧观 (retrolateral),
e. 背面观 (dorsal), f. 雌蛛外形 (body ♀), g. 雌性螯肢 (chelicera ♀), h. 生殖厣 (epigynum), i. 阴门 (vulva)
比例尺 scales = 0.50 (a, f), 0.10 (b-e, g-i)

雄蛛：体长 6.00-8.00。体长 7.10 者，螯基长 3.50；头胸部长 3.60，宽 1.80；腹部长 3.50，宽 1.90。前眼列宽 1.50，后眼列宽 1.65，眼域长 1.40。眼后与胸部相连处有 1 浅色横缢，上被白色细毛。螯肢、颚叶红褐色，下唇黑褐色，中段较宽。背甲隆起，深褐色。螯肢前齿堤 7-10 齿，近螯爪处 2 齿较大；后齿堤 4-10 齿。腹部背面前半部灰黄色底，有 1 对不明显的三角形黑斑；后半部黑褐色。腹部腹面有宽的灰黄色带，两侧后半部黑褐色。触肢器之胫节突基部宽，其上的鞭状部分先向背侧然后转向前。

雌蛛：体长 6.00-8.00。体长 6.50 者，螯基长 0.50；头胸部长 3.10，宽 1.60；腹部长 3.30，宽 2.03。前眼列宽 1.30，后眼列宽 1.45，眼域长 1.35。和雄蛛相比，眼后白斑粗而明显。螯肢前齿堤 7 齿，后齿堤 6 齿。触肢红褐色，胫节、跗节较宽扁，具长毛。胸甲灰褐色，长为宽的 3 倍。各步足胫节、转节黄白色，除第 IV 步足膝节仍为黄白色外，其余各节为红褐色。整个腹部被白毛，腹部腹面灰黄色，后半部两侧黑色。外雌器有 1 对耳状凹陷，交媾管扭曲成麻花状。

观察标本：4♀1♂，湖南长沙，1986.Ⅴ，肖小芹采；2♀，湖南张家界，1981.Ⅷ，王家福采；2♀，湖南安化，1983.Ⅷ，刘明耀采；1♀，湖南桑植，1984.Ⅷ，张永靖采；1♀，湖南炎陵，1982.Ⅷ，张永靖采。

地理分布：北京、吉林、浙江、安徽、山东、湖北、湖南 (长沙、张家界、桑植、安化、炎陵)、广东、四川；日本，韩国，俄罗斯，保加利亚，芬兰。

(161) 吉蚁蛛 *Myrmarachne gisti* Fox, 1937 (图 164)

Myrmarachne gisti Fox, 1937d: 13, figs. 4, 9, 12, 14 (D♀); Yin et Wang, 1979: 36, figs. 19A-D (♀♂); Hu, 1984: 379, figs. 395.1-6 (♀♂); Zhu et Shi, 1983: 207, figs. 189a-c (♀); Song, 1987: 298, fig. 254 (♀♂); Zhang, 1987: 244, figs. 216.1-6 (♀♂); Feng, 1990: 211, figs. 186.1-7 (♀♂); Chen et Gao, 1990: 187, figs. 238a-d (♀♂); Chen et Zhang, 1991: 311, figs. 330.1-6 (♀♂); Peng et al., 1993: 132, figs. 440-449 (♀♂); Zhao, 1993: 411, figs. 211a-c (♀); Song, Zhu et Chen, 1999: 535, figs. 304N-P, 305A-B (♀♂); Song, Zhu et Chen, 2001: 440, figs. 292A-F (♀♂).

雄蛛：体长 5.00-8.00。体长 5.50 者，螯基长 1.80；头胸部长 2.50，宽 1.23；腹部长 2.50，宽 1.14。前眼列宽 1.20，后眼列宽 1.30，眼域长 1.00。背甲隆起，黑色，前缘有白毛。眼域近方形，后边稍宽于前边、宽略大于长。胸甲红褐色，倒卵圆形。头区与胸区之间两侧横缢处各有 1 被白毛的三角斑。螯肢前齿堤 10 齿，近螯爪处 2 齿较大，其中 1 齿向前，1 齿向前偏外；后齿堤 8 小齿。颚叶、下唇黄褐色。胸甲深红色，长为宽的 3 倍。腹部灰黑色，前端略隆起，有 2 条浅色横带，前狭后宽，触肢器的胫节突扭曲成 "S" 字形。

雌蛛：体长 6.10-7.80。体长 6.50 者，螯基长 0.30；头胸部长 2.95，宽 1.38；腹部长 3.40，宽 1.43。前眼列宽 1.25，后眼列宽 1.40，眼域长 1.10。螯肢红褐色，前齿堤 6-7 齿，前 4 齿较大，后齿堤 7-9 齿，紧密排列。触肢红褐色，上有白色细毛，末端宽扁。腹部腹面灰黑色。生殖区为灰黄色，生殖沟至纺器前有 1 正中宽纵带，交媾孔较大。生殖厣的内部构造为 1 对居中的瓮状纳精囊及其扭曲的交媾管，交媾管作双绳结扭曲后，紧靠并行向下延伸，至交媾孔处再向两侧分开。

观察标本：54♀42♂，湖南各地，1962. Ⅵ-1987.Ⅷ，尹长民采；11♀18♂，福建崇安，1986.Ⅶ，肖小芹采。

地理分布：江苏、浙江、安徽、福建、山东、河南、湖南、广东、四川、云南、陕西；俄罗斯，日本，韩国，保加利亚。

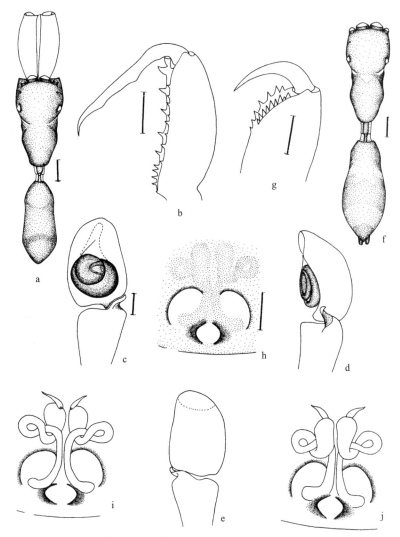

图 164　吉蚁蛛 *Myrmarachne gisti* Fox

a. 雄蛛外形 (body ♂), b. 雄性螯肢 (chelicera ♂), c-e. 触肢器 (palpal organ)：c. 腹面观 (ventral), d. 后侧观 (retrolateral),
e. 背面观 (dorsal), f. 雌蛛外形 (body ♀), g. 雌性螯肢 (chelicera ♀), h. 生殖厣 (epigynum), i-j. 阴门 (vulva)：i. 背面观
(dorsal), j. 腹面观 (ventral)　比例尺 scales = 0.50 (a, f), 0.10 (b-e, g-j)

(162) 球蚁蛛 *Myrmarachne globosa* Wanless, 1978 (图 165)

Myrmarachne globosa Wanless, 1978a: 99, figs. 61B-C, G, 62D-E, pl. 3a-b (D♀); Chen *et* Zhang, 1991:
309, figs. 328.1-4 (♀); Peng *et al.*, 1993: 133, figs. 450-459 (♀, D♂); Song, Zhu *et* Chen, 1999: 535,
figs. 304Q, 305C (♀♂).

雄蛛：体长 6.50-6.70。体长 6.50 者，螯基长 2.35；头胸部长 3.20，宽 1.91；腹部长
2.90，宽 1.85。前眼列宽 1.55，后眼列宽 1.75，眼域长 1.45。体圆筒形，粗壮，背甲红

褐色至褐色，被极短的灰白毛。眼周围黑褐色，前列眼周围生有较长的白毛，后侧眼处于头胸部最高位置并向两侧突出。胸甲黄褐色，前端平切，后端尖细。螯肢粗大，背面及外侧面生有短白毛，内侧面宽而平坦，从背面观可见 1 大 1 小 2 齿，内侧面观可见前齿堤 7 齿，后齿堤 2 小齿。颚叶刷状，红褐色至黄褐色，长为宽的 4 倍左右。下唇深红褐色，长约为宽的 2 倍，两侧中部向内凹陷。步足细长，红褐色，第 I 步足基节、转节，第 IV 步足转节、膝节为黄色。腿节基部膨大。腹部近球形，红褐色至灰褐色，被短毛。腹面自生殖沟至纺器前有 2 条黄褐色纵带，纺器褐色或灰褐色。触肢红褐色，胫节和跗舟在胫节突的对侧有 1 排褐色长毛，胫节背面平而宽，胫节突背面观略作"S"字形弯曲。

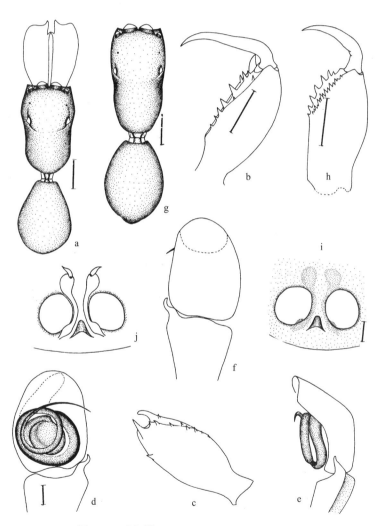

图 165　球蚁蛛 *Myrmarachne globosa* Wanless

a. 雄蛛外形 (body ♂), b. 雄性螯肢 (chelicera ♂), c. 螯基，腹面观 (paturon, ventral), d-f. 触肢器 (palpal organ)：d. 腹面观 (ventral), e. 后侧观 (retrolateral), f. 背面观 (dorsal), g. 雌蛛外形 (body ♀), h. 雌性螯肢 (chelicera ♀), i. 生殖厣 (epigynum), j. 阴门 (vulva)　比例尺 scales = 0.50 (a, g), 0.10 (b-f, h-j)

雌蛛：体长 6.80-8.40。体长 6.80 者，螯基长 1.70；头胸部长 3.40，宽 1.98；腹部长 3.10，宽 2.24。前眼列宽 1.70，后眼列宽 1.90，眼域长 1.50。形态和雄蛛很相似，但螯肢短小，前齿堤 7 齿，中间 5 个齿较大而等距离排列。两端的齿较小，后齿堤 13-15 齿，紧密排列，大小相间，前、后齿堤上均生有褐色长毛。第 I 步足膝节、胫节及后跗节黄褐色，具褐色纵条。触肢胫节及跗节扁平，两侧具褐色长毛。外雌器具 2 个彼此分隔的圆形凹陷，两凹陷之间下部有 1 向前突出的袋状结构。内部结构简单，纳精囊和交媾管哑铃形。

观察标本：15♀2♂，湖南炎陵，1982.Ⅶ，张永靖采；6♀，湖南张家界。

地理分布：湖南 (张家界、炎陵)、云南；安哥拉，扎伊尔，越南。

(163) 河内蚁蛛 *Myrmarachne hanoii* Zabka, 1985 (图 166)

Myrmarachne hanoii Zabka, 1985: 246, f. 332-336 (D♂); Xiao *et* Wang, 2007: 1004, f. 1-8 (♂, D♀).

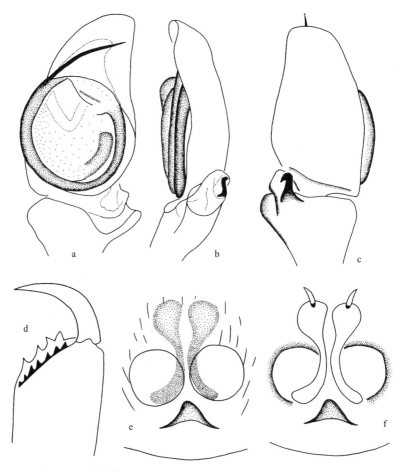

图 166　河内蚁蛛 *Myrmarachne hanoii* Zabka (仿 Xiao *et* Wang, 2007)

a-c. 触肢器 (palpal organ)：a. 腹面观 (ventral), b. 后侧观 (retrolateral), c. 背面观 (dorsal), d. 雄性螯肢 (chelicera ♂), e. 生殖厣 (epigynum), f. 阴门 (vulva)

雌蛛：体长 3.01，头胸部长 1.60，腹部长 1.40。眼域长 0.63，前眼列宽 0.82，后眼列宽 0.98。头胸部黑棕色，覆单一小灰毛。眼列周围覆较长的灰毛。额棕色，密被灰毛。螯肢棕色，有齿。触肢黑棕色，颚叶、下唇和胸甲颜色较浅。步足橙棕色到灰色，被稀疏灰色毛和橙棕色刺。腹部椭圆形，有光泽，前端和后端覆鳞片，被模糊的边缘和有白毛的斑点隔开，纺器橙灰色。生殖厣被中脊分成 2 个大的凹陷。中部有 1 兜。交媾管呈棍状，不呈环，微弯，末端较宽 (引自 Xiao et Wang, 2007)。

雄蛛：触肢器橙灰色，插入器长，呈丝状，上方的生殖球呈三角形，胫节粗壮，有突起 (引自 Xiao et Wang, 2007)。

此种与 Myrmarachne globosa Wanless, 1978 相似，但螯肢齿数、腹部斑点、生殖厣凹陷形状不同。

观察标本：2♂1♀，云南昆明，1999.Ⅶ.21，秦晓晓采；1♂3♀，云南昆明，2006.Ⅹ.3，秦晓晓采 (引自 Xiao et Wang, 2007)。

地理分布：云南。

(164) 无刺蚁蛛 *Myrmarachne inermichelis* **Bösenberg et Strand, 1906** (图 167)

Myrmarachne inermichelis Bösenberg *et* Strand, 1906: 329, pl. 9, fig. 128, pl. 14, fig. 382 (D♂);
　　Bohdanowicz *et* Prószyński, 1987: 96, f. 160-166 (♂♀).

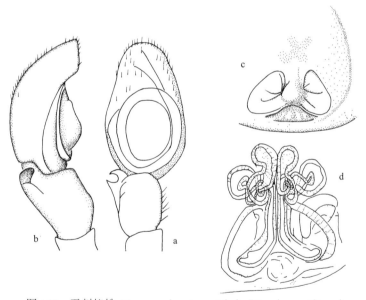

图 167　无刺蚁蛛 *Myrmarachne inermichelis* Bösenberg *et* Strand
(仿 Bohdanowicz *et* Prószyński, 1987)
a-b. 触肢器 (palpal organ): a. 腹面观 (ventral), b. 后侧观 (retrolateral), c. 生殖厣 (epigynum), d. 阴门 (vulva)

雄蛛：头胸部长 2.02。前眼列宽 0.95，后眼列宽 1.01，眼域长 0.84。背甲黄褐色，圆形，无毛。眼域周围呈浅棕色。前眼列周围覆弯曲白色刚毛。额窄，黄褐色，覆白毛。胸甲长而窄，螯肢较长，粗壮，指向前端，褐黄色，后缘有 11 刺 (左边有 10 个)，前缘有 1 刺，螯爪无分支。步足基部呈锯齿状，黄色，无毛。第 I 步足白黄色，长而弱，后跗节有刺 2 对，胫节刺 3 对，膝节刺 1 对，其他步足相似，但刺较弱，数量较少。腹部长 2.60，总长 2/5 处微弯，呈黄褐色，后端顶部、侧面有浅灰色的纵向条带。肛突和纺器灰黄色 (引自 Bohdanowicz et Prószyński, 1987)。

雌蛛：头胸部长 2.07。前眼列宽 0.92，后眼列宽 1.01，眼域长 0.84，背面观与雄蛛相似。头胸部褐棕色，侧面和背面压缩至长度的一半，额窄，呈棕色，被稀疏白毛。螯肢前缘 8 齿，后缘无齿。触肢黄褐色，抹刀状。胸甲黄棕色。腹部丛生成对的白色刚毛，紧压表面。眼列周围黑色，第 I 步足胫节有 9 刺 (前侧列有 5 刺)，第 III、IV 步足无刺，步足均呈灰棕色。腹部长 2.71，黄灰色，侧面较黑，前缘黄白色，背面压缩，腹面前端 (呈灰黄色) 丛生浅色刚毛，紧压表面。后端灰棕色。肛突和触肢呈灰棕色 (引自 Bohdanowicz et Prószyński, 1987)。

观察标本：无镜检标本。

地理分布：中国 (台湾)；俄罗斯，日本。

(165) 日本蚁蛛 *Myrmarachne japonica* (Karsch, 1879) (图 168)

Salticus japonicus Karsch, 1879g: 82 (D♂).

Myrmarachne japonica (Karsch, 1879): Simon, 1901a: 498, 500; Zhu *et al.*, 1985: 208, figs. 190a-j
(♀♂); Song, 1987: 299, fig. 255 (D♀♂); Zhang, 1987: 245, figs. 217.1-5 (♀♂); Chen *et* Gao, 1990:
188, figs. 239a-d (♀♂); Zhao, 1993: 410, figs. 210a-b (♀♂); Song, Zhu *et* Chen, 1999: 535, figs.
304R (D♀♂); Song, Zhu *et* Chen, 2001: 441, figs. 293A-F (♀♂).

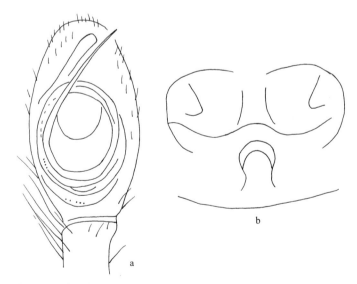

图 168　日本蚁蛛 *Myrmarachne japonica* (Karsch) (仿 Yaginuma, 1986)
a. 触肢器，腹面观 (palpal organ, ventral), b. 生殖厣 (epigynum)

雄蛛：体长 4.10。头胸部长约为宽的 1.8 倍。眼区占头胸部长的 4/10，宽略大于长。第二列眼在眼区中线的前方，头部高。螯肢长，与背甲长之比为 8.5∶1.0。前、后齿堤各 7 齿。螯牙略为弯曲，中部下缘锯齿状。触肢各节长度为：0.65，0.23，0.35，0.65。胫节的外末角有 1 弯刺。腹部前端色淡，其余大部分黑色 (引自 Song, Zhu *et* Chen, 2001)。

雌蛛：体长 7.00，腹部长 4.00。第 I 步足 5.00，第 II 步足 4.50，第 III 步足 4.50，第 IV 步足 6.00 (引自 Yaginuma, 1986)。

观察标本：无镜检标本。

地理分布：中国；俄罗斯，韩国，日本。

(166) 褶腹蚁蛛 *Myrmarachne kiboschensis* Lessert, 1925 (图 169)

Myrmarachne kiboschensis Lessert, 1925a: 441, figs. 18-22 (D♀♂); Peng *et al.*, 1993: 137, figs. 469-473 (D♀♂); Song, Zhu *et* Chen, 1999: 535, fig. 304S (D♀♂).

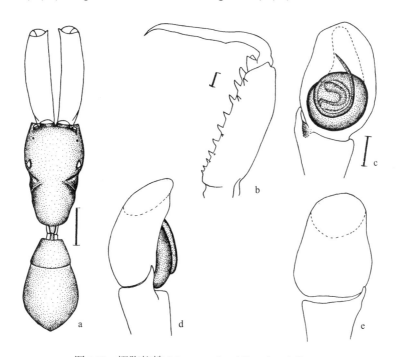

图 169　褶腹蚁蛛 *Myrmarachne kiboschensis* Lessert

a. 雄蛛外形 (body ♂), b. 雄性螯肢 (chelicera ♂), c-e. 触肢器 (palpal organ): c. 腹面观 (ventral), d. 后侧观 (retrolateral), e. 背面观 (dorsal) 比例尺 scales = 0.50 (a), 0.10 (b-f)

雄蛛：体长 3.20，螯基长 1.25；头胸部长 1.50，宽 0.87；腹部长 1.45，宽 0.83。前眼列宽 0.80，后眼列宽 0.90，眼域长 0.65。体弱小，背甲橘黄色至红褐色，眼周围黑色具灰色细毛，颈沟较深而伸向背面，在其基部两侧各有 1 团银白色毛。胸甲红褐色或黄褐色。螯肢黄褐色至红褐色，螯爪近基部 1/3 处略突向腹面，前齿堤 12 齿，端部 2 齿粗大，紧贴在一起，其后等距离排列着 7 个较长的齿，最后 3 小齿；后齿堤有 4-5 齿，前 2 齿较大，着生于前齿堤 3-5 齿之间，隔一段距离后有 2-3 小齿。颚叶黄褐色，长为宽的 3-4 倍。下唇红褐色，长为宽的 1.5 倍。步足黄褐色具褐色纵条。腹部背面深红褐色，前端 1/4 处有 1 褶痕。腹面自生殖沟至纺器前有 1 褐色宽纵带。纺器黄色。触肢黄色，胫节突对侧有黄褐色长毛。插入器较宽，如带状，贮精囊作半圆形弯曲。

雌蛛：尚未发现。

观察标本：1♂，湖南南岳，尹长民采；1♂，江西南昌，VI.10。

地理分布：湖南 (南岳)、江西、云南；非洲中部，越南。

(167) 叉蚁蛛 *Myrmarachne kuwagata* Yaginuma, 1967 (图 170)

Myrmarachne kuwagata Yaginuma, 1967b: 100, fig. 3l-p (D♂); Zhang, Song *et* Zhu, 1992: 3, figs. 5.1-4
　　(D♂); Peng *et al*., 1993: 138, figs. 474-478 (D♂); Song, Zhu *et* Chen, 1999: 535, figs. 305K-D♂,
　　327M (D♂).

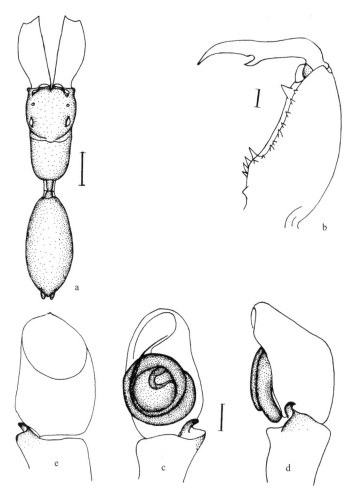

图 170　叉蚁蛛 *Myrmarachne kuwagata* Yaginuma

a. 雄蛛外形 (body ♂), b. 雄性螯肢 (chelicera ♂), c-e. 触肢器 (palpal organ)：c. 腹面观 (ventral), d. 后侧观 (retrolateral),
e. 背面观 (dorsal)　比例尺 scales = 0.50 (a), 0.10 (b-f)

雄蛛：体长 4.50-6.00。体长 4.70 者，头胸部长 2.15，宽 1.00；腹部长 2.50，宽 1.20。
背甲深褐色，隆起较高，并朝胸部急剧倾斜，颈沟深，且生有白毛。前眼列宽 0.95，后中眼居中偏前，后眼列宽 1.00，眼域长 0.85。胸甲红褐色。螯肢粗壮，其背部平坦，螯爪稍呈波纹状，其腹面近中部有 1 分叉，螯肢前、后齿堤上齿的数目和排列方式在不同个体中有所变化，甚至同 1 个体的 2 螯肢也有差异。通常前齿堤 5-6 齿，较大，近端部 1-2 齿，近基部 4 齿；后齿堤 5-11 齿，较小，几乎等距离排列于中部。颚叶红褐色，近长方形，长为宽的 4-4.5 倍。下唇褐色，长约为宽的 1.5 倍，两侧中部有凹陷。步足红褐色或黄色，具褐色纵条。腹部长卵形或中部稍收缩，背面红褐色或褐色，腹面灰褐色，自生殖沟至纺器前有 1 宽纵带，两侧缘以成行的黄色斑点为界。纺器灰褐色，触肢褐色，插入器细长，胫节突粗短而弯曲。

雌蛛：尚未发现。

观察标本：2♂，湖南炎陵，1982.Ⅶ，张永靖采。

地理分布：湖南 (炎陵)；日本，韩国。

(168) 临桂蚁蛛 *Myrmarachne linguiensis* Zhang *et* Song, 1992 (图 171)

Myrmarachne linguiensis Zhang *et* Song, 1992: 3, figs. 6.1-4 (D♂); Song, Zhu *et* Chen, 1999: 536, figs. 305O-P, 327N (D♀♂).

雄蛛：体长 4.50；头胸部长 2.00，宽 1.20；腹部长 2.10，宽 1.50。背甲黄色，各眼

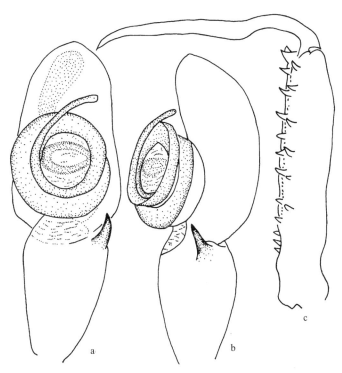

图 171　临桂蚁蛛 *Myrmarachne linguiensis* Zhang *et* Song (仿 Song *et al.*, 1999)
a-b. 触肢器 (palpal organ)：a. 腹面观 (ventral)，b. 腹面观 (retrolateral)，c. 雄性螯肢 (chelicera ♂)

基黑色。螯肢黄色，窄长，前齿堤 11 齿，后齿堤 6 齿。颚叶、下唇及胸甲均呈黄色，下唇基半部黄褐色。步足黄色，细弱。第 I 步足胫节腹面有 1 根刺，后跗节有 2 对刺。腹部近圆形，前半部黄色，正中有 1 圆形浅褐色骨化区；后半部浅褐色，骨化。腹部腹面黄色，有灰色素 (引自 Song et al., 1999)。

雌蛛：尚未发现。

观察标本：正模♂，广西临桂县，1981.Ⅷ。

地理分布：广西 (临桂县)。

(169) 卢格蚁蛛 *Myrmarachne lugubris* (Kulczyński, 1895) (图 172)

Salticus lugubris Kulczyński, 1895d: 46, pl. 2, figs. 1-5 (D♀♂).

Myrmarachne lugubris (Kulczyński, 1895): Simon, 1901a: 503; Song, Zhu *et* Chen, 1999: 536, figs. 305E, Q (♀♂).

雄蛛：头胸部长 2.80，前眼列宽 1.41，后眼列宽 1.60，眼域长 1.11。眼域橙黄色，前眼列侧面周围、后中眼和后眼列呈黑色。前中眼下端有 3 根橙棕色刚毛。头胸部后端灰橙色，至腹面、侧面颜色较深，明显压缩。眼列周围覆白灰色刚毛，中间和后部覆单一白刚毛。额橙色，覆白灰色毛。螯肢浅橙黄色，纤细。颚叶、下唇灰橙色，胸甲黄色。步足灰色，末端较浅，被稀疏刚毛，灰色，有浅棕色刺。腹面中间黄色浅灰色，侧面有纵向的黑灰色条纹。腹部长 2.70，橙灰色，后端黑灰色，前端和后端鳞片被压缩分开，

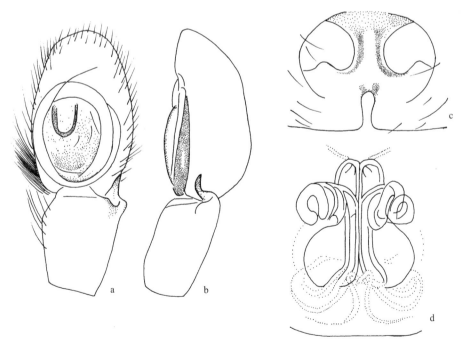

图 172　卢格蚁蛛 *Myrmarachne lugubris* (Kulczyński) (仿 Zabka, 1985)

a-b. 触肢器 (palpal organ)：a. 腹面观 (ventral)，b. 后侧观 (retrolateral)，c. 生殖厣 (epigynum)，d. 阴门 (vulva)

被稀疏灰色刚毛。纺器灰色。触肢器灰色，有 2 个突起，跗舟顶端有刺，插入器细丝状 (引自 Zabka, 1985)。

雌蛛：头胸部长 3.80，腹部长 3.70。前眼列宽 1.62，后眼列宽 1.90，眼域长 1.21。头胸部长而纤细，中部压缩，呈棕色。眼列周围黑色。眼列周围覆白色和浅灰色刚毛。额橙棕色，覆白灰色刚毛。螯肢和胸甲橙棕色，触肢棕色，下唇和颚叶灰棕色。腹部灰色，前侧面灰棕色覆不规则浅斑点和线，侧面有线状小圆点。中部有弯曲的浅色横线。刚毛单一，灰色。纺器灰橙色。腹面中间黄色浅灰色，侧面有黑灰色纵向条带。生殖厣椭圆形，在生殖沟前面有 2 个清晰的凹陷和 1 较深切口，还有 2 小兜。交媾管盘旋成多个环，交媾孔外有新月形膜状结构 (引自 Zabka, 1985)。

观察标本：无镜检标本。

地理分布：中国；俄罗斯，韩国。

(170) 颚蚁蛛 *Myrmarachne maxillosa* (C. L. Koch, 1846) (图 173)

Toxeus maxillosus C. L. Koch, 1846: 19, fig. 1090 (D♂).

Salticus bellicosus Peckham *et* Peckham, 1892: 32, pl. 2, f. 11 (D♂).

Myrmarachne maxillosa (C. L. Koch, 1846): Simon, 1901a: 498.

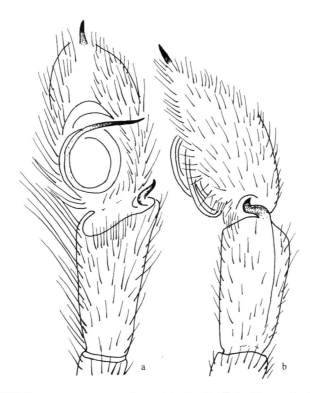

图 173　颚蚁蛛 *Myrmarachne maxillosa* (C. L. Koch) (仿 Peckham *et* Peckham, 1892)

a-b. 触肢器 (palpal organ)：a. 腹面观 (ventral), b. 后侧观 (retrolateral)

雄蛛：头部高，侧面圆形。在后中眼后面有 1 个小的收缩，胸部前部上升，然后急剧下降，后端越来越窄。眼区大约占据了头胸部的 2/5。前列眼紧靠在一起，弯曲，前中眼是前侧眼的 2 倍大。后中眼比后侧眼大。腹柄短。整个身体是一种深棕色的颜色，覆盖短的浅黄色毛发。腹部非常高，圆形，没有收缩。螯肢长，相互平行，在近 1/3 处狭窄，然后扩大。螯肢内侧非常平坦，表面光滑，上、下表面形成 1 个尖锐的脊。两排齿从下面可见。螯爪如镰刀 (引自 Peckham *et* Peckham, 1892)。

雌蛛：头胸部与雄蛛类似。螯肢长，前齿堤 7-9 齿，后齿堤 14 齿。胸甲和腹部几乎跟雄蛛一样。雌蛛颜色和毛发与雄蛛一样。交媾腔交媾孔大，圆形。纳精囊球形。交媾管角质化，稍微弯曲，不扭曲。生殖沟的前面中间有狭长的囊 (引自 Peckham *et* Peckham, 1892)。

观察标本：无镜检标本。

地理分布：中国 (具体不详)；缅甸。

(171) 黄蚁蛛 *Myrmarachne plataleoides* (O. P. -Cambridge, 1869) (图 174)

Salticus plataleoides O. P. -Cambridge, 1869c: 68, pl. 6, figs. 61-65 (D♂).
Myrmarachne plataleoides (O. P. -Cambridge, 1869): Simon, 1901a: 499, figs. 586, 590-592 (D♀♂);
　　Peng *et al.*, 1993: 140, figs. 479-488 (♀♂); Song, Zhu *et* Chen, 1999: 536, figs. 305G, S (♀♂).

雄蛛：体长 6.80，螯基长 3.10；头胸部长 2.80，宽 0.97；腹部长 3.20，宽 1.38。前眼列宽 1.15，后眼列宽 1.30，眼域长 1.10。体黄色或浅红黄色，眼周围黑色，有白色细毛，后中眼居中偏前。头部明显高于胸区。螯基基部 3/5 细长，端部 2/5 向背外侧膨大，末端内角有 1 伸向前方的齿状突起。螯基与螯爪相接处有 1 圈深红色斑。前齿堤 7 齿，分布于螯基膨大的一段；后齿堤 11 齿，第 1 齿着生于前齿堤第 4-5 齿中间位置。颚叶红褐色，长约为宽的 4 倍。下唇红褐色，长为宽的 2 倍。胸甲后端长而尖细。步足黄褐色，细长。腹部葫芦形，背面前端 1/3 处有 1 收缩，其后隐约可见心脏斑和 1 对小黑斑，腹面自生殖沟至纺器前有 4 条黄褐色纵带。触肢黄色，胫节突粗短不弯曲，插入器较宽扁，端部扭曲。

雌蛛：体长 7.60，螯基长 0.53；头胸部长 3.20，宽 0.82；腹部长 3.40，宽 1.34。前眼列宽 1.20，后眼列宽 1.35，眼域长 1.10。体形及体色与雄蛛相似，但螯肢短小，前齿堤 7 齿，后齿堤 11 齿，近体端数齿基部相连。腹部灰黄色，被灰白色细毛，背面收缩处有 1 三叉形灰白斑。腹末有 1 近菱形的黄斑。外雌器具 2 个彼此分隔的圆形凹陷，两凹陷之间下部有 1 较宽的袋状结构。内部结构简单，纳精囊与交媾管似哑铃形。本种外雌器与 *M. globosa* Wanless, 1978 的外雌器很相似，但二者体形及螯肢结构存在有显著差别。

观察标本：1♀1♂，云南勐腊，III.21，其他信息不详；1♀，云南，其他信息不详。

地理分布：云南；印度。

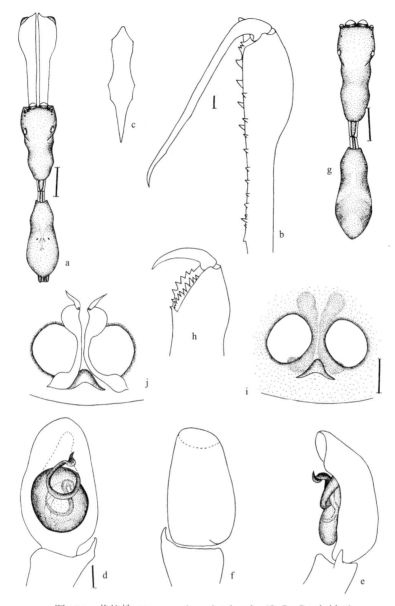

图 174　黄蚁蛛 *Myrmarachne plataleoides* (O. P. -Cambridge)

a. 雄蛛外形 (body ♂), b. 雄性螯肢 (chelicera ♂), c. 雄蛛胸板 (sternum ♂), d-f. 触肢器 (palpal organ)：d. 腹面观 (ventral),
e. 后侧观 (retrolateral), f. 背面观 (dorsal), g. 雌蛛外形 (body ♀), h. 雌性螯肢 (chelicera ♀), i. 生殖厣 (epigynum), j. 阴门
(vulva)　比例尺 scales = 1.00 (a, g), 0.10 (b-f, h-j)

(172) 申氏蚁蛛 *Myrmarachne schenkeli* Peng *et* Li, 2002 (图 175)

Myrmarachne lesserti Schenkel, 1963: 391, figs. 226a-b (D♂; preoccupied).

Myrmarachne schenkeli Peng *et* Li, 2002: 26.

雄蛛：头胸部长 2.40，宽 1.25；腹部长 2.10，宽 1.30。前眼列宽 1.70，后眼列宽 1.50，眼域长 1.30。第 I 步足 4.80 (1.40+1.97+0.88+0.55)，第 II 步足 3.70 (1.10+1.48+0.68+0.44)，第 III 步足 3.90 (1.10+1.43+0.90+0.47)，第 IV 步足 5.33 (1.70+1.95+1.25+0.43)。足式：IV，I，III，II (引自 Schenkel, 1963)。

雌蛛：尚未发现。

观察标本：无镜检标本。

地理分布：香港。

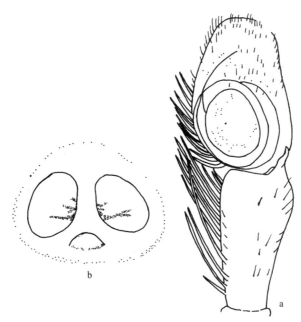

图 175　申氏蚁蛛 *Myrmarachne schenkeli* Peng *et* Li (仿 Song *et al.*, 1999)
a. 触肢器，腹面观 (palpal organ, ventral), b. 生殖厣 (epigynum)

(173) 七齿蚁蛛 *Myrmarachne maxillosa septemdentata* Strand, 1907 (图 176)

Myrmarachne maxillosa 7-dentata Strand, 1907b: 568 (D♂); Feng, 1990: 210, ff. 185.1-6 (♂, D♀).
Myrmarachne maxillosa septemdentata: Strand, 1909f: 99; Song, Zhu, Chen, 1999: 536, figs. 305F, R.

雌蛛：体长 7.00。头部隆起，前齿堤 8 小齿，后齿堤 7 齿。常游猎于橘树、李树及山丘灌木丛。活动时，第 I 步足及触肢不停的震动，即模仿蚂蚁的行为。一般 5-6 月间开始产卵，卵囊产在用蛛丝将叶面卷拉成两端开口的纵形巢内，巢内设丝质膜，内有 2-3 个并列的卵囊。雌蛛有护卵的行为 (引自 Feng, 1990)。

雄蛛：体长 6.8，头部隆起，螯肢短于头胸部，螯爪明显短于螯肢，前齿堤 1 小齿，其后还有 2 个极小的齿，后齿堤 7 齿，螯肢内侧面背缘靠近螯爪基部有 1 大齿，向后还有 1 小齿 (引自 Feng, 1990)。

观察标本：无镜检标本。

地理分布：四川、浙江、广东。

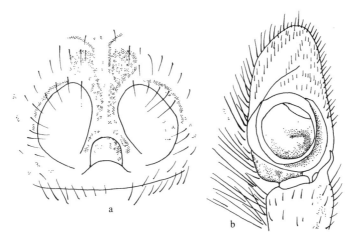

图 176　七齿蚁蛛 *Myrmarachne maxillosa septemdentata* Strand (仿 Song *et al.*, 1999)
a. 生殖厣 (epigynum), b. 触肢器，腹面观 (palpal organ, ventral)

(174) 伏蚁蛛 *Myrmarachne volatilis* (Peckham *et* Peckham, 1892) (图 177)

Hermosa volatilis Peckham *et* Peckham, 1892: 53, pl. 4, fig. 7 (D♀).

Myrmarachne volatilis (Peckham *et* Peckham, 1892): Simon, 1901a: 504; Zhang, Song *et* Zhu, 1992: 4,
　　figs. 7.1-6 (♀, D♂); Peng *et al.*, 1993: 141, figs. 489-494 (♀); Song, Zhu *et* Chen, 1999: 536, figs. 14J,
　　305H-I, T-U (♀♂).

雌蛛：体长 3.90，螯基长 0.55；头胸部长 1.75，宽 0.89；腹部长 2.05，宽 1.57。前
眼列宽 0.85，后眼列宽 1.00，眼域长 0.75。体橘黄色，体表光滑少毛，颈沟较深，伸向
头胸部背面，把头部和胸部明显分开，两侧颈沟基部各有 1 小块白毛，眼周围黑色，前
方有细白毛，中眼列居中。胸甲黄色，前端稍宽，后端尖细。螯肢橘红色，前齿堤 6-8
齿，后齿堤 5 齿。颚叶黄色，长约为宽的 3 倍。下唇黄褐色，长约为宽的 2 倍。触肢及
步足黄色，第 I、II 步足具黑褐色纵条。腹部较粗大，略扁，背面前端 1/4 处有 1 浅收缩，
其前方体色较浅，后方体色略深。腹面中央自生殖沟至纺器有 1 条不很明显的纵带。生
殖厣具有 2 个彼此分隔的圆形凹陷，两凹陷之间下部有 1 袋状结构，其基部宽大，端部
细长。交媾管在接纳精囊处向外侧绕 1 圈。

雄蛛：体长 3.70-4.20。背甲浅褐色，眼基黑色，头区中央有 1 对黑斑。第 I 步足胫
节腹面有刺 6 枚，后跗节有刺 2 对。腹部卵形，前部 1/3 处的背面有 1 黄色圆斑，之后
有 1 横向黄色条斑 (引自 Zhang, Song *et* Zhu, 1992)。

观察标本：1♀，湖南城步，1982.Ⅷ，张永靖采。

地理分布：湖南 (城步)、广西；马达加斯加，越南。

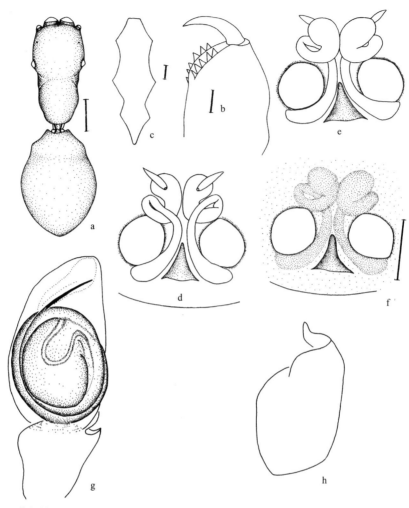

图 177　伏蚁蛛 *Myrmarachne volatilis* (Peckham *et* Peckham) (g-h 仿 Zhang, Song *et* Zhu, 1992)

a. 雌蛛外形 (body ♀), b. 雌性螯肢 (chelicera ♀), c. 雌蛛胸板 (sternum ♀), d-e. 阴门 (vulva): d. 腹面观 (ventral), e. 背面观 (dorsal), f. 生殖厣 (epigynum), g. 触肢器, 腹面观 (palpal organ, ventral), h. 胫节突 (tibial apophysis)

比例尺 scales = 0.50 (a), 0.10 (b-f)

48. 新跳蛛属 *Neon* Simon, 1876

Neon Simon, 1876a: 210.

Type species: *Neon reticulatus* (Blackwall, 1853).

体小型。头胸部长大于宽。前方为截断状，后方圆。头部长于胸部，额极狭。眼域近方形，长为宽的 3/4，前边等于后边，眼大而突出，前眼列稍后曲，前、后侧眼几乎等大。后齿堤有细小的齿 1 枚。中窝点状。足式：IV, I, III, II。第 I 步足的胫节腹面刺式为 2-2-2-0。

该属已记录有 24 种，主要分布在中国、越南、日本。中国记录 6 种。

种 检 索 表

1. 雄蛛···2
   雌蛛···5
2. 触肢器腹面观插入器可见部分短，仅露出于生殖球上缘··················网新跳蛛 *N. reticulatus*
   触肢器腹面观插入器可见部分长，露出于生殖球中后缘··································3
3. 插入器端部端直，丝状···光滑新跳蛛 *N. levis*
   插入器端部带状···4
4. 插入器端部盘曲，有扭结···宁新跳蛛 *N. ningyo*
   插入器端部"S"字形，无扭结···小新跳蛛 *N. minutus*
5. 生殖厣无中隔···带新跳蛛 *N. zonatus*
   生殖厣有中隔···6
6. 中隔位于生殖厣的中下部··7
   中隔位于生殖厣的上部··8
7. 交媾管长，折叠成大的圈状，部分扭曲成结···································王氏新跳蛛 *N. wangi*
   交媾管短，仅有简单折叠···光滑新跳蛛 *N. levis*
8. 交媾管长，折叠成圈···小新跳蛛 *N. minutus*
   交媾管短，不折叠···网新跳蛛 *N. reticulatus*

(175) 光滑新跳蛛 *Neon levis* (Simon, 1871) (图 178)

Attus levis Simon, 1871: 221 (D♀).

Neon levis (Simon, 1871): Simon, 1876a: 211; Zhou *et* Song, 1988: 4, figs. 6a-d (♀); Hu *et* Wu, 1989: 379, figs. 282.8-9 (♀); Song, Zhu *et* Chen, 1999: 536, fig. 3.

雌蛛：体长 2.4。头胸部淡黄色，着生稀疏白毛及少许黑长毛，背甲中部隆起，头部比胸区长 (0.6：0.5)。额窄，额高为前中眼直径的 1/4。眼域梯形，宽为长的 1.25 倍 (0.75：0.6)。螯肢、颚叶、下唇、胸甲淡黄褐色，前齿堤 2 齿，后齿堤 1 齿。胸甲卵圆形，着生少量黑毛。步足短，黄色混杂灰黑色；第 I 步足腿节至后跗节灰黑色，胫节有长腹刺 3 对，后跗节有长腹刺 2 对；其余步足腿节到后跗节常有黑斑；后两对步足仅有少数弱刺。足式：IV，I，III，II。腹部淡黄色，着生黑长毛。背面正中有数条黑色"人"字形横纹，其前端斑纹不甚明显；两侧有黑色斜纹。腹面生殖沟至纺器间、中央无斑纹，两侧缘有由背面延伸而来的黑斜纹。纺器淡黄色，着生黑毛 (引自 Zhou *et* Song, 1988)。

雄蛛：体长 2.00-2.75；头胸部长 0.95-1.30，宽 0.75-1.35；腹部长 1.05-1.45，宽 0.80-1.10。中眼域 0.8-1.0。头胸部的前部黑色，其余黄绿色。后侧眼和后中眼周围黑色。前中眼着生黄色毛。腹部呈浅黄色，有明显的黑色斑。前中眼下面和额之间黑色，前侧眼下面黄绿色。螯肢背面黑色，但腹面黑色。足式：IV，I，II，III (引自 Zabka, 1997)。

观察标本：1♀，新疆博湖，1985.IX.10，代力盖采。

地理分布：新疆。

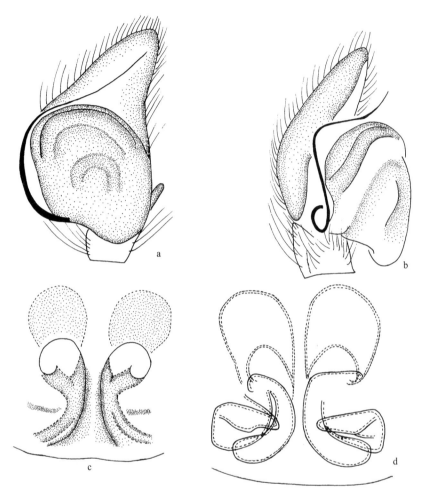

图 178 光滑新跳蛛 *Neon levis* (Simon) (仿 Zabka, 1997)
a-b. 触肢器 (palpal organ)：a. 腹面观 (ventral), b. 前侧观 (prolateral), c. 生殖厣 (epigynum), d. 阴门 (vulva)

(176) 小新跳蛛 *Neon minutus* Zabka, 1985 (图 179)

Neon minutus Zabka, 1985: 420, figs. 372-377 (D♀♂); Ikeda, 1995a: 35, figs. 25-33, 45 (♀♂).

雄蛛：头胸部长 0.87。眼域长 0.46，前眼列和后眼列宽 0.74。眼域白灰色，前中眼周围黑棕色，其他眼周围黑色。背甲剩余部分白灰色夹杂浅黄色。表面覆单一白灰色刚毛。额浅灰色，毛色相似。第 I 步足浅灰色，较黑，延至前部。第 IV 步足相似，较黑。连接处周围被稀疏浅灰色刚毛，刺黄灰色。腹部白灰色，有不规则灰色斑点，被稀疏浅灰色刚毛。纺器浅灰色。腹面白灰色。触肢器厚，生殖球大，插入器位于侧面，长形呈带状 (引自 Zabka, 1985)。

雌蛛：头胸部长 0.93，前眼列宽 0.77，后眼列宽 0.80，眼域长 0.49。头胸部浅灰色，前端较黑。前眼列周围灰棕色，其他眼列黑灰色，覆浅灰色或黑灰色毛。额同雄蛛。螯肢、颚叶和下唇黄灰色，胸甲浅灰色。步足浅灰色，侧面和连接处周围较黑。毛发浅灰色或灰棕色，刺灰橙色。腹部与雄蛛相似，前缘密被黑灰毛。纺器浅灰色。腹部腹面白灰色，侧面、背面有斑纹。生殖厣有 2 椭圆形的清晰凹陷，远离生殖沟。其内部结构交媾管形成许多环形 (引自 Zabka, 1985)。

观察标本：无镜检标本。

地理分布：台湾；越南，日本。

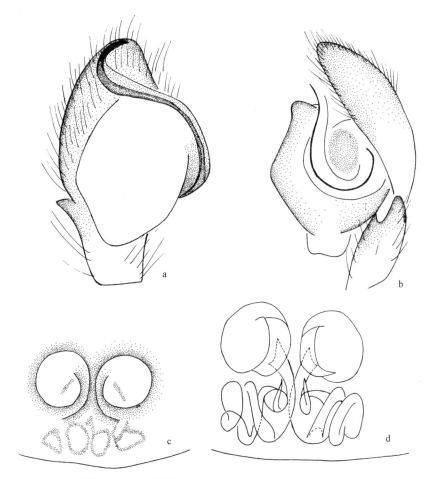

图 179　小新跳蛛 *Neon minutus* Zabka (仿 Zabka, 1985)

a-b. 触肢器 (palpal organ)：a. 腹面观 (ventral), b. 前侧观 (prolateral), c. 生殖厣 (epigynum), d. 阴门 (vulva)

(177) 宁新跳蛛 *Neon ningyo* Ikeda, 1995 (图 180)

Neon ningyo Ikeda, 1995a: 38, figs. 34-44, 46 (D♀♂); Peng, Gong *et* Kim, 2000: 13. figs. 1-4.

雄蛛：体长 1.90；头胸部长 0.90，宽 0.80；腹部长 1.00，宽 0.80。背甲浅褐色，边缘黑色，毛稀少，眼域前缘及两侧黑色。后侧眼后方各有 1 条黑褐色纵带向后延伸至背甲后缘，中窝、放射沟不明显。额灰褐色，前缘灰黑色，高大于前中眼半径。胸甲倒梨形，前缘宽，黄褐色有黑边。螯肢灰褐色，无齿。颚叶、下唇浅褐色。步足灰褐色，有灰黑色环纹及长刺。腹部柱状，前缘稍宽。腹部背面浅褐色，有黑褐色纵带 4 条，即侧面 2 条 (背面观难以见及)、背面中央 2 条，后部中央有 5 条深色横带。腹部腹面灰黑色，中央黄褐色。纺器黄褐色。触肢器的插入器很长，鞭状，端部盘曲。生殖球末端呈锥状，胫节突较短。

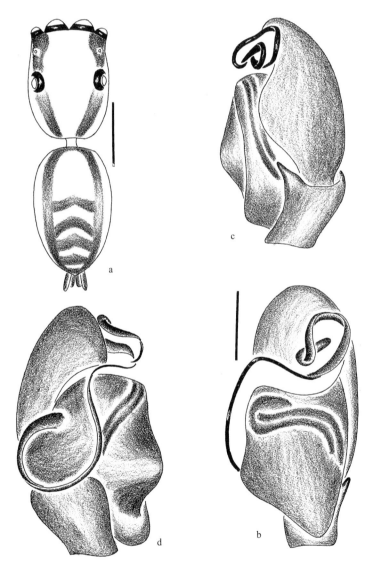

图 180 宁新跳蛛 *Neon ningyo* Ikeda

a. 雄蛛外形 (body ♂), b-d. 触肢器 (palpal organ)：b. 腹面观 (ventral), c. 后侧观 (retrolateral), d. 前侧观 (prolateral)

比例尺 scales = 0.50 (a), 0.10 (b-d)

雌蛛：尚未发现。

观察标本：3♂，湖南道县，1992.Ⅳ.5，龚联溯采。

地理分布：湖南 (道县)；日本。

(178) 网新跳蛛 *Neon reticulatus* (Blackwall, 1853) (图 181)

Salticus reticulatus Blackwall, 1853: 14 (D♀).

Neon reticulatus (Blackwall, 1853): Simon, 1876a: 210; Chen *et* Zhang, 1991: 313, fig. 332 (♀).

雌蛛：体长 2.9。头胸部背面灰黄色，边缘有黑纹。眼域占头胸部的 1/2，后中眼位于前列眼和后侧眼中线偏前，眼大，各眼周围有黑圈。胸区后方和侧方有黑纹。触肢、颚叶和下唇呈灰黄色，胸甲似卵形，黄褐色。步足黄褐色，有黑色轮纹。第 I 步足自跗节至后跗节内侧有黑纹。腹部卵圆形，黄白色。背面有"山"字形和网目状的斑纹，腹面有由背面延伸而来的网状斑,但中间色浅。外雌器有 1 对圆形结构和 1 近乎圆形阴印。习性栖息于落叶层中 (引自 Chen *et* Zhang, 1991)。

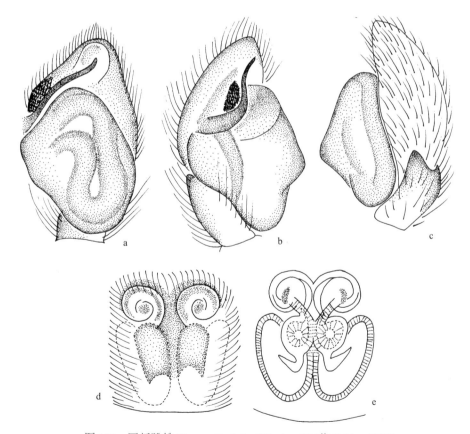

图 181　网新跳蛛 *Neon reticulatus* (Blackwall) (仿 Zabka, 1997)

a-c. 触肢器 (palpal organ)：a. 腹面观 (ventral), b. 前侧观 (prolateral), c. 后侧观 (retrolateral), d. 生殖厣 (epigynum), e. 阴门 (vulva)

雄蛛：体长 2.0-2.5mm。形态特征与雌蛛相似，但个体较雌蛛小，且黑。插入器稍微弯曲，起源远端。齿非常大 (引自 Zabka, 1997)。

观察标本：1♀ (HNU)，浙江省宁波市镇海镇 (29.9°N，121.5°E)；1♀ (IZCAS)，吉林省长白山，1999.IX；2♀ (IZCAS)，辽宁省清源镇，1989.VI.6。

地理分布：吉林、辽宁、浙江 (宁波镇海)。

(179) 王氏新跳蛛 *Neon wangi* Peng *et* Li, 2006 (图 182)

Neon wangi Peng *et* Li, 2006a: 127, f. 1-4 (D♀).

雌蛛：体长 5.4；头胸部长 2.2，宽 1.9；腹部长 3.2，宽 2.5。前眼列宽 1.8，后眼列宽 1.7，眼域长 1.0。头胸部前半部高而隆起，后部陡然倾斜；背甲深褐色，边缘、各眼基部及眼域两侧黑色；前列多眼之间、背甲两侧密被白色短毛，两侧缘的白毛形成宽的白带。胸甲黑褐色，长卵形，边缘黑色被褐色长毛。额褐色，高约等于前中眼半径，被褐色长毛。螯肢褐色，前齿堤 3 小齿，后齿堤 1 大的板齿、端部 2 分叉，前、后齿堤之间尚有 1 小齿。颚叶、下唇褐色，端部色浅具黑色绒毛。触肢灰褐色至浅黄褐色。步足灰褐色，具黑色块斑或轮纹，被白毛及褐色毛，足刺多而强状，对生或轮生。第 I、II 步足胫节腹面具刺 3 对，后跗节腹面具刺 2 对。腹部阔卵形，前、后缘约等宽，背面灰色，斑纹不明显；腹面正中为 1 宽的灰褐色纵带，其上有 2 条点状纵纹，两侧灰色。纺器灰褐色。

雄蛛：尚未发现。

本种与 *N. rayi* (Simon, 1875) (Melzner, 1999: 185, figs. 31d-e) 相似，但有以下区别：①本种外雌器具长而狭的中隔，后者无；②交媾管远长于后者，具缠绕复杂；③腹部背面无明显的斑纹，而后者具 2 条浅色纵带。

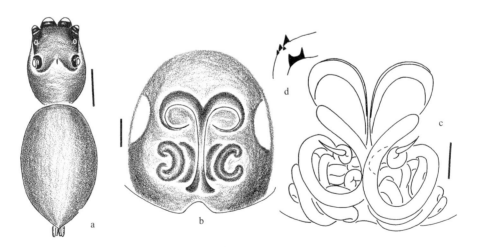

图 182　王氏新跳蛛 *Neon wangi* Peng *et* Li

a. 雌蛛外形 (body ♀), b. 生殖厣 (epigynum), c. 阴门 (vulva), d. 雌性螯肢齿堤 (cheliceral teeth ♀)

比例尺 scales = 1.00 (a), 0.10 (b-d)

观察标本：1♀，贵州荔波县茂兰自然保护区三岔河，1996.Ⅶ.20，王新平采 (HNU)。
地理分布：贵州。

(180)　带新跳蛛 *Neon zonatus* **Bao** *et* **Peng, 2002** (图 183)

Neon zonatus Bao *et* Peng, 2002: 408, figs. 19-21.

雌蛛：体长 2.25；头胸部长 0.95，宽 0.80；腹部长 1.30，宽 1.10。前眼列宽 0.80，后眼列宽 0.85，眼域长 0.55。前中眼 0.27，前侧眼 0.17，后侧眼 0.17。额高 0.10。第Ⅰ步足 1.80 (0.60，0.70，0.25，0.25)，第Ⅱ步足 1.40 (0.45，0.50，0.25，0.20)，第Ⅲ步足 1.65 (0.60，0.55，0.25，0.25)，第Ⅳ步足丢失。背甲灰褐色，被较密的白毛；背甲边缘眼域两侧及前缘黑色；眼域中央浅黄褐色；中窝、颈沟及放射沟皆不明显；背甲前部平坦，后缘陡然倾斜。胸甲倒梨状，毛稀少而细弱，灰褐色，边缘暗褐色。额浅褐色，具大的灰黑色斑；前缘黑色；前中眼下方有数根粗的褐色长毛；额高大于前中眼半径的 1/2。螯肢浅褐色，前侧具大的灰黑色纵斑；前齿堤 2 齿，后齿堤 1 齿；触肢具白色长毛。触肢步足浅褐色，具醒目的灰黑色块斑、环纹或长的纵条纹；步足刺长而粗，第Ⅰ、Ⅱ步足胫节腹面各具 3 对长刺，后跗节腹面各具 2 对长刺。腹部宽卵形，前缘稍宽。背面浅褐色，具醒目的黑色弧形纹，前 3 个弧形纹相连；腹末黑色，其前方有 1 小的黑色圆斑。腹面中央黄褐色，有灰黑色纵纹 1 条；两侧及末端为不规则的黑色网纹。纺器灰褐色。外雌器具 2 个大的圆形凹陷，环绕以带状圆圈；透过体壁可见交媾管；内部结构可见长长的交媾管盘曲环绕呈环状或半环状。

雄蛛：尚未发现。

观察标本：1♀，台湾南投，1999.Ⅳ.25，吴声海采 (THU)。

地理分布：台湾。

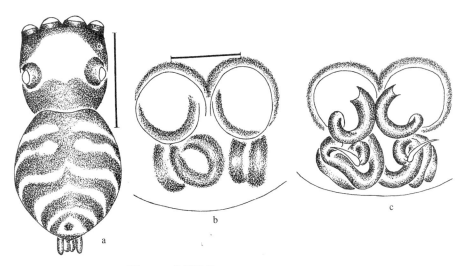

图 183　带新跳蛛 *Neon zonatus* Bao *et* Peng
a. 雌蛛外形 (body ♀), b. 生殖厣 (epigynum), c. 阴门 (vulva)　比例尺 scales = 1.00 (a), 0.10 (b-c)

49. 蝶蛛属 *Nungia* Zabka, 1985

Nungia Zabka, 1985: 421.

Type species: *Nungia epigynalis* Zabka, 1985.

中、小型跳蛛。眼域长约占胸区长的 1/2，头胸部较平坦，腹部长卵圆形，有纵条斑。外雌器外形如蝴蝶状，内部结构简单，壁厚，骨化强。

本属全球仅知 1 种，已知分布于越南、中国。中国记录 1 种。

(181) 上位蝶蛛 *Nungia epigynalis* Zabka, 1985 (图 184)

Nungia epigynalis Zabka, 1985: 421, figs. 378-380 (D♀); Peng *et al.*, 1993: 143, figs. 495-504 (♀, D♂);
Song, Zhu *et* Chen, 1999: 536, figs. 305V, 306B, 327O (♀♂).

雄蛛：体长 4.95；头胸部长 2.30，宽 1.58；腹部长 2.65，宽 1.18。头胸甲红褐色，少毛，前端 2/3 平坦，后端 1/3 倾斜，侧面观近三角形。前眼列宽 1.60，后中眼居中，后眼列宽 1.65，眼域方形，占头胸部长的 1/2，前边略小于后边。眼周围黑色，前列眼周围及头部两侧褐色。眼域中央有 1 对不太明显的短棒状黑褐色斑。螯肢红褐色，螯基背侧近基部处有 1 凹陷，前齿堤 2 齿，后齿堤 1 齿，齿堤上生有 1 排黄褐色长毛。颚叶橙红色，长为下唇的 2 倍，内侧有灰褐色毛丛。下唇红褐色，舌状，长大于宽，前缘着生粗短的黑色刚毛。胸甲红褐色，呈多边形，第 I 步足强大，膝节、后跗节及跗节为黄色，其余各节为褐红色。各节上都被褐色毛：背面毛稀疏而粗短，腹面毛浓密而细长，尤以胫节明显。第 I 步足胫节腹面具 3 对、后跗节腹面具 2 对短刺；第 II、III、IV 步足弱小，呈黄色。腹部长椭圆形，黄色底，背面正中有 1 较宽的灰白色纵带，两侧平行排列着由色素沉积而成的褐色纵带。整个背面被稀疏的粗短黑毛。腹面灰黄色无明显斑纹，3 对纺器均较长，灰褐色。触肢黄褐色，胫节及跗节着生较长的黄色毛。胫节突基部较宽，端部尖细弯向跗舟背面。生殖球较瘦而长，在其中部陷约可见 1 刺状结构，插入器粗短呈剑状，骨化强。

雌蛛：体长 5.50；头胸部长 2.40，宽 1.63；腹部长 3.10，宽 1.32。前眼列宽 1.61，后眼列宽 1.70，眼域长 1.20。雌蛛与雄蛛不同的是：第 I 步足膝节为褐红色，腹部背面中央纵带较窄，两侧纵条较细密。外雌器大而明显，外观近方形。前部中央有 2 个前后排列的椭圆形孔，前端一个为两侧交媾孔的开口，后端一个系两侧骨片凹陷合抱而成。中部两侧各有 1 耳状突起，后部有 1 对椭圆形纳精囊突向后外侧。

作者所观察的标本与 Zabka (1985) 所描绘的模式标本存在下列差别：①模本外雌器中部两侧无耳状突起；②模本外雌器明显呈蝶形，四角均向外侧突出；③本标本外雌器近方形，前端两角较平直，向外侧突出不明显。

观察标本：1♀1♂，广西江底，1982.VIII，张永靖采；1♂，云南勐腊，1981.VIII，王家福采。

地理分布：广西、云南；越南。

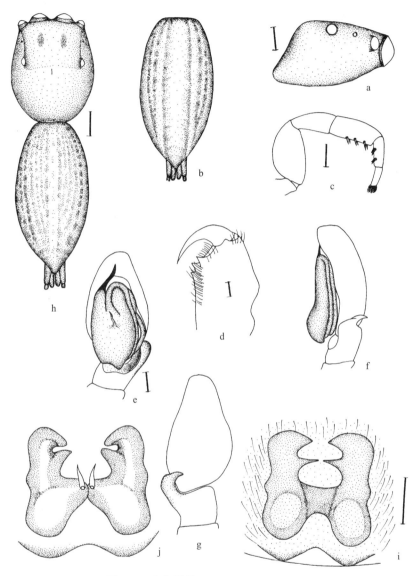

图 184　上位蝶蛛 *Nungia epigynalis* Zabka

a. 雄蛛头胸部，侧面观 (cephalothorax ♂, lateral), b. 雄蛛腹部 (abdomen ♂), c. 雄蛛第 I 步足 (leg I ♂), d. 雄性螯肢 (chelicera ♂), e-g. 触肢器 (palpal organ): e. 腹面观 (ventral), f. 后侧观 (retrolateral), g. 背面观 (dorsal), h. 雌蛛外形 (body ♀), i. 生殖厣 (epigynum), j. 阴门 (vulva) 比例尺 scales = 0.50 (a-b, g), 0.10 (c-f, h-j)

50. 脊跳蛛属 *Ocrisiona* Simon, 1901

Ocrisiona Simon, 1901a: 602.

Type species: *Marptusa leucocomis* L. Koch, 1879.

体扁，背甲的胸区长而宽。前齿堤 2 齿，后齿堤 1 齿。步足多刺和毛，第 I 步足最粗，第 IV 步足最长。触肢器的插入器细长，胫节突 1 个。生殖厣倒心形，中央隆起呈脊状，交媾管倒"U"字形或倒"V"字形，纳精囊梨状，附腺发达。

该属已记录有 14 种，主要分布在澳大利亚、新西兰。中国仅记录 2 种。

(182) 弗勒脊跳蛛 *Ocrisiona frenata* Simon, 1901 (图 185)

Ocrisiona frenata Simon, 1901b: 63 (D♂); Simon, 1901a: 595, figs. 730 (♂).

雄蛛：体长 7.00。头胸部黑色，中间被短黄细毛，两边缘有白条斑纹。腹部长卵形，背面中间被稀疏棕色细毛，两边有稀疏的白色斑点短毛。螯肢细长，螯牙有分叉并稍微弓形，齿基边缘细微皱纹并被白色细长毛。腹面黑色，后半部分有多个白色斑点 (引自 Simon, 1901b)。

雌蛛：尚未发现。

观察标本：无镜检标本。

地理分布：中国。

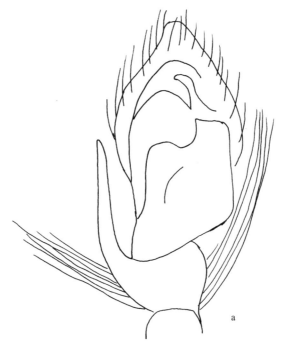

图 185 弗勒脊跳蛛 *Ocrisiona frenata* Simon (仿 Simon, 1901)
a. 触肢器，腹面观 (palpal organ, ventral)

(183) 绥宁脊跳蛛 *Ocrisiona suilingensis* Peng, Liu *et* Kim, 1999 (图 186)

Ocrisiona suilingensis Peng, Liu *et* Kim, 1999: 19, figs. A-C.

雄蛛：体长 5.80；头胸部长 2.80，宽 1.80；腹部长 3.00，宽 1.60。前眼列宽 1.30，后眼列宽 1.25，眼域长 0.90，不及头胸部长的 1/3。体扁平，背甲前后缘约等宽，两侧缘几乎平行，黑褐色，边缘及眼域黑色，两侧及中窝附近密被白色长毛。放射沟颜色稍深，隐约可见。胸甲黑色，边缘黑色。额黑褐色，高约为前中眼半径的 1/2，前列各眼之间及其前下方有密的白色长毛。螯肢深褐色，齿堤无齿。颚叶、下唇、步足皆黑褐色。第 I 步足粗壮，除后跗节腹面具 2 对短刺外，步足其余各节无刺，仅有黑色毛。腹部前后缘约等宽，两侧缘呈叶缘状，具弧状隆起，背面黑褐色，具 2 条浅色纵带，贯穿前后端。腹面黑褐色，具 2 条浅色细的纵条纹，始自生殖沟，终于纺器基部前方。纺器黑色。

雌蛛：尚未发现。

观察标本：1♂，湖南绥宁，1996，刘明星采。

地理分布：湖南 (绥宁)。

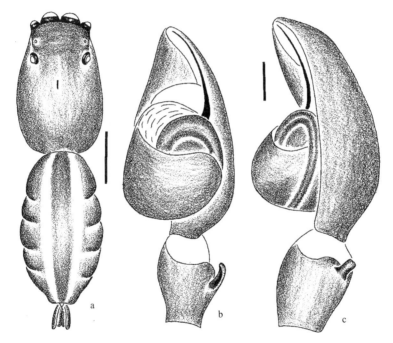

图 186　绥宁脊跳蛛 *Ocrisiona suilingensis* Peng, Liu *et* Kim
a. 雄蛛外形 (body ♂), b-c. 触肢器 (palpal organ)：b. 腹面观 (ventral), c. 后侧观 (retrolateral)
比例尺 scales = 1.00 (a), 0.10 (b-c)

51. 单突蛛属 *Onomastus* Simon, 1900

Onomastus Simon, 1900: 28.
Type species: *Onomastus nigricaudus* Simon, 1900.

体较长，绿色或黄色。背甲呈宽椭圆形，长大于宽。背甲前半部平坦，后半部陡峭。

后中眼微小，几乎不见，眼式：2，2，2。背甲暗黄色，眼列周围黑色。腹部呈长椭圆形，前部和后部较宽。暗黄色。步足纤细，密被长而粗壮的暗黄色刺。

该属已记录有 7 种，主要分布在东南亚。中国记录 1 种。

(184) 黑斑单突蛛 *Onomastus nigrimaculatus* Zhang *et* Li, 2005 (图 187)

Onomastus nigrimaculatus Zhang *et* Li, 2005: 222, f. 1A-F (D♀♂).

雄蛛：体长 4.25-4.70。体长 4.60 者，头胸部长 2.20，宽 1.45；腹部长 2.25，宽 0.90。额高 0.16。前眼列宽 1.00，中眼列宽 1.45，后眼列宽 1.10，眼域长 1.09；前中眼 0.50，前侧眼 0.30，后中眼 0.03，后侧眼 0.25。背甲暗黄色。眼域灰色。中窝模糊。螯肢、颚叶、下唇、胸甲暗黄色。螯肢前齿堤 5 齿，后齿堤 8-10 小齿。颚叶、下唇和胸甲黄色。步足的基节和腿节黄色，其他部分颜色较深。步足上有长刺和长毛。第 I 步足刺式：后跗节 v4-2-0，p1-0-0；胫节 v4-4-4，p1-0-0，r1-0-0，d1-0-0；膝节 v0-1-0，p0-1-0，r0-1-0；腿节 p0-0-1，r0-0-1，d1-1-1。腹部长椭圆形，白黄色，覆有短毛；背甲有 2 对黑色斑纹。触肢器的亚盾片突长，指状；中突大，末端长，呈短剑状；插入器有 1 大的距。

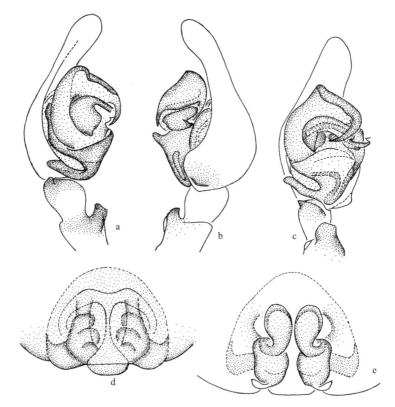

图 187 黑斑单突蛛 *Onomastus nigrimaculatus* Zhang *et* Li (仿 Zhang *et* Li, 2005)

a-c. 触肢器 (palpal organ)：a. 前侧观 (prolateral), b. 后侧观 (retrolateral), c. 腹面观 (ventral), d. 生殖厣 (epigynum), e. 阴门 (vulva)

雌蛛：体长 4.60-4.72；头胸部长 2.05，宽 1.30；腹部长 2.65，宽 1.00。额高 0.08。前眼列宽 1.00，中眼列宽 1.43，后眼列宽 1.04，眼域长 1.14；前中眼 0.50，前侧眼 0.30，后中眼 0.04，后侧眼 0.22。第 I 步足腿节后侧、胫节前侧和后侧均有黑色斑点。第 I 步足刺式：后跗节 v4-2-0, p1-0-0, r1-0-0；胫节 v4-4-4, p1-0-0, r1-0-0；膝节 v0-1-0, r0-1-0；腿节 p0-0-1，r0-0-1。其他特征与雄蛛相似。生殖厣的中隔后缘较宽，纳精囊小。

观察标本：无镜检标本。

地理分布：中国。

52. 盘蛛属 *Pancorius* Simon, 1902

Pancorius Simon, 1902: 410.

Type species: *Ergane dentichelis* Simon, 1899.

体大型，背甲隆起，体密被毛。触肢器结构简单，插入器起始于生殖球前侧上端，生殖球近球形。生殖厣具兜 2 个，纳精囊 2-3 室，交媾管短或不易见及。

该属已记录有 26 种，主要分布在中国、越南、波兰、日本。中国记录 8 种。

种 检 索 表

1. 雄蛛 ……………………………………………………………………………………2

  雌蛛 ……………………………………………………………………………………5

2. 生殖球有尾状突 …………………………………………………海南盘蛛 *P. hainanensis*

  生殖球无突起 ……………………………………………………………………………3

3. 插入器长，鞭状 ………………………………………………………陈氏盘蛛 *P. cheni*

  插入器短，刺状 …………………………………………………………………………4

4. 插入器起始于 9:00 点位置 ……………………………………粗脚盘蛛 *P. crassipes*

  插入器起始于 12:00 点位置 ………………………………………大盘蛛 *P. magnus*

5. 生殖厣兜不明显 ………………………………………………香港盘蛛 *P. hongkong*

  生殖厣兜明显 ……………………………………………………………………………6

6. 生殖厣有长棒状中隔 …………………………………………粗脚盘蛛 *P. crassipes*

  生殖厣无中隔 ……………………………………………………………………………7

7. 前位纳精囊大于后位纳精囊 …………………………………………………………8

  前位纳精囊小于后位纳精囊 …………………………………………………………9

8. 两兜位于交媾腔之下 …………………………………………………小盘蛛 *P. minutus*

  两兜位于交媾腔之间 ……………………………………岣嵝峰盘蛛 *P. goulufengensis*

9. 交媾腔横向，弧形 …………………………………………台湾盘蛛 *P. taiwanensis*

  交媾腔斜向，眉状 …………………………………………………大盘蛛 *P. magnus*

(185) 陈氏盘蛛 *Pancorius cheni* Peng *et* Li, 2008 (图 188)

Pancorius cheni Peng *et* Li, in: Peng, Tang *et* Li, 2008: 249, f. 5-8 (D♂).

雄蛛：体长 4.70-6.00。前眼列宽 1.70，后眼列宽 1.90，眼域长 1.15。前中眼 0.55，前侧眼 0.30，后侧眼 0.30。额高 0.15。背甲隆起较高，阔卵形；深褐色，各眼基部黑色；后中眼后方有 1 赤褐色半圆形斑，向前延伸环绕眼域外侧；中窝很短，黑色，纵向；颈沟、放射沟不明显；被少许短的白色及褐色长毛。胸甲盾形，被白色及褐色长毛；中央黑褐色；边缘褐色，有黑褐色斑点与各步足基节相对应。额褐色，被黑色长毛，前中眼下方被较密的白色长毛。螯肢黑褐色，前侧被稀疏的白色长毛，螯基上布满横向皱折；前齿堤 2 齿，基部相连，后齿堤 1 齿。颚叶、下唇深褐色，端部黄褐色，被灰褐色绒毛。步足黑褐色，有浅褐色环纹，被较密的黑褐色毛。第 I、II 步足腹面的毛呈刷状；足刺较弱而少，第 I、II 步足胫节腹面各 3 对，后跗节腹面各 2 对。第 I 步足 7.30 (2.00, 3.10, 1.40, 0.80)；第 II 步足 5.35 (1.70, 2.00, 1.00, 0.65)；第 III 步足 5.55 (1.85, 2.00, 1.00, 0.70)，第 IV 步足 5.90 (1.85, 2.00, 1.35, 0.70)。腹部长卵形；背面灰黑色，被灰色细毛；两侧有许多深色斜纹，前段中央有 4 条浅色弧纹。腹部腹面灰黑色，中央有 4 行浅色点状纹。纺器灰黑色，被黑色细毛。

雌蛛：尚未发现。

本种与 *P. crassipes* (Karsch, 1881) 相似，但有以下区别：①插入器远长于后者，起始于 9:00 方向处，而后者的则始于 11:00 方向处，且基部背面有 1 宽的膜质结构；②身体上的斑纹不同。

观察标本：2♂，广西那坡县德孚保护区，2000.VI.19，CG063，海拔 1350m，陈军采 (IZCAS)。

地理分布：广西。

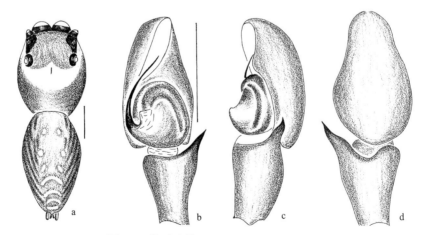

图 188 陈氏盘蛛 *Pancorius cheni* Peng *et* Li

a. 雄蛛外形 (body ♂), b-c. 触肢器 (palpal organ)：b. 腹面观 (ventral), c. 后侧观 (retrolateral), d. 背面观 (dorsal)

比例尺 scales = 1.00 (a), 0.50 (b-d)

(186) 粗脚盘蛛 *Pancorius crassipes* (Karsch, 1881) (图 189)

Plexippus crassipes Karsch, 1881c: 38 (D♀♂); Lee, 1966: 74, fig. 27l-M (♀); Hu, 1984: 384, figs. 399.1-2 (♀).

Evarcha crassipes (Karsch, 1881): Prószyński *et* Starega, 1971: 272 (T♀♂ from *Plexippus*); Peng *et al.*, 1993: 65, figs. 179-183 (♀♂); Song *et* Li, 1997: 432, figs. 40A-C (D♀♂); Song, Zhu *et* Chen, 1999: 510, fig. 293N (D♀♂).

Pancorius crassipes (Karsch, 1881): Logunov *et* Marusik, 2002: 150 (T♀♂ from *Evarcha*).

雄蛛：体长 9.50-11.00。体长 9.90 者，头胸部长 4.40，宽 2.30；腹部长 5.50，宽 3.00。背甲褐色，两侧、后缘及眼域两侧黑褐色，中窝纵向。眼域两侧及中窝后方各有 1 条由白毛覆盖而成的纵带。前眼列宽 2.60，后中眼居中，后眼列宽 2.50，眼域长 2.00。胸甲浅褐色，边缘深褐色。额密被白毛，高不及前中眼之半径。螯肢褐色，基部有白色长毛。螯肢前齿堤 2 齿，后齿堤 1 齿。颚叶、下唇褐色。步足深褐色有长毛，第 I、II 步足胫节及后跗节有毛丛。腹部长卵形，背面灰黑色，正中有 1 条浅黄色纵带贯穿前、后缘。肌痕 2 对。腹部腹面正中为 1 宽的灰黑色纵带，两侧浅黄色，散生黑色点状斑。纺器褐色。

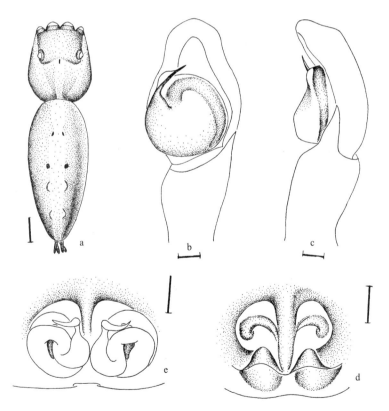

图 189 粗脚盘蛛 *Pancorius crassipes* (Karsch)

a. 雄蛛外形 (body ♂), b-c. 触肢器 (palpal organ)：b. 腹面观 (ventral), c. 后侧观 (retrolateral), d. 生殖厣 (epigynum), e. 阴门 (vulva) 比例尺 scales = 1.00 (a), 0.10 (b-e)

插入器针状，基部有 1 宽的膜质突起。

雌蛛：体长 12.50-18.00。体长 18.00 者，头胸部长 5.00，宽 4.00；腹部长 13.00，宽 4.50。体色及斑纹似雄蛛，但腹部背面的黄色纵带后 1/3 部分有 2 对向外的突起，前 1 对大而明显。

观察标本：3♂5♀，湖南武陵源，1988.IX.25，彭贤锦采；1♂，索溪峪，1986.VII.8，彭贤锦采；1♀，湖南城步，1982.VII.26，王家福采；1♀，湖南绥宁，1996.X，刘明星采；1♀，龙山火岩，1995.IX.9，张永靖采；1♂，湖北巴东泉口，1977.IX.4；1♀，广西那坡百都乡，海拔 1130m，1998.IV.13，WM98GXSP31，吴岷采；1♀，广西上思南屏，海拔 350-500m，2000.VI.9，陈军采；1♀，福建崇安，1986.VII.18，彭贤锦采；2♀，福建崇安，1986.VIII.18，肖小芹采；1♀，武夷山，1986.VII.18，谢莉萍采；1♀，福建三港，1986.VII.21，彭贤锦采；2♀，广西龙胜，1982.VIII.6-8，张永靖采。

地理分布：福建、湖北、湖南 (武陵源、龙山、绥宁、城步)、广东、广西、四川、贵州、台湾；日本，越南，波兰。

(187) 岣嵝峰盘蛛 *Pancorius goulufengensis* Peng, Yin, Yan *et* Kim, 1998 (图 190)

Pancorius goulufengensis Peng, Yin, Yan *et* Kim, 1998: 37, figs. 4-6 (D♀).

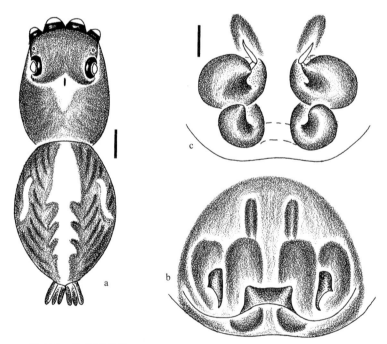

图 190　岣嵝峰盘蛛 *Pancorius goulufengensis* Peng, Yin, Yan *et* Kim
a. 雌蛛外形 (body ♀), b. 生殖厣 (epigynum), c. 阴门 (vulva)　比例尺 scales = 1.00 (a), 0.10 (b-c)

雌蛛：体长 11.60；头胸部长 5.10，宽 4.10；腹部长 6.50，宽 4.80。前眼列宽 3.40，后眼列宽 3.30，眼域长 2.10。背甲黑褐色，被白色短毛及褐色长毛。眼域黑色，前列 4 眼等距排列，前中眼直径约为前侧眼直径的 2 倍，后中眼居中。中窝短、纵向，其后有

1 三角形浅色斑。边缘深褐色。胸甲褐色，被褐色长毛。额褐色，高不及前中眼直径的
1/4，前缘被白色及褐色长毛。螯肢暗褐色，被白色短毛及褐色长毛，齿粗状，前齿堤 2
齿，后齿堤 1 齿。颚叶、下唇暗褐色，端部色浅具绒毛。触肢、步足褐色，每节的两端
具深色环纹，足刺多而强状，第 I、II 步足胫节腹面有成对的刺 3 对，后跗节腹面有 2
对长刺。腹部卵形，背面灰黑色，正中为 1 浅色纵纹，边缘呈齿状，中部两侧各有 1 条
浅色细纹，整个腹部背面两侧有多条黑灰色斜纹。腹部腹面黄褐色底，布满不规则的灰
黑斑纹，正中为 1 条黑褐色纵带，具不规则的侧枝。纺器灰黑色。

雄蛛：尚未发现。

观察标本：1♀，衡阳岣嵝峰，1997.VIII.2，彭贤锦采。

地理分布：湖南 (衡阳)。

(188) 海南盘蛛 *Pancorius hainanensis* Song *et* Chai, 1991 (图 191)

Pancorius hainanensis Song *et* Chai, 1991: 20, figs. 10A-B (D♂); Song, Zhu *et* Chen, 1999: 536, fig. 305W (D♀♂).

雄蛛：头胸部长 3.50，宽 2.80；腹部长 3.50，宽 2.20。前眼列宽 2.60，后眼列宽 2.40，
眼域长 1.50。前中眼 0.40，前侧眼 0.25，后侧眼 0.20。额高 0.10。背甲褐色，边缘色深；
各眼基部及眼域两侧黑色，眼域中央色稍浅，前缘覆盖有白毛；背甲两侧有白毛形成的
纵带；中窝纵条状，黑色；颈沟、放射沟不清晰；除白毛外，背甲尚被有黑褐色毛。胸
甲盾状，褐色，边缘为深褐色缘带；毛稀少，褐色。额褐色，前缘色稍深，被褐色长毛。
螯肢深褐色，被浅褐色长毛，前齿堤 2 齿，后齿堤 1 齿。颚叶、下唇褐色，端部色浅具

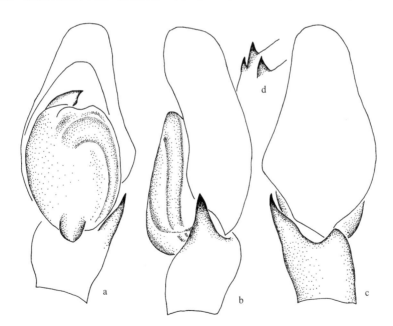

图 191　海南盘蛛 *Pancorius hainanensis* Song *et* Chai
a-c. 触肢器 (palpal organ)：a. 腹面观 (ventral), b. 后侧观 (retrolateral), c. 背面观 (dorsal)

褐色绒毛。第 I 步足粗壮，黑褐色，腹面有密的黑色刷状毛；第 II 步足褐色，第 III、IV 步足色稍浅，各步足均有深色环纹。足刺多而长，第 I、II 步足胫节腹面各 3 对，后跗节腹面各 2 对。腹部卵形，前部稍宽，被均匀的黑褐色毛。背面灰褐色，肌痕 2 对、赤褐色；两侧为深灰色斜纹，中央有 6-7 个深灰色"人"字形纹。腹部腹面灰黄色，中央有 3 条深灰色纵纹。纺器灰黑色，被灰黑色细毛。

雌蛛：尚未发现。

观察标本：1♂，海南霸王岭，1989.XII，朱明生采 (IZCAS)。

地理分布：海南。

(189) 香港盘蛛 *Pancorius hongkong* Song, Xie, Zhu *et* Wu, 1997 (图 192)

Pancorius hongkong Song, Xie, Zhu *et* Wu, 1997: 151, figs. 4A-C (D♀); Song, Zhu *et* Chen, 1999: 536, figs. 306C-D, 327P (♀).

雌蛛：体长 5.40；头胸部长 2.45，宽 1.71；腹部长 2.42，宽 1.84。前眼列宽 1.48，后眼列宽 1.52，眼域长 0.78 (约为头胸部长的 1/3)。头胸部眼域色较深，褐色而有黑色小斑，具白色短毛及褐色长毛。眼域后方黄橙色，后部和侧部有褐色细短毛，具褐色斑似形成几条纵纹 (如图 192)。背甲中部有 2 个凹坑。头胸部在后 1/3 处最高，向前形成一缓坡，向后较急剧倾斜。额红褐色，有一些黑褐色斑及白色毛。螯肢前齿堤 2 小齿，后齿堤 1 小齿。胸甲红褐色。步足黄橙色而有淡黑褐色环斑，多刺。足式：III，IV，I，II。腹部灰黄色，有灰黑色的不规则斑纹，具较密的白色短毛和较稀的褐色长毛。腹面灰黄色，中部有 1 条界限不十分明显的黑褐色纵带，腹侧的黑褐色斑延伸到腹部的两侧，故而背面看上去似 3 条纵带。

雄蛛：尚未发现。

本种与小盘蛛 *Pancorius minutus* Zabka, 1985 (1985: 424, figs. 401-402) 极相似，但本种色较暗，眼域中部无黄橙色纹，后侧眼附近无黄橙色斑，以及外雌器的细微结构不同，故可以区别而定为本种。

观察标本：1♀，新界河背，1995.VIII.21，草地，陷阱法。

地理分布：香港。

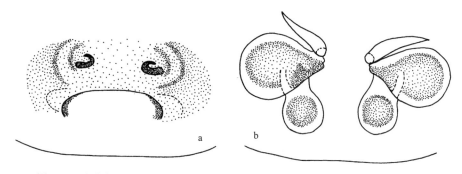

图 192　香港盘蛛 *Pancorius hongkong* Song, Xie, Zhu *et* Wu (仿 Song *et al.*, 1997)
a. 生殖厣 (epigynum), b. 阴门 (vulva)

(190) 大盘蛛 *Pancorius magnus* Zabka, 1985 (图 193)

Pancorius magnus Zabka, 1985: 422, figs. 387-400 (D♀♂); Peng *et* Li, 2002: 340, figs. 9-15.

　　雄蛛：体长 5.5-7.0。体长 5.8 者，头胸部长 3.0，宽 2.5；腹部长 2.8，宽 1.8。前眼列宽 2.25，后眼列宽 2.15，眼域长 1.30。背甲褐色，两侧边缘及各眼基部黑褐色，密被白色毛；眼域中央及中窝后方浅褐色；中窝纵向，黑褐色；颈沟、放射沟不明显。后中眼及后侧眼之间有 1 凹陷。胸甲盾形，浅褐色，被褐色长毛，边缘暗褐色。额狭，高约小于前中眼半径，前缘密被白色长毛。螯肢粗状，暗褐色，前齿堤 1 大齿 1 小齿，后齿堤 1 大齿。颚叶、下唇深褐色，端部色浅具绒毛。第 I 步足粗壮，暗褐色，被白色短毛，腿节到后跗节各节腹面具密的暗褐色刷状毛，第 II 步足相应各节腹面亦有刷状毛，但较稀疏；足刺多，第 I、II 步足胫节腹面各具 3 对长刺，后跗节腹面各具 2 对长刺。腹部长卵形，前端稍宽；背面灰黑色，中央色浅，两侧有许多黑色斜纹，后端中央有"人"字形纹 5-6 个，肌痕 2 对；腹面浅黄色，正中有灰色纵带。纺器灰褐色。

　　雌蛛：体长 9.3；头胸部长 3.8，宽 3.2；腹部长 5.5，宽 4.0。前眼列宽 2.70，后眼列宽 2.60，眼域长 1.80。体色及斑纹同雄蛛，腹部背面中央的浅色纵带狭窄，两侧斜纹长。腹部腹面黄褐色底，其上有灰黑色斜纹或不规则条纹，正中可见 3 条深色纵带。外雌器基部近生殖沟处有 1 对角状育兜，基部相连，交媾孔斜向，较狭。

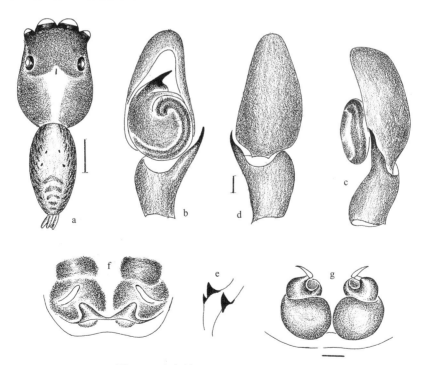

图 193　大盘蛛 *Pancorius magnus* Zabka

a. 雄蛛外形 (body ♂), b-d. 触肢器 (palpal organ): b. 腹面观 (ventral), c. 后侧观 (retrolateral), d. 背面观 (dorsal), e. 雄性螯肢齿堤 (cheliceral teeth ♂), f. 生殖厣 (epigynum), g. 阴门 (vulva)　比例尺 scales = 1.00 (a), 0.50 (b-e), 0.10 (f-g)

观察标本：1♂，广西金秀县金忠公路，海拔 980m，1999.Ⅴ.12，杨星科采 (IZCAS)；1♂，广西金秀县金忠公路，海拔 900m，1999.Ⅴ.10，张国庆采 (IZCAS)；1♂，广西金秀县永和村，海拔 500m，1999.Ⅴ.12，张国庆采 (IZCAS)；1♂，广西金秀县罗香乡，海拔 400m，1999.Ⅴ.15，张国庆采 (IZCAS)；1♂，广西金秀县罗香乡，海拔 490m，CG083，2000.Ⅶ.1，陈军采 (IZCAS)；1♂，广西金秀县林海山庄，海拔 1050-1100m，CG085，2000.Ⅶ.2，陈军采 (IZCAS)；4♂，台湾 Rikki，1934.Ⅴ.13-20，(MCZ)；2♂，台湾 Bukai，1934.Ⅱ.14，(MCZ)；2♂，台湾，THu-Ar-000015，卓忆民采 (THU)；1♀，台湾，THu-Ar-000014，卓忆民采 (THU)。

地理分布：广西、台湾。

(191) 小盘蛛 *Pancorius minutus* Zabka, 1985 (图 194)

Pancorius minutus Zabka, 1985: 424, figs. 401-402 (D♀); Song *et* Chai, 1991: 21, figs. 11A-D (♀);
Song, Zhu *et* Chen, 1999: 537, fig. 306E (♀).

雌蛛：体长 5.30；头胸部长 2.30，宽 1.80；腹部长 2.40，宽 1.70。前眼列宽 1.60，后眼列宽 1.60，眼域长 0.90；前中眼 0.50，前侧眼 0.25，后侧眼 0.25。额高 0.20。背甲深褐色，边缘灰黑色，被灰黑色及白色细毛；各眼基部及眼域两侧黑色；中窝短、赤褐色；胸区中央浅褐色，放射沟灰黑色、很清晰。胸甲盾状，长大于宽，被黑色细毛，褐色，中央有浅色纵斑。额褐色，前缘黑色，被白色及褐色长毛。螯肢褐色，前侧基部黑色，被褐色长毛。前齿堤 2 齿，后齿堤 1 齿。下唇短舌状，褐色，端部有黑色绒毛。颚叶灰黑色，端部浅黄褐色，有褐色绒毛。触肢步足暗褐色，具浅色斑纹及轮纹；足刺少而弱，第 I 步足胫节腹面具刺 3 对，第 II 步足胫节腹面前侧端部 2 刺、后侧 3 刺，第 I、II 步足后跗节腹面具刺 2 对。腹部长卵形，被褐色短毛。背面灰黑色，两侧布满黑色不规则斜纹，中央有 6 个灰黑色弧形纹，肌痕 1 对。腹面灰黑色，中央有 4 条浅黄褐色细纵纹。纺器灰黑色。

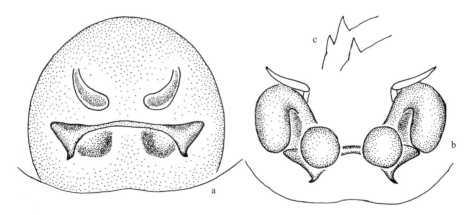

图 194　小盘蛛 *Pancorius minutus* Zabka
a. 生殖厣 (epigynum), b. 阴门 (vulva), c. 螯肢齿堤 (cheliceral teeth)

雄蛛：尚未发现。

观察标本：1♀，海南尖峰岭，1990.Ⅲ.20 (IZCAS)。

地理分布：海南。

(192) 台湾盘蛛 *Pancorius taiwanensis* Bao *et* Peng, 2002 (图 195)

Pancorius taiwanensis Bao *et* Peng, 2002: 407, figs. 15-18 (D♀).

雌蛛：体长 7.1；头胸部长 3.2，宽 2.5；腹部长 3.9，宽 2.6。前眼列宽 2.3，后眼列宽 2.2，眼域长 1.4。背甲黑褐色，被较密的白色短毛及褐色长毛；中窝褐色，位于 1 浅褐色斑中；颈沟及放射沟不清晰。胸甲盾形，中央稍隆起，褐色，被深褐色细毛；边缘深褐色。额暗褐色，被白色及褐色长毛，额高大于前中眼半径的 1/2。螯肢深褐色，粗壮；前齿堤 2 齿，后齿堤 1 大齿。触肢、步足暗褐色，被白色及褐色细长毛；足刺长而粗；第 I、II 步足胫节腹面具 3 对长刺，后跗节腹面具 2 对长刺。腹部长卵形，后端稍尖；背面灰色，两侧具黑色斜纹；前缘两侧各有 1 浅色斜纹，中央有灰黄色纵带贯穿前后端；肌痕 2 对；整个背面被灰色细毛；腹面灰褐色，中央可见 3 条深色纵带，两侧有灰黑色斜纹；末端灰黑色。纺器暗褐色。外雌器基板两侧角状；交媾管短、开口小，横向，透过体壁可见其内部结构。纳精囊大，豆状。

雄蛛：尚未发现。

观察标本：1♀，台湾南投，1998.Ⅱ，吴海英采 (THU)。

地理分布：台湾。

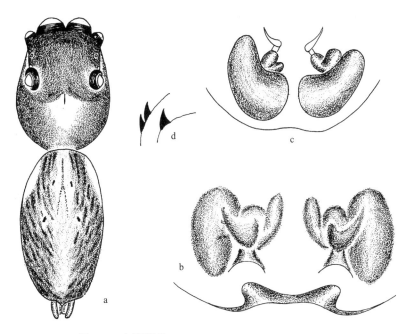

图 195　台湾盘蛛 *Pancorius taiwanensis* Bao *et* Peng

a. 雌蛛外形 (body ♀), b. 生殖厣 (epigynum), c. 阴门 (vulva), d. 雌性螯肢齿堤 (cheliceral teeth ♀)

53. 蝇犬属 *Pellenes* Simon, 1876

Pellenes Simon, 1876: 90.

Type species: *Aranea tripunctata* Walckenaer, 1802.

体小型，后眼列略宽于前眼列，眼域占头胸部的 1/2 左右。斑纹稳定、清晰，腹部背面正中有 1 白色纵带；前端多为白色缘带，此带向后延伸到腹部两侧后端，并有齿状突起。

该属已记录有 82 种，主要分布在中国、中亚、非洲西部。中国记录 7 种。

种 检 索 表

1. 雄蛛 ·· 2
   雌蛛 ·· 6
2. 腹面观胫节突可见 ··· 3
   腹面观未见胫节突 ··· 4
3. 生殖球长大于宽 ·· 黑线蝇犬 *P. nigrociliatus*
   生殖球长约等于宽 ··· 埃普蝇犬 *P. epularis*
4. 跗舟后端无突起 ·· 戈壁蝇犬 *P. gobiensis*
   跗舟后端有突起 ·· 5
5. 胫节突端部尖 ·· 西伯利亚蝇犬 *P. sibiricus*
   胫节突端部稍膨大 ·· 三斑蝇犬 *P. tripunctatus*
6. 生殖厣有中隔 ·· 7
   生殖厣无中隔 ·· 9
7. 纳精囊特别膨大，近球形，交媾管未见及 ······················· 戈壁蝇犬 *P. gobiensis*
   纳精囊稍膨大，交媾管长 ··· 8
8. 兜长约等于宽 ·· 三斑蝇犬 *P. tripunctatus*
   兜长远大于宽 ·· 西伯利亚蝇犬 *P. sibiricus*
9. 纳精囊特别膨大，近球形，交媾管未见及 ······················· 噶尔蝇犬 *P. gerensis*
   纳精囊稍膨大，交媾管长 ··· 10
10. 交媾腔大，半圆形 ·· 德氏蝇犬 *P. denisi*
    交媾腔不明显 ··· 黑线蝇犬 *P. nigrociliatus*

(193) 德氏蝇犬 *Pellenes denisi* Schenkel, 1963 (图 196)

Pellenes denisi Schenkel, 1963: 440, figs. 252a-b (D♀).

Pellenes albomaculatus Peng *et* Xie, 1993: 80, figs. 1-4 (D♀); Song, Zhu *et* Chen, 1999: 537, figs. 306F-G, 327Q (♀).

雌蛛：体长 3.70-4.70。体长 4.40 者，头胸部长 1.90，宽 1.20；腹部长 2.50，宽 1.60。头胸部黑褐色，被白毛，前眼列后方白毛较密，后眼列后方及眼域两侧有 1 黄褐色 "U" 字形纹，前眼列宽 1.00，前中眼直径为前侧眼直径的 2 倍。前列 4 眼等距。后中眼略偏后，后眼列宽 1.15，略宽于前眼列。额密被白毛，高不及前中眼之半径。胸甲黄褐色，枣核状，被白色绒毛。螯肢褐色，前齿堤 2 齿，后齿堤 1 齿。颚叶、下唇褐色。第 I 步足深褐色，其余步足黑褐色 (腿节灰褐色)。腹部卵圆形，背面黑褐色，被白毛，前缘有 1 白色弧形带，与其后两侧的呈 "八" 字形排列的 2 对白斑相连。腹部背面正中央有 1 白色纵带，始自前端 1/4 处，终于末端。腹部腹面灰黄色，无斑纹，纺器浅褐色。

雄蛛：尚未发现。

观察标本：1♀，湖北武师，1977.Ⅰ.5(HBU)；1♀，甘肃清水，1986.Ⅶ (HNU)；2，新疆博湖，1985.Ⅴ.2，贝华、朱传典采 (JLU)；1♀，内蒙古 (Etsingol oberhalb Kau-täh, Innere Mongolei)，1886.Ⅳ.20，type of *P. denisi* Schenkel, 1963 (Paris)。

地理分布：内蒙古、湖北、甘肃、新疆；塔吉克斯坦。

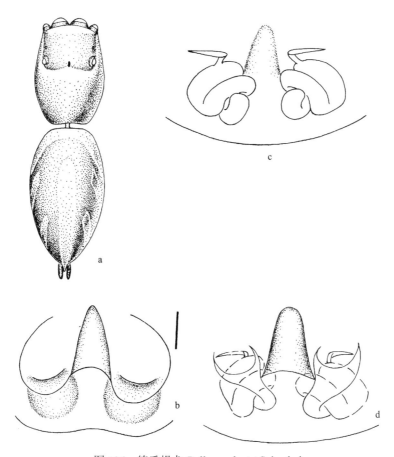

图 196　德氏蝇犬 *Pellenes denisi* Schenkel

a. 雌蛛外形 (body ♀), b. 生殖厣 (epigynum), c-d. 阴门 (vulva)：c. 背面观 (dorsal), d. 腹面观 (ventral)

(194) 埃普蝇犬 *Pellenes epularis* (O. P. -Cambridge, 1872) (图 197)

Salticus epularis O. P. -Cambridge, 1872a: 329 (D♂).

Pellenes epularis (O. P. -Cambridge, 1872): Simon, 1876a: 101; Hu *et* Li, 1987a: 382, figs. 44.1-2 (D♂);
　　　Hu, 2001: 401, figs. 254.1-2 (D♂).

　　雄蛛：体长 4.20。全体呈赤黄色，头胸部长大于宽，正中央为黄色，两侧具褐色纵带，头部隆起，自中窝以后，胸区急剧向后倾斜，眼域长方形，宽大于长，呈赤褐色，前、后侧眼之间显有黑色条斑，前眼列微后曲，中眼列位于前、后眼列中间偏前。螯肢棕褐色，前齿堤 2 齿，第 1 枚齿大于第 2 枚齿；后齿堤 1 大齿。触肢棕褐色，触肢器的跗舟为浅黄色，生殖球呈扁圆形，插入器盘曲一圆周后末端纤细并向前斜伸，胫节突呈黑刺状。颚叶、下唇皆为赤黄色。胸甲橄榄形，显黄色并布有黄色细毛。第 I 步足强大，黑棕色，第 II、III、IV 步足皆呈浅黄色；第 I、II 步足胫节有 3 对腹刺，后跗节有 2 对腹刺。腹部呈长椭圆形，背面为赤黄色，布有褐色长毛，正中央两侧各有 1 条浅褐色纵带，并在尾端逐渐断开，形成 2 对斜行褐斑，呈 "八" 字形排列。腹部腹面正中央具 1 条灰色纵带，其两侧显黄色。纺器灰褐色。本种游猎于林间草丛 (引自 Hu, 2001)。

　　雌蛛：尚未发现。

　　观察标本：西藏亚东，海拔 2900m，1984.VIII.28，胡胜昌采。

　　地理分布：西藏 (亚东)；非洲西部。

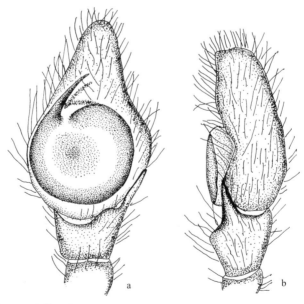

图 197　埃普蝇犬 *Pellenes epularis* (O. P. -Cambridge) (仿 Hu, 2001)

a-b. 触肢器 (palpal organ)：a. 腹面观 (ventral), b. 后侧观 (retrolateral)

(195) 噶尔蝇犬 *Pellenes gerensis* Hu, 2001 (图 198)

Pellenes gerensis Hu, 2001: 399, figs. 253.1-3 (D♀).

雌蛛：体长 6.30-7.90。正模体长 7.50，头胸部长 3.15，宽 2.25；腹部长 4.32，宽 2.80。头胸部颇高且隆起，以第三行眼后方部位为最高，并由此显著向后倾斜，背甲棕褐色，周缘布有白色细毛及黑色长刚毛，胸区有 1 条由黑色细毛构成的 "W" 字形斑纹。眼域黑褐色，宽大于长，不及头胸部长的 1/2，其后边大于前边，前眼列微后曲，中眼列位于前、后眼列中间，后侧眼略小于前侧眼。螯肢棕褐色，前齿堤 2 齿，第 1 枚齿大于第 2 枚齿，后齿堤 1 大齿。触肢黄褐色。颚叶与螯肢同色。下唇长大于宽，褐色。胸甲黄色，呈橄榄形，周缘围有浅褐色宽边，中央部位密布褐色长毛。步足棕褐色 (有的个体具黑褐色轮纹)，第 I 步足粗壮，各腿节皆有 3 根背刺。第 I、II 步足胫节各有 3 对背刺，腿节离体端各有 2 根前侧刺和 1 根后侧刺，胫节各有 3 对腹刺，后跗节有 2 对腹刺。足式：IV，III，I，II。腹部长椭圆形，黄褐色，前缘较宽圆，后端狭窄，背面有黑褐色小点斑，心脏斑部位浅褐色，其后侧直至尾端各有 5 个黑褐色块斑且两两对称排列，第 5 对块斑在尾端愈合为 1 块，显浓黑色。腹部腹面灰褐色，始自胃外沟至纺器间有 3 条褐色带纹，腹面两侧缘密布褐色点斑。纺器棕褐色 (引自 Hu, 2001)。

雄蛛：尚未发现。

观察标本：2♀，西藏噶尔，海拔 4300m，1988.VI.13，江巴采。

地理分布：西藏。

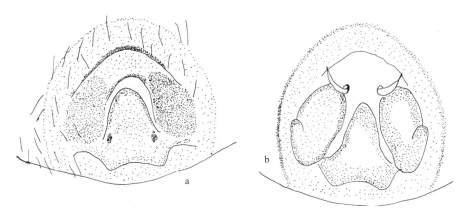

图 198　噶尔蝇犬 *Pellenes gerensis* Hu (仿 Hu, 2001)
a. 生殖厣 (epigynum), b. 阴门 (vulva)

(196) 戈壁蝇犬 *Pellenes gobiensis* Schenkel, 1936 (图 199)

Pellenes gobiensis Schenkel, 1936: 307, fig. 108 (D♀); Logunov, 1992c: 60, f. 5a-h (♀, D♂); Song, Zhu *et* Chen, 1999: 537, figs. 306H-J, 307A (♀♂).

　　雄蛛：头胸部长 2.20-2.38，宽 1.60-1.68；腹部长 2.13-2.45，宽 1.60-1.75。后侧眼处高 1.00-1.13。眼域长 0.95-1.08，前端宽 1.18-1.20，后端宽 1.25-1.28。前中眼直径 0.38-0.40。螯肢长 0.85-0.88。额高 0.15。背甲黑棕色，着白毛，眼域及眼周围着白毛及长而直的黑毛。额及前中眼较低边缘覆厚的橙色毛发。胸甲、颚叶、下唇和螯肢黑棕色。胸甲着薄的白毛。第 I 步足胫节和后跗节红色，基节棕色，第 II、III、IV 步足灰黄色。步足均覆厚的黑色或白色直毛和鳞片，尤其是第 I 步足的胫节和膝节腹面丛生。步足刺式：第 I 步足腿节 d 0-1-2，胫节 v 1-2，后跗节 v 2-2；第 II 步足腿节 d 0-1-2，胫节 v 1-1，后跗节 v 2-2；第 III 步足腿节 d 3ap，胫节 pr 和 rt 0-1-0，v 1-2ap，后跗节 pr 和 rt 2ap，v2-2ap；第 IV 步足胫节 rt 1-1，v1-2ap，膝节 rt1，pr 和 rt 2ap，v 1-2ap。触肢黑棕色。背面黑色，中间灰棕色有白毛覆盖的纵向条带。背面同胸甲一样着厚而直的黑毛。腹面和侧面棕色，覆白色鳞片。纺器灰棕色。步足黑棕色。跗节末端黄色 (引自 Logunov, 1992)。

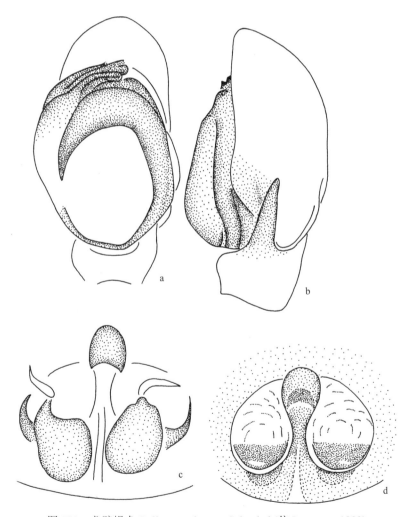

图 199　戈壁蝇犬 *Pellenes gobiensis* Schenkel (仿 Logunov, 1992)
a-b. 触肢器 (palpal organ)：a. 腹面观 (ventral), b. 后侧观 (retrolateral), c. 生殖厣 (epigynum), d. 阴门 (vulva)

雌蛛：头胸部长 2.35-2.50，宽 1.68-1.75；腹部长 2.45-2.70，宽 1.58-1.95，黄灰色。后侧眼处高 0.98-1.10。眼域长 0.95-1.15，前眼列宽 1.25-1.33，后眼列宽 1.38-1.40，前中眼直径 0.38-0.43，螯肢长 0.80-0.83，额高 0.13-0.18。背甲黑棕色，着厚的白色鳞片和长黑色毛。额覆厚白毛。胸甲、颚叶和下唇棕色，胸甲覆白毛。螯肢黑棕色。触肢黄色，腿节棕色。步足基节均呈黄灰色，覆黑毛和白色鳞片，其余各节黄棕色。步足刺式：第 I 步足腿节 d 2ap，胫节 v 1-2-2ap 或 1-2ap，后跗节 v 2-2；第 II 步足腿节 d 0-1-3，胫节 v 1-1；第 III 步足腿节 d 0-1-3，膝节 rt 1，胫节 pr 和 rt 1-1，v 1ap，后跗节 pr 2ap，rt 1-2ap，v 2-2ap；第 IV 步足腿节 d 1-0，胫节 rt 1-1，v 1-1ap，后跗节 pr 2ap，rt 和 v 1-2ap。背面有纵向的白色条带，覆直黑毛，腹部两侧有棕色条带。纺器灰棕色。此种仅适于生活在干燥环境，矮高位芽植物，西伯利亚一带没有树木的大草原 (引自 Logunov, 1992)。

观察标本：无镜检标本。

地理分布：内蒙古；图瓦卢。

(197) 黑线蝇犬 *Pellenes nigrociliatus* (Simon, 1875) (图 200)

Attus nigrociliatus Simon, in L. Koch, 1875c: 14, pl. 1, figs. 9-11 (D♀♂).

Pellenes nigrociliatus (Simon, 1875): Simon, 1876a: 101; Zhang, 1987: 246, figs. 218.1-5 (♀♂); Zhou *et* Song, 1988: 5, figs. 7a-e (♀♂); Hu *et* Wu, 1989: 381, figs. 297.1-6 (♀♂); Song, Zhu *et* Chen, 1999: 537, figs. 306K-L, 307B-C (♀♂); Hu, 2001: 402, figs. 255.1-4 (♀♂); Peng *et al.*, 1993: 146, figs. 505-508 (D♀♂).

雄蛛：体长 2.50-3.50。体长 2.70 者，头胸部长 1.30，宽 1.10；腹部长 1.40，宽 1.20。眼周围黑色，前眼列宽 0.86，后眼列宽 0.90，眼域长 0.80。头胸甲黑褐色，胸区被稀疏的鳞状毛及黑色长毛，闪金属光泽。额高不及前中眼之半径，前缘着生白色长毛。胸甲黑褐色，卵圆形，生有稀疏的白毛。螯肢赤褐色，前齿堤 2 齿，后齿堤 1 齿，下唇、颚叶黑褐色，端部色浅。步足的基节、转节、腿节黑褐色，其余各节均为黄褐色，散生黑色长毛。腹部背面黑褐色，前缘及两侧缘被白色鳞状毛，并形成 1 弧形白带，腹末尚有 1 对白色条斑与此带相连，腹背正中自前 1/3 处至腹末有 1 白色纵带,此带两侧呈波浪状，后端隐约可见 4-5 条 "人" 字形褐色带。腹部腹面无斑纹，浅黄色，被稀疏的黑色长毛。纺器黑褐色。

雌蛛：体长 4.70。头胸部中间宽，两端窄。背甲黑褐色，眼域后面有 1 横向黄褐色带。前中眼之间和背甲两侧被白色羽状毛。眼域占背甲长度的 2/5，中眼列位于前、后眼列中间，各眼周边为黑色。螯肢黑褐色，前齿堤 2 刺，后齿堤 1 齿。胸甲黄色，长卵圆形。步足淡黄褐色，第 I 步足发达。腹部背面黄白色，两侧各有 1 条黑色宽纵带，腹面黄白色 (引自 Zhang, 1987)。

观察标本：2♀，新疆博湖，1982.V.2，朱传典采 (JLU)；1♂，云南大理师专，2001.I.18，李志祥采 (IZCAS)；2♀1♂，新疆博湖，1982.V.2，周娜丽采。

地理分布：新疆。

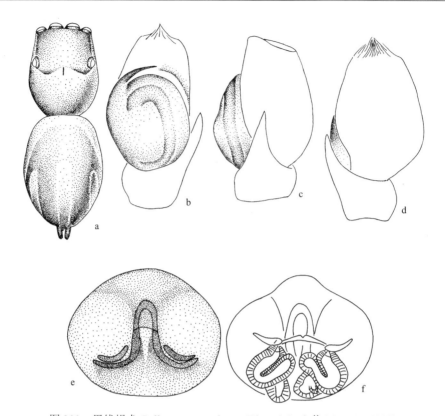

图 200　黑线蝇犬 *Pellenes nigrociliatus* (Simon) (e, f 仿 Metzner, 1999)

a. 雄蛛外形 (body ♂), b-d. 触肢器 (palpal organ): b. 腹面观 (ventral), c. 后侧观 (retrolateral), d. 背面观 (dorsal), e. 生殖厣 (epigynum), f. 阴门 (vulva)

(198) 西伯利亚蝇犬 *Pellenes sibiricus* Logunov *et* Marusik, 1994 (图 201)

Pellenes tripunctatus Izmailova, 1989: 161, f. 161 (f, misidentified).

Pellenes sibiricus Logunov *et* Marusik, 1994a: 108, f. 6A-C, 7A-B, 8A-D (D♀♂); Logunov, Marusik *et* Rakov, 1999: 99, f. 1-4, 9, 12, 20-22 (♀♂); Su *et* Tang, 2005: 85, f. 9-14 (♀♂).

雌蛛：体长 5.80-7.50。体长者 7.50，头胸部长 3.10，宽 2.25；腹部长 4.15，宽 3.00。前中眼 0.48，前侧眼 0.21，后中眼 0.08，后侧眼 0.17，前中眼间距 0.05，前中侧眼间距 0.06，后中眼间距 0.08，后中侧眼间距 0.39，前后侧眼间距 1.20。眼域长方形，后侧眼略宽于前眼列，后中眼位于前、后侧眼连线正中位置，后侧眼略小于前侧眼。额前缘被白色长毛，额高 0.27。头胸部暗褐色，边缘及眼丘黑棕色；被白色及棕色毛；无中窝；胸甲卵形，被白色毛，浅棕色，边缘色深。螯肢深红褐色，前齿堤 2 齿，后齿堤 1 极小的齿。颚叶、下唇褐色，端部色浅，具绒毛。触肢浅黄色，步足黄棕色，步足远端色渐深，第 I 步足较其他步足稍显粗壮，腿节稍粗壮，胫节腹面有 3 对刺，后跗节腹面有 2 对刺。足式：III, IV, I, II。腹部背面深棕色，具 1 由白色鳞毛形成的纵带，并与 1 白色横带交叉成"十"字形，两侧缘也被白毛覆盖。腹面黄棕色，有 4 条褐色小点形成的细纵带，纺器黄棕色。生殖厣上有 1 兜，远离生殖沟，交媾管长而盘曲缠绕。

　　雄蛛：体长 6.10；头胸部长 3.00，宽 2.20；腹部长 3.00，宽 2.05。足式：I，III，IV，II。触肢器插入器短。其他特征同雌蛛，体色较深。

　　观察标本：2♀，兴安盟阿尔山市伊尔施，1984.VI.26，乌力塔采；1♀1♂，兴安盟科尔沁右翼前旗宝格达山，1984.VIII.28，乌力塔采；2♀，呼伦贝尔市根河，2004.VII.16，苏亚采。

　　地理分布：内蒙古 [兴安盟 (阿尔山市伊尔施、宝格达山)、呼伦贝尔市 (根河)]；俄罗斯 (西伯利亚)，哈萨克斯坦，吉尔吉斯斯坦。

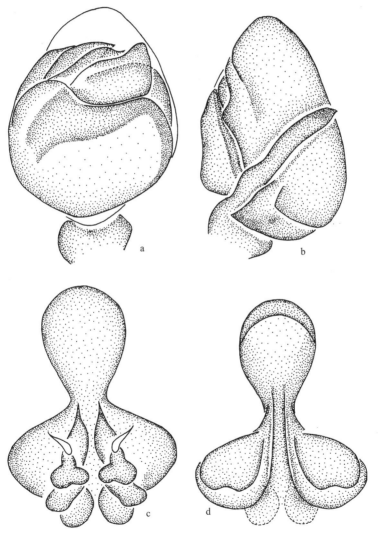

图 201　西伯利亚蝇犬 *Pellenes sibiricus* Logunov *et* Marusik (仿 Su *et* Tang, 2005)
a-b. 触肢器 (palpal organ)：a. 腹面观 (ventral), b. 后侧观 (retrolateral), c. 阴门 (vulva), d. 生殖厣 (epigynum)

(199) 三斑蝇犬 *Pellenes tripunctatus* (Walckenaer, 1802) (图 202)

Aranea tripunctata Walckenaer, 1802: 247 (D♀).

Pellenes tripunctatus (Walckenaer, 1802)：Simon, 1876a: 94, pl. 9, fig. 16 (♀♂); Metzner, 1999: 123, f. 88a-k (♀); Zhang, 1987: 247, fig. 219 (♀); Song, Zhu *et* Chen, 2001: 442, figs. 294A-D (♀); Logunov *et* Marusik, 1994a: 110, f. 6D-F, 7C-F, 8A-D; Metzner, 1999: 123, f. 88a-k.

雌蛛：体长 7.2。头胸部黑色，头区有短的白色毛。眼域后缘宽于前缘，宽大于长。后眼列位于头胸部长的前 1/2 处。额区黄白色，着生白色短毛，额高小于前中眼直径。下唇褐色，长与宽相等。颚叶褐色，端部黄色，椭圆形，生有毛梳。螯肢深褐色，前齿堤 1 齿，后齿堤无齿。触肢黄色，无爪。胸甲褐色，边缘黑褐色，着生白色长毛。各步足基节、转节及腿节的近体端为黄色，其他部分色深，为黄褐色。第 I 步足胫节有 3 对腹刺，后跗节有 2 对腹刺；第 II 步足胫节和后跗节各有 2 对腹刺。腹部背面黑褐色，其

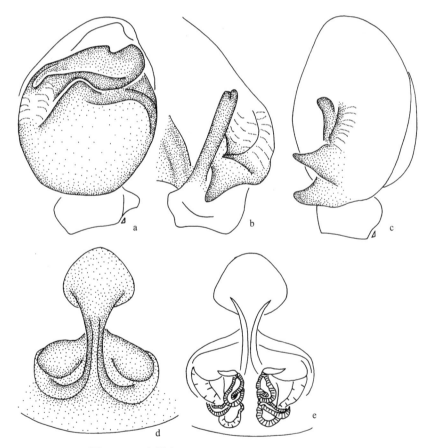

图 202 三斑蝇犬 *Pellenes tripunctatus* (Walckenaer)

(a-c 仿 Logunov *et* Marusik, 1994; d-e 仿 Metzner, 1999)

a-c. 触肢器 (palpal organ)：a. 腹面观 (ventral), b. 后侧观 (retrolateral), c. 背面观 (dorsal), d. 生殖厣 (epigynum), e. 阴门 (vulva)

长度与头胸部约相等，两侧有黄黑相间的纵条纹，后部中央有 2-3 个黄色小圆斑纹。腹部腹面黄色，外雌器呈"品"字形。本种采于山区草丛 (引自 Song, Zhu et Chen, 2001)。

雄蛛：体长 5.71。腹部腹面中央为黄褐色，有 4 条点状纵条纹，两侧为灰褐色网状纹。触肢器的胫节突呈棒状，附舟基部外侧具 2 个突起。其他特征同雌蛛 (引自 Song, Zhu et Chen, 2001)。

观察标本：无镜检标本。

地理分布：河北；古北区。

54. 昏蛛属 *Phaeacius* Simon, 1900

Phaeacius Simon, 1900: 32.

Type species: *Phaeacius fimbriatus* Simon, 1900.

大型跳蛛，体长 7.5-11.5，体稍侧扁，后中眼膨大。前齿堤 3 齿，后齿堤 3-5 齿。雌蛛触肢具端爪，第 IV 步足基节下方有粗的扁平状毛。雄蛛触肢器胫节具大的后侧突，顶血囊具长的鞭毛状突起。

该属已记录有 12 种，东洋区分布。中国记录 3 种。

种 检 索 表

1. 侧面观生殖球上端有锥形突起 ··· 云南昏蛛 *P. yunnanensis*
   侧面观生殖球上端无锥形突起 ··· 2
2. 后侧观背侧胫节突长，末端前伸至生殖球端部 2/3 处 ················· 马莱昏蛛 *P. malayensis*
   后侧观背侧胫节突短，末端前伸至生殖球中部 ································· 一心昏蛛 *P. yixin*

(200) 马莱昏蛛 *Phaeacius malayensis* Wanless, 1981 (图 203)

Phaeacius malayensis Wanless, 1981b: 205, f. 6A-E, 7A-C (D♀♂); Zhang et Li, 2005: 223, f. 2A-E (♀♂).

雄蛛：体长 9.00；头胸部长 4.50，宽 3.50，高 1.70；腹部长 4.50，宽 2.40。前中眼 0.56，前侧眼 0.31，后中眼 0.25，后侧眼 0.34。前眼列宽 2.03，后中眼列宽 1.88，后侧眼列宽 2.03，眼域长 2.00。额高 0.13。背甲深棕色，中窝附近红棕色，丛生毛发。螯肢红棕色。前齿堤 3 齿，后齿堤 4 齿。颚叶和下唇深红棕色。胸甲黄棕色，灰色斑点不清晰。步足黄棕色。有少许黑色标记。步足刺式：后跗节 v2-0-0，p1-1-0，r1-1-2，d0-1-0；胫节 v2-3-2，p1-1-0，r1-1-0，d1-1-1；膝节 p0-1-0，r0-1-0；腿节 p0-1-1，r0-0-1，d0-0-2。足式：IV，II，III，I。腹部椭圆形，被少许短毛；背面黄色，边缘黑色。中央有棕色斑纹；腹面黑棕色。触肢器的插入器长且粗壮。引导器半透明，长而纤细。腹面和后侧突之间有 1 明显的突起（引自 Zhang et Li, 2005）。

雌蛛：体长 8.60；头胸部长 4.10，宽 3.15，高 1.60；腹部长 4.50，宽 2.20。眼列大

小：前中眼 0.50，前侧眼 0.31，后中眼 0.22，后侧眼 0.31。前眼列宽 1.97。后中眼列宽 1.75，后侧眼列宽 1.84，眼域长 1.78。额高 0.02。步足刺式：后跗节 v2-0-0, p1-1-1, r1-1-0；胫节 v2-3-2, p1-1-0, r1-1-0, d1-1-0；膝节 p0-1-0, r0-1-0；腿节 p0-1-1, d0-1-4。足式：IV，II，I，III。其他特征与雄蛛相似。生殖厣的中隔中间窄，后部较宽。纳精囊椭圆形，有膜质囊相伴 (引自 Zhang *et* Li, 2005)。

观察标本：1♀1♂，云南省勐腊县西双版纳热带植物公园，2004.V.7，李代芹采。

地理分布：云南；马来群岛，新加坡，苏门答腊岛。

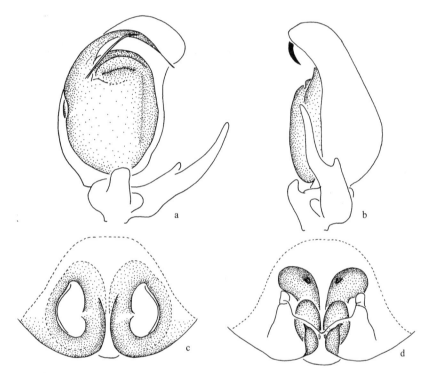

图 203　马莱昏蛛 *Phaeacius malayensis* Wanless (仿 Zhang *et* Li, 2005)

a-b. 触肢器 (palpal organ)：a. 腹面观 (ventral), b. 后侧观 (retrolateral), c. 生殖厣 (epigynum), d. 阴门 (vulva)

(201) 一心昏蛛 *Phaeacius yixin* Zhang *et* Li, 2005 (图 204)

Phaeacius yixin Zhang *et* Li, 2005: 225, f. 3A-E (D♂).

雄蛛：体长 8.64；头胸部长 4.24，宽 3.20，高 1.76；腹部长 4.40，宽 2.48。背甲深棕色，眼域后方红棕色，侧面黄色，丛生短毛。前中眼 0.59，前侧眼 0.31，后中眼 0.22，后侧眼 0.34，前眼列宽 2.12，中眼列宽 1.88，后眼列宽 2.04，眼域长 1.97，额高 0.09。螯肢红棕色。前齿堤 3 齿，后齿堤 5 齿。颚叶和下唇红棕色。胸甲和步足黄色。步足背面有黑色条纹和长刺。第 I 步足刺式：后跗节 v2-0-0, p1-1-0, r1-1-2, d0-1-0；胫节 v2-3-2, p1-0-1, r1-0-1, d1-1-1；膝节 p1-0-0, r1-0-0；腿节 p0-1-1, r0-0-1, d0-2-2。足式：IV，

II，III，I。腹部椭圆形，覆少许毛；背面黄色，侧缘黑色。中间有棕色叶状斑点。腹面灰棕色，生殖沟前端黑色，从生殖沟至纺器有 2 列附属斑。雄蛛触肢胫节突的腹侧突粗壮，圆形。后侧突长，并有 1 间突相伴，位于腹侧突和后侧突之间形成三角形 (引自 Zhang *et* Li, 2005)。

雌蛛：尚未发现。

观察标本：1♂ (ZRC. ARA. 503)，2003.ⅩⅡ.13，海南尖峰岭热带森林研究所；1♂ (ZRC. ARA. 505)，2003.ⅩⅡ.12，海南尖峰岭热带森林研究所。

地理分布：海南。

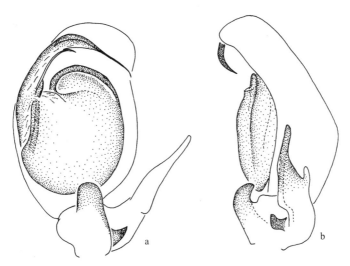

图 204　一心昏蛛 *Phaeacius yixin* Zhang *et* Li (仿 Zhang *et* Li, 2005)

a-b. 触肢器 (palpal organ)：a. 腹面观 (ventral), b. 后侧观 (retrolateral)

(202) 云南昏蛛 *Phaeacius yunnanensis* Peng *et* Kim, 1998 (图 205)

Phaeacius yunnanensis Peng *et* Kim, 1998: 412, figs. 2A-D (D♂).

雄蛛：体长 7.6；头胸部长 3.8，宽 3.0；腹部长 3.8，宽 2.0。前眼列宽 1.8，后眼列宽 1.7，后中眼居中，眼域长 1.5，不及头胸部长的一半。背甲近圆形，前端稍尖；褐色，边缘暗褐色；被白色及褐色短毛，眼域内的白毛多而密；眼域隆起，眼丘及基部黑色，后中眼大，几乎与后侧眼等大，且具有明显的眼丘；中窝黑褐色，纵条状。胸甲长卵圆形，边缘平滑，褐色，被白毛，边缘较深，额浅褐色，被浓密的白毛。螯肢褐色，基部被白色浓密的长毛，前齿堤 3 齿，后齿堤 4 齿，颚叶褐色，端部色浅具绒毛。下唇暗褐色，端部色浅。步足褐色，端部 4 节具灰黑色环纹，足刺多，毛稀少。腹部长柱形，背面布满银色块状斑，中央为大的浅色心脏斑，具侧支 2 对。腹面中央为 1 大的灰黑色纵斑，两侧浅褐色。

雌蛛：尚未发现。

观察标本：正模，1987.X，云南，王家福采 (HNU)。

地理分布：云南。

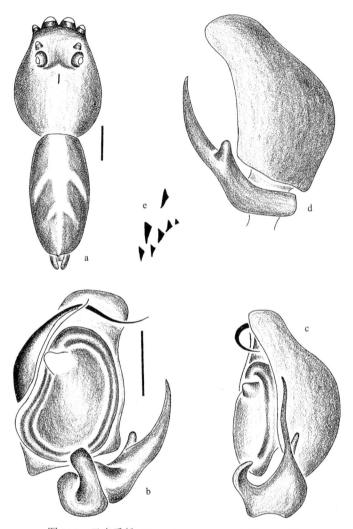

图 205　云南昏蛛 *Phaeacius yunnanensis* Peng *et* Kim

a. 雄蛛外形 (body ♂), b-d. 触肢器 (palpal organ): b. 腹面观 (ventral), c. 后侧观 (retrolateral), d. 背面观 (dorsal), e. 雄性螯肢齿堤 (cheliceral teeth ♂)　比例尺 scales = 0.50

55. 蝇狼属 *Philaeus* Thorell, 1869

Philaeus Thorell, 1869. On Eur. Spid. Ect.: 217.

Type species: *Philaeus chrysops* (Poda, 1761).

头胸部隆起，眼域长方形，宽大于长，前眼列后曲，后中眼略偏前。步足多粗刺。

该属已记录有 13 种。中国仅记录 2 种。

(203) 黑斑蝇狼 *Philaeus chrysops* (Poda, 1761) (图 206)

Aranea chrysops Poda, 1761: 123 (D).

Philaeus chrysops (Poda, 1761): Thorell, 1870a: 217; Chen *et* Zhu, 1982: 51, figs. 2a-c, 3a-c (♀♂); Hu, 1984: 381, figs. 397.1-6 (♀♂); Zhu *et al*., 1985: 209, figs. 191a-g (♀♂); Zhang, 1987: 248, figs. 220.1-6 (♀♂); Zhou *et* Song, 1988: 6, figs. 8a-c (♀); Hu *et* Wu, 1989: 381, figs. 298.1-5 (♀♂); Peng *et al*., 1993: 147, figs. 509-514 (♀♂); Zhao, 1993: 416, figs. 215a-c (♀♂); Song, Zhu *et* Chen, 1999: 537, figs. 306M, 307D-E (♀♂); Song, Zhu *et* Chen, 2001: 443, figs. 295A-D (♀♂).

　　雄蛛：体长 6.82-8.45。头胸部高且隆起，黑褐色；眼域黑色，占头胸甲之 1/3，后侧眼后左右各有 1 白色纵带至头胸甲后缘。螯肢前齿堤 2 齿，后齿堤 1 齿，腹部卵圆形，常短于头胸部；背面黑褐色底，两侧及腹面均密被红褐色细毛，形成 1 黑褐色正中带，此带前端也被稀疏红褐色毛。触肢器跗舟背面生有许多白毛，生殖球较细长，插入器细长，起始于生殖球的基部。

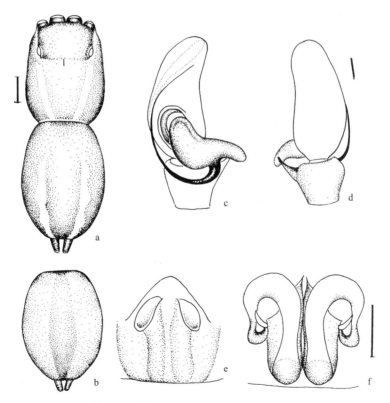

图 206　黑斑蝇狼 *Philaeus chrysops* (Poda)

a. 雌蛛外形 (body ♀), b. 雄蛛腹部 (abdomen ♂), c-d. 触肢器 (palpal organ)：c. 腹面观 (ventral), d. 后侧观 (retrolateral), e. 生殖厣 (epigynum), f. 阴门 (vulva)　比例尺 scales = 1.00 (a, b), 0.20 (c-f)

　　雌蛛：体长 8.20-10.70。体形、斑纹都与雄蛛相似，仅腹部背面斑纹略不同，腹部较雄蛛宽，背面褐色，密被棕色细毛，有 2 条灰白色纵带，外雌器之交媾孔卵形，交媾管较粗，先在背面弯曲一回，而后折回腹面。

　　观察标本：2♂2♀，吉林临江、柳河县，1973.Ⅵ-Ⅶ；4♂1♀，北京八达岭、密云水库，1974.Ⅶ；1♀，吉林龙井，1971.Ⅵ；2♂，内蒙古好仁公社。1983.Ⅳ-Ⅶ；1♂，辽宁咔左县，1980.Ⅶ-Ⅷ；1♀，湖南皮坑，1973.Ⅹ。

　　地理分布：北京、山西、内蒙古、辽宁、吉林、新疆、湖南。

(204) 道蝇狼 *Philaeus daoxianensis* Peng, Gong *et* Kim, 2000 (图 207)

Philaeus daoxianensis Peng, Gong *et* Kim, 2000: 14, figs. 5-8 (♂).

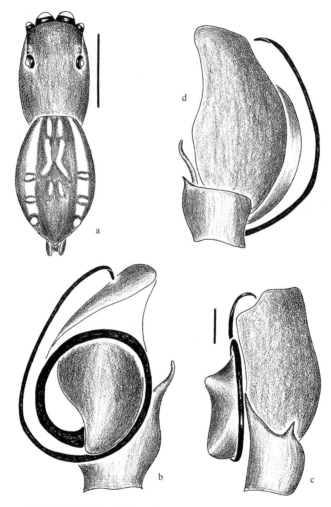

图 207　道蝇狼 *Philaeus daoxianensis* Peng, Gong *et* Kim

a. 雄蛛外形 (body ♂), b-d. 触肢器 (palpal organ)：b. 腹面观 (ventral), c. 后侧观 (retrolateral), d. 背面观 (dorsal)

比例尺 scales = 1.00 (a), 0.10 (b-d)

　　雄蛛：体长 3.40；头胸部长 1.70，宽 1.20；腹部长 1.70，宽 1.20。前眼列宽 0.90，后眼列宽 0.90，眼域长 0.70。背甲暗褐色，中窝周围有密的白毛，边缘有由密的白毛形成的白带，背甲两侧几乎平行。中窝、颈沟及放射沟不明显。额完全被白毛覆盖，由白毛形成的白带与背甲侧面的白带相连。胸甲卵形，褐色，边缘暗褐色。螯肢黑褐色，前齿堤 2 齿，后齿堤 1 齿。颚叶、下唇黑褐色。第 I 步足粗壮，黑褐色，膨大，胫节腹面前侧有 1 粗短的刺，后跗节腹面前侧有 2 根短刺；第 IV 步足浅灰褐色，有灰黑色环纹，腿节背侧有 3 根长刺。腹部长卵形，背面灰褐色，两侧各有 1 条由白毛形成的纵带，中央有 4 个不规则的浅色斑。腹部腹面浅褐色，有 2 条浅黄色纵带。纺器灰褐色。触肢器的插入器很长，环绕生殖球，远端接近跗舟顶端。胫节突 2 个，腹面的突起长，背面的突起很短，刺状。

　　雌蛛：尚未发现。

　　观察标本：2♂，湖南道县，1985，龚联溯采。

　　地理分布：湖南 (道县)。

56. 金蝉蛛属 *Phintella* Strand in Bösenberg *et* Strand, 1906

Phintella Strand, in Bösenberg *et* Strand, 1906: 333.

Type species: *Phintella bifurcilinea* (Bösenberg *et* Strand, 1906).

　　小型蜘蛛，眼域占背甲的 1/2。雄蛛螯肢的螯基通常细长，螯爪长而弯曲，有些种类的螯爪尖端背面有缺口，有些种类无。腹部背面或有明暗相间的横带，具金属光泽；或有灰褐色、黑褐色线状斑纹。触肢器结构简单，生殖球上部常有片状突起与插入器伴行，种间差异在于片状突起、插入器及胫节突的形状。外雌器的纳精囊球形或梨形，位于后部；交媾管短，副腺有 2 个开口 (以此与 *Icius* 属区分)。

　　该属已记录有 26 种，主要分布在中国、俄罗斯、印度、越南。中国记录 15 种。

种 检 索 表

1.　雄蛛 ··· 2
　　雌蛛 ··· 14
2.　生殖球上部无片状突起与插入器伴行 ··· 3
　　生殖球上部有片状突起与插入器伴行 ··· 8
3.　插入器长不短于胫节突 ································ 多色金蝉蛛 *P. versicolor*
　　插入器明显短于胫节突 ··· 4
4.　插入器顶端指状 ··· 5
　　插入器顶端刺状 ··· 6
5.　生殖球贮精管以上部分的长度为生殖球全长的 1/3 ······· 海南金蝉蛛 *P. hainani*
　　生殖球贮精管以上部分的长度为生殖球全长的 1/4 ······· 异形金蝉蛛 *P. abnormis*
6.　生殖球贮精管以上部分长度为生殖球全长的 1/2 ········ 机敏金蝉蛛 *P. arenicolor*

生殖球贮精管以上部分长度不及生殖球全长的 1/2 ···································· 7

7. 腹面观生殖球后缘无明显的垂状部 ·· 小金蝉蛛 *P. parva*
   腹面观生殖球有发达的垂状部 ·· 花腹金蝉蛛 *P. bifurcilinea*

8. 胫节具 2 个突起 ··· 悦金蝉蛛 *P. vittata*
   胫节具 1 个突起 ··· 9

9. 片状突呈三角形 ··· 苏氏金蝉蛛 *P. suavis*
   片状突非三角形 ·· 10

10. 片状突大，上缘覆盖至生殖球上缘 ································ 双带金蝉蛛 *P. aequipeiformis*
    片状突小，上缘远离生殖球上缘 ·· 11

11. 胫节突末端弯曲呈钩状 ··· 12
    胫节突末端不弯曲 ··· 13

12. 生殖球贮精管以上部分长度不及生殖球全长的 1/3 ···················· 代比金蝉蛛 *P. debilis*
    生殖球贮精管以上部分长度为生殖球全长的 1/3 ······················· 波氏金蝉蛛 *P. popovi*

13. 侧面观生殖球有 1 锥形突起 ·· 卡氏金蝉蛛 *P. cavaleriei*
    侧面观生殖球的突起不明显 ··· 条纹金蝉蛛 *P. linea*

14. 交媾腔小，不明显 ··· 15
    交媾腔明显可见 ··· 19

15. 交媾管位于两纳精囊之间 ·· 扇形金蝉蛛 *P. accentifera*
    交媾管不位于两纳精囊之间 ·· 16

16. 交媾腔位于两纳精囊之上 ··· 17
    交媾腔不位于两纳精囊之上 ··· 18

17. 生殖厣基板中央向上延伸至两纳精囊之间的中部 ······················ 异形金蝉蛛 *P. abnormis*
    生殖厣基板位于纳精囊之下 ·· 条纹金蝉蛛 *P. linea*

18. 交媾腔位于两纳精囊外侧 ·· 花腹金蝉蛛 *P. bifurcilinea*
    交媾腔位于两纳精囊之间 ·· 波氏金蝉蛛 *P. popovi*

19. 左右交媾腔愈合 ··· 20
    左右交媾腔不愈合 ··· 22

20. 左右交媾腔完全愈合 ··· 21
    左右交媾腔不完全愈合 ··· 机敏金蝉蛛 *P. arenicolor*

21. 交媾腔近似倒三角形 ·· 多色金蝉蛛 *P. versicolor*
    交媾腔近似椭圆形 ··· 代比金蝉蛛 *P. debilis*

22. 交媾管长于纳精囊 ·· 小金蝉蛛 *P. parva*
    交媾管不长于纳精囊 ··· 23

23. 交媾腔括号形 ·· 卡氏金蝉蛛 *P. cavaleriei*
    交媾腔反括号形 ·· 矮金蝉蛛 *P. pygmaea*

(205) 异形金蝉蛛 *Phintella abnormis* (Bösenberg *et* Strand, 1906) (图 208)

Jotus abnormis Bösenberg *et* Strand, 1906: 336, pl. 14, fig. 377 (D♀).

Phintella abnormis (Bösenberg *et* Strand, 1906): Prószyński, 1983b: 6, figs. 15-16 (T♀♂ from *Icius*); Bohdanowicz *et* Prószyński, 1987: 100, f. 172-179 (♀♂); Song, Chen *et* Zhu, 1997: 1736, figs. 46a-c (D♀♂); Song, Zhu *et* Chen, 1999: 537, figs. 306P-Q (D♀♂).

雄蛛：色浅，头胸部白色，眼域白黄色。胸部中间有白色条纹。眼域前缘和侧缘黑色，胸甲薄，有灰色边缘。胸部两侧褐色，胸部后侧缘上方有白色长斑。螯肢长，步足长，第 I 步足腿节前端有连续的黑色细线。腹部较长，白色，边缘有灰色斑点，中间有 3 条黑灰色条纹，2 条斜纹始自生殖沟，在气孔处愈合。其后有白斑，沿侧面至纺器周缘黑色。近纺器处白色，纺器腹面浅灰色，背面白色。触肢较长 (引自 Song, Chen *et* Zhu, 1997)。

雌蛛：头胸部长 2.24，腹部长 3.78，眼域长 1.06，前眼列宽 1.46，后眼列宽 1.40，额高 1.15。大多白色，头胸部多呈褐色。腹部背面有斑纹。腹部边缘的灰色暗条纹和侧面的亮色条带较明显。步足较短，黄色，腿节上无较黑的线条。腹面有 3 条黑色条带，形成斑点状的线条，在气孔前端融合。纺器前有黑色环状。生殖厣小，无清晰特征，交媾管特别短 (引自 Song, Chen *et* Zhu, 1997)。

观察标本：无镜检标本。

地理分布：浙江、台湾；俄罗斯，韩国，日本。

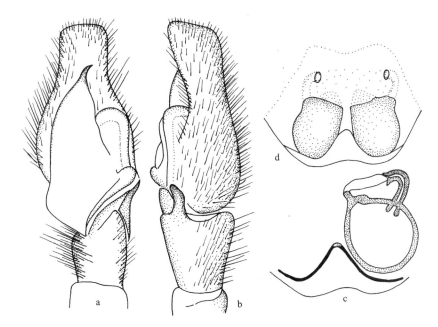

图 208 异形金蝉蛛 *Phintella abnormis* (Bösenberg *et* Strand)
(a-b 仿 Bohdanowicz *et* Prószyński, 1987; c-d 仿 Wesolowska, 1981)
a-b. 触肢器 (palpal organ)：a. 腹面观 (ventral), b. 后侧观 (retrolateral), c. 阴门 (vulva), d. 生殖厣 (epigynum)

(206) 扇形金蝉蛛 *Phintella accentifera* (Simon, 1901) (图 209)

Telamonia accentifera Simon, 1901a: 548 (D♂).

Phintella accentifera (Simon, 1901): Prószyński, 1984a: 156 (T♀♂ from *Telamonia*); Xie, 1993: 358, figs. 6-7 (♀); Peng *et al.*, 1993: 150, figs. 515-517 (♀); Song, Zhu *et* Chen, 1999: 537, figs. 307H, 327R (♀).

雌蛛：体长 4.45；头胸部长 1.90，宽 1.57；腹部长 2.55；宽 1.90。前眼列宽 1.40，后眼列宽 1.38，眼域长 0.95。头胸甲褐色，眼域黑褐色，除前中眼外，其余各眼周围黑色。眼域及胸区中央各有 1 条银色鳞片形成的横带，具金属光泽；头胸部侧缘也被银色鳞片形成的横带，具金属光泽；头胸部侧缘也被银色鳞片。螯肢黄褐色，前齿堤 2 齿，后齿堤 1 齿。颚叶、下唇暗褐色，顶端黄褐色，胸甲黑褐色，步足橘黄色，被淡褐色毛和刺。腹部卵圆形，背面黑褐色底，其前、中、后段各有 1 条银色鳞片形成的横带，腹面灰褐色，正中纵带褐色，两侧有黑褐色斜纹，纺器褐色。外雌器的外形似一扇面，内部结构均强角质化，交媾管半透明，交媾孔很大，纳精囊梨形。

雄蛛：尚未发现。

观察标本：1♀，云南勐腊，1983.Ⅶ.6，王家福采；1♀，上思稻田，1980.Ⅷ。

地理分布：云南；印度，越南。

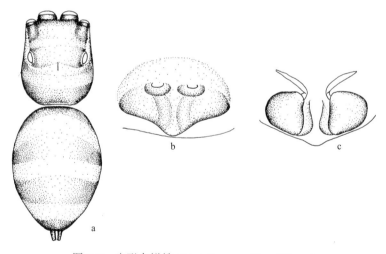

图 209 扇形金蝉蛛 *Phintella accentifera* (Simon)

a. 雌蛛外形 (body ♀), b. 生殖厣 (epigynum), c. 阴门 (vulva)

(207) 双带金蝉蛛 *Phintella aequipeiformis* Zabka, 1985 (图 210)

Phintella aequipeiformis Zabka, 1985: 427, figs. 422-425, 450 (D♂); Xie, 1993: 358, figs. 8-10 (D♂); Peng *et al.*, 1993: 151, figs. 518-523 (D♂); Song, Zhu *et* Chen, 1999: 537, figs. 307I, 328A (D♂).

雄蛛：体长 5.10；头胸部长 2.40，宽 2.05；腹部长 2.65，宽 1.23。前眼列宽 1.65，后眼列宽 1.55，眼域长 1.15。背甲卵圆形，黄褐色，背甲之侧缘带橘黄色，上被白色鳞状毛。眼域灰褐色，长度为头胸部长度之一半。前中眼之间，以及后中眼、后侧眼之间均被 1 簇白色鳞状毛。胸甲黄色，胸甲中央可见橘红色圆斑。螯基细长，螯爪尖端背面有 1 缺口，前齿堤 2 齿，后齿堤 1 齿。颚叶、下唇淡黄褐色。步足腿节的端部及膝节、胫节、跗节为褐色，其余各节及腿节基半部为橘黄色。腹部背面前端淡灰褐色，被稀疏

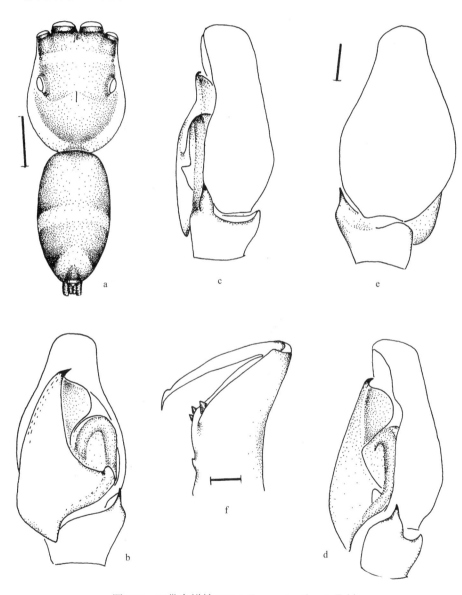

图 210　双带金蝉蛛 *Phintella aequipeiformis* Zabka

a. 雄蛛外形 (body ♂), b-e. 触肢器 (palpal organ): b. 腹面观 (ventral), c-d. 后侧观 (retrolateral), e. 背面观 (dorsal), f. 雄性螯肢 (chelicera ♂) 比例尺 scales = 1.00 (a), 0.20 (b-f)

黄色，正中带淡褐色，纺器黄褐色。触肢器跗舟褐色，其余各节淡黄色，生殖球上方有 1 圆形片状突起，与短而弯曲的插入器伴行。胫节突短，顶端细而尖，与 Zabka 于 1985 年所描述的越南标本比较，触肢器的基本结构相同，仅侧面观触肢之胫节突稍宽。

雌蛛：尚未发现。

观察标本：3♂，湖南紫云山，1980.Ⅶ，胡运瑾采。

地理分布：湖南 (东安、新宁)、广西；越南。

(208) 机敏金蝉蛛 *Phintella arenicolor* (Grube, 1861) (图 211)

Attus arenicolor Grube, 1861: 26 (D).

Jotus difficilis Bösenberg *et* Strand, 1906: 336, pl. 14, fig. 379 (D♀); Yin *et* Wang, 1979: 31, figs. 11A-D (♀♂, S); Hu, 1984: 369, figs. 384.1-4 (♀♂); Zhao, 1993: 401, figs. 204a-b (♀♂, probably misidentified).

Phintella melloteei Prószyński, 1983b: 6, fig. 14 (T♀♂ from *Telamonia*); Song, 1987: 294, fig. 250 (♀); Feng, 1990: 204, figs. 179.1-6 (♀♂); Chen *et* Gao, 1990: 190, figs. 242a-b (♀♂); Chen *et* Zhang, 1991: 293, figs. 308.1-2 (♀); Peng *et al.*, 1993: 156, figs. 540-547 (♀♂); Zhao, 1993: 414, figs. 214a-c (♀♂); Song, Chen *et* Zhu, 1997: 1737, figs. 49a-c (D♀♂).

Phintella arenicolor (Grube, 1861): Logunov *et* Wesolowska, 1992: 135, figs. 24A-C, 25A-B, 26A-C, 27A, C, E (removed D♀♂ from S of *P. castriesiana*, contra Prószyński, 1979: 310, sub *Icius*, S); Song, Zhu *et* Chen, 1999: 538, figs. 307J, 308A-B (♀♂).

雄蛛：体长 4.30-4.50。体长 3.75 者，头胸部长 1.65，宽 1.45；腹部长 2.20，宽 1.20。前眼列宽 1.25，后眼列宽 1.20，眼域长 0.80。背甲黄褐色，边缘有黑褐色细边，眼域占背甲之 1/2，前中眼周围淡褐色，其余各眼周围黑色。螯肢黄褐色，前齿堤 2 齿，后齿堤 1 齿。第 Ⅰ 步足强壮，黄褐色，转节、腿节两侧面有暗褐色纵条斑，其余各节关节处均有黑褐色斑块；第 Ⅱ、Ⅲ、Ⅳ 步足色稍淡，第 Ⅱ、Ⅲ 步足腿节内侧面也有暗褐色纵条斑，其余各节关节处均有淡褐色斑。腹部长椭圆形，背面淡黄色，有淡褐色纵斜纹，斑纹有变异。触肢器的胫节突很细，稍弯向外侧。

雌蛛：体长 4.00-5.00。体长 4.10 者，头胸部长 1.75，宽 2.30；腹部长 2.50，宽 1.45。前眼列宽 1.20，后眼列宽 1.15，眼域长 0.80。体色较雄蛛淡，背甲橘黄色，前中眼周围褐色，其余各眼周围黑色。胸部有橘红色斜线，淡褐色斑纹。步足淡黄色，被淡灰褐色毛及刺。腹部背面灰黄色底，有浅褐色线状斑纹，与雄蛛相似。外雌器的交媾管细长，向内侧弯曲呈"门"字形。

观察标本：2♀1♂，湖南石门壶瓶山，2002.Ⅶ-Ⅷ，唐果采；4♀，湖南石门壶瓶山，海拔 700-1300m，2003.Ⅶ.3，唐果采；2♂，湖北。

地理分布：吉林、浙江、湖北、湖南 (石门)、广西、云南、陕西、甘肃；罗马尼亚、俄罗斯，日本。

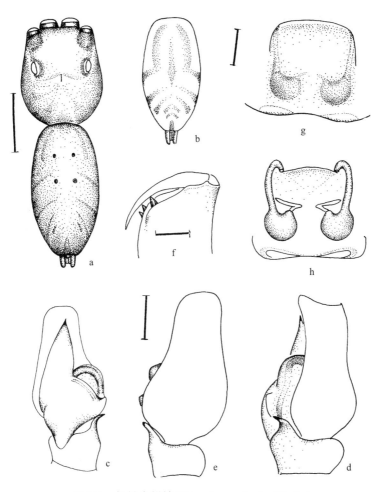

图 211 机敏金蝉蛛 *Phintella arenicolor* (Grube)

a. 雄蛛外形 (body ♂), b. 雄蛛腹部斑纹变异 (variation of abdominal pattern ♂), c-e. 触肢器 (palpal organ): c. 腹面观 (ventral), d. 后侧观 (retrolateral), e. 背面观 (dorsal), f. 雄性螯肢 (chelicera ♂), g. 生殖厣 (epigynum), h. 阴门 (vulva)

比例尺 scales = 1.00 (a, b), 0.20 (c-f)

(209) 花腹金蝉蛛 *Phintella bifurcilinea* (Bösenberg *et* Strand, 1906) (图 212)

Telamonia bifurcilinea Bösenberg *et* Strand, 1906: 331, pl. 9, fig. 153; pl. 13, fig. 357 (D♀♂); Hu, 1984: 391, figs. 409.1-7 (♀♂).

Icius pupus (Bösenberg *et* Strand, 1906): Prószyński, 1973b: 114, figs. 44-46 (T♂ from *Aelurillus*); Song, 1980: 208, figs. 116a-c (D♀♂); Hu, 1984: 368, figs. 383.1-3 (D♀♂); Chen *et* Zhang, 1991: 301, fig. 319 (D♀♂).

Phintella bifurcilinea (Bösenberg *et* Strand, 1906): Zabka, 1985: 425, figs. 403-407, 447 (D♀♂); Song, 1987: 307, fig. 263 (♀♂); Feng, 1990: 200, figs. 175.1-3 (D♀♂); Chen *et* Gao, 1990: 189, figs. 240a-c (♀♂); Chen *et* Zhang, 1991: 294, figs. 309.1-6 (♀♂); Song, Zhu *et* Li, 1993: 885, figs. 61A-E (♀♂); Peng *et al.*, 1993: 153, figs. 524-531 (♀♂); Song, Chen *et* Zhu, 1997: 1736, figs. 47a-c (D♀♂); Song, Zhu *et* Chen, 1999: 538, figs. 307K-L, 308C-D, 328B (♀♂).

雄蛛：体长 3.15-3.60。体长 3.15 者，头胸部长 1.50，宽 1.20；腹部长 1.65，宽 0.95。背甲黑褐色，后中眼与后眼列之间被灰白色毛斑，胸甲中央及两侧缘后端都有灰白色毛斑，具金属光泽。腹部背面灰黄褐色底，中央有 2 条较宽的黑褐色纵带，正中带前部有 1 淡褐色纵条斑，后部两侧各有 1 条黑褐色纵带，腹部两侧缘密被灰白色鳞毛。

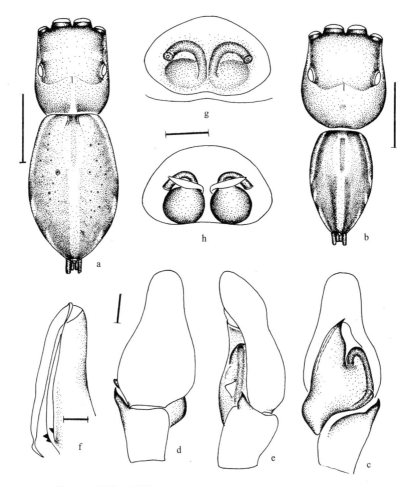

图 212 花腹金蝉蛛 *Phintella bifurcilinea* (Bösenberg *et* Strand)

a-b. 外形 (body): a. 雌蛛 (♀), b. 雄蛛 (♂), c-e. 触肢器 (palpal organ): c. 腹面观 (ventral), d. 背面观 (dorsal), e. 后侧观 (retrolateral), f. 雄性螯肢 (chelicera ♂), g. 生殖厣 (epigynum), h. 阴门 (vulva) 比例尺 scales = 1.00 (a, b), 0.10 (c-f)

雌蛛：体长 3.05-3.70。体长 3.35 者，头胸部长 1.35，宽 1.05；腹部长 2.10，宽 1.30。体色较暗，整体或仅头胸部具金属光泽，后眼列前缘有 1 条浅色横带。腹部背面黑褐色，前缘中央凹陷，正中纵带黄褐色，其前端有 1 淡黑褐色纵条斑。腹部两侧也有黄褐色纵条斑。

观察标本：2♂，湖南石门壶瓶山江坪，2003.VII.6-8，唐果采；2♀1♂，湖南石门壶瓶山，2002.VII-VIII，唐果采；1♀，湖南石门壶瓶山南坪，2003.VII.4-5，唐果采。

地理分布：浙江、福建、湖北、湖南 (石门)、广东、四川、云南；日本，越南。

(210)　卡氏金蝉蛛 *Phintella cavaleriei* **(Schenkel, 1963)** (图 213)

Dexippus cavaleriei Schenkel, 1963: 454, figs. 258a-e (D♀).

Icius cavaleriei (Schenkel, 1963): Wesolowska, 1981b: 134, figs. 18-21 (T♀ from *Dexippus*); Song, Yu
　　et Yang, 1982: 210, figs. 8-12 (♀); Hu, 1984: 366, figs. 382.6-10 (♀, D♂).

Phintella cavaleriei (Schenkel, 1963): Prószyński, 1983b: 6 (T♀ from *Icius*); Song, 1987: 293, figs. 249
　　(♀♂); Feng, 1990: 201, figs. 176.1-4 (D♀♂); Chen *et* Gao, 1990: 189, figs. 241a-b (♀♂); Chen *et*
　　Zhang, 1991: 293, figs. 307.1-4 (♀♂); Peng *et al.*, 1993: 154, figs. 532-539 (♀♂); Song, Chen *et* Zhu,
　　1997: 1736, figs. 48a-c (♀); Song, Zhu *et* Chen, 1999: 538, figs. 307M, 308E-F, 328C (♀♂).

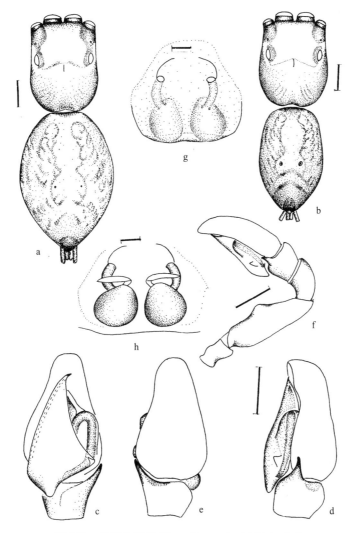

图 213　卡氏金蝉蛛 *Phintella cavaleriei* (Schenkel)

a-b. 外形 (body): a. 雌蛛 (♀), b. 雄蛛 (♂), c-e. 触肢器 (palpal organ): c. 腹面观 (ventral), d. 后侧观 (retrolateral), e. 背面
观 (dorsal), f. 雄性触肢 (male palpus, showing the outgrowth on femur), g. 生殖厣 (epigynum), h. 阴门 (vulva)

比例尺 scales = 0.50 (a, b, f), 0.10 (c-e, g-h)

雄蛛：体长 3.70-4.80。体长 3.70 者，头胸部长 1.70，宽 1.40；腹部长 2.05，宽 1.25。背甲橙色，眼域、各眼周围黑色，胸甲后缘被黑色斑纹。螯肢前齿堤 2 齿，后齿堤 1 齿。腹部背面灰黄色，被散生褐色斑，腹部末端有 1 黑褐色圆斑，腹部背面后部正中有 2 个淡褐色弧形斑。触肢腿节近端内侧面有 1 椭圆形凹陷，腹内侧 1/2 处还有 1 隆起。

雌蛛：体长 4.00-5.50。体长 5.00 者，头胸部长 1.80，宽 1.45；腹部长 3.10，宽 2.10。雌蛛的体色、斑纹及其他与雄蛛相似。纳精囊梨形，交媾管较短，向内侧弯曲呈弧形。

观察标本：3♀，湖南石门壶瓶山，2002.VII-VIII，唐果采；1♂，湖南石门壶瓶山，海拔 1000-1300m，2003.VII.3，唐果采；3♀，湖南石门壶瓶山，2003.VII.6-8，唐果采；2♂，湖南石门壶瓶山江坪，2003.VII.6-8，唐果采；2♀，衡阳岣嵝峰，1997.VIII.2，尹长民采。

地理分布：浙江、福建、江西、湖北、湖南 (石门、衡阳)、广西、四川、贵州、甘肃；韩国。

(211) 代比金蝉蛛 *Phintella debilis* (Thorell, 1891) (图 214)

Chrysilla debilis Thorell, 1891: 115 (D♂).

Phintella debilis (Thorell, 1891): Zabka, 1985: 425, figs. 408-419, 448 (T♀♂ from *Chrysilla*); Chen *et* Zhang, 1991: 292, figs. 305.1-3, 306.1-5 (♀♂); Song, Zhu *et* Chen, 1999: 538, figs. 307N-O, 308G (♀♂); Peng *et* Li, 2002: 342, figs. 21-25.

雄蛛：体长 4.2；头胸部长 1.70，宽 1.30；腹部长 2.5，宽 0.95。前眼列宽 1.20，后眼列宽 1.30。眼域长 0.80。背甲深灰黑色，边缘及后侧眼基部黑色；有 7 个由白色扁平状毛覆盖而成的白斑，眼域前缘中央 1 个，最大，眼域外侧各 1 个，较大，胸区 2 对白斑较小；中窝赤褐色，短棒状；颈沟、放射沟不很清晰。胸甲卵形，前缘稍宽，浅黄色，中央有灰黑色大斑，被浅褐色细毛。额浅黄褐色，有黑色块斑，被稀疏的褐黑色刚毛。螯肢浅褐色，齿堤色稍深，被褐色细毛，前齿堤 2 齿，后齿堤 1 齿，颚叶、下唇浅褐色，端部有灰黑色绒毛。步足灰黑色，有浅黄色块斑或纵纹，被有较密的灰黑色毛，刺较多而强壮。第 I 步足胫节腹面有刺 4 对，第 II 步足胫节腹面有刺 3 对，第 I、II 步足后跗节腹面各 2 对刺。腹部筒状，前端稍宽。背面前部两侧各有 1 条白色纵带，正中央的白色纵带贯穿整个腹部，2 条黑色纵带后半部色较深。腹部腹面浅黄褐色，有 3 条灰黑色纵带，纺器灰黑色，被黑色毛。

雌蛛：体长 3.5-4.2。体长 4.2 者，头胸部长 1.5，宽 1.3；腹部长 2.0，宽 1.2。前眼列宽 1.2，后眼列宽 1.15，眼域长 0.8。背甲褐色，边缘各眼基部及眼域两侧黑色；被白色短毛；眼域前缘及两侧被褐色长毛，中窝赤褐色，短，前缘与 1 灰黑色弧形线相连；放射沟灰黑色。胸甲阔卵形，前缘稍宽，灰褐色，被稀疏的褐色短毛。额深褐色，高约为前中眼半径，具 3 根长而粗的褐色毛。螯肢、颚叶及下唇褐色，前齿堤 2 齿，后齿堤 1 齿。触肢浅黄白色，被白色长毛。步足浅黄褐色，深色轮纹不明显，足刺较多但弱小，第 I、II 步足胫节腹面各具 3 对长刺，后跗节腹面各具 2 对长刺。腹部约呈筒状，前端稍宽；背面浅黄白色，具 2 条宽的灰褐色纵带 (后端愈合)，其间尚有棒状灰黑色心脏斑；腹面浅黄白色，正中及侧面为灰黑色纵带。纺器灰黑色。

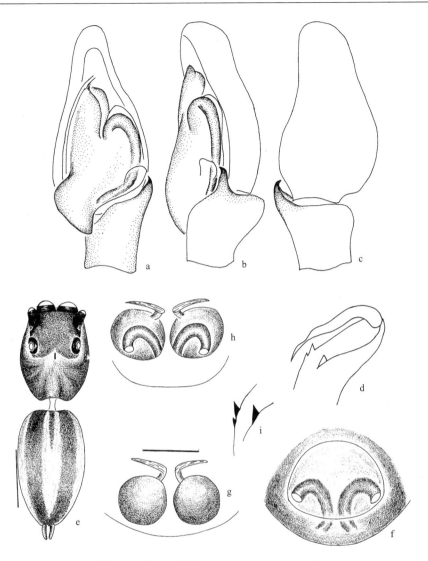

图 214 代比金蝉蛛 *Phintella debilis* (Thorell)

a-c. 触肢器 (palpal organ)：a. 腹面观 (ventral), b. 后侧观 (retrolateral), c. 背面观 (dorsal), d. 雄性螯肢 (chelicera ♂), e. 雌蛛外形 (body ♀), f. 生殖厣 (epigynum), g-h. 阴门 (vulva)：g. 背面观 (dorsal), h. 腹面观 (ventral), i. 雌性螯肢齿堤 (cheliceral teeth ♀) 比例尺 scales = 0.50 (a-d), 1.00 (e), 0.10 (f-i)

观察标本：1♂1♀，湖南浏阳路口茶场，1992. Ⅷ. 30 (HBU)；1♂，广西金秀县罗香乡，海拔 400m，1999. Ⅴ.15，张国庆采 (IZCAS)；1♂，广西防城峒中林场，海拔 500-650m，2000.Ⅵ.4，姚建采 (IZCAS)；1♀，广西金秀县罗香乡，海拔 400m，2000.Ⅵ.30，姚建采 (IZCAS)；1♂，广西龙州县武德乡，海拔 350-550m，2000.Ⅵ.14，CG055，陈军采 (IZCAS)；1♀，广西防城板八乡，海拔 250m，2000.Ⅵ.6，姚建采 (IZCAS)；1♀，陕西宁狭火地塘鸦雀沟，海拔 1570-1820m，SP 98045，1998.Ⅶ.28，陈军采 (IZCAS)；1♂1♀，贡山当丹森林公园，2000.Ⅵ.29，D. Kavanaugh、C. E. Griswold、D. Ubick、颜亨梅采 (HNU)；1♂，云南六库至永平，2000.Ⅶ.25，D. Kavanaugh、颜亨梅采 (HNU)；1♂，台湾屏东县垦丁

国家公园，2000.Ⅲ，谢玉龙采 (THU)；1♀，台湾 Hori，1934.Ⅵ.17，(MCZ)；1♀，台湾 Rokki，1934.Ⅴ.13-20， (MCZ)；1♀，广东，1936.Ⅵ.14，L. Gressitt 采 (MCZ)；1♀，江西，1936.Ⅵ.15，L. Gressitt 采 (MCZ)；1♀，台湾 Taihoku，1932.Ⅲ.27，(MCZ)。

地理分布：浙江、江西、湖南、广东、广西、陕西、甘肃、台湾；印度至爪哇。

(212) 海南金蝉蛛 *Phintella hainani* Song, Gu *et* Chen, 1988 (图 215)

Phintella hainani Song, Gu *et* Chen, 1988: 71, figs. 3-5 (D♂); Song, Zhu *et* Chen, 1999: 538, figs. 307P-Q (D♂).

雄蛛：体长 4.82。头胸部长 2.42，宽 1.94；腹部长 2.74；宽 1.52。前眼列宽 1.50，后眼列宽 1.43，眼域长 1.23。背甲黄褐色，自眼域向后方及两侧倾斜，背甲边缘黑褐色。后中眼位于前、后眼列的中间位置。眼域色淡，散生一些褐毛。眼的周围色暗，有微白的鳞毛。背甲的两侧亦有一些鳞毛。螯肢褐色，粗壮；螯爪背缘有隆起；前齿堤 1 中齿 1 小齿，后齿堤 1 大齿。颚叶和下唇黄橙色。胸甲红橙色。触肢胫节突的末端变曲。插入器无薄片状外长物。第 I 步足较粗壮，褐色，胫节腹侧有 4 对刺，后跗节腹侧有 2 对刺。第 II、III、IV 步足淡黄色。腹部背面灰褐色，两侧缘各有 1 条白色窄带。腹部后端中部在纺器的背方有 1 褐斑，边缘不清晰，斑的前方和两侧的一小区域体表呈黄白色。

雌蛛：尚未发现。

观察标本：正模♂，海南尖峰岭，1983.Ⅴ，其他信息不详。

地理分布：海南。

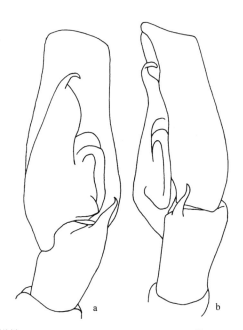

图 215 海南金蝉蛛 *Phintellahainani* Song, Gu *et* Chen (仿 Song, Zhu *et* Chen, 1999)

a-b. 触肢器 (palpal organ)：a. 腹面观 (ventral), b. 后侧观 (retrolateral)

(213) 条纹金蝉蛛 *Phintella linea* (Karsch, 1879) (图 216)

Euophrys linea Karsch, 1879g: 90 (D♀♂).

Jotus linea (Karsch, 1879): Bösenberg *et* Strand, 1906: 337, pl. 19, fig. 375 (♀♂); Yin *et* Wang, 1979: 31, figs. 10A-D (♀♂); Yin *et* Wang, 1979: 32, figs. 12A-C (D♀♂); Hu, 1984: 366, figs. 382.1-5 (♀♂); Hu, 1984: 370, figs. 385.1-2 (D♀♂).

Phintella linea (Karsch, 1879): Prószyński, 1983b: 6, figs. 12-13 (T♀♂ from *Icius*); Logunov *et* Wesolowska, 1992: 138, f. 30A-C, 31A-C (♀♂); Feng, 1990: 203, figs. 178.1-7 (♀♂); Chen *et* Gao, 1990: 184, figs. 234a-b (♀♂); Logunov *et* Wesolowska, 1992: 138, f. 30A-C, 31A-C; Zhao, 1993: 413, figs. 213a-c (♀♂); Song, Zhu *et* Chen, 1999: 538, figs. 307R-S, 308H, 309A (♀♂).

　　雌蛛：体长 3.5-5.0，头胸部前狭后宽，长大于宽，黑褐色。眼域约占头胸部的 2/5，黑色，前眼列后方每两眼间各有 1 个小白斑，后侧眼后方偏内有 1 对圆形白斑，其余密被褐色细毛，外缘黑色细边，其内为 1 白色环带，自前向外，末端左右不相连。前眼列后曲，后中眼居中微偏前方。螯肢红褐色，前齿堤 2 齿，后齿堤 1 齿。颚叶、下唇及胸甲皆深褐色，胸甲橄榄形。前钝后尖，上被白色细毛。触肢、步足黄褐色，无环纹。腹部背面有褐色、白色细长毛覆盖，两色相间形成数个"人"字形斑纹。前方白毛较多

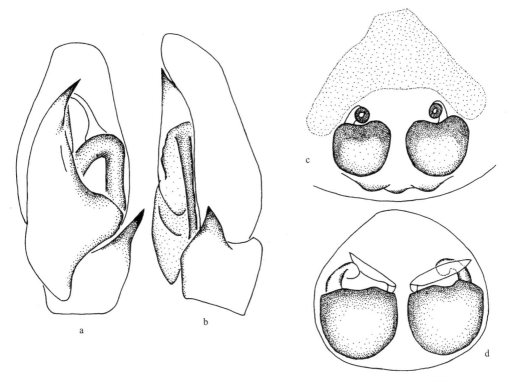

图 216　条纹金蝉蛛 *Phintella linea* (Karsch) (仿 Logunov *et* Wesolowska, 1992)

a-b. 触肢器 (palpal organ)：a. 腹面观 (ventral), b. 后侧观 (retrolateral), c. 生殖厣 (epigynum), d. 阴门 (vulva)

较密，成弧形，前缘有褐色细毛；腹部腹面黄褐色，密被灰白色细毛，仅纺器前方有 1 褐色环状斑。纺器黄褐色。

雄蛛：体长 3.0-4.5。较雌蛛略小，体色较深。头胸部黑色，有蓝色金属光泽。第 I 步足较雌蛛粗壮，红褐色，第 IV 步足胫节有 1 环纹。触肢腿节外侧有刚毛 3 根，内侧中段有 1 三角状突起，胫节内缘有 1 根长刺，侧缘中间有短角状突，插入器近端不卷曲。常见于柑橘树干上，徘徊捕食。

观察标本：1♂1♀，湖南浏阳路口茶场，1992.VIII.30，采集人不详 (HBU)。

地理分布：湖北、湖南。

(214) 小金蝉蛛 *Phintella parva* (Wesolowska, 1981) (图 217)

Icius parvus Wesolowska, 1981a: 60, figs. 45-48 (D♀); Tu *et* Zhu, 1986: 93, figs. 29-33 (♀, D♂); Chen *et* Zhang, 1991: 301, figs. 318.1-3 (♀).

Phintella parva (Wesolowska, 1981): Prószyński, 1983b: 6 (T♀ from *Icius*); Peng *et al.*, 1993: 157, figs. 548-552 (D♀♂); Song, Zhu *et* Chen, 1999: 538, figs. 308I-J, 309B-C (♀♂); Song, Zhu *et* Chen, 2001: 445, figs. 296A-D (♀♂).

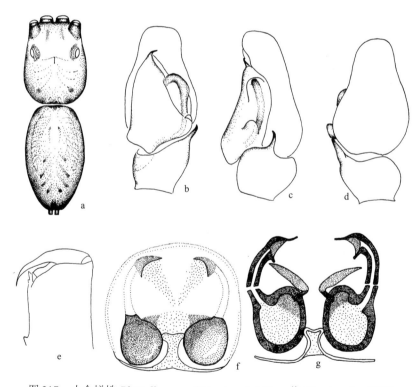

图 217 小金蝉蛛 *Phintella parva* (Wesolowska) (f, g 仿 Wesolowska, 1981)

a. 雄蛛外形 (body ♂), b-d. 触肢器 (palpal organ): b. 腹面观 (ventral), c. 后侧观 (retrolateral), d. 背面观 (dorsal), e. 雄性螯肢 (chelicera ♂), f. 生殖厣 (epigynum), g. 阴门 (vulva)

　　雄蛛：体长 3.78；头胸部长 1.68，宽 1.34；腹部长 2.09，宽 1.23。前眼列宽 1.14，后眼列宽 1.09，眼域长 0.73。头胸甲橘黄色，有黑色细边；眼域后缘有 1 倒"八"字形黑褐色斑，头胸甲后缘也有两个同色圆斑。螯肢前齿堤 2 齿，后齿堤 1 齿，步足的腿节内侧面有黑褐色纵条斑。腹部背面灰黄色底，腹后端中线两侧有 4 个"八"字形黑褐色斑，腹侧面黑褐色斜纹很明显。触肢器的插入器较短，弯曲呈钩状，胫节突细长，稍向内弯曲。

　　雌蛛：体长 4.50。头胸部黑褐色，眼域长与头胸部长之比为 0.48，宽大于长，各眼周围黑色，后中眼位于前、后侧眼的中间位置。螯肢前齿堤 2 齿，后齿堤 1 齿，触肢灰白色，被有白毛。下唇、颚叶呈黑褐色，胸甲卵圆形，灰黄色，其上散生小黑点。步足橙黄色，第 I、II 步足的腿节前侧有 1 纵向黑纹，胫节腹面有 3 对刺，后跗节腹面有 2 对刺。

　　观察标本：2♂，甘肃文县邱家坝，海拔 2100-2200m，SP 98020，1998.Ⅶ.1，陈军采 (IZCAS)；1♂，甘肃宕昌黄家路，海拔 2100-2150m，SP 98029，1998.Ⅶ.8，陈军采 (IZCAS)。

　　地理分布：北京、山西、甘肃；朝鲜。

(215) 波氏金蝉蛛 *Phintella popovi* (Prószyński, 1979) (图 218)

Icius popovi Prószyński, 1979b: 336, fig. 3 (D♀♂, *nomen nudum*); Prószyński, 1979: 311, figs. 150-153 (D♂); Song, Yu *et* Yang, 1982: 210, figs. 13-17 (D♀♂, D♀); Hu, 1984: 367, figs. 383.4-8 (♀♂).
Phintella popovi (Prószyński, 1979): Prószyński, 1983b: 6 (T♀♂ from *Icius*); Song, 1987: 294, fig. 251 (♀♂); Zhang, 1987: 240, figs. 212.1-3 (♀); Chen *et* Zhang, 1991: 291, figs. 304.1-5 (♀♂); Peng *et al.*, 1993: 158, figs. 553-559 (♀♂); Song, Zhu *et* Chen, 1999: 538, figs. 308K-L, 309D-E (♀♂); Song, Zhu *et* Chen, 2001: 446, figs. 297A-E (♀♂).

　　雌蛛：体长 4.40-4.90。体长 4.90 者，头胸部长 1.82，宽 1.50；腹部长 3.09，宽 2.03。前眼列宽 1.23，后眼列宽 1.14，眼域长 0.86。头胸甲橙黄色，除前中眼外，其余各眼周围黑色；胸区有棕褐色毛形成的前凹弧形斑。螯肢前齿堤 2 齿，后齿堤 1 齿。腹部长椭圆形，背面灰黄色；前半部两侧面有网状黑斑，后半部中线两侧有几个"人"字形纹，腹部末端有 1 黑褐色圆斑。纳精囊梨形，两条交媾管皆极度向内弯曲，交媾孔与纳精囊前缘相平齐。

　　雄蛛：体长 3.00-3.50。体长 3.00 者，头胸部长 1.36，腹部长 1.64。前眼列宽 1.00，后眼列宽 0.91，眼域长 0.64。体形、体色、斑纹都与雌蛛相似，头胸部色较暗。步足有灰黄色圆斑，第 III、IV 步足的黑褐色圆斑在外侧面。腹部较窄，背面斑纹与雌蛛相似。触肢之插入器短而尖，生殖球的上半部有片状突起与其相伴，胫节突呈钩状，弯向生殖球一侧。

　　观察标本：1♀，贵州剑河县，1982，其他信息不详 (HBU)。

　　地理分布：北京、辽宁、吉林、贵州；俄罗斯。

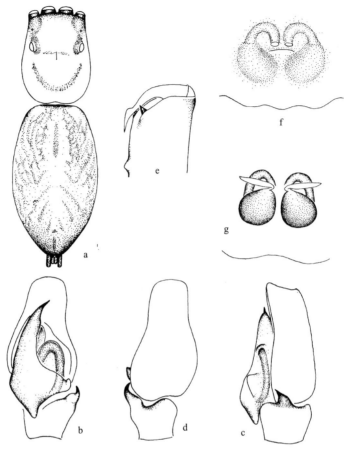

图 218 波氏金蝉蛛 *Phintella popovi* (Prószyński)

a. 雄蛛外形 (body ♂), b-d. 触肢器 (palpal organ): b. 腹面观 (ventral), c. 后侧观 (retrolateral), d. 背面观 (dorsal), e. 雄性螯肢 (chelicera ♂), f. 生殖厣 (epigynum), g. 阴门 (vulva)

(216) 矮金蝉蛛 *Phintella pygmaea* (Wesolowska, 1981) (图 219)

Euophrys pygmaea Wesolowska, 1981a: 49, figs. 11-14 (D♀); Song, Zhu *et* Chen, 1999: 509, figs. 293E-F, 325G (♀).

Phintella pygmaea (Wesolowska, 1981): Logunov *et* Marusik, 2000: 268 (T♀ from *Euophrys*).

雌蛛：头胸部稍长，棕色，眼域后部有 2 较亮斑点；眼列周围黑色。头胸部长 1.60，腹部长 1.75。前眼列宽 1.17，后侧眼宽 1.17，眼域长 0.85。腹部黄色，有棕色条带。生殖厣很小，骨化程度较弱，由中脊隔成 2 个凹陷。交媾管简单，纳精囊球形，强角质化。

雄蛛：尚未发现。

观察标本：无镜检标本。

地理分布：广东。

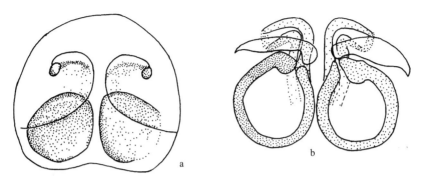

图 219　矮金蝉蛛 *Phintella pygmaea* (Wesolowska) (仿 Wesolowska, 1981)
a. 生殖厣 (epigynum), b. 阴门 (vulva)

(217) 苏氏金蝉蛛 *Phintella suavis* (Simon, 1885) (图 220)

Thiania suavis Simon, 1885f: 439 (D♂).

Phintella suavis (Simon, 1885): Prószyński, 1984a: 106 (T♂ from *Telamonia*); Peng *et al*., 1993: 160, figs. 560-564 (D♂); Song, Zhu *et* Chen, 1999: 539, figs. 308M-N (D♂).

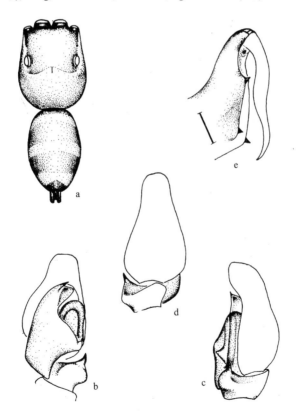

图 220　苏氏金蝉蛛 *Phintella suavis* (Simon)
a. 雄蛛外形 (body ♂), b-d. 触肢器 (palpal organ): b. 腹面观 (ventral), c. 后侧观 (retrolateral), d. 背面观 (dorsal), e. 雄性螯
肢 (chelicera ♂)　比例尺 scales = 0.50 (a), 0.20 (b-e)

雄蛛：体长 3.35-3.75。体长 3.45 者，头胸部长 1.70，宽 1.40；腹部长 1.75，宽 1.14。前眼列宽 1.25，后眼列宽 1.20，眼域长 0.85。头胸甲褐色，有黑褐色浅纹，眼域暗褐色。后中眼后，以及眼域周围、头胸甲其余部分都被银色鳞片，具金属光泽。螯肢黄褐色，前齿堤 1 齿，后齿堤 2 齿，螯爪细长而弯曲。颚叶、下唇褐色，胸甲暗褐色。步足褐色，端部色淡，为黄色或淡黄色，腹部长卵形，背面有明暗相间的横带，底褐色，其中 3 条灰黄褐色带被银色鳞片，具金属光泽，腹面黄褐色。螯肢齿堤上齿数有变异，有的个体前齿堤 2 齿，1 大 1 小，但触肢器结构相同。

雌蛛：尚未发现。

观察标本：1♂，六库城郊，2000.Ⅵ.25，D. Kavanaugh、颜亨梅采 (HNU)。

地理分布：广东、云南；马来半岛 (马六甲)，尼泊尔，越南。

(218) 多色金蝉蛛 *Phintella versicolor* (C. L. Koch, 1846) (图 221)

Plexippus versicolor C. L. Koch, 1846: 103, figs. 1165 (D♂).

Chrysilla versicolor (C. L. Koch, 1846): Simon, 1901a: 544; Song, 1982a: 102 (S).

Jotus munitus Bösenberg *et* Strand, 1906: 334, pl. 14, figs. 374, 392 (D♀♂); Yin *et* Wang, 1979: 32, figs. 13A-E (♀♂); Hu, 1984: 370, figs. 386.1-6 (♀♂).

Phintella versicolor (C. L. Koch, 1846): Prószyński, 1983a: 44, fig. 3 (T♀♂ from *Chrysilla*, S); Song, 1987: 288, fig. 245 (♀♂); Feng, 1990: 202, figs. 177.1-4 (♀♂); Chen *et* Gao, 1990: 191, figs. 243a-b (♀♂, S); Chen *et* Zhang, 1991: 290, figs. 303.1-5 (♀♂); Peng *et al.*, 1993: 162, figs. 569-576 (♀♂); Zhao, 1993: 411, figs. 212a-c (♀♂); Song, Chen *et* Zhu, 1997: 1738, figs. 50a-c (♀); Song, Zhu *et* Chen, 1999: 539, figs. 308O-P, 309F-G, 328E-F (♀♂); Hu, 2001: 403, figs. 256.1-3 (♀).

雄蛛：体长 4.40-6.00。体长 5.30 者，头胸部长 2.40，宽 1.95；腹部长 2.80，宽 1.30。背甲橙色，有黑褐色细边。眼域黑褐色，前中眼后缘之间及后中眼后侧缘均被白色鳞状毛簇。背甲边缘内侧有 1 条黄白色环状带，被白色鳞状毛，在此带和眼域之间为 1 "U"字形褐色斑。胸部中央 "U"字形斑之内有 1 簇白色鳞状斑，"U"字形斑之两侧后缘也有白色毛斑。腹部背面灰黄色，正中纵带褐色。触肢器之插入器较长，稍弯曲，生殖球上部无片状结构与插入器伴行。

雌蛛：体长 5.20-6.10。体长 5.80 者，头胸部长 2.05，宽 1.75；腹部长 3.75，宽 2.65。体色、斑纹都与雄蛛不同，背甲橙色，有红褐色斑，边缘有黑色细边，眼周围黑褐色。腹部背面灰黄色，散生不规则褐色斑。外雌器结构简单，纳精囊球形，交媾管较粗短，伸向前外侧方。雌蛛见于竹叶和女贞树上。产卵时，雌蛛把树叶略卷成船形，卵囊大小为 10.00-7.00，每卵囊具卵粒 16 枚。

观察标本：5♂，广东徐闻海鸥农场，1992.Ⅷ.15；1♂1♀，云南勐海，1987.Ⅲ.5，1♂5♀，广西东兴县荣光茶场，1992.Ⅷ.13。

地理分布：浙江、安徽、江西、湖北、湖南 (长沙、张家界)、广东、广西、海南、四川、云南、西藏、青海、台湾；日本，韩国，印度尼西亚。

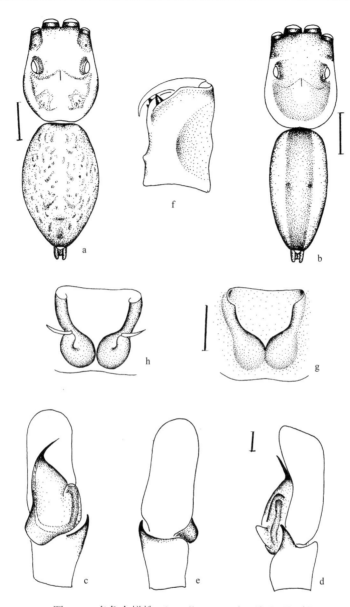

图 221 多色金蝉蛛 *Phintella versicolor* (C. L. Koch)

a. 雄蛛外形 (body ♂), b. 雌蛛外形 (body ♀), c-e. 触肢器 (palpal organ)：c. 腹面观 (ventral), d. 后侧观 (retrolateral), e. 背面观 (dorsal), f. 雄性螯肢 (chelicera ♂), g. 生殖厣 (epigynum), h. 阴门 (vulva) 比例尺 scales = 1.00 (a, b), 0.20 (c-h)

(219) 悦金蝉蛛 *Phintella vittata* (C. L. Koch, 1846) (图 222)

Plexippus vittatus C. L. Koch, 1846: 125, fig. 1185 (Dj).

Phintella vittata (C. L. Koch, 1846): Zabka, 1985: 429, figs. 435-441, 453 (T♀♂ from *Chrysilla*); Peng
et al., 1993: 164, figs. 577-585 (D♂); Song, Zhu et Chen, 1999: 539, fig. 308Q (D♂).

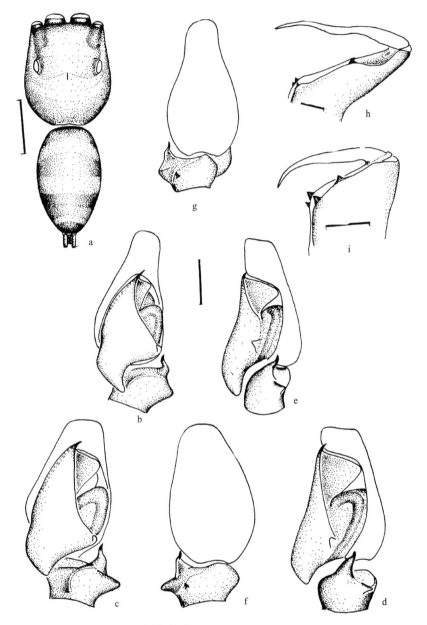

图 222　悦金蝉蛛 *Phintella vittata* (C. L. Koch)

a. 雄蛛外形 (body ♂), b-g. 触肢器 (palpal organ)：b-c. 腹面观 (ventral), d-e. 后侧观 (retrolateral), f-g. 背面观 (dorsal), h-i. 雄性螯肢 (chelicera ♂)　比例尺 scales = 1.00 (a), 0.20 (b-i)

　　雄蛛：体长 3.70-4.20。体长 4.00 者，头胸部长 2.00，宽 1.70；腹部长 2.00，宽 1.28。头胸甲暗褐色，眼周围黑色。眼域及头胸甲中部各有 1 淡褐色横带并被银色鳞片，具金属光泽；头胸甲边缘也被银色鳞片。眼域长 1.00，前眼列宽 1.50，后眼列宽 1.43。螯肢、颚叶、下唇黄褐色，螯爪长而弯曲，胸甲暗褐色，被同色毛及银色鳞片。步足褐色，远端各节色淡，为黄褐色。腹部长卵形，背面有明暗相间的横带，被银色鳞片，腹末端黑褐色横带前有 1 黄褐色横带。腹面灰黄褐色。触肢之胫节侧面有 2 个突起，胫节背面后端有 1 小齿。插入器短而细，与其相伴随的片状突起很发达。

雌蛛：尚未发现。

观察标本：1♂，广西东兴县荣光茶场，1992.Ⅷ.13 (HBU)；1♂，湖南岳阳南湖，2004.Ⅵ.24，彭光旭采 (HNU)。

地理分布：云南，广西，湖南；亚洲东部及南部。

57. 绯蛛属 *Phlegra* Simon, 1876

Phlegra Simon, 1876: 120.

Type species: *Phlegra fasciata* (Hahn, 1826).

头胸部长而狭，中段后方最宽，稍较其他部位宽，胸区长为头部长的 2 倍。眼域长为宽的 1/2，约占头胸部的 1/3。前眼列强后曲，稍宽于后眼列。额高等于前中眼的直径。前齿堤 1 板齿。后齿堤 1 齿较长。第 Ⅰ、Ⅱ 步足跗节腹面有毛丛，至少占据跗节长度的一半。胫节突 2 个，外侧一个呈膜状。雄蛛触肢器的生殖球很长，插入器细丝状，裸露可见。外雌器的交媾管很长，有时缠绕成环形。本属与豹跳蛛属 *Aelurillus* 及兰戈纳蛛属 *Langona* 的关系见前面这 2 属的描述。

该属全球已报道 73 种，分布于古北区。我国仅记录 7 种。

种 检 索 表

1. 雄蛛 ·· 2
   雌蛛 ·· 4
2. 胫节具 3 个突起 ··· 皮氏绯蛛 *P. pisarskii*
   胫节具 2 个突起 ·· 3
3. 触肢器侧面观，腹侧胫节突短于背侧胫节突 ················· 带绯蛛 *P. fasciata*
   触肢器侧面观，腹侧胫节突长于背侧胫节突 ·········· 灰带绯蛛 *P. cinereofasciata*
4. 交媾管近开孔段长而直，长于生殖厣的 1/2 ············· 西藏绯蛛 *P. thibetana*
   交媾管近开孔段短而扭曲 ·· 5
5. 交媾腔呈圆形 ··· 带绯蛛 *P. fasciata*
   交媾腔非圆形 ································· 灰带绯蛛 *P. cinereofascia*

(220) 灰带绯蛛 *Phlegra cinereofasciata* (Simon, 1868) (图 223)

Attus cinereo-fasciatus Simon, 1868b: 554 (D♀).

Phlegra cinereo-fasciata (Simon, 1868): Simon, 1876a: 122 (D♂); Azarkina, 2004a: 82, f. 37-39, 46, 48-53, 64-67, 80-86 (♀♂).

Phlegra fuscipes Kulczyński, in Chyzer *et* Kulczyński, 1891: 33, pl. 1, f. 19 (D♀♂); Peng, 1992b:10, f.

3-6 (f); Peng *et al.*, 1993: 169, f. 598-601 (f); Song, Zhu *et* Chen, 1999: 539, f. 310B-D (f).
Phlegra cinereofasciata (Simon, 1868): Azarkina, 2004a: 82, f. 37-39, 46, 48-53, 64-67, 80-86.

　　雌蛛：体长 7.30-8.80。体长 7.30 者，头胸部长 3.20，宽 2.20；腹部长 4.10，宽 2.50。头胸甲黑色，边缘及眼域深黑色，被白色细毛。胸区隐约可见 2 条由白毛形成的纵带，始自后侧眼，终于头胸部末端，后端明显宽于前端。眼域约呈方形，长 1.00，宽 1.40，后中眼居中。额高约等于前中眼的直径。胸甲橄榄状，黑褐色。螯肢前齿堤 2 齿 (板齿)，后齿堤 1 齿。颚叶、下唇深褐色，端部浅黄色。步足黑色，被白毛。第 I 步足胫节腹面有刺 2 对，背侧的刺精壮而长，后跗节腹面有刺 2 对；第 I、II 步足胫节腹面有毛丛。腹部长卵形，背面灰色至黑色；被白毛；中央有 2 条黑色纵带，两侧有许多黑色斜纹。腹部腹面灰黑色，被白毛，中央有许多横的黑色斜纹。纺器灰黑色。本种外雌器及交媾管的变异较大，Prószyński 先后几次所绘的图版均有所不同。

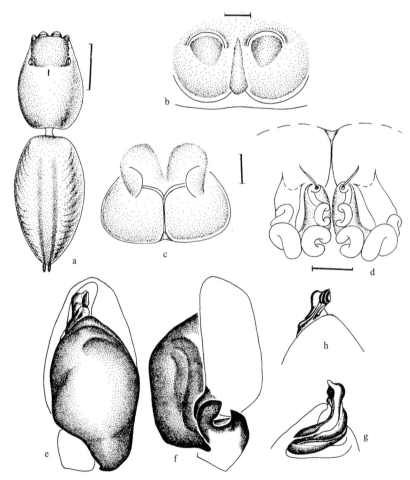

图 223　灰带绯蛛 *Phlegra cinereofasciata* (Simon) (e-h 仿 Azarkina, 2004)

a. 雌蛛外形 (body♀), b-c. 生殖厣 (epigynum), d. 阴门 (vulva), e-h.触肢器 (palpal organ): e. 腹面观 (ventral), f. 后侧观 (retrolateral), g-h. 插入器 (embolus) 比例尺 scales = 1.00(a),0.10(b-d))

雄蛛：体长 6.50；头胸部长 3.20，宽 2.20；腹部长 3.30，宽 1.90。前眼列宽 1.40，后眼列宽 1.50，眼域长 1.10。额高 0.35。前中眼直径 0.45。背甲中间红褐色，两边褐色，带有 2 条白色纵纹。额为黄褐色，被白色毛。螯肢、胸甲、上颚和下唇为红褐色或褐色。腹部灰色，被 2 条褐色纵纹。胸甲小，大约为腹部长度的 1/3。纺器灰褐色，步足红褐色（引自 Azarkina, 2004）。

观察标本：1♀，吉林白城阿尔山，1971.Ⅶ.16，朱传典采 (JLU)；1♀，内蒙古大青山五一水库，1983.Ⅴ.8，赵秀唐采 (JLU)。

地理分布：内蒙古、吉林；欧洲，西伯利亚。

(221) 带绯蛛 *Phlegra fasciata* (Hahn, 1826) (图 224)

Aranea elegans Fabricius, 1793: 428 (D♂; preoccupied).

Attus fasciatus Hahn, 1826: 1, pl. 12, fig. D (D♂)

Phlegra fasciata (Hahn, 1826): Simon, 1876a: 123; Zabka, 1997: 75, f. 259-264 (♀♂); Zhou *et* Song, 1988: 7, figs. 9a-e (♀♂); Peng, 1989: 159, figs. 11A-C (♀); Hu *et* Wu, 1989: 383, figs. 299.3-6 (D♀♂); Peng *et al*., 1993: 166, figs. 586-589 (♀); Logunov, 1996e: 544, f. 1-2, 17-25; Song, Zhu *et* Chen, 1999: 539, fig. 3.

雄蛛：体长 5.10，全体呈棕褐色，头胸部长大于宽，前端较窄，后端宽圆，布有白色细毛及黑色刚毛，正中央部位有 1 黑褐色宽纵带，眼域黑色。宽大于长，长不及头胸部长的 1/2，其前、后缘宽度相等，前眼列弱后曲，后中眼位于前、后侧眼之中间位置，在前眼列之后侧及第二、三列眼之外侧，布有黑色长刚毛。额高约为前中眼直径之长度。螯肢呈赤黄色，前齿堤 2 齿，其基部彼此紧靠，第 2 齿大于第 1 齿，后齿堤 1 小齿。颚叶呈赤黄色，其前端之内侧角显白色。下唇长宽约等，与颚叶同色。胸甲呈椭圆形，显红棕色，疏生褐色长毛。步足与胸甲同色，第 I、II 步足腿节粗壮，第 I 步足胫节腹面有 3 对粗刺，第 II 步足胫节腹面外侧有 3 根粗刺，内侧有 1 根粗刺，第 I、II 步足后跗节腹面各有 2 对粗刺，第 III 步足膝节、胫节之和短于第 IV 步足膝节、胫节之和，腹部呈卵圆形，背面显棕褐色，正中央部位有细长的黑色横带，密布灰色短毛及褐色长毛。腹部腹面呈黄褐色。触肢腿节背面有 3 根粗刺 (引自 Hu *et* Wu, 1989)。

雌蛛：体长 6.50；头胸部长 3.00，宽 2.00；腹部长 3.50，宽 2.30。前眼列宽 1.40，后中眼居中，后眼列宽 1.40，眼域长 0.90。头胸甲黑褐色，边缘及眼域黑色，边缘有白毛覆盖而成的缘带。眼域后有 2 条浅色纵带。胸甲橄榄状，褐色，边缘黑色。螯肢灰黑色，前齿堤 2 齿 (板齿)，后齿堤 1 齿。颚叶、下唇深褐色。步足褐色，腿节灰黑色。第 I 步足胫节腹面有刺 3 对；第 II 步足胫节腹面背侧有刺 1 根，腹侧有刺 3 根；第 I、II 步足后跗节腹面各具刺 2 对；第 IV 步足胫节腹面端部具刺 1 对，基部腹侧具刺 1 根。腹部背面灰黑色。外雌器的交媾管缠绕成环状。多游猎于果园林间树干。

观察标本：1♀，丰满松花湖畔，1984.Ⅷ.14，朱传典采 (JLU)。

地理分布：吉林、新疆；古北区。

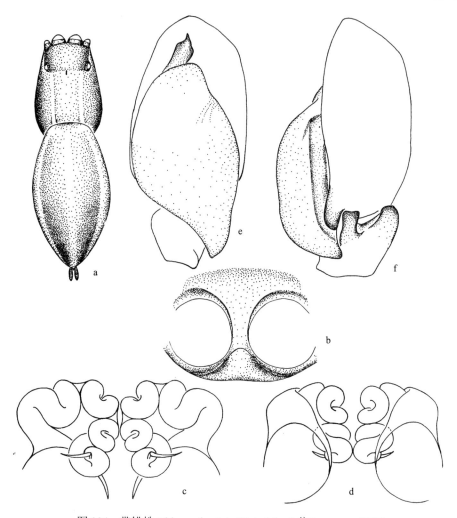

图 224　带绯蛛 *Phlegra fasciata* (Hahn) (e, f 仿 Logunov, 1996)

a. 雌蛛外形 (body ♀), b. 生殖厣 (epigynum), c-d. 阴门 (vulva)：c. 背面观 (dorsal), d. 腹面观 (ventral), e-f. 触肢器 (palpal organ)：e. 腹面观 (ventral), f. 后侧观 (retrolateral)

(222) 皮氏绯蛛 *Phlegra pisarskii* Zabka, 1985 (图 225)

Phlegra pisarskii Zabka, 1985: 431, figs. 455-457 (D♂); Zhang, Song *et* Zhu, 1992: 5, figs. 8.1-3 (D♂); Song, Zhu *et* Chen, 1999: 539, figs. 309J-K, 328H (D♂).

雄蛛：体长 3.3；头胸部长 1.8，宽 1.3；腹部长 1.5，宽 0.95。前眼列宽 1.10，后眼列宽 1.10。背甲褐色，边缘及眼域黑色，被较密的白色及黑色短毛，眼域部分被稀疏的黑色长毛，无棒状短毛，眼域两侧及胸区中央共有 4 条由白色短毛形成的纵带，胸区的纵带向前延伸至后侧眼前方,4 条白色纵带之间间隔以 3 条由黑色短毛形成的黑色纵带；中窝、颈沟、放射沟增多不明显。胸甲梨状，深灰黑色，边缘色深，被较密的黑色毛，

触肢腿节端部内侧略呈瘤状突起。额浅褐色，密被白色长毛。螯肢褐色，前侧被稀疏的
白色短毛，后侧被稀疏的黑色长毛，前齿堤 2 齿，后齿堤 1 齿。颚叶、下唇深褐色，端
部白色具黑色绒毛。触肢密被黑色毛，除跗舟外其余各节背面密被白色长毛。第 I、II
步足黑色，第 III、IV 步足深灰褐色，端部白色具黑色绒毛。各步足具浅色不规则斑，足
毛黑色或褐色、较密，足刺较少而长。第 I 步足胫节腹面具刺 3 对；第 I、II 步足后跗节

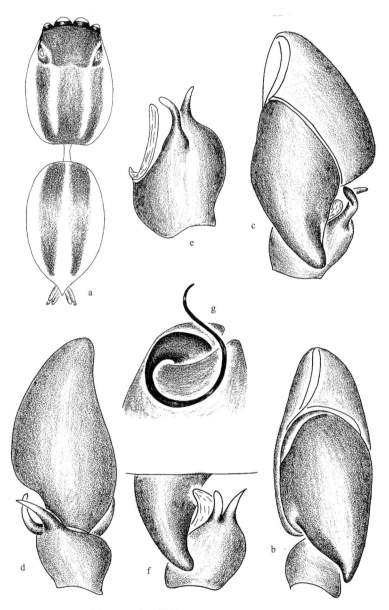

图 225　皮氏绯蛛 *Phlegra pisarskii* Zabka
a. 雄蛛外形 (body ♂), b-d. 触肢器 (palpal organ)：b. 腹面观 (ventral), c. 后侧观 (retrolateral), d. 背面观 (dorsal), e-f. 胫节
突 (tibial apophysis), g 插入器 (embolus)

腹面各具长刺 2 对；第 II 步足胫节腹面前侧无刺，后侧具刺 3 根。腹部卵形，前缘宽。背面深灰色，有 2 条宽的黑色纵带，密被灰色及黑色毛。腹面灰色，中间有 1 条灰黑色纵带。纺器褐黑色，被褐黑色毛。

雌蛛：尚未发现。

观察标本：1♂，云南大理师专北门，2001.Ⅰ.18，李志祥采。1♂，湖北武师，1982.Ⅵ.1 (体黑色，无斑纹) 1♂，湖北襄阳，1979.Ⅵ.24，2♂，湖北，(无标签)；1♂，西藏芒康；1♂，海南乐东尖峰岭。

地理分布：湖北、海南、云南、西藏；越南。

(223) 西藏绯蛛 *Phlegra thibetana* Simon, 1901 (图 226)

Phlegra thibetana Simon, 1901g: 73 (D♀); Prószyński, 1978a: 14, f. 14-16 (♀); Song, Zhu *et* Chen, 1999: 539, figs. 310E-F (♀).

雌蛛：头胸部长 1.60-1.80，腹部长 2.00-2.60。头胸部灰棕色，眼域黑色，有 2 条平行的灰色线条，从后侧眼扩展至背甲后缘。额黄色，螯肢棕黄色，触肢黄色。步足黄色。胸甲、触肢基节和腿节呈黄色。腹部背面灰棕色，被 1 条黄色纵向条带分成两部分，此条带中间有 1 稀疏棕色线条。稀疏的黄线延腹部背面周围环绕。腹部腹面白色。生殖厣后端有 2 个圆形或椭圆形凹陷，被狭的脊分隔。交媾孔在凹陷前端外侧，交媾管前伸，中部曲折，后端缠绕、盘旋。

雄蛛：尚未发现。

观察标本：无镜检标本。

地理分布：西藏；不丹。

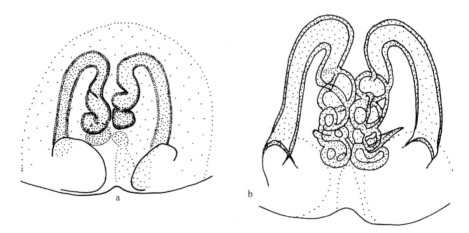

图 226　西藏绯蛛 *Phlegra thibetana* Simon (仿 Prószyński, 1978)

a. 生殖厣 (epigynum), b. 阴门 (vulva)

58. 拟蝇虎属 *Plexippoides* Prószyński, 1984

Plexippoides Prószyński, 1984: 6, ff. 427-436.

Type species: *Plexippoides starmuehlneri* (Roewer, 1955).

　　Prószyński (1976) 在研究了 *Plexippus annulipedis* 之后，建立了拟蝇虎属 *Plexippoides*，并指定 *Yllenus starmuehlneri* Roewer, 1955 为模式种。1984 年 Prószyński 重新定义本属，1985 年 Zabka 将其作为 *Epeus* 属的同物异名。笔者以为，尽管 2 属交媾器管结构相似，但仍作为 2 个独立属为宜。由于本属是从许多无关的属中分离出来，故外形的共同特征不明显。但中国种类的体形、斑纹都很相似。眼域占背甲比例不及 1/2，螯肢前齿堤 2 齿，后齿堤 1 齿。背甲两侧边缘有较宽的浅色带，腹部背面有 2 条褐色或黑褐色纵带，正中带淡色。雄性触肢器形态特殊，跗舟宽而扁平，比生殖球宽，其后部侧向膨大，生殖球上部有 1 舌状或耳状突起，插入器细长，环绕生殖球。跗舟基部侧面有 1 角状突起指向胫节突，胫节突细，常呈钩状。生殖厣强角质化，呈拱形隆起，透过半透明体壁可见弯曲的交媾管。

　　该属已记录有 19 种，主要分布于东洋界，从印度尼西亚到日本，从越南到伊朗。中国记录 14 种。

种　检　索　表

1. 雄蛛 ……………………………………………………………………………………… 2
   雌蛛 ……………………………………………………………………………………… 13
2. 触肢器侧面观胫节突朝下弯曲呈钩状 ………………………… 环足拟蝇虎 *P. annulipedis*
   触肢器侧面观胫节突朝上 ………………………………………………………………… 3
3. 触肢器腹面观胫节突端部膨大呈截形 ………………………………… 壮拟蝇虎 *P. validus*
   触肢器腹面观胫节突端部不膨大 ………………………………………………………… 4
4. 跗舟基部侧面无突起 …………………………………………………………………… 5
   跗舟基部侧面有突起 …………………………………………………………………… 6
5. 插入器起始于 3:00 点位置 ……………………………………… 林芝拟蝇虎 *P. linzhiensis*
   插入器起始于 12:00 点位置 ……………………………………… 指状拟蝇虎 *P. digitatus*
6. 触肢器腹面观胫节突位于跗舟突的背面 ………………………… 角拟蝇虎 *P. cornutus*
   触肢器腹面观胫节突位于跗舟突的腹面 ………………………………………………… 7
7. 触肢器腹面观耳状突未伸出生殖球边缘 ………………………………………………… 8
   触肢器腹面观耳状突伸出生殖球边缘之外 ……………………………………………… 9
8. 触肢器侧面观胫节突端部弯曲呈钩状 …………………………… 金林拟蝇虎 *P. jinlini*
   触肢器侧面观胫节突端部端直 ………………………………… 四川拟蝇虎 *P. szechuanensis*
9. 触肢器侧面观跗舟突朝上，短刺状 ……………………………… 波氏拟蝇虎 *P. potanini*
   触肢器侧面观跗舟突朝下 ……………………………………………………………… 10

10. 插入器起始于 3:00 点位置 ··························· 王拟蝇虎 *P. regius*

　　　插入器起始于 4:00 点位置 ··· 11

11. 生殖球后缘远离胫节上缘 ····················· 弹簧拟蝇虎 *P. meniscatus*

　　　生殖球后缘靠近胫节上缘 ··· 12

12. 触肢器腹面胫节突呈水平方向延伸 ············· 德氏拟蝇虎 *P. doenitzi*

　　　触肢器腹面胫节突向右上方延伸 ··············· 盘触拟蝇虎 *P. discifer*

13. 外雌器角质化程度强，未见交媾管阴影 ································· 14

　　　外雌器角质化程度弱，可见交媾管阴影 ································· 15

14. 交媾孔纵椭圆形，位于生殖厣中央 ············· 弹簧拟蝇虎 *P. meniscatus*

　　　交媾孔圆形，位于生殖厣上部 ··············· 金林拟蝇虎 *P. jinlini*

15. 生殖厣无中隔 ··· 16

　　　生殖厣有中隔 ··· 17

16. 左右交媾腔愈合 ··························· 四川拟蝇虎 *P. szechuanensis*

　　　左右交媾腔不愈合 ····················· 类王拟蝇虎 *P. regiusoides*

17. 交媾腔宽小于中隔宽 ····················· 德氏拟蝇虎 *P. doenitzi*

　　　交媾腔宽远大于中隔宽 ··· 18

18. 中隔基部宽于端部 ························· 张氏拟蝇虎 *P. zhangi*

　　　中隔端部宽于基部 ··· 19

19. 交媾腔前缘宽于后缘 ····················· 盘触拟蝇虎 *P. discifer*

　　　交媾腔前后缘约等宽 ··· 20

20. 交媾腔长约为宽的 2 倍 ··················· 波氏拟蝇虎 *P. potanini*

　　　交媾腔长稍大于宽 ························· 王拟蝇虎 *P. regius*

(224) 环足拟蝇虎 *Plexippoides annulipedis* (Saito, 1939) (图 227)

Plexippus annulipedis Saito, 1939: 40, 5 (4), pl. 1, fig. 17 (D♀).

Plexippoides annulipedis (Saito, 1939): Prószyński, 1976: 156, figs. 292, 432-437 (T♂ into generic *nomen nudum*); Song, Li *et* Wang, 1983: 23, figs. 1-2 (D♂, following above placement); Zhang, 1987: 252, figs. 224.1-2 (D♂); Song, Zhu *et* Chen, 1999: 539, figs. 309L-M (D♂); Song, Zhu *et* Chen, 2001: 447, figs. 298A-E (D♂).

　　雄蛛：体长 6.4。头胸部宽大于长。眼域约占头胸部长的 1/2，宽度约为长度的 1 倍 (2.0∶1.0)，前边略长于后边 (2.0∶1.9)。第二列眼约位于前、后侧眼之间的中线位置上。背甲以第三列眼处最高，往后 (即背甲的正中部) 有一段平坦的部位。由背甲中部向四周均成明显的斜坡。头部棕色，并有粗长的棕色毛，排列稀疏；头部中部及背甲两侧被致密的纤细白毛。螯肢前齿堤 2 齿，齿基相连，近牙基的 1 齿较大；后齿堤 1 齿。触肢的跗节扁宽，十分醒目，其外基角有 1 弯刺指向后方。胫节的外侧近远端处有 1 弯刺，再扭向背方，末端指向背前方，并与跗节刺相对，腹部椭圆形，有稀疏的棕色长毛，并密布白色短毛 (引自 Song, Li *et* Wang, 1983)。

雌蛛：尚未发现。

观察标本：无镜检标本。

地理分布：中国；日本，韩国。

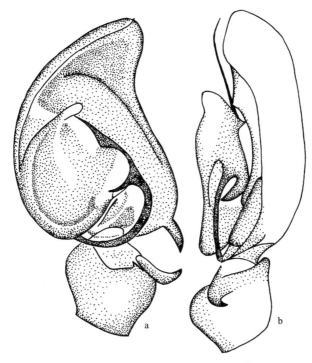

图 227　环足拟蝇虎 *Plexippoides annulipedis* (Saito) (仿 Prószyński, 1976)

a-b. 触肢器 (palpal organ)：a. 腹面观 (ventral), b. 后侧观 (retrolateral)

(225) 角拟蝇虎 *Plexippoides cornutus* Xie *et* Peng, 1993 (图 228)

Plexippoides cornutus Xie *et* Peng, 1993: 19, figs. 1-4 (D♂); Peng *et al.*, 1993: 172, figs. 602-605 (D♀♂); Song, Zhu *et* Chen, 1999: 540, figs. 309N-O, 328I (D♂).

雄蛛：体长 5.73；头胸部长 2.82，宽 2.04；腹部长 2.91，宽 1.62。前眼列宽 1.77，后眼列宽 1.73，眼域长 1.00。头胸甲褐色，被灰白色细毛，侧缘带黄褐色。眼域黑色，被灰白色毛，后中眼居中。螯肢橘黄色，前齿堤 2 齿，后齿堤 1 大齿。颚叶、下唇基部褐色，密生褐色毛丛。胸甲褐色，无斑纹，边缘色深。步足橘黄色，基节基部黑色，腿节基部、端部及中部背面、内侧面有黑色纵条斑。膝节、胫节两侧面也有黑色纵条斑，其余各节黄褐色，步足多生强刺。足式：IV, I, III, II。腹部长卵形，背面正中带褐色，两侧有褐色线状纹。触肢之跗舟黄褐色，基部侧面有 1 很小的角质突指向胫节突，其周围密生 1 簇黑色刚毛。腹面观胫节突稍扭曲，插入器起始于生殖球之基部。

雌蛛：尚未发现。

观察标本：1♂，贵州黔灵公园，1985.VI.27，朱传典采。

地理分布：贵州。

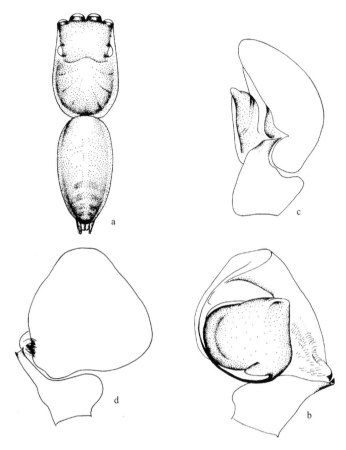

图 228 角拟蝇虎 *Plexippoides cornutus* Xie *et* Peng

a. 雄蛛外形 (body ♂), b-d. 触肢器 (palpal organ)：b. 腹面观 (ventral), c. 后侧观 (retrolateral), d. 背面观 (dorsal)

(226) 指状拟蝇虎 *Plexippoides digitatus* Peng *et* Li, 2002 (图 229)

Plexippoides digitatus Peng *et* Li, 2002e: 717, figs. 1-4 (D♂); Peng, Chen *et* Zhao, 2004: 80, f. A-F (♂, D♀).

雄蛛：体长 7.50；头胸部长 4.00，宽 3.30；腹部长 3.50，宽 2.60。前眼列宽 2.40，后眼列宽 2.40，眼域长 1.60；额高 0.30。前中眼 0.75，前侧眼 0.40，后侧眼 0.40。背甲黑褐色，各眼基部黑色，被黑色及白色细毛，眼域两侧及前缘有长而粗的黑毛；中窝短，黑色，颈沟、放射沟不明显，背甲两侧及中央有浅色纵带，两侧的纵带由白毛覆盖而成。胸甲长大于宽，盾形，灰褐色，边缘有深色块斑与各步足基节相对应；整个胸甲被黑色细毛，其中近边缘处围有黑色长毛。额浅褐色，被黑色长毛。螯肢褐色至深褐色，被较密的黑色毛，前齿堤 2 齿，后齿堤 1 齿。颚叶、下唇长大于宽；褐色，端部黄褐色，被

灰黑色绒毛。步足黄褐色，无环纹，被较密的黑色细毛；刺较多而粗短，第 I 步足胫节
腹面具刺 3 对，第 II 步足胫节腹面前侧 2 刺、后侧 3 刺；第 I、II 步足后跗节腹面各具 2
对刺。腹部长卵形。背面两侧为灰黑色纵带，纵带外缘浅灰褐色；肌痕 2 对，很小，浅
褐色；后端中央有 4-5 个"山"字形纹。腹部腹面密被灰黑色毛，中央有 3 条黑色纵带，
两侧灰黑色。纺器浅灰褐色，被灰黑色长毛。

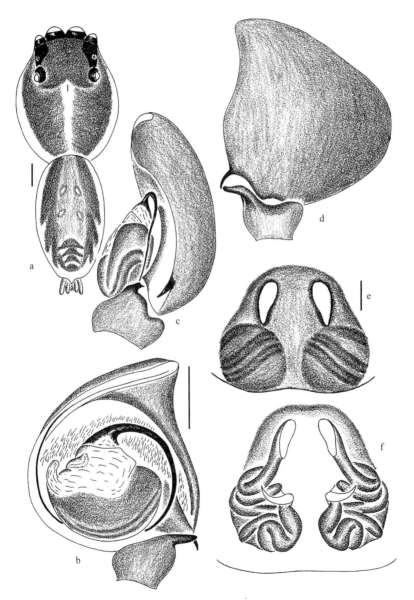

图 229　指状拟蝇虎 *Plexippoides digitatus* Peng *et* Li

a. 雄蛛外形 (body ♂), b-d. 触肢器 (palpal organ)：b. 腹面观 (ventral), c. 后侧观 (retrolateral), d. 背面观 (dorsal), e. 生殖厣
(epigynum), f. 阴门 (vulva) 比例尺 scales = 1.00 (a), 0.50 (b-d), 0.10 (e-f)

雌蛛：体长 6.70；头胸部长 3.50，宽 2.50；腹部长 3.20，宽 2.30。前眼列宽 1.95,

后眼列宽 1.90，眼域长 1.20；额高 0.17。前中眼 0.60，前侧眼 0.33，后侧眼 0.27。背甲褐色，密被褐色细毛及稀疏的黑色粗毛；眼域深褐色，各眼基部黑色；中窝细条状，纵向，深褐色；胸区中央有 1 浅色纵带，向后延伸至背甲后缘；放射纹清晰可见。胸甲长卵形，中央稍隆起，黄褐色，被细的深褐色毛，边缘褐色。额浅黄褐色，密被白色长毛，前中眼有 3 根黑褐色粗毛。螯肢粗短，浅色，前齿堤 2 齿，后齿堤 1 齿。颚叶、下唇浅褐色，端部色浅、被黑色绒毛。触肢、步足褐色，步足粗而短、刺多而短，第 I、II 步足胫节腹面各有 3 对刺，后跗节腹面各有 2 对刺。腹部长卵形，近柱状；背面两侧为深褐色纵带，后端各向内侧延伸出 4 个短的突起；中央有 1 浅褐色纵带，其上有细条状的心脏斑。腹部腹面灰黄色，散布黑色点状纹；中央有 3 条灰黑色纵带，末端愈合。纺器灰黑色，短柱状。

观察标本：1♂2♀，湖北省武当山老营，1982.Ⅷ.8 (HBU)；1♂，甘肃省康县清河林场，海拔 1340-1550m，1998.Ⅶ.14，陈军采 (IZCAS) (sp9804)。

地理分布：湖北、甘肃。

(227) 盘触拟蝇虎 *Plexippoides discifer* (Schenkel, 1953) (图 230)

Plexippus discifer Schenkel, 1953b: 88, fig. 41 (D♂).

Plexippoides discifer (Schenkel, 1953): Prószyński, 1976: 156, fig. 293 (T♂ into generic *nomen nudum*); Yin *et* Wang, 1979: 38, figs. 23A-D (♀♂); Yin *et* Wang, 1981b: 271, figs. 3A-G (♀♂, D♀); Hu, 1984: 384, figs. 400.1-5 (♀♂); Zhu *et* Shi, 1983: 210, figs. 192a-b (D♀♂); Zhang, 1987: 253, figs. 225.1-3 (D♀♂); Chen *et* Gao, 1990: 192, figs. 245a-b (♀♂); Peng *et al.*, 1993: 173, figs. 606-611 (♀♂); Zhao, 1993: 417, figs. 216a-b (D♀♂); Song, Zhu *et* Chen, 1999: 540, figs. 309P-Q, 310G-H, 328J (♀♂); Song, Zhu *et* Chen, 2001: 448, figs. 299A-F (♀♂).

Plexippoides discifos Chen *et* Zhang, 1991: 299, figs. 315.1-9 (♀♂).

雄蛛：体长 6.73-7.73。体长 6.73 者，头胸部长 3.09，宽 2.55；腹部长 3.64，宽 2.44。背甲黄褐色。前眼列宽 2.18，后中眼居中，后眼列宽 2.09，眼域长 1.32。眼域黑褐色，胸部有 1 很宽的红褐色正中条斑，侧缘带黄褐色，密被白色鳞状毛。胸甲橘黄色无斑纹。螯肢红褐色，前齿堤 2 齿，后齿堤 1 齿。颚叶、下唇褐色。步足黄褐色，各节相关连处有褐色环纹。腹部卵圆形，背面黄褐色，有 2 条褐色纵带，隐约可见淡褐色正中线。腹面黄褐色，正中带褐色，较宽，两侧有数条黑褐色线纹。生殖球倒肾形，插入器起始于生殖球的基部，胫节突较细，端部渐尖；侧面观时，跗舟之角突呈板状。

雌蛛：体长 10.00 者，头胸部长 4.25，宽 3.40；腹部长 5.50，宽 3.10。前眼列宽 2.65，后眼列宽 2.60，眼域长 1.65。眼域黑褐色，侧纵带赤褐色，正中带黄褐色。背甲黄褐色，背甲边缘黑褐色。腹部长卵圆形，正中条斑黄褐色，边缘锯齿状，侧纵带褐色较宽，腹面黄褐色。体形、斑纹与雄蛛相似。外雌器结构较复杂，交媾管很长，呈螺旋状或"S"字形不规则扭曲数圈，两侧交媾管不对称。

观察标本：1♂，湖南石门壶瓶山，2002.Ⅶ-Ⅷ，唐果采；1♂，云南其期森林，2000.Ⅶ. 9-14。

地理分布：北京、浙江、山东、湖南 (石门)。

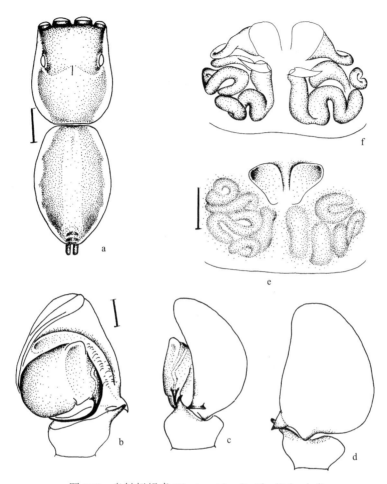

图 230　盘触拟蝇虎 *Plexippoides discifer* (Schenkel)

a. 雄蛛外形 (body ♂), b-d. 触肢器 (palpal organ)：b. 腹面观 (ventral), c. 后侧观 (retrolateral), d. 背面观 (dorsal), e. 生殖厣 (epigynum), f. 阴门 (vulva)　比例尺 scales = 1.00 (a), 0.20 (b-f)

(228) 德氏拟蝇虎 *Plexippoides doenitzi* (Karsch, 1879) (图 231)

Hasarius doenitzi Karsch, 1879g: 86 (D♀); Prószyński, 1973b: 110, f. 33-38 (♀); Yin *et* Wang, 1979: 31, figs. 9A-E (♀); Hu, 1984: 364, figs. 379.1-4 (♀).

Plexippoides doenitzi (Karsch, 1879): Prószyński, 1984b: 400, figs. 2, 17 (T♀♂ from *Hasarius*); Bohdanowicz, A. *et* J. Prószyński, 1987: 122, f. 239-245; Chen *et* Gao, 1990: 193, figs. 246a-b (♀); Chen *et* Zhang, 1991: 298, fig. 314 (D♀♂); Song, Zhu *et* Chen, 1999: 540, figs. 310I-J, 311A-B (♀♂).

雄蛛：体长 6.10。头部黑色，前列眼周围和头部两侧密生白毛。自头部后方延伸出黑斑。胸部黄褐色，中央有 1 浅色带。胸甲黄褐色、被灰色细毛。螯肢黄褐色，前齿堤

2 齿，后齿堤 1 齿、顶端下分叉。步足黄褐色，多刺。腹部背面两侧黑褐色，中央有 1 纵形黄褐色条纹，其后方有连续排列的"山"字形斑。腹面中央黑褐色，上有 2 行点状黄褐色纹，两侧各有 1 条黄褐色纹，纺器前方灰白色。

雌蛛：体长 6.50。头胸部黑褐色，中间有黄褐色横带，上被白色细毛。眼域方形，长小于头胸部的 1/2，中眼列位于前、后眼列之中间位置。胸甲黄色，边缘灰黄色，中央隆起。螯肢褐色，前齿堤 2 齿，后齿堤 1 齿，顶端无分齿。颚叶黄褐色，前缘有黑色丛毛。下唇黄褐色。触肢黄褐色，有黑色环纹及黑刺。步足黄褐色，各腿节与第 I 步足后跗节呈灰褐色。腹背黄褐色，正中条斑灰黄色，两侧有若干条黑褐色"山"字形斑纹连串排列。

观察标本：无镜检标本。

地理分布：浙江、湖南、广东；韩国，日本。

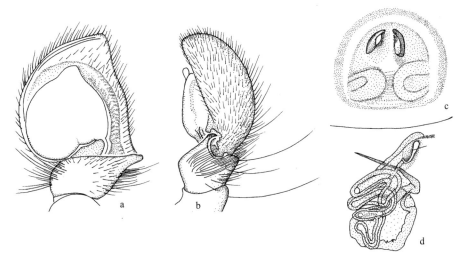

图 231 德氏拟蝇虎 *Plexippoides doenitzi* (Karsch)
(a, b 仿 Bohdanowicz *et* Prószyński, 1987; c, d 仿 Prószyński, 1973)
a-b. 触肢器 (palpal organ)：a. 腹面观 (ventral), b. 后侧观 (retrolateral), c. 生殖厣 (epigynum), d. 阴门 (vulva)

(229) 金林拟蝇虎 *Plexippoides jinlini* Yang, Zhu *et* Song, 2006 (图 232)

Plexippoides jinlini Yang, Zhu *et* Song, 2006d: 14, f. 2A-G (D♀♂).

雄蛛：体长 7.03；头胸部长 3.46，宽 2.44；腹部长 3.67，宽 1.53。前眼列宽 2.01，后眼列宽 1.98。各眼周围黑褐色，头区深褐色，仅前中眼之间、前侧眼之间具灰白色鳞状毛。背甲褐色，两侧缘各具 1 条由灰白色毛组成的宽纵条纹。颈沟明显。中窝明显，纵向。放射沟深褐色。螯肢深褐色，前齿堤 2 齿，后齿堤 1 齿。颚叶褐色，端部外侧黑褐色、内侧白色。下唇深褐色。胸甲端部平截，褐色，具少量的绒毛。步足基节、转节褐色，腿节、膝节、胫节、后跗节、跗节浅棕色，步足腿节后侧近膝节处各具 1 黑斑。

第 I、III、IV 步足腿节各具 8 背刺；第 II、III、IV 步足胫节各具 1 背刺、4 前侧刺、3 后侧刺，第 III、IV 步足各具 2 对腹刺；第 I 步足后跗节具 1 前侧刺、1 后侧刺、2 对腹刺，第 II、III、IV 步足后跗节各具 2 前侧刺、2 后侧刺、2 对腹刺。触肢浅褐色，跗舟黑褐色，基部外侧成刺状突出；腹面观，胫节外侧呈指状，外侧观，端部向后成 90°弯曲；盾板简单，近方形，上部外侧具 1 耳状突；插入器细长，可围绕生殖球 1 圈以上。腹部背面黑褐色，心脏斑浅褐色；腹面灰褐色，生殖沟以前区域褐色。纺器褐色 (引自 Yang, Zhu *et* Song, 2006)。

雌蛛：体长 10.50；头胸部长 3.87，宽 2.75；腹部长 6.01，宽 3.46。前眼列宽 2.21，后眼列宽 2.24。步足深褐色。外雌器凹坑状，交媾孔卵圆形，交媾管长。其他特征与雄蛛相似 (引自 Yang, Zhu *et* Song, 2006)。

本种与波氏拟蝇虎 *Plexippoides potanini* Prószyński, 1984 近似，但有以下区别：①生殖球盾板上的耳状突平截，后者呈弧形；②外侧观胫节突端部成 90°弯曲，后者弯曲幅度较小；③外雌器中隔宽、交媾孔椭圆形，后者中隔宽、交媾孔肾形；④交媾管短，后者长。

观察标本：1♂1♀，云南省永善县城后山，2004.Ⅶ.21。

地理分布：云南 (永善)。

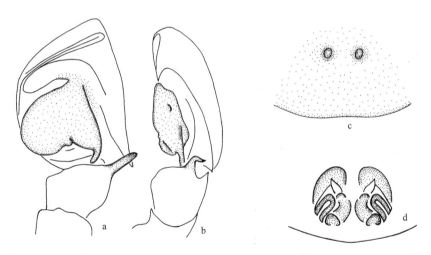

图 232　金林拟蝇虎 *Plexippoides jinlini* Yang, Zhu *et* Song (仿 Yang, Zhu *et* Song, 2006)
a-b. 触肢器 (palpal organ)：a. 腹面观 (ventral), b. 后侧观 (retrolateral), c. 生殖厣 (epigynum), d. 阴门 (vulva)

(230) 林芝拟蝇虎 *Plexippoides linzhiensis* (Hu, 2001) comb. nov. (图 233)

Mogrus linzhiensis Hu, 2001: 407, f. 259.1-3.

雄蛛：体长 5.20-5.80；头胸部长 3.00，宽 2.10；腹部长 2.80，宽 1.80。头胸部长大于宽，棕褐色，头部略隆起，胸区向后倾斜，始自头部至胸区后缘有 1 个黑褐色马蹄形斑，胸区后缘的两侧角显黄褐色。眼域宽大于长，长约为头胸部长的 1/3，前眼列稍后曲，第二列眼与前侧眼之间距稍大于第二列眼与后侧眼的间距,整个眼域布白色、黑色细毛。额高 2 倍于前中眼间距,多白色细毛。螯肢棕褐色,前齿堤 2 齿,第 1 齿大于第 2 齿,后齿堤 1 齿。触肢黄色,其腿节远端背面有 1 根短刺,近体端背面有 1 根长刚毛,触肢器的跗舟棕褐色,胫节外末角突起粗壮,其末端向内侧弯曲,生殖球呈横向突出,插入器细长。颚叶褐色,外侧缘显著向内凹陷,前缘平直,在其外侧角部位有 1 个黑褐色齿状突起。下唇宽大于长,浓褐色,前端显白色。胸甲橄榄形,棕褐色。步足黄色,具褐色轮纹,第 I 步足强大,腿节粗壮,且呈浓褐色,背中线有 3 根长刺,在离体端内侧有 2 根短刺;第 I、II 步足胫节各有 3 对腹刺,后跗节有 2 对腹刺。足式:I, II, IV, III。腹部呈长椭圆形,黄褐色,心脏斑浅褐色,周缘围有白色鳞斑及褐色网纹,心脏斑后半段两侧各有 2 个褐色肌点,腹部背面后半部直至尾端有 5 个浅灰褐色"八"字形斑纹。腹部腹面黄灰色,隐约可见有白色小鳞斑及灰黑色小点斑。纺器红褐色。

雌蛛:尚未发现。

观察标本:4♂,西藏林芝,海拔 3000m,1988.Ⅶ.27,张涪平采。

地理分布:西藏 (林芝)。

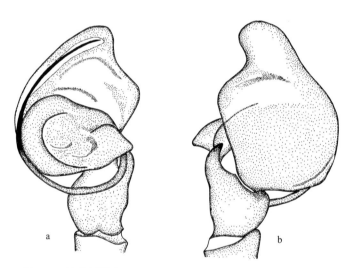

图 233 林芝拟蝇虎 *Plexippoides linzhiensis* (Hu) (仿 Hu, 2001)
a-b. 触肢器 (palpal organ): a. 腹面观 (ventral), b. 后侧观 (retrolateral)

(231) 弹簧拟蝇虎 *Plexippoides meniscatus* Yang, Zhu *et* Song, 2006 (图 234)

Plexippoides meniscatus Yang, Zhu *et* Song, 2006d: 13, f. 1A-G (D♀♂; N. B.: referred to as *P. springiformes* in abstract and introduction).

雄蛛:体长 7.24;头胸部长 3.36,宽 2.65;腹部长 3.26,宽 2.24。前眼列宽 1.97,后眼列宽 1.90。背甲深褐色,两侧缘各具 1 条由灰白色毛组成的宽纵条纹,各眼周围黑褐色,头区颜色较胸区深,具少量灰白色毛;各眼基部具少量黑色长毛,前中眼之间、前侧眼之间密被灰白色鳞状毛。颈沟明显。中窝纵向。放射沟深褐色。螯肢深褐色,前齿堤 2 齿，后齿堤 1 齿。颚叶褐色，端部较宽，前缘具 1 骨化的脊，向外突出部分形成 1 齿状突，内侧缘灰白色；外侧中部向内凹陷。下唇深褐色。胸甲端部平截，褐色，被大量黑色绒毛。步足深褐色，多褐色长毛，腿节、后跗节、跗节具宽黄棕色环带。第 I-IV 步足腿节各具 9 背刺，膝节各具 1 前侧刺、1 后侧刺；第 II-IV 步足胫节各具 1 背刺，第 I-IV 步足胫节各具 4 前侧刺、4 后侧刺，第 I、II 步足胫节各具 3 对腹刺，第 III、IV 步足胫节具 3 腹刺；第 I 步足后跗节具 1 前侧刺、1 后侧刺、2 对腹刺，第 II 步足后跗节具 2 前侧刺、2 后侧刺、2 对腹刺，第 III、IV 步足后跗节各具 2 前侧刺、2 后侧刺、2 对腹刺。触肢棕色，跗舟褐色，具 1 跗舟翼；胫节背外侧具灰白色长毛，背内侧具许多黑色长毛，外侧观，外侧突端部稍向后弯曲；腿节具 1 背刺；盾板简单，近方形，上部外侧具 1 指状突；插入器细长，可围绕生殖球 1 圈以上。腹部背面黑褐色，具大量褐色毛，心脏斑浅褐色，中后部具 1 近三角形横斑，后端具 1 倒"八"字形浅棕色斑纹；腹面灰褐色，正中带宽，黑褐色。纺器褐色 (引自 Yang, Zhu et Song, 2006)。

雌蛛：体长 9.89；头胸部长 3.57，宽 2.55；腹部长 5.81，宽 3.36。前眼列宽 2.00，后眼列宽 2.02。背甲自中窝向后具 1 倒矛头状棕色斑；腹部颜色较雄蛛浅。步足浅棕色，多黑色长毛。外雌器凹陷，前缘具皱褶，交媾孔狭窄，蝌蚪状，交媾管螺旋状盘曲，近似弹簧形。其他特征与雄蛛相似 (引自 Yang, Zhu et Song, 2006)。

本种与王拟蝇虎 Plexippoides regius Wesolowska, 1981 相似，但具有以下区别：①盾板近似方形，后者近似圆形；②插入器基部的内侧不同于后者；③胫节突外侧观鸟喙状，后者端部平截；④雌蛛交媾孔窄，蝌蚪状，后者大，接近肾形；⑤交媾管螺旋状盘曲不同于后者。

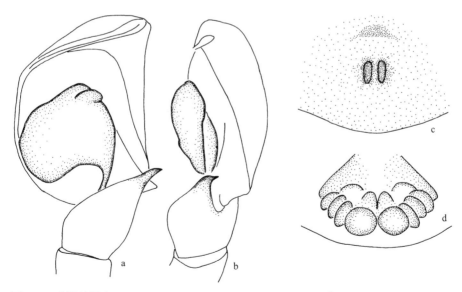

图 234　弹簧拟蝇虎 Plexippoides meniscatus Yang, Zhu et Song (仿 Yang, Zhu et Song, 2006)
a-b. 触肢器 (palpal organ): a. 腹面观 (ventral), b. 后侧观 (retrolateral), c. 生殖厣 (epigynum), d. 阴门 (vulva)

观察标本：5♀1♂，云南省大理市点苍山宝林箐，海拔 2050-2150m，2005.Ⅵ.27，杨自忠、毛本勇采；1♀，地点同前，1999.Ⅵ.16；3♀，云南省大理市点苍山玉带路，海拔 2500m，2005.Ⅴ.31；1♀，云南省屏边县大围山自然保护区，海拔 2000m，2005.Ⅳ.25。

地理分布：云南 (大理、贡山、屏边)。

(232) 波氏拟蝇虎 *Plexippoides potanini* Prószyński, 1984 (图 235)

Plexippoides potanini Prószyński, 1984b: 401, figs. 10-12 (D♂); Peng *et al*., 1993: 175, figs. 612-617 (♀♂, D♀); Song, Zhu *et* Chen, 1999: 540, figs. 310K, 311C, 328K (♀♂).

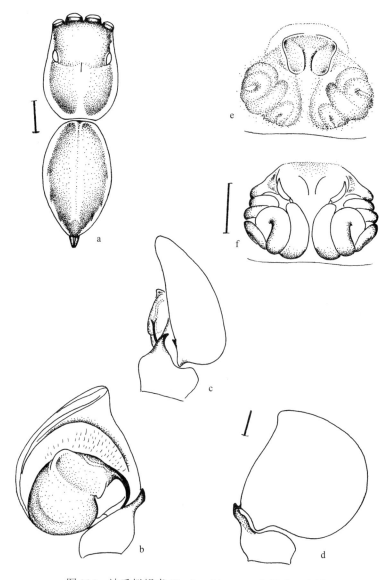

图 235 波氏拟蝇虎 *Plexippoides potanini* Prószyński

a. 雄蛛外形 (body ♂), b-d. 触肢器 (palpal organ): b. 腹面观 (ventral), c. 后侧观 (retrolateral), d. 背面观 (dorsal), e. 生殖厣 (epigynum), f. 阴门 (vulva) 比例尺 scales = 1.00 (a), 0.20 (b-f)

雄蛛：体长 6.60-8.00。体长 7.30 者，头胸部长 3.60，宽 2.86；腹部长 3.70，宽 2.28。前眼列宽 2.15，后眼列宽 2.10，眼域长 1.40。背甲橘黄色，眼域黑褐色，密被灰白色、褐色毛，后侧眼之后，左右各有 1 条褐色纵带止于背甲后缘，背甲两侧边缘之橘黄色侧缘带，密被白色鳞状毛。胸甲淡黄色，有褐色细边，并被黄褐色细毛。螯肢、颚叶、下唇橘黄色。步足黄褐色，腿节、膝节、胫节之两端都有褐色环斑。腹部长卵圆形，腹部背面中央有 1 条褐色正中带，正中带黄褐色，侧纵带褐色。腹面灰黄色，楔形正中带黑褐色，两侧有褐色线状点斑，被灰白色毛。纺器黄褐色，触肢器结构与 Prószyński (1984) 描述基本相同，如生殖球 (椭圆形，斜向排列)、插入器 (起始于生殖球之中部) 等；不同在于胫节突侧面观之弯曲度、长度都不及后者，本种跗舟基部之黑色角状突很小，其周围密被黑褐色毛，因而不易见。

雌蛛：体长 9.25；头胸部长 3.85，宽 2.95；腹部长 5.25，宽 3.30。前眼列宽 2.50，后眼列宽 2.40，眼域长 1.50。背甲橘黄色，后侧眼之后有 2 条红褐色纵带。腹部长卵形、背面正中纵带淡黄色，无明显正中线纹，2 条红褐色侧纵带上有数个黄色小圆斑，呈念珠状排列。体形、斑纹都与雄蛛相似，体色稍鲜亮。外雌器的交媾管很长，呈不规则扭曲或盘绕。

观察标本：6♂，湖南桑植楠木坪、天平山，1984.Ⅷ.23；1♂，湖南武陵源，1982.Ⅷ；3♀1♂，湖北武当山天门，1983.Ⅷ.25。

地理分布：湖北、湖南 (桑植、武陵源)、四川、甘肃。

(233) 王拟蝇虎 *Plexippoides regius* Wesolowska, 1981 (图 236)

Plexippoides regius Wesolowska, 1981a: 73, figs. 85-93 (D♀♂ in generic *nomen nudum*); Zhu *et* Shi, 1985: 211, figs. 193a-d (♀); Hu, Wang *et* Wang, 1991: 49, figs. 33-36 (♀♂); Peng *et al.*, 1993: 176, figs. 618-624 (♀♂); Song, Chen *et* Zhu, 1997: 1739, figs. 52a-e (♀♂); Song, Zhu *et* Chen, 1999: 540, figs. 310L-D♀♂, 311D (♀♂); Song, Zhu *et* Chen, 2001: 449, figs. 300A-E (♀♂).

雄蛛：体长 6.90；头胸部长 3.30，宽 2.80；腹部长 3.55，宽 2.20。前眼列宽 2.15，后眼列宽 2.10，眼域长 1.45。背甲橘黄色，眼域黑褐色，后中眼居中。后侧眼之后，左右各有 1 条褐色纵带至背甲后缘。背甲其余淡色区域密被白色鳞状毛。胸甲黄色，密被褐色毛。螯肢红褐色，颚叶、下唇褐色。步足黄褐色，密被褐色刚毛如刺。第 I 步足腿节内侧褐色。腹部背面黄色底，有 2 条褐色纵带，边缘锯齿形。腹面黄褐色，密被褐色毛。纺器黄褐色。触肢之胫节、腿节及跗舟背面密被白色毛。生殖球近圆形，插入器起始于生殖球之中部，跗舟基部侧面之角突与胫节突相对。有的个体体色很暗，背甲黑褐色，眼域黑色，背甲两侧及腹部两侧都密被白色鳞状毛。

雌蛛：体长 7.05；头胸部长 3.50，宽 2.93；腹部长 3.55，宽 2.57。前眼列宽 2.30，后眼列宽 2.30，眼域长 1.50。背甲橘黄色，后侧眼之后有 2 条纵带，淡褐色。胸甲、螯肢、颚叶皆黄色，下唇褐色。步足黄褐色。腹部背面斑纹与雄蛛相同，颜色稍淡，背面有 2 条褐色纵带。腹面灰黄色，楔形正中带褐色。纺器黄褐色。体形、斑纹都与雄蛛相似。

观察标本：1♀，湖南长沙，2♂4♀，湖北应山 (溪丛)，1988.Ⅶ.1。

地理分布：北京、吉林、浙江、安徽、湖北、湖南 (长沙)、四川；韩国，俄罗斯。

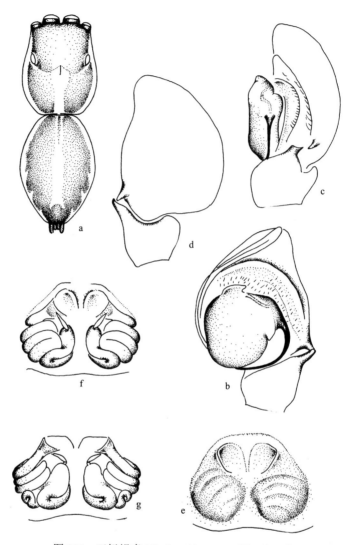

图 236 王拟蝇虎 *Plexippoides regius* Wesolowska

a. 雄蛛外形 (body ♂), b-d. 触肢器 (palpal organ): b. 腹面观 (ventral), c. 后侧观 (retrolateral), d. 背面观 (dorsal), e. 生殖厣 (epigynum), f-g. 阴门 (vulva): f. 腹面观 (ventral), g. 背面观 (dorsal)

(234) 类王拟蝇虎 *Plexippoides regiusoides* Peng *et* Li, 2008 (图 237)

Plexippoides regiusoides Peng *et* Li, in: Peng, Tang *et* Li, 2008: 250, f. 9-11 (D♀).

雌蛛：体长 11.8；头胸部长 5.5，宽 4.4；腹部长 6.3，宽 4.4。前眼列宽 2.9，后眼列宽 2.0。背甲褐色，被白色及褐色毛；眼域色深，呈黑褐色，两侧及前缘有褐色长毛；中窝长条状，赤褐色；颈沟、放射沟色深；胸区中央及背甲两侧为深褐色纵带。螯肢浅褐色，被浅褐色长毛，前齿堤 2 齿，后齿堤 1 齿。颚叶、下唇褐色，端部色浅，有灰褐色绒毛。步足褐色，基部 3 节色稍浅，被均匀的黑褐色细毛，足刺短而多，第 I 步足胫节腹面 3 对，第 II 步足胫节腹面前侧 2 根，后侧 3 根，第 I、II 步足后跗节腹面各具 2 对。腹部深赤褐色，被褐色短毛；肌痕 1 对，赤褐色；心脏斑短，细条状；腹部背面正中有 1 宽的黄褐色纵带，两侧有 4 对小的浅黄褐色斑。腹面正中有 1 宽的黑色纵带，有黑色毛覆盖而成，其上有 2 列浅色小点；两侧黄褐色，散生少许不规则褐色斑。纺器浅黄褐色，被灰黑色细毛。

雄蛛：尚未发现。

本种与 *P. regius* Wesolowska, 1981 相似 (故名类王拟蝇虎)，但交媾腔宽而短，后者的约呈圆形；交媾管走向差异明显；腹部背面的斑纹也明显不同。

观察标本：1♀，湖北武当南岩，1983.Ⅷ.25 (HBU)。

地理分布：湖北。

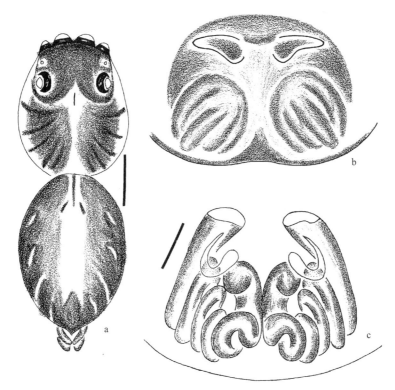

图 237　类王拟蝇虎 *Plexippoides regiusoides* Peng *et* Li

a. 雌蛛外形 (body ♀), b. 生殖厣 (epigynum), c. 阴门 (vulva)　比例尺 scales = 2.00 (a), 0.20 (b-c)

(235) 四川拟蝇虎 *Plexippoides szechuanensis* Logunov, 1993 (图 238)

Plexippoides szechuanensis Logunov, 1993a: 57, figs. 7A-F (D♀♂); Song, Zhu *et* Chen, 1999: 540, figs. 310N, 311E-G (♀♂).

雄蛛：头胸部长 2.98-3.25，宽 2.10-2.30；腹部长 2.88-3.13，宽 1.70-1.90；前眼列宽 1.63-1.83，后眼列宽 1.65-1.85，眼域长 1.28-1.40。后侧眼处高 1.30-1.43。前中眼直径 0.50，眼域深棕色。眼列周围黑色。后侧眼后方有 1 黄色纵条带。胸甲、颚叶、下唇和螯肢均呈黄色至黄棕色。螯肢长 0.75-0.85。背甲黄棕色至棕色。背面黑色有鳞片。额高 0.18-0.20。腹部两侧及腹面呈灰色。腹面有 2 条黄色宽纵向条带。步足均呈黄色到棕色。触肢黄棕色。刺式：第 I 步足腿节 d 1-1-3，膝节 pr 0-1-0，胫节 pr 1-1，v 2-2-2ap，后跗节 v-2-2p；第 II 步足腿节 d 1-2-5，膝节 pr，rt 0-1-0；胫节 pr 1-1-1，tr 1-1 或 0-1，v 1-2-2ap，后跗节 v 2-2ap；第 III 步足腿节 d 1-3-4，膝节 pr，rt 0-1-0，胫节 pr 和 rt 1-1-1，v 1-0-2ap，后跗节 pr 1-1-2ap，tr 1-0-2ap，v 1-2ap；第 IV 步足腿节 d 1-2-5，膝节 pr 和 rt 0-1-0，胫节 pr 和 rt 1-1-1，v 1-0-2ap，后跗节 pr 和 rt 1-1-2ap，v 1-2ap (引自 Logunov, 1993)。

雌蛛：颜色同雄蛛。头胸部长 3.15-3.55，宽 2.25-2.30；腹部长 4.38-4.75，宽 3.05-3.25。前眼列宽 1.78-1.93，后眼列宽 1.78-1.95，眼域长 1.45-1.55，后侧眼处高 1.33-1.68。前中眼直径 0.50-0.55。额高 0.15-0.18。螯肢长 1.18-1.20。刺式：第 I 步足腿节 d1-1-3，膝节 pr0-1-0，胫节 pr1-1，v2-2-2ap，后跗节 v-2-2p；第 II 步足腿节 d1-1-5，膝节 pr0-1-0，胫节 v1-2-2ap，后跗节 v 2-2ap；第 III 步足腿节 d1-2-4，膝节 pr 和 rt0-1-0，胫节 pr 和 rt1-1-1，v 1-2ap，后跗节 pr 和 rt1-2ap，v2-2ap；第 IV 步足腿节 d1-1-3，膝节 pr 和 rt0-1-0，胫节 pr 和 rt1-1-1，v1-2ap，后跗节 pr 和 rt 1-1-2ap，v 1-2ap (引自 Logunov, 1993)。

观察标本：无镜检标本。

地理分布：四川。

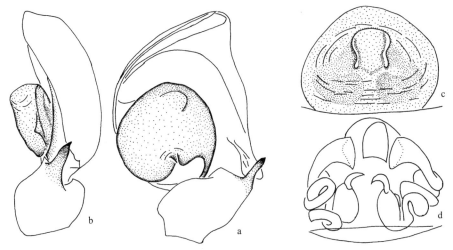

图 238 四川拟蝇虎 *Plexippoides szechuanensis* Logunov (仿 Logunov, 1993)
a-b. 触肢器 (palpal organ)：a. 腹面观 (ventral), b. 后侧观 (retrolateral), c. 生殖厣 (epigynum), d. 阴门 (vulva)

(236) 壮拟蝇虎 *Plexippoides validus* Xie *et* Yin, 1991 (图 239)

Plexippoides validus Xie *et* Yin, 1991: 30, figs. 1-4 (D♂); Peng *et al*., 1993: 178, figs. 625-628 (D♂); Song, Zhu *et* Chen, 1999: 540, fig. 310O (D♂).

雄蛛：体长 8.46；头胸部长 3.91，宽 3.23；腹部长 4.55，宽 2.77。背甲黑褐色，两侧边缘有灰白色毛形成的纵带。前眼列宽 2.45，后眼列宽 2.27，眼域长 1.55。螯肢红褐色，前齿堤 2 齿，后齿堤 1 齿。胸甲、下唇、颚叶皆褐色。前 2 对步足色较暗，仅远端 2 节黄褐色，其余各节褐色；第 III、IV 步足黄褐色，各节关节处有褐色环斑，后跗节、跗节色较浅。足式：I，IV，III，II。腹部长卵圆形，腹部背面有 1 条明显的黑褐色正中带，其两侧各有 1 条黑褐色肌斑形成的数条点状纵线纹。纺器黄褐色。触肢器之生殖球为倒肾形，插入器起始于生殖球基部，胫节突较粗壮，基部与端部粗细一致，或端部略粗于基部。

雌蛛：尚未发现。

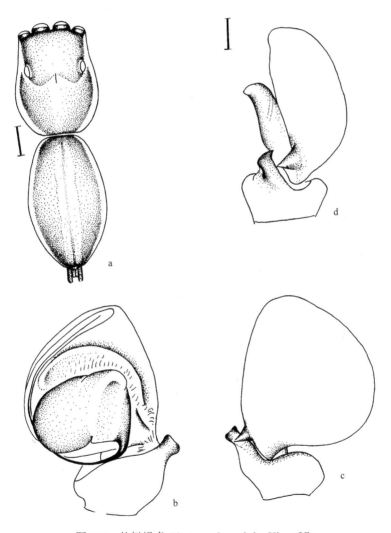

图 239　壮拟蝇虎 *Plexippoides validus* Xie *et* Yin

a. 雄蛛外形 (body ♂), b-d. 触肢器 (palpal organ)：b. 腹面观 (ventral), c. 后侧观 (retrolateral), d. 背面观 (dorsal)

比例尺 scales = 1.00 (a), 0.20 (b-d)

观察标本：1♂，贵州梵净山，1985.Ⅵ.24，朱传典采。

地理分布：湖南、贵州。

(237) 张氏拟蝇虎 *Plexippoides zhangi* Peng, Yin, Yan *et* Kim, 1998 (图 240)

Plexippoides zhangi Peng, Yin, Yan *et* Kim, 1998: 38, figs. 7-9 (D♀).

雌蛛：体长 5.70；头胸部长 2.70，宽 2.20；腹部长 3.00，宽 1.80。前眼列宽 1.80，与后侧眼等宽，眼域长 1.20，前中眼直径 0.60，前侧眼直径 0.30，后侧眼直径 0.30。背甲褐色至暗褐色，各眼基部、眼域前缘及两侧黑色，眼域褐色。背甲两侧缘、中窝后方各有 1 条由白毛覆盖而成的纵带。额褐色，密被白色长毛。中窝纵向，暗褐色。胸甲卵圆形，被白色长毛，边缘深褐色。螯肢褐色，基部被白色长毛，前齿堤 2 齿，基部相连；后齿堤 1 板齿，端部 2 分叉。颚叶、下唇暗褐色，端部色浅具绒毛。步足短而粗壮，具强刺，浅褐色至褐色，暗褐色环纹明显。腹部前后缘约等宽，背面暗褐色，正中为 1 黄褐色纵带，前缘两侧有 1 对细的浅色条纹，后端有 1 对浅色块状斑。腹面两侧黑褐色，中央为 1 宽的灰黑色纵带，其上隐约可见 3 条深色纵带，间隔以 4 条点状纵条纹。纺器灰黑色，基部前方有 1 对灰白色斑。

雄蛛：尚未发现。

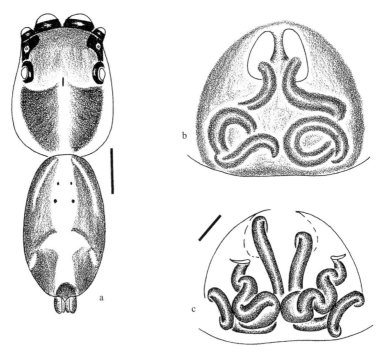

图 240 张氏拟蝇虎 *Plexippoides zhangi* Peng, Yin, Yan *et* Kim

a. 雌蛛外形 (body ♀), b. 生殖厣 (epigynum), c. 阴门 (vulva) 比例尺 scales = 1.00 (a), 0.10 (b-c)

观察标本：1♀，湖南龙山火岩，1995.Ⅸ.9，张永靖采；3♀，贵州荔波茂兰自然保护区，1996，王新平采；1♀，江西南部 (S. Kiangsi，Tai Au Hong)，1936.Ⅶ.6，L. Gressitt
采；1♀，江西南部 (S. Kiangsi, Wong Sa Shui)，1936.Ⅶ.9，Gressitt 采。

地理分布：江西、湖南 (龙山)、贵州。

59. 蝇虎属 *Plexippus* C. L. Koch, 1846

Plexippus C. L. Koch, 1846: 107

Type species: *Plexippus paykulli* (Savigny *et* Audouin, 1825).

头胸部高且隆起，头部两侧平行，胸部两侧颇圆。眼域不及头胸部的 1/2，长为宽的
2/3，后中眼居中，自背甲至腹部背面中央常有明显的中央纵条斑。第 I、II 步足等大，
第 I 步足胫节腹面有 3 对刺。雄蛛触肢之生殖球远离胫节突的一侧强角质化，呈刀口状。
生殖球宽大于长，后端有 1 舌状突，胫节突较粗长。雌蛛外雌器之纳精囊梨形或球形，
交媾管较粗长。生殖厣中央常有 1 条纵沟，或长或短，其前端常有 1 盲兜罩于其上，此
兜有些种明显，有些种则不明显 (本书将沟与盲兜统称为兜)。

该属已记录有 35 种，分布广泛，几乎分布于所有的动物地理区。中国分布 5 种。

种 检 索 表

1. 雄蛛 ·· 2
   雌蛛 ·· 5
2. 插入器粗短，端部截状 ··· 尹氏蝇虎 *P. yinae*
   插入细长 ·· 3
3. 插入器基部有内脊 ··· 黑色蝇虎 *P. paykulli*
   插入器基部无内脊 ·· 4
4. 生殖球边缘位于插入器下方部分有锯齿 ································· 条纹蝇虎 *P. setipes*
   生殖球边缘位于插入器下方部分无锯齿 ································· 沟渠蝇虎 *P. petersi*
5. 兜位于生殖厣端部 ·· 6
   兜位于生殖厣中部 ·· 7
6. 生殖厣约呈方形 ··· 沟渠蝇虎 *P. petersi*
   生殖厣约呈三角形 ··· 不丹蝇虎 *P. bhutani*
7. 兜位于交媾腔下方 ··· 黑色蝇虎 *P. paykulli*
   兜位于交媾腔之间 ··· 条纹蝇虎 *P. setipes*

(238) 不丹蝇虎 *Plexippus bhutani* Zabka, 1990 (图 241)

Plexippus bhutani Zabka, 1990b: 173, figs. 28-33 (D♀♂); Xie *et* Peng, 1993: 21, figs. 9-11 (♀); Peng *et al.*, 1993: 180, figs. 629-631 (♀); Song, Zhu *et* Chen, 1999: 540, figs. 311G, 312A (♀).

雌蛛：体长 5.70-6.50。体长 5.70 者，头胸部长 2.35，宽 1.70；腹部长 3.20，宽 2.10。

前眼列宽 1.50，后眼列宽 1.55，眼域长 0.85。头胸甲黄褐色，边缘黑褐色。眼域褐色，除前中眼和前侧眼，其余各眼周围皆黑色。侧纵带褐色，边缘锯齿状。螯肢橙色，前齿堤 2 齿，后齿堤 1 齿。颚叶、下唇淡褐色，胸甲、步足黄褐色。腹部长卵形，背面灰褐色，正中带淡黄色，从 2/3 处至腹末端还隐约可见 4-5 个"人"字形或"山"字形纹。背面两侧有许多淡黄色小刻点组成的线状斜纹。腹面黄色，正中及两侧共有 3 条黑褐色细纵纹。外雌器外面观时，前端有 1 角质化盲兜，纳精囊球状，交媾管粗短，附腺明显可见。

雄蛛：尚未发现。

观察标本：1♀，云南大理苍山脚，2002.III.9，李志祥采 (IZCAS)；1♀，云南巍县五印，1999.VI.8 (IZCAS)。

地理分布：云南；不丹。

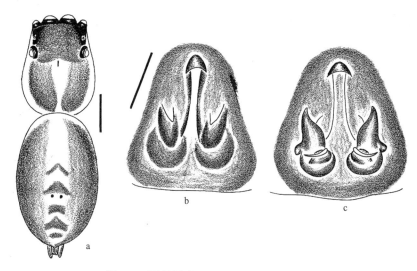

图 241 不丹蝇虎 *Plexippus bhutani* Zabka
a. 雌蛛外形 (body ♀), b. 生殖厣 (epigynum), c. 阴门 (vulva) 比例尺 scales = 1.00 (a), 0.20 (b-c)

(239) 黑色蝇虎 *Plexippus paykulli* (Audouin, 1826) (图 242)

Attus paykullii Audouin, 1826: 409, pl. 7, figs. 22 (D♂)

Plexippus paykulli (Audouin, 1826): Lee, 1966: 74, figs. 27i-k (♂♀); Yin *et* Wang, 1979: 37, figs. 21A-E (♂♀); Yin, Wang *et* Hu, 1983: 34, fig. 4C (♂); Hu, 1984: 386, figs. 402.1-6 (♂♀); Guo, 1985: 182, figs. 2-105.1-3 (♂♀); Song, 1987: 300, fig. 256 (♂♀); Zhang, 1987: 250, figs. 222.1-3 (♂♀); Feng, 1990: 213, figs. 188.1-6 (♂♀); Chen *et* Gao, 1990: 194, figs. 247a-c (♂♀); Chen *et* Zhang, 1991: 296, figs. 312.1-5 (♂♀); Song, Zhu *et* Li, 1993: 886, figs. 62A-D (♂♀); Peng *et al.*, 1993: 181, figs. 632-638 (♂♀); Zhao, 1993: 417, figs. 217a-c (♂♀); Chen, 1996: 137; Song, Zhu *et* Chen, 1999: 540, figs. 14K, 310P, 311B, 328L (♂♀); Song, Zhu *et* Chen, 2001: 451, figs. 301A-D (♂♀).

Plexippus incognitus Lee, 1966: 74, figs 28a-c (♂♀, misidentified); Hu, 1984: 384, figs 401.1-2 (♂♀ misidentified).

　　雄蛛：体长 7.50-10.10。体色深，背甲正中带在眼域部分为淡天蓝色，其上被灰白色细毛，从前中眼、侧眼后方开始向后左右各有 1 条黑色纵带，止于背甲后缘前方。腹部背面正中带后端有几条弧形横带，及 1-2 对突出至 2 条侧纵带的灰白斑。本种的插入器较短，胫节突较粗，不紧贴跗舟，顶端前缘不超过插入器基部，以此可与 *P. petersi* 相区别。

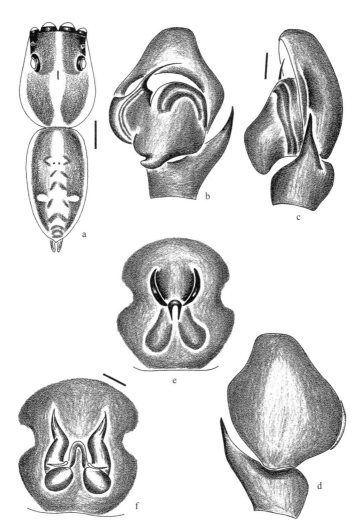

图 242　黑色蝇虎 *Plexippus paykulli* (Audouin)

a. 雄蛛外形 (body ♂), b-d. 触肢器 (palpal organ)：b. 腹面观 (ventral), c. 后侧观 (retrolateral), d. 背面观 (dorsal), e. 生殖厣 (epigynum), f. 阴门 (vulva)　比例尺 scales = 1.00 (a), 0.20 (b-f)

　　雌蛛：体长 8.90-12.80。体色较雄蛛淡。背甲黄褐色，眼域黑褐色。眼域后方两侧各有 1 褐色纵带。腹部卵圆形，背面淡黄褐色底，侧纵带黑褐色，正中带后端也有几条弧形横斑及 1-2 对突出至 2 条侧纵带的灰白斑。纳精囊梨形，两囊相距较近，间距不大于纳精囊长轴之半径；兜中位，与交媾孔后端几乎平齐。生殖厣之两侧缘常内凹，致使侧缘线有 1 个缺口，以此可与 *P. setipes* 区分。

本种多见于住屋窗棂上，稻田中亦有，性凶猛，捕食性强。但在稻田中的数量不如条纹蝇虎 *P. setipes* 多。它们的天敌为泥蜂，作者发现 1 个泥蜂巢内有 *P. paykulli* 成熟和未成熟个体共 12 只，*P. setipes* 10 只。

观察标本：1♂，湖南石门壶瓶山，2002.V.4，唐果采；1♀2♂，湖南石门壶瓶山，2002.VII.30，唐果采；2♀，湖南石门壶瓶山，2001.VI.27。

地理分布：北京、吉林、黑龙江、江苏、浙江、安徽、福建、江西、山东、河南、湖北、湖南 (长沙、华容、安乡、石门、岳阳、慈利、武陵源、张家界、桑植、永顺、龙山、平江、湘阴、浏阳、望城、宁乡、桃江、沅陵、沪溪、辰溪、吉首、株洲、湘潭、衡山、双峰、衡阳、东安、新宁、绥宁、城步、通道、道县、江华、江永)、广东、广西、海南、四川、贵州、云南、西藏、陕西、甘肃、台湾、香港、澳门；世界性种类。

(240) 沟渠蝇虎 *Plexippus petersi* (Karsch, 1878) (图 243)

Euophrys petersii Karsch, 1878a: 332, pl. 2, fig. 7 (D♂).

Plexippus petersi (Karsch, 1878): Simon, 1903a: 728; Song *et* Chai, 1991: 21, figs. 12A-D (♀♂); Xie, 1993: 359, figs. 11-15 (♀♂); Peng *et al.*, 1993: 183, figs. 639-645 (♀♂); Song, Zhu *et* Chen, 1999: 531, figs. 310Q, 312C, 328M (♀♂).

雄蛛：体长 6.35-7.25。体长 6.35 者，头胸部长 3.10，宽 2.56；腹部长 3.25，宽 1.97。前眼列宽 2.05，后眼列宽 2.00，眼域长 1.30。背甲黄褐色，眼域褐色，后中眼居中。眼域后缘至背甲后缘左右各有 1 条较宽的黑褐色侧纵带。胸甲黄色。螯肢、颚叶、下唇均褐色，螯肢前齿堤 2 齿，后齿堤 1 齿。步足黄色，背面及两侧有褐色纵条斑。第 I 步足胫节、后跗节褐色。腹部长卵圆形，背面黄色底，2 条黑褐色侧纵带分出橘黄色正中带，正中带后段隐约可见几个褐色"山"字形纹及突出至侧纵带的 4 个黄白色圆斑。腹面灰黄色，正中带楔形，黑褐色。

触肢器结构与 *P. setipes* 和 *P. paykulli* 都很相似，不同之处在于：本种插入器细长；胫节突紧贴跗舟，顶端前缘超过插入器基部。此外，这 3 种雄蛛外形、斑纹也很相近，但 *P. paykulli* 个体较其余二者大，背甲正中带在眼域部分呈天蓝色，2 条黑色侧纵带始于前中眼、侧眼后方，止于背甲后缘，与其他二者不同。*P. petersi* 与 *P. setipes* 个体大小相近，但前者腹部末端有 4 个黄白色圆斑，而后者则无。

雌蛛：体长 6.90-10.20。体长 7.75 者，头胸部长 3.50，宽 2.45；腹部长 4.25，宽 2.60。前眼列宽 2.40，后眼列宽 2.30，眼域长 1.50。与雄蛛相比，雌蛛个体较大，体色也淡。背甲红褐色，眼域褐色，胸部正中带橘黄色。胸甲橘黄色。螯肢、颚叶、下唇皆红褐色。步足橘黄色，有褐色、灰褐色纵条斑及褐色的刺、刚毛。腹部卵圆形，斑纹与雄蛛相似，正中带前半部为橘黄色，后半部灰褐色，也有几个褐色"山"字形纹及突出至侧纵带的 4 个橘黄色圆斑。腹面灰黄色，侧缘褐色。生殖厣长，中央有 1 条水渠形纵沟，故名。兜前位，其两侧的交媾孔很长，呈裂缝状，交媾管较短，纳精囊卵圆形。

观察标本：1♀，湖南石门，1♀，广西防城港市防城区，2000.VI.4-6，陈军采；1♂，云南勐腊，1981.III.5，王家福采；1♂1♀，海南尖峰岭，1990，其他信息不详。

地理分布：北京、吉林、黑龙江、江苏、浙江、安徽、福建、江西、山东、河南、湖北、湖南 (长沙、华容、安乡、石门、岳阳、慈利、武陵源、张家界、桑植、永顺、龙山、平江、湘阴、浏阳、望城、宁乡、桃江、沅陵、沪溪、辰溪、吉首、株洲、湘潭、衡山、双峰、衡阳、东安、新宁、绥宁、城步、通道、道县、江华、江永)、广东、广西、海南、四川、贵州、云南、西藏、陕西、甘肃、台湾、香港、澳门；南非，日本，越南。

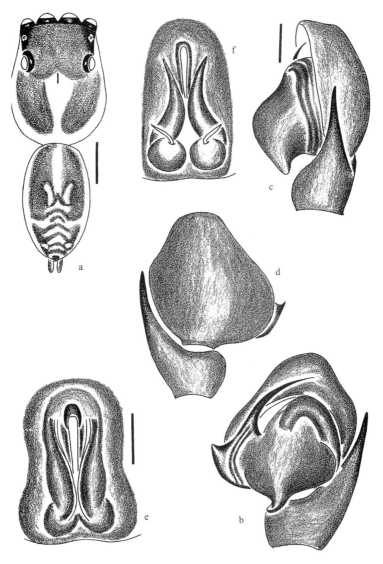

图 243　沟渠蝇虎 *Plexippus petersi* (Karsch)

a. 雄蛛外形 (body ♂), b-d. 触肢器 (palpal organ)：b. 腹面观 (ventral), c. 后侧观 (retrolateral), d. 背面观 (dorsal), e. 生殖厣 (epigynum), f. 阴门 (vulva)　比例尺 scales = 1.00 (a), 0.20 (b-f)

(241) 条纹蝇虎 *Plexippus setipes* Karsch, 1879 (图 244)

Plexippus setipes Karsch, 1879g: 89 (D♀); Yin *et* Wang, 1979: 37, figs. 22A-E (♀♂); Song, 1980: 202, figs. 112a-e (♀♂); Wang, 1981: 136, figs. 76A-C (♀♂); Hu, 1984: 387, figs. 403.1-2 (♀♂); Guo, 1985: 183, figs. 2-106.1-3 (♀♂); Zhu *et* Shi, 1983: 213, figs. 195a-c (♀); Song, 1987: 301, fig. 257 (♀♂); Zhang, 1987: 251, figs. 223.1-3 (♀); Feng, 1990: 214, figs. 189.1-5 (♀♂); Chen *et* Gao, 1990: 194, figs. 248a-c (♀♂); Chen *et* Zhang, 1991: 297, figs. 313.1-4 (♀♂); Song, Zhu *et* Li, 1993: 886, figs. 63A-D (♀♂); Peng *et al.*, 1993: 185, figs. 646-652 (♀♂); Zhao, 1993: 419, figs. 218a-c (♀♂); Song, Zhu *et* Chen, 1999: 541, figs. 311I, 312D, 328N (♀♂).

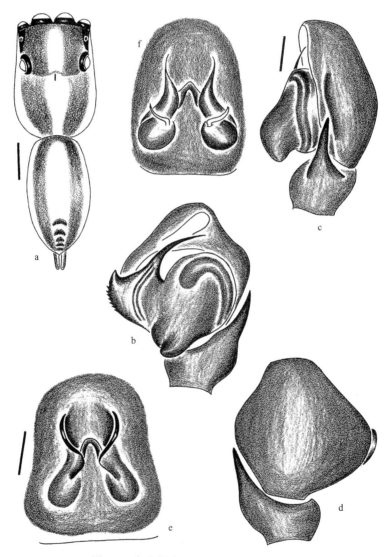

图 244 条纹蝇虎 *Plexippus setipes* Karsch

a. 雄蛛外形 (body ♂), b-d. 触肢器 (palpal organ)：b. 腹面观 (ventral), c. 后侧观 (retrolateral), d. 背面观 (dorsal), e. 生殖厣 (epigynum), f. 阴门 (vulva) 比例尺 scales = 1.00 (a), 0.20 (b-f)

雄蛛：体长 5.80-6.10。背甲淡橘黄色，额部有 1 土红色横带。眼域黑色，胸部正中带淡橘黄色，侧纵带蓝黑色，始于眼域后方，与 *P. paykulli* 不同。腹部背面正中带黄白色，前端略带橘色，后半隐约可见横向弧形斑。侧纵带黑色，其上无黄白色圆斑。

雌蛛：体长 6.50-8.50。体色较暗，腹部背面黄褐色，淡色正中带较宽，从中段开始有数个横向弧形斑。本种雌雄外生殖器与黑色蝇虎 *P. paykulli* 的基本结构虽然相近，但细微结构不同：如雄蛛触肢之生殖球远离胫节突一侧强角质化部分，本种有细齿 (显微镜下观)，而后者无。本种胫节突也较后者短小，跗舟近胫节突的部分有 1 列整齐而弯曲的毛，外雌器结构差异见 *P. paykulli*。

观察标本：1♀，湖南石门壶瓶山，2002.Ⅴ.3，唐果采；1♂，湖南石门壶瓶山，2002.Ⅶ-Ⅷ，唐果采；4♀2♂，湖南岳阳南湖，2004.Ⅵ.24，彭光旭采；2♂1♀，云南六库沿怒江岸，2000.Ⅵ.26，D. Kavanaugh、C. E. Griswold、颜亨梅采；1♀，广西防城县扶隆乡，海拔 200-400m，1999.Ⅳ.19，吴岷采；1♀，香港 (SP072)，采自草地，1999.Ⅹ.21，P. W. Chan 采。

地理分布：江苏、浙江、安徽、福建、江西、山东、湖北、湖南 (石门、岳阳)、广东、广西、四川、云南、新疆、香港；土库曼斯坦，韩国，日本，越南。

(242) 尹氏蝇虎 *Plexippus yinae* Peng et Li, 2003 (图 245)

Plexippus yinae Peng *et* Li, 2003b: 755, f. 5A-E (D♂).

雄蛛：背甲浅褐色，边缘黑色；被密的白色及黑色毛；眼域黑色，背甲边缘有由黑色毛形成的缘带，后中眼后方有宽的黑色纵带；中窝赤褐色，纵向；胸区中央为浅褐色纵纹，向前延伸至眼域后部中央；背甲两侧缘带内侧各有 1 宽的浅褐色纵带；颈沟、放射沟不明显。胸甲长卵形，边缘光滑，前缘呈截状；浅黄褐色底，边缘黑色，中央灰黑色，被黑色短细毛及稀疏的黑色长粗毛。额褐色，前缘及两侧黑色；中央被密的白色羽状短毛。螯肢褐色，前侧黑褐色，前侧基部被稀疏的白色羽状短毛，前齿堤 2 齿，后齿堤 1 齿。颚叶、下唇暗褐色，端部有密的黑色绒毛。步足灰黑色，具浅褐色不规则斑，被灰色长毛及黑色短毛；足刺较少而粗，第Ⅰ、Ⅱ步足胫节腹面各有刺 3 对，后跗节腹面各具刺 2 对。腹部柱状，前缘稍宽。背面灰黑色，两侧各具 1 条宽的黑色纵带，各与背甲上的黑色纵带相连；此带后端约 1/3 处各有 1 横向白色斑；心脏斑短棒状，黑色；后端中央有灰色 "人" 字形纹 4-5 个，末端稍前方有 1 醒目的黑斑；肌痕 2 对，浅褐色。腹部腹面深灰色，具 3 条黑色纵纹，间隔以 2 条浅黄色纵纹，副模未见浅黄色纵纹。

雌蛛：尚未发现。

本种体色及斑纹与 *Plexippus petersi* (Karsch, 1878) 相似，但雄蛛触肢器有以下区别：①插入器粗短，端部呈截状；后者的则细长，端部针状；②生殖球的垂状部粗大；③侧面观胫节突端部位于跗舟的腹侧，未伸至跗舟外侧，而后者的虽紧贴跗舟，但位于跗舟的外侧；④背面对可见胫节突端部被跗舟覆盖，后者则位于跗舟一侧，未被覆盖。

观察标本：2♂，云南大理师专北门，2001.Ⅰ.18，李志祥采 (IZCAS)。

地理分布：云南。

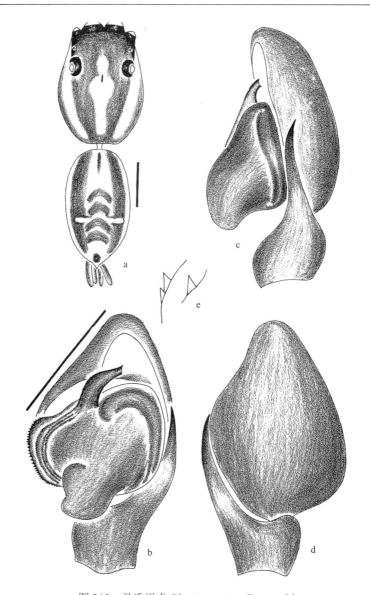

图 245　尹氏蝇虎 *Plexippus yinae* Peng *et* Li

a. 雄蛛外形 (body ♂), b-d. 触肢器 (palpal organ): b. 腹面观 (ventral), c. 后侧观 (retrolateral), d. 背面观 (dorsal), e. 雄性螯肢齿堤 (cheliceral teeth ♂)　比例尺 scales = 1.00 (a), 0.50 (b-e)

60. 孔蛛属 *Portia* Karsch, 1878

Portia Karsch, 1878: 774

Type species: *Portia schultzi* Karsch, 1878.

大、中型蜘蛛，雌雄个体体形相似。头胸部高且隆起，后中眼发达，与前侧眼近等大，后侧眼处最高，通常从后侧眼至前侧眼、背甲后缘都有明显的斜坡，眼域占背甲之比例为 38%-55%。螯肢前齿堤 3 齿，后齿堤 3-6 齿。体密被细毛，彩色斑纹均由毛形成，易脱落。雄蛛触肢器结构特殊，生殖球卵形，上部有膜质缘和小沟，插入器细长，跗舟背面有 1 明显的突起——跗舟翼 (Cymbial flange)，胫节上有多个突起。生殖厣密被毛，角质化弱，纳精囊卵圆形。步足细长，腿节、膝节、胫节腹面常有刷毛状毛丛。

　　该属已记录有 17 种，主要分布于东洋区、埃塞俄比亚区。中国记录 10 种。Wanless 曾对本属及与之相关的属做过多次修订 (1978、1979、1981)，Prószyński 也从事过此方面的工作。1984 年，Wanless 将有关本属的研究成果汇总至专著中，并讨论了其亲缘关系、名称、术语等问题。

种 检 索 表

1. 雄蛛 ·· 2
   雌蛛 ··· 10

2. 胫节突多于 3 个 ··· 3
   胫节突 3 个 ·· 4

3. 胫节突 4 个 ·· 尖峰孔蛛 *P. jianfeng*
   胫节突 5 个 ·· 宋氏孔蛛 *P. songi*

4. 腹面观胫节后侧突棒状 ··· 5
   腹面观胫节后侧突指状 ··· 6

5. 插入器长，侧面观末端延伸至生殖球中部 ······························· 缨孔蛛 *P. fimbriata*
   插入器短，侧面观末端仅延伸至生殖球顶部 ··························· 异形孔蛛 *P. heteroidea*

6. 插入器长小于生殖球宽 ··· 7
   插入器长远大于生殖球宽 ·· 8

7. 插入器端部超出跗舟侧缘 ··· 台湾孔蛛 *P. taiwanica*
   插入器端部未超出跗舟侧缘 ··· 吴氏孔蛛 *P. wui*

8. 腹面观胫节间突长，稍短于后侧突 ······································· 唇形孔蛛 *P. labiata*
   腹面观胫节间突短于后侧突的 1/4 ··· 9

9. 插入器超出跗舟侧缘部分约为插入器总长的 1/3 ····················· 昆孔蛛 *P. quei*
   插入器超出跗舟侧缘部分约为插入器总长的 1/4 ················· 东方孔蛛 *P. orientalis*

10. 生殖厣无中隔 ··· 11
    生殖厣有中隔 ··· 14

11. 纳精囊花生状 ·· 宋氏孔蛛 *P. songi*
    纳精囊梨形 ··· 12

12. 交媾腔椭圆形 ·· 唇形孔蛛 *P. labiata*
    交媾腔呈横的裂缝状 ·· 13

13. 交媾腔封闭 ··· 台湾孔蛛 *P. taiwanica*
    交媾腔不封闭 ··· 昆孔蛛 *P. quei*

14. 交媾腔呈横的裂缝状 ··· 缨孔蛛 *P. fimbriata*

交媾腔圆形 ··· 15

15. 交媾管棒状 ··· 赵氏孔蛛 *P. zhaoi*

交媾管未见及 ··· 异形孔蛛 *P. heteroidea*

(243) 缨孔蛛 *Portia fimbriata* (Doleschall, 1859) (图 246)

Salticus fimbriatus Doleschall, 1859: 22, pl. 5, f. 8 (D♀♂).

Portia fimbriata (Doleschall, 1859): Wanless, 1978f: 99, f. 7A-G, 8A-F, pl. 3a-f, 4c-f, 5c-d, f (♀♂, S);

Davies *et* Zabka, 1989: 194, pl. 3; Chang *et* Tso, 2004: 30, f. 15-18 (♀♂).

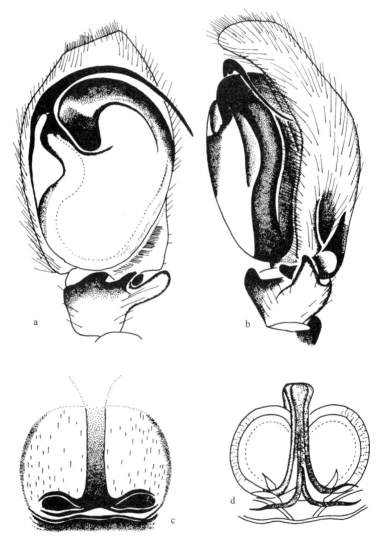

图 246 缨孔蛛 *Portia fimbriata* (Doleschall) (仿 Davies *et* Zabka, 1989)

a-b. 触肢器 (palpal organ): a. 腹面观 (ventral), b. 后侧观 (retrolateral), c. 生殖厣 (epigynum), d. 阴门 (vulva)

雄蛛：体长 6.40；头胸部长 2.82，宽 2.76，高 2.24；腹部长 3.60。前眼列宽 2.20，

后眼列宽 1.96；眼域长 1.56。眼域橙棕色，被橙棕色短毛；沿中窝至后缘的较广区域覆白色毛发带，沿第 II-IV 步足基节着白色毛发带。眼列前缘覆橙棕色毛发。额橙棕色，有乌黑色斑纹；覆浅橙棕色毛发。螯肢橙棕色，有深黑色斑纹；近处有 1 稀疏横向的白色毛发带。别处覆稀疏的浅橙色长毛；前齿堤 3 齿，后齿堤 5 齿。颚叶和下唇橙棕色，有乌黑色斑纹，内缘和下唇顶端色浅。胸甲盾状，浅黄色，边缘橙色，密被白毛。步足基节之间覆相对稀疏的棕色长毛。触肢黄棕色到深橙棕色不等，着黄白色毛。步足末端橙棕色，胫节和膝节腹面前端黑棕色，第 II-IV 步足胫节不完整；胫节侧面和背部侧缘陡峭，刺强度、数量适中，腹部浅黄色，有黑色斑纹，覆浅黄色和橙棕色毛，有 5 丛橙色到奶油色不等的毛。纺器橙棕色，覆橙棕色毛。

雌蛛：体长 10.5；头胸部长 3.84，宽 3.52，高 2.72；腹部长 5.68。前眼列宽 2.64，中眼列宽 2.40，后眼列宽 2.56；眼域长 1.76。背甲橙色，有深黑色斑。眼域白色，着白毛，被稀疏的短棕毛和白毛，眼的前缘覆白色和橙色毛发，前中眼后端、前侧眼外部、后侧眼内部丛生橙色到黑棕色不等毛发。额橙色，有黑色斑；被浅橙棕色斜毛，前侧眼下方有白色条带。前中眼下方有长而硬的毛。螯肢橙色，有深黑色斑；被稀疏白毛和深棕色硬毛。颚叶、下唇和胸甲同雄蛛。步足与雄蛛相似，第 III-IV 步足腿节和胫节有浅黄色模糊条纹；触肢浅黄色，末端橙黑色，腿节有黑色条带；腹部浅黄色，着白色、浅橙色、棕色毛发 (引自 Davies et Zabka, 1989)。

观察标本：无镜检标本。

地理分布：台湾、香港；斯里兰卡。

(244) 异形孔蛛 *Portia heteroidea* Xie et Yin, 1991 (图 247)

Portia heteroidea Xie et Yin, 1991: 31, figs. 5-13 (D♀♂); Peng et al., 1993: 187, figs. 653-659 (♀♂); Song, Chen et Zhu, 1997: 1740, figs. 53a-c (D♀♂); Song, Zhu et Chen, 1999: 541, figs. 311J, 312E (♀♂).

雄蛛：体长 6.30-8.20。体长 8.20 者，头胸部长 3.45，宽 2.89；腹部长 4.75，宽 2.58。前眼列宽 2.28，后眼列宽 2.20，眼域长 1.50。头胸部高且隆起，眼区黄褐色，占头胸部之比例不及 1/2。前中眼周围黄褐色，其余各眼周围黑色，背甲其余部分暗褐色，腹缘密被灰白色鳞状毛，形成 2 条侧缘毛带。胸甲暗褐色，密被灰色毛。螯肢黄褐色，前齿堤 2 大齿 1 小齿，后齿堤 4 小齿。颚叶、下唇暗褐色，端部黄褐色。步足细长，暗红褐色，后跗节、跗节色稍淡，均密被灰色、灰褐色毛，尤其在膝节、胫节腹面密被灰褐色毛丛，排列呈刷状。足式：IV，I，II，III。腹部背面暗褐色，前端色稍淡，褐色，被白色鳞状毛。在腹部之前、中、后部共有 5 个黄褐色圆斑，后 1 对斑被灰白色毛簇，此毛极易脱落。腹面灰褐色。纺器暗褐色。

触肢器结构与 *Portia tabiata* (Thorell, 1887) 相似，二者都有膜质引导器与插入器伴行，不同在于本种触肢器之胫节后侧突起较后者短而粗壮。本种触肢器结构与 *P. assamensis* Wanless, 1978 也相似，胫节后侧突起均粗壮，不同在于：①本种胫节后侧突起较短，端部无缺刻；②本种插入器有膜质引导器相伴，后者无此结构。

雌蛛：体长 7.50-10.05。体长 8.40 者，头胸部长 3.00，宽 2.70；腹部长 5.70，宽 3.50。前眼列宽 2.35，后眼列宽 2.25，眼域长 1.40。背甲褐色，腹侧缘及后缘密被白色鳞状毛。眼区黄褐色，除前中眼外，其余各眼周围黑色，螯肢橘红色，胸甲、颚叶、下唇褐色，胸甲密被灰白色鳞状毛。步足细长，暗褐色，远端 2 节色淡，黄褐色，密被褐色、灰褐色毛，尤其在胫节腹面排列呈刷状；第 I、II 步足之膝节腹面也密被毛丛。腹部卵圆形，背面灰褐色，密被毛丛。腹面黑褐色，纺器同色。体色、斑纹都与雄蛛相似。

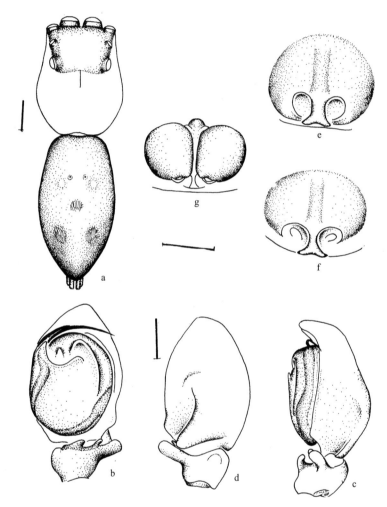

图 247 异形孔蛛 *Portia heteroidea* Xie *et* Yin

a. 雄蛛外形 (body ♂), b-d. 触肢器 (palpal organ)：b. 腹面观 (ventral), c. 后侧观 (retrolateral), d. 背面观 (dorsal), e-f. 外雌器变异 (epigynum), g. 阴门 (vulva) 比例尺 scales = 1.00 (a), 0.50 (b-g)

外雌器结构也与 *P. labiata*、*P. assamensis* 相似，但本种有明显的中隔，外形虽有变异，但内部结构相同，受精囊梨形。

标本观察：1♀1♂，湖南张家界，1981.VIII，王家福采；2♀3♂，湖南张家界，1985.VI.14，朱传典采；1♂，贵州湄潭，李富江采；1♀，四川峨眉山，1975.IX.23，朱传典采；

1♀，四川青城山，1978.Ⅷ.19，朱传典采。

地理分布：湖南 (张家界)、四川、贵州、陕西、甘肃。

(245) 尖峰孔蛛 *Portia jianfeng* Song *et* Zhu, 1998 (图 248)

Portia jianfeng Song *et* Zhu, 1998b: 26, figs. 1-3 (D♂); Song, Zhu *et* Chen, 1999: 541, figs. 311K-L (D♀♂).

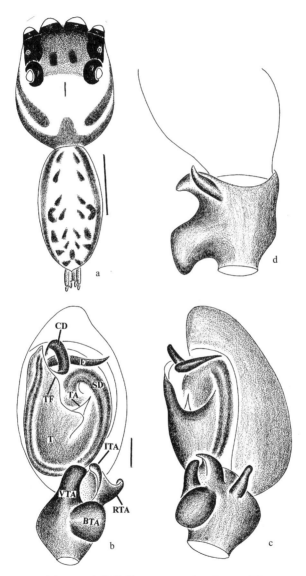

图 248　尖峰孔蛛 *Portia jianfeng* Song *et* Zhu

a. 雄蛛外形 (body ♂), b-d. 触肢器 (palpal organ)：b. 腹面观 (ventral), c. 后侧观 (retrolateral), d. 背面观 (dorsal)　比例尺
scales = 1.00 (a), 0.10 (b-d) (CD-conductor, E-embolus, ITA- intermediate tibial apophyses, RTA-retrolateral tibial apophyses,
SD-sperm duct, T-tegulum, TA-tegular apophysis, TF-tegular furrow, VTA-ventral tibial apophysis)

雄蛛：体长 4.40；头胸部长 2.10，宽 1.55；腹部长 2.30，宽 1.10。前眼列宽 1.40，后眼列宽 1.35，眼域长 1.10。前列 4 眼等距排列，前中眼直径约为前侧眼直径的 2 倍，前、后侧眼约等大，眼丘黑色，基部相连。背甲黑褐色，被褐色及白色毛，中窝纵条状，眼域两侧及后方浅褐色，背甲后缘两侧各有 1 浅褐色弧形纹。额被白毛，具 4 个黑斑，分别位于前列 4 眼下方，额高不及前中眼半径。胸甲卵形，被褐色毛，浅褐色，边缘色深。螯肢褐色，前齿堤 4 齿，后齿堤无齿。颚叶、下唇褐色，端部色浅被绒毛。步足褐色，具灰黑色斑纹及强刺，腹部长筒状，浅褐色，两侧有 2 条灰色纵纹，中央有成对的灰色斑纹，腹面浅黄色，无斑纹。纺器灰褐色。

雌蛛：尚未发现。

观察标本：正模♂，海南乐东县尖峰岭，1993.Ⅺ，廖崇惠采 (IZCAS)；副模 1♂，海南乐东县尖峰岭，1994.Ⅳ，廖崇惠采 (IZCAS)。

地理分布：海南。

(246) 唇形孔蛛 *Portia labiata* (Thorell, 1887) (图 249)

Linus labiatus Thorell, 1887: 354 (D♀).

Portia labiata (Thorell, 1887): Wanless, 1978f: 103, f. 10A-C, 11A-C (T♀♂ from *Erasinus*); Zhu, Yang et Zhang, 2007: 513, f. 1A-H (♀♂)

雄蛛：体长 7.11-7.47。体长 7.11 者，头胸部长 3.15，宽 2.70；腹部长 4.14，宽 2.25。前眼列宽 2.04，后眼列宽 1.97，眼域长 1.36。前中眼 0.65，前侧眼 0.31，后中眼 0.24，后侧眼 0.31。背甲深褐色，两侧缘各具 1 条由白色毛组成的纵向宽带；头区后部棕色，具 10 根黑褐色长毛，除前中眼外，眼周围呈黑褐色，眼之间具黑褐色长毛；自中窝前缘向后具 1 条由白色毛组成的矛状斑。额高 0.54。颈沟和中窝明显。螯肢褐色，前齿堤 3 粗壮的齿，后齿堤 4 齿，其中近端的 1 齿较小。颚叶黑褐色，内侧缘褐色。下唇深褐色，端部着生黑褐色长毛。胸甲灰褐色，着生黄白色毛和黑色斑块。步足黑褐色。第 I 步足膝节、胫节腹面具扇状长毛，胫节背部近中前部具 1 小撮扇状长毛。第 II、III、IV 步足的膝节、胫节腹面的扇状长毛近似第 I 步足。第 I 步足胫节具 3 根背刺、3 根前侧刺、3 根后侧刺和 3 对腹刺。腹部背面浅褐色，具 7 个由白黄色毛组成的较大毛簇，前缘具长毛。腹面暗褐色，前部 1/3 的色呈浅褐色，正中具 1 宽黑褐色带。纺器黑褐色。触肢的膝节和胫节内侧具许多白色毛；胫节具 3 个突起，其中腹侧突短宽，间突小、弯指状，后侧突大、指状。跗舟翼相对较大。盾板突大。插入器长，具明显的引导器 (引自 Zhu, Yang et Zhang, 2007)。

雌蛛：体长 7.60-10.08。体长 10.08 者，头胸部长 4.14，宽 3.69；腹部长 5.49，宽 3.33。前眼列宽 2.84，后眼列宽 2.62，眼域长 1.53。前中眼 0.78，前侧眼 0.37，后中眼 0.27，后侧眼 0.37。额高 0.54。螯肢深褐色，前侧基部具灰白色毛，前齿堤 3 大齿，后齿堤 3 小齿。第 I-IV 步足的膝节、胫节腹面的扇状长毛近似雄蛛。第 I 步足胫节具 2 根背刺、3 根前侧刺、3 根后侧刺和 3 对腹刺，腹部背面浅褐色，具 7 个由白色毛组成的毛簇。外雌器的凹陷不分割，前缘呈 "M" 字形，交配管短，纳精囊近球形。其他形态近似雄蛛，颜色较浅，额部有 1 条由白色毛组成的横带 (引自 Zhu, Yang *et* Zhang, 2007)。

本种的形态特征和生殖器结构都非常近似异形孔蛛 *P. heteroidea* Xie *et* Yin, 1991 和奎孔蛛 *P. quei* Zabka, 1985，但雄蛛的触肢器具引导器和大的盾板突，雌蛛的额部具有 1 由白色毛组成的横带，而不同于后两种。

观察标本：1♀，云南云县县城象山公园，2003.Ⅶ.21，杨自忠采；1♀，云南福贡县匹河乡，1220m，2004.Ⅴ.7；1♀，云南泸水县片马镇，2004.Ⅴ.15；1♀2♂，云南盈江县岗勐乡，2004.Ⅴ.16；2♂，瑞丽市木材检查站，2004.Ⅴ.18，张志升、杨自忠采。

地理分布：云南 (福贡、盈江、瑞丽、云县)；缅甸，印度，斯里兰卡，菲律宾，泰国，印度尼西亚，马来西亚，新加坡。

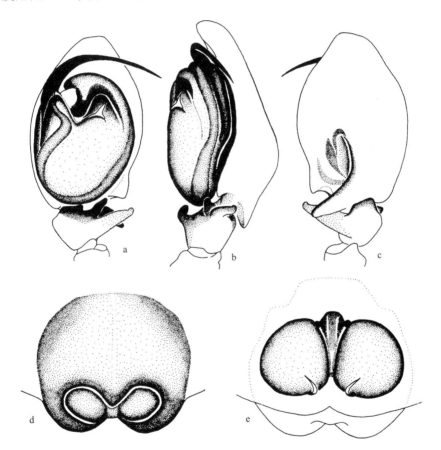

图 249　唇形孔蛛 *Portia labiata* (Thorell) (仿 Zhu, Yang *et* Zhang, 2007)

a-c. 触肢器 (palpal organ)：a. 腹面观 (ventral), b. 后侧观 (retrolateral), c. 背面观 (dorsal), d. 生殖厣 (epigynum), e. 阴门 (vulva)

(247) 东方孔蛛 *Portia orientalis* **Murphy** *et* **Murphy, 1983** (图 250)

Portia orientalis Murphy *et* Murphy, 1983a: 40, figs. 6, 9, 12, 16, 20 (D♂).

雄蛛：体长 7.6；头胸部长 3.4，宽 2.7，最高 2.1。背甲橙棕色，眼域色浅，覆浅橙色斜毛，近后侧眼处有橙色丛毛。沿中窝至后缘有平行的白色条带，沿基节 I 至基节 IV 侧面有白色条带。眼列边缘覆白橙色毛。额橙色，被稀疏毛发。螯肢平行，橙棕色，有黑色纵向斑；两侧有 3 齿。颚叶和下唇橙棕色，颚叶内缘和下唇顶端色浅。胸甲较长，盾状，黄棕色，边缘较黑；密被白毛部分较长，第 I、II、III 步足基节被棕色毛，第 IV 步足基节间不可见。各步足腿节、膝节、胫节均为橙色，跗节、后跗节色浅；第 III、IV 步足腿节无环纹。胫节和膝节腹面边缘均有橙色毛发；刺典型，强度、数量适中。腹部稍褪色，背面宽，中间从顶端到长 1/3 处有黄棕色的条带。侧面和腹部其余地方覆黄棕色毛；螯肢丛生白毛，腹面黑色。中间沿腹部有黑色条带；纺器颜色相似。触肢腿节橙色；膝节和胫节黄色，着白色长毛，密布在前侧；跗舟基部橙色，顶端呈浅黄橙色，着白毛；跗舟边缘棕黑色 (引自 Murphy *et* Murphy, 1983)。

雌蛛：尚未发现。

观察标本：无镜检标本。

地理分布：香港。

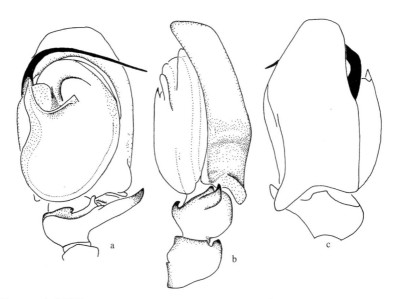

图 250　东方孔蛛 *Portia orientalis* Murphy *et* Murphy (仿 Murphy *et* Murphy, 1983)
a-c. 触肢器 (palpal organ)：a. 腹面观 (ventral), b. 后侧观 (retrolateral), c. 背面观 (dorsal)

(248) 昆孔蛛 *Portia quei* Zabka, 1985 (图 251)

Portia quei Zabka, 1985: 438, figs. 497-501 (D♂); Song, Chen *et* Gong, 1990: 15, figs. 1-4 (♀♂, D♀); Chen *et* Zhang, 1991: 314, figs. 334.1-6 (♀♂); Peng *et al*., 1993: 188, figs. 660-666 (♀♂); Song, Zhu *et* Chen, 1999: 541, figs. 311J, 312E (♀♂).

雄蛛：体长 6.00-6.50。体长 6.50 者，头胸部长 3.10，宽 2.56；腹部长 3.40，宽 2.27。

前眼列宽 2.10，后眼列宽 2.00，眼域长 1.20。头胸部高且隆起，背甲褐色，眼域黄褐色，被稀疏黄褐色毛，前中眼周围褐色，其余各眼周围黑褐色。背甲腹侧缘密被白色鳞状毛，形成 2 条侧缘毛带，胸部也有 1 条同样正中带。螯肢橘黄色，前齿堤 2 大齿 1 小齿，后齿堤 2 大齿 2 细齿。胸甲黄褐色，颚叶褐色，下唇灰褐色，密被黄白色毛。步足细长，除端部 2 节黄褐色外，其余各节褐色，密被褐色、灰褐色毛，尤其在膝节、胫节腹面，灰褐色毛排列呈刷状。腹部背面黄褐色，密被褐色毛，腹部背面之前、中、后部共有 5 个白色毛斑。腹面正中带褐色，两侧褐色，密被褐色、灰白色毛。纺器褐色。触肢器结构与 Zabka (1985) 描绘基本相同，插入器很长，超出跗舟侧缘部分约为插入器总长的 1/3，胫节突有 3 个，后侧胫节突细长而弯曲，末端较尖。

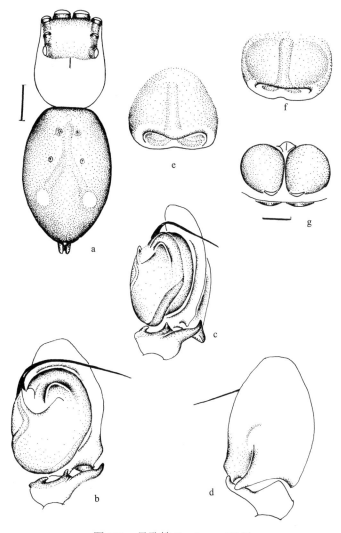

图 251　昆孔蛛 *Portia quei* Zabka

a. 雄蛛外形 (body ♂), b-d. 触肢器 (palpal organ)：b. 腹面观 (ventral), c. 后侧观 (retrolateral), d. 背面观 (dorsal), e-f. 外雌器变异 (epigynum), g. 阴门 (vulva)　比例尺 scales = 1.00 (a), 0.20 (b-g)

雌蛛：体长 6.60-7.70。体长 7.60 者，头胸部长 3.70，宽 2.15；腹部长 4.70，宽 3.40。前眼列宽 1.90，后眼列宽 2.80，眼域长 1.05。体色、斑纹与雄蛛相似。头胸部高且隆起，后侧眼处最高，眼域黄褐色，前中眼周围褐色，其余各眼周围黑色；背甲之其余部分褐色，被黄褐色、灰白色细毛。螯肢橘红色，前齿堤 2 大齿 1 小齿，后齿堤 4 齿，中央 2 枚大，两侧 2 枚小。颚叶、下唇褐色，胸甲同色，密被白色、褐色毛。步足暗褐色，端部 2 节色淡；足密被灰白色、灰褐色毛，在膝节、胫节腹面的毛排列成刷状。第 I、II 步足的毛最发达。腹部背面灰黑褐色，密被灰褐色毛，前半部正中有 1 黑褐色 "人" 字形斑，有的个体此斑不明显，腹部背面之前、中、后部共有 5 个黄褐色圆斑，后 2 个斑被黄褐色毛簇，有的个体 5 个斑均被毛簇，此毛易脱落。腹面黑褐色，有 2 条肌痕形成的纵纹。纺器黑褐色。生殖厣密被毛，交媾孔呈横裂缝状，纳精囊梨形，也有交媾孔较大者内部结构与前者同，或许是交媾后的状态，因为孔大者常有栓塞现象。

观察标本：2♂7♀，湖南张家界，1985.VI.14；2♂，湖南宜章溶家洞林场，1982.VI.20；9♀，湖南绥宁、桑植，VI-VIII；1♀，湖北鹤峰猫猪山，1977.V.28；1♂，广西金秀县罗香乡，海拔 490m，2000.VII.1，CG083，陈军采；1♀，云南贡山北郊毕比利桥旁，2000.VII.4-5，颜亨梅采。

地理分布：湖南 (张家界、桑植、绥宁)、广西、四川、贵州、云南；越南。

(249) 宋氏孔蛛 *Portia songi* Tang *et* Yang, 1997 (图 252)

Portia songi Tang *et* Yang, 1997: 353, figs. 1-8 (D♀♂); Song, Zhu *et* Chen, 1999: 541, figs. 311O-P, 312H, 313A, 328Q (♀♂).

雄蛛：体长 7.81；头胸甲长 3.14，宽 2.13；腹部长 4.46，宽 2.75。前眼列宽 1.92，中眼列宽 1.67，后眼列宽 1.78。眼域长 1.34。前中眼 0.61，前侧眼 0.34，后中眼 0.27，后侧眼 0.32。眼周围黑色，中央褐色。中窝后方有 "八" 字形纹。螯肢黄褐色，前齿堤 3 齿，后齿堤 4 齿，螯肢基节长 1.13。胸甲椭圆形，黄色，边缘红褐色，有淡褐色的短毛。足细长，黄色，有许多黑斑。第 I 步足胫节腹面有刺 3 对，后跗节腹面有刺 3 对，外侧面的刺一般长于内侧面的刺，后跗节具许多直立的细毛。第 II 步足同第 I 步足。足式：IV，I，III，II。腹部略窄，背面灰黑色，中央色较淡。腹面黄白色，中央淡灰色。触肢褐色。

雌蛛：体长 9.46-9.79。体长 9.79 者，头胸甲长 3.47，宽 2.64；腹部长 6.16，宽 3.85。眼域褐色，眼基黑色。中窝后方有 "八" 字形纹。前眼列宽 2.07，后中眼宽 1.85，后眼列宽 1.96，眼域长 1.50。前中眼 0.64，前侧眼 0.34，后中眼 0.25，后侧眼 0.33。螯肢黄褐色，前齿堤 3 齿，后齿堤 5 齿。背甲黄褐色，边缘红褐色，有淡褐色短毛。足式：IV，III，I，II。腹背褐色，中央淡灰黄色。腹面灰黄色，有浅褐色斑。

观察标本：正模♂，副模 2♀，甘肃文县，1992.VI，唐迎秋采 (LZU)。

地理分布：甘肃。

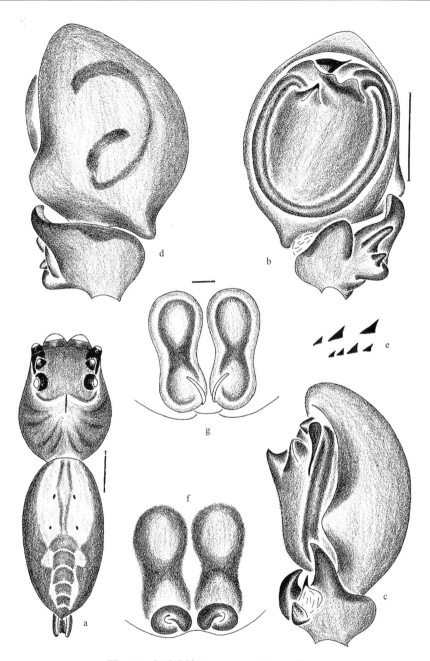

图 252　宋氏孔蛛 *Portia songi* Tang *et* Yang

a. 雄蛛外形（body ♂），b-d. 触肢器（palpal organ）：b. 腹面观（ventral），c. 后侧观（retrolateral），d. 背面观（dorsal），e. 雄性螯肢齿堤（cheliceral teeth ♂），f. 生殖厣（epigynum），g. 阴门（vulva）　比例尺 scales = 1.00 (a), 0.50 (b-e), 0.10 (f, g)

(250) 台湾孔蛛 *Portia taiwanica* Zhang *et* Li, 2005 (图 253)

Portia taiwanica Zhang *et* Li, 2005: 226, f. 4A-G (D♀♂).

雄蛛：体长 9.00；头胸部长 4.40，宽 3.44，高 2.72；腹部长 4.56，宽 2.08。背甲深红棕色，侧面灰色。正中有短毛组成的条带。额无白毛。前中眼 0.88，前侧眼 0.40，后中眼 0.28，后侧眼 0.40，前眼列宽 2.60，中眼列宽 2.28，后眼列宽 2.36，眼域长 1.94。额高 0.50。螯肢红棕色，前齿堤 3 齿，后齿堤 4 齿。颚叶和下唇深红棕色，末端边缘色浅。胸甲黄棕色，边缘较黑，覆许多白毛和少许黑色长刚毛。步足深棕色，多刺。第 III、IV 步足胫节背面边缘较短。腹部椭圆形；背面黄棕色，侧缘黑色，有些模糊斑纹；腹面深棕色，生殖沟后部有黑色宽条带。雄蛛触肢后侧胫节突形如指状，跗舟有前侧缘；插入器细长 (引自 Zhang *et* Li, 2005)。

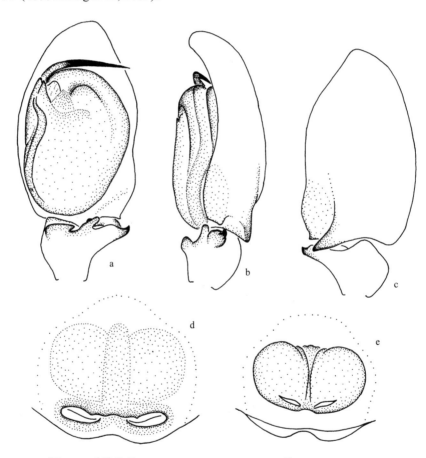

图 253　台湾孔蛛 *Portia taiwanica* Zhang *et* Li (仿 Zhang *et* Li, 2005)

a-c. 触肢器 (palpal organ)：a. 腹面观 (ventral)，b. 后侧观 (retrolateral)，c. 背面观 (dorsal)，d. 生殖厣 (epigynum)，e. 阴门 (vulva)

雌蛛：体长 9.50-9.75。体长 9.75 者，头胸部长 4.50，宽 3.75，高 2.38；腹部长 5.25，宽 2.75。背甲红棕色，有少许模糊的棕色条纹。额有白毛。前中眼 0.88，前侧眼 0.41，后中眼 0.28，后侧眼 0.41。前眼列宽 2.69，中眼列宽 2.50，后眼列 2.63，眼域长 2.88。额高 0.53。触肢覆白毛。螯肢红棕色。前齿堤 3 齿，后齿堤 4 小齿 2 细齿。腹部背面深棕色，有 3 条由长毛覆盖而成的黄棕色斑纹，中间矩形，后部有灰色斑点。中央黑棕色；

腹面黄棕色，生殖沟后部有 2 对深棕色斑点。其他结构与雄蛛相似。生殖厣骨化程度较弱，后部有黑色边缘，凹陷。纳精囊大而圆 (引自 Zhang *et* Li, 2005)。

　　观察标本：无镜检标本。

　　地理分布：台湾。

(251) 吴氏孔蛛 *Portia wui* **Peng *et* Li, 2002** (图 254)

Portia wui Peng *et* Li, 2002: 260, f. 3A-E (D♂).

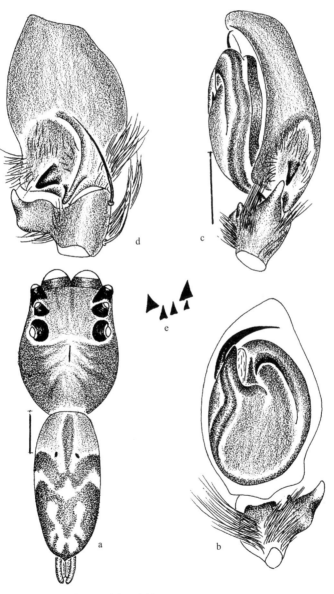

图 254　吴氏孔蛛 *Portia wui* Peng *et* Li

a. 雄蛛外形 (body ♂), b-d. 触肢器 (palpal organ)：b. 腹面观 (ventral), c. 后侧观 (retrolateral), d. 背面观 (dorsal), e. 雄性螯肢齿堤 (cheliceral teeth ♂)　比例尺 scales = 1.00 (a), 0.50 (b-e)

雄蛛：体长 6.6 者，头胸部长 3.0，宽 2.7；腹部长 3.6，宽 1.6。前眼列宽 2.1，后眼列宽 1.9，眼域长 1.4，前中眼直径 0.75，前侧眼直径 0.35，后中眼直径 0.25，后侧眼直径 0.30。额高 0.50。背甲褐色，眼域浅褐色，前中眼基部褐色，基余各眼基部黑色；中窝黑色，纵条状；颈沟、放射沟灰黑色。胸甲黄褐色，密被白色及褐色长毛；边缘深褐色，有不规则的黑色块斑。额深灰褐色，前缘灰黑色，毛短而稀少。螯肢深灰褐色，前侧色深，端部有长的灰褐色刷状毛，前齿堤 2 齿，后齿堤 3 齿。颚叶、下唇灰黑色，端部及内侧色浅有灰黑色绒毛。步足灰褐色，有浅色环纹；胫节、膝节腹面有较密的刷状毛，覆盖胫节中段 3/4，步足其余部分毛很稀少；刺较弱而少，第 I、II 步足胫节腹面各 3 对，后跗节腹面各 2 对。腹部约呈筒状。背面灰白色，斑纹灰黑色，心脏斑长棒状，肌痕 1 对。腹部腹面灰黑色，前端两侧灰白色，后端中央有 1 对小的灰白色小圆斑。纺器褐黑色。

雌蛛：尚未发现。

观察标本：1♂，广西那坡县平孟镇北斗乡，1984.IV.10，吴岷采 (IZCAS)。

地理分布：广西。

(252) 赵氏孔蛛 *Portia zhaoi* Peng, Li *et* Chen, 2003 (图 255)

Portia zhaoi Peng, Li *et* Chen, 2003: 50, figs. 1-4.

雌蛛：体长 7.4；头胸部长 3.1，宽 2.7；腹部长 4.3，宽 2.7。前眼列宽 2.1，后眼列宽 2.05，眼域长 1.3，额高 0.47，前中眼直径 0.7，前侧眼直径 0.37，后中眼直径 0.23，后侧眼直径 0.33。背甲褐色，眼域色稍浅，除前中眼外其余各眼基部黑色，眼域两侧黑色；背甲两侧被较密的白色短毛；中窝黑褐色，较长，纵条状；颈沟、放射沟暗褐色，清晰可见。胸甲倒梨状，密被白色短毛；褐色，中央及边缘色深，褐色长毛稀少。额甚高，高大于前中眼的半径；褐色，前缘色深，中央被密的白色扁平状毛；褐色粗毛稀少。螯肢褐色，前侧被较密的白色扁平状毛，端部被褐色长毛；前齿堤 3 齿、基部 2 齿大，后齿堤 3 齿、中间 1 齿大。颚叶、下唇深褐色，端部色浅具绒毛。触肢浅黄褐色，腿节基部灰褐色；腹面有白色长毛；背面有少许粗刺。步足暗褐色，有浅色轮纹，第 I、II 步足胫节背面有长的深褐色纵条纹；刺粗短，较少，第 I、II 步足胫节腹面前侧 2 刺、后侧无刺，第 I 步足后跗节腹面前侧 1 刺，第 II 步足后跗节腹面前侧 2 刺、后侧无刺。腹部柱状，前端稍宽。背面灰黑色，有浅黄白色斑；肌痕 2 对，赤褐色；前缘有 1 大的斑，后端有 1 对椭圆状斑，末端有几个弧形纹。腹部腹面灰黑色，有数条由浅色小圆斑形成的纵纹。纺器粗短，暗褐色被少许褐色。

雄蛛：尚未发现。

观察标本：1♀，广西东兴县荣光茶场，1992.VIII.13，采集人不详 (HBU)。

地理分布：湖北、广西。

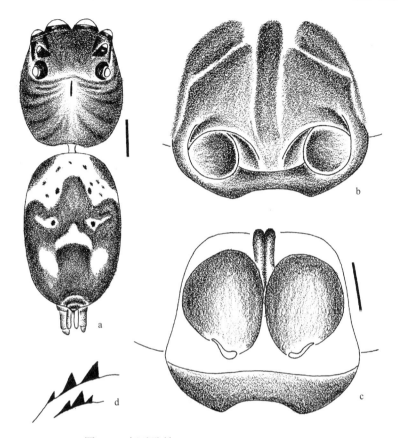

图 255　赵氏孔蛛 *Portia zhaoi* Peng, Li *et* Chen

a. 雌蛛外形 (body ♀), b. 生殖厣 (epigynum), c. 阴门 (vulva), d. 雌性螯肢齿堤 (cheliceral teeth ♀)

比例尺 scales = 2.00 (a), 0.20 (b-d)

61. 拟斑蛛属 *Pseudeuophrys* Dahl, 1912

Pseudeuophrys Dahl, 1912: 588.

Type species: *Attus erraticus* Walckenaer, 1826.

　　雌蛛外雌器具 2 个大的膜质窗，膜质窗边有薄的骨化脊；纳精囊卵圆形，有时分 2 室，位于窗后或与之平行；交媾管短而粗。雄蛛触肢器的生殖球宽；插入器有大的盘曲，位于生殖球前腹面或前方；胫节突细长。

　　该属已记录有 8 种，主要分布在俄罗斯、欧洲。中国记录 2 种。

(253) 磐田拟斑蛛 *Pseudeuophrys iwatensis* (Bohdanowicz *et* Prószyński, 1987) (图 256)

Euophrys iwatensis Bohdanowicz *et* Prószyński, 1987: 49, figs. 18-26 (D♀♂).

Euophrys erratica (Walckenaer, 1826): Prószyński, 1979: 306, f. 64-68 (♀♂, misidentified); Peng *et al.*, 1993: 54, figs. 142-145 (♀, misidentified).

Pseudeuophrys iwatensis (Bohdanowicz *et* Prószyński, 1987): Logunov, 1998b: 118, figs. 22, 27-28, 31-32 (T♀♂ from *Euophrys*).

雄蛛：头胸部长 1.77，前眼列宽 1.22，后侧眼宽 1.15，眼域长 0.75。头胸部黑棕色，被稀疏棕色刚毛和白毛，前眼列上有长刚毛。眼域黑色有金属光泽，眼列周围黑色。背甲边缘黑色。额棕色，着白色长毛。螯肢黄棕色，前齿堤 1 齿，后齿堤 2 齿。胸甲灰棕色，有浅斑点，着棕色刚毛。第 I 步足黑棕色，后跗节腹面有 2 对刺，胫节有 3 对刺，腿节背面有 3 对刺；标本缺第 II 步足，第 III、IV 步足与第 I 步足相似，但后跗节黄色，跗节有 1 环纹。腹部长 1.72，腹部背面红棕色，前面和侧面有白色刚毛；后部色浅，呈模糊的三角形，侧面有浅色斑点形成的棕色条带环绕。腹部腹面黄灰色，侧面有 4 条模糊的纵向浅色线条和浅色斑点。纺器灰色 (引自 Bohdanowicz *et* Prószyński, 1987)。

雌蛛：体长 4.50；头胸部长 2.10，宽 1.45；腹部长 2.40，宽 1.70。头胸甲赤褐色，边缘黑色。前列宽 1.20，后眼列宽 1.10，眼域长 0.80。胸板黑褐色，倒梨形。步足黄色，有黑褐色环纹。第 I、II 步足胫节腹面各有刺 3 对，后跗节腹面各有刺 2 对。腹部卵圆形，背面黄色底上有黑斑、白斑 2 对，后端有 6-7 个黑色"山"字形纹。腹部腹面灰色，有 4 条由浅黄色小点形成的纵条纹。外雌器的纳精囊外侧中间凹陷，交媾管成环状。

观察标本：1♀，吉林敦化，大石头，1955，许以明、朱秀雄采 (JLU)。

地理分布：吉林；俄罗斯，韩国，日本。

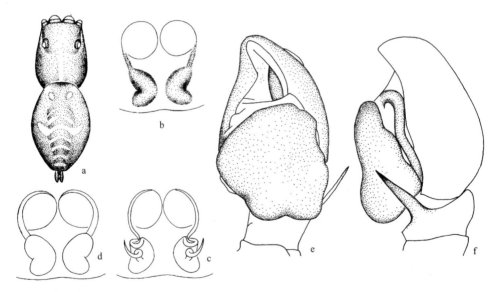

图 256　磐田拟斑蛛 *Pseudeuophrys iwatensis* (Bohdanowicz *et* Prószyński) (e, f 仿 Prószyński, 1979)

a. 雌蛛外形 (body ♀), b. 生殖厣 (epigynum), c-d. 阴门 (vulva)：c. 背面观 (dorsal), d. 腹面观 (ventral), e-f. 触肢器 (palpal organ)：e. 腹面观 (ventral), f. 后侧观 (retrolateral)

(254) 侏拟斑蛛 *Pseudeuophrys obsoleta* (Simon, 1868) (图 257)

Pseudeuophrys obsoleta (Simon, 1868): Zabka, 1997: 78, figs. 272-277 (T♀♂ from *Euophrys*).

Euophrys obsoleta (Simon, 1868): Simon, 1876a: 196; Prószyński, 1979: 307, f. 78-83 (♀♂); Logunov, Cutler *et* Marusik, 1993: 107, f. 4A-D (♀♂); Hu *et* Li, 1987b: 328, figs. 48.3-4 (D♀♂); Hu *et* Wu, 1989: 362, figs. 284.6-7 (D♀♂); Hu, 2001: 385, figs. 242.1-2 (D♀).

雄蛛：体长 2.70-3.30。全体呈浓黑色，密被白色细毛，并闪有金属光泽，头胸部长大于宽，后边略小于前边，前缘及两侧疏生黑色长毛。眼域黑色，宽大于长，约占头胸部长的 1/3，前眼列稍后曲，中眼列位于前、后眼列之间偏后。螯肢黄色，前齿堤 2 齿，后齿堤 1 齿。触肢黄色，触肢器的跗舟黑褐色，其胫节外末角突起细长如针。颚叶黄褐色。下唇黑色，长宽约等。胸甲为浓褐色。步足棕褐色，具黑色轮纹，第 I 步足粗壮，其腿节、胫节及后跗节腹面具黑色毛丛，第 II 步足腿节、胫节腹面具黑色毛丛。足式：IV，I，III，II。腹部呈卵圆形，背面黑褐色，有的个体腹背有 4-5 个 "人" 字形黄斑。腹部腹面为黑褐色。纺器呈浓黑色。本种见于农田、山野草丛 (引自 Hu *et* Li, 1987)。

雌蛛：体长 3.00，头胸部长 1.20，腹部长 1.80。头部浅黑色，胸部黑褐色，并有 1 条浅色纵条纹，中窝凹陷明显。眼域中部被细长毛。胸甲黑褐色，颜色比雄蛛深。步足颜色同雄蛛。腹部背面黑褐色，被褐色细毛，后半部分有 "V" 字形斑纹 (引自 Prószyński, 1979)。

观察标本：日喀则，海拔 3800m，1985.IX.4，李爱华采；普兰，海拔 4300m，1988. VI.13，普琼琼采；狮泉河，海拔 4000m，1988.VI.17，普琼琼采。

地理分布：西藏、新疆；俄罗斯，欧洲。

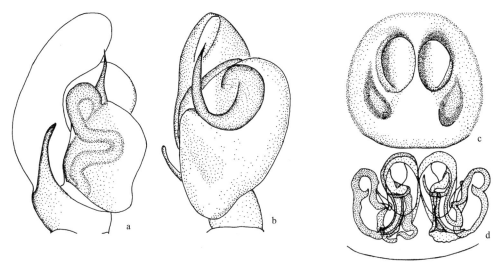

图 257　侏拟斑蛛 *Pseudeuophrys obsoleta* (Simon) (仿 Prószyński, 1979)

a-b. 触肢器 (palpal organ)：a. 后侧观 (retrolateral)，b. 腹面观 (ventral)，c. 生殖厣 (epigynum)，d. 阴门 (vulva)

62. 拟伊蛛属 *Pseudicius* Simon, 1885

Pseudicius Simon, 1885: 446.

Type species: *Pseudicius encarpatus* Walckenaer, 1802.

小型蜘蛛，体长一般在 6.00 以下，头胸部微隆起或近扁平。眼域方形，宽大于长，其长约占头胸部长的 2/5，后边≥前边。螯肢前齿堤 2 齿，后齿堤 1 齿。下唇长大于宽。胸甲近椭圆形，前端平切。第 I 步足通常较其他步足强大，胫节及后跗节腹面有短刺。各步足腿节背面有 3 根长刚毛。腹部背面多毛，常具"人"字形斑纹。雄蛛触肢腿节腹面常膨大成三角形，背面有 1-3 根刺或粗刚毛。胫节突常分 2 叉，生殖球大而鼓起。生殖厣具有 1-2 个浅凹陷，或 1-2 个开孔，其前部或后部常有骨化的袋状结构。此结构常不易见及，有时却十分醒目。

该属已记录有 75 种，主要分布在亚洲、非洲大部分地区及美国、俄罗斯等地。中国记录 13 种。

种 检 索 表

1. 雄蛛 ··· 2
   雌蛛 ··· 10

2. 生殖球表面有斜沟 ··· 3
   生殖球表面无斜沟 ··· 5

3. 插入器粗短，如指状 ·· 韩国拟伊蛛 *P. koreanus*
   插入器长 ·· 4

4. 腹面观胫节突腹、背侧分叉约等长 ··································· 环拟拟伊蛛 *P. cinctus*
   腹面观胫节突腹侧支长于背侧支 ··································· 考氏拟伊蛛 *P. courtauldi*

5. 胫节突不分叉 ··· 6
   胫节突分叉 ··· 8

6. 插入器不扭曲 ·· 磐田拟斑蛛 *P. iwatensis*
   插入器扭曲 ··· 7

7. 插入器呈圆形盘曲 ··· 侏拟斑蛛 *P. obsoleta*
   插入器呈"S"字形扭曲 ·· 狐拟伊蛛 *P. vulpes*

8. 胫节突背侧支有锯齿 ·· 韦氏拟伊蛛 *P. wesolowskae*
   胫节突背侧支无锯齿 ··· 9

9. 插入器长，尖刺状 ··· 寒冷拟伊蛛 *P. frigidus*
   插入器短，指状 ··· 扎氏拟伊蛛 *P. zabkai*

10. 生殖厣有兜 ··· 11
    生殖厣无兜 ··· 14

11. 兜 1 个 ··· 狐拟伊蛛 *P. vulpes*

兜 2 个 ··· 12

12. 交媾孔圆形 ·· 剑桥拟伊蛛 *P. cambridgei*
　　交媾孔裂缝状 ·· 13

13. 阴门长远小于宽 ··· 寒冷拟伊蛛 *P. frigidus*
　　阴门长近等于宽 ·· 删拟伊蛛 *P. deletus*

14. 外雌器有中隔 ··· 15
　　外雌器无中隔 ··· 19

15. 中隔宽于交媾腔宽的 1/2 ··· 环拟伊蛛 *P. cinctus*
　　中隔宽不及交媾腔宽的 1/10 ·· 16

16. 交媾管粗短 ·· 17
　　交媾管细长 ·· 18

17. 纳精囊小，梨形 ··· 文山拟伊蛛 *P. wenshanensis*
　　纳精囊大，肾形 ·· 考氏拟伊蛛 *P. courtauldi*

18. 交媾管仅简单折曲 ·· 磐田拟斑蛛 *P. iwatensis*
　　交媾管折叠盘曲复杂 ·· 侏拟斑蛛 *P. obsoleta*

19. 交媾腔封闭 ··· 韦氏拟伊蛛 *P. wesolowskae*
　　交媾腔未封闭 ··· 20

20. 交媾腔靠近生殖沟 ·· 韩国拟伊蛛 *P. koreanus*
　　交媾腔远离生殖沟 ··· 21

21. 交媾管长，盘曲成圈 ·· 云南拟伊蛛 *P. yunnanensis*
　　交媾管短，不盘曲成圈 ·· 22

22. 交媾腔位于生殖厣端部 ·· 中国拟伊蛛 *P. chinensis*
　　交媾腔位于生殖厣中部 ·· 23

23. 交媾腔开口向上 ··· 四川拟伊蛛 *P. szechuanensis*
　　交媾腔开口向下 ··· 扎氏拟伊蛛 *P. zabkai*

(255) 剑桥拟伊蛛 *Pseudicius cambridgei* Prószyński *et* Zochowska, 1981 (图 258)

Pseudicius cambridgei Prószyński *et* Zochowska, 1981: 23, figs. 12-13 (D♀); Song, Zhu *et* Chen, 1999: 542, figs. 313B-C (♀).

雌蛛：头胸部背面棕色，有黄色条带，两侧浅黄色。中间有白色斑纹；腹部 1/5 处有前中带，末端微膨大，有 3 个点状斑组成的倒 "V" 字形斑，纺器前端有模糊的白色横线。

雄蛛：尚未发现。

观察标本：无镜检标本。

地理分布：新疆 (莎车县)。

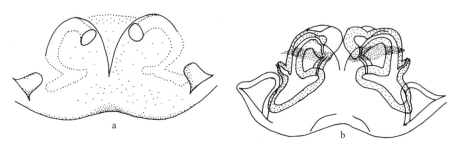

图 258　剑桥拟伊蛛 *Pseudicius cambridgei* Prószyński *et* Zochowska (仿 Prószyński *et* Zochowska, 1981)

a. 生殖厣 (epigynum), b. 阴门 (vulva)

(256) 中国拟伊蛛 *Pseudicius chinensis* Logunov, 1995 (图 259)

Pseudicius chinensis Logunov, 1995c: 242, figs. 28-29, 31 (D♀); Song, Zhu *et* Chen, 1999: 542, figs. 313D-E (♀).

雌蛛：头胸部长 2.13，宽 1.30；腹部长 3.00，宽 1.75。前眼列宽 1.10，后眼列宽 1.15，眼域长 0.91。前中眼 0.35，后侧眼 0.68。螯肢长 0.63，额窄，几乎不可见。背甲黑棕色，覆白毛。眼域黑色。胸甲、下颚和下唇黄棕色。螯肢黑棕色。刺式：膝节均无刺；第 I 步足腿节 d0-1-1-2，胫节 pr0-1，v2-2，后跗节 v2-2ap；第 III 步足腿节 d1-1-2，胫节 v1a，p，后跗节 pr and rt-2ap，v1-2ap；第 IV 步足腿节 d1-1-2，胫节 v2-ap，后跗节 pr and rt-2ap，v1-2ap。腹部黑灰色，背面有横条纹组成的白色斑。腹部两侧有纵向白条带。书肺裂开。纺器棕色 (引自 Logunov, 1995)。

雄蛛：尚未发现。

观察标本：无镜检标本。

地理分布：四川；俄罗斯。

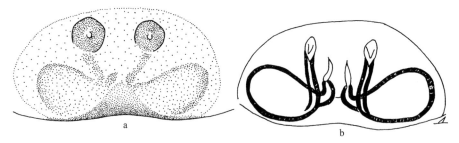

图 259　中国拟伊蛛 *Pseudicius chinensis* Logunov (仿 Logunov, 1995)

a. 生殖厣 (epigynum), b. 阴门 (vulva)

(257) 环拟拟伊蛛 *Pseudicius cinctus* (O. P. -Cambridge, 1885) (图 260)

Menemerus cinctus O. P. -Cambridge, 1885b: 99 (D♂).

Pseudicius cinctus (O. P. -Cambridge, 1885): Prószyński *et* Zochowska, 1981: 26, figs. 19-24 (T♀♂

from *Menemerus*, S).

Icius cinctus (O. P. -Cambridge, 1885): Andreeva, Heciak *et* Prószyński, 1984: 351, figs. 20, 23, 27, 30, 33, 36, 39, 41 (♀♂); Prószyński, 1987: 49; Zhou *et* Song, 1988: 8, figs. 10a-e (♀♂); Hu *et* Wu, 1989: 374, figs. 292.1-3, 293.1-4, 284.1-4 (♀♂); Zhao, 1993: 399, figs. 202a-c (♀♂); Song, Zhu *et* Chen, 1999: 542, figs. 311Q-R, 313F-G (♀♂).

雌蛛：体长 5-7。背甲隆起，头胸部深黄褐色，密生白毛，散生稀疏的黑长毛。额部着生白长毛，额高约为前中眼半径。眼域黑褐色，占头胸部长的 2/5 (0.91∶2.05)，宽为长的 1.5 倍 (1.37∶0.90)，中眼列位于前、后眼列中间偏前。螯肢、颚叶、下唇淡黄褐

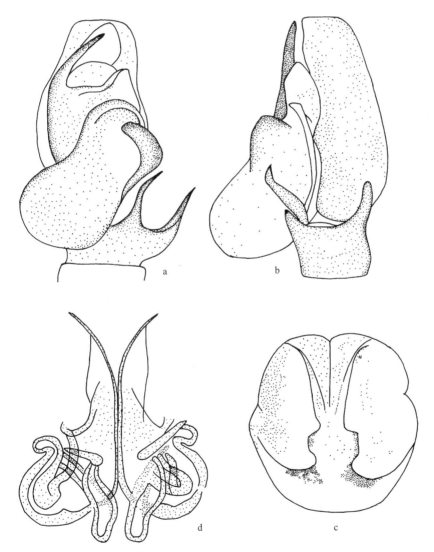

图 260　环拟拟伊蛛 *Pseudicius cinctus* (O. P. -Cambridge)
(a, b 仿 Prószyński *et* Zochowska, 1981; c, d 仿 Prószyński, 1987)
a-b. 触肢器 (palpal organ)：a. 腹面观 (ventral), b. 后侧观 (retrolateral), c. 生殖厣 (epigynum), d. 阴门 (vulva)

色。前齿堤 2 齿,第一齿大;后齿堤 1 齿,有黑色毛丛。颚叶、下唇长大于宽,端部色淡。胸甲椭圆形,黄色,密生白长毛。步足黄色,被白毛、散生黑长毛。足式:IV, I, III, II。第 I 步足粗壮,胫节离体端约 1/2 处腹面内侧有短粗刺 4 根,后跗节有腹刺 2 对。第 IV 步足膝节、胫节之和大于第 III 步足膝节、胫节之和。各步足跗节离体端 1/2 有毛丛。腹部淡黄色有许多小白斑,密生白毛,散生黑毛。背面心脏斑枪矛形,边缘黑褐色;前部和中部各有 1 列淡褐色后凹弧形宽横斑,其上着生若干纵列橘黄色细毛;后部纺器前有"T"字形黑斑,该斑正前方有 1 半圆形褐色细纹。腹面无斑纹。纺器黄褐色 (引自 Hu et Wu, 1989)。

雄蛛:体长约 4.5。头胸部黑褐色,有金属光泽,眼域黑色,眼周着生橘黄色毛,头部中央及背甲两侧白毛浓密。螯肢红褐色,颚叶、下唇灰褐色,端部色淡,胸甲淡黄褐色。第 I 步足粗壮,腿节黄褐色,其余各节深黄褐色至淡黑褐色。其他步足黄色至黄褐色。腹部背面呈黑褐色"丰"字形斑纹,其中 3 条横斑由数列橘黄色细毛组成,中央纵带密被稠密的黑毛。腹面生殖沟后方至纺器前有 1 深灰色宽纵斑。触肢器淡红褐色,胫节外突起呈二叉状,端部细长而弯曲。本种生活在果园和农田防护林带 (Zhou et Song, 1988)。

观察标本:1♀1♂,新疆库尔勒,1982.IV.22,周娜丽采。

地理分布:新疆。

(258) 考氏拟伊蛛 *Pseudicius courtauldi* Bristowe, 1935 (图 261)

Pseudicius courtauldi Bristowe, 1935: 786, figs. 21-24 (D♂); Logunov, 1993a: 51, f. 4A-J; Song, Zhu et Chen, 1999: 542, figs. 312I-J, 313H-I (♀♂).

Icius courtauld (Bristowe, 1935): Andreeva, Heciak et Prószyński, 1984: 373, figs. 57-60 (D♀♂); Song, Zhou et Wang, 1991: 248, figs. 1-5 (D♀♂, D♀).

雌蛛:体长 4.7-7.0。头胸部低平,长 2.39,宽 1.67,密被灰白色细毛,散生稀疏黑色长毛。腹部长 4.45,宽 2.54。额部有浓密的白毛。前眼列宽 1.29,后眼列宽 1.45,眼域长 0.97。中眼列位于前、后眼列中间偏前。螯肢红褐色,前齿堤 2 齿,后齿堤 1 齿。胸甲黄褐色,椭圆形,有淡色细毛。步足黄色至黄褐色,有黑色和白色长毛。第 I 步足粗壮,腿节背面黑褐色,膝节、胫节和后跗节两侧褐色,胫节腹面有 2 根短粗刺,后跗节腹面有 2 对刺。足式:IV, I, II, III。腹部卵圆形,灰黄色,有许多白毛和稀疏的黑毛。背面有 2 条平行的褐色纵斑,心脏斑褐色,箭头状。腹面无斑纹。纺器深黄褐色 (引自 Song, Zhu et Chen, 1999)。

雄蛛:体长 4.5-4.8。体形似雌蛛,唯背甲上的白毛主要限于眼域,并在胸区中央及背甲两侧近侧缘处形成 3 条白色纵带,尤以两侧的纵带较醒目,在头端各与额部的白毛组成的白色横带相接,胸区的其余部位有褐色长毛。第 I 步足较雌蛛的粗大。足式:I, IV, II, III。本种多见于农田防护林带,常在杨树和沙枣树上游猎,在老树皮裂缝和树洞中越冬 (引自 Song, Zhu et Chen, 1999)。

观察标本:3♀1♂,新疆库尔勒,1998.IX.11 (HBU);1♂,新疆库尔勒,1998.IX.2 (HBU);

2♀2♂，新疆博湖，1982.Ⅴ.6；1♂，玛纳斯，1984.Ⅴ.12，周娜丽采；1♀，乌鲁木齐，1981.
Ⅶ.15，王玉兰采。

　　地理分布：新疆；希腊。

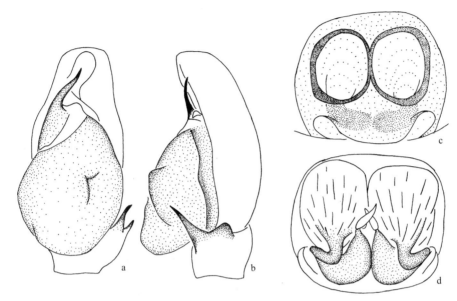

图 261　考氏拟伊蛛 *Pseudicius courtauldi* Bristowe (仿 Logunov, 1993)

a-b. 触肢器 (palpal organ)：a. 腹面观 (ventral), b. 后侧观 (retrolateral), c. 生殖厣 (epigynum), d. 阴门 (vulva)

(259)　删拟伊蛛 *Pseudicius deletus* (O. P. -Cambridge, 1885) (图 262)

Menemerus deletus O. P. -Cambridge, 1885b: 101 (D♀).

Pseudicius deletus (O. P. -Cambridge, 1885): Prószyński *et* Zochowska, 1981: 26, figs. 14-15 (T♀ from *Menemerus*); Song, Zhu *et* Chen, 1999: 542, figs. 313J-K (♀).

　　雌蛛：体长 2.50。头胸部扁平，黄褐色。头部黑色，边缘为褐色，胸部中间有 1 不明显的纵条纹。头部和头胸部边缘被浅灰色细毛。眼域宽大于长，前眼列宽小于后眼列宽，第二眼列在眼域中间位置。步足黄色，第 I 步足浅黄褐色，胫节和后跗节上有数对短粗刺。步足跗节末端爪下方有黑色毛丛。第 I 步足粗，长度稍短于第 IV 步足，第 II 步足最短。足式：IV, I, III, II。触肢细长，被白色细毛。腹部椭圆形，前部钝形，尾部尖，背面浅黄色，有白色斑点。腹部中间有 1 棕色纵条纹，延续到纺器。纺器浅黄褐色，粗壮。外雌器结构明显可见 (引自 O. P. -Cambridge, 1885)。

　　雄蛛：尚未发现。

　　观察标本：无镜检标本。

　　地理分布：新疆 (莎车县)。

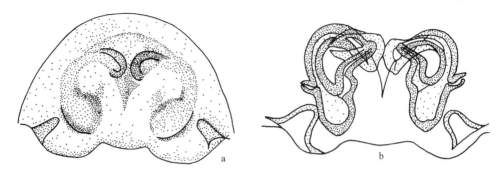

图 262 删拟伊蛛 *Pseudicius deletus* (O. P. -Cambridge) (仿 Prószyński *et* Zochowska, 1981)

a. 生殖厣 (epigynum), b. 阴门 (vulva)

(260) 寒冷拟伊蛛 *Pseudicius frigidus* (O. P. -Cambridge, 1885) (图 263)

Menemerus frigidus O. P. -Cambridge, 1885b: 102 (D♀).

Pseudicius frigidus (O. P. -Cambridge, 1885): Prószyński *et* Zochowska, 1981: 26, figs. 16-18 (T♀ from *Menemerus*); Andreeva, Heciak *et* Prószyński, 1984: 374, f. 69-74 ♀♂); Song, Zhu *et* Chen, 1999: 542, figs. 313L-D♀♂ (♀).

　　雄蛛：头胸部长 1.71，腹部长 1.98。背甲长、低而扁平，黑棕色。胸部有白色中带，眼域处有 3 条不规则白线。侧面较低部位呈白色；额窄，黑色，无明显刚毛。前眼列周围有刚毛，背面棕色，少许白色。腹部较长，椭圆形，后端较尖，两侧白色，有 2 条宽的黑棕灰色条带，背部侧缘中间有不规则条带。由浅黄色斑点组成的斜线穿过这

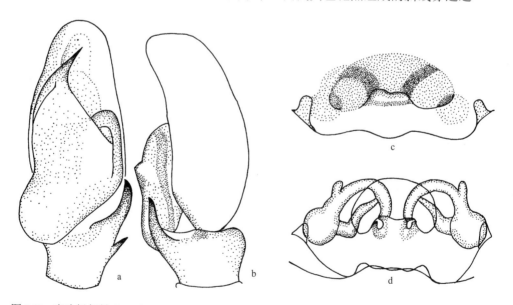

图 263 寒冷拟伊蛛 *Pseudicius frigidus* (O. P. -Cambridge) (仿 Andreeva, Heciak *et* Prószyński, 1984)

a-b. 触肢器 (palpal organ): a. 腹面观 (ventral), b. 后侧观 (retrolateral), c. 生殖厣 (epigynum), d. 阴门 (vulva)

些黑色条带。中部有黄色条纹，或 3 个"人"字纹，前端被灰色柳叶形的斑纹分开。纺器灰褐色。步足黄色，前端粗壮，较长，黑棕色，第 I 步足腿节前侧面呈黑棕色，胫节明显较长。体表覆刚毛，无鳞片。

雌蛛：大体与雄蛛相似，色浅。头胸部黄色，自前眼列侧面到胸部后缘有 2 条棕色条带。额、触肢和螯肢浅黄色。额密被白色刚毛。步足黄白色，前端黄褐色。腹部斑纹与雄蛛相似，但深色的灰色部位和黄白色部位及斑点处较大。

观察标本：无镜检标本。

地理分布：中国；印度，巴基斯坦，阿富汗。

(261) 韩国拟伊蛛 *Pseudicius koreanus* Wesolowska, 1981 (图 264)

Pseudicius koreanus Wesolowska, 1981a: 60, figs. 52-55 (D♀); Peng *et al.*, 1993: 192, figs. 671-679 (♀♂); Song, Zhu *et* Chen, 1999: 542, figs. 312M, 313O, 328P (♀♂).

Icius koreanus (Wesolowska, 1981): Yaginuma, 1986a: 233, figs. 130.1 (♀); Xiao, 1993: 123, figs. 1-6 (D♀♂).

雄蛛：体长 3.20-4.50。体长 3.40 者，头胸部长 1.65，宽 1.15；腹部长 1.80，宽 0.94。前眼列宽 0.90，后眼列宽 1.00，眼域长 0.75。背甲深红褐色，较平坦。眼周围黑色，中列眼居中，眼域前边及两侧多毛，两前侧眼周围各有数根褐色扁平毛。后列眼后方有小白斑。螯肢红褐色，螯基中部内侧突出。颚叶、下唇及胸甲均红褐色。第 I 步足粗壮，基节、转节、腿节红褐色，其余各节黄色，胫节及后跗节腹面有短刺。第 II-IV 步足黄色，弱小无刺。各腿节背面有长刚毛 3 根。腹部背面橘黄色，密被细毛。前端中央隐约可见 1 淡褐色纵带，后端有 4-5 个淡褐色"人"字形纹。腹面淡黄色，密被白色细毛。背面与腹面交界处有 1 较宽的褐色环带。环带与背面相接处有 1 圈白毛。纺器灰黄色。触肢红褐色，腿节腹面膨大，背面有长刚毛 3 根。胫节突分成粗短的 2 叉，靠近背面者内缘有锯齿，插入器粗短，如指状。

雌蛛：体长 3.20-5.00。体长 4.90 者，头胸部长 1.80，宽 1.19；腹部长 3.10，宽 1.17。前眼列宽 1.00，后眼列宽 1.06，眼域长 0.80。头胸部颜色较雄蛛浅，为红褐色或黄褐色。整个背面被细密的白毛。触肢黄色，第 I 步足为黄色或浅褐色，无条斑，或腿节、膝节、胫节有褐色条斑。腹部颜色及斑纹有个体变异。腹部背面通常为黄色或灰黄色，具 3-7 个"人"字形斑纹。背面与腹面交界处无褐色环带及白毛。生殖厣具 2 个卵圆形开孔，开孔处强角质化。交媾管与纳精囊扭曲成"8"字形。作者所观察的标本与模式标本略有区别：模式标本外雌器的交媾管与纳精囊扭曲成"S"字形，而本种成"8"字形。

观察标本：1♀，湖南石门壶瓶山江坪，2001.Ⅵ.25-Ⅶ.4，唐果采 (HNU)；1♀1♂，福建崇安，1986.Ⅶ，肖小芹采；3♀3♂，云南元江，1987.Ⅸ，颜亨梅采；2♀1♂，广西田阳，1980.Ⅷ。

地理分布：福建、湖南 (石门)、广西、云南；韩国，日本。

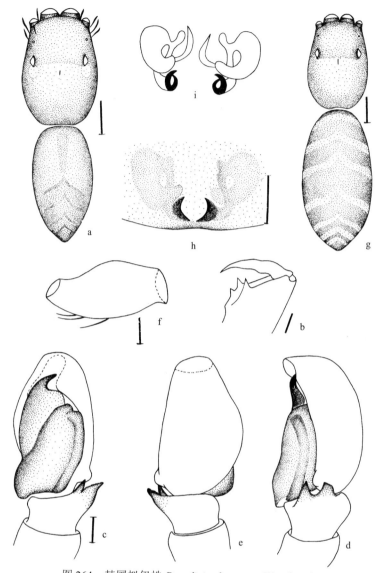

图 264　韩国拟伊蛛 *Pseudicius koreanus* Wesolowska

a. 雄蛛外形 (body ♂), b. 雄性螯肢 (chelicera ♂), c-e. 触肢器 (palpal organ)：c. 腹面观 (ventral), d. 后侧观 (retrolateral),
e. 背面观 (dorsal), f. 雄性螯肢腿节 (palp femur ♂), g. 雌蛛外形 (body ♀), h. 生殖厣 (epigynum), i. 阴门 (vulva)
比例尺 scales = 0.50 (a, g), 0.10 (b-f, i-j)

(262) 四川拟伊蛛 *Pseudicius szechuanensis* Logunov, 1995 (图 265)

Pseudicius szechuanensis Logunov, 1995c: 242, figs. 25-27 (D♀); Song, Zhu *et* Chen, 1999: 542, figs. 313P-Q (♀).

雌蛛：头胸部长 2.18，宽 1.45；腹部长 2.38，宽 1.50。前眼列宽 1.28，后眼列宽 1.35，眼域长 1.03。前中眼 0.40，后侧眼 0.80。螯肢长 0.70。额窄，几乎不可见。背甲黑棕色，密被白毛。眼列区黑色。背甲前缘密被白毛。胸甲、颚叶、下唇和螯肢黑棕色。第 I 步足腿节前侧末端有发声器。膝节均无刺。第 I 步足：腿节 d 0-1-1-2，胫节 pr 0-1，v 2-2，后跗节 v 2-2ap；第 II 步足：腿节 d 0-1-1-2，胫节 v 1-1-1ap，后跗节 v 2-2ap；第 III 步足：腿节 d 0-1-1-3，胫节 pr 0-1，rt 1-1，v 1-1ap；第 IV 步足：腿节 d 1-1-2，胫节 pr 0-1，rt 1-1，v 1-2ap，后跗节 pr 1-2ap，rt 和 v 2ap。背面可见白色纵向条带。腹面黑灰色。书肺灰色。纺器棕色。触肢棕色，密被白毛 (引自 Logunov, 1995)。

雄蛛：尚未发现。

观察标本：无镜检标本。

地理分布：四川。

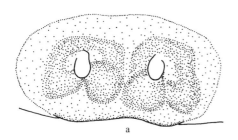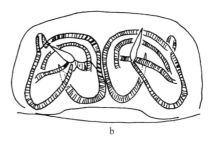

图 265　四川拟伊蛛 *Pseudicius szechuanensis* Logunov (仿 Logunov, 1995)

a. 生殖厣 (epigynum), b. 阴门 (vulva)

(263) 狐拟伊蛛 *Pseudicius vulpes* (Grube, 1861) (图 266)

Attus vulpes Grube, 1861: 23 (D).

Euophrys undulatovittata Bösenberg et Strand, 1906: 339, pl. 14, fig. 376 (D♂); Chen et Gao, 1990: 182, figs. 231a-b (♀♂); Zhao, 1993: 394, figs. 197a-c (♀♂).

Pseudicius vulpes (Grube, 1861): Prószyński, 1971c: 220, figs. 30-36 (T♂ from *Attus* = *Salticus*); Song, Zhu et Chen, 1999: 542, figs. 312N, 313R-S, 328Q (♀♂); Song, Zhu et Chen, 2001: 455, figs. 304A-E (♀♂).

Icius vulpes (Grube, 1861): Andreeva, Heciak et Prószyński, 1984: 357, figs. 15-19 (♀♂); Song, 1987: 303, fig. 258 (♀); Chen et Zhang, 1991: 300, figs. 317.1-2 (♀); Peng et al., 1993: 194, figs. 680-687 (♀♂).

雄蛛：体长 3.50-4.10。体长 3.50 者，头胸部长 1.75，宽 1.28；腹部长 1.75，宽 1.07。前眼列宽 1.00，后眼列宽 1.05，眼域长 0.75。头胸部背面暗红褐色，眼域黑色。两前侧眼之间有白毛形成的白色横纹，中眼列居中，后侧眼后方有圆白斑，背甲两侧有白边。螯肢、颚叶红褐色，下唇、胸甲暗褐色。第 I 步足略粗于其他步足，胫节腹面外侧 2 刺，内侧 3 刺，后跗节腹面 2 对刺。步足褐色、多毛，具浅色环纹。腹部黑褐色，被 1 层密毛，背面前缘有白毛形成的白边，中部近右端有 2 个"人"字形白斑。肛丘上有白毛。腹部腹面纺器前端有 1 个"八"字形白斑。纺器黑褐色。触肢红褐色，腿节背面有 2 根背刺。胫节突粗短，侧面观为三角形，插入器呈"S"字形扭曲。

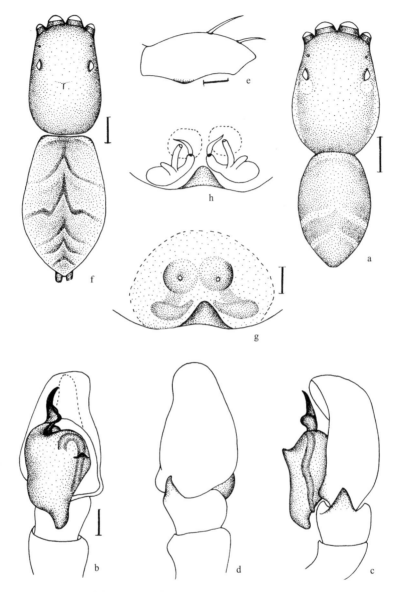

图 266　狐拟伊蛛 *Pseudicius vulpes* (Grube)
a. 雄蛛外形 (body ♂), b-d. 触肢器 (palpal organ)：b. 腹面观 (ventral), c. 后侧观 (retrolateral), d 背面观 (dorsal), e. 雄性螯肢腿节 (palp femur ♂), f. 雌蛛外形 (body ♀), g. 生殖厣 (epigynum), h. 阴门 (vulva)
比例尺 scales = 0.50 (a, e), 0.10 (b-d, g-h)

　　雌蛛：体长 5.20-5.70。体长 5.70 者，头胸部长 2.20，宽 1.35；腹部长 3.50，宽 2.10。前眼列宽 1.20，后眼列宽 1.30，眼域长 0.80。外形和雄蛛相似，但腹部背面有 4-5 个"人"字形纹，有的个体在每个"人"字纹前缘有箭头状深褐色斑纹。生殖厣有 1 对圆形凹陷，交媾管开孔处后方有 1 对横椭圆形阴影。两阴影之间下方有 1 向前突出的袋状结构。

　　观察标本：1♂，湖南张家界，1986.Ⅷ.11，彭贤锦采；2♀，福建三港，1986.Ⅶ.21，彭贤锦采；3♂2♀，湖北襄阳，1979.Ⅵ.24；1♀，湖北，地址不详；1♂，甘肃文县文碧口镇碧峰沟，海拔 900-1500m，SP98006，1998.Ⅵ.25。

　　地理分布：北京、吉林、黑龙江、福建、江西、河南、湖北、湖南 (张家界)、贵州、甘肃；韩国，俄罗斯，日本。

(264) 文山拟伊蛛 *Pseudicius wenshanensis* He *et* Hu, 1999 (图 267)

Pseudicius wenshanensis He *et* Hu, 1999b: 32, figs. 1-3 (D♀).

　　雌蛛：体长 8.00；头胸部长 2.70，宽 1.90；腹部长 5.30，宽 3.10。头胸部长大于宽，近乎扁平，背甲褐色，周缘密布灰白色细毛。眼域方形，宽大于长，其长约占头胸部长的 1/3，眼丘及眼域前缘黑色，前眼列宽 1.70，后中眼宽 1.50，后眼列宽 1.60，眼域长 0.90，前中眼直径约为前侧眼直径的 1.50 倍，前、后侧眼大小约相等，后中眼最小，位于前、后侧眼之间居中位置。眼域前缘及两侧具黑色长刚毛，前眼列及额部丛生白色短毛。中窝纵向，周缘稍凹。螯肢黑褐色，其基端向前隆起成丘状，前齿堤 2 齿，后齿堤 1 齿。触肢黄褐色，颚叶褐色，其两端之内侧具弯月状黄边。下唇长大于宽，棕褐色。胸甲椭圆形，棕褐色。步足棕褐色，具褐色块斑，布有黑刺，第 I 步足粗壮，各步足腿节均有 3 根背刺，第 I 步足胫节、后跗节各有 2 对腹刺，各步足跗节具黑色爪毛簇。腹部灰黄色，背腹稍扁平，心脏斑褐色，其两侧具圆形和弧形褐色斑，腹背后端有 3 个"人"字形褐色斑，自胃外区至纺器间有 2 条褐色线纹。纺器背面黄色，而腹面显浓褐色。外雌器呈浓褐色，前端狭窄，后端宽圆，2 个大的浅凹坑占据外雌器 3/5 之部位，透过皮膜，交媾管、纳精囊隐约可见，内部结构之交媾管短粗且远离中线，纳精囊近乎梨形 (引自 He *et* Hu, 1999)。

　　雄蛛：尚未发现。

　　本种与 *Pseudicius cinctus* (O. P. -Cambridge, 1885) 近似，但有以下区别：①本种后雌器之后缘甚宽于其前缘，而后者之前缘宽于后缘；②交媾管短且紧靠中线；③纳精囊的形状及交媾管的扭曲形式各不相同；④两者之腹背斑纹也各不相同。

　　观察标本：正模♀，副模 2♀，云南文山县，1994.Ⅰ.23，向余劲功采。

　　地理分布：云南。

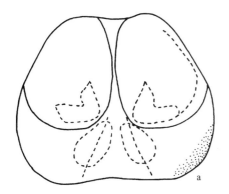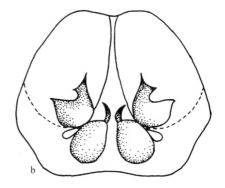

图 267　文山拟伊蛛 *Pseudicius wenshanensis* He *et* Hu (仿 He *et* Hu, 1999)

a. 生殖厣 (epigynum), b. 阴门 (vulva)

(265) 韦氏拟伊蛛 *Pseudicius wesolowskae* Zhu *et* Song, 2001 (图 268)

Pseudicius wesolowskae Zhu *et* Song, in Song, Zhu *et* Chen, 2001: 454, f. 303A-F (D♂♀).

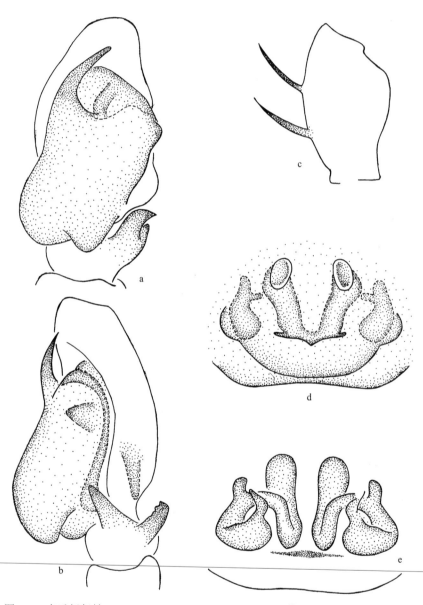

图 268 韦氏拟伊蛛 *Pseudicius wesolowskae* Zhu *et* Song (仿 Song, Zhu *et* Chen, 2001)

a-b. 触肢器 (palpal organ)：a. 腹面观 (ventral), b. 后侧观 (retrolateral), c. 腿节 (femur), d. 生殖厣 (epigynum), e. 阴门 (vulva)

雄蛛：体长 3.78；头胸部长 1.71；腹部长 2.07，宽 1.26。前眼列宽 1.02，后眼列宽 1.03，眼域长 0.71。身体略扁。背甲浅褐色，边缘及眼域黑色。前列眼的后面、后中眼和后侧眼的周围均有白色毛，胸部的侧面亦有很多白色细毛。中窝短，黑褐色。螯肢、颚叶、下唇和胸甲浅黑褐色。下唇颜色较深。螯肢的前齿堤 2 齿，后齿堤 1 齿。各步足的背面和腹面浅黄褐色，前侧面和后侧面浅黑褐色。第 I 步足胫节腹面的前侧有 3 根刺，后侧面有 2 根刺，后跗节的腹面有 2 对刺。各步足腿节的背面有 3 根刺。腹部卵圆形，背面暗褐色，前缘白色，中、后部有 4 条白色横斑，略呈"八"字形。肛丘背面的前方有 1 白色圆点。腹部腹面灰黄色，有白色毛，近末端在纺器的前方有 1 对较大的圆形黄白色斑。触肢的腿节背面中部有 2 根刺。胫节突分两叉，背侧下缘具齿。跗舟外侧面近基部有 1 纵隆脊。插入器较长，角状（引自 Song, Zhu et Chen, 2001)。

雌蛛：体长 3.43；头胸部长 1.56，宽 1.12；腹部长 1.87，宽 1.29。外雌器具 1 个"W"字形黑色阴影，中部 1 对阴影顶部为 1 对很大的卵圆形交媾孔。其他特征略同雄蛛。本种与朝鲜拟伊蛛相近，两者区别为后者雄蛛触肢器的插入器短，胫节突短，背侧叉不具齿；雌蛛的外雌器近后缘具 1 个交媾孔（引自 Song, Zhu et Chen, 2001）。

观察标本：正模♂，河北平山县，1982.VI.9，张维生采；副模 1♂，1♀，采集信息同正模。

地理分布：河北。

(266) 云南拟伊蛛 *Pseudicius yunnanensis* (Schenkel, 1963) (图 269)

Menemerus yunnanensis Schenkel, 1963: 426, fig. 245 (D♀); Song, Zhu et Chen, 1999: 534, fig. 304D
Pseudicius yunnanensis (Schenkel, 1963): Peng, Li et Rollard, 2003: 100, f. 4-7 (Tf from *Menemerus*).

雌蛛：体长 6.40；头胸部长 2.20，宽 1.60；腹部长 4.20，宽 2.20。前眼列宽 1.20，后眼列宽 1.30，眼域长 0.80。前中眼 0.40，前侧眼 0.20。额高 0.07。背甲较狭长，两侧缘近乎平行，被较密的白色行毛；较扁平，褐色，边缘及眼域两侧黑色，中窝短，黑褐色，纵条状；颈沟、放射沟较清晰，眼域中央有 2 个深色斑；背甲侧面眼域外侧下方有 1 列发音毛，与第 I 步足腿节前侧端部的发音毛共同组成发音器。额狭，密被白色长毛。螯肢暗褐色，被褐色细毛，前齿堤 2 齿，后齿堤 1 齿。颚叶褐色，端部内侧浅黄褐色、具绒毛。下唇长大于宽，褐色，两侧中部各具 1 黑色斑，端部色浅具绒毛。触肢浅黄褐色，被白色行毛。步足浅黄褐色，第 I 步足粗壮、色较深；基部 3 节被较长的白毛；足刺少、短而弱：第 I 步足胫节腹面前侧端部 1 刺、后侧无刺，第 II 步足胫节腹面无刺，第 I 步足后跗节腹面具短刺 2 对，第 II 步足后跗节腹面前侧端部 1 刺、后侧 2 刺。腹部因标本干枯胀裂，外观欠完整，背面灰白色，两侧有由褐色毛形成的纵带，其他斑纹无法看清。腹部腹面灰白色，无斑纹。纺器柱状，褐色。

雄蛛：尚未发现。

观察标本：1♀，type of *Menemerus yunnanensis* Schenkel, 1963，云南 (Yunnan-fu)，海拔 1850-2000m (Paris)。

地理分布：云南。

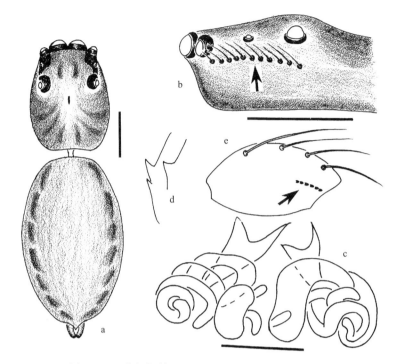

图 269 云南拟伊蛛 *Pseudicius yunnanensis* (Schenkel)

a. 雌蛛外形 (body ♀), b. 雌蛛头胸部，侧面观 (cephalothorax ♀, lateral), c. 生殖厣 (epigynum), d. 雄性螯肢齿堤 (cheliceral teeth ♀), e. 腿节 (femur) 比例尺 scales = 1.00 (a, b, d, e), 0.20 (c)

(267) 扎氏拟伊蛛 *Pseudicius zabkai* Song et Zhu, 2001 (图 270)

Pseudicius zabkai Song et Zhu, in Song, Zhu et Chen, 2001: 456, f. 305A-H (D♂♀).

雄蛛：体长 5.01；头胸部长 2.41，宽 1.70；腹部长 2.62，宽 1.60。身体略扁。前眼列宽 1.22，后眼列宽 1.29，眼域长 0.99。背甲黑色，有较宽的白色边，眼域色略深。眼域及胸部两侧散布白色细毛，后中眼和后侧眼的周围亦有白色毛。螯肢黑色，前齿堤 2 齿，后齿堤 1 齿。下唇、颚叶和胸甲暗黄褐色。第 I 步足粗大，腿节黑色，其他各节呈暗黄褐色。第 II、III、IV 步足浅黄褐色。第 I 步足胫节腹面前侧有 4 根刺，后侧面有 1 根刺，后跗节有 2 对腹刺。各腿节的背面有 3 根刺。腹部卵圆形。背面暗黄褐色，前半部的周缘白色，中、后部有 4 条白色横斑，略呈"人"字形。肛丘背面有明显的白色毛。腹部腹面暗黄褐色，散布很多白色细毛，近末端具 1 对较大的肾形白色斑。触肢的腿节背面有 4 根刺。胫节突分两叉，插入器短，钩状 (引自 Song, Zhu et Chen, 2001)。

雌蛛：体长 5.51；头胸部长 2.11，宽 1.56；腹部长 3.40，宽 1.87。外雌器中部具 1 对小圆形交媾孔，交媾孔外侧各具 1 半圆形凹陷。体色同雄蛛 (引自 Song, Zhu et Chen, 2001)。

本种近似狐拟伊蛛 *Pseudicius vulpes* (Grube, 1861)，两者的不同在于前者的雄蛛触肢胫节突分叉，腿节具 4 根背刺；雌蛛外雌器的交媾孔两侧具圆形凹陷。

观察标本：1♀2♂，河北安新县白洋淀，1999.Ⅴ.11，张超采。

地理分布：河北。

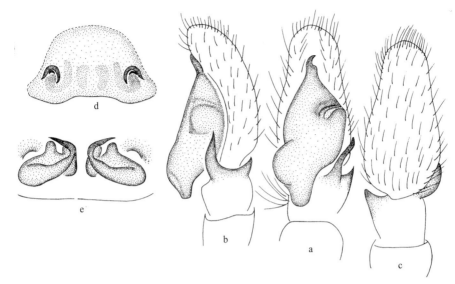

图 270　扎氏拟伊蛛 *Pseudicius zabkai* Song *et* Zhu (仿 Song, Zhu *et* Chen, 2001)

a-c. 触肢器 (palpal organ): a. 腹面观 (ventral), b. 后侧观 (retrolateral), c. 背面观 (dorsal), d. 生殖厣 (epigynum), e. 阴门 (vulva)

63. 兜跳蛛属 *Ptocasius* Simon, 1885

Ptocasius Simon, 1885: 34.

Type species: *Ptocasius weyersi* Simon, 1885.

体色较暗，腹部灰色或灰褐色，有暗色条斑。雄蛛触肢器的跗舟宽而扁，插入器细长，末端位于跗舟腹面 1 条特殊的沟内。雌蛛外雌器表面有 2 个特殊的角质化盲兜，其位置远离生殖沟。交媾管宽，呈袋形，交媾孔通常呈裂缝状，边缘强角质化。交媾器官结构特殊，触肢器之插入器形状和长度、外雌器的盲兜、交媾孔的大小和位置，以及交媾管的长度、纳精囊的大小等，均是定种的重要依据。

该属已记录有 12 种，分布于东洋界。中国记录 7 种。

种 检 索 表

1. 雄蛛 ··· 2

雌蛛 ··· 4

2. 插入器粗，稍长于生殖球 ·· 宋氏兜跳蛛 *P. songi*

插入器细，长于生殖球长的 2 倍 ··· 3

3. 插入器起始于 5:00 点位置 ·· 毛垛兜跳蛛 *P. strupifer*
   插入器起始于 3:00 点位置 ··· 金希兜跳蛛 *P. kinhi*
4. 两兜在生殖厣前部中央靠近 ······································· 山形兜跳蛛 *P. montiformis*
   两兜彼此远离 ·· 5
5. 兜贴近生殖沟 ··· 云南兜跳蛛 *P. yunnanensis*
   兜远离生殖沟 ·· 6
6. 两交媾腔前缘愈合 ······································· 林芝兜跳蛛 *P. linzhiensis*
   两交媾腔前缘不愈合 ·· 7
7. 纳精囊梨形 ·· 毛垛兜跳蛛 *P. strupifer*
   纳精囊管状 ·· 饰圈兜跳蛛 *P. vittatus*

(268) 金希兜跳蛛 *Ptocasius kinhi* Zabka, 1985 (图 271)

Ptocasius kinhi Zabka, 1985: 440, figs. 513-516 (D♂); Peng *et* Kim, 1998: 414, figs. 3A-D (D♀♂).

雄蛛：体长 6.1；头胸部长 3.1，宽 2.4；腹部长 3.0，宽 1.8。前眼列宽 2.0，后眼列宽 2.0，后中眼稍偏前，眼域长 1.3。背甲被褐色长毛及白色短毛，暗褐色，边缘深褐色；眼上及基部周围黑色，中窝纵向，黑色。胸甲褐色，周围被褐色长毛；前缘宽于后缘。额褐色，被稀疏的黑色长毛，额高不及前中眼直径的 1/4。螯肢黑褐色，被褐色长毛，前齿堤 2 齿，基部相连，后齿堤 1 齿。颚叶、下唇深褐色，端部色浅具绒毛。步足深褐色，轮纹不明显，多刺和毛。腹部长卵形，背面灰褐色，两侧深褐色，中部有浅色斑 1 对，其后有"山"字形纹 5 个。腹面灰褐色，有 4 条点状纵条纹。纺器灰黑色。

雌蛛：尚未发现。

观察标本：1♂，云南，1987.X，王家福采 (HNU)。

地理分布：云南；越南。

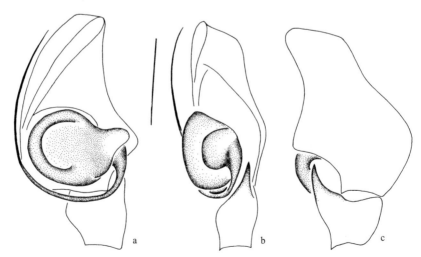

图 271 金希兜跳蛛 *Ptocasius kinhi* Zabka

a-c. 触肢器 (palpal organ): a. 腹面观 (ventral), b. 后侧观 (retrolateral), c. 背面观 (dorsal) 比例尺 scales = 0.50

(269) 林芝兜跳蛛 *Ptocasius linzhiensis* Hu, 2001 (图 272)

Ptocasius linzhiensis Hu, 2001: 407, figs. 259.1-3 (D♀).

雌蛛：体长 6.10；头胸部长 2.50，宽 1.80；腹部长 3.70，宽 2.60。前眼列宽 1.25，中眼列宽 1.10，后眼列宽 2.22。眼域长 0.97，约为头胸部长的 2/5，背甲栗褐色，布有白色短毛，中窝后方有 1 条黄色球棒状斑纹，眼被黑色斑包围，前眼列从背面观微后曲，后中眼位于前列眼之间偏前。螯肢棕褐色，前齿堤 2 齿，第 1 齿大于第 2 齿，后齿堤 1 大齿。触肢黄褐色，具黑褐色轮纹，多黑褐色长毛。颚叶黄褐色，下唇长大于宽，褐色，前端较窄，呈白色。胸甲黄色，布有褐色长刚毛，周缘围着褐色宽边。步足黄褐色，各腿节具黑色块斑和条斑，其余各节具黑色轮纹，各腿节有 2 对背刺。第 I、II 步足胫节各有 3 对腹刺，后跗节各有 2 对腹刺。足式：IV，III，I，II。腹部长椭圆形，背面黑褐色，密布黄色小点斑，心脏斑褐色，其两侧显黄色，心脏斑后端两侧各有 1 对黄色斜斑，两两呈 "八" 字形排列，第 1 对黄斑较小，第 2 对黄斑大而醒目。腹部腹面黄色并布有褐色小圆斑。外雌器长大于宽，前缘狭窄且呈弧形，交媾管开口的裂缝位于左右凹面中部，盲兜 2 个，较小，呈黑色，各位于外雌器后侧角的后缘内侧，交媾管粗长且扭曲 (引自 Hu, 2001)。

雄蛛：尚未发现。

观察标本：正模♀，西藏林芝，海拔 3000m，1988.VII.30，张涪平采 (未镜检)；副模 2♀，采集信息同正模。

地理分布：西藏 (林芝)。

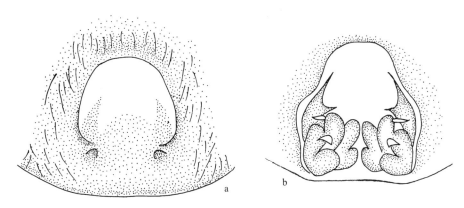

图 272　林芝兜跳蛛 *Ptocasius linzhiensis* Hu (仿 Hu, 2001)
a. 生殖厣 (epigynum), b. 阴门 (vulva)

(270) 山形兜跳蛛 *Ptocasius montiformis* Song, 1991 (图 273)

Ptocasius montiformis Song, 1991a: 163, figs. 1A-D (D♀); Song, Zhu *et* Chen, 1999: 543, figs. 313T-U (♀).

　　雌蛛：体长 5.10-5.60。体长 5.10 者，头胸部长 2.40，宽 1.90；腹部长 2.80，宽 1.80。背甲深褐色，边缘各眼基部、眼域两侧及前缘黑色，各眼基部周围有白毛；中窝暗褐色，很短；颈沟、放射沟不明显；中窝后方有 1 三角形浅黄色斑。胸甲盾形，灰褐色，边缘灰黑色。额浅褐色，被少许白毛及褐色毛。螯肢深褐色，前齿堤 2 齿，后齿堤 1 齿。颚叶、下唇深褐色，端部色浅有灰黑色绒毛。步足褐色至黑褐色，腿节上有椭圆形浅色斑；足刺较强状，第 I、II 步足胫节腹面具刺 3 对，后跗节腹面各具刺 2 对。腹部长卵形，背面密被白色及灰黑色毛，前缘及中央各有 1 条白色横带贯穿左右，末端中央有 1 白色圆斑。腹面灰白色底，斑纹灰黑色，中央有 3 条纵带，末端愈合，两侧有许多灰黑色斜纹。纺器灰黄色。

　　雄蛛：尚未发现。

　　观察标本：1♀，云南勐腊，1984.VII.20 (IZCAS)；1♀，云南勐腊，1984.III.17 (IZCAS)。

　　地理分布：云南。

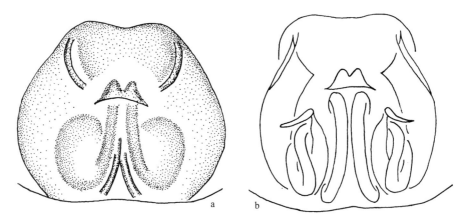

图 273　山形兜跳蛛 *Ptocasius montiformis* Song

a. 生殖厣 (epigynum), b. 阴门 (vulva)

(271) 宋氏兜跳蛛 *Ptocasius songi* Logunov, 1995 (图 274)

Ptocasius songi Logunov, 1995c: 243, figs. 32-34 (D♂); Song, Zhu *et* Chen, 1999: 543, figs. 312O-P (♂).

　　雄蛛：头胸部长 2.33，宽 1.73，后侧眼处高 1.18；腹部长 2.25，宽 1.50。前眼列宽 1.53，后眼列宽 1.45，眼域长 1.18，前中眼直径 0.50。螯肢长 0.75。额高 0.15。背甲黑棕色，着浅色毛。眼域黑色。胸部有黄色纵向条纹。胸甲黄色，边缘棕色。颚叶和下唇棕色。顶端黄色。螯肢棕色。步足黄棕色，但第 I 步足腿节前侧黑色。刺式：第 I 步足腿节 d0-1-1-3，胫节 pr0-1，v 2-2ap，后跗节 v2-2ap；第 II 步足腿节 d0-1-1-2，膝节 pr0-1-0，胫节 pr1-1，b2-2-2ap，后跗节 v2-2ap；第 III 步足腿节 d0-1-1-3，膝节 pr 和 rt0-1-0，胫节 pr 和 rt1-1-1，v1-0-2ap，后跗节 pr1-1-2ap，rt1-2ap，v2ap；第 IV 步足腿节 d0-1-1-2，膝节 pr 和 rt0-1-0，胫节 pr 和 rt1-1-1，v.1-0-2ap，后跗节 pr 和 rt1-1-2ap，v2ap。腹部受损，颜色无法研究。书肺黄色。纺器淡黄色夹杂棕色 (引自 Logunov, 1995)。

雌蛛：尚未发现。

观察标本：无镜检标本。

地理分布：四川。

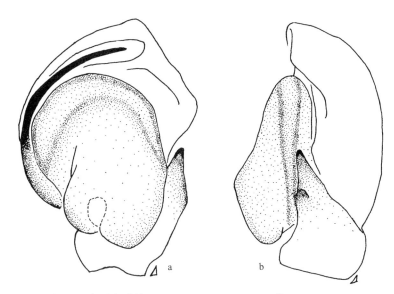

图 274　宋氏兜跳蛛 *Ptocasius songi* Logunov (仿 Logunov, 1995)

a-b. 触肢器 (palpal organ)：a. 腹面观 (ventral)，b. 后侧观 (retrolateral)

(272) 毛垛兜跳蛛 *Ptocasius strupifer* Simon, 1901 (图 275)

Ptocasius strupifer Simon, 1901f: 65 (D♂); Chen *et* Zhang, 1991: 317, figs. 337.1-5 (♀); Song, Zhu *et* Li, 1993: 887, figs. 64A-C (♀♂); Peng *et al.*, 1993: 196, figs. 688-694 (♀♂); Song, Chen *et* Zhu, 1997: 1740, figs. 54a-c (D♀♂); Song, Zhu *et* Chen, 1999: 543, figs. 312Q, 313V, 329A (♀♂); Peng, Tso *et* Li, 2002: 9, figs. 36-42.

雄蛛：体长 6.10-8.85。体长 6.10 者，头胸部长 2.90，宽 2.50；腹部长 3.20，宽 2.10。头胸部高且隆起，背甲暗褐色，除前中眼外，其余各眼周围黑色。眼域长 1.30，前眼列宽 1.90，后眼列宽 1.95。中窝附近及背甲侧缘匀被灰白色毛丛。螯肢红褐色，前齿堤 2 齿，后齿堤 1 板齿，胸甲褐色，颚叶、下唇红褐色。步足之基节、转节褐色。第 I、II 步足暗褐色；第 III、IV 步足腿节暗褐色，膝节、胫节具黄褐色横带，末端有 1 黄白色圆斑，被灰白色毛。体密被白色、淡褐色细毛，有的个体腹部背面有 1 条反光的正中纵带，两侧色较暗。腹面褐色，两侧有线纹状斑点。纺器褐色。触肢器的插入器起始于生殖球的基部，较长，生殖球呈倒鞋形。

雌蛛：体长 5.45-8.05。体长 5.45 者，头胸部长 2.65，宽 2.20；腹部长 2.90，宽 1.89。

前眼列宽 1.75，后眼列宽 1.80，眼域长 1.23。雌蛛体形、斑纹都与雄蛛相似。步足之基节、转节褐色，腿节暗褐色，其余各节黄褐色，步足密被灰褐色细毛及褐色刺。腹部长卵圆形，背面灰褐色底，有 2 条黄白条横带，腹部末端有 1 个同色圆斑，密被白色细毛。腹面灰黄色，正中有 3 条褐色纵带，两侧有暗褐色纵线纹。纺器黄褐色。生殖厣有 2 个典型的钟兜，交媾孔很大，交媾管长，纵向缠绕数圈。

观察标本：3♂，湖南桑植楠木坪，1984.Ⅷ.20；1♂1♀，湖南湘阴，1983.Ⅷ.27；1♂，湖南张家界，1986.Ⅷ；1♂，湖南绥宁黄桑，1984.Ⅷ；1♀，湖南炎陵县，Ⅶ.30；1♀，湖南宜章县林场；2♀，衡阳岣嵝峰，1997.Ⅶ.30，彭贤锦采；4♀，湖南城步汀坪，1982.Ⅶ.31；1♀，湖南石门壶瓶山，2002.Ⅶ.30；2♂1♀，湖南石门壶瓶山江坪，2003.Ⅶ.6-8，唐果采。

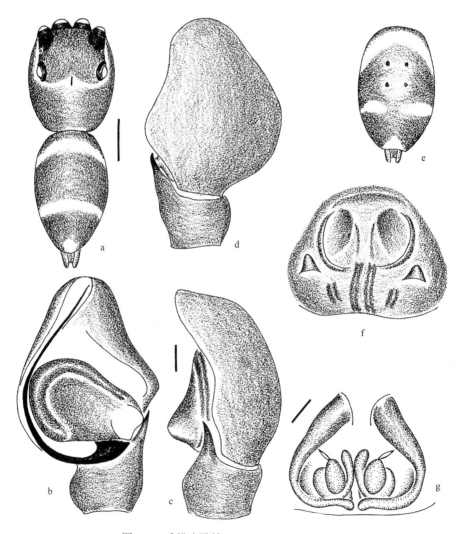

图 275　毛垛兜跳蛛 *Ptocasius strupifer* Simon

a. 雄蛛外形 (body ♂), b-d. 触肢器 (palpal organ)：b. 腹面观 (ventral), c. 后侧观 (retrolateral), d. 背面观 (dorsal), e. 雌蛛腹部 (abdomen ♀), f. 生殖厣 (epigynum), g. 阴门 (vulva)　比例尺 scales = 1.00 (a, e), 0.20 (b-d, f-g)

地理分布：湖南 (石门、张家界、桑植、湘阴、衡阳、炎陵、绥宁、城步、宜章)、福建、台湾、香港、海南、广西、云南；越南。

(273) 饰圈兜跳蛛 *Ptocasius vittatus* Song, 1991 (图 276)

Ptocasius vittatus Song, 1991a: 164, figs. 2A-C (D♀); Song, Zhu *et* Chen, 1999: 543, figs. 313W-X (♀).

雌蛛：体长 4.92；头胸部长 2.52，宽 1.94；腹部长 2.39，宽 1.52。前眼列宽 1.80，后中眼宽 1.60，眼域长 1.71。背甲褐色，除前中眼外各眼基部黑色，毛稀少；中窝黑色，纵条状；颈沟、放射沟清晰可见。额浅黄褐色，被稀疏的白色及浅褐色长毛；额高不及前中眼的 1/2。胸甲盾形，边缘光滑，灰黑色，边缘内侧有浅色缘带。螯肢浅黄褐色，粗短，前齿堤 2 齿，后齿堤板齿 2 分叉。颚叶、下唇浅黄褐色，端部色浅具深色绒毛。步足浅黄色至白色；足刺多而壮，第 I、II 步足胫节腹面各具刺 3 对，后跗节腹面各具刺 2 对。腹部约呈栓状，白色底，有 2 条宽的灰褐色纵带贯穿左右侧，第一条横带上有 2 个浅色环纹，腹末有 1 白色圆斑。腹部腹面灰白色，有 4 条深灰色细纵条纹。纺器浅灰褐色。

雄蛛：尚未发现。

观察标本：1♂，海南尖峰岭，1983.III.17 (IZCAS)。

地理分布：海南。

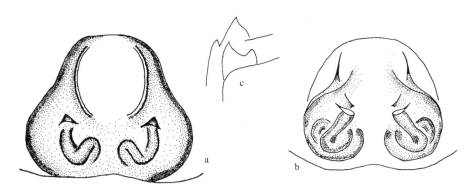

图 276　饰圈兜跳蛛 *Ptocasius vittatus* Song
a. 生殖厣 (cpigynum), b. 阴门 (vulva), c. 雌性螯肢齿堤 (cheliceral teeth ♀)

(274) 云南兜跳蛛 *Ptocasius yunnanensis* Song, 1991 (图 277)

Ptocasius yunnanensis Song, 1991a: 165, figs. 3A-D (D♀); Song, Zhu *et* Chen, 1999: 543, figs. 314A-B (♀).

雌蛛：体长 6.11；头胸部长 2.96，宽 2.39；腹部长 2.90，宽 2.20。前眼列宽 2.26，后眼列宽 2.23，眼域长 1.39。背甲褐色，边缘、各眼基部、眼域两侧及前缘黑色；中窝黑色、纵条状；颈沟、放射沟清晰可见；胸区中央有 1 对深色纵带；眼域边缘被白色短毛。胸甲盾形，中央隆起；浅褐色，边缘深褐色；被较密的褐色短毛。额褐色，前缘黑色，额高约为前中眼半径的一半，被较密的白毛。螯肢褐色，前齿堤 2 齿，后齿堤 1 齿。颚叶、下唇深褐色，端部黄褐色具深色绒毛。步足浅褐色，具深色轮纹，第 I、II 步足颜色深，足刺较多、较短，胫节腹面各具刺 3 对，后跗节腹面各具刺 2 对。腹部柱状，浅黄色底，两侧为灰黑色不规则斜纹，中央正中有 1 大的三角形黑斑，后端中央有 4 个黑色弧形纹。腹面浅黄色底，散布灰黑色点状及块状斑，纺器灰黄色。

雄蛛：尚未发现。

观察标本：1♀，云南勐腊，1984.III.28 (IZCAS)。

地理分布：云南。

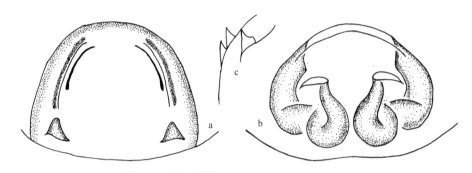

图 277　云南兜跳蛛 Ptocasius yunnanensis Song

a. 生殖厣 (epigynum), b. 阴门 (vulva), c. 雌性螯肢齿堤 (cheliceral teeth ♀)

64. 宽胸蝇虎属 *Rhene* Thorell, 1869

Rhene Thorell, 1869: 37.

Type species: *Rhene flauigera* (C. L. Koch, 1848).

头胸部前部平坦，梯形或方形，后部收缩并急剧倾斜。眼域占头胸部大半，梯形，后侧眼明显宽于前眼列，后中眼位于前、后侧眼之间紧接前侧眼基部。雄蛛螯肢内侧有缺刻。身体多被白色鳞状毛，并形成明显的白斑。生殖球大，袋状，生殖球顶部通常有引导器与插入器伴行，胫节突 1 个。外雌器的交媾管有的弯曲，有的不弯曲。从外形及生殖球的结构看，本属与翘蛛属 *Irura*、追蛛属 *Dendryphantes* 及长腹蝇虎属 *Zeuxippus* 很相近。它们之间的区别分别见这几个属的描述。此外，本属还与 *Homalattus*、*Simaetha*、*Stertinius* 属相似。

该属已记录有 50 种，主要分布在中国、印度、韩国、东南亚。中国记录 11 种。

种 检 索 表

1.　雄蛛···2

　　雌蛛···9

2. 引导器难以见及 ··· 锈宽胸蝇虎 *R. rubrigera*
   引导器明显可见 ·· 3
3. 引导器弯曲成弓形 ·· 4
   引导器较直 ·· 7
4. 插入器与引导器交叉 ··· 叉宽胸蝇虎 *R. biembolusa*
   插入器与引导器不交叉 ··· 5
5. 引导器粗大，片状 ··· 暗宽胸蝇虎 *R. atrata*
   引导器细长 ·· 6
6. 引导器端部尖细 ··· 指状宽胸蝇虎 *R. digitata*
   引导器端部钝圆 ··· 阿贝宽胸蝇虎 *R. albigera*
7. 生殖球顶部有 3 个突起 ··· 三突宽胸蝇虎 *R. triapophyses*
   生殖球顶部有 2 个突起 ··· 8
8. 引导器粗大，片状 ··· 伊皮斯宽胸蝇虎 *R. ipis*
   引导器细小，指状 ··· 条纹宽胸蝇虎 *R. setipes*
9. 两交媾腔分离前缘愈合 ··· 印度宽胸蝇虎 *R. indica*
   两交媾腔分离 ·· 10
10. 交媾腔几乎横向 ·· 锈宽胸蝇虎 *R. rubrigera*
    交媾腔斜向 ··· 11
11. 交媾腔封闭 ·· 普拉纳宽胸蝇虎 *R. plana*
    交媾腔不封闭 ··· 12
12. 兜远离生殖沟 ··· 叉宽胸蝇虎 *R. biembolusa*
    兜紧靠生殖沟 ··· 13
13. 交媾管长，折叠成多个半圆形 ·· 黄宽胸蝇虎 *R. flavigera*
    交媾管短，简单折叠成 "S" 字形 ·· 暗宽胸蝇虎 *R. atrata*

(275) 阿贝宽胸蝇虎 *Rhene albigera* (C. L. Koch, 1846) (图 278)

Rhanis albigera C. L. Koch, 1846: 87, fig. 1341 (D♂).
Rhene albigera (C. L. Koch, 1846): Simon, 1901a: 635, 639, fig. 749 (D♂); Peng *et al.*, 1993: 198, figs. 695-699 (D♂); Song, Zhu *et* Chen, 1999: 543, figs. 314C, J, 329C (♂).

雄蛛：体长 6.50-7.40。体长 6.90 者，头胸部长 3.10，宽 3.00；腹部长 3.80，宽 3.20。前眼列宽 1.70，后中眼位于前侧眼基部，后眼列宽 2.80，远宽于前眼列宽。眼域长 1.80。背甲深褐色，前眼列后缘有白毛形成的横带，两侧有 2 条宽的白色纵带，边缘黑色，内缘白色。眼丘黑色，眼域深褐色至黑色。胸甲橄榄状，被白色长毛。螯肢前齿堤 2 齿，后齿堤 1 齿。颚叶、下唇褐色。步足褐色被白毛，刺少，短而弱。第 I 步足最长，粗壮而有浓密的毛丛，仅腿节上有侧刺；膝节无刺；第 I 步足胫节腹面端部 1/3 部分前侧有刺 2 根，后侧有刺 1 根。第 I 步足后跗节腹面端部有刺 1 对，基部有刺 1 根或 1 对。第 II 步足上的刺，同一个体左右步足有不对称的情况。腹部背面浅褐色，肌痕 3 对，黑褐色，其间为黑褐色的心脏斑。前端两侧有 1 对大的三角形白斑，后端 1/3 处有 1 白色弧形带，均由白毛覆盖而成。腹部腹面中央有 1 大的三角形黑斑，其上有 4 条由黄色小点形成的细条纹。纺器周围有 1 黑色环状斑。触肢器的插入器腹面观呈三角形，引导器弯曲呈弓状，末端尖且与插入器分开较远。

雌蛛：尚未发现。

观察标本：1♂，湖南城步汀坪，1982.Ⅷ，王家福采；1♂，湖南绥宁，1996.Ⅹ，刘明星采；1♂，湖南宣章，1982.Ⅵ，张永靖采；1♂，湖南江永，1982.Ⅷ，颜亨梅采；1♂，云南勐海，1987.Ⅲ.5；6♂，福建崇安，1986.Ⅶ，王家福采；4♂，云南勐腊，1981.Ⅷ，王家福采。

地理分布：福建、湖南 (绥宁、城步、宣章、江永)、广西、四川、云南；越南，印度，韩国，苏门答腊，马来西亚。

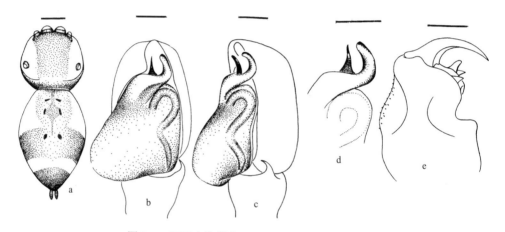

图 278　阿贝宽胸蝇虎 Rhene albigera (C. L. Koch)

a. 雄蛛外形 (body ♂), b-d. 触肢器 (palpal organ)：b. 腹面观 (ventral), c. 后侧观 (retrolateral), e. 生殖球顶部 (terminal portion of genital bulb), f. 雄性螯肢 (chelicera ♂)　比例尺 scales = 1.00 (a), 0.20 (b-f)

(276) 暗宽胸蝇虎 Rhene atrata (Karsch, 1881) (图 279)

Homalattus atratus Karsch, 1881c: 39 (D♀♂).

Rhene atrata (Karsch, 1881): Bösenberg *et* Strand, 1906: 355, pl. 9, figs. 132, 145, pl. 13, fig. 348 (♀♂); Hu, 1984: 388, figs. 404.1-2 (D♀♂); Chen *et* Gao, 1990: 195, figs. 249a-b (♀♂); Song, Zhu *et* Li, 1993: 887, figs. 65A-C (♀♂); Peng *et al.*, 1993: 200, figs. 700-707 (♀♂); Zhao, 1993: 421, figs. 219a-b (♀♂); Song, Chen *et* Zhu, 1997: 1741, figs. 55a-d (♀♂); Song, Zhu *et* Chen, 1999: 543, figs. 314D, K, 329D (♀♂).

Dendryphantes atratus (Karsch, 1881): Prószyński, 1973b: 102, figs. 15-22 (T♀♂ from *Rhene*, rejected); Yin *et* Wang, 1979: 29, figs. 4A-E (♀♂); Chen *et* Zhang, 1991: 306, figs. 324.1-7 (♀♂).

Dendryphantes afrata (Karsch, 1881): Hu, 1984: 357, figs. 371.1-6, 372.1-5 (♀♂).

雌蛛：体长 6.80-8.00。体长 8.00 者，头胸部长 3.00，宽 3.30；腹部长 5.00，宽 3.50。

前眼列宽 1.90，后中眼位于前侧眼基部，后眼列宽 3.00，眼域长 0.90，梯形。背甲黑褐色，眼域及胸部两侧黑色被白毛。胸甲狭长，长约为宽的 2 倍，赤褐色，被长毛。螯肢黑褐色，被白毛，前齿堤 2 齿，后齿堤 1 大齿，齿堤具毛丛。颚叶、下唇黑褐色，端部颜色较浅，具毛丛。步足褐色至黑褐色，被白毛，刺少而短。第 I 步足基节宽大，长于第 II 步足基节与转节长度之和。第 I 步足胫节腹面端部 1/3 段外侧具刺 2 根，内侧具刺 1 根，后跗节腹面具刺 2 对。第 II 步足胫节腹面前侧具刺 1 根，后侧具刺 2 根；后跗节腹面具刺 2-3 根。腹部背面灰黄色，肌痕 3 对，深褐色，心脏斑长条形，后端有 3 条白色弧形纹。腹部腹面浅灰色，有 4 条由深褐色小点形成的细纹。有的末端有 2 个大的黑斑。纺器灰褐色，基部有 1 黑色圆环。

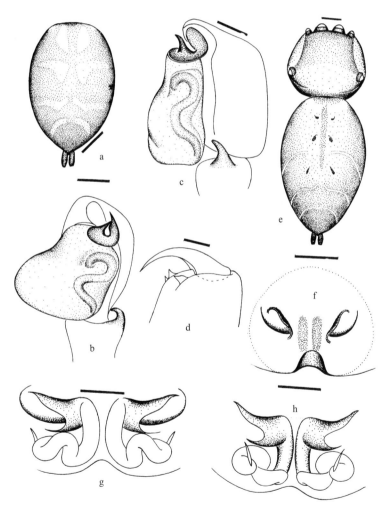

图 279　暗宽胸蝇虎 *Rhene atrata* (Karsch)

a. 雄蛛腹部 (abdomen ♂), b-c. 触肢器 (palpal organ): b. 腹面观 (ventral), c. 后侧观 (retrolateral), d. 雄性螯肢 (chelicera ♂), e. 雌蛛外形 (body ♀), f. 生殖厣 (epigynum), g-h. 阴门 (vulva): g. 腹面观 (ventral), h. 背面观 (dorsal)

比例尺 scales = 0.50 (a, e), 0.10 (b-d, f-h)

雄蛛：体长 4.00-6.00。体长 5.90 者，头胸部长 2.60，宽 2.20；腹部长 3.30，宽 2.10。前眼列宽 1.50，后眼列宽 2.20，眼域长 1.40。腹部背面的斑纹有 2 种类型，其中一类与阿贝宽胸蝇虎 *R. albigera* 相同。生殖球顶部结构有一定的变异幅度。

观察标本：6♀，湖南炎陵，1981.Ⅶ.27，张永靖采；2♂，湖南张家界，1987.Ⅶ.8，彭贤锦采；1♀1♂，湖南城步，1982.Ⅶ.22，张永靖采；1♀，湖南城步汀坪，1982.Ⅷ.1，王家福采；1♀，湖南绥宁，1982.Ⅷ，张永靖采。

地理分布：福建、山东、湖南 (张家界、炎陵、绥宁、城步)、广东、广西、四川、云南、陕西、甘肃、台湾；越南，印度，日本，韩国，俄罗斯。

(277) 叉宽胸蝇虎 *Rhene biembolusa* Song *et* Chai, 1991 (图 280)

Rhene biembolusa Song *et* Chai, 1991: 23, figs. 14A-E (D♂); Peng, Xie *et* Kim, 1994: 32, figs. 5-9 (♀♂, D♀); Song, Zhu *et* Chen, 1999: 543, figs. 314E-F, M-N, 328E (♀♂).

雄蛛：体长 5.0-5.9；头胸长 2.3，宽 2.3。背甲棕红色，密被细而长的白色绒毛。边缘棕黑色，被白毛，胸区前端梯形，后端变狭而极度倾斜。眼域长 1.5，约占头胸部的 2/3，前眼列宽 1.3，后眼列宽 2.2，后中眼极度偏前，紧接前侧眼。前眼列后方及眼域两侧及外缘密被白毛。前后侧眼相等，前中眼距与前中侧眼距相等，前中眼为前侧眼的 2 倍。眼域中央颜色深暗，眼丘黑色，额暗棕色，高约小于前中眼半径。螯肢红棕色，前齿堤 2 齿，并向背伸出 1 大的突起。后齿堤 1 齿，切刻明显。颚叶、下唇棕色，胸甲橄榄状，长约为宽的 2 倍，被白毛。步足棕红色，除第 I 步足有密的浓毛外，其余各足少毛和刺。第 I 步足基节粗壮而长，长于第 II 步足转节与基节长度之和。第 I 步足胫节腹面端部 1/3 部分背侧有刺 2 根，腹侧 1 根；后跗节腹面有刺 2 对。第 II 步足胫节腹面有刺 2-3 根，后跗节腹面具刺 2 根；第 III、IV 步足少刺。腹部背面棕色，末端灰黑色，前端两侧各有 1 三角形白斑，后端有 1 白色横带，均由白毛覆盖而成。肌斑 3 对。腹面灰色到棕灰色，有 4 条由浅色小点形成的细条纹。纺器灰棕色。

雌蛛：体长 3.4-4.0；头胸长 1.9，宽 2.0。背甲棕黄色，被细而长的白毛，眼域梯形，后眼列宽 2.0，前眼列宽 1.1，眼域长 1.4，占头胸部的 3/4，前中眼是前侧眼的 2 倍，前后侧眼相等，后中眼紧接前侧眼。额被长的白毛，高不及前中眼的半径。螯肢前齿堤 2 齿，后齿堤 1 齿。胸甲中央灰黑色，被白毛。第 II 步足胫节腹面有 1-2 刺，后跗节有 1 刺。腹部背面灰色，被白毛及棕色毛，肌痕 3 对，棕色，后端有 3 条白色弧形纹，此纹边缘被棕色毛。腹面灰黄色，有的有 4 条灰黑色条纹，有的有 4 条由浅色小点形成的细条纹，纺器灰棕色，基部有 1 黑色圆环。其余同雄蛛。

观察标本：1♂，海口人民公园，1975.Ⅺ.31，朱传典采 (JLU)；1♂，广东硇州岛，1985.Ⅵ.30，王家福采 (HNU)；1♂，广西南宁，1985.Ⅶ.14，张永靖采 (HNU)；1♂，湛江，1985.Ⅶ.5，张永靖采 (HNU)；2♂，云南，1981.Ⅲ.7，王家福采 (HNU)；1♀，海南，1975.Ⅻ.18，朱传典采 (JLU)；1♀，广西大雷山，1985.Ⅶ.12，张永靖采 (HNU)；1♀，云南，1981.Ⅲ.7，王家福采 (HNU)；1♀，云南，1987.Ⅹ，王家福采 (HNU)；1♀，云南，1987.Ⅹ，王家福采 (HNU)。

地理分布：广东、广西 (南宁、湛江)、海南、云南。

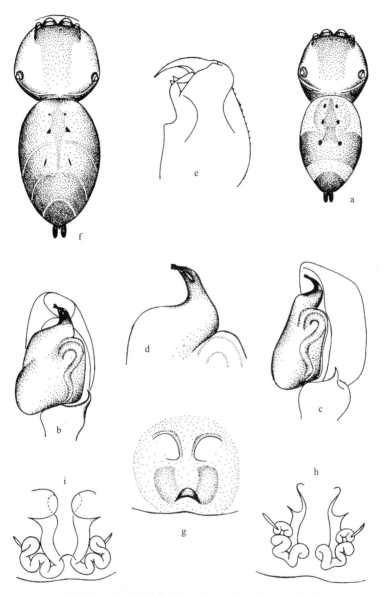

图 280　叉宽胸蝇虎 *Rhene biembolusa* Song *et* Chai

a. 雄蛛外形 (body ♂), b-d. 触肢器 (palpal organ): b. 腹面观 (ventral), c. 后侧观 (retrolateral), d. 插入器 (embolus), e. 雄性螯肢 (chelicera ♂), f. 雌蛛外形 (body ♀), g. 生殖厣 (epigynum), h-i. 阴门 (vulva): h. 腹面观 (ventral), i. 背面观 (dorsal)

(278) 指状宽胸蝇虎 *Rhene digitata* Peng *et* Li, 2008 (图 281)

Rhene digitata Peng *et* Li, in: Peng, Tang *et* Li, 2008: 251, f. 12-14 (D♂).

雄蛛：体长 4.6；头胸部长 1.9，宽 1.9；腹部长 2.7，宽 1.9。前眼列宽 1.7，后眼列宽 1.8。眼域长 1.1。背甲褐色，眼域色深，各眼基部、背甲边缘黑色；被白色及褐色细长毛，眼域两侧及前缘尚被有短的白色扁平状毛。胸甲椭圆形，褐色，中央稍隆起、灰黑色，被黑褐色短毛。额褐色，前缘色深，被暗褐色刷状长毛。螯肢深褐色，端部色稍浅，被褐色及浅褐色毛；前齿堤 2 齿较短，后齿堤 1 齿。颚叶、下唇暗褐色，端部浅褐色具绒毛。下唇长条状，长明显大于宽。步足褐色，具浅色斑；足刺少，有少许白色短毛及褐色长毛。腹部卵形，背面灰褐色，被白色及褐色短毛；肌痕 3 对；两侧有 4 对由白毛覆盖而成的弧纹。腹部腹面深灰褐色。纺器褐色，被褐色毛。

雄蛛：尚未发现。

本种与 *R. albigera* (C. L. Koch, 1848) 相似，但有以下区别：①引导器长，弓状，远端尖细呈针状，而后者的则粗短，指状；②胫节突明显长于后者。本种种名来自其指状插入器。

观察标本：1♂，湖北武师，XII.8。

地理分布：湖北。

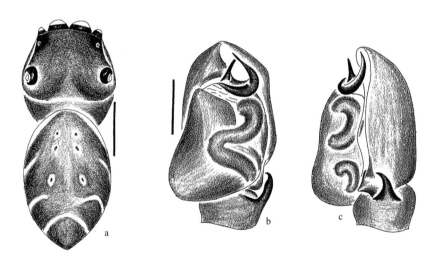

图 281 指状宽胸蝇虎 *Rhene digitata* Peng *et* Li

a. 雄蛛外形 (body ♂), b-c. 触肢器 (palpal organ)：b. 腹面观 (ventral), c. 后侧观 (retrolateral)

比例尺 scales = 1.00 (a), 0.20 (b-c)

(279) 黄宽胸蝇虎 *Rhene flavigera* (C. L. Koch, 1846) (图 282)

Rhanis flavigera C. L. Koch, 1846: 86, fig. 1340 (D♀).

Rhene flavigera (C. L. Koch, 1846): Thorell, 1869: 37; Chen *et* Zhang, 1991: 313, figs. 333.1-3 (♀); Peng *et al.*, 1993: 201, figs. 708-714 (♀); Song, Zhu *et* Chen, 1999: 543, figs. 314G-H (♀).

雌蛛：体长 6.10-7.00。体长 6.40 者，头胸部长 2.70，宽 2.70；腹部长 3.70，宽 2.80。前眼列宽 1.60，后中眼位于前侧眼基部，后眼列宽 2.60，眼域长 1.70。背甲赤褐色，密被白色绒毛，前部梯形，后部变狭并急剧倾斜，眼域及眼丘黑色。额被白色长毛，高不及前中眼的半径。胸甲长约为宽的 2 倍，褐色，被白色长毛。螯肢赤褐色，背面被白毛，前齿堤 2 齿，后齿堤 1 大齿。颚叶、下唇黑褐色，步足赤褐色，被白毛，足刺少而短。第 I 步足颜色最深，且粗壮而长。第 I 步足胫节腹面端部 1/3 部分前侧有刺 2 根，后侧具刺 1 根，后跗节腹面有刺 2 对。第 II 步足胫节腹面前侧有刺 3-4 根，后跗节腹面有刺 2-3 根。腹部背面灰褐色，肌痕 3 对，赤褐色，后端有 3 条白色斜纹。腹部腹面灰黑色，有 4 条由深褐色小点形成的细纹。纺器褐色。

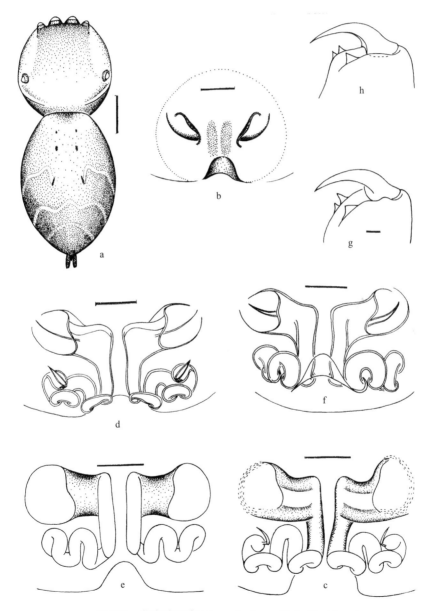

图 282　黄宽胸蝇虎 *Rhene flavigera* (C. L. Koch)

a. 雌蛛外形 (body ♀), b. 生殖厣 (epigynum), c-f. 阴门 (vulva)：c-d. 背面观 (dorsal), e-f. 腹面观 (ventral), g-h. 螯肢 (chelicera)　比例尺 scales = 1.00 (a), 0.10 (b-h)

雄蛛：尚未发现。

观察标本：2♀，湖南城步，1982.Ⅷ，张永靖采；1♀，湖南炎陵中村，1981.Ⅶ.27；6♀，湖南绥宁黄桑，1984.Ⅷ，王家福采；1♀，湖南石门江坪，1987.Ⅷ，张古忍采；1♀，福建三港，1987.Ⅵ.8，谢莉萍采。

地理分布：福建、湖南 (石门、炎陵、绥宁、城步)、广西、云南；越南，苏门答腊。

(280) 印度宽胸蝇虎 *Rhene indica* Tikader, 1973 (图 283)

Rhene indica Tikader, 1973c: 68, figs. 1-4 (D♀♂); Hu *et* Li, 1987b: 333, figs. 50.1-3 (♀); Hu, 2001: 413, figs. 263.1-3 (♀).

雌蛛：体长 4.00。头胸部宽大于长，深棕褐色，密被黑褐色及白色绒毛，其后区甚宽于前区，眼域梯形，宽大于长，约占头胸部长度的 3/4，后眼列长于前眼列，前眼列微后曲，各眼间距相等，后中眼位于前、后眼列之间偏前。额高约为前侧眼半径长度。螯肢褐色，前齿堤 2 齿，后齿堤 1 齿。触肢黄褐色。颚叶褐色。下唇长大于宽，其基部呈黑褐色，端部白色。胸甲橄榄形，棕褐色，有黑色细毛，周缘围有黑色窄边。步足褐色，第 I 步足粗壮，胫节腹面外侧有 2 根粗刺，内侧有 1 根粗刺，后跗节有 2 对腹刺。腹部呈长椭圆形，背面前端呈灰白色，后半部为黑褐色，腹背两侧缘具黑色、黄色相间的斜纹。腹部腹面黑褐色。本种见于山野松林树皮间。

雄蛛：尚未发现

观察标本：吉隆，海拔 2800m，1984.Ⅵ.20，阎兆兴、普琼琼采。

分布：西藏；印度，安达曼群岛。

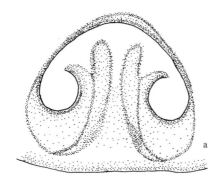 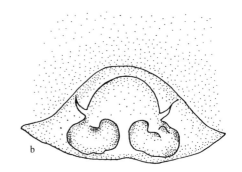

图 283　印度宽胸蝇虎 *Rhene indica* Tikader (仿 Tikader, 1973)
a. 生殖厣 (epigynum), b. 阴门 (vulva)

(281) 伊皮斯宽胸蝇虎 *Rhene ipis* Fox, 1937 (图 284)

Rhene ipis Fox, 1937d: 18, figs. 15 (D♂); Prószyński, 1987: 83 (♂).

雄蛛：体长 5.74；头胸部长 2.38，最宽处 2.87；腹部长 3.37，宽 2.47。头胸部背面中央有黑棕色区域，与前眼列前端一样宽，之后到后眼列处逐渐变细，然后在头胸部末端又扩展到与前端一样宽。后眼列区域呈红色。眼列周围均丛生白毛。头胸部两侧黑棕色，覆白毛。额厚，覆白毛。胸甲、颚叶末端、下唇黑棕色，下唇末端和颚叶浅棕色。步足与胸甲下方颜色或多或少相似，基节色浅。腹部上方浅棕色，有 3 对黑色点状纹，后侧方着生白毛。腹部两侧有白毛，前端较密集。腹面浅棕色，被稀疏白毛。前眼列后曲，中眼间距小于中侧眼间距，后中眼小，与前侧眼较近，后眼列比头胸部的宽度略小。眼域宽大于长 (56/42)，前端比后端窄 (40/56)，占头胸部总长的 4/5。额高等于前侧眼直径的 1/2。螯肢较低，边缘处有 1 黑色粗壮齿。胫节前端和后跗节有 2 对刺，触肢胫节末端有 1 小黑突起。生殖球如钳状 (引自 Prószyński, 1987)。

雄蛛：尚未发现。

观察标本：无镜检标本。

地理分布：四川。

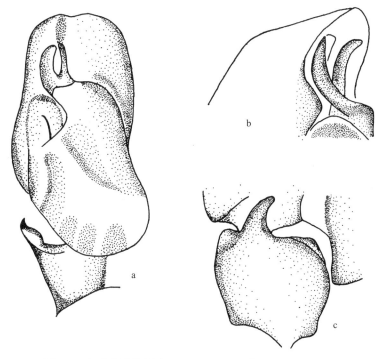

图 284　伊皮斯宽胸蝇虎 *Rhene ipis* Fox (仿 Prószyński, 1987)
a. 触肢器，腹面观 (palpal organ, ventral), b. 插入器 (embolus), c. 胫节突 (tibial apophysis)

(282) 普拉纳宽胸蝇虎 *Rhene plana* (Schenkel, 1936) (图 285)

Ballus planus Schenkel, 1936b: 244, fig. 80 (D♀).
Rhene plana (Schenkel, 1936): Logunov, 1993a: 51, figs. 3A-B (T♀ from *Ballus*); Song, Zhu *et* Chen, 1999: 558, figs. 315A-B (♀).

雌蛛：体长 4.84；头胸部长 2.06，宽 1.98，高 0.98；腹部长 2.78，宽 2.10。前眼列

宽 1.38，后眼列宽 2.00，眼域长 1.35。前侧眼直径 0.40。螯肢长 0.65，额高 0.05。头胸部棕红色。眼列周围黑色。背甲绿色。前眼列、额和螯肢前端覆白毛，后中眼与前眼列接近。胸甲、颚叶和下唇橙色。螯肢棕橙色。第 I 步足橙棕色，有稀疏可见的棕色环形。刺式：第 I 步足腿节 d1 (腿节末端)，胫节 v0-2，后跗节 v2-2ap；第 II 步足腿节 d0-1-1-2，后跗节 v0-1-0；第 III 步足腿节 d0-1-1-1，后跗节 d2ap；第 IV 步足腿节 d1-1-1，胫节 v1-0-2ap，后跗节 d2ap。腹部黄色杂夹浅黄色。背面前端着稀疏可见的棕色纵向条带。书肺黄色。纺器黄色。

雄蛛：尚未发现。

观察标本：无镜检标本。

地理分布：甘肃。

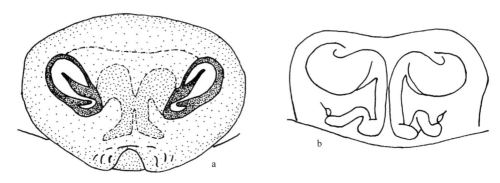

图 285 普拉纳宽胸蝇虎 *Rhene plana* (Schenkel) (仿 Logunov, 1993)

a. 生殖厣 (epigynum), b. 阴门 (vulva)

(283) 锈宽胸蝇虎 *Rhene rubrigera* (Thorell, 1887) (图 286)

Homalattus rubriger Thorell, 1887: 347 (D♂).

Rhene rubrigera (Thorell, 1887): Simon, 1903g: 733; Song, Zhu *et* Chen, 1999: 538, figs. 314O-P, 315C-D, 329F (♀♂); Zabka, 1985: 444, figs. 544-562 (♀♂); Peng, 1989: 159, figs. 12A-F (♀♂); Peng *et al.*, 1993: 203, figs. 715-722 (♀♂).

雄蛛：体长 5.20-6.00。体长 5.20 者，头胸部长 2.30，宽 2.05；腹部长 2.90，宽 1.80。前眼列宽 1.40，后眼列宽 2.05，眼域长 1.50。背甲褐色，被白毛，边缘黑色，有的个体两侧有白色粉状物形成的白斑，其内有白色纵带。眼域前端黑色，后中眼与前侧眼位于同一眼丘上。胸甲边缘黑色有白毛。螯肢褐色，有的个体螯基背面有由白毛覆盖而成的横带。颚叶、下唇黑褐色。步足赤褐色，被白毛，刺少，短而弱。第 I 步足长且粗壮，有毛丛。第 I 步足胫节腹面端部有 1 对刺，第 I、II 步足后跗节腹面有 2 对刺。第 I、II 步足仅腿节有侧刺。腹部背面黑褐色，肌痕 3 对，被白毛，前端有 1 对呈“八”字形排列的白色细纹，其后有 3-4 条白色弧形纹，均由白毛覆盖而成。心脏斑菱形，位于肌痕之间。腹部腹面浅黄色，有的个体正中有 1 大的方形黑斑，两侧各有 1 条由褐色小点形成的纵条纹。触肢器的引导器不易见及，仅见插入器，与本属其他种不同。

雌蛛：体长 6.00-6.80。体长 6.80 者，头胸部长 2.60，宽 2.60；腹部长 4.20，宽 3.20。前眼列宽 1.50，后眼列宽 2.50，眼域长 1.70。外形特征同雄蛛。外雌器的交媾管短，缠绕简单，开孔较小且有膜质结构相连。

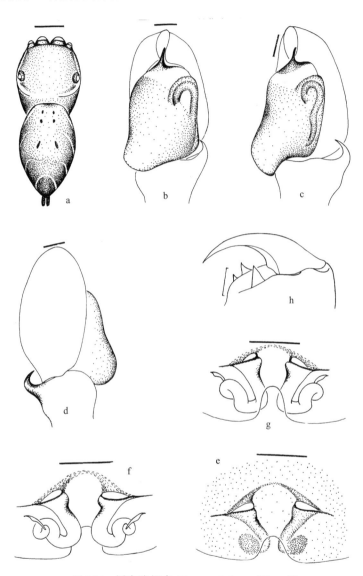

图 286　锈宽胸蝇虎 *Rhene rubrigera* (Thorell)

a. 雄蛛外形 (body ♂), b-d. 触肢器 (palpal organ): b. 腹面观 (ventral), c. 后侧观 (retrolateral), d. 背面观 (dorsal), e. 生殖厣 (epigynum), f-g. 阴门 (vulva): f. 背面观 (dorsal), g. 腹面观 (ventral), h. 螯肢 (chelicera)　比例尺 scales = 1.00 (a), 0.10 (b-h)

观察标本：1♂，湖南炎陵，1982.Ⅷ.9，张永靖采；1♂3♀，湖北武昌狮子山，1978.Ⅸ.25；1♂，云南勐海，1987.Ⅲ.5；1♀，广东佛山，1975.Ⅺ.26，朱传典采。

地理分布：湖北、湖南 (炎陵)、广东、云南；印度至苏门答腊，墨西哥，夏威夷。

(284) 条纹宽胸蝇虎 *Rhene setipes* Zabka, 1985 (图 287)

Rhene setipes Zabka, 1985: 445, figs. 563-566 (D♂); Peng *et* Li, 2002d: 471, figs. 2A-D (D♀♂).

雄蛛：体长 5.1；头胸部长 2.4，宽 2.3；腹部长 2.7，宽 2.2。前眼列宽 1.6，后眼列宽 2.2，眼域长 1.5。背甲褐色；各眼基部黑色，后中眼紧靠前侧眼基部后方；眼域两侧及前缘被较密的白色长毛；背甲两侧及眼域中央黑褐色，两侧后部有较密的白色短毛。胸甲梨状，长约为宽的 2 倍；褐色，边缘为深褐色缘带；中央灰褐色，被白色细毛。额极狭，褐色，前缘黑褐色，被长的黑褐色刷状毛。螯肢黑褐色，内侧有大的凹陷，前齿堤 2 齿较小，后齿堤 1 齿较大。步足暗褐色，环纹不明显，第 I 步足腿节背腹面、膝节

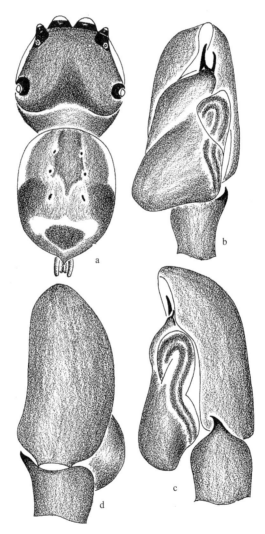

图 287　条纹宽胸蝇虎 *Rhene setipes* Zabka

a. 雄蛛外形 (body ♂), b-d. 触肢器 (palpal organ): b. 腹面观 (ventral), c. 后侧观 (retrolateral), d. 背面观 (dorsal)

及胫节腹面有密的刷状长毛；足刺少而短，第 I 步足胫节端部 2 对刺，后跗节腹面 2 对刺；第 II 步足胫节腹面端部后侧 1 根刺，后跗节腹面后侧 2 根刺、前侧 1 根刺。腹部宽卵形。背面褐色，前缘两侧有由白毛覆盖而成的纵斑；后端中央有白毛形成的横纹，其后为 1 大的黑斑，肌痕 3 对，色较深，心脏斑深褐色，清晰可见。腹部腹面浅灰色，中央有 1 灰黑色大斑。纺器灰褐色。

雌蛛：尚未发现。

观察标本：1♂，广西龙州县武德乡，海拔 350-550m，2000.Ⅵ.14，CG055，陈军采 (IZCAS)。

地理分布：广西；越南。

(285) 三突宽胸蝇虎 *Rhene triapophyses* Peng, 1995 (图 288)

Rhene triapophyses Peng, 1995: 35, figs. 1-5 (D♂); Song, Zhu *et* Chen, 1999: 538, figs. 314Q (D♀♂).

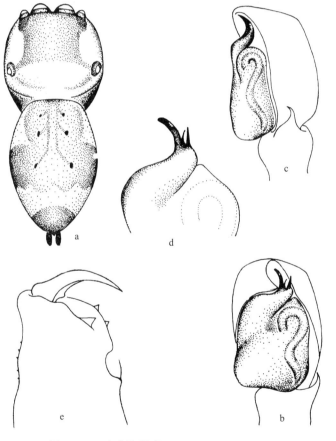

图 288　三突宽胸蝇虎 *Rhene triapophyses* Peng

a. 雄蛛外形 (body ♂), b-d. 触肢器 (palpal organ)：b. 腹面观 (ventral), c. 后侧观 (retrolateral), d. 插入器 (embolus), e. 雄蛛螯肢 (chelicera ♂)

雄蛛：体长 5.7；头胸部长 2.3，宽 2.1，棕红色，被白毛。前眼列宽 1.4，后眼列宽 2.0，眼域长 1.4，占头胸部的 2/3，梯形。眼域两侧、后端及前眼列后端的白毛多而密。边缘棕黑色。头胸部前端平坦，梯形，后端急剧倾斜。后中眼极度偏前，位于前后侧眼连线前端 1/6 处。眼域中央及眼丘黑色，后中眼、前侧眼的黑色眼丘愈合。额高不及前中眼的半径。螯肢红棕色，切刻明显，前齿堤 2 齿，后齿堤 1 齿。颚叶、下唇棕色，胸甲棕色橄榄状，被长而细的白毛，步足少刺和毛。第 I 步足长而粗壮，被细而长的毛，基节长于第 II 步足转节与基节长度之和；第 I 步足胫节腹面背侧有刺 2 根，腹侧 1 根，后跗节腹面具刺 2 对；第 II 步足胫节腹面腹侧具刺 3 根，背侧 1 根，但左右步足的刺数目不等，左足仅具 1 刺，后跗节的刺左右足数目也不同，左足后跗节腹面腹侧具刺 2 根，背侧端部具 1 刺，右足后跗节仅腹面腹侧有 1 刺。第 III、IV 步足有少数侧刺。步足棕色，有浅色环纹。腹部背面深棕色，前端两侧各有 1 三角形白斑，后端有 1 白色弧形带，均由白毛覆盖而成。肌痕 3 对，棕色，腹面灰黑色，有 4 条由浅色小点形成的细条纹，纺器灰棕色。

雌蛛：尚未发现。

观察标本：1♂，云南勐腊，1981.III，王家福采 (HNU)。

地理分布：云南 (勐腊)。

65. 跳蛛属 *Salticus* Latreille, 1804

Salticus Latreille, 1804: 135.

Type species: *Salticus scenicus* (Clerck, 1875).

头胸部长约大于宽，前方狭，后方宽。头胸部前半部扁平，后端倾斜，眼域宽大于长，长不及头胸部长的 1/2。胸甲前端狭窄。螯肢前齿堤 2 小齿，后齿堤 1 大齿。雄蛛螯肢极度延长、突出。腹部长而狭，长卵形。

该属已记录有 48 种，全球分布。中国仅记录 1 种。

(286) 宽齿跳蛛 *Salticus latidentatus* Roewer, 1951 (图 289)

Salticus latidentatus Roewer, 1951: 454 (replacement name).

Salticus potanini Schenkel, 1963: 410, figs. 236a-e (D♀); Tu *et* Zhu, 1986: 94, figs. 34-38 (♀, D♂);
  Zhang *et* Zhu, 1987: 33, figs. 3A-C (♀♂); Zhang, 1987: 254, figs. 226.1-4 (♀♂); Zhou *et* Song, 1988:
  8, figs. 11a-c (♀); Hu *et* Wu, 1989: 383, figs. 300.1-7 (♀♂); Chen *et* Gao, 1990: 197, figs. 251a-b
  (♀♂); Peng *et al.*, 1993: 206, figs. 727-734 (♀♂); Song, Zhu *et* Chen, 1999: 558, figs. 315F-G, I,
  329G (♀♂); Hu, 2001: 413, figs. 264.1-4 (♀♂); Song, Zhu *et* Chen, 2001: 458, figs. 306A-E (♀♂).

雌蛛：体长 5.00-6.00。体长 5.30 者，头胸部长 2.10，宽 1.40；腹部长 3.20，宽 1.70。前眼列宽 1.10，与后眼列约等宽，后中眼居中。头胸甲深褐色，扁平，被白色鳞状毛。中窝明显。后侧眼后方、头胸部末端及边缘的白色鳞状毛形成白带。额被白毛，高不及前中眼直径的 1/4。胸甲黑色，有长毛。螯肢赤褐色，前齿堤 2 齿，后齿堤 1 齿。步足浅褐色，少刺，腿节背面的 4 根刺，细长而弯曲，第 I、II 步足的胫节、后跗节腹面无刺。腹部长卵形，背面两侧有 3 对褐色斑，呈"八"字形排列。有的个体左右斑纹愈合而呈弧形斑。末端褐色。心脏斑褐色，长条形，超过腹部长度的一半。腹部腹面浅灰色，外雌器的纳精囊很长，弯曲呈爪状。

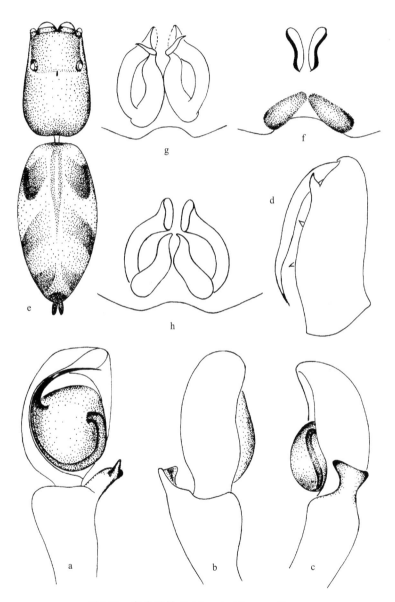

图 289　宽齿跳蛛 *Salticus latidentatus* Roewer

a-c. 触肢器 (palpal organ): a. 腹面观 (ventral), b. 后侧观 (retrolateral), c. 背面观 (dorsal), d. 雄蛛螯肢 (chelicera ♂), e. 雌蛛外形 (body ♀), f. 生殖厣 (epigynum), g-h. 阴门 (vulva): g. 背面观 (dorsal), h. 腹面观 (ventral)

雄蛛：体长 4.85-5.00。体长 5.00 者，头胸部长 2.40，宽 1.60；腹部长 2.60，宽 1.30。前眼列宽 1.20，与后眼列等宽，眼域长 0.90。触肢细长，超过腹部的长度。螯肢长而粗壮，前齿堤端部有 2 小齿，后齿堤基部有 1 粗齿。腹部背面赤褐色，斑纹不明显。有的个体具 3 条横的白带。其余外形特征同雌蛛。插入器细长，胫节突宽大。

观察标本：1♀，湖北，地址不详 (HBU)；新疆博湖，1982.Ⅵ.7，周娜丽采 (赠日内瓦)；1♀1♂，河北阳城，1980.Ⅶ.12，朱明生采 (HNU)；3♀3♂，宁夏青铜峡林场，1982.Ⅲ.16，贾立德采；2♂，1956.Ⅱ.12，朱传典采 (JLU)；2♂，吉林龙井，1971.Ⅵ，朱传典采 (JLU)；1♂，山西周至县楼观台，1992.Ⅹ.10，彭贤锦、谢莉萍采 (HNU)。

地理分布：河北、吉林、陕西、宁夏；俄罗斯，蒙古，韩国。

66. 西菱蛛属 *Sibianor* Logunov, 2001

Sibianor Logunov, 2001: 221-286.

Type species: *Sibianor aurocictus* (Ohlert, 1865).

体小型，体长 2.40-2.70。雄蛛腹部背腹两面均有鳞片，雌蛛无鳞片。背甲隆起，具网纹；第三眼列宽为前眼列的 1.20-1.30 倍，后中眼居中，眼域长为背甲长的 53%-76%。螯肢前齿堤 2 齿，后齿堤 1 齿。腹柄背面观不能见及。第 I 步足最长、最粗，腿节膨大。雌蛛触肢无刺和端爪。雄蛛触肢器具发达的盾片结节。外雌器具发达的中央盲兜，纳精囊两室。

该属已记录有 13 种，主要分布在中国、越南、俄罗斯、日本。中国记录 4 种。

种 检 索 表

1. 雄蛛···2
　　雌蛛···4
2. 生殖球基部无突起··隐蔽西菱蛛 *S. latens*
　　生殖球基部有突起···3
3. 胫节突长，端部弯曲···暗色西菱蛛 *S. pullus*
　　胫节突短，端部直··安氏西菱蛛 *S. annae*
4. 生殖厣兜长约为宽的一半···暗色西菱蛛 *S. pullus*
　　生殖厣兜长大于宽··5
5. 交媾腔前缘不愈合··微西菱蛛 *S. aurocinctus*
　　交媾腔前缘愈合···隐蔽西菱蛛 *S. latens*

(287) 安氏西菱蛛 *Sibianor annae* Logunov, 2001 (图 290)

Sibianor annae Logunov, 2001a: 264, figs. 266-269 (D♂).

雄蛛：头胸部长 1.35，宽 1.25，高 0.70；腹部长 1.10，宽 0.93。前眼列宽 0.98，后

眼列宽 1.26，眼域长 0.85。前中眼 0.30，螯肢长 0.40，额高 0.05。头胸部浅棕色，被稀疏白色鳞片。眼列周围黑色。胸甲、颚叶和螯肢浅棕色。下唇黑棕色。第 I 步足的腿节和胫节棕色，有鳞片状黑色刚毛；其余部分棕黄色。第 II、III、IV 步足的腿节棕色，其余部分黄色，胫节和后跗节有棕色环纹。触肢棕黄色。刺式：第 I 步足腿节 d0-0-1-1ap，胫节 v2-2-2，后跗节 v2-2ap；第 II 步足腿节 d 1ap，胫节 pr0-1，v1-1，后跗节 v2-2ap；第 III 步足腿节 d 1ap，胫节 pr and rt 0-1，v 1ap，后跗节 pr and rt 1-2ap，v 1ap；第 IV 步足腿节 d 1ap，胫节 rt 0-1。腹部背面无鳞片，黄色，有棕色斑。腹面棕黄色。

　　雌蛛：尚未发现。

　　观察标本：无镜检标本。

　　地理分布：广东。

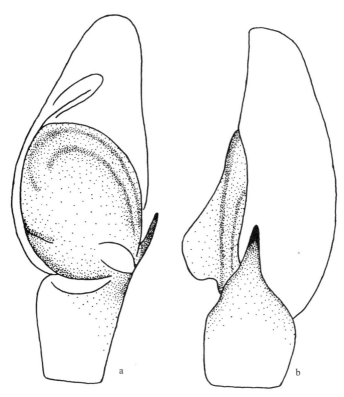

图 290　安氏西菱蛛 *Sibianor annae* Logunov (仿 Logunov, 2001)

a-b. 触肢器 (palpal organ)：a. 腹面观 (ventral)，b. 后侧观 (retrolateral)

(288) 微西菱蛛 *Sibianor aurocinctus* (Ohlert, 1865) (图 291)

Heliophanus aurocinctus Ohlert, 1865: 11 (D♀).

Bianor aenescens (Ohlert, 1865): Simon, 1901a: 638; Yin *et* Wang, 1979: 28, figs. 2A-E (♀ only); Hu, 1984: 353, figs. 367.1-3 (♀♂); Zhu *et al.*, 1985: 199, figs. 181a-c (♀); Zhang, 1987: 235, figs. 206.1-5 (♀♂); Feng, 1990: 197, figs. 172.1-7 (♀♂); Chen *et* Gao, 1990: 179, figs. 228a-c (♀♂); Chen *et*

Zhang, 1991: 288, figs. 300.1-3 (♀♂); Zhao, 1993: 390, figs. 194a-c (♀♂). [all above mentioned ♂, misidentified, should be *Sibianor pullus* (Bösenberg *et* Strand, 1906)].

雌蛛：体长 3.50-3.80。头胸甲黑褐色，闪金属光泽。前中眼间、前中侧眼间及前侧眼外侧被白毛。胸甲枣核状，闪金属光泽，外缘为黄色细边，其内灰褐色，并有黑色网纹。螯肢前齿堤 2 齿，后齿堤 1 齿。腹部背面灰色，后端有 3-4 个灰白色相间的 "山" 字形纹。腹部腹面灰色。外雌器兜钟形，端部圆滑。交媾腔较宽扁，交媾管缠绕复杂。

雄蛛：尚未发现。

观察标本：1♀，湖南长沙，1986.V，彭贤锦采；1♀，湖南岳阳建新农场。

地理分布：内蒙古、江苏、安徽、山东、河南、湖南 (长沙、岳阳)、四川、贵州、云南；越南，日本。

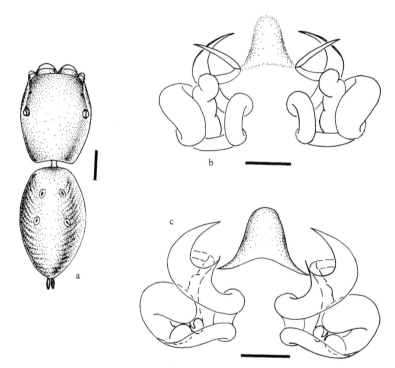

图 291　微西菱蛛 *Sibianor aurocinctus* (Ohlert)

a. 雌蛛外形 (body ♀), b. 阴门 (vulva), c. 生殖厣 (epigynum)　比例尺 scales = 1.00 (a), 0.10 (b-c)

(289) 隐蔽西菱蛛 *Sibianor latens* (Logunov, 1991) (图 292)

Bianor latens Logunov, 1991: 54, f. 3.5-6 (D♀).

Harmochirus latens (Logunov, 1991): Logunov *et* Wesolowska, 1992: 116, f. 2A-D, 3A-D (T♀ from *Bianor*, D♂); Zhang *et* Zhang, 2003: 51, f. 1A-F (♀♂).

Sibianor latens (Logunov, 1991): Logunov, 2001a: 271, f. 315-321 (T♀♂ from *Harmochirus*).

　　雄蛛：体长 2.75；头胸部长 1.36，宽 0.88；腹部长 1.45，宽 0.97。前眼列宽 0.68，后眼列宽 1.04，眼域长 0.57，眼域梯形。背甲扁平，黑棕色，略呈菱形。后眼列处最高最宽，其后方急剧倾斜。眼域具金属光泽。背甲具稀疏的棕色刚毛，胸区两侧有白色鳞状毛。额较窄，具长毛。螯肢红棕色，前齿堤 2 齿，后齿堤 1 齿。颚叶、下唇棕色，端部黄色。胸甲黑褐色，心形。第 I 步足粗大，腿节黑褐色，背面膨大，腿节和胫节腹面着生扁平鳞状毛，其余节黄褐色，胫节具 3 对腹刺，后跗节具 2 对腹刺。第 II 步足胫节具 2 对腹刺，后跗节 2 对腹刺。足式：I，IV，III，II。腹部黑色，卵圆形，前端中央有具金属光泽的背盾，其上着生细毛，后半部有 3-4 条白色线纹。腹面正中黑色，两侧有2 条点状纵纹。纺器黑褐色。触肢器黑色，胫节突 1 个，生殖球约成圆形，插入器非常细 (引自 Zhang *et* Zhang, 2003)。

　　雌蛛：体长 4.05；头胸部长 1.80，宽 1.26；腹部长 1.89，宽 1.44。前眼列宽 1.07，后眼列宽 1.36，眼域长 0.94。腹部黑色，卵圆形，隐约可见 2 对肌痕，后半部有 4 个"人"字形线纹。其余特征近似雄蛛 (引自 Zhang *et* Zhang, 2003)。

　　观察标本：1♂1♀，河北省平山县驼梁，海拔 1200-1300m，1999.VI.4，张锋采；2♀，涞源县白石山，海拔 1300-1500m，1999.VII.17，张锋采。

　　分布：河北；俄罗斯。

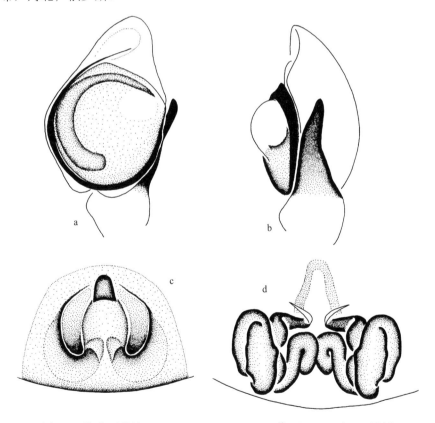

图 292　隐蔽西菱蛛 *Sibianor latens* (Logunov) (仿 Zhang *et* Zhang, 2003)

a-b. 触肢器 (palpal organ)：a. 腹面观 (ventral), b. 后侧观 (retrolateral), c. 生殖厣 (epigynum), d. 阴门 (vulva)

(290) 暗色西菱蛛 *Sibianor pullus* (Bösenberg *et* Strand, 1906) (图 293)

Bianor pullus Bösenberg *et* Strand, 1906: 354, pl. 14, fig. 378 (D♀).

Bianor aenescens Simon, 1868; Yin *et* Wang, 1979: 28, figs. 2A-E (D♀ only, misidentified).

Harmochirus pullus (Bösenberg *et* Strand, 1906): Prószyński, 1984a: 55-56 (T♀ from *Bianor*); Peng *et al.*, 1993: 81, figs. 242-253 (♀♂); Song, Zhu *et* Chen, 1999: 513, figs. 299E, L, 326D-E (♀♂); Song, Zhu *et* Chen, 2001: 430, figs. 285A-F (♀♂).

Bianor aurocinctus Dahl, 1926: 34, figs. 101, 103 (♀♂); Peng *et al.*, 1993: 25, figs. 27-28 (D♀♂, misidentified); Song, Zhu *et* Chen, 1999: 506, figs. 289F, I (D♀♂, misidentified).

Sibianor pullus (Bösenberg *et* Strand, 1906): Logunov, 2001a: 273, figs. 322-328 (T♀♂ from *Harmochirus*).

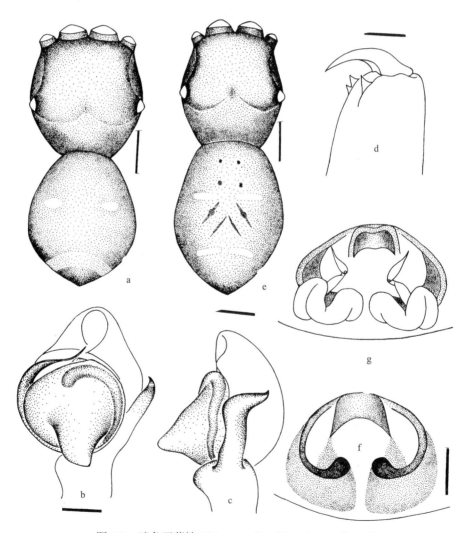

图 293 暗色西菱蛛 *Sibianor pullus* (Bösenberg *et* Strand)

a. 雄蛛外形 (body ♂), b-c. 触肢器 (palpal organ): b. 腹面观 (ventral), c. 后侧观 (retrolateral), d. 雄蛛螯肢 (chelicera ♂), e. 雌蛛外形 (body ♀), f. 生殖厣 (epigynum), g. 阴门 (vulva) 比例尺 scales = 0.50 (a, e), 0.10 (b-g)

雄蛛：体长 2.80-3.00。体长 2.80 者，头胸部长 1.50，宽 1.22；腹部长 1.40，宽 1.16。前眼列宽 1.10，后眼列宽 1.30，眼域长 0.90。头胸甲红褐色至暗褐色。眼域平坦，黄褐色，具金属光泽，眼周围黑色。胸甲、螯肢红褐色，螯肢前齿堤 2 齿，后齿堤 1 齿不分叉。颚叶黄褐色，下唇红褐色。第 I 步足强大，后跗节及跗节黄色，其余各节红褐色，腿节颜色更深，腿节、膝节腹面及胫节背腹面有粗而浓密的黑褐色长毛，但不成鳞片状。胫节外侧有 3 刺，内侧有 1 短刺，后跗节具 2 对刺。第 II-IV 步足黄色。腹部背面暗红褐色，近中部有 1 对圆形黄斑，近腹末有 1 较宽的弧形黄斑。腹部腹面红褐色，具少数闪光毛。触肢黄色，胫节突长，宽扁，尖端弯向触肢背面。生殖球下部有 1 乳状突起，插入器尖端作 "S" 字形弯曲。

雌蛛：体长 3.40-3.70。体长 3.50 者，头胸部长 1.40，宽 1.31；腹部长 2.10，宽 1.36。前眼列宽 1.10，后眼列宽 1.30，眼域长 1.00。和雄蛛不同的是：第 I 步足胫节腹面外侧 3 刺，内侧 2 刺；腿节、膝节腹面及胫节背腹面具整齐排列的黑褐色扁平毛。腹部背面灰褐色或灰黄色，有 2-3 对小椭圆形肌痕。2 对长方形黄斑横向排列，将腹部分成 3 段，中段有 2-3 个 "人" 字形黄斑。腹部两侧有均匀分布的黄色斑点。外雌器为 1 肾形凹陷，钟形兜短而宽。

观察标本：1♀1♂，湖南长沙，1986.V，谢莉萍采；1♀，湖南绥宁，1984.Ⅷ，刘明耀采；1♀，湖南炎陵，1979.Ⅶ，尹长民采；1♀4♂，湖南张家界，1985.Ⅵ，尹长民采；1♀1♂，福建三港，1986.Ⅶ，王家福采。

地理分布：内蒙古、江苏、浙江、安徽、福建、山东、河南、湖北、湖南 (长沙、张家界、炎陵、绥宁)、广东、四川、贵州、云南、西藏、陕西；越南，日本，韩国，俄罗斯。

67. 翠蛛属 *Siler* Simon, 1889

Siler Simon, 1889: 249.

Type species: *Siler cupreus* Simon, 1889.

Prószyński 在研究体形、斑纹、体毛及生殖器管结构的基础上，1985 年将隶属于 *Silerella* 和 *Cyllobelus* 中的东洋区种类并入翠蛛属 *Siler*。本属种类，体常密被反光鳞片，具金属光泽，眼域占背甲之 1/2。螯肢前齿堤 2 齿，后齿堤 1 板齿。雄蛛第 I 步足胫节背腹面被长而密的暗褐色毛，形成典型的毛刷，有时膝节腹面也有同样的毛刷。第 I 步足转节较基节短 2/3。第 IV 步足细长，膝节、胫节长度之和等于后跗节与跗节长度之和。触肢器胫节突通常匙状 (spatular)，生殖球长形。外雌器结构相对简单，纳精囊球形，交媾管短，长度变异很大。

该属已记录有 8 种，分布广泛，从巴布亚新几内亚经摩鹿加群岛和新加坡到中国和日本，国内分布于东洋界。中国记录 5 种。

种 检 索 表

1. 雄蛛 ··· 2

   雌蛛 ··· 5

2. 插入器粗壮，基部宽约为生殖球的一半 ··· 玉翠蛛 *S. semiglaucus*

   插入器细，基部宽远不及生殖球的一半 ·· 3

3. 插入器带状，长于生殖球长 ······································· 科氏翠蛛 *S. collingwoodi*

   插入器短于生殖球 ··· 4

4. 插入器刺状 ··· 蓝翠蛛 *S. cupreus*

   插入器指状 ··· 酷翠蛛 *S. severus*

5. 生殖厣有中隔 ··· 科氏翠蛛 *S. collingwoodi*

   生殖厣无中隔 ··· 6

6. 交媾腔裂缝状 ··· 贝氏翠蛛 *S. bielawskii*

   交媾腔圆孔状 ··· 7

7. 纳精囊大，梨形 ··· 蓝翠蛛 *S. cupreus*

   纳精囊小，球形 ······································· 玉翠蛛 *S. semiglaucus*

(291) 贝氏翠蛛 *Siler bielawskii* Zabka, 1985 (图 294)

Siler bielawskii Zabka, 1985: 446, figs. 567-570 (D♀); Xie, 1993: 359, figs. 16-17 (♀); Peng *et al.*, 1993: 209, figs. 735-738 (♀); Song, Zhu *et* Chen, 1999: 558, figs. 315H, 329H (♀).

雌蛛：体长 4.15-7.50。体长 5.20 者，头胸部长 2.35，宽 1.85；腹部长 2.80，宽 1.85。前眼列宽 1.55，后眼列宽 1.70，眼域长 1.10。头胸甲红褐色，密被灰色、褐色毛；边缘有蓝黑色细边，密被蓝灰色毛。眼域黑褐色，密被灰色细毛及黑色刚毛。螯肢橘黄色，颚叶、下唇、胸甲为黄褐色，步足黄褐色，密被褐色、灰色细毛；各步足腿节背面及其余各节之两侧面都有黑褐色纵条斑；第 I 步足腿节腹外侧有 1 排黑褐色刚毛，排列呈毛刷状。腹部长卵圆形，腹背黑褐色底，前端 1 倒"丁"字形砖色斑，腹部之前、中、后部各有 1 灰黄褐色横带。腹面黄褐色，纺器同色。有的个体体色较鲜亮，头胸部砖红色，被灰色、褐色毛。腹部背面有明暗相间的彩色横带，正中横带黑褐色，还有 3 条灰黄色横带。外雌器结构简单，后半部有 1 凹陷，透过半透明壁可见球形的纳精囊。与 Zabka (1985)描述的越南种比较，外雌器结构完全相同，仅腹背斑纹稍有差异。

雄蛛：尚未发现。

观察标本：1♀，广西大明山，1985.Ⅶ.14，王家福采；1♀，广西南宁，1985.Ⅶ.14，张永靖采；1♀，广西湛江，1985.Ⅵ.22；1♀，鹿察稻田，1980.Ⅷ。

地理分布：广东、广西；越南。

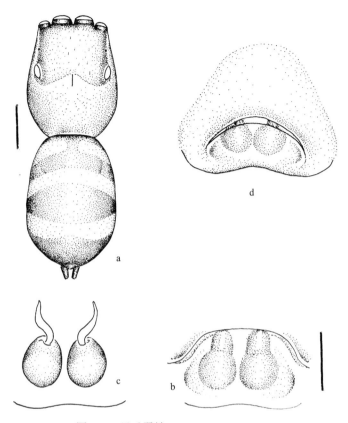

图 294　贝氏翠蛛 *Siler bielawskii* Zabka

a. 雌蛛外形 (body ♀), b. 生殖厣后面观 (epigynum, posterior), c. 阴门 (vulva), d. 生殖厣 (epigynum)

比例尺 scales = 1.00 (a), 0.10 (b-d)

(292) 科氏翠蛛 *Siler collingwoodi* (O. P. -Cambridge, 1871) (图 295)

Salticus collingwoodii O. P. -Cambridge, 1871b: 621, pl. 49, fig. 5 (D♀).

Siler collingwoodi (O. P. -Cambridge, 1871): Prószyński, 1984a: 136 (T♂ from *Cosmophasis*); Song *et* Chai, 1991: 14, figs. 3A-D (D♀♂, D♀); Song, Zhu *et* Chen, 1999: 558, figs. 315G, 316A (♀♂).

雄蛛：体长 4.37；头胸部长 1.98，宽 1.43；腹部长 2.14，宽 1.11。背甲黑色，两侧缘棕红色。螯肢前齿堤 2 齿，后齿堤 1 齿板。第 I 步足的胫节、膝节和腿节远端内侧有浓密的黑色硬毛。腹部背面底色为黑色，有不规则分布的蓝色鳞斑和红棕色鳞斑。腹部后端有尖尾突，腹部腹面也有蓝色鳞斑 (引自 Song *et* Chai, 1991)。

雌蛛：体长 5.56；头胸部长 2.22，宽 1.59；腹部长 2.86，宽 1.75。背甲黑色，散布白毛，两侧缘各有 1 条红毛带。螯肢前齿堤 2 齿，后齿堤 1 板齿。步足上有纵向黑线，第 I 步足腿节腹侧有黑色长毛。腹部背面黑色，周缘有红色毛，腹面有蓝色鳞斑。腹部末端有尖尾突 (引自 Song *et* Chai, 1991)。

观察标本：1♂1♀，海南吊罗山；1♂1♀，海南尖峰岭；2♂1♀，海南霸王岭，1989.

Ⅻ，朱明生采。

地理分布：海南、香港；中南半岛，印度尼西亚。

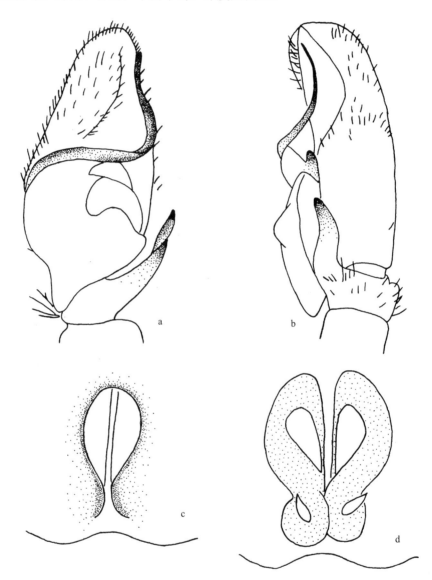

图 295 科氏翠蛛 *Siler collingwoodi* (O. P. -Cambridge) (仿 Song et Chai, 1991)

a-b. 触肢器 (palpal organ)：a. 腹面观 (ventral), b. 后侧观 (retrolateral), c. 生殖厣 (epigynum), d. 阴门 (vulva)

(293) 蓝翠蛛 *Siler cupreus* Simon, 1889 (图 296)

Siler cupreus Simon, 1889d: 250 (D♀); Chen et Gao, 1990: 196, figs. 250a-b (♀♂); Song, Zhu et Li,
1993: 888, figs. 66A-D (D♀♂); Peng et al., 1993: 210, figs. 739-744 (♀♂); Song et Li, 1997: 439,
figs. 50A-D (D♀♂); Song, Zhu et Chen, 1999: 558, figs. 315K-L, 316B, 329L (♀♂); Peng, Tso et Li,
2002: 2, figs. 1-4 (D♀♂).

Siler ellavittata Yaginuma, 1962c: 48 (T♀♂ from *Marpissa*); Yin *et* Wang, 1979: 38, figs. 24A-F (♀♂);
　　Hu, 1984: 388, figs. 405.1-3 (♀♂); Zhu *et* Shi, 1983: 213, figs. 196a-g (♀♂); Zhang, 1987: 255, figs.
　　227.1-5 (♀♂); Feng, 1990: 215, figs. 190.1-5 (♀♂); Chen *et* Zhang, 1991: 302, figs. 320.1-4 (♀♂);
　　Zhao, 1993: 426, figs. 225a-c (♀♂).

　　雄蛛：体长 3.90-5.50。体色较深，背甲暗褐色，被蓝白色细毛，生活时金光闪烁。背甲外缘有黑色细边，沿此缘被浅蓝色细毛，侧纵带深褐色。眼域约占头胸部的 1/2。螯肢前齿堤 2 齿，后齿堤 1 大板齿，末端锯齿状。第 I 步足粗壮，灰褐色，膝节、胫节上下均被蓝黑色毛丛。腹部背面光彩夺目，体中、后段各有 1 条蓝色闪光横带。触肢器的生殖球基部宽，插入器呈锥状，短而尖。

　　雌蛛：体长 6.20-7.40。背甲灰褐色，边缘向背面翘起。颚叶、下唇灰黄褐色。腹部背面翠绿色，有金属闪光。后端 1/3 处各有 1 条黄褐色横向括弧形斑。腹面中央灰褐色，两侧 1 对黑色斜斑为背面后部横斑的延伸。生殖厣有 1 对圆形的交媾孔，隐约可见 1 对烧瓶状的纳精囊。

　　观察标本：7♂24♀，湖南宜章、城步、桑植、张家界、武陵源，1981.Ⅷ、1982.Ⅷ、1984.Ⅵ-Ⅷ、1986.Ⅶ；1♀，湖南石门壶瓶山江坪，2002.Ⅴ.3，唐果采。

　　地理分布：江苏、浙江、福建、山东、湖北、湖南 (石门、张家界、武陵源、桑植、宜章、城步)、广西、贵州、陕西、台湾；日本，韩国。

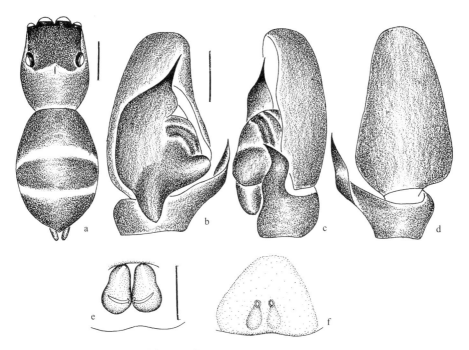

图 296　蓝翠蛛 *Siler cupreus* Simon

a. 雄蛛外形 (body ♂), b-d. 触肢器 (palpal organ)：b. 腹面观 (ventral), c. 后侧观 (retrolateral), d. 背面观 (dorsal), e. 阴门
(vulva), f. 生殖厣 (epigynum)　比例尺 scales = 1.00 (a), 0.20 (b-f)

(294) 玉翠蛛 *Siler semiglaucus* (Simon, 1901) (图 297)

Cyllobelus semiglaucus Simon, 1901c: 151 (D♂).

Siler semiglaucus (Simon, 1901): Prószyński, 1984a: 137 (T♀♂ from *Cyllobelus* = *Natta*); Xie, 1993: 360, figs. 18-23 (♀♂); Peng *et al.*, 1993: 212, figs. 645-753 (♀♂); Song, Zhu *et* Chen, 1999: 568, figs. 315M, 316C-D, 329J (♀♂); Peng, Tso *et* Li, 2002: 2, figs. 1-4 (D♀♂).

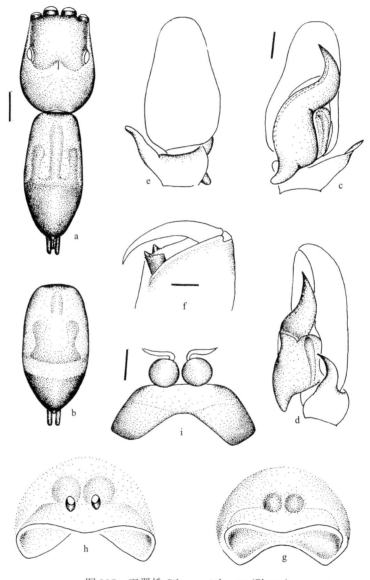

图 297　玉翠蛛 *Siler semiglaucus* (Simon)

a. 雄蛛外形 (body ♂), b. 雌蛛腹部 (abdomen ♀), c-e. 触肢器 (palpal organ): c. 腹面观 (ventral), d. 后侧观 (retrolateral), e. 背面观 (dorsal), f. 雄蛛螯肢 (chelicera ♂), g-h. 生殖厣 (epigynum), i. 阴门 (vulva)　比例尺 scales = 1.00 (a, b), 0.10 (c-i)

雄蛛：体长 3.35-4.40。体长 4.40 者，头胸部长 1.90，宽 1.50；腹部长 2.35，宽 1.25。前眼列宽 1.20，后眼列宽 1.25，眼域长 0.89。头胸甲砖红色，边缘有蓝黑色细边，密被黄褐色细毛，具金属光泽。眼域黑褐色，密被灰色、褐色细毛及黑色刚毛。螯肢黄褐色，后齿堤的板齿端部锯齿状；颚叶、下唇褐色。胸甲卵圆形，黄色，有褐色斑点。步足橘黄色，第 I 步足膝节、胫节褐色，腿节端部腹面、膝节腹面及胫节背腹面密生黑色、褐色刚毛，呈毛刷状排列。第 III、IV 步足腿节背面，膝节、胫节、后跗节两侧面都被黑褐色纵条斑，不同个体此斑稍有变异；腹部后半部蓝绿色，有金属光泽。纺器灰褐色。触肢器胫节突尖端稍扭曲，插入器短而尖，生殖球较窄，呈 "S" 字形弯曲。

雌蛛：体长 4.27-5.18。体长 5.18 者，头胸部长 2.09，宽 1.87；腹部长 3.09，宽 1.97。前眼列宽 1.27，后眼列宽 1.45，眼域长 0.91。体色、斑纹都与雄蛛相似，头胸甲砖红色，眼域黑褐色，被黑色刚毛。螯肢、颚叶橘黄色，下唇灰褐色，步足橘黄色，各节内外侧面均有黑褐色纵条斑。腹背之前 2/3 灰黄褐色，正中 1 砖红色 "山" 字形斑，此斑有变异，有的个体仅有 1 砖红色纵带，两侧各有 1 灰黄色侧纵带，底黑褐色。腹部后 1/3 灰褐色，前端 1 灰黄色横带。腹面灰黄色，两侧黑褐色，无斑纹。纺器黑褐色，外雌器如图所示。纳精囊卵圆形，交媾管很短。内面观可见 1 拱形骨片，由腹壁内陷形成。

本文描述的雌蛛与 Prószyński (1985 年) 所描述的完全不同，但作者所述雌雄个体系自然配对，故推测可能是 Prószyński 配对有误。

观察标本：1♀，云南陇川县，1999.VIII.20，黄红波采 (IZCAS)。

地理分布：广西、云南；斯里兰卡。

(295) 酷翠蛛 *Siler severus* (Simon, 1901) (图 298)

Cyllobelus severus Simon, 1901c: 151 (D♂).

Siler severus (Simon, 1901): Prószyński, 1984a: 136 (T♂ from *Cyllobelus* = *Natta*); Prószyński, 1985: 73, f. 12-13 (♂); Song, Zhu *et* Chen, 1999: 558, figs. 315N-O (D♀♂).

雄蛛：头胸部长 2.40，宽 1.76，高 1.28；腹部长 3.20。前眼列宽 1.44，后眼列宽 1.60，眼域长 1.12。与 *S. cupreus* 相似，但较大，较坚实，步足较黑。头胸部灰色，胸部有浅黄色阴影，眼域橄榄灰色。眼周围较黑，着生无色细刚毛和一些较长刚毛。额窄，条带上的刚毛对比不明显。腹部红灰色，中间有较深的红色横线，向两端弯曲，密被窄的浅色反射性鳞片，较浅区域无色，较深区域呈红棕色。第 I 步足橄榄灰色，腿节腹侧后缘有黑色长毛，胫节腹面密被黑色长毛。背面相似但较短。螯肢具 2 齿，颚板较长，外缘扩展处有小圆形膨大 (引自 Prószyński, 1984)。

雌蛛：尚未发现。

观察标本：无镜检标本。

地理分布：江苏。

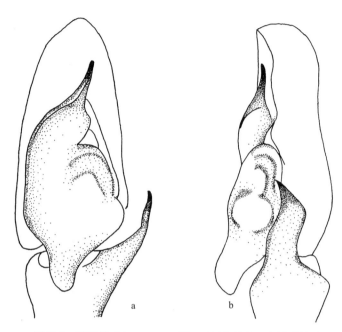

图 298　酷翠蛛 *Siler severus* (Simon) (仿 Prószyński, 1984)
a-b. 触肢器 (palpal organ)：a. 腹面观 (ventral), b. 后侧观 (retrolateral)

68. 西马蛛属 *Simaetha* Thorell, 1881

Simaetha Thorell, 1881: 1-727.

Type species: *Simaetha thoraciac* Thorell, 1881.

体粗壮，体长 3.80-7.80。背甲宽，背腹扁平，后眼列远宽于前眼列。胸甲中央有明显的隆起，生殖球的贮精管不曲折，插入器不盘曲。外雌器有 1 大的中央兜；纳精囊 2 室，壁厚，近端的 1 室较大。

该属已记录有 20 种，分布于热带地区。中国记录 1 种。

(296) 龚氏西马蛛 *Simaetha gongi* Peng, Gong *et* Kim, 2000 (图 299)

Simaetha gongi Peng, Gong *et* Kim, 2000: 14, figs. 9-14.

雌蛛：体长 1.90；头胸部长 0.90，宽 0.90；腹部长 1.00，宽 0.90。前眼列宽 0.70，后眼列宽 0.90，眼域长 0.60。背甲暗褐色，被褐色及白色毛，头区平坦，胸区陡然倾斜，头区略呈梯形，后眼列处最宽，各眼基部颜色稍深，斑纹不明显。额暗褐色，高约为前中眼之半径。胸甲暗褐色，毛稀少，中央颜色稍深并隆起。螯肢、颚叶、下唇皆暗褐色。步足暗褐色，轮纹不明显，被羽状毛，其中第 I、II 步足上的羽状毛最明显。足刺长，稀少。腹部前缘稍宽，背面赤褐色，无明显的斑纹。腹面灰褐色，被褐色毛，无斑纹。纺器浅褐色。整个身体的背面具金属光泽。

雄蛛：体长 1.80；头胸部长 0.80，宽 0.85；腹部长 1.00，宽 0.85。前眼列宽 0.60，后眼列宽 0.85，眼域长 0.50。与雌蛛相比，体色稍暗，第 I 步足除端部 2 节外均膨大，其上的羽毛最明显、典型。其余外形特征同雌蛛。

观察标本：1♀1♂，湖南道县洪塘营，1992.IX.5，龚联溯采。

地理分布：湖南 (道县)。

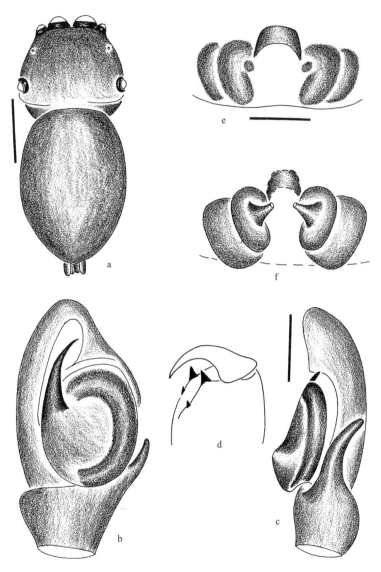

图 299　龚氏西马蛛 *Simaetha gongi* Peng, Gong *et* Kim

a. 雄蛛外形 (body ♂), b-c. 触肢器 (palpal organ)：b. 腹面观 (ventral), c. 后侧观 (retrolateral), d. 雄蛛螯肢 (chelicera ♂),
e. 生殖厣 (epigynum), f. 阴门 (vulva)　比例尺 scales = 0.50 (a), 0.10 (b-f)

中国动物志　无脊椎动物　第五十三卷

69. 跃蛛属 *Sitticus* Simon, 1901

Sitticus Simon, 1901: 2.

Type species: *Sitticus terebratus* (Clerck, 1758).

体色暗，被无数暗色毛。头胸部宽，高且隆起；眼域占背甲之 2/5，宽约为长的 2 倍，后眼列较前眼列窄。螯肢前齿堤 2-6 齿，位于同 1 齿丘上，或各自分离；后齿堤无齿，或齿极不发达。腹部短而宽，被暗色毛，色调单一。第 I 步足基节彼此分开较远，胫节腹面有刺 4-6 根，不多于 6 根；第 IV 步足远长于第 III 步足，第 IV 步足胫节长约为第 III 步足胫节的 2 倍。第 IV 步足跗节有 1-2 爪，爪下有许多小齿。本属区分种的主要依据是生殖器官的结构、体形和斑纹。主要分布于北半球，Prószyński 曾先后于 1968 年、1971 年、1973 年、1980 年对本属进行系统整理，将其分为 4 个类群；1973 年 Harm 也对中欧的跃蛛属做了修订。

　　该属已记录有 84 种，主要分布在中国、俄罗斯、欧洲古北区等地。中国记录 12 种。

种 检 索 表

1. 雄蛛···2

　　雌蛛···10

2. 插入器长于生殖球周长的 3/4 ···3

　　插入器短于生殖球周长的 1/2 ···5

3. 插入器长约为生殖球周长的 1.5 倍·······································卷带跃蛛 *S. fasciger*

　　插入器长约为生殖球周长的 3/4 ··4

4. 插入器起始于 4:00 点位置···花跃蛛 *S. floricola*

　　插入器起始于 5:00 点位置···齐氏跃蛛 *S. zimmermanni*

5. 插入器起始于 10:00 点位置··中华跃蛛 *S. sinensis*

　　插入器起始于 8:00 点位置···6

6. 插入器中部膨大···雪斑跃蛛 *S. niveosignatus*

　　插入器中部不膨大··7

7. 插入器末端尖细，刺状···8

　　插入器末端稍细，指状···9

8. 胫节突长，端部延伸至生殖球 1/3 处······························鸟跃蛛 *S. avocator*

　　胫节突短，端部仅超过生殖球基部··································棒跃蛛 *S. clavator*

9. 胫节突长，端部延伸至生殖球 1/3 处···························白线跃蛛 *S. albolineatus*

　　胫节突短，端部仅超过生殖球基部······························笔状跃蛛 *S. penicillatus*

10. 生殖厣有中隔···11

　　生殖厣无中隔···16

11. 交媾腔封闭···12

　　交媾腔不封闭 ··· 13

12. 纳精囊分 2 室 ··· 吴氏跃蛛 *S. wuae*
　　纳精囊不分室 ··· 台湾跃蛛 *S. taiwanensis*

13. 两交媾腔后缘愈合 ··· 花跃蛛 *S. floricola*
　　两交媾腔后缘不愈合 ··· 14

14. 中隔宽，端部宽于基部 ··· 西藏跃蛛 *S. nitidus*
　　中隔很窄，基部与端部等宽 ··· 15

15. 中隔长约为宽的 6 倍 ·· 笔状跃蛛 *S. penicillatus*
　　中隔长约为宽的 4 倍 ·· 棒跃蛛 *S. clavator*

16. 交媾腔不明显 ·· 17
　　交媾腔明显可见 ·· 18

17. 交媾孔后位 ··· 白线跃蛛 *S. albolineatus*
　　交媾孔前位 ··· 卷带跃蛛 *S. fasciger*

18. 生殖厣上明显可见基板 ··· 齐氏跃蛛 *S. zimmermanni*
　　生殖厣上未见基板 ··· 19

19. 两交媾腔完全愈合 ·· 雪斑跃蛛 *S. niveosignatus*
　　交媾腔括号形 ·· 20

20. 交媾管长，除弓形部分外，还有 1 长的分支通往交媾孔 ·································· 鸟跃蛛 *S. avocator*
　　交媾管仅有弓形部分 ··· 中华跃蛛 *S. sinensis*

(297) 白线跃蛛 *Sitticus albolineatus* (Kulczyński, 1895) (图 300)

Attus albolineatus Kulczyński, 1895d: 77, pl. 2, fig. 35 (D♂; preoccupied by Walckenaer, 1847, but that name is in synonymy).

Sitticus kulczynskii Roewer, 1951: 453 (replacement name for *Attus albolineatus*).

Sitticus albolineatus (Kulczyński, 1895): Simon, 1901a: 580; Hu *et* Wu, 1989: 386, figs. 302.1-5 (D♀♂); Xie, 1993: 360, figs. 23-27 (♀♂); Peng *et al.*, 1993: 215, figs. 754-763 (♀♂); Song, Zhu *et* Chen, 1999: 559, figs. 315P, 316E, 329K (♀♂).

　　雄蛛：体长 4.54；头胸部长 2.27，宽 1.70；腹部长 2.27，宽 1.65。前眼列宽 1.45，后眼列宽 1.32，眼域长 0.82。头胸甲黑褐色，眼域黑色，密被灰白色毛。螯肢黄褐色，前齿堤 4 齿，生于同一小齿丘上，后齿堤无齿，颚叶黄褐色，下唇黑褐色，胸甲深棕色。第 I 步足基节、转节、腿节背面有深棕色纵带，其余各节黄褐色；第 II、III、IV 步足黄褐色，被短刺。腹部背面黑色，密被褐色毛。腹部之前端有 1 条灰白色弧形毛带分别延伸至侧缘，正中纵带也由灰白色毛形成。正中带两侧各有 1 白色圆斑，在有的个体此左右白斑与正中带相连成"十"字形。腹面灰褐色，纺器灰黄色。触肢之膝节、胫节腹面及跗舟背面为黑色，其余各节淡黄色。触肢器结构与 Prószyński (1979) 所描述基本相同，差异仅在于胫节突顶端有 1 小黑刺，但是在所观察的 8 个雄蛛标本中，也有 3 个雄蛛的触肢胫节顶端无小黑刺，即与 Prószyński 所绘相同，故推测，有可能是在交配后小刺脱落。

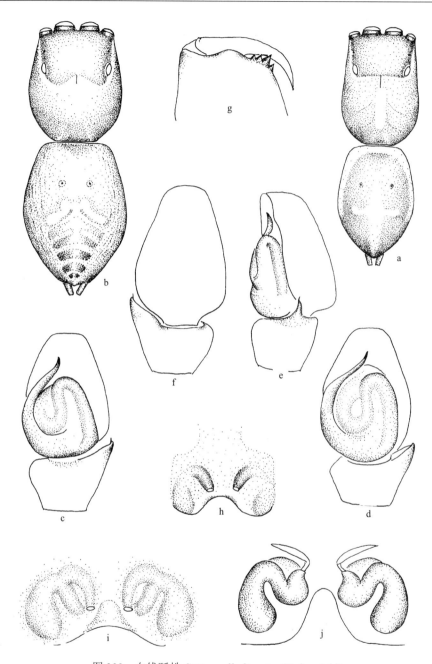

图 300　白线跃蛛 *Sitticus albolineatus* (Kulczyński)

a. 雄蛛外形 (body ♂), b. 雌蛛外形 (body ♀), c-f. 触肢器 (palpal organ): c-d. 腹面观 (ventral), e. 后侧观 (retrolateral), f. 背面观 (dorsal), g. 雄性螯肢 (chelicera ♂), h. 生殖厣 (epigynum), i-j. 阴门 (vulva): i. 背面观 (dorsal), j. 腹面观 (ventral)

雌蛛：体长 5.15 者，头胸部长 2.36，宽 2.12；腹部长 2.91，宽 2.24。前眼列宽 1.59，后眼列宽 1.50，眼域长 0.91。与雄蛛相比，体色稍鲜亮。头胸甲红褐色，眼域黑色。步足黄褐色，第 IV 步足远长于第 III 步足，其背面有褐色环纹。腹部背面黑色，密被棕色毛。从中部至末端沿正中线排列 6 个"人"字形黑斑，腹侧缘及末端被灰白色毛。腹面灰褐色。外雌器交媾孔后位，与 Prószyński (1979) 描述的俄罗斯种类比较，腹部背面斑纹不同，但外雌器结构基本相同，可视为同种。

观察标本：2♀3♂，吉林，朱传典采；2♂1♀，吉林三合，1971.Ⅴ.27-31，朱传典采；3♂，吉林春化，1971.Ⅵ.30、1971.Ⅷ.28-31，朱传典采。

地理分布：吉林；俄罗斯。

(298) 鸟跃蛛 *Sitticus avocator* (O. P. -Cambridge, 1885) (图 301)

Attus avocator O. P. -Cambridge, 1885b: 106 (D♂).

Sitticus paraviduus Schenkel, 1963: 402, figs. 232a-c (D♀♂); Zhu *et* Shi, 1983: 215, figs. 198a-c (D♀♂).

Sitticus avocator (O. P. -Cambridge, 1885): Prószyński *et* Zochowska, 1981: 26, figs. 25-26 (T♂ from *Attulus*, S); Zhou *et* Song, 1988: 9, figs. 12a-f (♀♂); Hu *et* Wu, 1989: 386, figs. 302.6-10 (♀♂); Tang *et* Song, 1990: 52, figs. 4A-C (♀); Song, Zhu *et* Chen, 1999: 559, figs. 315Q-R, 316F-G (♀♂).

雄蛛：前眼列宽 1.05，后眼列宽 1.10，眼域长 1.10。额高 0.07。前中眼 0.33，前侧眼 0.20，后侧眼 0.17。背甲浅褐色，边缘黑色；眼域两侧黑色，其余部分黄褐色；中窝赤褐色，短，纵向；颈沟、放射沟深褐色，清晰可见。胸甲倒梨形，隆起，黄褐色底上布满灰黑色网纹，边缘灰黑色；被白色长毛。额浅黄褐色，被少许浅黄褐色毛。螯肢浅褐色，被白色长毛，前齿堤 2 齿，后齿堤无齿。颚叶浅黄褐色，外缘深褐色。下唇三角形，褐色，端部浅色具绒毛。步足浅黄白色，无环纹，刺少而弱，第 I 步足胫节腹面前侧有 2 根刺，后侧有 3 根刺；第 II 步足胫节腹面有 3 对刺，第 I、II 步足后跗节腹面各

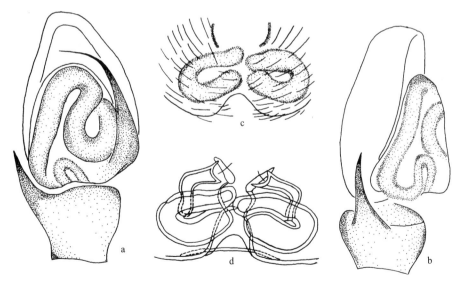

图 301　鸟跃蛛 *Sitticus avocator* (O. P. -Cambridge) (c, d 仿 Prószyński *et* Zochowsk, 1981)
a-b. 触肢器 (palpal organ)：a. 腹面观 (ventral), b. 后侧观 (retrolateral), c. 生殖厣 (epigynum), d. 阴门 (vulva)

有 2 对刺。腹部丢失。

雌蛛：体长 4.21；头胸部长 1.77，宽 1.45；腹部长 2.00，宽 1.48。头胸部长大于宽，眼域长 0.58，约为头胸部的 1/3。中眼列位于前、后眼列的中间位置。背甲灰褐色，眼域密布黄色短毛，背甲中段 (从第三列到背甲后 1/3 处) 高，眼域略向前倾斜。后 1/3 部位约呈 45°角倾斜。螯肢橙色，有黑色长毛，前齿堤末角有 2 个小齿长在同一突起上，后齿堤无齿。螯爪基端 1/3 处膨大，远端 2/3 处骤然变细。颚叶和下唇均黄橙色。步足黄橙色，边缘黑灰色。腹部卵圆形，密布黄色毛和黑色毛，两种毛相间而构成斑驳的斑纹，其中后半部中线上 3 个黑褐色 "八" 字形纹比较清晰。腹部腹面黄色，间杂一些灰黑色小斑纹。外雌器前部有 1 对弧形开孔，透过体壁可见 1 对 "U" 字形纳精囊。

观察标本：1♂，内蒙古 (Grenze Chara su-cha…，linkes Ufer des Etsingol，Type of *Sitticus paraviduus* Schenkel, 1963)，1886.Ⅶ.23-29，Paris；1♀，龙宫湖，1986.Ⅶ.6。

地理分布：内蒙古；俄罗斯，日本。

(299) 棒跃蛛 *Sitticus clavator* **Schenkel, 1936** (图 302)

Sitticus clavator Schenkel, 1936b: 247, fig. 81 (D♂); Song, 1987: 303, fig. 259 (D♀♂); Logunov, 1993c: 9, figs. 7, 24-25 (D♀♂); Song *et al.*, 1996: 108, figs. 4A-C (D♀); Song, Zhu *et* Chen, 1999: 559, figs. 316H-J, 317A (♀♂).

Sitticus penicillatus Prószyński, 1973a: 72 (tentative S, rejected); Peng *et al.*, 1993: 218, figs. 772-777 (♀♂, misidentified).

雄蛛：体长 4.25-4.75。体长 4.75 者，头胸部长 2.25，宽 1.80；腹部长 2.50，宽 1.80。背甲深黑褐色，眼域后方无正中条斑，黑褐色，有金属光泽。后侧眼两侧近外缘有淡色纵带，上被白色和褐色细毛。螯肢红褐色，前齿堤 3 齿，后齿堤无齿。腹部背面黑褐色，正中和两侧有 5 块明显的白斑，前端 1 对，中段 1 对，后端纺器前 1 个。外侧缘也有不规则白斑。腹面黄褐色，有灰色侧纵带。触肢之跗节、胫节黄褐色，有深色斑 (背面观)。胫节卵形，比膝节长，较跗舟宽。胫节突细而短，半膜质。

雌蛛：体长 3.29-3.45。体长 3.29 者，头胸部长 1.64，宽 1.27；腹部长 1.55，宽 1.10。前眼列宽 1.14，后眼列宽 1.05，眼域长 0.59。背甲红褐色，密被褐色毛，眼域黑色。螯肢橘黄色，前齿堤 4 齿。胸甲、颚叶灰黄色，下唇黑褐色。步足之基节、转节、腿节淡灰黄色，其余各节黄褐色。腹部长卵圆形，背面黑褐色，无明显斑纹，密被褐色鳞状毛，呈线纹状排列。腹面灰黄色，纺器同色。生殖厣的中隔很窄，交配孔位于中隔后端两侧，为 2 个小圆形陷窝，有时透过半透明体壁可见纳精囊。阴门与 Prószyński (1973) 所描述相同，仅中隔稍短 (外面观)。

观察标本：1♂，湖南沅陵棉田，Ⅵ-Ⅶ；1♂，湖南道县，1991.Ⅹ.8，龚联溯采；2♀，湖北武当老营，1982.Ⅴ.8；3♂，河北涞水野三坡，2001.Ⅴ.12-13，彭贤锦采。

地理分布：北京、吉林、江苏、安徽、河南、湖南 (沅陵、道县)、广东、贵州、云南、甘肃、青海、新疆。

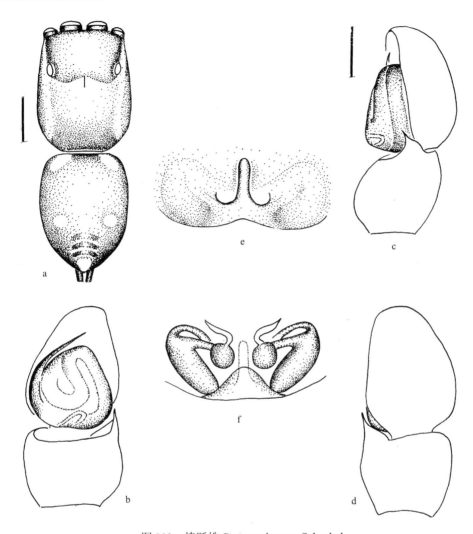

图 302　棒跃蛛 *Sitticus clavator* Schenkel

a. 雄蛛外形 (body ♂), b-d. 触肢器 (palpal organ)：b. 腹面观 (ventral), c. 后侧观 (retrolateral), d. 背面观 (dorsal), e. 生殖厣 (epigynum), f. 阴门 (vulva)　比例尺 (scales) = 0.50 (a), 0.10 (b-f)

(300)　卷带跃蛛 *Sitticus fasciger* (Simon, 1880) (图 303)

Attus fasciger Simon, 1880b: 99, pl. 3, fig. 1 (D♀♂).

Sitticus fasciger (Simon, 1880): Simon, 1901a: 580; Song, Yu *et* Shang, 1981: 88, fig. 14 (♀); Song *et* Hubert, 1983: 14, figs. 33-35 (♀♂); Hu, 1984: 390, fig. 369.2 (♀); Zhu *et* Shi, 1983: 215, figs. 197a-e (♀♂); Song, 1987: 304, figs. 260 (♀♂); Zhang, 1987: 256, figs. 228.1-5 (♀♂); Hu *et* Wu, 1989: 390, figs. 304.1-5 (♀♂); Feng, 1990: 216, figs. 191.1-5 (♀♂); Peng *et al*., 1993: 216, figs. 764-771 (♀♂); Zhao, 1993: 424, figs. 222a-c (♀♂); Song, Zhu *et* Chen, 1999: 559, figs. 316K, 317B (♀♂); Hu, 2001: 415, figs. 265.1-4 (♀♂); Song, Zhu *et* Chen, 2001: 461, figs. 308A-C (♀♂).

雄蛛：体长 3.00-3.90。体长 3.90 者，头胸部长 1.90，宽 1.52；腹部长 2.00，宽 1.36。前眼列宽 1.25，后眼列宽 1.15，眼域长 0.75。头胸部高且隆起，黑褐色。眼域色暗，密被褐色、灰白色毛，胸部也被灰白色毛。胸甲、螯肢、颚叶、下唇皆黄褐色。螯肢前齿堤 4 齿，其中 3 齿位于同 1 齿丘上，后齿堤无齿。步足黄褐色。腹部背面黄褐色，有褐色、黑褐色斑纹。腹部后部沿正中线排列 3-4 个褐色"人"字形纹，腹面黄色。触肢器跗舟宽而扁平，插入器细长，环绕生殖球 1 圈半。

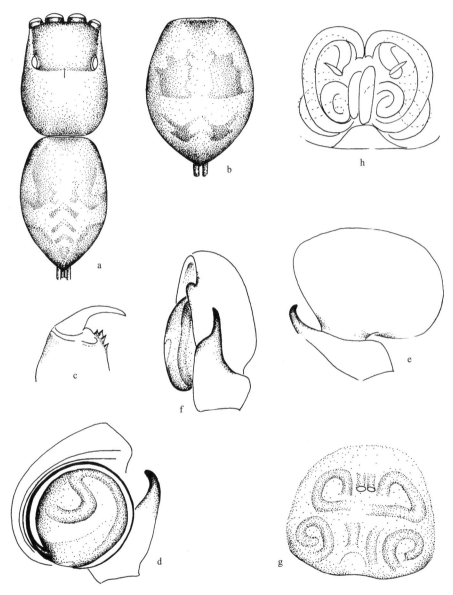

图 303　卷带跃蛛 *Sitticus fasciger* (Simon)

a. 雄蛛外形 (body ♂), b. 雌蛛腹部 (abdomen ♀), c. 雄蛛螯肢 (chelicera ♂), d-f. 触肢器 (palpal organ): d. 腹面观 (ventral), e. 背面观 (dorsal), f. 后侧观 (retrolateral), g. 生殖厣 (epigynum), h. 阴门 (vulva)

雌蛛：体长 3.90-4.50。体长 3.90 者，头胸部长 1.65，宽 1.35；腹部长 2.25，宽 1.69。前眼列宽 1.30，后眼列宽 1.20，眼域长 0.80。体形、斑纹都与雄蛛相似。胸甲黄褐色，侧缘被白色细毛。腹部卵圆形，背面灰黄褐色，有褐色斑纹，腹面灰黄色。交媾管很长，纵向螺旋状缠绕数圈，交媾孔前位。

本种雌、雄蛛腹部背面斑纹变异很大，Prószyński (1968) 曾绘出美国种腹斑各种变异，可做参考。

观察标本：1♂1♀，湖南长沙岳麓山；5♀3♂，北京颐和园，1974.Ⅵ；2♀，江苏苏州。

地理分布：北京、河北、内蒙古、吉林、黑龙江、山东、湖南 (长沙)、青海、新疆；俄罗斯，韩国，日本，美国。

(301) 花跃蛛 *Sitticus floricola* (**C. L. Koch, 1837**) (图 304)

Euophrys floricola C. L. Koch, 1837b: 34 (D).

Sitticus floricola (C. L. Koch, 1837): 1901a: 580; Zhou *et* Song, 1985b: 274, figs. 5a-c (D♀♂); Hu *et* Wu, 1989: 388, figs. 303.1-3 (D♀♂); Song, Zhu *et* Chen, 1999: 559, fig. 3; Almquist, 2006: 563, f. 469a-h (♀♂).

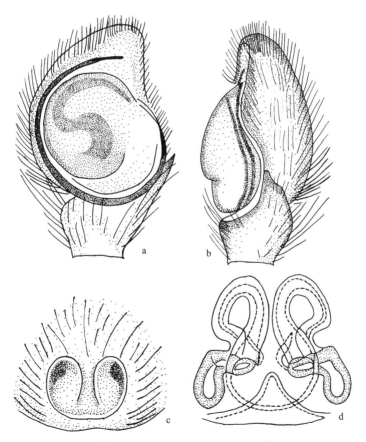

图 304　花跃蛛 *Sitticus floricola* (C. L. Koch) (仿 Zabka, 1997)

a-b. 触肢器 (palpal organ)：a. 腹面观 (ventral), b. 后侧观 (retrolateral), c. 生殖厣 (epigynum), d. 阴门 (vulva)

雄蛛：体长 4.5。头胸部椭圆形，长大于宽，黑褐色密被金褐色细毛。背甲隆起。头区深黑褐色，具金属光泽，在金褐色细毛间夹杂稀疏的粗长黑毛。眼域占头胸部长的 1/3 以下，宽为长的 2 倍。在额前缘、前列眼的前后缘有白毛形成的横斑纹，在后二列眼的侧缘及后缘、中窝附近有 3 条间断的白纵带。螯肢、颚叶和下唇红褐色至黑褐色，基部色深。前齿堤 3 齿同生 1 齿丘上，中齿最大，后齿堤无齿。颚叶长大于宽，端部黄色，向中央倾斜，下唇较小，呈三角形。胸甲黑褐色，呈卵圆形，后端尖、中央隆起，被淡色细长毛，周缘毛密。步足红褐色，被金褐色细毛夹杂稀疏黑色长毛及白色短毛。第 IV 步足两基节远离，第 IV 步足基节长于第 III 步足基节，第 IV 步足胫节长为第 III 步足胫节的 2 倍。第 I、II 步足胫节和后跗节腹面各有刺 2 对 (引自 Zhou et Song, 1985)。

雌蛛：体长 5.80；头胸部长 2.71，宽 2.10。头胸部黑色，或多或少被褐色、微红色和白色毛，中间为白色。眼域周边为淡黄褐色。螯肢黑色，前齿堤 4 齿，后齿堤无齿。胸甲黑色被白色长毛。步足褐色，有黑色环纹。腹部背面被灰黑色细毛，腹部两边缘有 4 个较大白斑。腹部腹面淡灰褐色。外雌器明显宽大于长，中间有中隔。交媾管长并弯曲。纳精囊呈卵圆形，贮精囊短小 (引自 Almquist, 2006)。

观察标本：1♂，新疆阿尔泰，1981.VIII.1，李益群采。

地理分布：新疆。

(302) 西藏跃蛛 *Sitticus nitidus* Hu, 2001 (图 305)

Sitticus nitidus Hu, 2001: 416, figs. 266.1-4 (D♀).

雌蛛：体长 3.70-3.90。体长 3.90 者，头胸部长 1.90，宽 1.20；腹部长 2.10，宽 2.70。背甲呈灰褐色，头区显黑色，密被白色细毛。眼域占头胸部长的 1/3，其宽为长的 2 倍，眼域周缘有黑色长刚毛，前眼列前后，中、后侧眼外侧及额部丛生白色短毛。前眼列微后曲，前中眼间距小于前中侧眼间距，后中眼位于前、后侧眼中间偏前。后侧眼小于前侧眼。螯肢赤黄色，前齿堤 4 齿，同生于 1 个小丘上，以第 3 齿为最大，第 4 齿次之，第 1、2 齿最小，后齿堤无齿。触肢黄色，具白色长毛。颚叶棕褐色。下唇长大于宽，黑褐色，其前端不超过颚叶长的 1/2。胸甲橄榄形，黑褐色。步足赤黄色，具黑褐色轮纹，疏生黑褐色长刚毛，第 IV 步足的两基节靠近，第 I、II 步足胫节、后跗节腹面各有 2 对

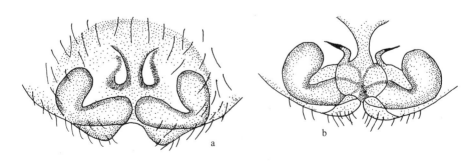

图 305 西藏跃蛛 *Sitticus nitidus* Hu (仿 Hu, 2001)
a. 生殖厣 (epigynum), b. 阴门 (vulva)

刺，第 IV 步足胫节为第 3 节长的 1.7 倍。足式：IV，I，II，III。腹部长椭圆形，前端较窄，后端宽圆，背面灰黄色，心脏斑两侧有不规则块斑，心脏斑后方直至尾端具 5-6 条黑色"人"字形纹。腹部腹面棕褐色。

雄蛛：尚未发现。

观察标本：正模♀，副模 1♀，西藏改则，海拔 4800m，1988.Ⅵ.18，普琼琼采。

地理分布：西藏。

(303) 雪斑跃蛛 *Sitticus niveosignatus* (Simon, 1880) (图 306)

Attus niveo-signatus Simon, 1880b: 100 (D♀♂).

Sitticus niveosignatus (Simon, 1880): Prószyński, 1975: 216, fig. 1q (T♀♂ from *Attulus*); Song *et* Hubert, 1983: 14, fig. 36 (♀♂); Prószyński, 1987: 97; Song, 1987: 305, fig. 261 (D♀♂); Song, Zhu *et* Chen, 1999: 559, fig. 316N (D♀♂); Song, Zhu *et* Chen, 2001: 462, fig. 309 (D♀♂).

雌蛛：体长 4.6。头胸部短宽，隆起，背面有灰褐色毛，侧面有白毛。头区背面后部有 1 黄白色小纵斑，前面和侧面有不清晰的黄白色边。步足黄褐色，有褐色环纹，并生有白毛。第 I 步足胫节稍长于膝节。第 IV 步足腿节甚长，几乎到达腹部的后端。腹部有灰黄褐色毛，侧面和后面转成白色而带褐色斑，靠近中部 4 个白色肌斑排成方形，后端 1/3 处有 2 个斜的大褐色斑。腹部腹面灰白色 (引自 Song, 1987)。

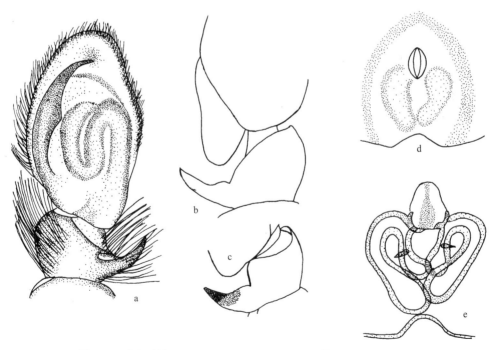

图 306　雪斑跃蛛 *Sitticus niveosignatus* (Simon) (仿 Prószyński, 1987)

a-b. 触肢器 (palpal organ)：a. 腹面观 (ventral), b. 后侧观 (retrolateral), c. 胫节突 (tibial apophysis), d. 生殖厣 (epigynum), e. 阴门 (vulva)

雄蛛：体长 4.0。头胸部短而隆起，黑色。头区密布灰白色毛；胸区黑色，中有 1 白色带，向前融入头区，向后减弱，在胸区后缘消失；侧面灰白色。步足色较暗，环纹较不明显。触肢膝节长稍大于宽；胫节长宽几乎相等，外侧有 1 尖刺状突起；跗节卵圆形，较窄。腹部短卵圆形 (引自 Song, 1987)。

观察标本：无镜检标本。

地理分布：北京；尼泊尔。

(304) 笔状跃蛛 *Sitticus penicillatus* (Simon, 1875) (图 307)

Attus penicillatus Simon, 1875c: 92 (D♂).

Sitticus penicillatus (Simon, 1875): Kolosváry, 1938e: 17, fig. o (♀); Bohdanowicz et Proszyński, 1987: 130, f. 261-267 (♂); Yin et Wang, 1979: 39, figs. 26A-D (D♀♂); Hu, 1984: 390, figs. 407.1-5 (♀♂); Zhu et al., 1985: 216, figs. 199a-e (D♀♂); Zhang, 1987: 257, figs. 229.1-3 (D♀♂); Hu et Wu, 1989: 391, figs. 305.1-5 (D♀♂); Feng, 1990: 217, figs. 192.1-2 (D♀♂); Logunov, 1993c: 4, f. 10-11, 18-21; Zhao, 1993: 425, figs. 223a-b (D♀♂); Song, Zhu et Chen, 1999: 559, figs. 316O, 317C, 329L (♀♂); Hu, 2001: 417, figs. 267.1-3 (D♂); Song, Zhu et Chen, 2001: 463, figs. 310A-F (♀♂).

雄蛛：头胸部长 1.50-1.75，腹部长 1.40-1.45，前眼列宽 1.00-1.09，后眼列宽 0.97-1.04，眼域长 0.57-0.70。头胸部黑棕色，腹部有 2 个不同的圆形白斑，触肢的跗舟、胫节、第 I 和 III 步足的跗节和后跗节、第 II 和 IV 步足有刚毛。头胸部侧面有白毛，眼域侧面有棕色刚毛。眼域黑棕色夹杂红色和绿色金属光泽，前端有棕色刚毛，浅色半透明且紧压其表面。背甲腹面边缘黑色。第 I 步足灰棕色，跗节和后跗节黄色，后跗节有 2 对刺，

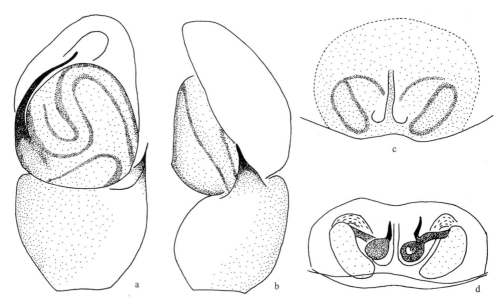

图 307　笔状跃蛛 *Sitticus penicillatus* (Simon) (仿 Logunov, 1993)

a-b. 触肢器 (palpal organ)：a. 腹面观 (ventral)，b. 后侧观 (retrolateral)，c. 生殖厣 (epigynum)，d. 阴门 (vulva)

胫节有 5 小刺，腿节有 3 小刺，其他步足灰黄色，近结节处有灰色环纹 (和 *S. avocator* 相似) 和较多刺。腹部棕黑色有棕灰色斑点，着生黑棕色毛和白毛覆盖的 5 个斑点；4 个呈正方形 (前端 1 对，腹部长一半处后方有 1 对圆形斑点)；侧面黑棕色，有黄灰色斑纹和斑点成纵向排列。肛突黑色，纺器黑棕色。额宽，灰黄色，着生少许棕色刚毛和白毛。螯肢灰黄色，有浅色纵向斑纹，前齿堤融合 3 齿 (2 个较小的标本螯肢左侧有 4 齿)。胸甲灰黄色，有黄色刚毛。腹面黄灰色，呈灰色梯形，(与 *S. avocator* 相似)，侧面黑棕色，有黄灰色斑点。膝节背面和前侧面、跗舟背面黄棕色，有棕色斑点。

雌蛛：体长 3.32。头胸部褐色，被灰褐色毛，眼区黑褐色，前眼列与后眼列等宽。螯肢淡褐色，前齿堤 4 齿，后齿堤无齿。胸甲灰褐色，颚叶、下唇为黑褐色。步足灰褐色。腹部背面黑褐色，无斑纹，腹部前边缘被灰褐色细毛。腹部腹面为灰褐色，纺器颜色相同。外雌器有中隔但很窄，交媾孔位于中隔两侧。

观察标本：无镜检标本。

地理分布：台湾、广东、云南、安徽、湖南、贵州、山西、河南、河北、北京、甘肃、青海、新疆、吉林；古北区。

(305) 中华跃蛛 *Sitticus sinensis* Schenkel, 1963 (图 308)

Sitticus sinensis Schenkel, 1963: 404, figs. 233a-d (D♀♂); Yin *et* Wang, 1979: 39, figs. 25A-E (♀♂); Hu, 1984: 391, figs. 408.1-3 (♀♂); Zhu *et* Shi, 1983: 217, figs. 200a-i (♀♂); Zhang, 1987: 258, figs. 230.1-4 (♀♂); Hu *et* Wu, 1989: 392, figs. 306.1-2 (♀); Chen *et* Zhang, 1991: 305, figs. 323.1-3 (♀♂); Peng *et al.*, 1993: 219, figs. 778-786 (♀♂); Zhao, 1993: 426, figs. 224a-d (♀♂); Song, Zhu *et* Chen, 1999: 559, figs. 316P, 317D, 329M (♀♂); Hu, 2001: 418, figs. 268.1-3 (♀♂); Song, Zhu *et* Chen, 2001: 464, figs. 311A-F (♀♂).

雄蛛：体长 3.50。体色较暗，背甲黑褐色，正中条斑中段有白色毛，两侧纵带红褐色，左右相连呈马蹄形，侧纵带之外侧呈白色，最外缘为褐色。腹部背面斑纹明显，正中条斑灰白色，两侧纵带褐色，褐色部分每侧各有 4 个灰白色圆斑，成对等距排列。触肢器、跗舟及血囊都呈三角形。插入器在囊的基部横向，然后斜向前方延伸，末端稍斜向内侧。胫节突 1 个，基部稍宽，末端变尖细。

雌蛛：体长 4.30-4.80。背甲黑褐色，密被灰白色绒毛，眼域的后部色较浓。螯肢前齿堤 3 齿，后齿堤无齿。胸甲深褐色，上被白色细毛。颚叶黄褐色，下唇褐色。步足黄褐色，有黑色环纹。腹部背面黄褐色，斑纹似条纹但不鲜明。腹部腹面黄褐色，两侧有白色、褐色两色相间的麻状纹。生殖厣结构简单，似高足杯状。

观察标本：1♂1♀，贵州剑河县，1982.Ⅴ；12♂9♀，新疆吐鲁番，1980.Ⅸ.17；1♂3♀，河北涞水野三坡，2001.Ⅴ.12-13，彭贤锦采；1♂，北京怀柔，2001.Ⅵ.1，彭贤锦采；6♀，江苏苏州。

地理分布：北京、河北、辽宁、吉林、江苏、山东、湖南 (长沙)、陕西、甘肃、青海、新疆。

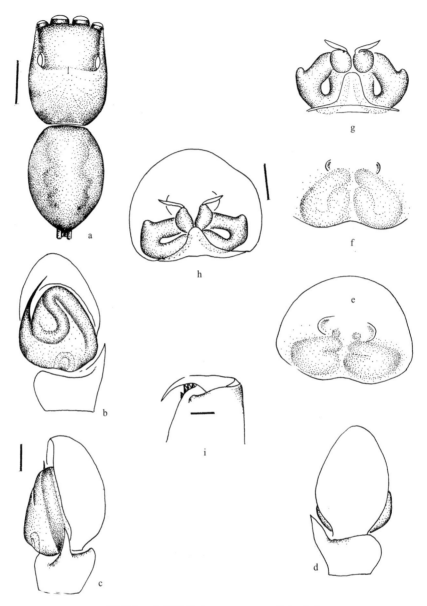

图 308 中华跃蛛 *Sitticus sinensis* Schenkel

a. 雄蛛外形 (body ♂), b-d. 触肢器 (palpal organ)：b. 腹面观 (ventral), c. 后侧观 (retrolateral), d. 背面观 (dorsal), e-f. 生殖厣 (epigynum), g-h. 阴门 (vulva), i. 雄蛛螯肢 (chelicera ♂) 比例尺 scales = 0.50 (a), 0.10 (b-i)

(306) 台湾跃蛛 *Sitticus taiwanensis* Peng *et* Li, 2002 (图 309)

Sitticus taiwanensis Peng *et* Li, 2002: 343, figs. 26-29.

雌蛛：体长 3.8-4.7。体长 4.7 者，头胸部长 2.2，宽 1.8；腹部长 2.5，宽 2.0。前眼列宽 1.65，后眼列宽 1.6，眼域长 0.9。背甲深褐色，边缘、各眼基部及眼域两侧黑褐色，眼域颜色较暗，中央有 1 大的角状黑斑；中窝纵向暗褐色；放射沟暗褐色；眼域前缘及两侧、各眼周围被白毛。胸甲盾形、前缘宽，褐灰色，边缘褐色，褐色毛短而少。额褐色，高约为前中眼半径的 1/2，被少数几根褐色长毛及白色毛。螯肢褐色，前齿堤 2 齿，后齿堤板齿 3 分叉。颚叶、下唇褐色，端部色浅具 2 对长刺。侧刺及背刺亦多而长。腹部阔卵形，前缘宽于后缘，背面黄褐色，斑纹灰黑色，心脏斑棒状，3 条横带宽，后端中央有 4 个小的"人"字形纹；腹面浅黄褐色，中央隐约可见 3 条纹，此外常有少许不规则的深灰色点状斑。纺器褐色。

雄蛛：尚未发现。

观察标本：2♀，台湾 Hassenzan，1934.Ⅵ.22-28 (MCZ)。

地理分布：台湾。

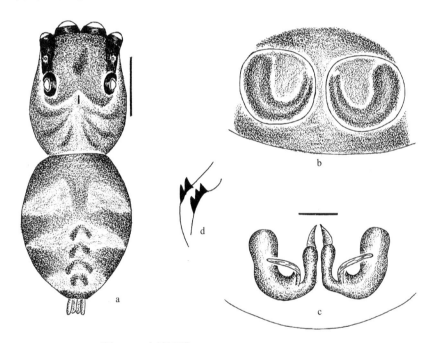

图 309　台湾跃蛛 Sitticus taiwanensis Peng et Li

a. 雌蛛外形 (body ♀), b. 生殖厣 (epigynum), c. 阴门 (vulva), d. 雌蛛螯肢齿堤 (cheliceral teeth ♀)

比例尺 scales = 1.00 (a), 0.10 (b-d)

(307) 吴氏跃蛛 Sitticus wuae Peng, Tso et Li, 2002 (图 310)

Sitticus wuae Peng, Tso et Li, 2002: 2, figs. 5-8.

雌蛛：体长 6.5；头胸部长 2.5，宽 2.0；腹部长 4.0，宽 3.4。前眼列宽 1.9，后眼列宽 1.8，眼域长 1.1。背甲黑色，中窝后方、背甲侧面颜色稍浅，呈褐色，密被短的白毛及褐色长毛；中窝纵向，黑色，短棒状；颈沟及放射沟不明显。胸甲心形，褐色，中央约带灰色，边缘深褐色；毛稀疏而长。额深褐色，被稀疏的白色及褐色长毛，额高不及前中眼半径的 1/2。螯肢暗褐色，前齿堤 2 齿，后齿堤板齿，端部具 6 小齿。触肢浅黄色，胫节具黑褐色环纹，跗节黑色，端部色浅；步足黑褐色，基部 3 节浅褐色，各节端部具浅色环纹；足刺长而粗壮，第 I、II 步足胫节腹面各有强刺 3 对，后跗节腹面各具刺 2 对。腹部阔卵形，背面深灰色，具浅色斑；腹部腹面中央浅黄色，散布灰黑色块斑，末端有 1 大的灰色斑；两侧灰黑色。前纺器黑褐色，后纺器浅褐色。

雄蛛：尚未发现。

观察标本：1♀，台湾南投，1998.IV，吴海英采 (THU)。

地理分布：台湾。

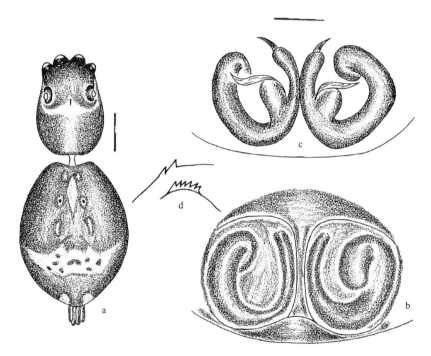

图 310 吴氏跃蛛 *Sitticus wuae* Peng, Tso *et* Li

a. 雌蛛外形 (body ♀), b. 生殖厣 (epigynum), c. 阴门 (vulva), d. 雌蛛螯肢齿堤 (cheliceral teeth ♀)

比例尺 scales = 1.00 (a), 0.10 (b-d)

(308) 齐氏跃蛛 *Sitticus zimmermanni* (Simon, 1877) (图 311)

Attus zimmermanni Simon, 1877e: 74 (D♂).

Sitticus zimmermanni (Simon, 1877): Simon, 1937: 1192, 1257; Prószyński, 1980: 24, f. 69-71, 75-76, 79-81 (♀♂, in part, S); Kronestedt *et* Logunov, 2003: 862, f. 2, 6-8, 12-14, 18-20 (♀♂); Hu *et* Wu, 1989: 392, figs. 305.6-8 (♀); Almquist, 2006: 569, f. 475a-e (♀♂).

雌蛛：体长 3.40-3.70。背甲呈深棕褐色，前、后缘密被白色细毛，眼域宽大于长，约占头胸部长的 1/3，并向前下方倾斜，在眼域前缘及其两侧有褐色鬃毛，前眼列稍后曲，

后中眼位于前、后侧眼中间位置，前侧眼大于后侧眼。螯肢褐色，前齿堤 4 齿，第 1-3
齿着生于 1 个齿丘上，第 4 小齿与齿丘紧靠，后齿堤无齿。触肢黄褐色，两跗节之两端
呈黑褐色，并有白色长毛。颚叶呈棕色，其前缘具白色细边。下唇黑褐色，胸甲呈橄榄
形，为棕褐色。步足黄褐色，具黑色轮纹，第 I 步足粗壮，第 I、II 步足胫节、后跗节腹
面各有 2 对长刺。腹部呈卵圆形，背腹稍扁平，背面显黑褐色，密布白色、黑色绒毛，
并显有 2 对黄褐色肌斑。腹部腹面呈棕褐色，在胃外区与纺器之间有 4 列由黄色小点组
成的线纹。纺器显黑褐色。

雄蛛：体长 2.80-3.50；头胸部长 1.61-1.96，宽 1.13-1.46。头胸部淡灰黑色，中间有
1 白色条纹向两边缘延伸。前眼列边缘被白色毛。步足呈褐色，有黑色斑点。腹部背面
暗褐色到黑色，后部中间有 2 个大斑点，前半部被白毛及分散的白色斑点。腹部腹面暗
灰褐色。触肢器胫节突短于胫节长度，末端尖。插入器始于盾片基部，向左侧方延伸，
末端细长（引自 Almquist, 2006）。

观察标本：无镜检标本。

地理分布：新疆；欧洲，北美洲。

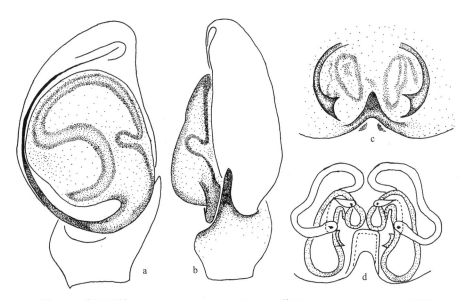

图 311　齐氏跃蛛 *Sitticus zimmermanni* (Simon) (仿 Kronestedt *et* Logunov, 2003)
a-b. 触肢器 (palpal organ)：a. 腹面观 (ventral), b. 后侧观 (retrolateral), c. 生殖厣 (epigynum), d. 阴门 (vulva)

70. 散蛛属 *Spartaeus* Thorell, 1891

Spartaeus Thorell, 1891: 137; Wanless 1984: 147.

Type species: *Spartaeus gracilis* Thorell, 1891.

体中型至大型，体长 4.0-9.15。背甲隆起，长大于宽。后中眼膨大。螯肢粗壮，前

齿堤 5-6 齿，后齿堤 7-11 齿。步足细长，有许多长刺，雄蛛第 I 步足腿节常有腿节器。雄蛛触肢器的胫节具腹突及后侧突，有时尚有间突及基突；生殖球端部常有由顶血囊形成的膜盾片状结构。外雌器常呈半透明状，纳精囊大，球状，交媾管短或缺。

该属已记录有 8 种，主要分布在中国、泰国。中国记录 6 种。

种 检 索 表

1. 雄蛛····································2
   雌蛛····································5
2. 胫节突 2 个····························尖峰散蛛 S. jianfengensis
   胫节突多于 2 个·························3
3. 胫节突 4 个····························普氏散蛛 S. platnicki
   胫节突 3 个····························4
4. 触肢器腹面观可见发达的膜质引导器·······张氏散蛛 S. zhangi
   触肢器腹面观未见引导器················峨眉散蛛 S. emeishan
5. 生殖厣上有 2 条长纵带贯穿前后缘········普氏散蛛 S. platnicki
   生殖厣上无贯穿前后缘长纵带·············6
6. 交媾孔圆形····························7
   交媾孔非圆形··························8
7. 两纳精囊呈纵向排列····················峨眉散蛛 S. emeishan
   两纳精囊分别向两侧倾斜·················尖峰散蛛 S. jianfengensis
8. 生殖厣基部有 "V" 字形带···············椭圆散蛛 S. ellipticus
   生殖厣基部有 2 条短的弧形带············泰国散蛛 S. thailandicus

(309) 椭圆散蛛 *Spartaeus ellipticus* Bao et Peng, 2002 (图 312)

Spartaeus ellipticus Bao et Peng, 2002: 409, figs. 22-25.

雌蛛：体长 5.6；头胸部长 2.4，宽 1.8；腹部长 3.2，宽 2.2。前眼列宽 1.8，后眼列宽 1.7，眼域长 1.2。背甲黑褐色，边缘色深，各眼基部及眼域两侧黑色；背甲两侧、眼域前被较密的毛；中窝长条状，暗褐色，两侧各有 1 条由灰黑色毛组成的纵带；背甲后方有 1 大的浅褐色斑，始自后中眼后方，止于背甲后缘。胸甲长卵形，中央隆起；被短的褐色毛；胸甲褐色，边缘深褐色，有 4 对灰色斑与各步足基节相对应。额深褐色；前缘黑色，被 1 排细的褐色长毛；前中眼下方有 2 长而粗的刚毛。螯肢褐色，前齿堤 5 齿，后齿堤 10 小齿。颚叶、下唇褐色，端部色浅具深褐色绒毛。触肢、步足褐色，具褐色短毛；足刺较多，长而粗；第 I、II 步足胫节、后跗节腹面各有 3 对长刺。触肢的跗节具 2 圈粗刺。腹部长卵形，背面灰褐色，后端两侧颜色稍深，被褐色毛及深色点状斑。腹面灰褐色，两侧颜色稍深。纺器灰褐色。

雄蛛：尚未发现。

观察标本：2♀，台湾南投，1998.IV，吴声海采。

地理分布：台湾。

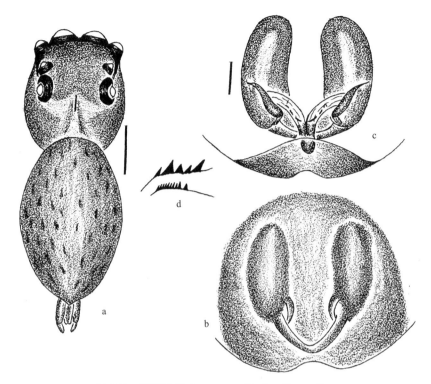

图 312　椭圆散蛛 *Spartaeus ellipticus* Bao *et* Peng
a. 雌蛛外形 (body ♀), b. 生殖厣 (epigynum), c. 阴门 (vulva), d. 雌蛛螯肢齿堤 (cheliceral teeth ♀)
比例尺 scales = 1.00 (a), 0.10 (b-d)

(310)　峨眉散蛛 *Spartaeus emeishan* Zhu, Yang *et* Zhang, 2007 (图 313)

Spartaeus emeishan Zhu, Yang *et* Zhang, 2007: 515, f. 2A-I (D♀♂).

雌蛛：体长 6.67-6.84。体长 6.57 者，头胸部长 2.61，宽 2.43；腹部长 3.87，宽 2.07。前眼列宽 2.07，后眼列宽 1.87，眼域长 1.50。前中眼 0.65，前侧眼 0.37，后中眼 0.27，后侧眼 0.37。额高 0.10。背甲浅褐色，侧面浅黑色具浅色斑纹，胸部具 1 中部逐渐变细的黄褐色带。除前中眼外其他眼周围黑色，边缘布浅白色毛。中窝长，暗褐色。放射沟浅褐色。螯肢强健，暗褐色，前齿堤 6 齿，前 4 齿大，后 2 齿小；后齿堤 9 小齿。下唇和颚叶红褐色，基部暗褐色。胸甲浅黄色，边缘浅褐色。步足黄褐色，具浅褐色环带；第 I 步足胫节两端侧面黑色。第 I 步足胫节腹面具 8 根前侧刺，6-7 根后侧刺，后跗节具 3 对腹刺。第 II 步足的胫节具 5 对腹刺，后跗节具 3 对腹刺。足式：IV，I，III，II。腹部背面浅灰褐色，有浅色条纹，被灰色和白色细毛。腹面从纺器到生殖沟间具 1 灰黑色宽带。纺器长而强健，外侧面黑色。外雌器近后缘具 1 对黑色的球形凹陷，交配孔模糊不清，纳精囊梨形 (引自 Zhu, Yang *et* Zhang, 2007)。

雄蛛：体长 7.11；头胸部长 3.06，宽 2.61；腹部长 3.96，宽 1.98。前眼列宽 2.21，后眼列宽 1.48，眼域长 1.53，前中眼 0.68，前侧眼 0.37，后中眼 0.31，后侧眼 0.37。额高 0.18。背甲黄褐色，侧面具白色毛，胸部具 1 中部逐渐变细的黄色带。除前中眼外其他眼周围黑色，边缘具白色毛。螯肢暗褐色，前齿堤 8 齿，后齿堤 10 小齿。触肢暗黄色，腿节顶端黄白色，后半部前、后侧面黑色。腹部背面浅黑色，具褐色和白色细毛，后半部具不明显浅色条纹。步足黄褐色，胫节、后跗节和跗节具浅黑色环纹，第 I 步足腿节前面基部黑色。第 I 步足胫节具 8 根前侧刺，7 根后侧刺，后跗节具 3 对腹刺；第 II 步足胫节具 5 对腹刺，后跗节具 3 对腹刺。腹面从纺器到生殖沟具 1 黑色宽带。纺器长而强健，外侧面黑色。触肢的胫节具 3 个突起，其中腹侧突小、几乎三角形；间突指状；后侧突短，顶部具颗粒，侧面观几乎球形。触肢器的盾板突小；插入器短，横向"C"字形 (引自 Zhu, Yang et Zhang, 2007)。

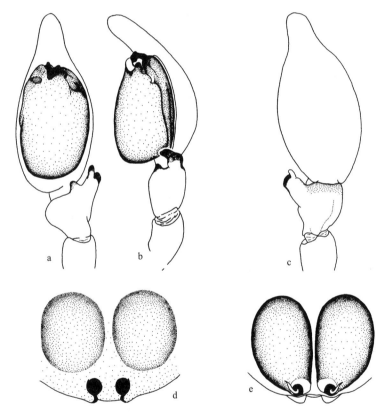

图 313 峨眉散蛛 *Spartaeus emeishan* Zhu, Yang et Zhang (仿 Zhu, Yang et Zhang, 2007)

a-c. 触肢器 (palpal organ)：a. 腹面观 (ventral), b. 后侧观 (retrolateral), c. 背面观 (dorsal), d. 生殖厣 (epigynum), e. 阴门 (vulva)

外雌器的形状非常近似尖峰散蛛 *Sparataeus jianfengensis* Song et Chai, 1991 (宋大祥和柴建原, 1991)，但纳精囊呈梨形而不是肾形；雄蛛触肢的胫节具 3 个突起而不是 2 个，插入器呈横向"C"字形而不是角状。

观察标本：3♀1♂，四川省峨眉山 (29°32′N，103°19′E)，清音阁至雷寺，2004.Ⅸ.17，张志升采。

地理分布：四川 (峨眉山)。

(311) 尖峰散蛛 *Spartaeus jianfengensis* Song *et* Chai, 1991 (图 314)

Spartaeus jianfengensis Song *et* Chai, 1991: 24, figs. 15A-G (D♀♂); Song, Zhu *et* Chen, 1999: 560, figs. 316R, 317F-G (♀♂); Peng *et* Li, 2002b: 395, figs. 1A-F (♀♂).

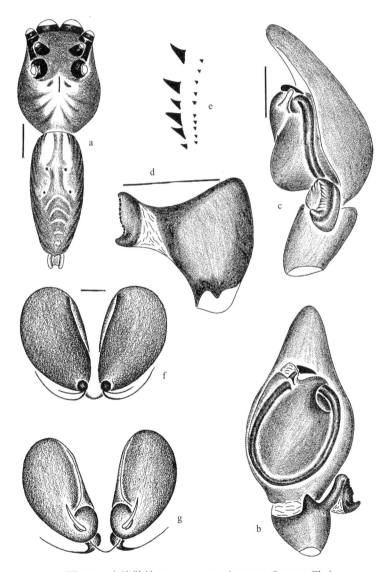

图 314 尖峰散蛛 *Spartaeus jianfengensis* Song *et* Chai

a. 雄蛛外形 (body ♂), b-d. 触肢器 (palpal organ): b. 腹面观 (ventral), c. 后侧观 (retrolateral), d. 胫节突 (tibial apophysis), e. 雄蛛螯肢齿堤 (cheliceral teeth ♂), f. 生殖厣 (epigynum), g. 阴门 (vulva) 比例尺 scales = 1.00 (a), 0.50 (b-d), 0.10 (f-g)

雄蛛：体长 7.38；头胸部长 3.41，宽 2.62；腹部长 3.97，宽 1.59。前眼列宽 2.26，后眼列宽 1.97，眼域长 1.45。背甲周缘处较暗，毛稀少，眼域红色，眼基及眼域两侧黑色，中窝竖长而深。眼域长对头胸部长之比为 0.42，眼域前缘长对眼域后缘长之比为 1.15；眼域长对眼域前缘长之比为 0.64。螯肢红色，较长，前齿堤 6 齿，后齿堤无齿，只有 1 列小突起，6-8 个。下唇及颚叶黄褐色，胸甲黄色，胸甲周缘为深色环。第 I 步足胫节有刺 v2-2-2-2-2-2-2-2，后跗节有刺 v2-2-2；第 II 步足胫节有刺 v2-2-2-2-2。腹部背面呈灰黑色，两侧为深色纵纹，心脏斑长约为腹部的一半，灰黑色；肌痕 2 对，褐色；后端中央有 3-4 个深色弧形纹。后部有"人"字形纹，腹面黑色，两侧各有 1 深色纵带。纺器灰褐色，被灰色细毛，触肢长 (腿节 1.29，膝节 0.65，胫节 0.51，跗节 1.45，总长 3.90)。

雌蛛：体长 7.66；头胸部长 2.97，宽 2.47；腹部长 4.33，宽 2.22。前眼列宽 2.20，后眼列宽 1.94，眼域长 1.55。背甲褐色，眼基及眼域两侧黑色，背甲后部两侧有浅褐色正缘带，胸区中央浅褐色。眼域长对头胸部长之比为 0.52，眼域前缘长对眼域后缘长之比为 1.13，眼域长对眼域前缘长之比为 0.70。螯肢红色，前齿堤 6 齿，后齿堤无齿，只有 10 小突起。下唇及颚叶褐色，胸甲黄色。第 I 步足胫节前侧有 9 根刺，后侧有 8 根刺，第 II 步足胫节有刺 v2-2-2-2-2，后跗节有刺 v2-2-2。足式：IV，I，III，II。腹部背面中央白色，两侧褐色，腹面黄色，中央褐色。

观察标本：1♂，海南尖峰岭，1990，顾茂彬采 (IZCAS)；1♂1♀，海南尖峰岭，1989.XII，朱明生采 (IZCAS)。

地理分布：海南。

(312) 普氏散蛛 *Spartaeus platnicki* Song, Chen *et* Gong, 1991 (图 315)

Spartaeus platnicki Song, Chen *et* Gong, 1991: 424, figs. 1-4 (♀♂); Song, Zhu *et* Chen, 1999: 560, figs. 317H, J-K, 318A (♀♂); Peng *et* Li, 2002b: 395, figs. 2A-G (♀♂, S).

Spartaeus heterospineus Song *et* Chai, 1992: 81, figs. 9A-H (♀♂); Song *et* Li, 1997: 438, fig. 49A-H (♀♂); Song, Zhu *et* Chen, 1999: 560, figs. 316Q, 317E (♀♂).

雌蛛：体长 8.00；头胸部长 3.30，宽 2.70；腹部长 4.70，宽 2.90。前眼列宽 2.20，后眼列宽 2.00，眼域长 1.50。背甲褐色，被白色及褐色毛，眼丘及其基部周围、背甲两侧黑褐色。中窝纵向，其后有 1 大的三角形浅色斑。额褐色，被褐色长毛，额高不及前中眼直径的 1/4。胸甲浅褐色，边缘黑褐色，被褐色毛。螯肢暗褐色，前齿堤 6 齿，后齿堤 7 小齿。颚叶、下唇深褐色，端部色浅具绒毛。触肢褐色至暗褐色，具浓密的白色刷状毛。步足褐色具灰黑色环纹，足刺长而强壮，第 I 步足胫节腹面前侧具 6 根长刺，后侧具 4 根长刺。第 I、II 步足后跗节腹面具 3 对长刺；第 II 步足胫节腹面 4 对长刺。腹部长卵形，灰黑色，中央浅褐色，斑纹不清晰。腹面灰黑色，两侧有 2 条浅色纵带。纺器灰黑色。

雄蛛：体长 6.40；头胸部长 3.20，宽 2.50；腹部长 3.20，宽 1.60。前眼列宽 2.10，后眼列宽 1.80，眼域长 1.50。背甲颜色及斑纹同雌蛛。前齿堤 6 齿，后齿堤 10 齿状小突。腹部约呈筒状，前端稍宽，背面灰黑色，两侧为灰黑色斜纹，前端中央心脏斑大而明显，其后有"山"字形纹 4 个，腹面灰褐色。纺器灰黑色。

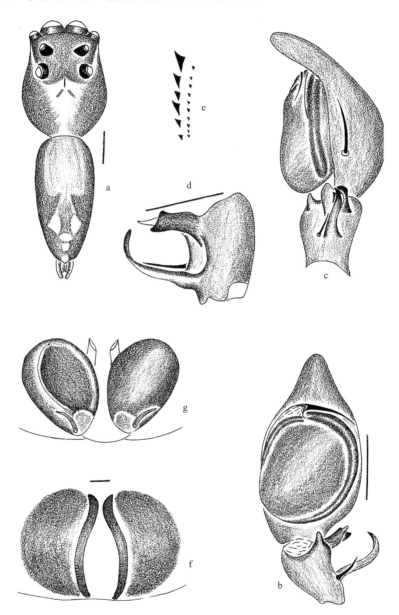

图 315 普氏散蛛 *Spartaeus platnicki* Song, Chen *et* Gong

a. 雄蛛外形 (body ♂), b-d. 触肢器 (palpal organ)：b. 腹面观 (ventral), c. 后侧观 (retrolateral), d. 胫节突 (tibial apophysis),

e. 雄蛛螯肢齿堤 (cheliceral teeth ♂), f. 生殖厣 (epigynum), g. 阴门 (vulva) 比例尺 scales = 1.00 (a), 0.50 (b-d), 0.10 (f-g)

观察标本：1♀，湖南衡阳岣嵝峰，1997.Ⅷ.2，彭贤锦采；1♂，湖南绥宁，1982.Ⅶ，刘明星采；1♂，湖南浏阳大围山，1995.Ⅵ，颜亨梅采；1♂，湖南龙山火岩，1995.Ⅸ，张永靖采；1♂2♀，湖南道县，1987.Ⅵ.18，龚联溯采；1♀1♂，湖南石门壶瓶山，2001.Ⅵ.25-Ⅶ.4，唐果采；1♂，湖北鹤峰猫猪山，1977.Ⅴ.28；1♀，湖北巴东泉口，1977.Ⅸ.4，

1♂，贵阳和尚洞弱光带，1998. Ⅴ.31 (IZCAS)；1♂，贵州安龙县姜家洞有光带洞底，2001. Ⅴ.3 (IZCAS)；1♀，贵州安顺天仙洞，1996.Ⅳ.12；1♂，贵州安顺龙天洞，1998. Ⅴ.10，黄红采。

地理分布：湖南 (龙山、石门、衡阳、绥宁、道县)、湖北、贵州。

(313) 泰国散蛛 *Spartaeus thailandicus* Wanless, 1984 (图 316)

Spartaeus thailandicus Wanless, 1984a: 151, figs. 5A-D (D♀); Song, Zhu *et* Chen, 1999: 560, figs. 318B, 329N (♀); Peng *et* Li, 2002b: 397, figs. 3A-E (♀).

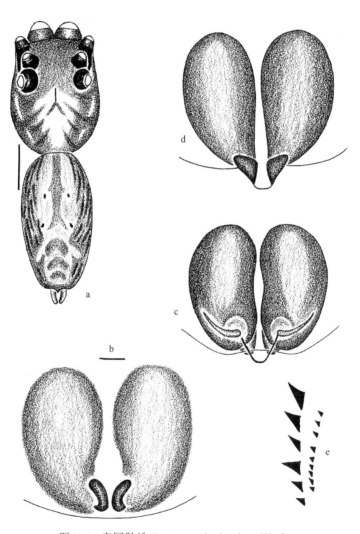

图 316 泰国散蛛 *Spartaeus thailandicus* Wanless

a. 雌蛛外形 (body ♀), b. 生殖厣 (epigynum), c-d. 阴门 (vulva)：c. 背面观 (dorsal), d. 腹面观 (ventral), e. 雌蛛螯肢齿堤 (cheliceral teeth ♀) 比例尺 scales = 1.00 (a), 0.10 (b-d)

雌蛛：体长 5.90-8.40；头胸部长 2.60，宽 2.20；腹部长 3.30，宽 1.70。前眼列宽 1.90，后眼列宽 1.70，眼域长 1.40。背甲褐色，边缘灰黑褐色，两侧各有 1 条浅褐色亚缘带；眼域密被白色长毛，两侧黑色；中窝较长，末端与放射纹相连，黑色纵条状；胸区中央浅褐色；颈沟、放射沟暗褐色，清晰可见。胸甲倒梨形，黄褐色，边缘深褐色；被褐色短毛。额深灰褐色，两前中眼下方浅褐色，被稀疏的白色长毛。螯肢灰褐色，前侧黑褐色；被细的浅褐色长毛；前齿堤 6 齿，后齿堤 9 小齿。步足褐色，有浅褐色斑，腹面颜色较浅，毛稀少而短，足刺长而密，第 I 步足胫节腹面前侧有 8 根刺，后侧有 7 根刺；第 II 步足胫节腹面前侧有 5 根刺，后侧有 4 根刺，第 I、II 步足后跗节腹面各有 3 对刺。腹部筒状，背面灰黑色，两侧有许多灰黑色纵纹；心脏斑灰黑色，长棒状，长约占腹部的一半；肌痕 2 对；后端中央隐约可见数个"山"字形纹。腹面中央为宽的灰褐色纵带，两侧为狭的黄褐色纵带。纺器浅褐色，背面灰黑色。

雄蛛：尚未发现。

观察标本：3♀，云南勐腊，1983.III.19，张立志采（IZCAS）。

地理分布：云南；泰国。

(314) 张氏散蛛 *Spartaeus zhangi* Peng *et* Li, 2002 (图 317)

Spartaeus zhangi Peng *et* Li, 2002b: 398, figs. 4A-F (D♂).

雄蛛：体长 5.00-6.90。体长 6.90 者，头胸部长 3.0，宽 2.3；腹部长 3.9，宽 1.6。前眼列宽 2.0，后眼列宽 1.7，眼域长 1.3。背甲暗褐色，两侧、各眼基部、眼域前缘及两侧色深。眼域部位有较密的褐色毛，背甲边缘被白色长毛；中窝深，长条状，黑褐色，末端与放射状纹相连，形成"人"字形纹，颈沟、放射沟暗褐色，清晰可见。胸甲盾形，黄褐色，边缘为深褐色缘带；中央有 1 大的灰色斑，此斑外周有放射状灰色斑与各步足基节相对应。额褐色，被细的白毛及少许黑褐色粗毛。螯肢较长而粗壮；前侧深褐色，具黑色细纵纹；端部内缘具长的褐色刷状毛，前齿堤 8 齿，较大，后齿堤 12 小齿。颚叶约呈长方形，长约为宽的 2 倍；下唇长大于宽，约呈长方形；颚叶、下唇均深褐色，端部浅黄褐色，具灰黑色绒毛。步足细长，浅黄褐色至褐色，具长刺和细毛；第 I、II 步足基部 3 节有黑色纵纹或块斑；第 I 步足胫节腹面前侧有 7 根刺，后侧有 6 根刺，第 II 步足胫节腹面有刺 14 对，第 I、II 步足后跗节腹面各具刺 3 对。第 I 步足腿节腹面未见腿节器。腹面长筒状，背面两侧灰褐色，中央浅灰色；心脏斑长棒状，深灰色；后端中央隐约可见 3 个深灰色"人"字形纹；两侧有少许深色斜纹。腹部腹面灰黑色，两侧各有 1 条浅灰白色纵带。纺器约呈筒状，内侧灰褐色，外侧黑褐色。

雌蛛：尚未发现。

观察标本：1♂，广西金秀县金忠公路，1995.V.10，张国庆采（IZCAS）；1♂，广西金秀县金忠公路，1994.IV.11，张国庆采（IZCAS）。

地理分布：广西。

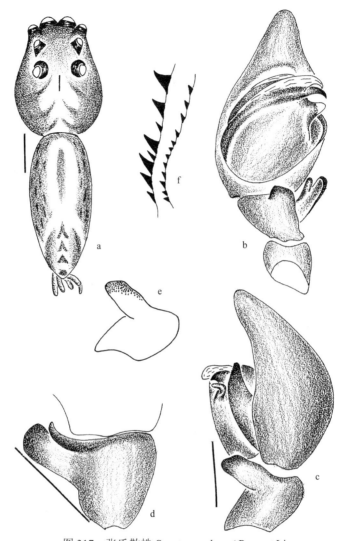

图 317　张氏散蛛 *Spartaeus zhangi* Peng *et* Li

a. 雄蛛外形 (body ♂), b-d. 触肢器 (palpal organ): b. 腹面观 (ventral), c. 后侧观 (retrolateral), d. 背面观 (dorsal), e. 胫节突 (tibial apophysis), f. 雄蛛螯肢齿堤 (cheliceral teeth ♂)　比例尺 scales = 1.00 (a), 0.50 (b-e)

71. 斯坦蛛属 *Stenaelurillus* Simon, 1886

Stenaelurillus Simon, 1886d: 351.

Type species: *Stenaelurillus nigritarsis* Simon, 1886.

　　体中型,眼域长约为头胸部长的 1/3。背甲两侧近乎平行。腹部背面常有醒目的斑纹。雄蛛触肢器生殖球端部常有多个突起、下端有垂状突。雌蛛阴门可见大的纳精囊。交媾管短。

该属已记录有 22 种，全球分布。中国记录 3 种。

种 检 索 表

1. 触肢器侧面观可见 2 个胫节突 ·· 三点斯坦蛛 *S. triguttatus*

   触肢器侧面观仅见 1 个胫节突 ·· 2

2. 腹面观生殖球端部的 3 个突起全向逆时针方向弯曲 ·················· 小斯坦蛛 *S. minutus*

   腹面观生殖球端部的 3 个突起中仅 1 个突起向逆时针方向弯曲 ·············· 琼斯坦蛛 *S. hainanensis*

(315) 琼斯坦蛛 *Stenaelurillus hainanensis* Peng, 1995 (图 318)

Stenaelurillus hainanensis Peng, 1995: 36, figs. 6-12 (D♀♂); Song, Zhu *et* Chen, 1999: 560, figs. 317L, 318C, 329O (♀♂).

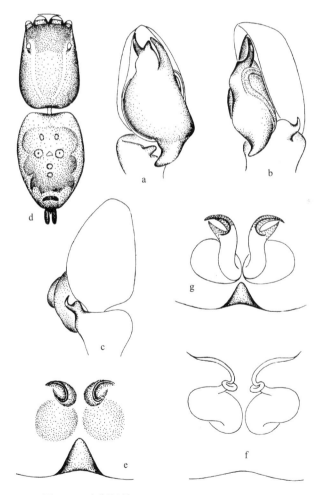

图 318　琼斯坦蛛 *Stenaelurillus hainanensis* Peng

a-c. 触肢器 (palpal organ)：a. 腹面观 (ventral)，b. 后侧观 (retrolateral)，c. 背面观 (dorsal)，d. 雌蛛外形 (body ♀)，e. 生殖厣 (epigynum)，f-g. 阴门 (vulva)：f. 背面观 (dorsal)，g. 腹面观 (ventral)

雄蛛：体长 5.1-5.5。体长 5.1 者，头胸部长 2.6，宽 1.8，棕黑色。前眼列宽 1.4，后眼列宽 1.4。眼域长 0.9，占头胸部的 1/3，黑色，边缘色深，内缘有由白毛形成的缘带。头胸部中央有 2 条由白毛形成的纵带。额高为前中眼直径的一半。螯肢浅黄色，前齿堤 2 齿（板齿），后齿堤 1 齿。颚叶、下唇浅黄色，端部色浅，具棕色绒毛，胸甲长卵形，浅棕色，边缘黑色。步足浅棕色，第 I 步足胫节腹面背侧刺 2 根，侧刺 3 根。第 I、II 步足后跗节腹面各有刺 2 对。足式：IV，III，II，I。腹部心形，背面灰黑色，中央颜色深。正中央有白斑 1 对，斑内具 1 黑点。前方有 1 对小的白斑，中间有 1 小三角形白斑，此斑后端还有 2 个小白斑，这 3 个小白斑排成 1 纵行，与 2 个大白斑形成"T"字形。末端及两侧颜色较浅。腹面浅黄色，纺器浅棕色。

雌蛛：体长 2.8，宽 1.9。前眼列宽 1.5，后眼列宽 1.5，眼域长 1.0。后中眼中间偏后。体色比雄蛛暗，棕黑色。腹部背面仅 1 对白斑，白斑中无黑点。足式：IV，III，II，I。其余外形特征同雄蛛。

本种从外形、斑纹来看似 *Stenaelurillus setosus* (Prószyński, 1984a: 138)，但后者模式标本为幼蛛 (分布于缅甸) 无法进行生殖器结构特征的比较，根据 Prószyński 的建议建立本种。从触肢器的结构来看，与小斯坦蛛 *Stenaelurillus minutus* Song *et* Chai 相似，但二者生殖球端部的突起有明显区别。

观察标本：2♀6♂，海南岛坝王岭林业局，1975.XII.4-6，朱传典采。

地理分布：海南。

(316) 小斯坦蛛 *Stenaelurillus minutus* Song *et* Chai, 1991 (图 319)

Stenaelurillus minutus Song *et* Chai, 1991: 25, figs. 16A-D (D♂); Song, Zhu *et* Chen, 1999: 560, figs. 317M-N (D♀♂).

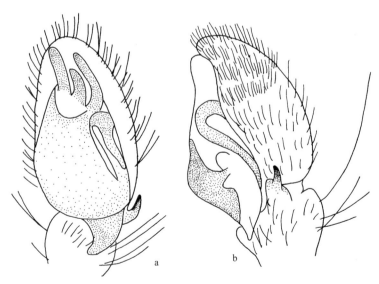

图 319　小斯坦蛛 *Stenaelurillus minutus* Song *et* Chai (仿 Song *et* Chai, 1991)
a-b. 触肢器 (palpal organ): a. 腹面观 (ventral), b. 后侧观 (retrolateral)

雄蛛：体长 4.92；头胸部长 2.70，宽 2.07；腹部长 2.30，宽 1.83。前眼列宽 1.67，后眼列宽 1.58，眼域长 0.91。背甲黑色，两侧缘具白毛，后眼列内侧有 2 条纵向的白毛带。眼域长对头胸部长之比为 0.34，眼域前缘长对眼域后缘长之比为 1.05。眼域长对眼域前缘长之比为 0.54。螯肢黄色，前齿堤并列 2 齿，后齿堤 1 齿。颚叶及胸甲呈黄色，下唇褐色。步足棕褐色。多刺，第 I 步足膝节以下均呈黑色，第 I 步足胫节腹面有刺 3 对，后跗节腹面有刺 4 对。腹部背面黑色，有白色毛斑，腹面灰色。触肢长 (腿节 0.65，膝节 0.26，胫节 0.26，跗节 0.75，总长 1.92)。跗舟背面上半部为黑色，下半部为黄色。

雌蛛：尚未发现。

观察标本：正模♂，副模 1♂，海南尖峰岭，1989.XII，朱明生采。

地理分布：海南。

(317) 三点斯坦蛛 *Stenaelurillus triguttatus* Simon, 1886 (图 320)

Stenaelurillus triguttatus Simon, 1886: 351 (D♂); Prószyński, 1984: 138 (♂).

雄蛛：体长 4.50。头胸部黑色，边缘淡黄红色，被浅黄色刚毛，头部边缘被白色刚毛。颚叶红色；下唇长，白色，齿状。腹部较短，前缘黑色，有白色斑点，后半部分有 2 个圆斑，被密的白色刚毛。胸甲浅黄色，被白色长刚毛。步足暗黄色，有白色短毛 (引自 Simon, 1886)。

雌蛛：尚未发现。

观察标本：无镜检标本。

地理分布：西藏。

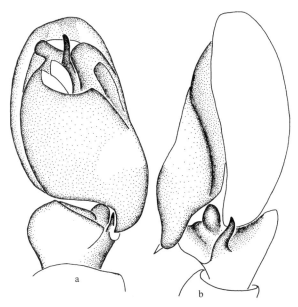

图 320　三点斯坦蛛 *Stenaelurillus triguttatus* Simon (仿 Prószyński, 1984)

a-b. 触肢器 (palpal organ)：a. 腹面观 (ventral), b. 后侧观 (retrolateral)

72. 似蚁蛛属 *Synageles* Simon, 1876

Synageles Simon, 1876: 15.

Type species: *Attus venator* Lucas, 1836.

体小型，长 2.2-4.8，似蚂蚁。背甲扁平而低；眼域长为背甲的 65%-80%，且宽大于长。第 I 步足胫节腹面仅具刺 2 对。插入器钉状，胫节突 1-2 个。后眼列处及腹部有鳞片。腹部前部有缢痕，背甲无缢痕。

该属已记录有 19 种，主要分布在中国、中亚、蒙古、欧洲古北区。中国记录 2 种。

(318) 枝似蚁蛛 *Synageles ramitus* Andreeva, 1976 (图 321)

Synageles ramitus Andreeva, 1976: 81, figs. 84-85 (D♀); Zhou *et* Song, 1988: 11, figs. 13a-f (♀♂, misidentified); Hu *et* Wu, 1989: 394, figs. 286.3-6 (♀♂, misidentified); Zhao, 1993: 422, figs. 220a-c (♀♂, misidentified); Logunov *et* Rakov, 1996: 70, f. 9-11, 23-34 (♀, T♂ from *S. charitonovi*); Song, Zhu *et* Chen, 1999: 560, figs. 317O-P, 318D-E (♀♂).

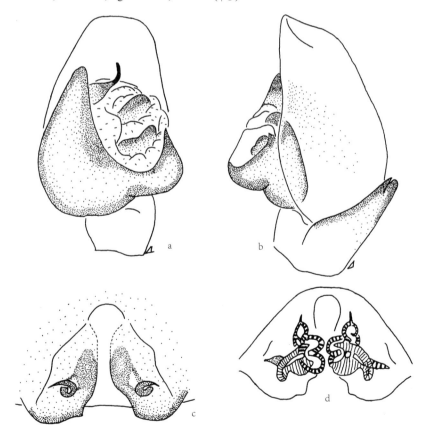

图 321 枝似蚁蛛 *Synageles ramitus* Andreeva (仿 Logunov *et* Rakov, 1996)

a-b. 触肢器 (palpal organ): a. 腹面观 (ventral), b. 后侧观 (retrolateral), c. 生殖厣 (epigynum), d. 阴门 (vulva)

雌蛛：体长 3.00-4.00，体狭长，形似蚂蚁，腹柄明显。头胸部长约为宽的 2 倍，背甲黄褐色，疏生白色短毛，散生黑毛。眼域梯形，深黄褐色，具细密刻纹，长大于宽，占头胸部长的 1/2，后中眼靠近前眼列而离后侧眼甚远，眼周黑色，前侧眼与后中眼黑斑相连，两后中眼间有模糊的小斑 2 个。螯肢黄褐色，前齿堤 2 齿，后齿堤 1 齿。胸甲长卵形，黄褐色，后端尖，疏生白色短毛，边缘褐色。步足黄色至黄褐色，着生少许白毛，散生黑毛。第 I 步足粗壮，胫节和后跗节各有腹刺 2 对；第 II 步足后跗节和跗节褐色，其余各节侧面有 1 列褐色纵斑。第 III、IV 步足胫节和后跗节无刺，腿节至后跗节侧面亦有 1 列褐色纹，腹部长卵形，褐色，疏生白色短毛，后端宽于前端，背面前端隆起，前半部正中有 1 条黄褐色圆棒状纵斑，斑后凹陷呈浅的横缢。后半部深褐色，前缘有锯齿状纹，与"工"字形斑纹相接。腹面有 1 从腹背延伸而来的淡色"V"字形大斑。纺器黄色 (引自 Hu *et* Wu, 1989)。

雄蛛：体长 3.00。体色较深，且腹部横缢显著。第 I 步足腿节发达，跗节至后跗节深黄褐色，其余各节黄色；第 II 步足腿节至胫节外侧有 1 列褐色纵斑，后跗节和跗节深黑褐色。第 III 步足腿节至膝节两侧各有 1 列褐色纵斑。第 IV 步足腿节至后跗节两侧各有 1 列褐色纵斑。触肢器跗舟黄褐色，插入器逗点状，胫节外侧有 1 顶端分叉的长突起。见于棉田及农田防护林草丛间 (引自 Hu *et* Wu, 1989)。

观察标本：无镜检标本。

地理分布：新疆 (博湖)；俄罗斯，中亚，蒙古。

(319) 脉似蚁蛛 *Synageles venator* (Lucas, 1836) (图 322)

Attus venator Lucas, 1836d: 629, pl. 15, figs. 1-3 (D♀♂; see also Lucas, 1836e: 1).

Synageles venator (Lucas, 1836): Simon, 1876a: 16, pl. 9, fig. 3 (♀♂); Prószyński, 1979: 318, f. 298-306; Hu *et* Wu, 1989: 395, figs. 286.7-8 (♀); Prószyński, 1991: 522, f 1396.1-4; Zhao, 1993: 423, figs. 221a-b (♀); Song, Zhu *et* Chen, 1999: 560, figs. 318F-G (♀); Almquist, 2006: 571, f. 477a-e (♀♂).

雌蛛：体长 4.50。体狭长，呈蚁形，腹柄背面观明显可见。背甲黄褐色，长约为宽的 2 倍，着生纤细白色短毛，头部褐色至黑褐色，具细刻纹，眼周、前侧眼至后中眼间浓黑色。眼域梯形，占头胸部的 1/2，长大于宽，前缘大于后缘，后中眼位于前、后侧眼中间偏前。额极窄，远小于前中眼半径，螯肢黄褐色，前齿堤 2 齿，后齿堤 1 齿。颚叶黄褐色。下唇、胸甲深黄褐色，胸甲呈长卵形，后尖端，长为宽的 2 倍。步足黄褐色，两侧常有 1 条褐色纵纹。第 I 步足粗壮，胫节和后跗节各有腹刺 2 对；第 II、III 步足胫节和后跗节无刺。腹部卵圆形，灰褐色，后端宽于前端，色泽深，背面斑纹前半部正中有 1 条褐色稍隆起的棒状纵斑，斑后呈现浅的横缢，此处有 1 近"工"字形宽横斑，其前列横纹的两侧各有 1 簇白色鳞状毛；后半部深灰褐色，前缘锯齿状，与"工"字形纹相接。腹面后半部灰褐色，前半部色淡。纺器黄色。见于田之枝杈间 (引自 Hu *et* Wu, 1989)。

雄蛛：体长 3.00-3.10；头胸部长 1.51-1.53，宽 0.86-0.89。体色基本和雌蛛一致。第 I 步足的腿节、膝节、胫节粗大。触肢器呈淡褐色，胫节和跗节黄白色。胫节突基部呈

　　半球形，末端呈倒钩状。插入器短但略有弯曲。其他描述同雌蛛 (引自 Almquist, 2006)。

　　观察标本：无镜检标本。

　　地理分布：新疆 (博湖)；俄罗斯，欧洲，古北区。

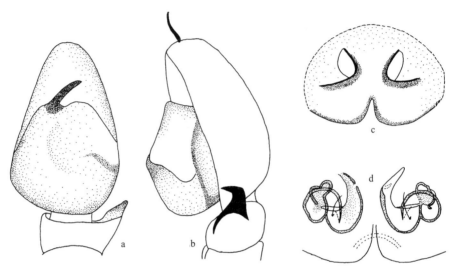

图 322　脉似蚁蛛 *Synageles venator* (Lucas) (a, b 仿 Prószyński, 1979; c, d 仿 Prószyński, 1991)
a-b. 触肢器 (palpal organ)：a. 腹面观 (ventral), b. 后侧观 (retrolateral), c. 生殖厣 (epigynum), d. 阴门 (vulva)

73. 合跳蛛属 *Synagelides* Strand in Bösenberg *et* Strand, 1906

Synagelides Strand in Bösenberg *et* Strand, 1906: 330.

Type species: *Synagelides agoriformis* Strand in Bösenberg *et* Strand, 1906.

　　本属蜘蛛体形似蚂蚁，背甲常有纹孔状斑点。眼域占背甲之 1/2 或稍大于 1/2。后中眼居中，后眼列稍宽于前眼列。螯肢前齿堤 2 齿，后齿堤 1 板齿。第 I 步足腿节膨大，膝节、胫节近等长，胫节腹面有 4-5 对粗壮的刺，排列整齐均匀，后跗节腹面有刺 2 对。雄蛛触肢器之膝节膨大粗壮，腿节常有钩状突起。外雌器结构复杂。1978 年波兰学者 Bohdanowicz 将 *Tagoria* 属并入本属。

　　该属已记录有 31 种，分布于日本、尼泊尔、不丹、缅甸、中国、俄罗斯东部等地。中国记录 16 种。

种 检 索 表

1. 雄蛛···2

　　雌蛛···8

2. 胫节有明显突起···3

　　胫节无突起···5

3.　胫节有 2 个突起 ·· 庐山合跳蛛 *S. lushanensis*
　　胫节仅 1 个突起 ·· 4
4.　触肢器腹面观插入器基部有发达的环形骨片 ······················· 安氏合跳蛛 *S. annae*
　　触肢器腹面观插入器基部未见及 ·································· 长触合跳蛛 *S. palpalis*
5.　与插入器相伴的骨板侧面观板状 ··· 6
　　与插入器相伴的骨板侧面观不呈板状 ·· 7
6.　骨板侧面观无明显的突起 ·· 日本合跳蛛 *S. agoriformis*
　　骨板侧面观有明显的突起 ·· 湖北合跳蛛 *S. hubeiensis*
7.　骨板侧面观马蹄形 ·· 蹄形合跳蛛 *S. gambosa*
　　骨板侧面观"S"字形 ·· 赵氏合跳蛛 *S. zhaoi*
8.　生殖厣无兜 ··· 9
　　生殖厣有兜 ·· 14
9.　生殖厣有中隔 ·· 蹄形合跳蛛 *S. gambosa*
　　生殖厣无中隔 ·· 10
10.　交媾腔封闭 ····································· 黄桑合跳蛛 *S. huangsangensis*
　　交媾腔不封闭 ··· 11
11.　两交媾腔前缘愈合 ··· 12
　　两交媾腔不愈合 ··· 13
12.　纳精囊横向排列 ······································ 天目合跳蛛 *S. tianmu*
　　纳精囊纵向排列 ······································ 云南合跳蛛 *S. yunnan*
13.　交媾腔线状 ······································ 齐氏合跳蛛 *S. zhilcovae*
　　交媾腔弧状 ······································ 日本合跳蛛 *S. agoriformis*
14.　生殖厣有中隔 ··· 15
　　生殖厣无中隔 ··· 17
15.　外雌器背面观生殖厣兜远离交媾管顶端 ··················· 带状合跳蛛 *S. zonatus*
　　外雌器背面观生殖厣兜紧靠交媾管顶端 ······································· 16
16.　交媾管有纵向"S"字形扭曲 ······································ 安氏合跳蛛 *S. annae*
　　交媾管有纵向"C"字形扭曲 ······································ 卡氏合跳蛛 *S. cavaleriei*
17.　兜位于生殖厣中部 ································· 赵氏合跳蛛 *S. zhaoi*
　　兜位于生殖厣端部 ··· 18
18.　兜长大于宽的 2 倍 ································ 庐山合跳蛛 *S. lushanensis*
　　兜长稍大于或小于宽 ··· 19
19.　兜长约为宽的一半 ································· 长合跳蛛 *S. longus*
　　兜长稍大于宽 ··· 20
20.　阴门上部左右紧靠 ································· 斑马合跳蛛 *S. zebrus*
　　阴门上部左右远离 ····························· 拟长触合跳蛛 *S. palpaloides*

(320) 日本合跳蛛 *Synagelides agoriformis* Strand, 1906 (图 323)

Synagelides agoriformis Strand, in Bösenberg *et* Strand, 1906: 330 (D♀); Peng *et al.*, 1993: 222, figs. 787-794 (♀♂); Song, Zhu *et* Chen, 1999: 560, figs. 317Q, 318H-I, 318A (♀♂).

雄蛛：体长 3.68；头胸部长 1.59，宽 1.15；腹部长 2.09，宽 1.27。前眼列宽 1.09，

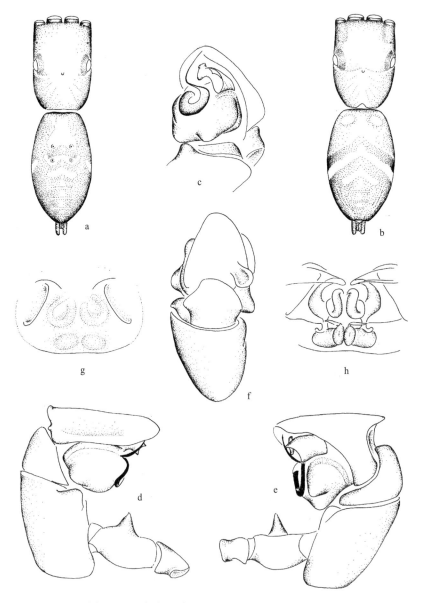

图 323　日本合跳蛛 *Synagelides agoriformis* Strand

a. 雄蛛外形 (body ♂), b. 雌蛛外形 (body ♀), c-f. 触肢器 (palpal organ)：c. 腹面观 (ventral), d. 前侧观 (prolateral), e. 后侧观 (retrolateral), f. 背面观 (dorsal), g. 生殖厣 (epigynum), h. 阴门 (vulva)

后眼列宽 1.14，眼域长 0.82。头胸甲橘红褐色，有褐色斑，边缘具黑色细边；眼域红褐色，眼的周围黑色。螯肢黄褐色，前齿堤 2 齿，后齿堤 1 板齿；颚叶、下唇灰黄色，胸甲黄色，第 I 步足腿节粗壮、膨大，橘黄褐色，内外两侧面均有浅褐色斑，膝节淡黄色，胫节腹面有刺 5 对，后跗节腹面有刺 2 对。第 II、III、IV 步足淡黄色，其腿节内侧及膝节、胫节内外侧均有黑褐色纵条斑。腹部长 2.09，背面淡黄色底，前端 2 个黄白色圆斑，中部 1 条同色横带，之后为“人”字形斑；腹部之后半部黑褐色，腹面淡黄色底，正中带灰褐色。两侧有黑褐色斜纹，末端黑褐色。纺器灰褐色。插入器长而弯曲，其基部有环形骨片，无胫节突。

雌蛛：体长 4.00 者；头胸部长 1.82，宽 1.27；腹部长 2.27，宽 1.29。前眼列宽 1.23，后眼列宽 1.27，眼域长 1.00。体形、体色与雄蛛相似。头胸甲橘红褐色，眼域前半部深黑色，后半部红褐色。步足黄褐色，腿节内侧有黑褐色纵条斑，第 III、IV 步足膝节、胫节、后跗节内外侧均有同色纵条斑。腹部背面黑色，有棕色斑纹。腹面黄色底，有 3 条灰褐色纵带；两侧有数条相互平行的细纵纹，排列呈木纹状。外雌器透过体壁可见 1 对“C”字形交媾管及 1 对长卵圆形纳精囊，左右两侧各有 1 凹陷，中隔很宽，内部结构较复杂。

观察标本：1♂，吉林集安，1970.IX.16，朱传典采；1♀，1963.VIII.8，辽宁 (千山)，朱传典采；1♀，1985.VIII.16，黑龙江 (镜泊湖)，朱传典采。

地理分布：辽宁、吉林、黑龙江；日本，朝鲜，俄罗斯。

(321) 安氏合跳蛛 *Synagelides annae* Bohdanowicz, 1979 (图 324)

Synagelides annae Bohdanowicz, 1979: 56, figs. 9-17 (D♀♂); Xie *et* Yin, 1990: 302, figs. 16-19 (D♀♂); Peng *et al.*, 1993: 224, figs. 795-800 (D♀♂); Song *et* Li, 1997: 440, figs. 51A-D (♀♂); Song, Zhu *et* Chen, 1999: 560, figs. 318J-K, 319B-C (♀♂).

雄蛛：体长 3.50-3.85。体长 3.85 者，头胸部长 1.65，宽 1.14；腹部长 2.20，宽 1.17。前眼列宽 1.00，后眼列宽 1.05，眼域长 0.85。背甲黄褐色，眼域前半部深灰褐色，眼的周围黑色。胸甲淡黄色。螯肢淡黄色，前齿堤 2 齿，后齿堤 1 分叉板齿。第 I 步足短而粗壮，腿节橘黄色，除跗节淡黄色外，其余各节约褐色；胫节腹面有刺 5 对，端部 1 对很小的刺，与 Bohdanowicz (1979) 描述的 4 对刺不同；后跗节腹面有刺 2 对。其余步足纤细，淡黄色，无刺，各节关节处有淡褐色斑。腹部长卵圆形，背面无明显斑纹，前端黄褐色，其余部分黑褐色，腹部背面前半部可见 2 对肌痕，后半部隐约可见数条相互平行的黄褐色细横纹。腹侧面黄褐色，腹面淡黄色，正中有 2 条淡褐色纵带。触肢结构的插入器细长而弯曲，基部有角质化较强的半环形骨片；胫节突圆锥形，基部宽，端部骤然变尖，似针状。

雌蛛：体长 4.50-5.00。体长 5.00 者，头胸部长 2.20，宽 1.80；腹部长 3.00，宽 2.50。前眼列宽 1.20，后眼列宽 1.30，眼域长 1.00。体色与雄蛛相似，体形稍大，色鲜亮。背甲红褐色，眼域前半部褐色。胸部中窝后有褐色斑点形成的弧形线纹。胸甲、颚叶、下唇皆橘黄色。步足黄色。腹部背面斑纹不明显，黄褐色，后 1/5 部分黑褐色。纺器黄褐色。

观察标本：1♂，湖南石门壶瓶山，1600m 以上，2002.Ⅷ.3，唐果采 (HNU)；1♂，江西庐山，1987.Ⅵ.15，王家福采；3♂6♀，云南贡山当丹森林公园，2000.Ⅵ.29，D. Kavanaugh、C. E. Griswold、D. Ubick、颜亨梅采 (HNU)。

地理分布：江西、湖南 (石门)、云南；日本。

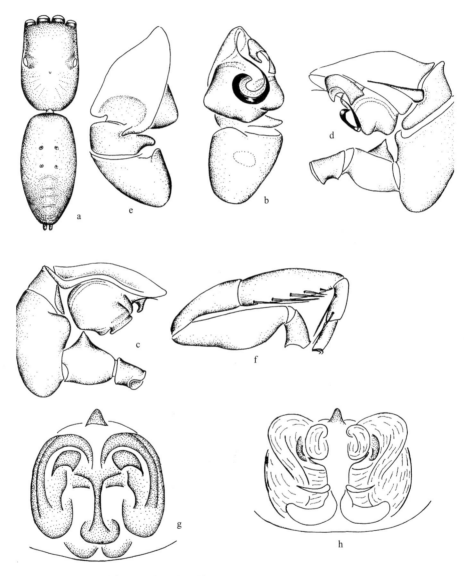

图 324 安氏合跳蛛 *Synagelides annae* Bohdanowicz

a. 雄蛛外形 (body ♂), b-e. 触肢器 (palpal organ)：b. 腹面观 (ventral), c. 前侧观 (prolateral), d. 后侧观 (retrolateral), e. 背面观 (dorsal), f. 雄蛛第 I 步足 (Leg I ♂), g. 生殖厣 (epigynum), h. 阴门 (vulva)

(322) 卡氏合跳蛛 *Synagelides cavaleriei* (Schenkel, 1963) (图 325)

Tagoria cavaleriei Schenkel, 1963: 394, figs. 227a-l (D♀♂).

Synagelides cavaleriei (Schenkel, 1963): Bohdanowicz *et* Heciak, 1980: 248, figs. 1-9 (♀♂); Song, 1987: 306, figs. 262 (♀); Hu *et* Li, 1987b: 334, figs. 49.3-4 (♀); Song, Zhu *et* Chen, 1999: 560, figs. 318L-D♀, 319D-E (♀); Hu, 2001: 420, figs. 269.1-2 (♀).

雌蛛：体长 3.80。头胸部黄褐色。眼的周围深黑色。眼域表面凹陷并有不明显的短粗毛。胸部光滑，有不明显的黑斑。第 I 步足灰黄色，膝节腹面有黑色环纹，腿节端部的腹面有黑色环纹，胫节腹侧面有 4 对刺。腹部卵形，背面的前端大部分为黄色，后端 1/4 处为暗褐色，两侧面黄色。纺器淡黄色。外雌器卵圆形，有 2 个方形凹陷，被 1 中脊分开。外雌器前方中央部位有 1 囊 (引自 Song, 1987)。

雄蛛：体长 4.3。腹部较雌蛛窄长。触肢膝节较膨大，与腿节呈直角；腿节较小，腹侧面有 1 齿。胫节有 2 突起，近端的突起短粗，远端的突起凿子形。生殖器有 2 圈管。插入器基部宽，端部扁而稍微隆起。其他特征同雌蛛 (引自 Song, 1987)。

观察标本：无镜检标本。

地理分布：贵州、西藏、甘肃、河北。

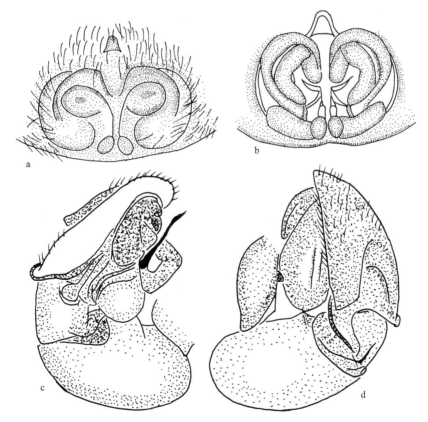

图 325　卡氏合跳蛛 *Synagelides cavaleriei* (Schenkel) (仿 Bohdanowicz *et* Heciak, 1980)
a. 生殖厣 (epigynum), b. 阴门 (vulva), c-d. 触肢器 (palpal organ)：c. 前侧观 (prolateral), d. 后侧观 (retrolateral)

(323) 蹄形合跳蛛 *Synagelides gambosa* Xie *et* Yin, 1990 (图 326)

Synagelides gambosa Xie *et* Yin, 1990: 298, figs. 1-7 (D♀♂); Peng *et al.*, 1993: 225, figs. 801-807 (♀♂); Song, Zhu *et* Chen, 1999: 561, figs. 318N-O, 319F-G (♀♂).

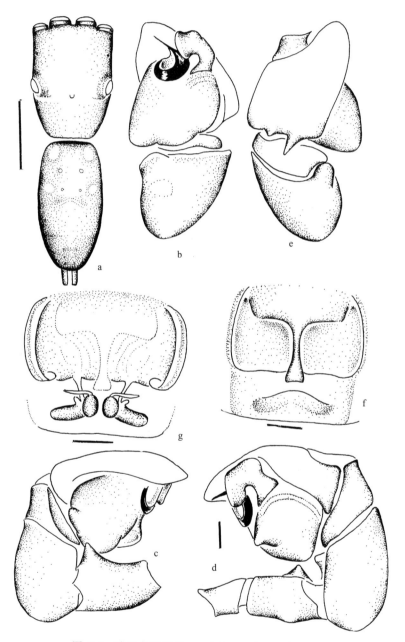

图 326 蹄形合跳蛛 *Synagelides gambosa* Xie *et* Yin

a. 雄蛛外形 (body ♂), b-e. 触肢器 (palpal organ): b. 腹面观 (ventral), c. 前侧观 (prolateral), d. 后侧观 (retrolateral), e. 背面观 (dorsal), f. 生殖厣 (epigynum), g. 阴门 (vulva) 比例尺 scales = 1.00 (a), 0.20 (b-g)

雄蛛：体长 3.50；头胸部长 1.64；腹部长 1.90。眼域长 0.95。背甲棕褐色，被黑色线状斑点。眼域深褐色，眼的周围黑色。胸甲中央黄色，边缘褐色。螯肢黄褐色，前齿堤 2 齿，后齿堤 1 分叉板齿。颚叶褐色，端部黄白色，下唇褐色。第 I 步足长，腿节橘红褐色，膝节前半部淡黄色，后半部橙色，胫节腹面有刺 4 对，后跗节腹面有刺 2 对，跗节淡黄色。第 II、III、IV 步足的转节、腿节、胫节两侧面均有褐色纵条斑，第 II、III 步足各节橘黄色，第 IV 步足橘黄色。腹部背面褐色，在前端及 1/3 处共生有 4 个灰白色毛斑，后半部体色较深，隐约可见数条弧形横线纹。腹面黄褐色，中央带淡黄色，两侧由黄色斑点组成纵线纹，侧缘褐色。纺器黄褐色。触肢器之插入器较短，基部为环形骨板，侧面观可见 1 马蹄形骨板与插入器相毗邻。跗舟背面基部有 1 剑状突起指向胫节的端部。本种触肢器之结构与 *Synagelides agoriformis* Strand, 1906 相似，均无胫节突，其主要区别是：本种插入器较短，而后者较长，且插入器基部骨板形状不同；与插入器毗邻的骨板形状亦明显不同。

雌蛛：体长 5.00，头胸部长 2.00，腹部长 3.00。眼域长 1.15。体色与雄蛛相似，体形稍大，色鲜亮。背甲红褐色，眼域前半部褐色。胸部中窝后有褐色斑点形成的弧形线纹。胸甲、颚叶、下唇皆橘黄色。步足黄色。腹部背面斑纹不明显，黄褐色，后 1/5 部分黑褐色。纺器黄褐色。

观察标本：1♀2♂，湖南张家界国家森林公园，1981.VIII，王家福采。

地理分布：湖南 (张家界)。

(324) 黄桑合跳蛛 *Synagelides huangsangensis* Peng, Yin, Yan *et* Kim, 1998 (图 327)

Synagelides huangsangensis Peng, Yin, Yan *et* Kim, 1998: 39, figs. 10-12 (D♀).

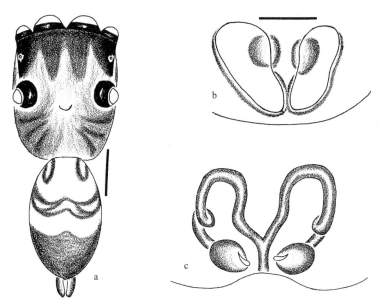

图 327　黄桑合跳蛛 *Synagelides huangsangensis* Peng, Yin, Yan *et* Kim
a. 雌蛛外形 (body ♀), b. 生殖厣 (epigynum), c. 阴门 (vulva)　比例尺 scales = 1.00 (a), 0.10 (b-c)

雌蛛：体长 3.20；头胸部长 1.60，宽 1.05；腹部长 1.60，宽 0.80。前眼列宽 1.10，与后眼列等宽，眼域长 0.90。背甲浅褐色，毛稀少，边缘黑褐色，眼域前半部、两侧缘及眼丘黑色，中央有 1 对棒状黑斑。中窝横向，黑褐色，呈前凹的弧状。放射沟隐约可见。额黑褐色，很狭，高约为前中眼半径的 1/4。胸甲浅褐色，毛稀少，边缘褐色，前缘宽，平截状，后缘三角形。螯肢、颚叶、下唇皆浅褐色，前齿堤 2 齿，后齿堤 1 齿。触肢白色，端部膨大，似未成熟之雄蛛。步足浅褐色，第 I 步足的腿节、胫节、后跗节两侧灰黑色；第 I 步足胫节腹面具 4 对长刺，后跗节腹面具 2 对长刺，其余步足各节均无刺。腹部长卵形，背面前端有 1 对纵向的眼状斑，其后有 1 对眉状斑，后 1/3 部分为黑褐色，前端两侧各有 1 条黑色纵条纹向后延伸至腹部中部，腹面浅褐色，中部颜色稍深。纺器浅褐色。

雄蛛：尚未发现。

观察标本：1♀，湖南绥宁黄桑，1996.Ⅴ.23，彭贤锦采。

地理分布：湖南 (绥宁)。

(325) 湖北合跳蛛 *Synagelides hubeiensis* Peng *et* Li, 2008 (图 328)

Synagelides hubeiensis Peng *et* Li, in: Peng, Tang *et* Li, 2008: 251, f. 15-19 (D♂).

雄蛛：体长 2.70；头胸部长 1.30，宽 0.95；腹部长 1.40，宽 0.95。前眼列宽 0.95，后眼列宽 1.00，眼域长 0.75。背甲褐色，覆盖有均匀的颗粒状小突起，毛稀少，仅各眼基部、眼域前部及两侧有白色细毛；背甲两侧几乎平行；背甲边缘、各眼基部、眼域两侧前半部黑色，中部暗褐色，"U" 字形凹陷深、颈沟、放射沟色深，颗粒状突起沿颈沟、放射沟呈辐射状排列。胸甲心形，前缘平截状、远宽于后缘，浅褐色，前半色稍深，后半边缘隐约可见 5 条深色放射状条纹。额褐色，前缘黑色，被稀疏的褐色及白色毛。螯肢细弱，灰褐色，前齿堤 2 小齿，后齿堤 1 齿，颚叶刀状，灰褐色，内缘浅黄褐色，被细的浅褐色毛。下唇宽大于长，深褐色，端部浅黄褐色，有褐色毛。步足浅黄色，具灰色纵条纹，毛稀少、短而细；第 I 步足胫节腹面有 3 对长刺，后跗节腹面有 2 对长刺，步足其余各节均无刺。腹部长卵形，毛极少而短。背面浅黄褐色，前端有 3 对浅色斑，中部有 2 条灰黑色弧形横纹；后端灰褐色，其上有 5 条细的浅色弧形横纹。腹部腹面黄白色，中央有 2 条宽的灰褐色纵带。纺器黄白色，围以黑色环纹，毛稀少而短。

雌蛛：尚未发现。

本种与 *S. agoriformis* Strand, 1906 相似，但触肢器结构有以下区别：①与插入器相伴的骨板结构复杂，腹面观可见多个角状突起，后者未见有明显的角状突起；②背面观本种跗舟背面中央有 1 锥状突，后者无；③腹部背面的斑纹明显不同。

观察标本：1♂，湖北，具体地点不详。

地理分布：湖北。

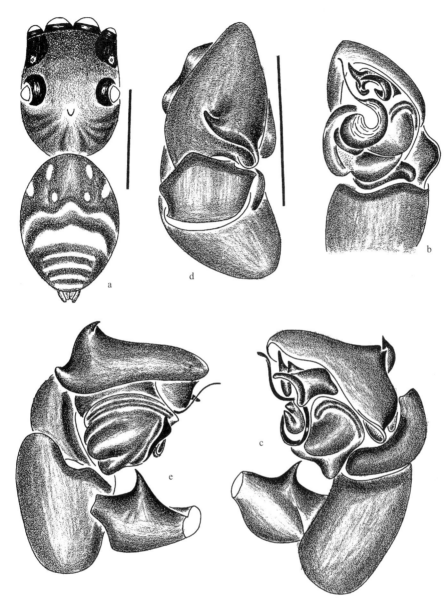

图 328　湖北合跳蛛 *Synagelides hubeiensis* Peng *et* Li

a. 雄蛛外形 (body ♂), b-e. 触肢器 (palpal organ)：b. 腹面观 (ventral), c. 前侧观 (prolateral), d. 后侧观 (retrolateral), e. 背
面观 (dorsal)　比例尺 scales = 1.00 (a), 0.50 (b-e)

(326) 长合跳蛛 *Synagelides longus* Song *et* Chai, 1992 (图 329)

Synagelides longus Song *et* Chai, 1992: 82, figs. 10A-C (D♀); Song *et* Li, 1997: 441, figs. 52A-C (♀);
Song, Zhu *et* Chen, 1999: 561, fig. 319H (♀).

雌蛛：体长 5.56；头胸部长 1.90，宽 1.35；腹部长 3.33，宽 1.75。前眼列宽 1.32，

后眼列宽 1.39，眼域长 1.13。前侧眼 0.59，前中眼 0.95，后侧眼 0.86。背甲棕色，眼基黑色，中窝横向。螯肢黄色，前齿堤 2 齿，后齿堤 1 齿。颚叶、下唇及胸甲均呈黄色。第 I 步足胫节有刺 v1-2-1-2-2，后跗节有刺 v1-1。腹部背面褐色，腹面灰色 (引自 Song et Chai, 1992)。

雄蛛：尚未发现。

观察标本：1♀，湖北利川县毛坝星斗山，1989.VI.6 (未镜检)。

地理分布：湖北。

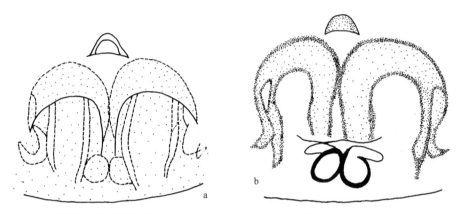

图 329　长合跳蛛 *Synagelides longus* Song et Chai (仿 Song et Chai, 1992)

a. 生殖厣 (epigynum), b. 阴门 (vulva)

(327) 庐山合跳蛛 *Synagelides lushanensis* Xie et Yin, 1990 (图 330)

Synagelides lushanensis Xie et Yin, 1990: 300, figs. 8-15 (D♀♂); Peng et al., 1993: 227, figs. 808-815
　　(♀♂); Song, Zhu et Chen, 1999: 561, figs. 318D, 319I, 320A, 329P (♀♂).

雄蛛：体长 4.00-4.35。体长 4.35 者，头胸部长 1.93，宽 1.35；腹部长 2.40，宽 1.11。前眼列宽 1.33，后眼列宽 1.43，眼域长 1.17。头胸甲红褐色，眼域占头胸甲之 1/2，前半部黑褐色，后半部褐色，眼的周围黑色。胸区有黑褐色斑点形成的弧形线纹。螯肢、颚叶、下唇、胸甲均为黄褐色，螯肢前齿堤 2 齿，后齿堤 1 分叉板齿，胸甲无斑纹。步足细长，橘黄色，第 I 步足腿节前半部及腹内侧橘黄色，其余部分红褐色。胫节腹面有刺 5 对，后跗节腹面有刺 2 对，此两节左右侧面均有褐色点状斑，跗节淡黄色。第 II、III、IV 步足之腿节、膝节、胫节、后跗节的内外侧面都有褐色纵条斑。腹部背面黑褐色，前端有 2 个灰白色毛斑，腹部 2/5 处有 1 条黄白色毛形成的横带；其后沿正中线排列有褐色 "人" 字形、弧形纹。腹面灰黄褐色，两侧黑褐色，有灰黄色细纵纹排列呈木纹状。纺器灰褐色。触肢器的胫节突较粗壮，插入器较短，基部无半环形骨片。

雌蛛：体长 4.25-5.10。体长 5.10 者，头胸部长 1.80，宽 1.30；腹部长 3.30，宽 1.80。前眼列宽 1.25，后眼列宽 1.35，眼域长 1.00。体形、体色与雄蛛相似。步足细长，第 I 步足橘黄色，其余步足淡黄色，除跗节外，其余各节的两侧面都有褐色纵条斑。腹部背面与雄蛛不同，灰褐色底，前端 1 对肌痕，其后连续排列 6-7 个灰黄色"人"字形、弧形纹。腹部两侧有灰黄色细纵纹；腹面灰黄色，纺器黄褐色。外雌器前端有 1 钟形兜，中隔较宽，似"个"字，透过体壁隐约可见 1 对卵圆形的纳精囊，内部结构较简单。

　　观察标本：18♀11♂，江西庐山，1987.Ⅵ，王家福、彭贤锦、肖小芹、谢莉萍采。

　　地理分布：江西 (庐山)。

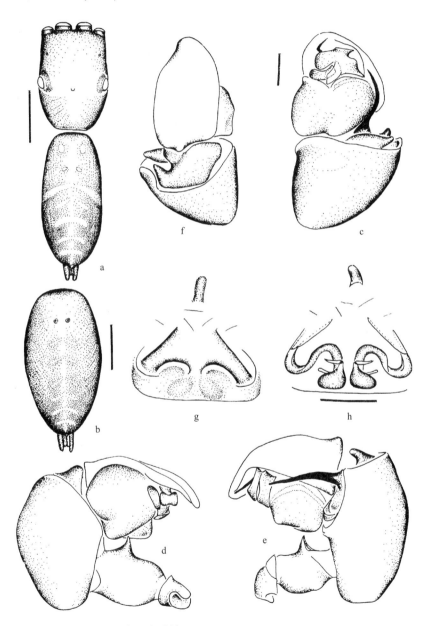

图 330　庐山合跳蛛 *Synagelides lushanensis* Xie *et* Yin

a. 雄蛛外形 (body ♂), b 雌蛛腹部 (abdomen ♀), c-f. 触肢器 (palpal organ): c. 腹面观 (ventral), d. 前侧观 (prolateral), e. 后侧观 (retrolateral), f. 背面观 (dorsal), g. 生殖厣 (epigynum), h. 阴门 (vulva)　比例尺 scales = 1.00 (a, b), 0.10 (c-h)

(328) 长触合跳蛛 *Synagelides palpalis* Zabka, 1985 (图 331)

Synagelides palpalis Zabka, 1985: 447, figs. 573-580 (D♀♂); Song *et* Chai, 1991: 26, figs. 17A-B (♀);
Song, Zhu *et* Chen, 1999: 561, figs. 320B-C (♀); Peng, Tso *et* Li, 2002: 3, figs. 9-12 (D♂).

雄蛛：体长 3.60；头胸部长 1.80，宽 1.40；腹部长 1.80，宽 1.20。前眼列宽 1.30，后眼列宽 1.40，眼域长 1.10。额高 0.01。背甲褐色，各眼基部、眼域的前半部及背甲边缘黑色，整个背甲被小的粒状突，毛稀少，白色或褐色；中窝前凹呈弧状，深褐色，凹陷深，颈沟及放射状纹不明显。胸甲盾形，褐色，边缘深褐色；毛稀少，细弱。额暗褐色，极狭，高不及前中眼半径的 1/2，被少许粗的硬毛。螯肢浅褐色，前齿堤 1 齿，后齿堤 2 齿基部相连。步足细弱，褐色，两侧具深褐色纵纹；第 I 步足胫节腹面具有 4 对长刺，后跗节腹面前侧具 2 根长刺，其长度长于后跗节；第 I 步足其余各节及第 II、III、IV 步足均无刺。腹部约呈筒状。背面中央为暗褐色纵斑，中间有 2 条横纹颜色较浅，将暗褐色纵斑分为 3 部分，最末一个较大，颜色较深。腹部末端浅褐色，两侧具灰黑色纵纹，腹部腹面浅褐色，后端有 1 三角形灰黑色斑，两侧灰黑色。纺器褐色。

雌蛛：体长 4.21；头胸部长 1.75，宽 1.35；腹部长 2.22，宽 1.11。背甲红色，眼基黑色，中窝横向。螯肢后齿堤并列 2 齿，前齿堤无明显齿，第 I 步足最长，除第 I 步足胫节外，其余步足基本无刺。腹部背面有 1 横缢，使其形成前后两部分，前部褐色，有黑色纹，后部黑色。腹部腹面灰色。

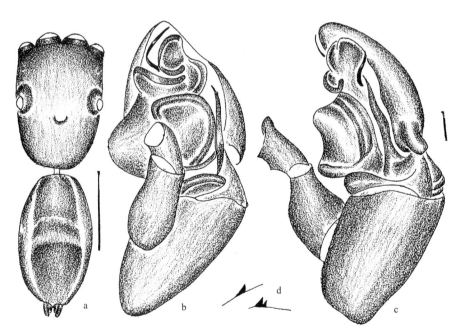

图 331　长触合跳蛛 *Synagelides palpalis* Zabka
a. 雄蛛外形 (body ♂), b-c. 触肢器 (palpal organ)：b. 腹面观 (ventral), c. 后侧观 (retrolateral), d. 雄蛛螯肢齿堤 (cheliceral teeth ♂)　比例尺 scales = 1.00 (a), 0.10 (b-d)

观察标本：1♂，台湾南投，1998.Ⅵ，吴声海采 (THU)；1♂，台湾南投，1997.Ⅻ，吴声海采 (THU)；1♀，海南吊罗山，1989.Ⅻ，朱明生采。

分布：海南、台湾；越南。

(329) 拟长触合跳蛛 *Synagelides palpaloides* Peng, Tso *et* Li, 2002 (图 332)

Synagelides palpaloides Peng, Tso *et* Li, 2002: 4, figs. 13-16 (D♀).

雌蛛：体长 3.9；头胸部长 1.7，宽 1.2；腹部长 2.2，宽 1.25。前眼列宽 1.3，后眼列宽 1.25，眼域长 0.9。背甲褐色，边缘、各眼基部周围及眼域前缘黑色；毛稀少，白色或褐色；背甲密被小的颗粒状突起，中窝暗褐色，凹陷深。胸甲卵形，前缘稍宽；毛很稀少；褐色，边缘深褐色。额黑褐色，毛稀少，额高不及前中眼半径的 1/2。螯肢褐色，前齿堤 2 齿，后齿堤板齿 3 分叉。触肢、步足褐色，两侧具黑色纵斑，毛稀少，端部 2 节腹面毛稍密，第 Ⅱ、Ⅲ、Ⅳ 步足未见足刺。腹部约呈筒状，背面灰黑色，末端黑色，肌痕 3 对，灰白色；腹面中央有 3 条灰黑色纵带，末端愈合；两侧黑色。纺器褐色。

雄蛛：尚未发现。

观察标本：1♀，台湾南投，1998.Ⅳ，吴海英采 (THU)。

地理分布：台湾。

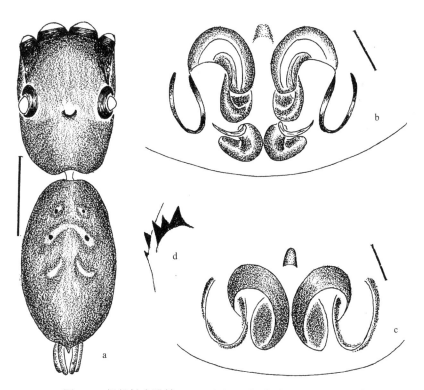

图 332　拟长触合跳蛛 *Synagelides palpaloides* Peng, Tso *et* Li
a. 雌蛛外形 (body ♀), b. 阴门 (vulva), c. 生殖厣 (epigynum), d. 雌蛛螯肢齿堤 (cheliceral teeth ♀)
比例尺 scales = 1.00 (a), 0.10 (b-d)

(330) 天目合跳蛛 *Synagelides tianmu* Song, 1990 (图 333)

Synagelides tianmu Song, 1990: 343, figs. 4A-C (D♀); Song, Zhu *et* Chen, 1999: 561, figs. 320D-E, 329Q (♀).

雌蛛：体长 3.97；头胸部长 1.74，宽 1.20；腹部长 2.10，宽 1.29。背甲、眼域部分黑褐色，眼域后方褐色，有黑褐色放射纹。眼域长 1.03，宽 1.15。眼域长与头胸部长之比约为 0.59：1。眼径：前中眼 0.32，前侧眼 0.19，后中眼 0.04，后侧眼 0.23。第 I 步足色较深，大部分为橙褐色，胫节下方 4 对刺，后跗节下方 2 对刺，第 2 对刺末端可抵达跗节的末端。第 II、III、IV 步足较细，色较淡，多为黄橙色，无长刺。腹部背面密布黑色斑纹，后端的斑纹呈横形。腹面黄白色，仅纺器前方 1 小块范围略显灰黑色。外雌器有 2 对横脊，略呈弧形。

雄蛛：尚未发现。

观察标本：正模♀，副模 1♀，浙江天目山，1989.IX.3。

地理分布：浙江。

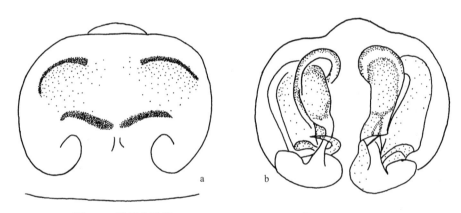

图 333　天目合跳蛛 *Synagelides tianmu* Song (仿 Song *et al.*, 1990)
a. 生殖厣 (epigynum), b. 阴门 (vulva)

(331) 云南合跳蛛 *Synagelides yunnan* Song *et* Zhu, 1998 (图 334)

Synagelides yunnan Song *et* Zhu, 1998b: 27, figs. 4-5 (D♀); Song, Zhu *et* Chen, 1999: 561, figs. 320F-G (♀).

雌蛛：体长 3.70；头胸部长 1.10，宽 0.95；腹部长 2.22，宽 1.00。前眼列宽 0.90，后眼列宽 0.90。眼域长 0.80，宽 0.95，近方形。前中眼直径约为前侧眼直径的 2 倍，前、后侧眼约等大，后中眼位于前后侧眼连线约居中位置。眼丘黑色，基部彼此相连。背甲被白色及褐色毛，褐色，边缘黑色，中窝及放射沟明显。胸甲卵圆形，前端稍宽；浅褐色，边缘色深，被褐色毛。额褐色，被褐色毛，高约为前中眼半径。螯肢浅褐色，颚叶、下唇浅褐色，端部具褐色毛。触肢、步足浅褐色，轮纹不明显；胫节及后跗节两侧有灰黑色纵条纹；第 I 步足胫节腹面有 4 对强刺，后跗节腹面有 2 对强刺，其余各节无刺，仅被褐色毛。腹部长筒状，背面黄褐色，前端有 2 对浅色斑，第 2 对浅色斑下各有 1 眉状黑斑；其后为 1 宽的浅色横纹；此纹下方紧连 1 灰黑色横纹。腹末灰黑色，腹面及纺器浅褐色，无斑纹。

雄蛛：尚未发现。

观察标本：1♀，云南西双版纳勐腊县勐仑，1993.III，李朝达采。

地理分布：云南。

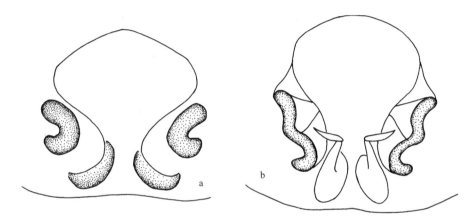

图 334　云南合跳蛛 *Synagelides yunnan* Song *et* Zhu

a. 生殖厣 (epigynum), b. 阴门 (vulva)

(332) 斑马合跳蛛 *Synagelides zebrus* Peng *et* Li, 2008 (图 335)

Synagelides zebrus Peng *et* Li, in: Peng, Tang *et* Li, 2008: 252, f. 20-22 (D♀).

雌蛛：体长 3.80；头胸部长 1.50，宽 1.10；腹部长 2.10，宽 1.10。前眼列宽 1.10，后眼列宽 1.15，眼域长 0.90。背甲褐色，两侧及后半部暗褐色，各眼基部、眼域两侧及前缘黑色；被短的白色及褐色毛；整个背甲布满小颗粒状突起，中窝小，前凹，黑色，较深；颈沟、放射沟黑色，清晰可见。胸甲盾形，边缘光滑，黄褐色，边缘灰黑色，被稀疏的灰黑色毛。额极狭，褐色，前缘灰黑色。螯肢黄褐色，前侧灰黑色，前齿堤 2 齿，后齿堤 1 齿。触肢、步足黄褐色，具灰黑色纵条纹；第 I 步足腿节的前后侧、膝节的腹面灰黑色，其余步足各节 (端部两节除外) 两侧有长的灰黑色纵条纹；仅第 I 步足胫节及后跗节具刺，其中胫节腹面前侧具 4 根长刺，后侧 3 根，后跗节腹面 2 对；腹部筒状，背面浅黄褐色，两侧深灰色，中央有醒目的灰黑色横向弧形纹或坡状纹，腹面两侧深灰色，中央黄灰色，具 2 条深色棒状纹。纺器灰褐色，被灰黑色长毛。

雄蛛：尚未发现。

本种与 *S. annae* Bohdanowicz, 1979 相似，但有以下区别：①纳精囊近球形，长宽约相等，后者的为卵形，宽约为长的 2 倍；②交媾管的缠绕方式远没有后者的复杂；③腹部背面有醒目的斑马状横带，故名斑马合跳蛛。

　　观察标本：1♀，广西那坡县德孚保护区，海拔 1350m，2000.Ⅵ.18，CG065，陈军采。

　　地理分布：广西。

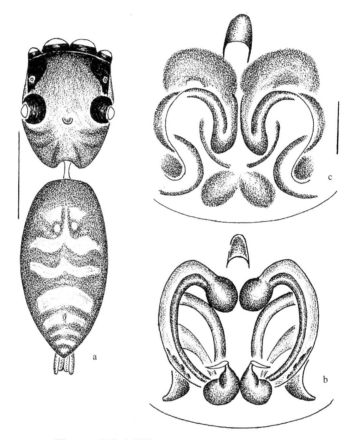

图 335　斑马合跳蛛 *Synagelides zebrus* Peng *et* Li

a. 雌蛛外形 (body ♀), b. 生殖厣 (epigynum), c. 阴门 (vulva)　比例尺 scales = 1.00 (a), 0.10 (b-c)

(333) 赵氏合跳蛛 *Synagelides zhaoi* Peng, Li *et* Chen, 2003 (图 336)

Synagelides zhaoi Peng, Li *et* Chen, 2003: 250 (D♀♂).

　　雄蛛：体长 3.4 者，头胸部长 1.7，宽 1.2；腹部长 1.7，宽 1.2。前眼列宽 1.0，后眼列宽 1.2，眼域长 0.9。背甲褐色，边缘、各眼基部、眼域前半部、颈沟及放射沟黑色；整个背甲覆盖有小颗粒状突起；被少而短的白色细毛，各眼基部周围的毛较长；中窝黑色，呈弧状凹陷；颈沟、放射沟清晰可见。胸甲盾形，边缘光滑，灰褐色，边缘为暗褐色缘带；毛褐色、稀少；两侧隐约可见深色放射状纹。额褐色，前缘黑色，被少许褐色长毛。螯肢褐色，前侧具 3 条灰黑色纵带；前齿堤 2 齿，后齿堤 1 齿。颚叶刀状，灰褐色，内缘浅黄褐色，有浅褐色绒毛。下唇舌状，深褐色，端部浅黄褐色，有浅褐色绒毛。步足褐色，前后侧有灰黑色长纵条，毛少而细；第 I 步足胫节腹面有 4 对长刺，后跗节腹前侧有 2 根长刺、后侧 1 根刺，步足其余各节无刺。腹部约呈柱状。背面灰黑色，被少许白色细毛；前缘两侧各有 1 小的白斑，由白毛覆盖而成；中部有 2 对浅黄色斑；肌痕 2 对；腹部两侧有许多黑色纵条纹，后端中央有 4 条细的浅色弧形纹。腹部腹面浅灰黄色，末端灰黑色，中央有 4 条由赤褐色小点形成的细纵条纹及 2 条宽的灰色纵带。纺器灰黑色，端部色浅。

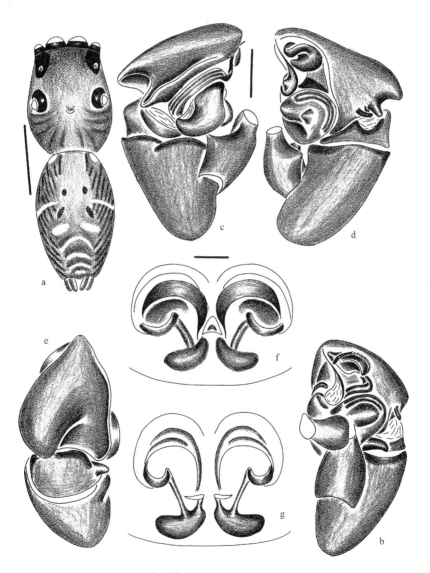

图 336　赵氏合跳蛛 *Synagelides zhaoi* Peng, Li *et* Chen

a. 雄蛛外形 (body ♂), b-e. 触肢器 (palpal organ): b. 腹面观 (ventral), c. 前侧观 (prolateral), d. 后侧观 (retrolateral), e. 背面观 (dorsal), f. 生殖厣 (epigynum), g. 阴门 (vulva)　比例尺 scales = 1.00 (a), 0.50 (b-e), 0.10 (f-g)

雌蛛：体长 3.45 者，头胸部长 1.65，宽 1.15；腹部长 1.80，宽 1.00。前眼列宽 1.10，后眼列宽 1.20，眼域长 0.75。雌蛛体色较雄蛛深；第 I 步足胫节腹面有 4 对长刺；腹部背面两侧为灰黑色纵条纹，中部未见雄蛛体上的 2 条黑色弧形横纹。腹部中央有 3 条灰黑色纵纹。其余外形特征同雄蛛。

观察标本：2♂1♀，湖北武当金顶，1982.IV.23；2♀，湖北 (地点不详)。

地理分布：湖北。

(334) 齐氏合跳蛛 *Synagelides zhilcovae* Prószyński, 1979 (图 337)

Synagelides zhilcovae Prószyński, 1979; Peng *et al.*, 1993: 229, figs. 816-818 (♀); Song, Zhu *et* Chen, 1999: 561, figs. 320H, 321A, 329R (♀).

雌蛛：体长 3.55-4.92。体长 5.18 者，头胸部长 1.73，宽 1.25；腹部长 2.45，宽 1.35。前眼列宽 1.14，后眼列宽 1.18，眼域长 0.82。头胸甲褐色。眼域黑褐色，眼的周围黑色，后中眼居中。螯肢黄褐色，颚叶、下唇、胸甲均褐色。第 I 步足腿节背面黄褐色，两侧面及腹面褐色；膝节黄色，两侧有褐色纵条斑；胫节黄褐色，腹面有刺 5 对；后跗节褐色，腹面有刺 2 对；跗节黄褐色。第 II、III、IV 步足之转节、腿节、膝节、胫节侧面均有褐色纵条斑。腹部背面褐色底，斑纹明显，前端 1 对黄白色毛斑，其后沿腹正中线排列数个"山"字形纹；两侧缘有数条相互平行的黄褐色细纵纹，排列呈木纹状；腹面褐色，有 2 条黄褐色纵带。外雌器外面观时，透过体壁可见 1 对"C"字形交媾管，侧凹陷位于其前方两侧。中隔很宽，交媾管粗而短。

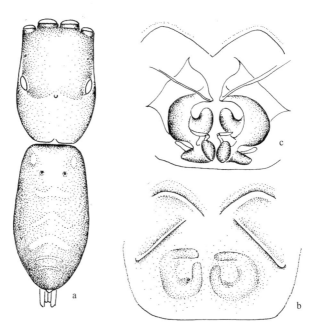

图 337 齐氏合跳蛛 *Synagelides zhilcovae* Prószyński

a. 雌蛛外形 (body ♀), b. 生殖厣 (epigynum), c. 阴门 (vulva)

雄蛛：尚未发现。

观察标本：2♀，吉林三岔子城，1973.Ⅵ.24，朱传典采；1♀，吉林苇沙河，1973.Ⅷ.13-17，朱传典采。

地理分布：吉林、台湾；俄罗斯，越南。

(335) 带状合跳蛛 *Synagelides zonatus* Peng *et* Li, 2008 (图 338)

Synagelides zonatus Peng *et* Li, in: Peng, Tang *et* Li, 2008: 254, f. 23-25 (D♀).

雌蛛：体长 4.6；头胸部长 1.6，宽 1.1；腹部长 2.8，宽 1.5。前眼列宽 1.1，后眼列宽 1.2，眼域长 0.9。背甲褐色，边缘、各眼基部及眼域前缘黑色，眼域后部及中央浅褐色，布满褐色小颗粒状突起，被白色及褐色短毛；中窝黑褐色，弧状；颈沟、放射沟上覆盖有颗粒状突起及白色短毛。胸甲盾形，前缘宽而呈平截状；浅黄褐色，边缘深褐色；褐色毛稀少而短。额褐色，前缘色深；被稀疏的深褐色粗毛，前眼列下方有白色短毛。螯肢浅褐色，前侧灰褐色；前齿堤 2 齿，后齿堤 1 齿，齿小而细弱。颚叶下唇浅褐色，端部色浅有绒毛。触肢、步足褐色，前侧有灰黑色纵条纹；第 I 步足胫节腹面有 4 对长刺，后跗节腹面有 2 对长刺，步足其余各节均无刺。腹部长卵形，毛稀少而短。背面浅黄白色，斑纹灰黑色，肌痕 2 对；心脏斑长棒状；两侧灰黑色。纺器褐色，被褐色细毛。

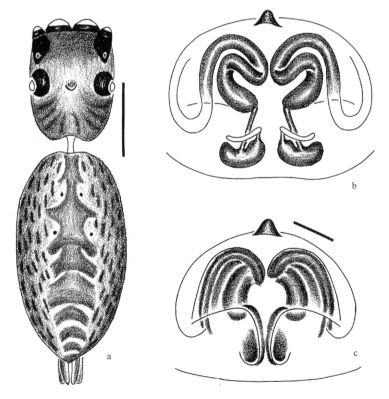

图 338　带状合跳蛛 *Synagelides zonatus* Peng *et* Li

a. 雌蛛外形 (body ♀), b. 阴门 (vulva), c. 生殖厣 (epigynum)　比例尺 scales = 1.00 (a), 0.10 (b-c)

雄蛛：尚未发现。

本种与 *S. cavaleriee* (Schenkel, 1963) 相似，二者区别如下：①纳精囊较狭；②交媾管较短，缠绕简单，呈飘带状，故名带状合跳蛛；③外雌器的中隔远短于后者。

观察标本：1♀，湖北应山溪丛，1984.VII.1 (HBU)。

地理分布：湖北。

74. 怜蛛属 *Talavera* Peckham *et* Peckham, 1909

Talavera Peckham *et* Peckham, 1909: 355

Type species: *Talavera minusculis* (Banks, 1896).

体小型，体长 2.5-3.0。背甲稍隆起，无中窝，眼域长方形，宽大于长。螯肢前齿堤 2 齿，后齿堤 1 齿。雌蛛触肢无端爪。雄蛛腹部背面覆盖有鳞片。触肢器无胫节突，插入器有发达的顶血囊，盾片端部有骨片。生殖厣弱角质化，半透明；交媾腔成对，较小，有成对的圆形唇或单一横向的几丁质折；纳精囊大，球状。

该属已记录有 16 种，主要分布在中国、欧洲。中国记录 3 种。

种 检 索 表

1. 雌蛛腹部有 3 条纵带贯穿前后缘·······························三带怜蛛 *T. trivittata*
   雌蛛腹部无纵带贯穿前后缘···2
2. 交媾管长，折叠成大的圈状·····························彼得怜蛛 *T. petrensis*
   交媾管短，仅折叠成扭结状·····························同足怜蛛 *T. aequipes*

(336) 同足怜蛛 *Talavera aequipes* (O. P. -Cambridge, 1871) (图 339)

Salticus aequipes O. P. -Cambridge, 1871a: 399, pl. 54, fig. 4 (D♂).

Euophrys aequipes (O. P. -Cambridge, 1871): Simon, 1876a: 195 (D♀); Zhou *et* Song, 1987: 22, figs. 7a-e (♀♂); Hu *et* Wu, 1989: 362, figs. 284.1-2 (♀); Peng *et al*., 1993: 53, figs. 138-141 (♀).

Talavera aequipes (O. P. -Cambridge, 1871): Logunov, 1992d: 78, figs. 21, 32-34 (T♀♂ from *Euophrys*); Logunov D. V. *et* Kronestedt T. , 2003: 1136-1142, figs 13, 15-16, 29, 38, 44, 53, 122-132, 134-136; Zabka, 1997: 102, figs. 393-398 (♀♂); Song, Zhu *et* Chen, 1999: 561, figs. 319J-K, 321B-C (♀♂).

雌蛛：体长 3.00-3.30。体长 3.20 者，头胸部长 1.40，宽 1.10；腹部长 1.80，宽 1.20。背甲赤褐色，前、后缘约等宽。前眼列宽 1.00，与后侧眼等宽。额的前缘黑色。胸甲卵圆形，黄褐色，被黑色长毛。步足黄褐色，有长刺。腹部长卵形，浅黄色底上布满灰黑色条纹。肌痕 2 对，其后有 6 个黑色"山"字形纹，间隔以 6 对呈"八"字形排列的黄斑。腹面浅黄色，有 3 条淡灰色纵带。本种腹部背面的斑纹个体变异较大，外雌器交媾管的长度、弯曲度也有较大的变异。

雄蛛：体长 2.00。眼域前、侧缘有白毛。步足具环纹，第 I 步足腿节两侧、胫节、后跗节、跗节内侧均为黑褐色，有金属闪光。触肢器跗舟黄色，无胫节突。其余外形特征同雌蛛。

观察标本：3♀，湖北武当山金顶，1983.Ⅳ.26；1♀，湖南祁阳，李富江采；1♀，吉林柳河，1973.Ⅴ.25，朱传典采。

地理分布：吉林、湖南 (祁阳)、新疆；欧洲。

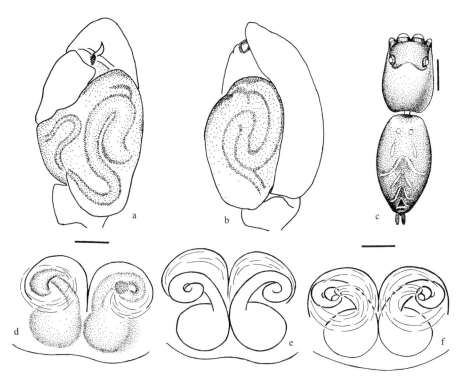

图 339　同足怜蛛 *Talavera aequipes* (O. P. -Cambridge) (a, b 仿 Logunov *et* Kronestedt, 2003)
a-b. 触肢器 (palpal organ)：a. 腹面观 (ventral), b. 后侧观 (retrolateral), c. 雌蛛外形 (body ♀), d. 生殖厣 (epigynum), e-f. 阴门 (vulva)：e. 背面观 (dorsal), f. 腹面观 (ventral)　比例尺 scales = 1.00 (c), 0.10 (d-f)

(337) 彼得怜蛛 *Talavera petrensis* (C. L. Koch, 1837) (图 340)

Euophrys petrensis C. L. Koch, 1837b: 34 (D♀); Peng *et al.*, 1993: 57, figs. 150-153 (♀).
Talavera petrensis (C. L. Koch, 1837): Zabka, 1997: 104, figs. 405-410 (♀♂); Song, Zhu *et* Chen, 1999: 561, fig. 321.

雌蛛：体长 3.70-4.10。体长 3.70 者，头胸部长 1.40，宽 1.10；腹部长 2.30，宽 1.40。头胸甲褐色，密被白毛，眼域黑色，边缘为黑色缘带，此带内侧为黄褐色亚缘带。前眼列宽 0.90，后中眼居中，后眼列略狭于前眼列，眼域长 0.60。额高，高不及前中眼直径的 1/4，褐色，被黑色长毛。胸甲卵圆形，长宽约相等，黑褐色，被黑色长毛。螯肢褐色，前齿堤 2 齿，后齿堤 1 齿。颚叶、下唇褐色，端部色浅，有黑色长毛。步足黄褐色，具黑色环纹,腿节尚有黑色块状斑。第 I 步足胫节腹面内侧有刺 2 根,外侧无刺;第 I、II 步足后跗节腹面具刺 2 对;第 II 步足胫节腹面外侧有刺 3 根,内侧有刺 0-2 根。腹部长卵形,前、后端约等宽。背面灰黑色,心脏斑呈剑状,其后有 5 个黑色"山"字形纹,每个"山"字形纹前缘两侧各有 1 个浅色圆斑。腹部腹面灰黑色,隐约可见 3 条深色纵带。纺器灰黑色。

雄蛛:尚未发现。

观察标本:3♀,新疆天池,1988.VII.14,王家福、谢莉萍、彭贤锦采;1♀,新疆米泉林场,1988.VII.22,王家福、谢莉萍、彭贤锦采。

地理分布:新疆;欧洲。

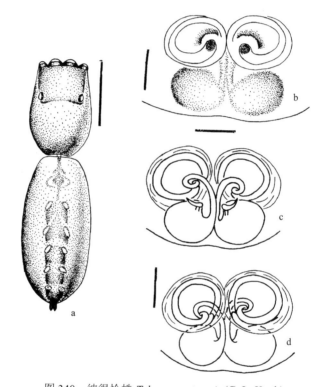

图 340 彼得怜蛛 *Talavera petrensis* (C. L. Koch)

a. 雌蛛外形 (body ♀), b. 生殖厣 (epigynum), c-d. 阴门 (vulva): c. 背面观 (dorsal), d. 腹面观 (ventral)

比例尺 scales = 1.00 (a), 0.10 (b-d)

(338) 三带怜蛛 *Talavera trivittata* (Schenkel, 1963) (图 341)

Euophrys trivittata Schenkel, 1963: 401, figs. 231a-b (D♀); Hu, 1984: 359, figs. 374.1-2 (♀); Hu *et* Wu, 1989: 363, figs. 285.3-4 (♀).

Talavera trivittata (Schenkel, 1963): Logunov, 1992d: 78 (T♀♂ from *Euophrys*); Logunov *et* Kronestedt, 2003: 1142, f. 37, 133, 137-142 (♀, D♂); Song, Zhu *et* Chen, 1999: 561, fig. 321F.

雌蛛：体长 2.40；头胸部长 1.20，宽 0.80；腹部长 1.20，宽 0.70。前眼列宽 0.70，后眼列宽 0.70，眼域长 0.40，前中眼 0.20，前侧眼 0.20，后侧眼 0.10。额高 0.06。背甲褐色，边缘为黑色缘带，眼域黑色；中窝不明显，颈沟、放射沟深褐色；背甲两侧及后端有深色带。胸甲盾形，边缘光滑；浅黄褐色，边缘略带灰色，毛稀少。额浅灰褐色，被少许褐色长毛。螯肢浅褐色，前齿堤 2 齿，后齿堤 1 齿，被少许褐色毛。颚叶浅黄褐色，有灰色亚缘带，边缘深褐色，被褐色绒毛。下唇三角形，灰褐色，端部浅黄褐色被绒毛。触肢白色。步足浅黄褐色，有灰色环纹，足刺少而弱，第 I 步足胫节腹面前侧 2 根刺、后侧 3 根刺，第 II 步足胫节腹面及后侧有 1 根刺，第 I、II 步足后跗节腹面各具刺 2 对。腹部长卵形，背面浅黄褐色，两侧及中央共有 3 条灰褐色纵带，中央纵带的后端有 3 个三角形斑。腹部腹面浅灰黄色，无斑纹。纺器浅灰黄色。

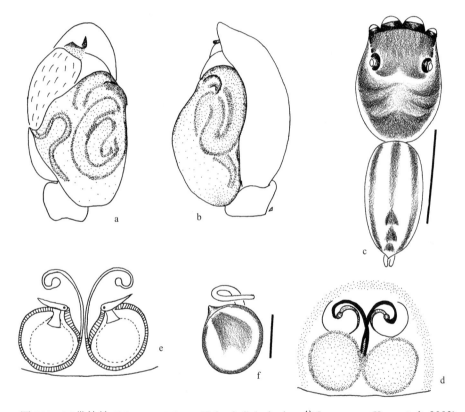

图 341　三带怜蛛 *Talavera trivittata* (Schenkel) (a, b, d, e 仿 Logunov *et* Kronestedt, 2003)

a-b. 触肢器 (palpal organ)：a. 腹面观 (ventral), b. 后侧观 (retrolateral), c. 雌蛛外形 (body ♀), d. 生殖厣 (epigynum),
e-f. 阴门 (vulva)　比例尺 scales = 1.00 (c), 0.10 (f)

雄蛛：头胸部长 1.16，宽 0.81；腹部长 0.87，宽 0.76。额高 0.03。螯肢长 0.34。前眼列宽 0.68，后眼列宽 0.70，眼域长 0.50。背甲黄色，眼域深褐色，有 3 条宽的纵带向两眼域边缘延伸。眼域周边黑色。额黄色，被黄色毛，前眼列周边有黄色鳞片。胸甲黄色，边缘为深褐色。颚叶、下唇和螯牙为黄色。腹部黄色，背面有 3 条褐色纵条纹，各有 1 条棕色条纹相伴。书肺黄色。纺器褐色。步足黄色，带有许多棕色黄纹，但第 I 步足前端带有蓝黑色。足式：IV，III，I，II。触肢器黄色，末端棕色球状 (引自 Logunov et Kronestedt, 2003)。

观察标本：1♀，内蒙古 (Kloster Schine…Sume, Ordos)，Type of *Euophrys trivittata* Schenkel, 1963，1884.Ⅸ.9 (Paris)。

地理分布：内蒙古；朝鲜，日本。

75. 塔沙蛛属 *Tasa* Wesolowka, 1981

Tasa Wesolowska, 1981: 157.

Type species: *Tasa davidi* (Schenkel, 1963).

中、小型跳蛛，体长 3.60-4.00。头胸部略扁平，眼域方形，占头胸部长的 1/2 以下，前边约等于后边，中眼列居中。螯肢前齿堤 2 齿，后齿堤 1 齿，下唇长大于宽。胸甲卵圆形，前端平切。第 I 步足粗大，胫节及后跗节腹面有短刺，各腿节背面有 3 根长刚毛。生殖球粗大，胫节突分 2 叉。

该属已记录有 2 种，主要分布在中国、朝鲜、日本。中国记录 2 种。

(339) 大卫塔沙蛛 *Tasa davidi* (Schenkel, 1963) (图 342)

Thianella davidi Schenkel, 1963: 412, figs. 237a-e (D♂).

Tasa davidi (Schenkel, 1963): Wesolowska, 1981b: 157, figs. 88-92 (D♀♂); Peng et al., 1993: 230, figs. 819-823 (D♀♂); Peng, Gong et Kim, 2000: 15, figs. 15-18 (D♀); Song, Zhu et Chen, 1999: 561, figs. 319L-D♀♂, 330B (D♀♂).

雌蛛：体长 3.50-4.00。体长 3.50 者，头胸部长 1.60，宽 1.10；腹部长 1.90，宽 1.10。前眼列宽 0.90，与后眼列等宽，眼域长 0.70。背甲褐色，密被白色毛，眼域两侧及前缘黑褐色，被黑褐色长毛。放射沟不明显，中窝纵向，黑色。额极狭，被白色及褐色毛。胸甲卵圆形，褐色，边缘深褐色，光滑。螯肢褐色，前齿堤 2 齿，后齿堤 1 齿。颚叶、下唇褐色至深褐色，端部色浅，具绒毛。触肢、步足褐色，环纹不明显，各步足腿节背面均有 3 根长而弯曲的粗刚毛；足刺短，少且弱，第 I 步足胫节内侧有刺 3 根，后跗节腹面有刺 2 对。腹部卵形，背面灰黑色，被白色及褐色毛，斑纹灰黄色。腹面灰褐色，中央有 2 条黑色纵条纹。纺器灰黑色，基部前方有 1 灰黑色环纹。

雄蛛：体长 3.60-3.90。体长 3.90 者，头胸部长 1.90，宽 0.90；腹部长 2.00，宽 1.20。前眼列宽 0.98，后眼列宽 1.00，眼域长 0.75。眼域黑褐色，边缘黑色。背甲略扁平，红褐色，被较长的白毛，如霜状。胸甲两侧有黑边，内侧为白毛形成的白带。螯肢、颚叶红褐色。下唇暗褐色，粗大。第 II、III、IV 步足黄褐色，少刺，胫节腹面内侧有 3 个短刺，后跗节腹面内侧有 2 根短刺。腹部灰黄色，被黄白色毛。整个背面有由黑色沉积物形成的界线不太明显的斑纹。腹部腹面黄色，纺器褐色，其前方周围有黑圈。触肢红褐色，胫节突分成 2 叉：靠近腹面的 1 叉较短小，靠近背面的 1 叉较长大，其内缘有 8-9个小锯齿。生殖球粗大，插入器粗壮且弯曲成钩状，跗舟相对于生殖球来说较小，并在近胫节突处有 1 乳状突起。

观察标本：3♀1♂，湖南道县甘下乡，1987.Ⅹ.3，龚联溯采；3♀，湖南道县八家乡，1987.Ⅸ.31，龚联溯采；1♀，湖南道县双桥乡，1987.Ⅷ.10，龚联溯采；3♂，湖南道县，1988.Ⅳ.24，龚联溯采。

地理分布：江西、湖南 (道县)、陕西。

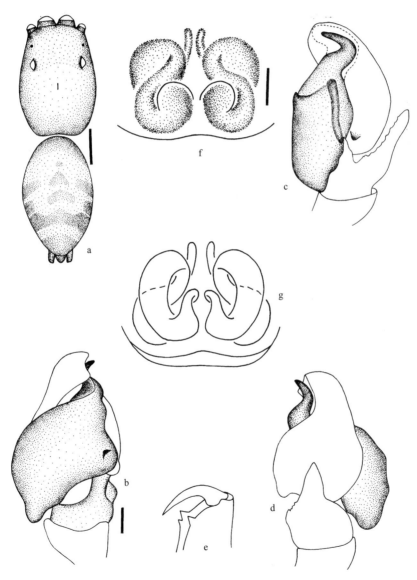

图 342　大卫塔沙蛛 *Tasa davidi* (Schenkel)

a. 雄蛛外形 (body ♂), b-d. 触肢器 (palpal organ): b. 腹面观 (ventral), c. 后侧观 (retrolateral), d. 背面观 (dorsal), e. 雄蛛螯肢 (chelicera ♂), f. 生殖厣 (epigynum), g. 阴门 (vulva)　比例尺 scales = 0.50 (a), 0.10 (b-g)

(340) 日本塔沙蛛 *Tasa nipponica* Bohdanowicz *et* Prószyński, 1987 (图 343)

Tasa nipponica Bohdanowicz *et* Prószyński, 1987: 143, figs. 300-303 (D♂); Ikeda, 1995c: 163, f. 15-20 (♂); Chen *et* Zhang, 1991: 318, fig. 339 (D♂); Song, Zhu *et* Chen, 1999: 561, figs. 319N-O (D♂).

雄蛛：体长 4.00；头胸部长 1.90，宽 1.88；腹部长 2.02，宽 2.30。前眼列宽 0.92，后眼列宽 0.98，眼域长 0.70。头胸部黄棕色，有黄色金属光泽，背面扁平，前眼列上方被稀疏白毛和黄色刚毛。眼域棕色，眼（前中眼除外）周围黑色。背甲腹面边缘黑色。第 I 步足棕灰色，其他步足黄灰色，后跗节、胫节和膝节结节处有灰色环状，步足后跗节均着生白色刚毛和刺。腹部黑灰色，有灰棕色模糊斑纹（似鱼骨形）和白色浅斑，侧面着生灰毛和白色刚毛。肛突和纺器黑色。额窄，边缘黑色；螯肢相对较长，较细，黄褐色，前齿堤 1 齿，后齿堤 1 齿（螯肢右边裂开）。胸甲灰黄色，有白色刚毛。腹部腹面灰黄色，侧面有黄斑的纵线。

雌蛛：尚未发现。

观察标本：无镜检标本。

地理分布：中国；朝鲜，日本。

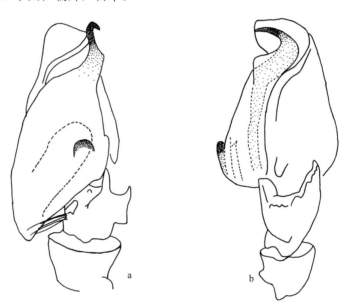

图 343 日本塔沙蛛 *Tasa nipponica* Bohdanowicz *et* Prószyński (仿 Ikeda, 1995)

a-b. 触肢器 (palpal organ)：a. 腹面观 (ventral), b. 后侧观 (retrolateral)

76. 牛蛛属 *Tauala* Wanless, 1988

Tauala Wanless, 1988: 121.

Type species: *Tauala lepidus* Wanless, 1988.

　　体小型到中型，体长 2.5-6.9，背甲稍隆起，长大于宽，胸区向后缘倾斜。眼域长为背甲的近一半。前齿堤 3 齿，后齿堤 7-11 齿。雄蛛生殖球的盾片梨状，长远大于宽；插入器很短，着生于生殖球端部，贮精管短。外雌器有中央膜质区，交媾管长而细，附腺发达、较长，纳精囊球形、端部着生有受精管。

　　该属已记录有 8 种，主要分布在澳大利亚。中国记录 1 种。

(341) 长腹牛蛛 *Tauala elongata* Peng *et* Li, 2002 (图 344)

Tauala elongata Peng *et* Li, 2002: 340, figs. 16-20 (D♀).

　　雌蛛：体长 3.4；头胸部长 1.4，宽 0.9；腹部长 2.0，宽 0.7。前眼列宽 0.75，后眼列宽 0.8，眼域长 0.5。背甲扁平，褐色，被白色短毛，边缘及眼域两侧黑色，眼域中央有 1 对棒状黑色条纹；中窝不明显，颈沟及放射沟暗褐色。胸甲盾形，前缘稍宽，长约为宽的 2 倍，褐色，边缘深褐色，被稀疏白毛。额褐色，很狭，被数根褐色及白色毛。螯肢浅褐色，前齿堤 2 齿，后齿堤 3 齿。颚叶、下唇灰褐色，端部黄褐色，被绒毛。触肢灰黑色，端部 2 节白色。第 I 步足粗壮，深褐色，端部 2 节浅褐色，后跗节基部有灰黑

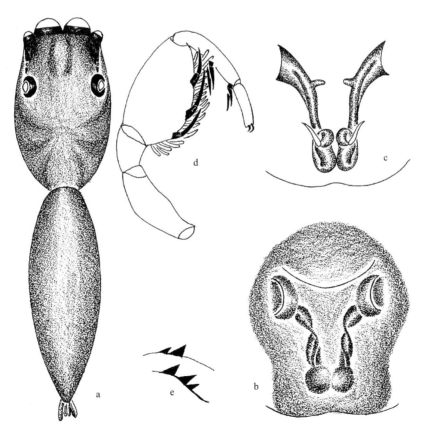

图 344　长腹牛蛛 *Tauala elongata* Peng *et* Li

a. 雌蛛外形 (body ♀), b. 生殖厣 (epigynum), c. 阴门 (vulva), d. 第 I 步足 (leg I), e. 雌蛛螯肢齿堤 (cheliceral teeth ♀)

色条纹；胫节特别膨大，腹面前侧具 2 根强刺、后侧具 3 根强刺，此外尚有羽状毛；后跗节腹面具 2 对长刺；其余各步足弱小，无刺，浅褐色具灰黑色纵条斑。腹部长筒状，背面深灰色，无斑纹；腹面灰色，无斑纹。纺器灰褐色。

雄蛛：尚未发现。

观察标本：1♀，台湾，1934.Ⅵ.22-28 (MCZ)。

地理分布：中国台湾。

77. 纽蛛属 *Telamonia* Thorell, 1887

Telamonia Thorell, 1887: 385.

Type species: *Telamonia festiva* Thorell, 1887.

体中型或大型。背甲卵圆形，腹部细长，呈圆筒状。交媾器官结构特殊。雄蛛触肢器之跗舟侧面近胫节突处有粗硬而直立的毛丛；生殖球常有盖形突起；插入器细长，环绕生殖球；胫节突大而宽，顶端尖，常有小齿。生殖厣很大，常有前曲的弧形凹陷；交媾孔彼此分离，位于凹陷之内或之外；交媾管呈螺旋形缠绕；纳精囊强角质化，有时交媾管与纳精囊角质化成为一整体，其内具有复杂的腔室。1984 年，Prószyński 对 *Viciria* 属和 *Telamonia* 属的研究结果表明，*Viciria* 属当中的 8 个东洋区种类应并入 *Telamonia* 属，而原 *Telamonia* 属的许多种类又归入了 *Phintella* 属。这些修订结果使纽蛛属的含义发生了完全的改变，因此，对于相关属 *Epeus* 和 *Phintella* 等还有必要继续研究。

该属已记录有 38 种，主要分布于东洋区。中国记录 4 种。

种 检 索 表

1. 雄蛛 ·· 2
   雌蛛 ·· 4
2. 触肢器腹面观插入器起始于 3:00 点位置 ································· 开普纽蛛 *T. caprina*
   触肢器腹面观插入器起始于 11:00 点位置 ··· 3
3. 胫节突中部突起，并有小齿 ··· 弗氏纽蛛 *T. vlijmi*
   胫节突中部无小齿 ··· 多彩纽蛛 *T. festiva*
4. 交媾孔纵向 ·· 5
   交媾孔横向 ·· 6
5. 交媾管横向盘曲 ··· 弗氏纽蛛 *T. vlijmi*
   交媾管纵向盘曲 ··· 泸溪纽蛛 *T. luxiensis*
6. 交媾管短，螺旋 5 层 ··· 多彩纽蛛 *T. festiva*
   交媾管长，螺旋 8 层 ··· 开普纽蛛 *T. caprina*

(342) 开普纽蛛 *Telamonia caprina* (Simon, 1903) (图 345)

Viciria caprina Simon, 1903g: 734 (D♂).

Telamonia caprina (Simon, 1903): Zabka, 1985: 448, figs. 581-590 (T♀♂ from *Viciria*); Zhang, Song *et* Zhu, 1992: 5, figs. 9.1-3 (D♀♂); Peng *et al.*, 1993: 232, figs. 824-829 (♀♂); Song, Zhu *et* Chen, 1999: 562, figs. 319P-Q, 320E, 330C (♀♂).

雄蛛：体长 7.50-7.60。体长 7.60 者，头胸部长 3.30，宽 2.56；腹部长 4.30，宽 1.92。背甲黄褐色，腹缘上方有黑褐色至褐色的环带。眼域褐色，除前中眼外，其余各眼周围黑色。眼域长 1.45，前眼列宽 2.05，后眼列宽 2.00。胸甲黄褐色。螯肢红褐色，前齿堤 2 齿，后齿堤 1 齿。颚叶、下唇黑褐色。步足褐色，远端 2 节橘黄色。第 I、II 步足暗色，膝节、胫节腹面密生褐色刚毛，排列呈刷状，其余各节也密被褐色、灰色、白色毛及褐色刺。腹部背面灰黄色底，有黑褐色斑，沿正中线两侧排列 4-5 个"八"字形纹，此斑纹在外侧相连常形成 2 条纵带。腹面灰黄色底，正中带黑褐色，两侧有黑褐色线纹。触肢器之插入器起始于生殖球中部，跗舟宽不及胫节宽的 2 倍，以此可与近似种多彩纽蛛 *T. festiva* 区分。本种腹部背面斑纹有变异，正中带黄白色，密被无数白毛，此毛易脱落。

雌蛛：体长 8.00；头胸部长 3.30，宽 2.80；腹部长 4.60，宽 1.80。前眼列宽 2.00，后眼列宽 1.90，眼域长 1.45。体形、斑纹与雄蛛相似，体色鲜亮。背甲橘黄色，眼周围黑色并被白色鳞状毛。胸甲、螯肢、颚叶、下唇均为橘黄色。步足同色，密生褐色刺和淡褐色刚毛。腹部长椭圆形，腹部背面淡黄色底，有 6 个黑褐色"八"字形斑。腹面楔形正中带黑褐色。纺器黄色。交媾孔卵圆形，位于两侧，生殖厣表面正中可见 2 条纵向平行线。交媾管很长，呈螺旋状缠绕，螺阶为 6 阶以上，以此可与多彩纽蛛 *T. festiva* 区分。

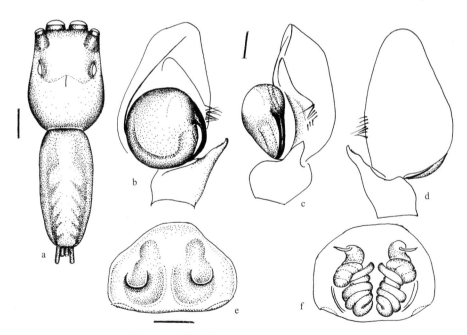

图 345　开普纽蛛 *Telamonia caprina* (Simon)

a. 雄蛛外形 (body ♂)，b-d. 触肢器 (palpal organ)：b. 腹面观 (ventral)，c. 后侧观 (retrolateral)，d. 背面观 (dorsal)，e. 生殖厣 (epigynum)，f. 阴门 (vulva)　比例尺 scales = 1.00 (a), 0.20 (b-f)

观察标本：1♀，湖南宜章，VI.20；1♂，广西金秀县罗香乡，2000.VI.30，CG081，陈军采 (IZCAS)；2♂，香港 (SP060)，生境落叶层，2000.VI.20，P. W. Chan 采；2♂，湖北，其他信息不详。

地理分布：湖南 (宜章)、广东、广西、云南；越南。

(343) 多彩纽蛛 *Telamonia festiva* Thorell, 1887 (图 346)

Telamonia festiva Thorell, 1887: 386 (D♀); Peng *et al.*, 1993: 234, figs. 830-836 (♀♂); Song, Zhu *et* Chen, 1999: 562, figs. 320I, 321H (♀♂).

雄蛛：体长 6.40；头胸部长 2.70，宽 2.30；腹部长 3.70，宽 1.55。前眼列宽 1.80，后眼列宽 1.75，眼域长 1.30。背甲黄褐色，被白色鳞状毛，其腹缘上方有暗褐色环带，上被褐色毛。眼域暗黄褐色，除前中眼直径外，其余各眼周围黑色。螯肢黄褐色，前齿堤 2 齿，后齿堤 1 齿。胸甲、颚叶、下唇皆暗褐色。步足之腿节褐色，除远端 2 节橘黄色外其余各节黄褐色，步足密被长短不一的灰褐色毛，尤其是第 I、II 步足腹面之毛长而密。腹部圆柱形，腹部背面暗褐色，前端有 1 丛灰白色鳞状毛，其后沿正中线排列 5 个"人"字形黑褐色斑。纺器暗褐色。触肢器结构与开普纽蛛 *T. caprina* 很相似，但插入

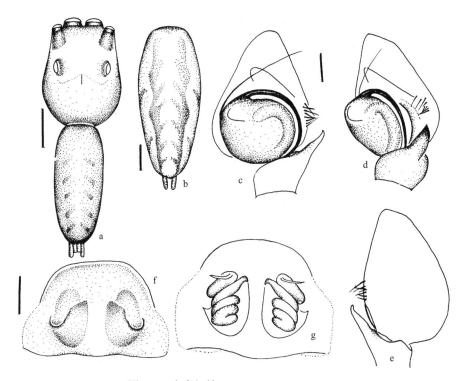

图 346　多彩纽蛛 *Telamonia festiva* Thorell

a. 雄蛛外形 (body ♂), b. 雌蛛腹部 (abdomen ♀), c-e. 触肢器 (palpal organ): c. 腹面观 (ventral), d. 后侧观 (retrolateral),
e. 背面观 (dorsal), f. 生殖厣 (epigynum), g. 阴门 (vulva)　比例尺 scales = 1.00 (a-b), 0.20 (c-g)

器较后者长，且起始于生殖球顶部 (后者起始于中部)，跗舟宽度几乎为胫节宽度之 2 倍。

　　雌蛛：体长 9.00-10.10。体长 10.10 者，头胸部长 4.00，宽 3.50；腹部长 6.10，宽 2.70。前眼列宽 2.35，后眼列宽 2.25，眼域长 1.70。体形、斑纹均与雄蛛相似，个体大，体色鲜亮。背甲黄色，有黑色细边。步足橘黄色，密被褐色刚毛和刺。腹部细长，背面灰黄色，有黑褐色斑纹。正中线两侧排列 6 个 "八" 字形纹，其外侧各有 1 条纵带，腹侧面也有黑褐色斜纹。腹面黄褐色，正中带楔形，黑褐色，两侧有黑褐色线纹。生殖厣交媾孔椭圆形，常有栓塞。交媾管较前者短，呈螺旋状缠绕，螺阶 4-5 级。

　　观察标本：1♂，云南，其他信息不详；1♀，江西，1982.Ⅷ.10，其他信息不详。

　　地理分布：江西、湖南 (湘西)、广西、云南；东南亚地区。

(344) 泸溪纽蛛 *Telamonia luxiensis* Peng, Yin, Yan *et* Kim, 1998 (图 347)

Telemonia luxiensis Peng, Yin, Yan *et* Kim, 1998: 40, figs. 13-15 (D♀).

　　雌蛛：体长 6.60；头胸部长 3.50，宽 2.50；腹部长 3.10，宽 1.50。前眼列宽 2.25，后眼列宽 2.10，眼域长 1.50。背甲红褐色，头区隆起，前列 4 眼及后侧眼周围有白毛；中窝纵向，深褐色。放射沟、颈沟明显。额狭，整个额部全被密的白色长毛覆盖。胸甲红褐色，边缘深褐色，毛稀少。螯肢红褐色，前齿堤 2 齿，后齿堤 1 齿。颚叶、下唇红

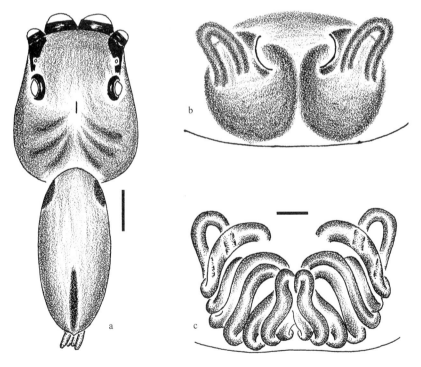

图 347　泸溪纽蛛 *Telamonia luxiensis* Peng, Yin, Yan *et* Kim
a. 雌蛛外形 (body ♀), b. 生殖厣 (epigynum), c. 阴门 (vulva)　比例尺 scales = 1.00 (a), 0.10 (b-c)

褐色，端部具绒毛。触肢红褐色，端部色深，具白色长毛。步足红褐色，毛稀少，足长，且具长刺，第 I、II 步足胫节腹面有 4 对长刺，后跗节有 2 对长刺。腹部约呈筒状，背面浅褐色，毛稀少，前端两侧有 1 对黑斑，后部中央有 1 黑色棒状纵纹。腹面浅褐色，中央颜色稍深。纺器红褐色。

雄蛛：尚未发现。

观察标本：1♀，湖南泸溪，1994.Ⅷ.15，颜亨梅采。

地理分布：湖南 (泸溪)。

(345) 弗氏纽蛛 *Telamonia vlijmi* (Prószyński, 1984) (图 348)

Viciria vlijmi Prószyński, 1984: 156, fig. 291 (D♀♂, *nomen nudum*); Li, Chen *et* Song, 1984: 28, figs. 1-3 (♀♂; generic placement following Prószyński, 1976).

Telamonia vlijmi (Prószyński, 1984): Prószyński, 1984c: 423, figs. 18-25 (D♀♂); Song, 1987: 309, fig. 264 (♀♂); Chen *et* Zhang, 1991: 303, figs. 321.1-3 (♀♂); Song, Zhu *et* Li, 1993: 888, figs. 67A-C (♀♂); Peng *et al*., 1993: 235, figs. 837-847 (♀♂); Song, Zhu *et* Chen, 1999: 562, figs. 320J, 322A, 330D (♀♂).

雄蛛：体长 8.40-10.50。体长 10.50 者，头胸部长 4.00，宽 3.90；腹部长 6.00，宽 2.60。背甲卵圆形，沿其边缘有较宽的黑褐色环带。眼域红褐色，中央有 1 黑褐色斑，后侧眼之间有 1 "八" 字形黑褐色斑，背甲其余部分黄褐色。胸甲中部颜色较暗，螯肢前齿堤 2 齿，后齿堤 1 齿。第 I、II 步足仅远端 2 节橘黄色，其余各节褐色或黑褐色，膝节腹面密被呈刷状排列的褐色毛；第 III、IV 步足色浅，淡褐色或黄褐色，远端 2 节橘黄色。腹部细长，其背面有 2 条黑褐色纵带，心脏斑明显；腹面有 1 条楔形黑褐色正中带；腹两侧有相互平行的黑褐色线纹似木纹。触肢器生殖球圆形，插入器起始于顶部，生殖球上有 1 盖形突起与之相伴。胫节突横指向一侧，基部有 1 突起，其上有细齿；侧面观胫节突较宽，端部呈分叉状。

雌蛛：体长 9.30-11.30。体长 10.45 者，头胸部长 3.65，宽 3.10；腹部长 6.50，宽 3.65。体形、斑纹与雄蛛相似，体色较鲜亮，背甲橘黄色，眼域黄白色，密被白毛，中央有红褐色斑；后侧眼之间的 "八" 字形斑红褐色；眼周围黑褐色，被灰白色、橘红色毛。腹部长卵圆形，背面淡黄色底，2 条中央纵带前 1/3 橘红色，后 2/3 黑褐色，仍有橘红色边缘。腹部两侧缘也有橘红色纵条纹。外雌器交媾管呈螺旋形缠绕，交媾管的长度有变异，螺旋圈数由 2 圈至 3、4 圈，可视为处于不同发育阶段的同种个体。依据：①交媾管长度不同的个体之间体形、体色、斑纹及眼域占背甲的比例等都相同，并无其他明显差异；②这些个体均同时采自同地；③螺旋圈数为 4 的个体生殖厣交媾孔常有栓塞，可视为成熟个体。故推测少于 4 圈者有可能未完全成熟。

观察标本：1♀，湖南石门壶瓶山，2001.Ⅵ.25-Ⅶ.4，唐果采；1♀，湖南石门壶瓶山，2003.Ⅵ-Ⅷ，唐果采；2♂，湖南石门壶瓶山江坪，2003.Ⅶ.6-8，唐果采。

地理分布：浙江、安徽、福建、湖南 (石门)；日本，韩国。

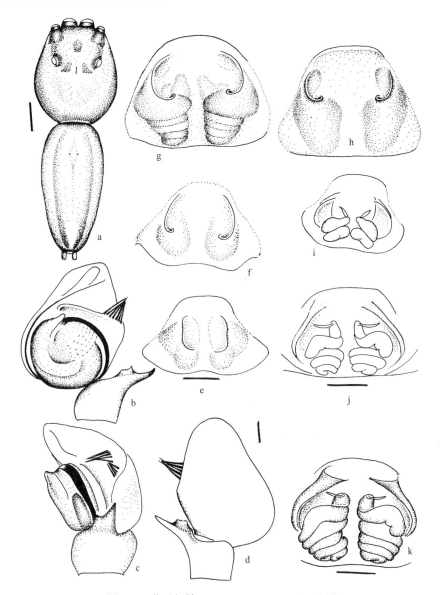

图 348　弗氏纽蛛 *Telamonia vlijmi* (Prószyński)

a. 雄蛛外形 (body ♂), b-d. 触肢器 (palpal organ)：b. 腹面观 (ventral), c. 后侧观 (retrolateral), d. 背面观 (dorsal), e-h. 生殖
厣 (epigynum), i-k. 阴门 (vulva)　比例尺 scales =1.00 (a), 0.20 (b-k)

78. 方胸蛛属 *Thiania* C. L. Koch, 1846

Thiania C. L. Koch, 1846: 271.

Type species: *Thiania pulcherrima* C. L. Koch, 1846.

方胸蛛是一类大型跳蛛，头胸部宽而扁平，前端与后端约等宽，似方形；眼域占背甲之 2/5。螯爪短而粗壮，腹部细长，其背面的彩色斑纹常是分种的重要依据。雄蛛触肢胫节突很长，侧面观呈钩状；生殖球侧面观可见弯曲的贮精囊；插入器基部为卵圆形骨化板，位于生殖球的上部，通常有引导器相伴。生殖厣很大，中隔将其分成 2 个陷窝，交媾孔裂缝状，内部管道常有副腺，纳精囊卵形或梨形。

该属已记录有 18 种，主要分布于东南亚。中国记录 5 种。

种 检 索 表

1. 雄蛛 ······ 2
   雌蛛 ······ 5
2. 触肢器胫节突端部内侧无细齿 ······ 3
   触肢器胫节突端部内侧有少量细齿 ······ 4
3. 触肢器侧面观胫节突末端超过生殖球顶部 ······ **卡氏方胸蛛 *T. cavaleriei***
   触肢器侧面观胫节突末端仅超过生殖球中部 ······ **无刺方胸蛛 *T. inermis***
4. 触肢器腹面观胫节突汤匙状 ······ **巴莫方胸蛛 *T. bhamoensis***
   触肢器腹面观胫节突指状 ······ **细齿方胸蛛 *T. suboppressa***
5. 生殖厣无中隔 ······ **巴莫方胸蛛 *T. bhamoensis***
   生殖厣有中隔 ······ 6
6. 交媾孔斜向，位于生殖厣端部 ······ **黄枝方胸蛛 *T. luteobrachialis***
   交媾孔纵向，位于生殖厣中部 ······ **细齿方胸蛛 *T. suboppressa***

(346) 巴莫方胸蛛 *Thiania bhamoensis* Thorell, 1887 (图 349)

Thiania bhamoensis Thorell, 1887: 357 (D♀♂); Peng *et al.*, 1993: 238, figs. 848-854 (♀♂); Song, Zhu *et* Chen, 1999: 562, figs. 320K, 322B, 330E (♀♂).

雄蛛：体长 5.95；头胸部长 2.70，宽 2.36；腹部长 3.25，宽 1.63。前眼列宽 1.80，后眼列宽 1.70，眼域长 1.00。头胸部宽而扁平，褐色，被稀疏白色鳞状毛，背甲腹缘暗褐色。眼域黑褐色，眼周围黑色，前眼列后被白色鳞状毛。螯肢暗褐色，螯爪很短，前齿堤 2 齿，位于同 1 齿丘上，后齿堤 1 齿。颚叶、下唇、胸甲均为褐色。第 I 步足粗壮，除基节、转节黄褐色外，其余各节均黑褐色，并密被褐色毛，第 II 步足基节、转节、后跗节、跗节橘黄色，腿节大部分褐色，膝节、胫节黄褐色，有褐色纵条斑在其内外两侧面。腹部细长，背面暗褐色，前端及中部左右两侧各有 2 条灰白色毛形成的弧形纵带，腹面灰黄色，正中带楔形、淡褐色。纺器黑灰色。触肢之插入器匕首形，胫节突匙状，端部内侧有细齿，稍扭曲。

雌蛛：体长 5.70-7.90。体长 7.10 者，头胸部长 3.05，宽 2.70；腹部长 4.00，宽 2.10。前眼列宽 1.90，后眼列宽 1.85，眼域长 1.10。体形、斑纹均与雄蛛相似。螯肢暗褐色，下唇、颚叶褐色，胸甲黄褐色。第 I 步足基节、转节黄褐色，其余各节暗褐色；第 II 步足基节、转节、后跗节、跗节及腿节基部橘黄色，其余各节亦为暗褐色。第 III 步足腿节灰褐色，膝节、胫节黄褐色，侧面有褐色纵条斑，其余各节黄色；第 IV 步足腿节端半部灰蓝褐色，基半部及其余各节橘黄色，膝节、胫节两侧面及后跗节基部两侧面均有黑褐色纵条斑。步足密被褐色毛，尤其是第Ⅰ步足。腹部长卵圆形，背面正中带前端灰褐色，后端灰黄色，隐约可见 3-4 个"人"字形褐色斑；腹部两侧灰黑褐色，前端及中部各有 2 条灰白色毛带，具金属光泽，腹面灰黄色，正中带灰褐色。外雌器无明显的中隔，交媾管很短，与纳精囊直径近等长，交媾孔裂缝状。

观察标本：1♀，广西东兴县荣光茶场，1992.Ⅷ.13 (HBU)；1♂，广西西村稻田；1♂云南；6♀，云南勐海、勐伦、勐腊；1♀，广州昆虫所；1♀，广西百色柑树。

地理分布：广东、广西、云南；东南亚地区。

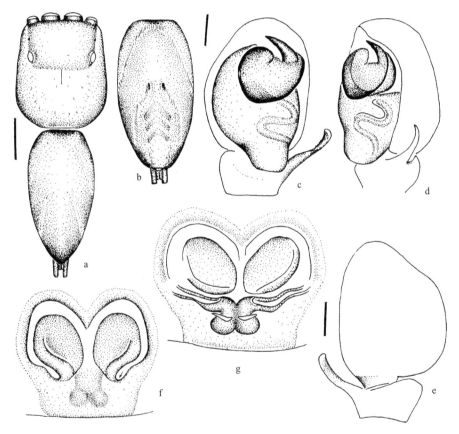

图 349　巴莫方胸蛛 *Thiania bhamoensis* Thorell

a. 雄蛛外形 (body ♂), b. 雌蛛腹部 (abdomen ♀), c-e. 触肢器 (palpal organ)：c. 腹面观 (ventral), d. 后侧观 (retrolateral),
e. 背面观 (dorsal), f. 生殖厣 (epigynum), g. 阴门 (vulva)　比例尺 scales = 1.00 (a-b), 0.20 (c-g)

(347) 卡氏方胸蛛 *Thiania cavaleriei* Schenkel, 1963 (图 350)

Thiania cavaleriei Schenkel, 1963: 406, figs. 234a-g (D♂); Song, Zhu *et* Chen, 1999: 562, figs. 320L-M (D♂).

雄蛛：体长 6.7；头胸部长 3.10，宽 2.65；腹部长 3.60，宽 2.00。前眼列宽 1.80，后眼列宽 1.75，眼域长 0.90。体扁平，背甲褐色，边缘、眼域及前后侧眼基部黑色；边缘覆盖 1 圈白色短毛，整个背甲被稀疏的白毛；中窝黑色，纵条状；颈沟、放射沟较深而清晰，胸区中央色较浅。胸甲约呈长方形，边缘光滑，长大于宽，前缘稍宽；褐色，边缘有深色缘带，被细短的褐色毛。额褐色，前缘为黑色缘带，被 1 排褐色长毛；中央及两侧各有 1 簇白色长毛。螯肢粗短，暗褐色，被白色及褐色行毛，齿堤被密的褐色绒毛，前齿堤 2 齿，后齿堤 1 齿。步足褐色，第 I 步足最长、颜色最深，第 III、IV 步足颜色较浅，有浅色环纹；腿节背面基部及端部被白色短毛，此外各步足尚有褐色细毛；足刺较少而短，第 I 步足胫节腹面前侧 3 刺，后侧 4 刺；第 I 步足后跗节腹面 3 对刺；第 II 步足胫节腹面 3 对刺，后跗节腹面 2 对刺。腹面长卵形，背面褐色，肌痕 2 对，心脏斑色深，后端中央浅黄褐色，两侧有灰黑色纵纹，整个背面较光滑，毛稀少而短。腹部腹面浅灰黄色，中央灰黑色。纺器柱状，灰黄色。

雌蛛：尚未发现。

观察标本：1♂，1 juv.，Anschunfu，Ganschuenfu，1912 (Paris)。

地理分布：甘肃。

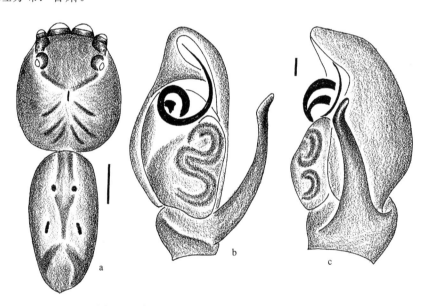

图 350　卡氏方胸蛛 Thiania cavaleriei Schenkel
a. 雄蛛外形 (body ♂)，b-c. 触肢器 (palpal organ)：b. 腹面观 (ventral)，c. 后侧观 (retrolateral)
比例尺 scales = 2.00 (a), 0.50 (b-c)

(348) 无刺方胸蛛 *Thiania inermis* (Karsch, 1897) (图 351)

Marpissa inermis Karsch, in Lendl, 1897: 702 (D♂).

Thiania inermis (Karsch, 1879): Prószyński, 1983b: 284, figs. 3-4 (T♂ from *Marpissa*); Song, Zhu *et* Chen, 1999: 562, figs. 320N-O (D♂).

雄蛛：本种与产自缅甸、苏门答腊、马六甲和最近在越南发现的巴莫方胸蛛 *T. bhamoensis* Thorell, 1887 为近似种。模式标本不完整，仅有头胸部及触肢器，还不允许对标本进行绘图及测量。临摹的模式标本触肢器结构图还需与模式产地的标本进行比对 (引自 Prószyński, 1983)。

雌蛛：尚未发现。

观察标本：无镜检标本。

地理分布：香港。

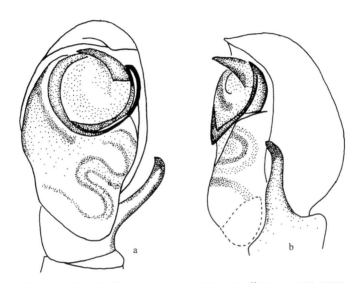

图 351　无刺方胸蛛 *Thiania inermis* (Karsch) (仿 Prószyński, 1983)

a-b. 触肢器 (palpal organ)：a. 腹面观 (ventral), b. 后侧观 (retrolateral)

(349) 黄枝方胸蛛 *Thiania luteobrachialis* Schenkel, 1963 (图 352)

Thiania luteobrachialis Schenkel, 1963: 408, fig. 235 (D♀).

雌蛛：体长 7.90；头胸部长 3.10，宽 2.50；腹部长 4.80，宽 2.10。前眼列宽 1.90，后眼列宽 1.80，眼域长 1.00。背甲扁平，深褐色，前、后侧眼基部及背甲边缘黑色，被稀疏的短白毛，两侧及前缘被少许褐色长毛；中窝短，黑色，纵条状；颈沟及放射沟清晰；胸区中央有浅褐色大斑，约呈半圆形。胸甲盾形，褐色，被褐色短毛，边缘深褐色。额褐色，前缘黑色，被褐色长毛。螯肢暗褐色，爪很短，前齿堤 2 齿，后齿堤 1 齿。颚叶、下唇三角形，长明显大于宽。触肢、步足黄褐色，具深褐色环纹，第 I 步足及触肢端部 2 节色深，毛稀疏；刺少，较长而壮，第 I 步足胫节腹面有 4 对刺，第 II 步足胫节腹面有 3 对刺，第 I、II 步足后跗节腹面各有 2 对刺。腹部筒状，前端稍宽。背面浅黄色，心脏斑长，浅灰褐色；肌痕 1 对，纵条状，灰褐色；前缘两侧及后端两侧各有灰褐色斑。腹部腹面浅黄色，中央隐约可见 2 条深色纵条纹。纺器短，褐色。

雄蛛：尚未发现。

观察标本: 1♀, Lo Thoei-Tong, 1925.III.2 (Paris) (未镜检)。

地理分布: 中国 (具体不详)。

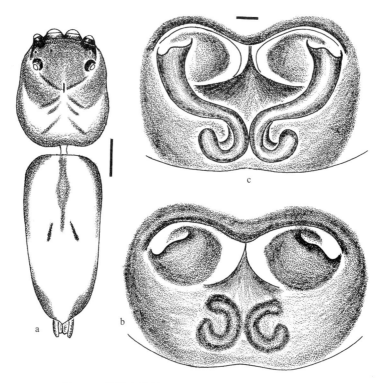

图 352 黄枝方胸蛛 *Thiania luteobrachialis* Schenkel

a. 雌蛛外形 (body ♀), b. 生殖厣 (epigynum), c. 阴门 (vulva) 比例尺 scales = 2.00 (a), 0.20 (b-c)

(350) 细齿方胸蛛 *Thiania suboppressa* Strand, 1907 (图 353)

Thiania suboppressa Strand, 1907b: 569 (D♀♂); Song, Zhu *et* Chen, 1999: 562, figs. 320P, 322C, 330F (♀♂); Wesolowska, 1981a: 50, figs. 15-18 (♀); Peng *et al.*, 1993: 240, figs. 855-861 (♀♂).

雄蛛: 体长 6.65; 头胸部长 3.50, 宽 2.40; 腹部长 3.50, 宽 1.90。前眼列宽 2.00, 后眼列宽 1.90, 眼域长 1.25。头胸部宽而扁平, 背甲红褐色, 被稀疏白色鳞状毛, 腹缘褐色。眼区暗褐色, 眼周围黑色, 前列眼后亦被白色鳞状毛。胸甲黄褐色。螯肢暗褐色, 前齿堤 2 齿, 生于同一齿丘上, 后齿堤 1 齿。颚叶、下唇褐色。第 I 步足最长, 褐色, 第 II、III、IV 步足的基节、转节、后跗节、跗节为橘黄色, 其余各节褐色, 步足被褐色毛及白色鳞状毛。腹部细长, 背面前 2/3 暗褐色, 后 1/3 灰黄褐色, 前端、后端各有 2 条灰白色鳞状毛形成的弧形纵带。腹面灰黄褐色, 正中带淡褐色, 纺器黄褐色。触肢器结构与 Zabka (1985) 描述基本相同, 仅存在细微差异, 胫节突端部内侧也有少量细齿。插入器粗长, 镰刀状, 胫节突细长指状, 端部不扭曲。

雌蛛: 体长 7.60-8.95。体长 8.95 者, 头胸部长 3.60, 宽 3.15; 腹部长 5.10, 宽 2.60。

前眼列宽 2.25，后眼列宽 2.15，眼域长 1.35。体形、斑纹均与雄蛛相似。第 I 步足基节、转节褐色，其余各节暗褐色，密被褐色毛、刺；第 II 步足膝节、胫节、腿节红褐色；第 III 步足腿节红褐色，膝节、胫节黄褐色，后跗节、跗节橘黄色；第 IV 步足橘黄色，仅腿节端部有褐色斑。腹部背面正中带褐色，有数个"人"字形、弧形黄褐色线纹，腹部前端有 1 条灰白色鳞状毛形成的弧形带，中部以后两侧也各有 1 条同色纵带。腹面黄褐色，纺器黑褐色。生殖厣椭圆形，中隔心叶形，基部较宽；交媾管较长，远长于纳精囊之直径。

观察标本：1♀，湖南炎陵中村；1♂，广西凤山稻田，1982.IX；3♀，香港 (3SP053)，生境落叶层，2002.I.10，P. W. Chan 采；2♀，福建崇安，1986.VII。

地理分布：福建、湖南 (炎陵)、广东、香港；越南，夏威夷。

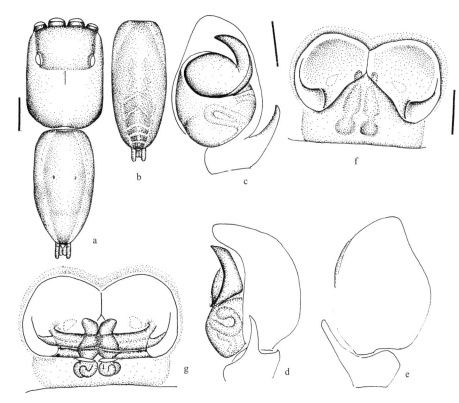

图 353　细齿方胸蛛 *Thiania suboppressa* Strand

a. 雄蛛外形 (body ♂), b. 雌蛛腹部 (abdomen ♀), c-e. 触肢器 (palpal organ): c. 腹面观 (ventral), d. 后侧观 (retrolateral), e. 背面观 (dorsal), f. 生殖厣 (epigynum), g. 阴门 (vulva) 比例尺 scales = 1.00 (a-b), 0.20 (c-g)

79. 莎茵蛛属 *Thyene* Simon, 1885

Thyene Simon, 1885: 4.

Type species: *Thyene imperialis* (Rossi, 1846).

中型蜘蛛，体色较鲜艳。头胸部通常膨大，前眼列强后曲，后中眼稍偏前。雄蛛触肢器之生殖球近圆形，常有舌状突起。插入器细长，环绕生殖球1圈以上。阴门较复杂，交媾管较长，环状盘绕数圈。

该属已记录有46种，绝大多数种类分布于埃塞俄比亚区，仅模式种分布广泛。中国记录6种。

种 检 索 表

1. 触肢器腹面观插入器起始于生殖球下部 ···2
   触肢器腹面观插入器起始于生殖球上部 ···3
2. 生殖球有3-5个放射状纹 ··· 射纹莎茵蛛 *T. radialis*
   生殖球无放射状纹 ··· 东方莎茵蛛 *T. orientalis*
3. 插入器长，绕生殖球盘曲2圈 ································· 阔莎茵蛛 *T. imperialis*
   插入器仅绕生殖球盘曲1圈 ···4
4. 触肢器腹面观插入器起始于12:00点位置 ··················· 三角莎茵蛛 *T. triangula*
   触肢器腹面观插入器起始于10:00点位置 ···5
5. 触肢器生殖球舌状突起于6:00点位置 ····················· 玉溪莎茵蛛 *T. yuxiensis*
   触肢器生殖球舌状突起于10:00点位置 ····················· 双带莎茵蛛 *T. bivittata*

(351) 双带莎茵蛛 *Thyene bivittata* Xie *et* Peng, 1995 (图 354)

Thyene bivittata Xie *et* Peng, 1995 b: 105, figs. 1A-E (D♂).

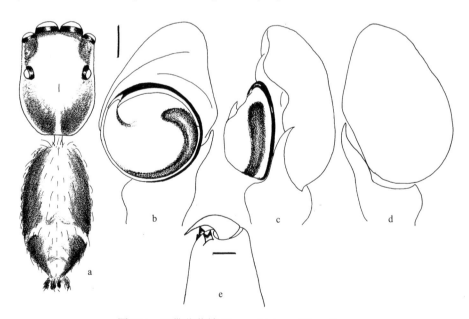

图 354 双带莎茵蛛 Thyene bivittata Xie et Peng

a. 雄蛛外形 (body ♂), b-d. 触肢器 (palpal organ): b. 腹面观 (ventral), c. 后侧观 (retrolateral), d. 背面观 (dorsal), e. 雄性螯肢 (chelicera ♂) 比例尺 scales = 1.00 (a), 0.20 (b-e)

雄蛛：体长 3.50-4.20。体长 3.50 者，头胸部长 1.50，宽 1.30；腹部长 1.80，宽 1.15。前眼列宽 1.20，后眼列宽 1.25，眼域长 0.85。背甲褐色，边缘黑色，眼域两侧各向后延伸有褐色纵带直达背甲后缘。螯肢黄褐色，前齿堤 2 齿，后齿堤 1 齿、端部分 2 叉。颚叶、下唇褐色。腹部长卵形，背面暗褐色，中央纵带灰褐色，密被灰白色细毛，后端中央有 3-4 个"人"字形纹。腹面中央灰褐色。插入器长而细，绕生殖球 1 圈；生殖球上的指状突指向前缘。

雌蛛：尚未发现。

观察标本：1♂，湖南绥宁，1984.VIII.6，张永靖采；1♂，云南贡山城郊，2000.VI.26，D. Kavanaugh、C. E. Griswold、颜亨梅采；3♂，云南勐腊，1981.III.14，王家福采。

地理分布：湖南 (绥宁)、云南。

(352) 阔莎茵蛛 *Thyene imperialis* (Rossi, 1846) (图 355)

Attus imperialis Rossi, 1846: 12 (D♂).

Thyene imperialis (Rossi, 1846): Peckham *et* Peckham, 1901a: 307, pl. 25, fig. 4; Peng *et al.*, 1993: 242, figs. 862-868 (♀♂); Xie *et* Peng, 1995b: 107, figs. 5A-F (♀♂); Song, Zhu *et* Chen, 1999: 562, figs. 321K-L, 322D-E, 330G (♀♂).

雄蛛：体长 4.90-7.35。体长 6.10 者，头胸部长 2.80，宽 2.87；腹部长 3.30，宽 1.63。后眼列宽 1.85，前眼列宽 1.65，眼域长 1.20。头胸部前宽后窄，形状特殊。头胸甲淡黄色，被白色、褐色毛，侧缘、后缘黄褐色。眼域黄褐色，眼周围黑色，前眼列各眼之间被白色鳞状毛，有金属光泽。眼域两侧前端各有 1 簇灰白色毛束。螯肢橘黄色，前齿堤 2 齿，后齿堤 1 齿。颚叶、下唇黄褐色，胸甲褐色。第 I 步足粗壮，背面红褐色，腹面黑褐色，膝节、胫节腹面密生黑色刚毛丛，跗节橘黄色；第 II、III、IV 步足腿节基半部以及后跗节、跗节橘黄色，其余各节及腿节端半部褐色，也密被灰白色、褐色细毛。腹部细长，背面黑褐色，腹部前端灰色，有金属光泽，正中带灰黄色，从前端至腹中部，也有金属光泽；腹部后半部有 2 对银白色横向毛斑，腹部背面密被棕色、灰白色、褐色细毛。腹面褐色，侧缘淡黄色。纺器黄褐色。触肢器的插入器细长，起始于生殖球的顶部，绕生殖球 2 周，舌状突也位生殖器的中上部，胫节突细长，强角质化。

雌蛛：体长 8.90；头胸都长 3.20，宽 2.90；腹部长 5.60，宽 4.50。体形、斑纹与雄蛛相似，个体较大。头胸甲两侧颇圆，淡黄褐色，眼域淡褐色，其两侧前端各有 1 簇黑刚毛。眼域长度不及头胸部长度的 1/2。步足短小，黄褐色。腹部长卵圆形，背面灰黄褐色，无明显的金属光泽。正中由前到后排列有 2 对黑褐色方斑及 1 对椭圆形斑，前 2 对较大，第一对似平行四边形，后一对很小。腹面灰黄褐色，正中有 3 条淡褐色纵纹。外雌器结构较简单。

观察标本：1♂，广西农州先锋茶场，1992.VIII.15 (HBU)；1♀，广东，C. W. Howard 采 (AMNH)；2♀，海南乐东县尖峰岭，1989.XII (日内瓦)；2♂，福建崇安，1986.VII.19，谢莉萍采 (HNU)；1♂，香港 (SP078)，生境 (草地)，2000.VI.04，P. W. Chan 采。

地理分布：福建、湖北 (武昌)、广东、广西、海南、香港。

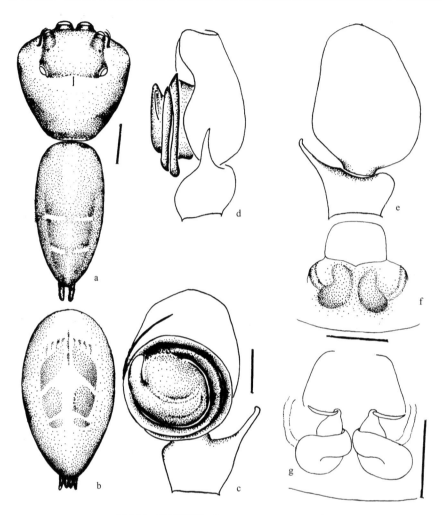

图 355　阔莎茵蛛 *Thyene imperialis* (Rossi)

a. 雄蛛外形 (body ♂), b. 雌蛛腹部 (abdomen ♀), c-e. 触肢器 (palpal organ)：c. 腹面观 (ventral), d. 后侧观 (retrolateral), e. 背面观 (dorsal), f. 生殖厣 (epigynum), g. 阴门 (vulva)　比例尺 scales = 1.00 (a-b), 0.40 (c-g)

(353) 东方莎茵蛛 *Thyene orientalis* Zabka, 1985 (图 356)

Thyene orientalis Zabka, 1985: 454, figs. 632-635 (D♀♂); Peng *et al.*, 1993: 244, figs. 869-873 (D♀♂); Xie *et* Peng, 1995b: 107, figs. 6A-E (D♀♂); Song *et* Li, 1997: 442, figs. 53A-D (D♀♂); Song, Zhu *et* Chen, 1999: 562, figs. 321M-N, 330H (D♀♂).

　　雄蛛：体长 6.50；头胸部长 3.10，宽 2.50；腹部长 3.50，宽 1.90。背甲暗褐色，头胸部较高，前端平坦，眼域后 1/2 处急剧倾斜至头胸部后缘，从而与两侧缘形成 1 个弧形收缩。从眼域后至背甲后缘有 1 条由白色绒毛形成的中央纵带。眼域长 1.30，前眼列宽 2.00，后眼列宽 2.10。胸甲黄褐色，螯肢暗褐色，前齿堤 3 齿，呈三角形排列，其中 1 齿位于螯爪基部；后齿堤 1 分叉状板齿。颚叶、下唇暗褐色。步足粗壮，密被毛和刺。

腹部长卵形，背面赤褐色，正中带黄褐色，密被白色细绒毛。腹面黄褐色，密被灰黄色细绒毛。触肢器结构的生殖球球形，插入器细长，起始于基部，环绕生殖球1圈半，生殖球基部有1膜质舌状突起。

雌蛛：尚未发现。

观察标本：1♂，湖南绥宁，1984.Ⅷ.8，张永靖采；1♂，广西防城港市扶隆乡，海拔220m，1998.Ⅳ.19，WM98GXSP34，吴岷采。

地理分布：湖南 (绥宁)、广西；越南。

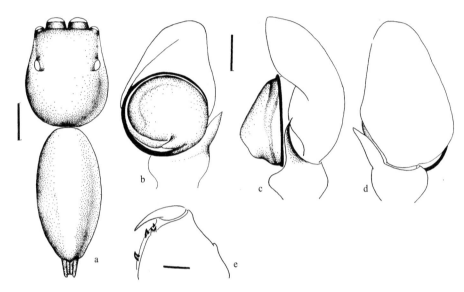

图356　东方莎茵蛛 *Thyene orientalis* Zabka

a. 雄蛛外形 (body ♂), b-d. 触肢器 (palpal organ): b. 腹面观 (ventral), c. 后侧观 (retrolateral), d. 背面观 (dorsal), e. 雄蛛螯肢 (chelicera ♂)　比例尺 scales = 1.00 (a), 0.20 (b-e)

(354) 射纹莎茵蛛 *Thyene radialis* Xie *et* Peng, 1995 (图357)

Thyene radialis Xie *et* Peng, 1995b: 105, figs. 2A-E (D♂).

雄蛛：体长5.50；头胸部长2.70，宽1.90；腹部长2.90，宽1.50。前眼列宽1.70，后眼列宽1.80，眼域长1.20。背甲隆起，赤褐色，边缘色深，各眼基部黑色，被稀疏的白毛。螯肢赤褐色，前齿堤3齿，后齿堤1板齿2分叉。胸甲黄褐色。颚叶、下唇褐色。步足黑褐色。腹部长卵形，前缘多成簇的粗毛，中央纵带黄褐色，密被白毛，肌痕2对，"人"字形纹2-3个，两侧黑褐色，腹面黄褐色。纺器黑褐色。触肢器生殖球的下部有长舌状突起，上部有4条放射状纹，跗舟侧面有1簇弯曲的细毛，指向胫节突顶端。

雌蛛：尚未发现。

观察标本：1♂，湖南城步，1982.Ⅶ.26，王家福采。

地理分布：湖南 (城步)。

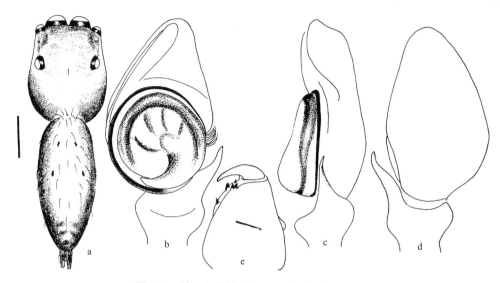

图 357　射纹莎茵蛛 *Thyene radialis* Xie *et* Peng

a. 雄蛛外形 (body ♂), b-d. 触肢器 (palpal organ): b. 腹面观 (ventral), c. 后侧观 (retrolateral), d. 背面观 (dorsal), e. 雄蛛螯肢 (chelicera ♂)　比例尺 scales = 1.00 (a), 0.20 (b-e)

(355) 三角莎茵蛛 *Thyene triangula* Xie *et* Peng, 1995 (图 358)

Thyene triangula Xie *et* Peng, 1995b: 106, figs. 3A-E (D♂).

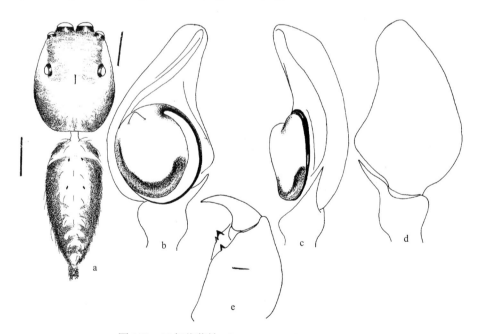

图 358　三角莎茵蛛 *Thyene triangula* Xie *et* Peng

a. 雄蛛外形 (body ♂), b-d. 触肢器 (palpal organ): b. 腹面观 (ventral), c. 后侧观 (retrolateral), d. 背面观 (dorsal), e. 雄蛛螯肢 (chelicera ♂)　比例尺 scales = 1.00 (a), 0.20 (b-e)

雄蛛：体长 6.3；头胸部长 3.1，宽 2.6；腹部长 3.2，宽 1.9。前眼列宽 2.1，后眼列宽 2.2，眼域长 1.4。背甲暗褐色，边缘色深，各眼基部黑色。螯肢黑褐色，前齿堤 2 齿、后齿堤 1 齿不分叉。胸甲、颚叶、下唇及步足褐色。腹部长卵形，中央纵带灰白色、密被灰白色毛；前部两侧有 1 对黄色斜纹，两侧有黑色纵带；腹面黄褐色，有深色斑。生殖球上部有 1 三角状突起，插入器起始于生殖球上部，并绕生殖球 1 圈。

雌蛛：尚未发现。

观察标本：1♂，云南勐腊，1981.Ⅲ.12，王家福采；1♂，云南巍县五印，2000.Ⅶ.4-5；1♂，云南贡山北郊毕比利桥旁，2000.Ⅶ.4-5，颜亨梅采。

地理分布：云南。

(356) 玉溪莎茵蛛 *Thyene yuxiensis* Xie *et* Peng, 1995 (图 359)

Thyene yuxiensis Xie *et* Peng, 1995b: 106, figs. 4A-E (D♂).

雄蛛：体长 6.40；头胸部长 2.90，宽 2.35；腹部长 3.40，宽 1.65。前眼列宽 1.85，后眼列宽 2.00，眼域长 1.30。背甲赤褐色，两侧色深，眼域部分色浅，除前中眼外其余各眼基部黑色。螯肢赤褐色，前齿堤 3 齿，后齿堤 1 板齿 2 分叉。胸甲黄褐色。颚叶、下唇黑褐色。步足暗褐色，端部色浅。腹部长卵形，前缘有成簇的灰白色毛；中央纵带黄褐色，被密的白毛；后端有 3 个明显的"人"字形纹；腹面黄褐色，有 3 条灰色纵带。生殖球下半部有钩状突起指向前侧，插入器起始于生殖球上端、环绕生殖球 1 周。

雌蛛：尚未发现。

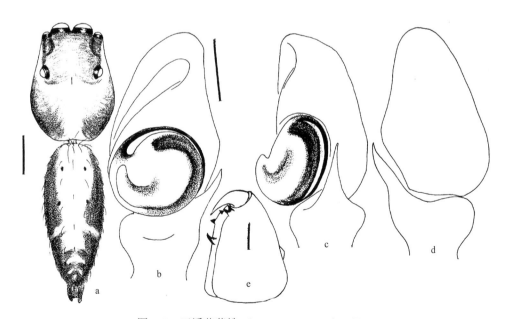

图 359 玉溪莎茵蛛 *Thyene yuxiensis* Xie *et* Peng

a. 雄蛛外形 (body ♂), b-d. 触肢器 (palpal organ): b. 腹面观 (ventral), c. 后侧观 (retrolateral), d. 背面观 (dorsal), e. 雄蛛螯肢 (chelicera ♂) 比例尺 scales = 1.00 (a), 0.20 (b-e)

观察标本：1♂，云南玉溪，1983.Ⅶ.5，刘明耀采 (HNU)。

地理分布：云南。

80. 沃蛛属 *Wanlessia* Wijesinghe, 1992

Wanlessia Wijesinghe, 1992: 10.

Type species: *Wanlessia sedgwicki* Wijesinghe, 1992.

背甲隆起，长大于宽。眼域宽大于长。前齿堤 3 齿，后齿堤 6 齿。触肢器的胫节具 3 个突起，引导器发达，有盾片沟。

该属已记录有 2 种，主要分布于婆罗洲和中国台湾。中国记录 1 种。

(357) 齿沃蛛 *Wanlessia denticulata* Peng, Tso *et* Li, 2002 (图 360)

Wanlessia denticulata Peng, Tso *et* Li, 2002: 5, figs. 17-20 (D♂).

雄蛛：体长 4.90-5.30；头胸部长 2.20，宽 1.80；腹部长 2.70，宽 1.40。前眼列宽 1.70，后眼列宽 1.60，眼域长 1.10，前中眼 0.50，前侧眼 0.30，后侧眼 0.30。额高 0.20。背甲暗褐色，各眼基部、眼域两侧及前缘黑色；眼域中央至背甲后缘色稍浅，呈褐色；眼域两侧及前缘被稀疏的白色与褐色长毛；中窝纵向，暗褐色，较短，其前缘连 1 条横向浅

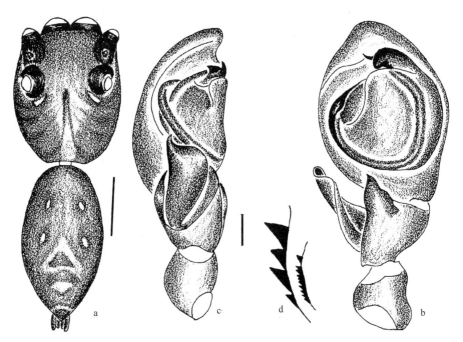

图 360　齿沃蛛 *Wanlessia denticulata* Peng, Tso *et* Li

a. 雄蛛外形 (body ♂), b-d. 触肢器 (palpal organ)：b. 腹面观 (ventral), c. 后侧观 (retrolateral), d. 雄蛛螯肢齿堤 (cheliceral teeth ♂)　比例尺 scales = 1.00 (a), 0.10 (b-d)

色弧形纹，后缘与 2 条深褐色纵纹相连，颈沟不明显，放射沟隐约可见。胸板椭圆形，中央隆起，黄褐色，边缘褐色，被较密的褐色毛。额暗褐色，高大于前中眼半径的 1/2，前缘有 1 列排列整齐的褐色长毛。螯肢褐色，无明显的环纹，足刺多而粗，第 I 步足的刺式如下：腿节 d1-1-4, p0-0-0, r0-0-0, 膝节 p0-10, r0-1-0, 胫节 d1-1-0, r1-1-0, p0-1-1, v2-2-2, 后跗节 p0-1-1, r0-0-1, v2-2-2。腹部约呈筒状，背面灰黑色，肌痕 2 对，后端 1/3 部分的中央有 1 大的浅色菱状斑，其上有 3 个深灰色斑；腹面中央浅黄色，斑纹不明显，两侧灰黑色。纺器灰黑色。

雌蛛：尚未发现。

观察标本：2♂，台湾南投，1998. Ⅵ，吴海英采 (THU)；1♂，台湾南投，1998. Ⅳ，吴海英采 (THU)。

地理分布：中国台湾。

81. 雅蛛属 *Yaginumaella* Prószyński, 1979

Yaginumaella Prószyński, 1979: 17.

Type species: *Yaginumaella ususudi* (Yaginuma, 1972).

雌蛛生殖厣有 2 个角质化的盲兜，远离生殖厣后缘。与其他有兜的跳蛛不同，后者通常贴近后缘。交媾孔通常呈裂缝状，具有强角质化的边缘，兜和交媾孔的大小、位置是鉴别种的重要依据。交媾管长度各异，大多数种类有 1 个内脊 (ridge)。不同种的纳精囊形状、大小不同。触肢器结构相当简单，跗舟或多或少有些膨大，插入器末端位于跗舟腹面的 1 条特殊沟内。跗舟密被刚毛，胫节突粗壮，强角质化。不同种的插入器长度和形状、生殖球、跗舟都不相同。

该属已记录有 38 种，分布于亚热带喜马拉雅区，有些种类分布于东古北区。中国记录 14 种。

种 检 索 表

1. 雄蛛…………………………………………………………………………………………2
   雌蛛…………………………………………………………………………………………10
2. 引导器明显可见…………………………………………………陇南雅蛛 *Y. longnanensis*
   引导器未见…………………………………………………………………………………3
3. 跗舟侧缘有 1 突起………………………………………………梅氏雅蛛 *Y. medvedevi*
   跗舟侧缘无突起……………………………………………………………………………4
4. 腹面观生殖球基部的垂状部突出呈角状突…………………………………………………5
   腹面观生殖球基部的垂状部不明显…………………………………………………………6
5. 后侧观胫节突向左弯曲…………………………………………………垂雅蛛 *Y. lobata*
   后侧观胫节突向右弯曲…………………………………………………曲雅蛛 *Y. flexa*
6. 后侧观生殖球基部有大的垂状部……………………………………………………………7

后侧观生殖球基部垂状部不明显 ·· 8

7. 后侧观胫节突尖细 ································· 尼泊尔雅蛛 *Y. nepalica*
　　后侧观胫节突宽大 ································· 文县雅蛛 *Y. wenxianensis*

8. 插入器起始 9:00 点位置 ····························· 萨克雅蛛 *Y. thakkholaica*
　　插入器起始 8:00 点位置 ··· 9

9. 插入器粗，正中处的直径约为贮精管直径的 1/2 ········· 卢氏雅蛛 *Y. lushiensis*
　　插入器细，正中处的直径约小于为贮精管直径的 1/4 ········· 吴氏雅蛛 *Y. wuermli*

10. 生殖厣有 2 个角质化的兜 ·································· 11
　　生殖厣兜不明显 ·· 19

11. 交媾孔纵向 ··· 12
　　交媾孔非纵向 ·· 14

12. 兜长宽相似 ································· 尼泊尔雅蛛 *Y. nepalica*
　　兜长明显小于宽 ·· 13

13. 交媾管细长，纵向折叠 ·························· 双屏雅蛛 *Y. bilaguncula*
　　交媾管短粗，横向折叠 ························· 文县雅蛛 *Y. wenxianensis*

14. 交媾孔位于交媾管上方 ·································· 15
　　交媾孔位于交媾管下方 ························· 异形雅蛛 *Y. variformis*

15. 纳精囊近球状 ································· 巴东雅蛛 *Y. badongensis*
　　纳精囊近管状 ·· 16

16. 兜长明显小于宽 ·························· 梅氏雅蛛 *Y. medvedevi*
　　兜长等于或稍小于宽 ···································· 17

17. 交媾孔横向 ································· 南岳雅蛛 *Y. nanyuensis*
　　交媾孔斜向 ·· 18

18. 生殖厣长大于宽 ································· 吴氏雅蛛 *Y. wuermli*
　　生殖厣长小于宽 ································· 山地雅蛛 *Y. montana*

19. 交媾管短而直 ································· 陇南雅蛛 *Y. longnanensis*
　　交媾管长而盘曲 ·· 20

20. 交媾腔大而明显 ··························· 萨克雅蛛 *Y. thakkholaica*
　　交媾腔不明显 ··························· 卢氏雅蛛 *Y. lushiensis*

(358) 巴东雅蛛 *Yaginumaella badongensis* Song et Chai, 1992 (图 361)

Yaginumaella badongensis Song et Chai, 1992: 82, figs. 11A-C (D♀); Song et Li, 1997: 443, figs. 54A-C (♀); Song, Zhu et Chen, 1999: 563, figs. 322F, 330L (♀).

雌蛛：体长 5.56；头胸部长 2.14，宽 1.75；腹部长 3.41，宽 2.38。背甲浅褐色，边缘、眼域两侧及前缘、各眼基部黑色，各眼周围有较密的白毛；胸区两侧及中央浅黄色；中窝赤褐色，纵条状；颈沟、放射沟清晰可见。胸甲倒梨状，浅黄褐色，边缘色深；被细的褐色毛。额灰褐色，高不及前中眼半径的 1/2，两侧被密的白毛。螯肢浅褐色，前齿堤 2 齿，后齿堤 1 齿。颚叶、下唇浅褐色，端部浅黄色、具灰色绒毛。步足浅黄色，端部 3 节色深；足刺较多而粗，第 I、II 步足胫节腹面各有 3 对刺，后跗节腹面各有 2 对刺。腹部卵形，背面白色，具灰黑色斑。两侧为不规则灰黑色斜纹组成的纵带，各向内侧延伸出 4 个斜支，后端有 3 个深色弧形纹。腹面白色底，有不规则灰黑色点状斑，中央有灰黑色锚状斑。纺器浅灰色。

雄蛛：尚未发现。

观察标本：1♀，湖北巴东，1989.V.27。

地理分布：湖北。

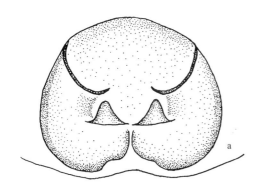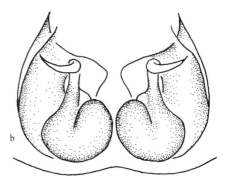

图 361　巴东雅蛛 *Yaginumaella badongensis* Song *et* Chai

a. 生殖厣 (epigynum), b. 阴门 (vulva)

(359) 双屏雅蛛 *Yaginumaella bilaguncula* Xie *et* Peng, 1995 (图 362)

Yaginumaella bilaguncula Xie *et* Peng, 1995a: 290, figs. 6-8 (D♀); Song, Zhu *et* Chen, 1999: 563, figs. 322G, 330M (♀).

雌蛛：体长 3.9-4.9。体长 3.9 者，头胸部长 1.90，宽 1.50；腹部长 2.00，宽 1.50。前眼列宽 1.45，前中眼大于前侧眼，直径为后者的 1.75 倍。后眼列宽 1.48，后侧眼与前侧眼近等大。眼域长 0.95。背甲黄褐色，边缘密被白色细绒毛。眼域淡褐色，除前中眼外，其余各眼周围黑褐色；背甲胸区 2 条褐色侧纵带。胸甲黄色，无斑纹，螯肢黄褐色，前齿堤 2 齿，后齿堤有 1 分叉状板齿。颚叶黄色，下唇褐色。步足黄色，每节两端部有褐色轮纹。腹部长卵圆形，背面黄褐色，两侧有许多褐色波状斜纹。心脏斑淡黄褐色，为 2 个前后相连的 “个” 字。正中带淡黄色，后端有 1 对由白色绒毛形成的眼状斑，在其外侧还有 1 括号形黑色斑。正中带之后有 3 个褐色 “山” 字形纹。腹面黄褐色，正中 1 条很细的褐色纵纹。末端两侧各 1 棒状纹，形似 “小” 字或 “川” 字。在有些个体，此棒状纹延长，而成为 3 条纵纹。体色有变异，有些个体腹背面灰黑色，无明显斑纹，心脏斑亦不明显。正中带灰黄褐色，前 2/3 段葫芦形，后 1/3 段为蝶形，其后无 “山” 字形纹。外雌器外面观椭圆形，1 对盲兜紧贴交媾孔的内缘，两兜之间距小于两交媾孔外缘之间距。内面观，两纳精囊并列，似 1 对烧瓶，故名。交媾管较长，先在背面呈 “S”

字形横向扭曲，而后纵向又横向扭曲，开口于腹面。

雄蛛：尚未发现。

本种与 *Yagoumaella incognita* Zabka, 1981 很相似，但有以下不同：①外雌器外面观时，本种的 2 个盲兜清晰可见，而后者不明显；②本种外雌器上 2 盲兜位于身体中线附近，相距很近，后者 2 兜相距较远；③交媾管扭曲方向也不同。本种与武陵山区的 2 种雌蛛 *Y. badongensas* Song *et* Chai, 1992 和 *Y. txariformis* Song *et* Chai, 1992 的外雌器结构也有不同，如交媾管的长度、扭曲方向等。

观察标本：1♀，云南，1981. III，王家福采 (HUN)。2♀，云南，1981. III，邹枯梅采 (HUN)。

地理分布：云南。

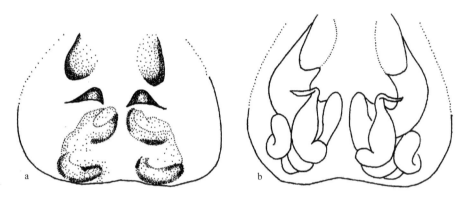

图 362　双屏雅蛛 *Yaginumaella bilaguncula* Xie *et* Peng
a. 生殖厣 (epigynum), b. 阴门 (vulva)

(360) 曲雅蛛 *Yaginumaella flexa* Song *et* Chai, 1992 (图 363)

Yaginumaella flexa Song *et* Chai, 1992: 83, figs. 12A-D (D♂); Song *et* Li, 1997: 443, figs. 55A-D (D♂); Song, Zhu *et* Chen, 1999: 563, figs. 322L, 330N (D♂).

雄蛛：体长 6.10；头胸部长 3.00，宽 2.30；腹部长 3.10，宽 2.00。前眼列宽 1.80，后眼列宽 1.70，眼域长 1.10。额高 0.15。背甲褐色，边缘及各眼基部黑色，两侧各有 1 宽的由白毛覆盖而成的纵带，眼域及胸区中央浅褐色。额浅褐色，前缘色深，被长的浅褐色毛。中窝纵向，深褐色。颈沟、放射沟深褐色，明显可见。胸甲盾形，中央稍隆起，褐色有黑边，边缘光滑。螯肢深褐色，无侧结节，前齿堤 2 齿，基部相连，后齿堤 1 齿。颚叶、下唇深褐色，端部浅黄色、具绒毛。第 I、II 步足深褐色，毛较密，第 III、IV 步足浅褐色，毛稀少。足刺密而长，第 I、II 步足胫节腹面各有 3 对刺，后跗节腹面各有 2 对刺。腹部卵形，背面中央浅褐色，两侧为灰黑色斜纹，肌痕 2 对，赤褐色，心脏斑隐约可见，棒状。腹部腹面灰黑色，两侧为灰黑色斜纹，中央有数条横向皱纹及 4 列浅色点状纹。纺器赤褐色，被黑色细毛。

雌蛛：尚未发现。

观察标本：1♂，湖南张家界，1988.Ⅴ.30。

地理分布：湖南 (张家界)。

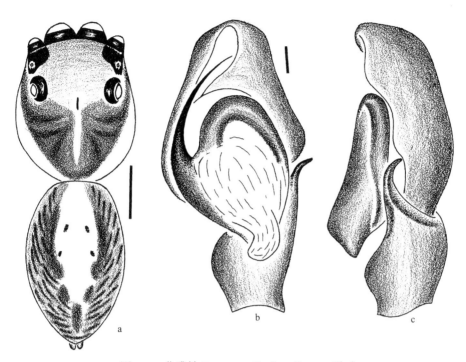

图 363　曲雅蛛 *Yaginumaella flexa* Song *et* Chai

a. 雄蛛外形 (body ♂), b-c. 触肢器 (palpal organ)：b. 腹面观 (ventral), c. 后侧观 (retrolateral)

比例尺 scales = 1.00 (a), 0.10 (b-c)

(361) 垂雅蛛 *Yaginumaella lobata* Peng, Tso *et* Li, 2002 (图 364)

Yaginumaella lobata Peng, Tso *et* Li, 2002: 6, figs. 21-25 (D♂).

雄蛛：体长 6.50-8.00。体长 6.50 者，头胸部长 3.00，宽 2.50；腹部长 3.50，宽 2.20。前眼列宽 2.40，后眼列宽 2.20，眼域长 1.50。背甲浅褐色，边缘黑褐色；头区隆起，胸区呈陡坡状；眼域前缘及两侧黑色并有白色长毛；中窝纵向；放射沟 4 对，暗褐色；背甲两侧有由白毛覆盖而成的纵带。胸甲卵形，被少许褐色毛，褐色，中央色浅。额褐色，高约为前中眼之半径，2 前中眼之前有密的白色长毛。螯肢赤褐色，前齿堤 2 齿，后齿堤 1 齿。颚叶、下唇赤褐色，端部色浅具浓密的白毛。触肢、步足浅褐色，具深褐色环纹或条斑；第 I 步足最长，除跗节外其余各节腹面具刷状毛，胫节腹面有 3 对长刺，后跗节腹面具 2 对长刺；其余步足亦有长刺，毛较浓密但不成刷状。腹部长卵形，背面灰黑色，肌痕 2 对，赤褐色；心脏斑棒状，其后有 5-6 条浅色弧纹；背面两侧各有 1 条浅色纵带；腹面暗灰色，两侧有许多浅色点状斜纹。纺器灰褐色。

雌蛛：尚未发现。

本种与 *Y. urbanii* Zabka, 1981 相似，但有以下区别：①本种的插入器短，前端 1/3 处有 1 明显凹陷部，后者插入器明显细长，无凹陷；②本种插入器起始于 11:00 方向处，而后者位于 9:00 方向处；③本种生殖球的垂状部长而明显，后者的不很明显；④本种胫节突端部明显弯曲，后者的则无明显的弯曲；⑤本种体长达 8.0，后者仅 5.0，远小于前者。

观察标本：1♂，江西，1963.Ⅵ.27 (MCZ)；1♂，台湾，1934.Ⅴ.13-20 (MCZ)；1♂，台湾南投，1997.Ⅻ，卓逸民采 (THU)。

地理分布：江西、台湾。

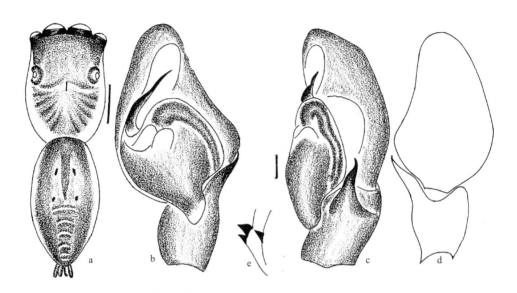

图 364 垂雅蛛 *Yaginumaella lobata* Peng, Tso *et* Li

a. 雄蛛外形 (body ♂), b-d. 触肢器 (palpal organ): b. 腹面观 (ventral), c. 后侧观 (retrolateral), d. 背面观 (dorsal), e. 雄蛛螯肢齿堤 (cheliceral teeth ♂) 比例尺 scales = 1.00 (a), 0.50 (b-e)

(362) 陇南雅蛛 *Yaginumaella longnanensis* Yang, Tang *et* Kim, 1997 (图 365)

Yaginumaella longnanensis Yang, Tang *et* Kim, 1997: 47, figs. 1-9 (D♀♂); Song, Zhu *et* Chen, 1999: 563, figs. 322H, D♀♂-N, 323A (♀♂).

雄蛛：体长 6.70；头胸部长 2.60，宽 2.10；腹部长 4.10，宽 2.00。前眼列宽 1.75，后眼列宽 1.60，眼域长 1.00。背甲褐色，边缘灰黑色，侧纵带暗褐色，各眼基部及眼域两侧前缘黑色；眼域淡褐色，两侧及前缘被有白色毛。额褐色，前缘灰黑色，被有褐色长毛。中窝赤褐色，细而短。颈沟、放射沟色深，较清晰。胸甲盾形，褐色，边缘色深，中央稍隆起，被褐色短毛。螯肢黑褐色，前齿堤 1 齿，后齿堤 1 齿。颚叶、下唇褐色，端部黄褐色，被浅褐色绒毛。步足浅褐色至褐色，毛稀少，刺较多，短而弱，第 Ⅰ、Ⅱ 步足胫节腹面各有刺 3 对，后跗节腹面各有刺 2 对。腹部长卵形，背面灰褐色，心脏斑长棒状，灰褐色，肌痕 2 对，赤褐色，背部边缘浅灰色，两侧为灰黑色纵带，其上有黑色纵纹，后端中央有 5-6 个灰黑色 "人"字形纹。腹面灰白色，有宽窄不一的灰黑色纵纹。纺器褐色。

雌蛛：体长 5.05；头胸部长 2.03，宽 1.82；腹部长 3.38，宽 2.50。前眼列宽 1.64，后眼列宽 1.51，眼域长 1.25。第 I、II 步足胫节腹面各有刺 3 对，后跗节腹面各有刺 2 对。其余外形特征同雄蛛 (引自 Yang, Tang et Kim, 1997)。

观察标本：1♂，湖南石门壶瓶山江坪，2003.Ⅶ. 6-8，唐果采；1♂，甘肃店坝正沟，1992.Ⅵ.17，唐迎秋采。

地理分布：湖南 (石门)、甘肃。

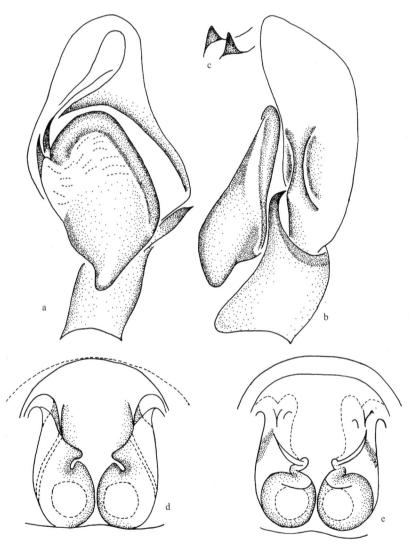

图 365　陇南雅蛛 *Yaginumaella longnanensis* Yang, Tang et Kim (d-e 仿 Yang, Tang et Kim, 1997)
a-b. 触肢器 (palpal organ)：a. 腹面观 (ventral), b. 后侧观 (retrolateral), c. 雄蛛螯肢齿堤 (cheliceral teeth ♂), d. 生殖厣 (epigynum), e. 阴门 (vulva)

(363) 卢氏雅蛛 *Yaginumaella lushiensis* Zhang *et* Zhu, 2007 (图 366)

Yaginumaella lushiensis Zhang *et* Zhu, 2007: 1, f. A-E (D♀♂).

雄蛛：体长 4.90；头胸部长 2.45，宽 1.63；腹部长 2.35，宽 1.43。前眼列宽 1.50，后眼列宽 1.45，前中眼直径 0.45，前侧眼直径 0.28，后中眼直径 0.08，后侧眼直径 0.23。背甲褐色，中部具 1 浅褐色纵带；各眼周围黑褐色，自后侧眼向前至前眼列基部着生少量的褐色长刚毛。中窝纵向，黑褐色。螯肢黄褐色，前齿堤 2 齿，后齿堤 1 齿。颚叶褐色，端部浅褐色，端部远宽于基部。下唇褐色。胸甲浅褐色，着生稀疏褐色长毛。第 I

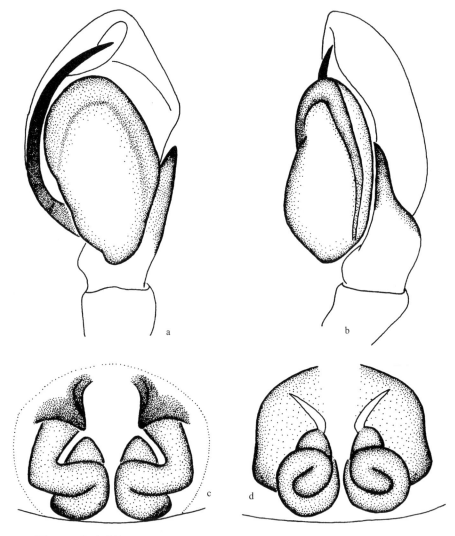

图 366　卢氏雅蛛 *Yaginumaella lushiensis* Zhang *et* Zhu (仿 Zhang *et* Zhu, 2007)

a-b. 触肢器 (palpal organ): a. 腹面观 (ventral), b. 后侧观 (retrolateral), c. 生殖厣 (epigynum), d. 阴门 (vulva)

步足腿节、膝节、胫节、后跗节褐色，跗节浅褐色，第 II、III、IV 步足浅褐色，腿节、膝节、胫节远端具宽的褐色环带。第 I 步足腿节具 5 背刺，第 II、III 步足腿节各有 6 背刺，第 IV 步足腿节有 5 背刺；第 III、IV 步足膝节各有 1 前侧刺、1 后侧刺；第 I、II 步足胫节有 1 前侧刺、3 对腹刺，第 III、IV 步足胫节有 2 前侧刺、3 后侧刺、2 对腹刺；第 I、II 步足后跗节各有 2 对腹刺，第 III、IV 步足后跗节各具 2 前侧刺、2 后侧刺、2 对腹刺。触肢浅褐色，跗舟褐色，胫节具 1 指状突；盾板简单，后端向后伸出 1 突起，插入器基部起始盾板内侧中后部。腹部背面浅褐色，两侧具许多黑褐色斑点；腹面灰褐色，具 1 窄的正中带，黑褐色。纺器褐色 (引自 Zhang et Zhu, 2007)。

雌蛛：体长 4.59-5.10。体长 5.10 者，头胸部长 2.24，宽 1.73；腹部长 2.96，宽 1.84。前眼列宽 1.48，后眼列宽 1.45，前中眼 0.43，前侧眼 0.28，后中眼 0.08，后侧眼 0.23。交配管侧扁，纳精囊管状 (引自 Zhang et Zhu, 2007)。

本种与梅氏雅蛛 *Yaginumaella medvedevi* Prószyński, 1979 相似，但具以下区别：①盾板后端具 1 舌状突，后者无；②胫节突较细长，后者较短粗；③外雌器侧缘窄；④垂兜形状和位置也不同于后者。

观察标本：3♀1♂，河南三门峡市卢氏县 (34.04°N, 111.02°E) 大块地，2006.VIII.8，张保石等采。

地理分布：河南。

(364) 梅氏雅蛛 *Yaginumaella medvedevi* **Prószyński, 1979** (图 367)

Yaginumaella medvedevi Prószyński, 1979: 320, figs. 318-322 (D♀♂); Tu et Zhu, 1986: 95, figs. 39-41 (D♀♂); Peng *et al.*, 1993: 245, figs. 874-881 (♀♂); Song, Zhu et Chen, 1999: 563, figs. 322O, 323B-C (♀♂); Song, Zhu et Chen, 2001: 465, figs. 312A-D (♀♂).

雄蛛：体长 4.91；头胸部长 2.36，宽 1.89；腹部长 2.55，宽 1.72。前眼列宽 1.68，后眼列宽 1.55，眼域长 1.05。头胸部高且隆起，眼域黑褐色，眼周围黑色。头胸甲两侧缘纵带黄褐色，上被白色鳞状毛，头胸甲之其余部分红褐色。螯肢红褐色，前齿堤 2 齿，后齿堤 1 齿，似板齿。颚叶、下唇褐色，胸甲黄褐色。第 I 步足黄褐色，腿节内外侧面被褐色纵条斑，其余步足黄色。腹部背面橘黄色底，被黑褐色斑，腹部后部沿正中线排列 3-4 个"山"字形纹，两侧之斑似木纹。腹面灰黄色，纺器黄褐色。

雌蛛：头胸部长 2.36，宽 1.89；腹部长 3.91，宽 3.66。前眼列宽 1.59，后眼列宽 1.55，眼域长 1.00。较雄蛛体色稍淡，头胸甲橘黄色，眼域褐色，后眼列后左右各 1 条红褐色纵带止于头胸甲后缘前方。步足橘黄色，各节相关节处有褐色环纹。腹部长卵圆形，背面橘黄色，有褐色斜纹斑。外雌器表面有 2 个黑色角质化盲兜呈"V"字形排列，交媾管宽，纳精囊强角质化。

观察标本：1♂1♀，湖北武当山金顶，1983. IV. 26 (HBU)；1♀，湖北应山 (溪丛)，1988. VII. 1 (HBU)。

地理分布：山西、吉林、湖北；朝鲜，俄罗斯。

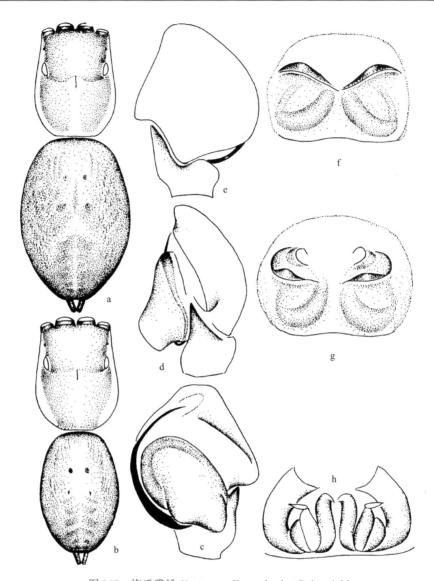

图 367 梅氏雅蛛 *Yaginumaella medvedevi* Prószyński

a. 雄蛛外形 (body ♂), b. 雌蛛外形 (body ♀), c-e. 触肢器 (palpal organ)：c. 腹面观 (ventral), d. 后侧观 (retrolateral),
e. 背面观 (dorsal), f-g. 生殖厣 (epigynum), h. 阴门 (vulva)

(365) 山地雅蛛 *Yaginumaella montana* Zabka, 1981 (图 368)

Yaginumaella montana Zabka, 1981: 26, figs. 48-49; Xie *et* Peng, 1995a: 292, figs. 13-15 (♀); Song,
Zhu *et* Chen, 1999: 563, fig. 323D (♀).

雌蛛：体长 6.40。背甲黄褐色，胸部有放射沟 4 对。螯肢前齿堤 2 齿，后齿堤 1 齿。
步足黄褐色，被许多短刺。腹部长卵圆形，背面灰黄褐色，有黑褐色斑纹，前端两侧为
1 对弧形纹，其后排列有 3 个"八"字形纹。腹面灰黄褐色，有黑褐斑纹，正中为 1 条

很细的点状纵纹，末端两侧各有 1 条纵纹，共同形成"山"字形纹。腹部两侧有数条斜向排列的波状纹。外雌器结构简单，外面观椭圆形，外雌器兜 1 对，位于中部，二者相距较近。交媾管较短，在背面扭曲 1 次即转向腹面。

雄蛛：尚未发现。

观察标本：1♀，湖南新宁。

地理分布：湖南 (新宁)；不丹。

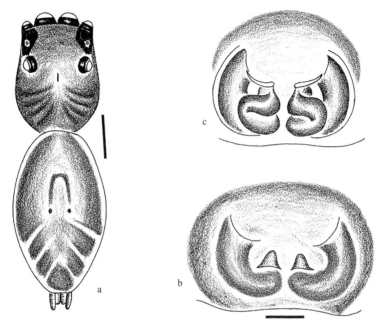

图 368　山地雅蛛 *Yaginumaella montana* Zabka

a. 雌蛛外形 (body ♀), b. 生殖厣 (epigynum), c. 阴门 (vulva) 比例尺 scales = 1.00 (a), 0.10 (b-c)

(366) 南岳雅蛛 *Yaginumaella nanyuensis* Xie *et* Peng, 1995 (图 369)

Yaginumaella nanyuensis Xie *et* Peng, 1995a: 291, figs. 9-12 (D♀); Song, Zhu *et* Chen, 1999: 563, fig. 323E (♀).

雌蛛：体长 5.85；头胸部长 2.50，宽 2.10；腹部长 3.35，宽 2.35。前眼列宽 1.90，前中眼直径大于前侧眼直径，直径为后者的 2.17 倍，后眼列宽 1.80，与前侧眼直径等大，眼域长 1.10。背甲暗褐色，正中带及侧缘带黄褐色。除前中眼外，其余各眼周围黑褐色。螯肢黄褐色，前齿堤 2 齿，后齿堤 1 齿。颚叶黄褐色，下唇及胸甲淡褐色。步足纤细，黄褐色，无环纹。第 I、II 步足胫节和后跗节腹面分别整齐排列有 3 对和 2 对刺。腹部长卵圆形，背面黑褐色，有数条由黄褐色小刻点组成的波状斜纹及横向弧形纹。两侧黄褐色，向背面延伸形成了 1 对"八"字形纹、1 个"（）"形纹。腹面灰黄褐色，正中纵带淡褐色，两侧有许多黑褐色点状或线状斜纹。纺器黄褐色，基部周缘黑褐色。生殖厣椭圆形，1 对盲兜位于交媾孔与生殖厣后缘之间的中部，稍接近交媾孔后缘。2 兜之间距较小。内面观交媾管较长，先纵向而后横向呈"S"字形扭曲，再经交媾孔开口于腹面。

雄蛛：尚未发现。

观察标本：1♀，湖南南岳，1978，尹长民采。

地理分布：湖南 (南岳)。

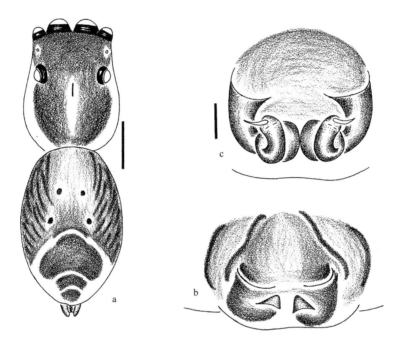

图 369 南岳雅蛛 *Yaginumaella nanyuensis* Xie *et* Peng

a. 雌蛛外形 (body ♀), b. 生殖厣 (epigynum), c. 阴门 (vulva) 比例尺 scales = 1.00 (a), 0.10 (b-c)

(367) 尼泊尔雅蛛 *Yaginumaella nepalica* Zabka, 1980 (图 370)

Yaginumaella nepalica Zabka, 1980c: 376, figs. 10, 14, 17 (D♀); Hu *et* Li, 1987b: 335, figs. 52.1-3 (♀);
    Song, Zhu *et* Chen, 1999: 563, fig. 323F (♀).
Ptocasius nepalica (Zabka, 1980): Hu, 2001: 408, figs. 260.1-5 (♀♂).

雌蛛：体长 5.00-6.60。背甲呈黑褐色，头部抬高，胸区向后急剧倾斜。眼域棕褐色，始自后侧眼正中央向后直至胸区后缘，有 1 条赤黄色纵带，其两侧为黑褐色，前眼列后曲，并稍长于后侧眼，后中眼位于前、后侧眼中间偏前。螯肢棕褐色，前齿堤 2 齿，后齿堤 1 大齿。触肢黄色。颚叶、下唇棕褐色。胸甲盾形，黑褐色。步足黄褐色，具黑色轮纹，第 I、II 胫节各有 3 对腹刺，后跗节各有 2 对腹刺。腹部背面的心脏斑显黄褐色，由心脏斑后端向两侧各伸出 1 个黄色条斑，并呈"八"字形排列；心脏斑两侧及其后缘具黑褐色虎斑。腹部腹面黄褐色，正中央具 1 条褐色纵带，其两侧散有褐色点斑。纺器黑褐色 (引自 Hu, 2001)。

雄蛛：体长 4.70-5.80。触肢黄色，触肢器的跗舟棕褐色，胫节突基部粗壮，顶部尖锐且向内侧变曲，血囊突出部分的后部尖突。其他形态结构特征同雌蛛。本种见于山野草丛 (引自 Zabka, 1980)。

观察标本：1♀，樟木口岩，2250m，1985.Ⅶ.15，李爱华采。

分布：西藏；尼泊尔。

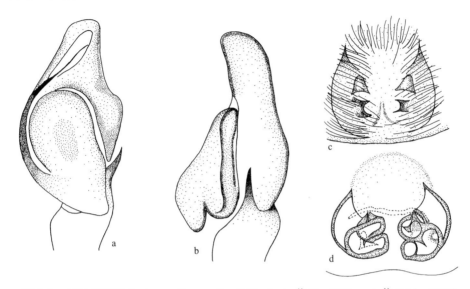

图 370　尼泊尔雅蛛 *Yaginumaella nepalica* Zabka (a, b 仿 Hu, 2001; c, d 仿 Zabka, 1980)

a-b. 触肢器 (palpal organ): a. 腹面观 (ventral), b. 后侧观 (retrolateral), c. 生殖厣 (epigynum), d. 阴门 (vulva)

(368) 萨克雅蛛 *Yaginumaella thakkholaica* Zabka, 1980 (图 371)

Yaginumaella thakkholaica Zabka, 1980c: 373, figs. 1, 3, 5, 7, 9, 12-13, 16 (D♀♂); Hu *et* Li, 1987a: 382, figs. 45.1-3 (D♀♂); Song, Zhu *et* Chen, 1999: 563, figs. 322P-Q, 323G (♀♂).

Ptocasius thakkholaica (Zabka, 1980): Hu, 2001: 409, figs. 261.1-4 (♀♂).

雌蛛：体长 4.80-6.10。头胸部长大于宽，眼域较高且平坦，胸区呈斜坡状，背甲棕褐色，胸区正中央有 1 个黄色条斑，其两侧缘布有白色细毛，眼域黑褐色，散有黑色长刚毛，密布黑色和白色短毛，宽大于长，其长略小于头胸部长的 1/2，前眼列后曲并长于后侧眼，后中眼位于前、后侧眼之间偏前。螯肢褐色，前齿堤 2 齿，后齿堤 1 大齿。触肢黄褐色。颚叶褐色。下唇长大于宽，黄褐色。胸甲橄榄形，棕褐色。步足黄褐色，其黑褐色轮纹，第 I 步足粗长，第 I、II 步足粗胫节各有 3 对腹刺，后跗节各有 2 对腹刺。腹部长椭圆形，前端钝圆，后端较尖，背面黄褐色，正中央部位色泽较浅，两侧呈黑褐色，其后侧各有 1 个棒状黄斑向两侧斜伸，呈"八"字形排列。腹部腹面黄色，散有黑褐色小块斑。交媾管开口的裂缝位于外雌器的中部，呈弧形，且左右面相对，盲兜 2 个，较大，各位于交媾管开口裂缝的后端外侧 (引自 Hu, 2001)。

雄蛛：体长 4.70-5.90。背甲头部抬高，后侧眼之后的部位急剧向后倾斜，始自眼域直至胸区后缘，有 1 条黑褐色宽纵带，其两侧为褐色，并密布白色细毛，背甲两侧缘具黑色宽边。螯肢粗壮，褐色，螯爪粗长，在其中段部位特别显粗，前齿堤 2 齿，距爪基较远，两齿之间距较近，以第 2 齿为最小；后齿堤 2 齿，约等大，但两齿间距较远，第 1 齿与爪基紧靠，第 2 齿与前齿堤第 2 齿并列。触肢器的跗舟平直，胫节外末角突起；其基部粗壮，端部尖锐。其他形态结构皆同雌蛛。本种多栖息于青稞田、马铃薯田或杂草丛中 (引自 Hu, 2001)。

观察标本：西藏乃东，海拔 3600-3800m，1981，王保海采；亚东，海拔 2900m，1984. Ⅷ.28，胡胜昌采；吉隆，海拔 2800m，1984.Ⅵ.23，阎兆兴采；樟木口岸，海拔 2250m，1985.Ⅶ.15，李爱华采；林芝，海拔 3000m，1987.Ⅸ.9，张涪平采。

分布：西藏；尼泊尔。

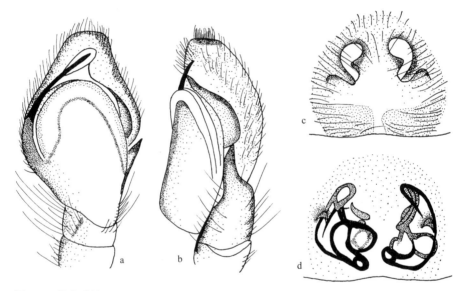

图 371 萨克雅蛛 *Yaginumaella thakkholaica* Zabka (a, b 仿 Hu, 2001；c, d 仿 Zabka, 1980)
a-b. 触肢器 (palpal organ)：a. 腹面观 (ventral)，b. 后侧观 (retrolateral)，c. 生殖厣 (epigynum)，d. 阴门 (vulva)

(369) 异形雅蛛 *Yaginumaella variformis* Song *et* Chai, 1992 (图 372)

Yaginumaella variformis Song *et* Chai, 1992: 83, figs. 13A-C (D♀); Song *et* Li, 1997: 444, figs. 56A-C (♀); Song, Zhu *et* Chen, 1999: 563, fig. 323H (♀).

雌蛛：体长 9.37；头胸部长 3.57，宽 2.78；腹部长 5.40，宽 3.02。眼域红色，眼域后有 2 条棕色纵带，前眼列宽 2.30，后眼列宽 2.22，眼域长 1.43。前侧眼 0.40，前中眼 1.03，后侧眼 0.62。螯肢棕色，前齿堤 2 齿，后齿堤 1 齿。颚叶黄色，下唇棕色，胸甲黄色。第 Ⅱ 步足胫节有刺 V3-3-2-2，第 Ⅰ 后跗节有刺 V2-1-2。足式：Ⅳ，Ⅲ，Ⅰ，Ⅱ。腹部背面中央黄色。两侧棕色，腹面中央褐色，两侧黄色，有褐色斑点。

雄蛛：尚未发现。

本种个体较大，且雌蛛结构与已记录种类有显著差异，故定为本种。

观察标本：无镜检标本。

地理分布：湖北。

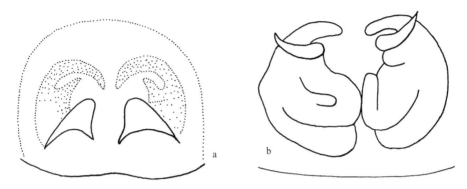

图 372　异形雅蛛 *Yaginumaella variformis* Song *et* Chai (仿 Song, Zhu *et* Chen, 1999)

a. 生殖厣 (epigynum), b. 阴门 (vulva)

(370) 文县雅蛛 *Yaginumaella wenxianensis* (Tang *et* Yang, 1995) (图 373)

Evarcha wenxianensis Tang *et* Yang, 1995: 110, figs. 1-7 (D♀♂); Song, Zhu *et* Chen, 1999: 511, figs. 296A, I (♀♂).

雄蛛：体长 4.78；头胸部长 2.34，宽 1.79；腹部长 2.44，宽 1.72。前眼列宽 1.66，后眼列宽 1.35，眼域长 1.2。眼域约占头胸部长之半。后中眼居中稍偏后。背甲黄褐色，侧缘有黑边，正中侧斑带橘黄色，侧纵带褐色。眼域周围黑色，中央褐色。各眼间有褐色长毛和短白毛。螯肢红褐色，前齿堤 2 齿，后齿堤 1 齿；额宽 1.56，色深，有褐色毛。触肢红褐色，颚叶及下唇黄褐色，端部色浅至白色。胸甲黄白色，呈椭圆形，具褐色波浪形边缘。第 I 步足粗壮色深，腿节至胫节两侧有褐色纵带。第 II、III、IV 步足腿节端部、背部、腹部有黑斑。膝节、胫节端部背面两侧有褐斑，胫节腹面有条斑，并向背面沿伸成黑斑。第 I 步足胫节腹侧刺 3 对，第 II 步足胫节腹侧刺 3 对，外侧刺 3 根。第 I、II 步足后跗节腹面刺 2 对。足式：I，IV，III，II。腹部卵圆形，较头部窄，黄色。腹部背面有稀疏的褐色长毛，腹部后端有少量灰黄色长毛。正中斑黄色，肌斑 2 对。腹部后端 1/3 有由黄褐色相间而形成的弧形横斑，其中前面 1 个呈三角形。正中斑两侧有黑褐色与黄色相间构成小方格状斑，腹部侧面有黄色纵带。腹部腹面灰黄色，有黑灰色点斑，两侧有不连续的褐色斜纹。纺器灰褐色。触肢红褐色，生殖球下端突短而直，胫节突薄片状，顶端钝圆 (引自 Tang *et* Yang, 1995)。

雌蛛：体长 5.72；头胸部长 2.13，宽 1.77；腹部长 3.22，宽 2.34。前眼列宽 1.72，后眼列宽 1.56，眼域长 1.09。色较雄蛛淡，斑纹同雄蛛。外雌器交媾管呈不规则缠绕 (引自 Tang *et* Yang, 1995)。

观察标本：1♂1♀，甘肃文县，1992.V.31，唐迎秋采 (LNU)。

地理分布：甘肃。

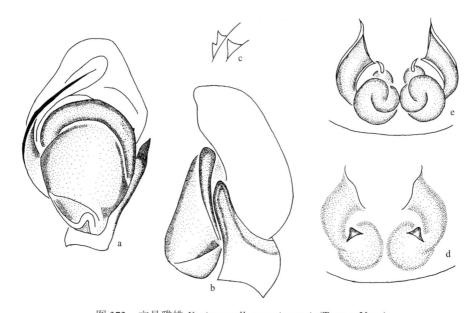

图 373 文县雅蛛 *Yaginumaella wenxianensis* (Tang *et* Yang)

a-b. 触肢器 (palpal organ)：a. 腹面观 (ventral), b. 后侧观 (retrolateral), c. 雄蛛螯肢齿堤 (cheliceral teeth ♂), d. 生殖厣 (epigynum), e. 阴门 (vulva)

(371) 吴氏雅蛛 *Yaginumaella wuermli* Zabka, 1981 (图 374)

Yaginumaella wuermli Zabka, 1981b: 29, figs. 52-53, 56-59 (D♀♂).
Ptocasius wuermli (Zabka, 1981): Hu, 2001: 411, figs. 262.1-2 (D♂).

雄蛛：体长 4.10-5.90。背甲棕褐色，周缘呈黑褐色，眼域及背甲两侧缘密被白毛，后中、侧眼之间亦呈黑褐色。头部稍抬高，眼域宽大于长，占头胸部 1/2 长度，前眼列略后曲并长于后侧眼，后中眼位于前、后侧眼之间偏后。螯肢栗褐色，前齿堤 2 齿，两者紧靠且着生于 1 个齿丘上，第 1 齿大于第 2 齿；后齿堤 1 大齿。触肢棕褐色，触肢器跗舟的顶部显黄白色，布有白毛，胫节外末角突起呈黑刺状，其端部略向背侧弓曲，生殖球凸出部分的后缘尖突并向外侧扭曲。颚叶、下唇皆呈黑褐色。胸甲黄褐色，周缘显黑褐色。步足赤褐色，具黑褐色轮纹，第 I、II 步足胫节各有 3 对腹刺，后跗节各有 2 对腹刺。腹部背面正中央部位显黄色，两侧缘呈黑褐色，布有黄色小点斑，心脏斑部位显赤黄色，其后方直至尾端有 5-6 个黄色"人"字形纹，第 1 个较小呈"八"字形，第 2 个"人"字形纹大而明显，第 3-6 个呈横向弧形。腹部腹面黄褐色。纺器棕褐色。本种见于丛林树皮间 (引自 Hu, 2001)。

雌蛛：体长 5.11，头胸部长 2.11，腹部长 3.00。前眼列宽 1.46，后眼列宽 1.46，眼域长 0.96。头胸部褐色，中间有 1 条纵向黄色条纹，边缘黄色。眼域有白色刚毛，后端到胸部为褐色，有黄斑，被白色细毛及褐色刚毛。腹部背面被黄色和灰黄色斑纹，后缘黑色。腹部后端中间有多条"V"字形纹。纺器浅灰色,被灰色刚毛。额黄色,有不明显灰色斑点。螯肢基部被有白色刚毛。前眼列前面及各眼之间有灰褐色长毛。触肢黄色,被黄色和淡黄色刚毛。颚叶和下唇灰黄色,边缘为灰白色。胸甲黄色,边缘为灰黄色。腹部腹面浅灰黄色,有灰色条纹,灰色条纹旁边被有小灰色斑点。外雌器交媾孔口袋状,边缘强角质化,被有细长黄色刚毛。步足黄色,有淡灰褐色刚毛 (引自 Zabka, 1981)。

观察标本:正模♂,林芝,海拔 3000m,1988.Ⅴ.19,张涪平采 (未镜检)。

分布:西藏;不丹。

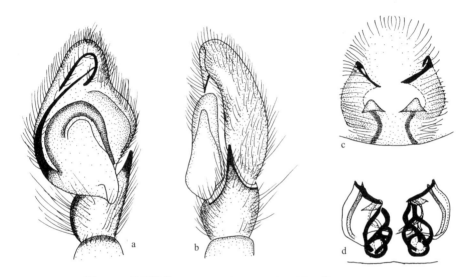

图 374　吴氏雅蛛 *Yaginumaella wuermli* Zabka (仿 Zabka, 1981)

a-b. 触肢器 (palpal organ): a. 腹面观 (ventral), b. 后侧观 (retrolateral), c. 生殖厣 (epigynum), d. 阴门 (vulva)

82. 后雅蛛属 *Yaginumanis* Wanless, 1984

Yaginumanis Wanless, 1984: 152.

Type species: *Boethus sexdentatus* Yaginuma, 1976.

背甲稍隆起,中窝纵沟状,后中眼膨大,眼域长不及背甲的一半。螯肢粗壮,有发达的侧结节,前齿堤 3 齿,后齿堤 5-6 齿。雄蛛触肢器的胫节具大的腹突和后侧突,后侧突上尚有粗的分叶;插入器短而细,起始于生殖球上部,顶血囊靠近插入器基部处有 1 膜盾片,盾片上端也有 1 膜盾片。

该属已记录有 3 种,分布于中国和日本。中国记录 2 种。

(372) 陈氏后雅蛛 *Yaginumanis cheni* Peng *et* Li, 2002 (图 375)

Yaginumanis cheni Peng *et* Li, 2002c: 238, figs. 1-4 (D♀).

雌蛛：体长 2.5；头胸部长 1.3，宽 1.2；腹部长 1.2，宽 0.9。前眼列宽 1.1，后眼列宽 0.75，眼域长 0.5。背甲浅黄色；除前中眼外，其余各眼基部黑色并被有白毛；眼域前缘有黑色横带；后侧眼后方各有 1 条灰黑色细纵带，向后延伸至背甲后缘；中窝灰褐色，颈沟、放射沟不明显。胸甲心形，长宽约相等，黄白色，被稀疏的浅褐色长毛。额黄白色，被较密的灰白色长毛。螯肢黄白色，端部及螯沟两侧有褐色长毛；前齿堤 3 齿，中间 1 齿最大；后齿堤 7 齿，端部 3 齿较大，基部 4 齿小。颚叶、下唇浅黄褐色，端部具灰褐色绒毛。触肢、步足浅黄白色，具长刺，无环纹；第 I 步足腿节腹面后侧有 1 排刺状毛，胫节腹面前有 6 根长刺，后侧有 5 根；第 II 步足胫节，第 I、II 步足后跗节腹面各有 4 对长刺；各步足腿节后侧两端各有 1 灰黑色斑，第 I 步足腿节腹面未见腿节器。腹部约呈筒状，背面黄白色，被白色细毛；斑纹灰黑色，两侧共 3 对，前 1 对最大、纵带状；后端中央有 2 个"人"字形纹，较小。腹部腹面黄白色，无斑纹。纺器黄白色，被浅褐色长毛。

雄蛛：尚未发现。

观察标本：1♀，广西金秀县圣塘乡，2000.VI.28，陈军采 (IZCAS)。

地理分布：广西。

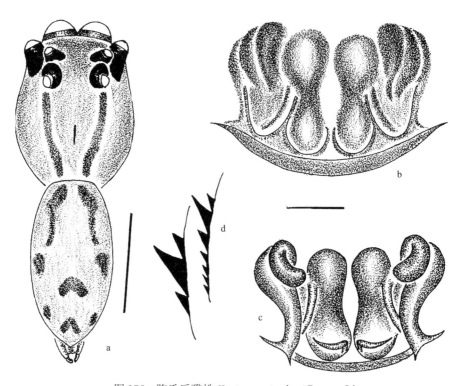

图 375 陈氏后雅蛛 *Yaginumanis cheni* Peng *et* Li

a. 雌蛛外形 (body ♀), b. 生殖厣 (epigynum), c. 阴门 (vulva), d. 雌蛛螯肢齿堤 (cheliceral teeth ♀)

比例尺 scales = 1.00 (a), 0.10 (b-d)

(373) 沃氏后雅蛛 *Yaginumanis wanlessi* Zhang *et* Li, 2005 (图 376)

Yaginumanis wanlessi Zhang *et* Li, 2005: 227, f. 5A-E (D♀).

雌蛛：体长 5.88-7.25。体长 7.25 者，头胸部长 3.06，宽 2.16，高 1.62；腹部长 4.32，宽 2.70。背甲黑棕色。眼域较黑，着生白色细毛和黑色长刚毛，后侧眼后面区域黄色。前中眼 0.57，前侧眼 0.30，后中眼 0.22，后侧眼 0.29。前眼列宽 1.80，中眼列宽 1.58，后眼列宽 1.67，眼域长 1.43，额高 0.13。螯肢红棕色，前端有棕色斑纹，前齿堤 3 齿，后齿堤 5 齿。颚叶和下唇红棕色，颚叶内缘末端和下唇顶端白色。胸甲黄色，边缘较黑。第 I 步足刺：后跗节 v2-2-2；胫节 v2-2-2，p0-1-1；膝节 p0-1-0；腿节 d0-2-4。足式：IV，III，I，II。腹部背面前端中央有模糊的棕色条带，两侧棕色；腹面浅黄色，有少许棕色斑纹。生殖厣背部有卵圆形凹陷；交媾管短，纳精囊大，呈豆形 (引自 Zhang *et* Li, 2005)。

雄蛛：尚未发现。

本种与 *Yaginumanis sexdentantus* (Yaginuma, 1967) (Wanless, 1984a: 153, figs. 6A-J) 相似。但可通过下列特征区分：生殖厣后端凹陷，周围黑色，交媾孔后端侧面凹陷，纳精囊前端比后者大。

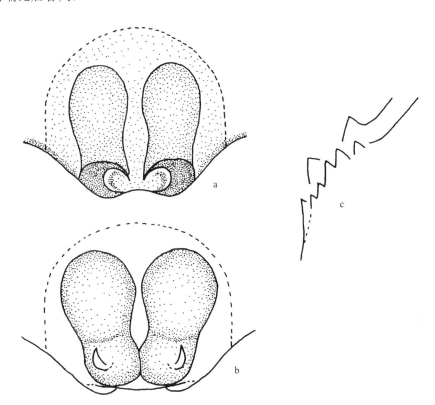

图 376　沃氏后雅蛛 *Yaginumanis wanlessi* Zhang *et* Li (仿 Zhang *et* Li, 2005)

a. 生殖厣 (epigynum), b. 阴门 (vulva), c. 雌蛛螯肢齿堤 (cheliceral teeth ♀)

观察标本：1♀ (MHBU-Ar-46)，四川省泸州市合江村，2003.Ⅶ.30，张俊霞采；1♀ (ZRC. ARA. 507)，2003.Ⅶ.30，张俊霞采，保存在四川省广元市青川县。

地理分布：四川。

83. 树跳蛛属 *Yllenus* Simon, 1868

Yllenus Simon, 1868: 166.

Type species: *Yllenus arenarius* Simon, 1868.

头胸部狭长，后端略宽。胸部长约为头部长的 2 倍。眼域宽大于长、宽约为长的 2 倍，两侧平行，长约为头胸部长的 1/3。前齿堤 2-6 齿，位于同一齿丘上或无齿，后齿堤无齿。第 IV 步足跗节具 1 爪，爪下有许多小齿。雄蛛触肢腿节上有突起，跗舟很长，末端向腹面弯曲。跗舟基部有 1 棒状或片条状突起，与胫节突组成发音器。引导器粗大、强壮。

该属全球已报道 68 种，主要分布在欧洲和亚洲。中国记录 10 种。

种 检 索 表

1. 雄蛛 ·· 2
   雌蛛 ·· 9
2. 跗舟细长，弯曲呈弓状 ·· 3
   跗舟短，不呈弓状弯曲 ·· 7
3. 胫节突 2 个 ·· 4
   胫节突 1 个 ·· 5
4. 生殖球上缘与跗舟端部的间距稍小于生殖球的长度 ············ 巴彦树跳蛛 *Y. bajan*
   生殖球上缘与跗舟端部的间距约为生殖球长度的 1/4 ··········· 粗树跳蛛 *Y. robustior*
5. 后侧观跗舟基部无突起 ······································· 牦牛树跳蛛 *Y. maoniuensis*
   后侧观跗舟基部有突起 ·· 6
6. 插入器粗，鞭状 ·· 环纹树跳蛛 *Y. auspex*
   插入器细，丝状 ··· 拟巴彦树跳蛛 *Y. pseudobajan*
7. 胫节突粗壮 ·· 黄绒树跳蛛 *Y. flavociliatus*
   无胫节突 ··· 8
8. 生殖球腹面观贮精管呈弧形 ······································ 白树跳蛛 *Y. albocinctus*
   生殖球腹面观贮精管几乎呈圆形 ··································· 路树跳蛛 *Y. salsicola*
9. 生殖厣无兜 ··· 10
   生殖厣有兜 ··· 11
10. 交媾管缠绕呈螺旋状，阴门长大于宽 ···························· 巴彦树跳蛛 *Y. bajan*
    交媾管盘曲成圈，阴门长小于宽 ···························· 牦牛树跳蛛 *Y. maoniuensis*
11. 交媾腔呈 ")(" 形 ·· 12

交媾腔不呈“)(”形 ·· 13

12. 交媾管缠绕成锥形螺旋状 ··· **粗树跳蛛 *Y. robustior***
交媾管螺旋状 ·· **巴托尔树跳蛛 *Y. bator***
13. 纳精囊纵向分布 ··· **路树跳蛛 *Y. salsicola***
纳精囊横向分布 ·· 14
14. 交媾管长盘曲成 3 圈 ·· **南木林树跳蛛 *Y. namulinensis***
交媾管不盘曲成圈状 ··· 15
15. 纳精囊近球形 ·· **白树跳蛛 *Y. albocinctus***
纳精囊管状 ·· **环纹树跳蛛 *Y. auspex***

(374) 白树跳蛛 *Yllenus albocinctus* (Kroneberg, 1875) (图 377)

*Attus albo-cinctu*s Kroneberg, 1875: 49, pl. 5, fig. 36 (D♂).

Yllenus albocinctus (Kroneberg, 1875): Reimoser, 1919: 193; Logunov *et* Marusik, 2003a: 26, f. 17-24, 27, 29, 31, 34-35, 38, 48-50, 58-59, 73-74, 98-109 (♀♂); Prószyński, 1968: 463, f. 25, 38, 52, 66, 136-143; Hu *et* Wu, 1989: 396, figs. 308.1-2 (♀); Song, Zhu *et* Chen, 1999: 563, figs. 322R, 323I, 324A-B (♀♂).

雌蛛：体长 4.80。头胸部长大于宽，呈褐色，密被白色鳞毛，背沟明显，头部平坦，胸区高，向后逐渐倾斜。眼域黑色，宽大于长，并小于头胸部的 1/2，前眼列后曲，前侧眼与前中眼远离，后中眼位于前、后侧眼中间偏前，在前眼列之后缘及前、后侧眼之间及其外缘，疏生黑褐色长毛。螯肢棕褐色，前齿堤仅 1 小齿，后齿堤无齿。触肢黄色。颚叶呈棕褐色，其前端之内侧角显白色，并具棕色毛丛。下唇长大于宽，与颚叶同色。胸甲显棕色，并具黑斑，密布白色长毛，在胸甲与各步足之基节间，显有 1 较宽的黄色区。步足呈黄色，具黑褐色轮纹，各节背中线布有长刚毛，第 I 步足粗壮，其胫节腹面有 3 对黄色粗刺，后跗节腹面有 2 对黄色粗刺；第 II 步足胫节、后跗节腹面各有 2 对黄色粗刺。腹部背面灰色，密被白色磷毛，并由黑色短毛构成 2 黑色斑纹，分前、后呈横向排列。腹部腹面为灰褐色，亦密布白色鳞毛。纺器赤褐色并具黑色斑纹。游猎于山野草丛，亦见于农田 (引自 Hu *et* Wu, 1989)。

雄蛛：体长 3.72，头胸部长 1.96，腹部长 1.76。前眼列宽 1.30，后眼列宽 1.48，眼域长 0.90。前侧眼 0.46，前中眼 0.87，后侧眼 0.65。头胸部褐色，边缘被有白色细毛和淡黄色粗毛。眼域边缘黑色，被有白色细毛及稀疏的灰毛，眼域的前、侧缘及第三眼列后缘有少量白色细毛。胸部仅留有白色细毛痕迹。腹部背侧淡褐色，被白色细毛，末端淡灰色。腹部有 2 条白色横条纹。胸甲淡褐色，边缘暗黑色，被白色细长刚毛。颚叶和下唇为淡褐色，有灰白色突起。其他特征同雌蛛 (引自 Prószyński, 1968)。

观察标本：无镜检标本。

地理分布：新疆；中亚，俄罗斯。

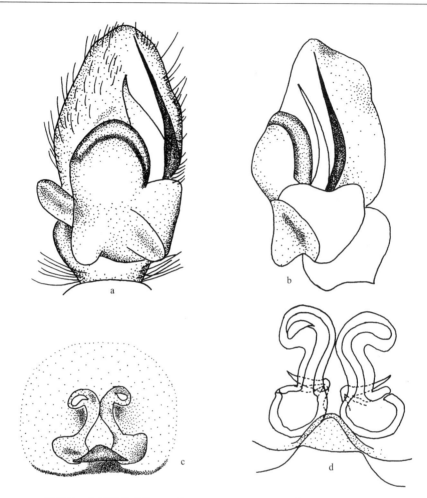

图 377 白树跳蛛 *Yllenus albocinctus* (Kroneberg) (仿 Prószyński, 1968)

a-b. 触肢器 (palpal organ): a. 腹面观 (ventral), b. 后侧观 (retrolateral), c. 生殖厣 (epigynum), d. 阴门 (vulva)

(375) 环纹树跳蛛 *Yllenus auspex* (O. P. -Cambridge, 1885) (图 378)

Attus auspex O. P. -Cambridge, 1885b: 104 (D♂).

Yllenus auspex (O. P. -Cambridge, 1885): Prószyński *et* Zochowska, 1981: 29, figs. 27-30 (T♀♂ from *Attulus*, S); Logunov *et* Marusik, 2003a: 121, f. 416-425 (♀♂); Zhou *et* Song, 1988: 11, figs. 15a-e (♀♂); Hu *et* Wu, 1989: 396, figs. 309.1-5 (♀♂); Song, Zhu *et* Chen, 1999: 563, figs. 323J-K, 324C-D (♀♂).

Philaeus maoniuensis Liu, Wang *et* Peng, 1991: 363, figs. 3-6 (D♀♂); Song, Zhu *et* Chen, 1999: 537, figs. 306N-O, 307F-G (♀♂).

雌蛛:体长约 6。头胸部褐色,密覆同向倾斜银灰色 (酒精浸液中呈灰黄色) 鳞状毛。背甲隆起,头部散生稀疏黑毛,胸区散生白色长毛。额部密被白色鳞状毛,前缘有白色长毛,额高约为前中眼半径。眼域黑褐色矩形,长为头胸部长的 2/5,宽为长的 2 倍。眼周布直立白色鳞状毛，中眼列位于前、后眼列中间。螯肢红褐色，有黑色毛丛，前齿堤内缘有 1 褐色几丁质化的脊，后齿堤无齿。颚叶淡黄褐色，端部向内倾斜。下唇黄褐色。胸甲椭圆形，周缘褐色，中央淡黄褐色，密布白色长毛。步足黄色有白色鳞状毛和长毛，混生少许黑色长毛。有黑色环纹。第 I 步足粗壮，腿节发达，胫节有 3 对腹刺，后跗节有 2 对腹刺。第 I、II 步足爪下毛簇延伸至跗节腹面 1/2 处。足式：IV，I，III，II。腹部灰黄色卵圆形，密覆银灰色及褐色鳞状毛，散生稀疏黑色长毛。背面前半部斑纹不明显，后半部沿背中线向两侧隐约可见几条褐色"山"字形斑，两侧呈褐色斜斑纹。腹面从生殖沟后方到纺器之间无斑纹，两侧有小褐色斑。纺器黄色。外雌器如图。

雄蛛：体长 4.6。体形与体色基本同雌蛛，腹部宽小于头胸部，长度与头胸部几乎相等。第 I 步足爪下浓密的黑褐色毛簇延伸至后跗节 1/2 处，第 II 步足爪下毛簇延伸至跗节 2/3 处。触肢器灰黄色，密覆白色长毛混生少许黑褐色长毛；腿节腹面近体端有 1 锥状突起。胫节外侧有 1 顶端稍尖的指状突起；跗舟顶端窄长并向腹面弯曲。

本种见于果园的矮灌木丛中，在枝条顶端结巢，5 月采到雌雄成蛛。

观察标本：1♀1♂，新疆且末。1982.V.23，周娜丽采。

地理分布：新疆。

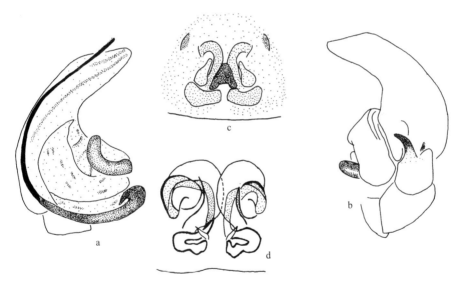

图 378 环纹树跳蛛 *Yllenus auspex* (O. P. -Cambridge) (仿 Logunov *et* Marusik, 2003)

a-b. 触肢器 (palpal organ)：a. 腹面观 (ventral)，b. 后侧观 (retrolateral)，c. 生殖厣 (epigynum)，d. 阴门 (vulva)

(376) 巴彦树跳蛛 *Yllenus bajan* Prószyński, 1968 (图 379)

Yllenus bajan Prószyński, 1968d: 440, figs. 3, 11, 20, 35, 60, 92-97 (D♀♂); Logunov *et* Marusik, 2003a: 121, f. 416-425 (♀♂); Hu *et* Wu, 1989: 397, figs. 310, figs. 1-7 (♀♂); Tang *et* Song, 1990: 52, figs. 3A-C (♀); Song, Zhu *et* Chen, 1999: 564, fig. 323.

雌蛛：体长 5.30；头胸部长 2.17，宽 2.10；腹部长 2.54，宽 2.10。头胸部长宽几相等。眼域长 0.88。中眼列位于前、后眼列的中间位置。背甲黑褐色，密布贴伏于背甲的白色短羽状毛。背甲在后眼列处最高，向前略倾斜，眼域后方的胸区约在 45° 向后方倾斜成斜坡。额部多白色长毛。螯肢黑褐色，前侧面和外侧面有白色长毛。前齿堤在近牙基的远端有 1 薄刀片状突出，无明显的齿；后齿堤无齿。触肢黄色，多白毛，尤其在跗节处最多。颚叶和下唇黄橙色，但末端部位均呈白色。步足各节均呈黄色。第 I 步足粗壮，胫节腹面 5 根短刺 (外 2 内 3)，后跗节腹面 2 对短刺。足式：IV，III，I，II。胸甲似卵形，前部稍窄，后部稍宽，微隆起，有一些褐色毛；黄色，周缘 1 圈近乎白色，界线分明。腹部卵圆形，背面黄色而带有黑色，密布黄色短毛，腹面黄色。外雌器中部有 1 隔片，隔片两侧有裂缝，后方中央有凹孔。内部纳精囊圆形。纳精囊管细长，左右 2 根并行向前延伸，各自弯向外侧，再向后形成 5 个盘曲 (引自 Hu et Wu, 1989)。

雄蛛：体长 4.00-4.30。第 I 步足后跗节及跗节腹面具褐色粗毛。触肢之腿节基部腹侧有 1 拇指状突起，触肢器之跗舟的端部狭长如指，插入器细长如鞭，其基部扭曲，并沿跗舟之内侧缘一直向前延伸，胫节外末角突起粗短，形如拇指。其他形态结构皆同雌蛛。游猎于杉林或胡杨林带草丛 (引自 Hu et Wu, 1989)。

观察标本：1♀，荒草湖，1986.VI.25。

地理分布：新疆。

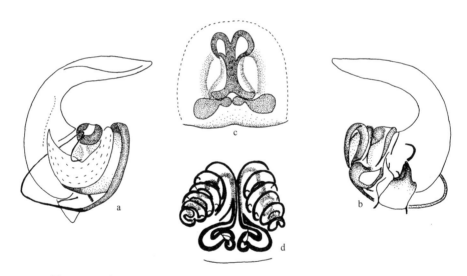

图 379 巴彦树跳蛛 *Yllenus bajan* Prószyński (仿 Logunov et Marusik, 2003)
a-b. 触肢器 (palpal organ)：a. 腹面观 (ventral), b. 后侧观 (retrolateral), c. 生殖厣 (epigynum), d. 阴门 (vulva)

(377) 巴托尔树跳蛛 *Yllenus bator* Prószyński, 1968 (图 380)

Yllenus bator Prószyński, 1968d: 444, figs. 46, 59, 98-100 (D♀); Hu et Li, 1987b: 334, figs. 51.1-5 (♀); Song, Zhu et Chen, 1999: 564, figs. 324G-H (♀); Hu, 2001: 421, figs. 270.1-3 (♀).

雌蛛：体长 6.00-6.50。背甲黑色，密布白色鳞状毛并疏生白色长毛，在前眼列后侧布有白色及棕色长毛；在前、后侧眼之间丛生黑褐色长毛。眼域宽大于长，约占头胸部的 1/2，其长为宽的 2/3，后中眼位于前列眼、后侧眼中间偏前，后侧眼与前侧眼的直径相等。螯肢黑色，前齿堤在近爪基处仅有 1 个极小的齿突；后齿堤无齿。颚叶基部为黄褐色，端部的内侧角显白色。下唇长宽约等，基部黑色，端部白色。胸甲橄榄形，黄褐色，布有白色长毛。步足黄褐色，具黑色斑，第 I 步足粗壮，第 I、II 步足胫节、后跗节各有 2 对腹刺。腹部呈长卵形，背面呈棕褐色，被有白色、黑色长毛，心脏斑为黑褐色，其后端两侧各有 2 个棕色肌斑。腹部腹面黄色，无斑纹。纺器呈灰黑色。本种见于山野草丛 (引自 Hu *et* Li, 1987)。

雄蛛：尚未发现。

观察标本：西藏那曲，海拔 4400m，1984，何谭采。

地理分布：西藏；蒙古。

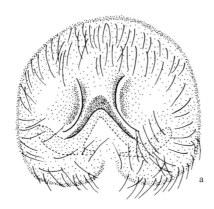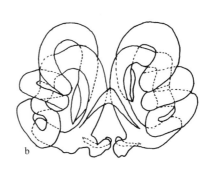

图 380　巴托尔树跳蛛 *Yllenus bator* Prószyński (仿 Prószyński, 1968)

a. 生殖厣 (epigynum), b. 阴门 (vulva)

(378) 黄绒树跳蛛 *Yllenus flavociliatus* Simon, 1895 (图 381)

Yllenus flavociliatus Simon, 1895c: 343 (D♀♂); Prószyński, 1968d: 479, f. 168-169 (♀); Su *et* Tang,
2005: 85, f. 15-18 (♂).

雄蛛：体长 5.00；头胸部长 2.41，宽 2.01；腹部长 2.55，宽 1.88。头胸部深棕色，覆密而短的白色毛和稀疏的褐色刚毛。颈沟不明显，放射沟明显。中窝明显，纵向，黑褐色，细缝状。背面观，眼域色较深，密被白色鳞状毛和深棕色短毛。前中眼 0.35，前侧眼 0.18，后侧眼 0.15，后中眼 0.08；前中眼间距 0.03，前中侧眼间距 0.10，后中眼间距 1.35，后中侧眼间距 0.21，前后侧眼间距 0.60。额高 0.17。螯肢深棕色，螯基较长，后齿堤无齿，颚叶浅黄色，端部色白，覆深色长毛，下唇长明显大于宽，浅黄色，胸甲椭圆形，浅黄色，前部色深。前端平截，后端钝尖，触肢与步足均为浅黄色，各步足有深棕色环纹。足式：IV, III, I, II。腹部细长，腹部背面深棕褐色，密被白色短毛，腹面浅黄白色。有淡黄色及灰白色毛，背面和前面密被白色鳞片状毛。纺器黄棕色。触肢器腿节粗大，生殖球形状不规则，插入器长，引导器片状，半透明，胫节突 1 个，跗舟上密被白色长毛。

雌蛛：尚未发现。

观察标本：1♂，包头市达尔罕茂明安联合旗百灵庙，1996.Ⅷ.24，唐贵明采；1♂，包头市达尔罕茂明安联合旗都荣敖包苏木，1992.Ⅴ.23，唐贵明采。

地理分布：内蒙古 (包头)；俄罗斯，中亚，蒙古。

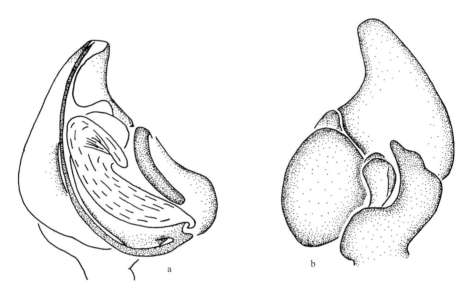

图 381 黄绒树跳蛛 *Yllenus flavociliatus* Simon (仿 Su *et* Tang, 2005)
a-b. 触肢器 (palpal organ): a. 腹面观 (ventral), b. 后侧观 (retrolateral)

(379) 牦牛树跳蛛 *Yllenus maoniuensis* (Liu, Wang *et* Peng, 1991) (图 382)

Philaeus maoniuensis Liu, Wang *et* Peng, 1991: 363, f. 3-6 (D♂♀); Song, Zhu *et* Chen, 1999: 537, f. 306N-O, 307F-G (♀♂).

Yllenus auspex Logunov *et* Marusik, 2000: 272 (T to *Yllenus*, S rejected).

Yllenus maoniuensis (Liu, Wang *et* Peng, 1991): Logunov *et* Marusik, 2003a: 151, f. 493-496 (removed ♀♂ from S of *Y. auspex*).

雌蛛：体长 5.50-6.00。体长 5.20 者，头胸部长 2.40，宽 2.00；腹部长 3.00，宽 2.80。头胸部有黑褐色绒毛和长毛。额部有淡白色绒毛和长毛。螯肢黑色，前齿堤 1 大齿，后齿堤 1 小齿。颚叶、下唇黑色。胸甲黑色有淡白色毛。触肢、步足黄褐色。触肢跗节内侧有灰黑色粗毛。步足基节和转节背侧、腿节背侧近端部、膝节两侧、胫节两侧、跗节及后跗节远端黑色，余为黄褐色。各跗节爪下有毛丛，黑色。第 I、II 步足腿节、膝节、胫节较第 III、IV 步足的粗壮。足式：IV，III，I，II。腹部无斑纹，被褐色毛。腹面灰色，在生殖沟与纺器之间有 3 条淡黄色纵条纹。

雄蛛：体长 4.00-4.30。体长 4.30 者，头胸部长 2.30，宽 1.70；腹部长 2.00，宽 1.80。

外形同雌蛛。触肢腿节微弯，胫节突 1 个。生殖球小，位于近基部。插入器细长。本种与 *Philaeus chrysops* (Poda, 1761) 相似，但有以下特征与后者不同：触肢腿节粗壮；跗舟基部粗壮，端部较细；生殖球横向，无突起；外雌器交媾孔横椭圆形，交媾管螺纹状；体较大，无斑纹。

　　观察标本：1♀12♂，西藏牦牛坡，1990.IX.18，刘少初采。

　　地理分布：西藏。

图 382　牦牛树跳蛛 *Yllenus maoniuensis* (Liu, Wang *et* Peng)

a-b. 触肢器 (palpal organ)：a. 腹面观 (ventral)，b. 后侧观 (retrolateral)，c. 生殖厣 (epigynum)，d. 阴门 (vulva)

(380) 南木林树跳蛛 *Yllenus namulinensis* Hu, 2001 (图 383)

Yllenus namulinensis Hu, 2001: 421, figs. 271.1-2 (♀).

　　雌蛛：体长 5.50；头胸部长 2.90，宽 2.00；腹部长 2.80，宽 2.40。头胸部长大于宽，黑褐色，前端稍窄，后端颇宽圆，密被白色鳞毛，在前眼列各眼之上缘及额部布有褐色长毛。眼域矩形，浓黑色，为头胸部长的 2/5。其宽为长的 1.3 倍，前眼列略后曲，后中眼位于前、后侧眼的中间偏前，后侧眼小于前侧眼。额高为前中眼的半径。螯肢栗褐色，前齿堤内缘有浓黑色几丁质化的脊，后齿堤无齿。触肢赤黄色，跗节多白色长毛。颚叶棕褐色。下唇长大于宽，黑褐色。胸甲椭圆形，黑褐色，散有白色长毛。步足赤褐色，布有白色鳞状毛和黑色长毛，各节具黑色条斑和块斑，第 I、II 步足粗壮，其胫节、后跗节各有 2 对腹刺。足式：IV, III, I, II。腹部前端狭窄，后端宽圆，背面灰褐色，密被白色鳞状毛，正中央部位有黑白相间的"U"字形褶皱，腹背两侧缘有斜向褶皱。腹部腹面浅褐色，密被白色鳞状毛和褐色长毛。纺器黑褐色 (引自 Hu, 2001)。

雄蛛：尚未发现。

观察标本：1♀，西藏南木林，海拔 4100m，1985.VI.27，李爱华采。

地理分布：西藏。

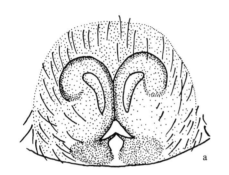 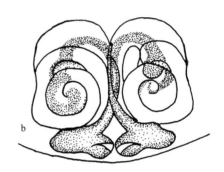

图 383　南木林树跳蛛 *Yllenus namulinensis* Hu (仿 Hu, 2001)

a. 生殖厣 (epigynum), b. 阴门 (vulva)

(381) 拟巴彦树跳蛛 *Yllenus pseudobajan* Logunov *et* Marusik, 2003 (图 384)

Yllenus pseudobajan Logunov *et* Marusik, 2003a: 150, f. 435-437 (D♂).

雄蛛：体长 4.53；头胸部长 2.13，宽 1.80；腹部长 2.40，宽 1.75。额高 0.20。前眼列宽 1.38，后眼列宽 1.55，眼域长 1.04。头胸部黄红褐色，眼睛周边为褐色并被有白色和多种颜色的细毛。额为黄色，被有白色和褐色毛。胸板褐色，中央有黄色斑，被有白色毛。下唇和颚叶为黄褐色。螯肢为黑褐色。腹部背面为黄白色并带有褐色光泽；腹面

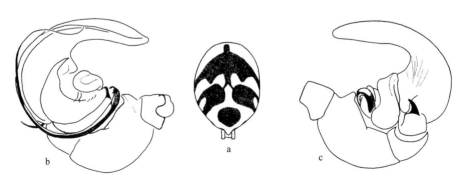

图 384　拟巴彦树跳蛛 *Yllenus pseudobajan* Logunov *et* Marusik (仿 Logunov *et* Marusik, 2003)

a. 雄蛛腹部 (abdomen ♂), b-c. 触肢器 (palpal organ)：b. 腹面观 (ventral), c. 后侧观 (retrolateral)

为亮黄色，被有白色细毛。书肺白色。纺器亮黄色。步足和基节为黄色。雄性触肢器附舟特征明显，它的沿伸长度和触肢一样长（引自 Logunov et Marusik, 2003）。

雌蛛：尚未发现。

观察标本：无镜检标本。

地理分布：青海。

(382) 粗树跳蛛 *Yllenus robustior* Prószyński, 1968（图 385）

Yllenus robustior Prószyński, 1968d: 435, figs. 18, 33, 58, 85-89 (D♀♂); Peng et al., 1993: 247, figs. 882-885 (♀); Song, Zhu et Chen, 1999: 564, figs. 323N-O, 324I-J (♀♂); Logunov et Marusik, 2003a: 150, f. 84, 512-518.

Yllenus hamifer Simon, 1895; Zhou et Song, 1988: 13, figs. 16a-f (♀♂, misidentified); Hu et Wu, 1989: 398, figs. 311.1-4 (♀♂, misidentified).

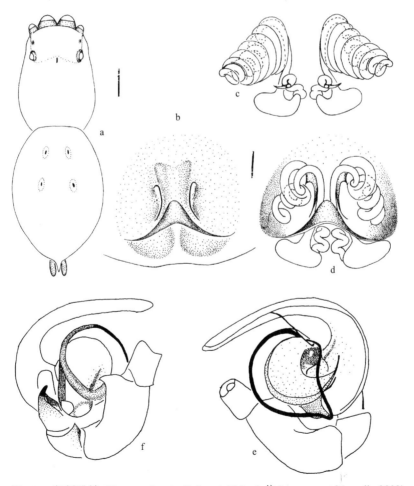

图 385　粗树跳蛛 *Yllenus robustior* Prószyński (e, f 仿 Logunov et Marusik, 2003)

a. 雌蛛外形 (body ♀), b. 生殖厣 (epigynum), c-d. 阴门 (vulva): c. 背面观 (dorsal), d. 腹面观 (ventral), e-f. 触肢器 (palpal organ): e. 后侧观 (retrolateral), f. 前侧观 (prolateral)　比例尺 scales = 1.00 (a), 0.10 (b-d)

雌蛛：体长 8.40；头胸部长 4.00，宽 2.80；腹部长 4.40，宽 3.30。头胸甲灰黑色，密被白色鳞状毛，边缘黑色。前眼列宽 2.00，与后眼列等宽，后中眼居中，前眼列强后曲，额被白毛，高与前中眼直径约相等。胸甲灰黑色，被白色长毛。螯肢红褐色，背面基部被白毛，齿堤无齿。步足浅褐色至深褐色，刺短而粗，跗节腹面有毛丛，足上有黑斑。腿节背面有 2 条黑色条纹。第 I 步足胫节腹面有刺 3 对，第 II 步足胫节腹面内侧有刺 3 根，外侧有刺 2 根。第 I、II 步足后跗节腹面各有刺 2 对。步足的膝节与胫节约等长。腹部背面灰黑色，密被白毛。肌痕 2 对，赤褐色。腹部腹面淡黄色，被褐色长毛，基部周围有 1 圈白毛。本种模式标本采自新疆，外雌器的交媾管缠绕成锥状，具 2 套螺旋，外面的大螺旋膜状。本种交媾管的缠绕方式变异较大。

雄蛛：体长 5.5。头胸部外形与雌蛛相仿，色泽深，腹部长与宽均小于头胸部。背甲、胸甲、腹部均为暗黑褐色，密被深灰色鳞状毛，有金属光泽。步足灰黄色有黑褐色斑纹，两侧斑纹连成黑褐色纵带。腹背斑纹不显著。触肢器灰褐色，跗舟顶部窄长而弯曲，密被长毛，插入器长丝状，中部呈 8 字形扭曲。腿节近体端腹面有 1 锥状突，端部呈小弯钩状，胫节外侧有 1 褐色长指状突，顶部略尖。

本种生活在山涧石下、草丛间，也见于果园。

观察标本：1♀，甘肃清水，1986.Ⅶ，贝华 (HNU)；2♀1♂，新疆和硕，1985.Ⅹ.17，张庆义采。

地理分布：内蒙古、甘肃、新疆；波兰。

(383) 路树跳蛛 *Yllenus salsicola* (Simon, 1937) (图 386)

Attulus salsicola Simon, 1937: 1196, 1258, figs. 1891-1893 (D♀♂).
Yllenus salsicola (Simon, 1937): Prószyński, 1968d: 455, figs. 15, 24, 49, 64, 121-125 (T♀♂ from *Attulus*); Hu, 2001: 423, figs. 272.1-2 (♀).

雌蛛：体长 4.50。背甲棕褐色，眼域后缘黑褐色，两侧缘显黄褐色，眼域及其两侧密被白色鳞状毛，胸区光秃无毛，但背甲腹缘具白色鳞状毛，眼域宽大于长，其长稍小于头胸部的 1/2，后侧眼长于前眼列，后中眼位于前、后侧眼的中间偏前。额部具白色鬃毛。螯肢褐色，前齿堤内缘显有几丁质化山脊，后齿堤无齿。颚叶、下唇呈褐色。胸甲棕褐色。步足黄褐色，具黑褐色块斑，第 I、II 步足粗壮，其胫节、后跗节各有 2 对腹刺。腹部呈长卵形，背面为灰白色，密被白色鳞状毛，正中央部位具 1 条褐色纵向条斑，在腹背后端该条斑断裂成 3-4 条横向斑纹。腹部腹面灰白色，密布白色鳞状毛 (引自 Hu, 2001)。

雄蛛：体长 3.15，头胸部长 1.62，腹部长 1.53。前眼列宽 1.22，后眼列宽 1.44，眼域长 0.76。前侧眼 0.44，前中眼 0.84，后侧眼 0.62。头胸部褐色，两边和前侧边缘为黑色。眼域覆盖白色细毛，个别标本是灰色细毛。前眼列两边被有白色细长毛并有几根比较粗短的刚毛头。胸部及外侧面被有白色细毛。胸部腹面边缘覆盖白色细毛，但这一特征个别标本中并不明显。腹部两侧被有白色细毛，中间被有褐色和白色细毛的纵条纹，前侧边缘为白色并被有白色粗毛。胸板淡黄色，边缘为褐色，覆盖有稀疏细白刚毛。其

他特征同雌蛛 (引自 Prószyński, 1968)。

本种见于农田草丛。

观察标本：1♀，西藏定结，海拔 4400m，1983.Ⅷ.10，索曲采。

分布：西藏；俄罗斯。

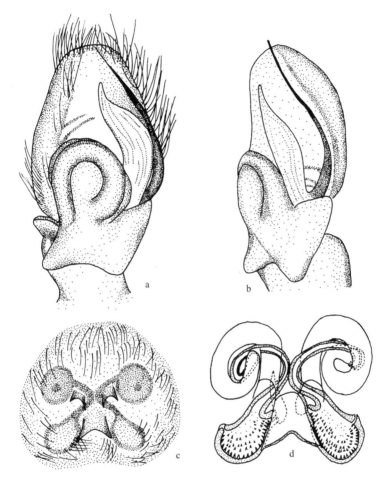

图 386　路树跳蛛 *Yllenus salsicola* (Simon) (仿 Prószyński, 1968)

a-b. 触肢器 (palpal organ)：a. 腹面观 (ventral), b. 后侧观 (retrolateral), c. 生殖厣 (epigynum), d. 阴门 (vulva)

84. 斑马蛛属 *Zebraplatys* Zabka, 1992

Zebraplatys Zabka, 1992: 674.

Type species: *Holoplatys fractivillata* Simon, 1909.

体小型至中型，体长 3.10-7.00。体细长而扁，胸区有凹陷，腹部有斑马状横纹，雄蛛腹部背面有盾片。螯肢前齿堤 2 齿，后齿堤 1 齿。第 I 步足最长，颜色最深。触肢器大，有胫节突 2 个，跗舟有时具翼突，盾片大，插入器粗短或细长，贮精管不弯曲。外雌器的交媾管长，纳精囊梨状，附腺明显。

该属已记录有 5 种，主要分布在澳大利亚。中国记录 1 种。

(384) 球斑马蛛 *Zebraplatys bulbus* Peng, Tso *et* Li, 2002 (图 387)

Zebraplatys bulbus Peng, Tso *et* Li, 2002: 7, figs. 26-29 (D♀).

雌蛛：体长 12.1；头胸部长 5.3，宽 2.0；腹部长 6.8，宽 1.7。前眼列宽 1.9，后眼列宽 2.1，眼域长 1.3。体扁平，背甲深褐色至黑褐色，背甲边缘及各眼周围黑色，被有白毛和黑毛，中窝短，放射沟隐约可见。胸甲卵圆形，被白色细毛，灰黑色，边缘浅褐色。额极狭，浅褐色，被有白色长毛，前中眼之间稍前方有 2 根长的褐色毛。螯肢褐色，前齿堤 2 齿，基部 1 齿较大；后齿堤 1 齿较大。颚叶、下唇长明显大于宽，灰褐色，端部色浅具绒毛，步足浅褐色，具灰色条斑和环纹；第 I、II 步足胫节腹面有 7 对长刺，后跗节腹面有 4 对长刺；第 III、IV 步足刺少而弱。腹部长筒状，背面密被黑色毛，前缘及两侧浅黄褐色，背面中央有醒目的斑纹：前端 2 个较小，白色；其后为黄褐色-白色-黄褐色-白色 4 个大斑交替排列；末端为浅灰色斑；腹部腹面浅黄色，两侧各有 1 条由黑毛覆盖而成的纵带。纺器灰黑色，基部前方环绕以灰黑色环。本种与该属已知种均不相同，交媾腔大，交媾管细而短，纳精囊球形，整个内部结构位于交媾腔之内。

雄蛛：尚未发现。

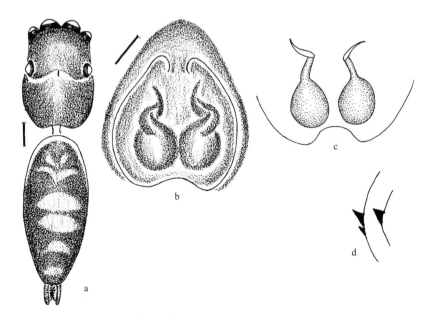

图 387 球斑马蛛 *Zebraplatys bulbus* Peng, Tso *et* Li

a. 雌蛛外形 (body ♀), b. 生殖厣 (epigynum), c. 阴门 (vulva), d. 雌蛛螯肢齿堤 (cheliceral teeth ♀)

比例尺 scales = 1.00 (a), 0.10 (b-d)

观察标本：1♀，台湾南港区，1997.Ⅶ.25，卓逸民采。

地理分布：中国台湾。

85. 长腹蝇虎属 *Zeuxippus* Thorell, 1891

Zeuxippus Thorell, 1891: 109.

Type species: *Zeuxippus histrio* Thorell, 1891.

外形及外生殖器的结构与宽胸蝇虎属 *Rhene* 相似，但腹部更细长一些，雄蛛螯肢无缺刻。生殖厣的内部结构较简单。

该属已记录有 4 种，分布于东洋区。中国记录 1 种。

(385) 白长腹蝇虎 *Zeuxippus pallidus* Thorell, 1895 (图 388)

Zeuxippus pallidus Thorell, 1895: 333 (D♀); Peng, 1989: 160, figs. 14A-D (♀♂); Peng *et al*., 1993: 249, figs. 886-893 (♀♂); Song, Zhu *et* Chen, 1999: 564, figs. 323P, 324K, 330O (♀♂).

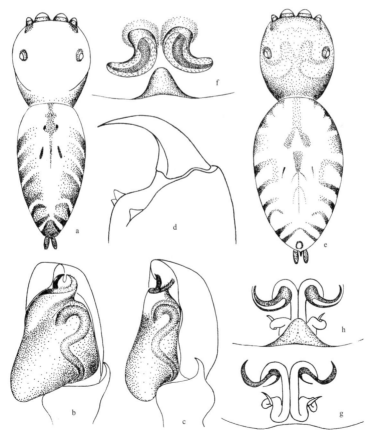

图 388　白长腹蝇虎 *Zeuxippus pallidus* Thorell

a. 雄蛛外形 (body ♂), b-c. 触肢器 (palpal organ)：b. 腹面观 (ventral), c. 后侧观 (retrolateral), d. 雄蛛螯肢 (chelicera ♂),
e. 雌蛛外形 (body ♀), f. 生殖厣 (epigynum), g-h. 阴门 (vulva)：g. 背面观 (dorsal), h. 腹面观 (ventral)

雌蛛：体长 4.00-5.80。体长 4.90 者，头胸部长 1.80，宽 1.50；腹部长 3.10，宽 1.90。背甲浅褐色，被白毛细毛，两侧及后端颜色较深。前眼列宽 1.10，后中眼位于前侧眼基部，2 眼着生于同一眼丘上，后眼列宽 1.40，眼域长 0.90，被有白色粉状物，两侧有长的褐色毛。额被有白色长毛。胸甲淡黄色。螯肢前齿堤 2 齿，后齿堤 1 齿或无齿。步足淡黄色至浅褐色，刺少，短而弱。第 I 步足粗壮，最长。第 I 步足胫节腹面有短刺 2 对，第 II 步足胫节腹面端部具刺 1 对，第 I、II 步足后跗节腹面各具短刺 2 对。腹部背面褐色至灰黑色，布满许多白色块状斑。两侧有 8 条以上的褐色斜纹，间隔以 4 条以上的白色条纹。腹部腹面白色至浅色，布满白色块状斑。个别标本无此斑。中央有 2 条浅色细纹。纺器浅褐色。外雌器的交媾管结构简单，开孔狭长，眉状。

雄蛛：体长 5.70-6.50。体长 5.70 者，头胸部长 2.20，宽 2.00；腹部长 3.50，宽 1.80。前眼列宽 1.30，后眼列宽 1.70，眼域长 1.10。腹部背面肌痕 2 对，第 2 对长条形。心脏斑褐色，长条状。其余外形特征同雌蛛。插入器及引导器上有细毛。

观察标本：1♀，湖南长沙，1975.V.20；1♀，湖南长沙，1980.VIII.11；2♂1♀，湖北利川市井溪山，1977.IX.20；1♀，福建崇安，1986.VII.17，彭贤锦采。

地理分布：浙江、福建、江西、湖北、湖南 (长沙)、广东、贵州；越南，缅甸，孟加拉。

(386) 滇长腹蝇虎 *Zeuxippus yunnanensis* Peng et Xie, 1995 (图 389)

Zeuxippus yunnanensis Peng et Xie, 1995b: 134, figs. 1-5 (D♀); Song, Zhu et Chen, 1999: 564, figs. 324L, 330P (♀).

雌蛛：体长 5.00-5.50。体长 5.00 者，头胸部长 2.30，宽 2.00；腹部长 2.70，宽 1.70。前眼列宽 1.30，后眼列宽 2.00。背甲褐色，被白毛。眼丘及眼域前端黑色。眼域占头胸部长度的 2/3，后眼列明显宽于前眼列。前中眼直径为前侧眼直径的 2 倍。前、后侧眼等大。前中眼间距大于前中、侧眼间距。后中眼位于前、后侧眼连线前端 1/5 处。胸甲卵形，褐色，边缘深色，被褐色毛，长约为宽的 3 倍，额很狭，被长毛。螯肢浅褐色，背面被白毛，前齿堤 2 齿，后齿堤 1 齿。颚叶、下唇褐色。第 I 步足褐色，粗壮，被白毛，有毛丛。其余步足黄褐色，被细长白毛。刺少而弱。第 I 步足基节宽大，长于第 II 步足基节与转节长度之和。第 I、II 步足胫节、后跗节腹面各具短刺 2 对。第 II 步足胫节腹面端部具刺 1 对，后跗节腹面具刺 1-2 对。腹部较长，黄灰色，背、腹面均被有白色块状粉斑。肌痕 3 对，两端有 2 对浅色弧形纹。两侧有深灰色斜纹。腹部腹面灰色，有 4 条由褐色小点形成的细条纹。纺器浅褐色，围以黑色围环。

雄蛛：尚未发现。

观察标本：1♀，海南海口，1975.XII.25，朱传典采 (JLU)；1♀，云南，1983.III.14，王家福采 (HNU)；1♀，云南 (HNU)；1♀，云南，1981.VIII.15，王家福采 (HNU)。

地理分布：海南、云南。

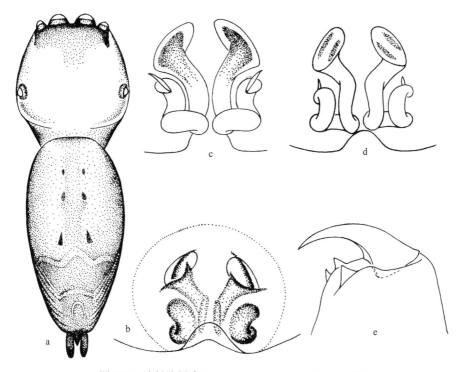

图 389　滇长腹蝇虎 *Zeuxippus yunnanensis* Peng *et* Xie

a. 雌蛛外形 (body ♀), b. 生殖厣 (epigynum), c-d. 阴门 (vulva): c. 背面观 (dorsal), d. 腹面观 (ventral), e. 雌蛛螯肢
(chelicera ♀)

参 考 文 献

Almquist, S. 2006. Swedish Araneae, part 2: families Dictynidae to Salticidae. *Insect Systematics & Evolution, Supplement* **63**: 285-601.

Andreeva, E. M. 1976. *Payki Tadzhikistana.* Dyushanbe, pp. 1-196.

Andreeva, E. M., S. Heciak & J. Prószyński. 1984. Remarks on *Icius* and *Pseudicius* (Araneae, Salticidae) mainly from central Asia. *Annls zool. Warsz.* **37**: 349-375.

Azheganova, N. S. 1968. *Kratkii opredelitel' paukov (Aranei) lesnoi i lesostepnoi zony SSSR.* Akademia Nauk SSSR, pp. 1-149.

Bacelar, A. 1940. Aracnídeos portugueses VI (continuação do inventário dos aracnideos). *Bull. Soc. portug. Sci. nat.* **13**: 99-110.

Badcock, A. D. 1932. Reports of an expedition to Paraguay and Brazil in 1926-1927 supported by the Trustes of the Percy Sladen Memorial Fund and the Executive Committee of the Carnegie Trust for the Universities of Scotland. Arachnida from the Paraguayan Chaco. *Jour. Linn. Soc. Lond.* (Zool.) **38**: 1-48.

Banks, N. 1898. Arachnida from Baja California and other parts of Mexico. *Proc. Californ. Acad. Sci.* (3)**1**: 205-308.

Banks, N. 1904. New genera and species of Nearctic spiders. *Jour. New. York ent. Soc.* **12**: 109-119.

Bao, Y. H., C. M. Yin & H. M. Yan. 2000. A new species of the genus *Heteropoda* from south China (Araneae: Heteropodidae). *Life Sci. Res.* **4**: 278-280. [鲍幼惠, 尹长民, 颜亨梅. 2000. 我国南方巨蟹蛛一新种(蜘蛛目:巨蟹蛛科). 生命科学研究, **4**: 278-280.]

Barrion, A. T. & J. A. Litsinger. 1995. *Riceland Spiders of South and Southeast Asia.* CAB International, Wallingford, UK, xix + 700 pp.

Bauchhenss, E. 1993. *Chalcoscirtus nigritus* - neu für Mitteleuropa (Araneae: Salticidae). *Arachnologische Mitteilungen* **5**: 43-47.

Becker, L. 1882. Les Arachnides de Belgique. I. *Ann. Mus. Roy. Hist. natur. Belg.* **10**: 1-246.

Berland, L. 1933. Araign. des Iles Marquises. Araignées des Iles Marquises. *Bernice P. Bishop Mus. Bull.* **114**: 39-70.

Berland, L. & J. Millot. 1941. Les araignées de l'Afrique Occidentale Française I.-Les salticides. *Mém. Mus. natn. Hist. nat. Paris* (N.S.) **12**: 297-423.

Berry, J. W., J. A. Beatty & J. Prószyński. 1997. Salticidae of the Pacific Islands. II. Distribution of nine genera, with descriptions of eleven new species. *J. Arachnol.* **25**: 109-136.

Bertkau, P. 1880. Verzeichniss der bisher bei Bonn beobachteten Spinnen. *Verh. naturh. Ver. preuss. Rheinl. Westfal.* **37**: 215-343.

Blackwall, J. 1834. *Researches in Zoology.* London (Araneae, pp. 229-433).

Blackwall, J. 1851. A catalogue of British spiders. *Ann. Mag. nat. Hist.* (2) **7**: 256-262, 396-402, 446-452; **8**:

36-44, 95-102, 332-339, 442-450.

Blackwall, J. 1861. *A History of the Spiders of Great Britain and Ireland.* London, **1**: 1-174.

Blackwall, J. 1868. Notice of several species of spiders supposed to be new or little known to arachnologists. *Ann. Mag. nat. Hist.* (4) **2**: 403-410.

Bohdanowicz, A. 1979. Descriptions of spiders of the genus *Synagelides* (Araneae: Salticidae) from Japan and Nepal. *Acta arachn. Tokyo* **28**: 53-62.

Bohdanowicz, A. 1987. Salticidae from the Nepal Himalayas: The genus *Synagelides* Bösenberg & Strand 1906. *Cour. ForschInst. Senckenberg* **93**: 65-86.

Bohdanowicz, A. & S. Heciak. 1980. Redescription of two species of Salticidae (Aranei) from China. *Annls zool. Warsz.* **35**: 247-256.

Bohdanowicz, A. & J. Prószyński. 1987. Systematic studies on East Palaearctic Salticidae (Araneae), IV. Salticidae of Japan. *Annls zool. Warsz.* **41**: 43-151.

Bösenberg, W. 1895. Beitrag zur Kenntnis der Arachniden-Fauna von Madeira und den Canarischen Inseln. *Abh. naturw. Ver. Hamb.* **13**: 1-13.

Bösenberg, W. 1903. Die Spinnen Deutschlands. V, VI. *Zoologica* (Stuttgart) **14**: 385-465.

Bösenberg, W. & E. Strand. 1906. Japanische Spinnen. *Abh. Senck. naturf. Ges.* **30**: 93-422.

Braendegaard, J. 1972. Edderkopper: Eller Spindlere II. *Danmarks Fauna* **80**: 1-231.

Brignoli, P. M. 1983. A catalogue of the Araneae described between 1940 and 1981. Manchester Univ. Press, 755 pp.

Butler, A. G. 1876. Preliminary notice of new species of Arachnida and Myriopoda from Rodriguez, collected by Mssrs George Gulliver and H. H. Slater. *Ann. Mag. nat. Hist.* (4) **17**: 439-446.

Butler, A. G. 1878. Myriopoda and Arachnida. In: Zoology of Rodriguez. An account of the petrological, botanical and zoological collections made in Kergueleen's Land and Rodriguez during the Transit of Venus expedition. *Phil. Trans. roy. Soc. Lond.* **168**: 497-509.

Cambridge, O. P.-. 1863. Description of twenty-four new species of spiders lately discovered in Dorsetshire and Hampshire; together with a list of rare and some other hitherto unrecorded British spiders. *Zoologist* **21**: 8561-8599.

Cambridge, O. P.-. 1869. Notes on some spiders and scorpions from St Helena, with descriptions of new species. *Proc. zool. Soc. Lond.* **1869**: 531-544.

Cambridge, O. P.-. 1871. Descriptions of some British spiders new to science, with a notice of others, of which some are now for the first time recorded as British species. *Trans. Linn. Soc. London* **27**: 393-464.

Cambridge, O. P.-. 1872. General list of the spiders of *Palestine* and *Syria*, with descriptions of numerous new species, and characters of two new genera. *Proc. zool. Soc. Lond.* **1871**: 212-354.

Cambridge, O. P.-. 1873. On new and rare British spiders (being a second supplement to "British spiders new to science", Linn. Trans. XXVII, p. 393). *Trans. Linn. Soc. London* **28**: 523-555.

Cambridge, O. P.-. 1874. Systematic list of the spiders at present known to inhabit Great Britain and Ireland. *Trans. Linn. Soc. London* **30**: 319-334.

Cambridge, O. P.-. 1876. Catalogue of a collection of spiders made in Egypt, with descriptions of new species and characters of a new genus. *Proc. zool. Soc. Lond.* **1876**: 541-630.

Cambridge, O. P.-. 1878. Notes on British spiders with descriptions of new species. *Ann. Mag. nat. Hist.* (5) **1**: 105-128.

Cambridge, O. P.-. 1881. The spiders of Dorset, with an appendix containing short descriptions of those British species not yet found in Dorsetshire. *Proc. Dorset Nat. Hist. Field Club* **2**: 237-625.

Cambridge, O. P.-. 1885. Araneida. In: *Scientific results of the second Yarkand mission*. Calcutta, pp. 1-115.

Cambridge, F. O. P.-. 1901. Arachnida - Araneida and Opiliones. In: *Biologia Centrali-Americana, Zoology*. London, 2: 193-312.

Cambridge, F. O. P.-. 1903. Arachnida - Araneida and Opiliones. In: *Biologia Centrali-Americana, Zoology*. London, 2: 425-464.

Canestrini, G. 1868. Nuove aracnidi italiani. *Annuar. Soc. nat. Modena.* **3**: 190-206.

Canestrini, G. & P. Pavesi. 1868. Araneidi italiani. *Atti Soc. ital. sci. nat.* **11**: 738-872.

Canestrini, G. & P. Pavesi. 1870. Catalogo sistematico degli Araneidi italiano. *Arch. zool. anat. fisiol. Bologna* **2**: 60-64 (separate, pp. 1-44).

Caporiacco, L. di. 1934. Aracnidi terrestri della Laguna veneta. *Atti Mus. civ. Stor. nat. Trieste* **12**: 107-131.

Caporiacco, L. di. 1935. Aracnidi dell'Himalaia e del Karakoram, raccolti dalla Missione italiana al Karakoram (1929-VII). *Mem. Soc. ent. ital.* **13**: 161-263.

Caporiacco, L. di. 1947. Arachnida Africae Orientalis, a dominibus Kittenberger, Kovács et Bornemisza lecta, in Museo Nationali Hungarico servata. *Annls hist.-nat. Mus. natn. hung.* **40**: 97-257.

Caporiacco, L. di. 1950. Gli aracnidi della laguna di Venezia. II Nota. *Boll. Soc. veneziana Stor. nat.* **5**: 114-140.

Chamberlin, R. V. 1924. Descriptions of new American and Chinese spiders, with notes on other Chinese species. *Proc. U. S. nat. Mus.* **63**(13): 1-38.

Chamberlin, R. V. & W. Ivie. 1944. Spiders of the Georgia region of North America. *Bull. Univ. Utah* **35**(9): 1-267.

Chen, J. & C. M. Yin. 2000. On five species of linyphiid spiders from Hunan, China (Araneae: Linyphiidae). *Acta arachnol. sin.* **9**: 86-93. [陈建, 尹长民. 2000. 湖南省 5 种皿蛛的记述(蜘蛛目:皿蛛科). 蛛形学报, **9**: 86-93.]

Chen, J. & J. Z. Zhao. 1997. Four new species of the genus *Coelotes* from Hubei, China (Araneae, Amaurobiidae). *Acta arachnol. sin.* **6**: 87-92. [陈建, 赵敬钊. 1997. 湖北省隙蛛属 4 新种记述(蜘蛛目: 暗蛛科), 蛛形学报, **6**: 87-92.]

Chen, X. E. & J. C. Gao. 1990. *The Sichuan Farmland Spiders in China*. Chengdu: Sichuan Sci. Tech. Publ. House. 226 pp. [陈孝恩, 高久春. 1990. 中国四川农田蜘蛛. 成都: 四川科学技术出版社. 226 pp.]

Chen, Z. F. & Z. H. Zhang. 1991. *Fauna of Zhejiang: Araneida*. Hangzhou: Zhejiang Science and Technology Publishing House. 356 pp. [陈樟福, 张贞华, 1991. 浙江动物志·蜘蛛类. 杭州: 浙江科学技术出版社. 356 pp.]

Chickering, A. M. 1944. The Salticidae of Michigan. *Pap. Michig. Acad. Sci.* **29**: 139-222.

Chikuni, Y. 1989a. Some interesting Japanese spiders of the families Amaurobiidae, Araneidae and Salticidae.

In: Nishikawa, Y. & H. Ono (eds.), *Arachnological Papers Presented to Takeo Yaginuma on the Occasion of his Retirement*. Osaka Arachnologists' Group, Osaka, pp. 133-152.

Chikuni, Y. 1989b. *Pictorial Encyclopedia of Spiders in Japan*. Kaisei-sha Publ. Co., Tokyo, 310 pp.

Chyzer, C. & W. Kulczyński. 1891. *Araneae Hungariae*. Budapest, 1: 1-170.

Clerck, C. 1757. *Svenska spindlar, uti sina hufvud-slågter indelte samt under några och sextio särskildte arter beskrefne och med illuminerade figurer uplyste*. Stockholmiae, 154 pp.

Cooke, J. A. L. 1962. The spiders of Colne Point, Essex, with descriptions of two species new to Britain. *Entomologist's mon. Mag.* **97**: 245-253.

Coddington, J. A. 1986. The genera of the spider family Theridiosomatidae. *Smithson. Contrib. Zool.* **422**: 1-96.

Coddington, J. A. 1990. Ontogeny and homology in the male palpus of orb-weaving spiders and their relatives, with comments on phylogeny (Araneoclada: Araneoidea, Deinopoidea). *Smithson. Contrib. Zool.* **496**: 1-52.

Cutler, B. 1965. The jumping spiders of New York City (Araneae: Salticidae). *Jl N. Y. ent. Soc.* **73**: 138-143.

Dahl, F. 1883. Analytische Bearbeitung der Spinnen Norddeutschlands mit einer anatomisch-biologischen Einleitung. *Schrift. naturw. Ver. Schleswig-Holstein* **5**: 13-88.

Dahl, F. 1912. Über die Fauna des Plagefenn-Gebietes. In Conwentz, H. (ed.), *Das Plagefenn bei Choren*. Berlin, pp. 339-638 (Araneae, 575-622).

Dahl, M. 1926. Spinnentiere oder Arachnoidea. Springspinnen (Salticidae). In: *Die Tierwelt Deutschlands*. Jena, 3: 1-55.

Davies, V. T. & M. Zabka. 1989. Illustrated keys to the genera of jumping spiders (Araneae: Salticidae) in Australia. *Mem. Qd Mus.* **27**: 189-266.

De Geer, C. 1778. Mémoires pour servir à l'histoire des insectes. Stockholm, 7(3-4): 176-324.

Denis, J. 1947. Spiders. In: Results of the Armstrong College expedition to Siwa Oasis (Libyan desert), 1935. *Bull. Soc. Fouad I. Ent.* **31**: 17-103.

Doleschall, L. 1852. Systematisches Verzeichniss der im Kaiserthum Österreich vorkommenden Spinnen. *Sitz.-ber. Akad. Wiss. Wien* **9**: 622-651.

Doleschall, L. 1859. Tweede Bijdrage tot de Kenntis der Arachniden van den Indischen Archipel. *Acta Soc. Sci. Ind.-Neerl.* **5**: 1-60.

Dufour, L. 1831. Descriptions et figures de quelques Arachnides nouvelles ou mal connues et procédé pour conserver à sec ces Invertébrés dans les collections. *Ann. Sci. Nat. Paris, Zool.* **22**: 355-371.

Dunin, P. M. 1984. [Material on the spider fauna from the Far East (Arachnida, Aranei). 1. Family Salticidae]. In Lev, P. A. (ed.), *Fauna and ecology of insects in the south of the Far East*. Akad. Nauk. SSR, Vladivostok, pp. 128-140.

Edmunds, M. & J. Prószyński. 2001. New species of Malaysian *Agorius* and *Sobasina* (Araneae: Salticidae). *Bull. Br. arachnol. Soc.* **12**: 139-143.

Emerton, J. H. 1891. New England spiders of the family Attidae. *Trans. Connect. Acad. Arts Sci.* **8**: 220-252.

Fabricius, J. C. 1793. *Entomologiae systematica*. Hafniae, 2: 407-428.

Feng, Z. Q. 1990. *Spiders of China in Colour.* Chagnsha: Hunan Science and Technology Publishing House. 256 pp. [冯钟琪. 1990. 中国蜘蛛原色图鉴. 长沙：湖南科学技术出版社. 256 pp.]

Flanczewska, E. 1981. Remarks on Salticidae (Aranei) of Bulgaria. *Annls zool. Warsz.* **36**: 187-228.

Fox, I. 1937. Notes on Chinese spiders of the families Salticidae and Thomisidae. *Jour. Wash. Acad. Sci.* **27**: 12-23.

Galiano, M. E. 2001. Revisión de las especies de *Freya* del grupo *decorata* (Araneae, Salticidae). *J. Arachnol.* **29**: 21-41.

Gerstäcker, A. 1873. Arachnoidea. In von der Decken, C. (ed.), *Reisen in Ostafrica.* Leipzig, **3(2)**: 461-503 (Araneae, pp. 473-503).

Griswold, C. E. 1993. Investigations into the phylogeny of the lycosoid spiders and their kin (Arachnida: Araneae: Lycosoidea). *Smithson. Contrib. Zool.* 539: 1-39.

Griswold, C. E., J. A. Coddington, G. Hormiga & N. Scharff. 1998. Phylogeny of the orb-web building spiders (Araneae, Orbiculariae: Deinopoidea, Araneoidea). *Zool. J. Linn. Soc.* **123**: 1-99.

Griswold, C. E., J. A. Coddington, N. I. Platnick & R. R. Forster. 1999. Towards a phylogeny of entelegyne spiders (Araneae, Araneomorphae, Entelegynae). *J. Arachnol.* **27**: 53-63.

Grube, A. E. 1861. Beschreibung neuer, von den Herren L. v. Schrenck, Maack, C. v. Ditmar u. a. im Amurlande und in Ostsibirien gesammelter Araneiden. *Bull. Acad. imp. sci. S.-Pétersb.* **4**: 161-180 [separate, pp. 1-29].

Guo, J. F. (ed.). 1985. *Farm Spiders from Shaanxi Province.* Xi'an: Shaanxi Science and Technology Press. 228pp. [郭景福. 1985. 陕西农田蜘蛛. 西安：陕西科学技术出版社. 228pp.]

Hahn, C. W. 1826. *Monographie der Spinnen.* Nürnberg, Heft 4, pp. 1-2, 4 pls.

Hansen, H. 1985. *Marpissa canestrinii* Ninni, 1868. Ein Beitrag zur Systematik. *Boll. Mus. Civ. Stor. nat. Venezia* **34**: 205-211.

Harm, M. 1977. Revision der mitteleuropäischen Arten der Gattung *Phlegra* Simon (Arach.: Araneae: Salticidae). *Senckenberg. biol.* **58**: 63-77.

Heimer, S. & W. Nentwig. 1991. *Spinnen Mitteleuropas: Ein Bestimmungsbuch.* Verlag Paul Parey, Berlin, 543 pp.

Hentz, N. M. 1846. Descriptions and figures of the araneides of the United States. *Boston J. nat. Hist.* **5**: 352-370.

Hogg, H. R. 1915a. Report on the spiders collected by the British Ornithologists' Union Expedition and the Wollaston Expedition in Dutch New Guinea. *Trans. Zool. Soc. Lond.* **20**: 425-484.

Hogg, H. R. 1915b. On spiders of the family Salticidae collected by the British Ornithologists' Union Expedition and the Wollaston Expedition in Dutch New Guinea. *Proc. zool. Soc. Lond.* **1915**: 501-528.

Hogg, H. R. 1922. Some spiders from south Annam. *Proc. zool. Soc. Lond.* **1922**: 285-312.

Hormiga, G., W. G. Eberhard & J. A. Coddington. 1995. Web-construction behaviour in Australian *Phonognatha* and the phylogeny of nephiline and tetragnathid spiders (Araneae: Tetragnathidae). *Aust. J. Zool.* **43**: 313-364.

Hu, J. L. 1984. *The Chinese Spiders Collected from the Fields and the Forests.* Tianjin: Tianjin Press of

Science and Techniques. 482 pp.[胡金林. 1984. 中国农林蜘蛛. 天津：天津科学技术出版社. 482 pp.]

Hu, J. L., Z. Y. Wang & Z. G. Wang. 1991. Notes on nine species of spiders from natural conservation of Baotianman in Henan Province, China (Arachnoidea: Araneida). *Henan Sci.* **9**: 37-52. [胡金林, 王正用, 王治国. 1991. 内乡宝天曼自然保护区九种蜘蛛的记述(蛛形纲：蜘蛛目). 河南科学, **9**: 37-52.]

Hu, J. L. & W. G. Wu. 1989. *Spiders from Agricultural Regions of Xinjiang Uygur Autonomous Region, China.* Jinan: Shandong Univ. Publ. House. 435 pp. [胡金林, 吴文贵. 1989. 新疆农区蜘蛛. 济南：山东大学出版社. 435 pp.]

Ikeda, H. 1993. Redescriptions of the Japanese salticid spiders, *Harmochirus kochiensis* and *Marpissa ibarakiensis* (Araneae: Salticidae). *Acta arachn. Tokyo* **42**: 135-144.

Ikeda, H. 1995a. A revisional study of the Japanese salticid spiders of the genus *Neon* Simon (Araneae: Salticidae). *Acta arachn. Tokyo* **44**: 27-42.

Ikeda, H. 1995b. A new species of the genus *Mintonia* (Araneae: Salticidae) from Japan. *Acta arachn. Tokyo* **44**: 117-121.

Ikeda, H. 1995c. Two poorly known species of salticid spiders from Japan. *Acta arachn. Tokyo* **44**: 159-166.

Ikeda, H. 1996a. Japanese salticid spiders of the genera *Euophrys* C. L. Koch and *Talavera* Peckham *et* Peckham (Araneae: Salticidae). *Acta arachn. Tokyo* **45**: 25-41.

Ikeda, H. 1996b. A new species of the genus *Asemonea* (Araneae: Salticidae) from Japan. *Acta arachn. Tokyo* **45**: 113-117.

Ikeda, H. & S. Saito. 1997. New records of a Korean species, *Evarcha fasciata* Seo, 1992 (Araneae: Salticidae) from Japan. *Acta arachn. Tokyo* **46**: 125-131.

Izmailova, M. V. 1989. [*Fauna of Spiders of South Part of Eastern Siberia*]. Irkutsk, State Univ. *Publ.*, 184 pp.

Jastrzebski, P. 1997. Salticidae from the Himalayas. Genus *Menemerus* Simon, 1868 (Araneae: Salticidae). *Ent. Basil.* **20**: 33-44.

Kamura, T. 1992a. Notes on Japanese gnaphosid spiders (V). Three rare species in Japan. *Atypus* **100**: 17-22.

Kamura, T. 1992b. Two new genera of the family Gnaphosidae (Araneae) from Japan. *Acta arachn. Tokyo* **41**: 119-132.

Karsch, F. 1878a. Übersicht der von Peters in Mossambique gesammelten Arachniden. *Monats.-ber. Akad. Wiss. Wiss. Berlin* **1878**: 314-338.

Karsch, F. 1878b. Über einige von Herrn JM Hildebrandt im Zanzibargebiete erbeutete Arachniden. *Zeitschr. ges. Naturw.* **51**: 311-322.

Karsch, F. 1878c. Exotisch-araneologisches. *Zeitschr. ges. Naturw.* **51**: 332-333, 771-826.

Karsch, F. 1878d. Diagnoses Attoidarum aliquot novarum Novae Hollandiae collectionis Musei Zoologici Berolinensis. *Mitt. münch. ent. Ver.* **2**: 22-32.

Karsch, F. 1879a. West-afrikanische Arachniden, gesammelt von Herrn Stabsarzt Dr. Falkenstein. *Zeitschr. ges. Naturw.* **52**: 329-373.

Karsch, F. 1879b. Baustoffe zu einer Spinnenfauna von Japan. *Verh. naturh. Ver. preuss. Rheinl. Westfal.* **36**: 57-105.

Karsch, F. 1880. Arachnologische Blätter (Decas I). *Zeitschr. ges. Naturw.* **53**: 373-409.

Karsch, F. 1881. Diagnoses Arachnoidarum Japoniae. *Berl. ent. Zeitschr.* **25**: 35-40.

Karsch, F. 1884. Arachnoidea. In Greeff, R. (ed.), Die Fauna der Guinea, Inseln S.-Thomé und Rolas. *Sitz.-ber. Ges. Naturw. Marburg* **2**: 60-68, 79.

Karsch, F. 1891. Arachniden von Ceylon und von Minikoy gesammelt von den Herren Doctoren P. und F. Sarasin. *Berl. ent. Zeitschr.* **36**: 267-310.

Kaston, B. J. 1945. New spiders in the group *Dionycha* with notes on other species. *Am. Mus. Novit.* **1290**: 1-25, f. 1-85.

Kaston, B. J. 1948. Spiders of Connecticut. *Bull. Conn. St. geol. nat. Hist. Surv.* **70**: 1-874.

Kataoka, S. 1969. Distribution of *Aelurillus festivus* C. L. Koch in Japan. *Atypus* **51/52**: 4-5.

Komatsu, T. 1961. Notes on spiders and ants. *Acta arachn. Tokyo* **17**: 25-27.

Keyserling, E. 1881. *Die Arachniden Australiens*. Nürnberg, **1**: 1272-1324.

Keyserling, E. 1883. *Die Arachniden Australiens*. Nürnberg, **1**: 1421-1489.

Keyserling, E. 1890. *Die Arachniden Australiens*. Nürnberg, **2**: 233-274.

Kim, J. P. & J. S. Yoo. 1997. A new species of the genus *Plexippoides* (Araneae: Salticidae) from Korea. *Kor. J. environm. Biol.* **15**: 71-74.

Koch, C. L. 1834. Arachniden. In Herrich-Schäffer, G. A. W., *Deutschlands Insekten*. Heft 122-127.

Koch, C. L. 1837. *Übersicht des Arachnidensystems*. Nürnberg, Heft 1, pp. 1-39.

Koch, C. L. 1846. *Die Arachniden*. Nürnberg, Dreizehnter Band, pp. 1-234, Vierzehnter Band, pp. 1-88.

Koch, C. L. 1850. *Übersicht des Arachnidensystems*. Nürnberg, Heft 5, pp. 1-77.

Koch, L. 1865. Beschreibungen neuer Arachniden und Myriopoden. *Verh. zool.-bot. Ges. Wien* **15**: 857-892.

Koch, L. 1867a. Beschreibungen neuer Arachniden und Myriapoden. II. *Verh. zool.-bot. Ges. Wien* **17**: 173-250.

Koch, L. 1867b. Zur Arachniden und Myriapoden-Fauna Süd-Europas. *Verh. zool.-bot. Ges. Wien* **17**: 857-900.

Koch, L. 1876c. Verzeichniss der in Tirol bis jetzt beobachteten Arachniden nebst Beschreibungen einiger neuen oder weniger bekannten Arten. *Zeitschr. Ferdian. Tirol Voral.* **3(20)**: 221-354.

Koch, L. 1878. Japanesische Arachniden und Myriapoden. *Verh. zool.-bot. Ges. Wien* **27**: 735-798.

Koch, L. 1879. *Die Arachniden Australiens*. Nürnberg, 1: 1045-1156.

Koch, L. 1880. *Die Arachniden Australiens*. Nürnberg, 1: 1157-1212.

Kolosváry, G. 1934. 21 neue Spinnenarten aus Slovensko, Ungarn und aus der Banat. *Folia zool. hydrobiol.* **6**: 12-17.

Kolosváry, G. 1938. Sulla fauna aracnologica della Jugoslavia. *Rassegna faun.* **5**: 61-81.

Kroneberg, A. 1875. Araneae. In: Fedtschenko, A. P. (ed.), Puteshestvie v Tourkestan. Reisen in Turkestan. Zoologischer Theil. *Nachr. Ges. Moskau* **19**: 1-58.

Kulczyński, W. 1884. Conspectus Attoidarum Galiciae. Przeglad Krytyczny Pająkow z Rodziny Attoidae zyjacych w Galicyi. *Rozprawy i Sprawozdania z Posiedzen Wydzialu Matematyczno Przyrodniczego Akademji Umiejetnosci, Krakow* **12**: 135-232

Kulczyński, W. 1895. Attidae musei zoologici Varsoviensis in Siberia orientali collecti. *Rozprawy i*

Sprawozdania z Posiedzen Wydzialu Matematyczno Przyrodniczego Akademji Umiejetnosci, Krakow **32**: 45-98.

Latreille, P. A. 1819. Articles sur les araignées. *N. Dict. hist. nat. Paris.* Ed. II, Paris, 22.

Lee, C. L. 1964. *The Spiders of Taiwan.* Taiwan: Dajiang Printing Factory. 1-84. [李长林. 1964. 台湾蜘蛛. 大江印刷厂. 1-84.]

Legotai, M. V. & N. P. Sekerskaya. 1982. Pauki v sadakh. *Zashita Rastenii*, **1982(7)**: 48-51.

Lendl, A. 1898. Myriapoden und Arachnoiden. In Széchenyi, B., *Wissenschaftliche Ergenbnisse des Grafen Béla Széchenyi in Ostasien (1877-1880).* Wien, **2**: 559-563.

Lessert, R. de. 1910. *Catalogue des invertebres de la Suisse. Fasc. 3, Araignées.* Musée d'histoire naturelle de Genève, pp. 1-635.

Lessert, R. de. 1925. Araignées du Kilimandjaro et du Merou (suite). 5. Salticidae. *Rev. suisse zool.* **31**: 429-528.

Li, Y. C., F. Y. Chen & D. X. Song. 1984. A new record of jumping spider from China. *J. Anhui Teachers Univ.* **1984(1)**: 28-29. [李有才, 陈发扬, 宋大祥. 1984. 我国跳蛛一新记录. 安徽师大学报, **1984(1)**: 28-29.]

Locket, G. H. & A. F. 1951. Millidge. *British spiders.* Ray Society, London, **1**: 1-310.

Locket, G. H., A. F. Millidge & A. A. D. La. 1958. Touche. On new and rare British spiders. *Ann. Mag. nat. Hist.* (13)**1**: 137-146.

Locket, G. H., A. F. Millidge & P. Merrett. 1974. *British Spiders, Volume III.* Ray Society, London, 315 pp.

Logunov, D. V. 1991. The spider family Salticidae (Aranei) from Touva I. Six new species of the genera *Sitticus, Bianor,* and *Dendryphantes. Zool. Zh.* **70**(6): 50-60.

Logunov, D. V. 1992a. Salticidae of the Middle Asia (Aranei). I. New species from the genera *Heliophanus, Salticus* and *Sitticus,* with notes on new faunistic records of the family. *Arthropoda Selecta* **1(1)**: 51-67.

Logunov, D. V. 1992b. The spider family Salticidae (Araneae) from Tuva. II. An annotated check list of species. *Arthropoda Selecta* **1(2)**: 47-71.

Logunov, D. V. 1992c. Definition of the spider genus *Talavera* (Araneae, Salticidae), with a description of a new species. *Bull. Inst. R. Sci. nat. Belg.* (Ent.) **62**: 75-82.

Logunov, D. V. 1993a. Notes on two salticid collections from China (Araneae Salticidae). *Arthropoda Selecta* **2(1)**: 49-59.

Logunov, D. V. 1993b. New data on the jumping spiders (Aranei Salticidae) of Mongolia and Tuva. *Arthropoda Selecta* **2(2)**: 47-53.

Logunov, D. V. 1993c. Notes on the *penicillatus* species group of the genus *Sitticus* Simon, 1901 with a description of a new species (Araneae, Salticidae). *Genus* **4**: 1-15.

Logunov, D. V. 1996a. Salticidae of Middle Asia. 3. A new genus, *Proszynskiana* gen. n., in the subfamily Aelurillinae (Araneae, Salticidae). *Bull. Br. arachnol. Soc.* **10**: 171-177.

Logunov, D. V. 1996b. Notes on a jumping spider collection from Israel (Aranei Salticidae). *Arthropoda Selecta* **5(1/2)**: 55-61.

Logunov, D. V. 1996c. Taxonomic remarks on the genera *Neaetha* Simon, 1884 and *Cembalea* Wesolowska, 1993 (Araneae: Salticidae). *Genus* **7**: 515-532.

Logunov, D. V. 1996d. A review of the genus *Phlegra* Simon, 1876 in the fauna of Russia and adjacent countries (Araneae: Salticidae: Aelurillinae). *Genus* 7: 533-567.

Logunov, D. V. 1998a. The spider genus *Neon* Simon, 1876 (Araneae, Salticidae) in SE Asia, with notes on the genitalia and skin pore structures. *Bull. Br. arachnol. Soc.* 11: 15-22.

Logunov, D. V. 1998b. *Pseudeuophrys* is a valid genus of the jumping spiders (Araneae, Salticidae). *Rev. arachnol.* 12: 109-128.

Logunov, D. V. 1999a. Redefinition of the genus *Habrocestoides* Prószyński, 1992, with establishment of a new genus, *Chinattus* gen. n. (Araneae: Salticidae). *Bull. Br. arachnol. Soc.* 11: 139-149.

Logunov, D. V. 1999b. Redefinition of the genera *Marpissa* C. L. Koch, 1846 and *Mendoza* Peckham & Peckham, 1894 in the scope of the Holarctic fauna (Araneae, Salticidae). *Rev. arachnol.* 13: 25-60.

Logunov, D. V. & S. Heciak. 1996. *Asianellus*, a new genus of the subfamily Aelurillinae (Araneae: Salticidae). *Ent. scand.* 26: 103-117.

Logunov, D. V. & S. Y. Rakov. 1996. A review of the spider genus *Synageles* Simon, 1876 (Araneae, Salticidae) in the fauna of Central Asia. *Bull. Inst. roy. Sci. nat. Belg.* (Ent.) 66: 65-74.

Logunov, D. V. & W. Wesolowska. 1992. The jumping spiders (Araneae, Salticidae) of Khabarovsk Province (Russian Far East). *Ann. Zool. Fenn.* 29: 113-146.

Logunov, D. V. & Y. M. Marusik. 1991. Redescriptions and morphological differences of *Bianor aurocinctus* (Ohlert) and *B. aemulus* (Gertsch) (Aranei, Salticidae). *Sibirskii Biol. Zh.* 2: 39-47.

Logunov, D. V., B. Cutler & Y. M. Marusik. 1993. A review of the genus *Euophrys* C. L. Koch in Siberia and the Russian Far East (Araneae: Salticidae). *Ann. Zool. Fenn.* 30: 101-124.

Logunov, D. V., Y. M. Marusik & S. Y. Rakov. 1999. A review of the genus *Pellenes* in the fauna of Central Asia and the Caucasus (Araneae, Salticidae). *J. nat. Hist.* 33: 89-148.

Logunov, D. V. & Marusik, Y. M. 1999. A brief review of the genus *Chalcoscirtus* Bertkau, 1880 in the faunas of Central Asia and the Caucasus (Aranei: Salticidae). *Arthropoda Selecta* 7: 205-226.

Lucas, H. 1838. Arachnides, Myriapodes *et* Thysanoures. In: Barker-Webb, P. & S. Berthelot (eds.), *Histoire naturelle des îles Canaries*. Paris, 2(2): 19-52, pls. 6-7.

Lucas, H. 1846. Histoire naturelle des animaux articules. In Exploration scientifique de l'Algerie pendant les annees 1840, 1841, 1842 publiee par ordre du Gouvernement et avec le concours d'une commission academique. Paris, *Sciences physiques, Zoologie,* 1: 89-271.

Lucas, H. 1853. Essai sur les animaux articules qui habitent l'ile de Crete. *Rev. Mag. zool.* 5(2): 418-424, 461-468, 514-531, 565-576.

Maddison, W. P. 1996. *Pelegrina* Franganillo and other jumping spiders formerly placed in the genus *Metaphidippus* (Araneae: Salticidae). *Bull. Mus. comp. Zool. Harv.* 154: 215-368.

Marples, B. J. 1957. Spiders from some Pacific islands, II. *Pacif. Sci.* 11: 386-395.

Marx, G. 1890. Catalogue of the described Araneae of temperate North America. *Proc. U. S. nat. Mus.* 12: 497-594.

Matsuda, M. 1986. Supplementary note to "A list of spiders of the central mountain district (Taisetsuzan National Park), Hokkaido." *Bull. Higashi Taisetsu Mus. nat. Hist.* 8: 83-92.

Matsumoto, S. 1977. Notes on salticid spiders from Yunoharu and Kompira, Kyushu, Japan. *Atypus* **69**: 3-15.

Matsumoto, S. 1981. *Phlegra fasciata* (Hahn, 1826), a newly recorded species in the Japanese salticid fauna (Araneida). *Bull. biogeogr. Soc. Japan* **36**: 34-38.

Mcheidze, T. S. 1997. [*Spiders of Georgia: Systematics, Ecology, Zoogeographic Review*]. Tbilisi Univ., 390 pp. (in Georgian).

Mello-Leitão, C. F. de. 1946. Arañas del Paraguay. *Notas Mus. La Plata* **11**(Zool. **91**): 17-50.

Menge, A. 1877. Preussische spinnen. IX. Fortsetzung. *Schrift. naturf. Ges. Danzig* (N. F.) **3**: 455-494.

Metzner, H. 1999. Die Springspinnen (Araneae, Salticidae) Griechenlands. *Andrias* **14**: 1-279.

Miller, F. 1947. Pavoucí zvírena hadcových stepí u Mohelna. *Arch. Sv. Vyzk. ochr. prirod. kraj. zem. Morav.* **7**: 1-107.

Miller, F. 1971. Pavouci-Araneida. *Klíc zvíreny CSSR* **4**: 51-306.

Millidge, A. F. & G. H. Locket. 1955. New and rare British spiders. *Ann. Mag. nat. Hist.* (12) **8**: 161-173.

Muma, M. H. 1944. A report on Maryland spiders. *Am. Mus. Novit.* **1257**: 1-14.

Murphy, J. & F. Murphy. 1983a. More about *Portia* (Araneae: Salticidae). *Bull. Br. arachnol. Soc.* **6**: 37-45.

Murphy, J. & F. Murphy. 1983b. The orb weaver genus *Acusilas* (Araneae, Araneidae). *Bull. Br. arachnol. Soc.* **6**: 115-123.

Nakatsudi, K. 1942. Arachnida from Izu-Sitito. *J. agric. Sci. Tokyo* (Nogyo Daigaku) **1**: 287-332.

Nakatsudi, K. 1943. Some Arachnida from Micronesia. *J. agric. Sci. Tokyo* (Nogyo Daigaku) **2**: 147-180.

Namkung, J. 1964. Spiders from Chungjoo, Korea. *Atypus* **33-34**: 31-50.

Nenilin, A. B. 1984. Materials on the fauna of the spider family Salticidae of the USSR. I. Catalog of the Salticidae of central Asia. In: *Fauna and Ecology of Arachnids*. Univ. of Perm, pp. 6-37.

Nishikawa, Y. 1977. Spiders from Mino-o city, Osaka Prefecture. *St. Nat. Cons. Rest. Mino-o Dam Area*, pp. 350-391.

Ohlert, E. 1865. Arachnologische Studien. *Off. Prüf. Schül. höh. Königsberg Programm* **1865**: 1-12.

Ovtchinnikov, S. V. 1999. On the supraspecific systematics of the subfamily Coelotinae (Araneae, Amaurobiidae) in the former USSR fauna. *Tethys ent. Res.* **1**: 63-80.

Paik, K. Y. 1985. Studies on the Korean salticid (Araneae) I. A number of new record species from Korea and South Korea. *Korean Arachnol.* **1(2)**: 43-56.

Paik, K. Y. 1986. Studies on the Korean salticid (Araneae) II. A new record species, *Euophrys trivittata*, from Korea, with a description of the male. *Korean Arachnol.* **2(2)**: 19-22.

Palmgren, P. 1943. Die Spinnenfauna Finnlands II. *Act. zool. Fennica* **36**: 1-115.

Pavesi, P. 1897. Studi sugli aracnidi africani IX. Aracnidi Somali e Galla raccolti da Don Eugenio dei Principi Rispoli. *Ann. Mus. civ. stor. nat. Genova* **38**: 151-188.

Peckham, G. W. & E. G. Peckham. 1883. Descriptions of new or little known spiders of the family Attidae from various parts of the United States of North America. Milwaukee, pp. 1-35.

Peckham, G. W. & E. G. Peckham. 1885a. On some new genera and species of the Attidae. *Proc. nat. Hist. Soc. Wiscons.* **1885**: 23-42.

Peckham, G. W. & E. G. Peckham. 1885b. On some new genera and species of Attidae from the eastern part of Guatamala. *Proc. nat. Hist. Soc. Wiscons.* **1885**: 62-86.

Peckham, G. W. & E. G Peckham. 1886. Genera of the family Attidae: with a partial synonymy. *Trans. Wiscons. Acad. Sci. Arts Let.* **6**: 255-342.

Peckham, G. W. & E. G. Peckham. 1888. Attidae of North America. *Trans. Wiscons. Acad. Sci. Arts Let.* **7**: 1-104.

Peckham, G. W. & E. G. Peckham. 1892. Ant-like spiders of the family Attidae. *Occ. Pap. nat. Hist. Soc. Wiscons.* **2(1)**: 1-84.

Peckham, G. W. & E. G. Peckham. 1894. Spiders of the *Marptusa* group. *Occ. Pap. nat. Hist. Soc. Wiscons.* **2**: 85-156.

Peckham, G. W. & E. G. Peckham. 1901. Spiders of the *Phidippus* group of the family Attidae. *Trans. Wiscons. Acad. Sci. Arts Let.* **13**: 282-358.

Peckham, G. & E. G. Peckham. 1907. The Attidae of Borneo. *Trans. Wiscons. Ac. Sci. Arts Let.* **15**: 603-653.

Peckham, G. W. & E. G. Peckham. 1909. Revision of the Attidae of North America. *Trans. Wiscons. Ac. Sci. Arts Let.* **16**(1): 355-655.

Peng, X. J. 1989. New records of Salticidae from China (Arachnida, Araneae). *Nat. Sci. J. Hunan Normal Univ.* **12**: 158-165. [彭贤锦. 1989. 中国跳蛛科新记录种. 湖南师范大学自然科学学报, **12**: 158-165.]

Peng, X. J. 1992a. Reports on the two newly recorded species genus *Dendryphantes*. *Laser Biol.* **1(2)**: 83-85. [彭贤锦. 1992a. 中国追蛛属两新记录种的报道. 激光生物学, **1(2)**: 83-85.]

Peng, X. J. 1992b. Reports on two newly recorded species of Salticidae from China (Arachnida: Araneae). *Acta arachn. sin.* **1(2)**: 10-12. [彭贤锦. 1992b. 中国跳蛛科两新记录种的报道. 蛛形学报, **1(2)**: 10-12.]

Peng, X. J. 1995. Two new species of jumping spiders from China (Araneae: Salticidae). *Acta zootaxon. sin.* **20**: 35-38. [彭贤锦. 1995. 中国南方跳蛛两新种(蜘蛛目: 跳蛛科). 动物分类学报, **20**: 35-38]

Peng, X. J. & C. M. Yin. 1991. Five new species of the genus *Kinhia* from China (Araneae: Salticidae). *Acta zootaxon. sin.* **16**: 35-47. [彭贤锦, 尹长民. 1991. 中国金希蛛属五新种(蜘蛛目:跳蛛科). 动物分类学报, **16**: 35-47.]

Peng, X. J. & C. M. Yin. 1998. Four new species of the genus *Coelotes* (Araneae, Agelenidae) from China. *Bull. Br. arachnol. Soc.* **11**: 26-28.

Peng, X. J. & J. F. Wang. 1997. Seven new species of the genus *Coelotes* (Araneae: Agelenidae) from China. *Bull. Br. arachnol. Soc.* **10**: 327-333.

Peng, X. J. & L. P. Xie. 1993. A new species of the genus *Pellenese* [sic] and a description of the female spider of *Cheliceroides longipalpis* Zabka, 1985 from China (Araneae: Salticidae). *Acta arachn. sin.* **2**: 80-83. [彭贤锦, 谢莉萍. 1993. 我国蝇犬属 1 新种及长触螯蛛雌蛛的描述(蜘蛛目:跳蛛科). 蛛形学报, **2**: 80-83.]

Peng, X. J. & L. P. Xie. 1994a. A revision of the genera *Iura* [sic] and *Kinhia* (Araneae: Salticidae). *Acta arachn. sin.* **3**: 27-29. [彭贤锦, 谢莉萍. 1994a. 翘蛛属和金希蛛属的修订(蜘蛛目:跳蛛科), 蛛形学报, **3**: 27-29]

Peng, X. J. & L. P. Xie. 1994b. One new species of the genus *Evarcha* from China (Araneae: Salticidae). *Acta Sci. nat. Univ. norm. Hunan* **17**(Suppl.): 61-64. [彭贤锦, 谢莉萍. 1994b. 中国跳蛛科一新种(蜘蛛目:

跳蛛科). 湖南师范大学学报, **17(增刊)**: 61-64.]

Peng, X. J. & L. P. Xie. 1995a. Spiders of the genus *Habrocestoides* from China (Araneae: Salticidae). *Bull. Br. arachnol. Soc.* **10**: 57-64.

Peng, X. J. & L. P. Xie. 1995b. One new species of the genus *Zeuxippus* from China (Araneae: Salticidae). *Acta arachn. sin.* **4**: 134-136. [彭贤锦, 谢莉萍. 1995b. 我国长腹蝇虎属 1 新种(蜘蛛目:跳蛛科).蛛形学报, **4**: 134-136.]

Peng, X. J. & L. P. Xie. 1996. A new species of the genus *Heliophanus* from China (Araneae: Salticidae). *Acta zootaxon. sin.* **21**: 32-34. [彭贤锦, 谢莉萍. 1996. 中国闪蛛属一新种(蜘蛛目:跳蛛科). 动物分类学报, **21**: 32-34.]

Peng, X. J. & S. Q. Li. 2003a. New localities and one new species of jumping spiders (Araneae: Salticidae) from northern Vietnam. *Raffles Bull. Zool.* **51**: 21-24.

Peng, X. J. & S. Q. Li. 2003b. Spiders of the genus *Plexippus* from China (Araneae: Salticidae). *Rev. suisse Zool.* **110**: 749-759.

Peng, X. J. & S. Q. Li. 2006a. A review of the genus *Neon* Simon, 1876 (Araneae, Salticidae) from China. *Acta zootaxon. sin.* **31**: 125-129.

Peng, X. J. & S. Q. Li. 2006b. Description of *Eupoa liaoi* sp. nov. from China (Araneae: Salticidae). *Zootaxa* **1285**: 65-68.

Peng, X. J., G. Tang & S. Q. 2008. Eight new species of salticids from China (Araneae, Salticidae). *Acta zootaxon. sin.* **33**: 248-259.

Peng, X. J., J. Chen & J. Z. Zhao. 2004. Description on the female spider of *Plexippoides digitatus* Peng & Li, 2002 (Araneae: Salticidae). *Acta arachnol. sin.* **13**: 80-82.

Peng, X. J., L. S. Gong & J. P. Kim. 1996. Five new species of the family Agelenidae (Arachnida, Araneae) from China. *Korean Arachnol.* **12(2)**: 17-26.

Peng, X. J., L. S. Gong & J. P. Kim. 2000. Two new species and two unrecorded species of the family Salticidae (Arachnida: Araneae) from China. *Korean J. Soil Zool.* **5**: 13-19.

Peng, X. J., M. X. Liu & J. P. Kim. 1999. A new species of the genus *Ocrisiona* (Araneae: Salticidae) from China. *Korean J. Soil Zool.* **4**: 19-21.

Peng, X. J., S. Q. Li & C. Rollard. 2003. A review of the Chinese jumping spiders studied by Dr E. Schenkel (Araneae: Salticidae). *Rev. suisse Zool.* **110**: 91-109.

Peng, X. J., S. Q. Li & J. Chen. 2003a. Description of *Portia zhaoi* sp. nov. from Guangxi, China (Araneae, Salticidae). *Acta zootaxon. sin.* **28**: 50-52.

Peng, X. J., S. Q. Li & J. Chen. 2003b. Description of *Synagelides zhaoi* sp. nov. from Hubei, China (Araneae, Salticidae). *Acta zootaxon. Sin* .**28**: 249-251.

Peng, X. J., S. Q. Li & Z. Z. Yang. 2004. The jumping spiders from Dali, Yunnan, China (Araneae: Salticidae). *Raffles Bull. Zool.* **52**: 413-417.

Peng, X. J., I. M. Tso & S. Q. Li. 2002. Five new and four newly recorded species of jumping spiders from Taiwan (Araneae: Salticidae). *Zool. Stud.* **41**: 1-12.

Peng, X. J., L. P. Xie & J. P. Kim. 1993. Study on the spiders of the genus *Evarcha* (Araneae: Salticidae) from

China. *Korean Arachnol.* **9**: 7-18.

Peng, X. J., L. P. Xie & J. P. Kim. 1994. Descriptions of three species of genera *Dendryphantes* and *Rhene* from China (Araneae: Salticidae). *Korean Arachnol.* **10**: 31-36.

Peng, X. J., C. M. Yin, H. M. Yan & J. P. Kim. 1998. Five jumping spiders of the family Salticidae (Arachnida: Araneae) from China. *Korean Arachnol.* **14**(2): 36-43.

Peng, X. J., C. M. Yin, L. P. Xie & J. P. Kim. 1994. A new genus and two new species of the family Salticidae (Arachnida: Araneae) from China. *Korean Arachnol.* **10**: 1-5.

Peng, X. J., C. M. Yin, Y. J. Zhang & J. P. Kim. 1997. Five new species of the family Lycosidae from China (Arachnida: Araneae). *Korean Arachnol.* **13**(2): 41-49.

Peng, X. J., L. P. Xie, X. Q. Xiao & C. M. Yin. 1993. *Salticids in China (Arachniuda: Araneae)*. Changsha: Hunan Normal University Press. 270 pp. [彭贤锦, 谢莉萍, 肖小芹, 尹长民. 1993. 中国跳蛛. 长沙: 湖南师范大学出版社. 270 pp.]

Petrunkevitch, A. 1911. A synonymic index-catalogue of spiders of North, Central and South America with all adjacent islands, Greeland, Bermuda, West Indies, Terra del Fuego, Galapagos, etc. *Bull. Amer. Mus. Nat. Hist.* **29**: 1-791.

Petrunkevitch, A. 1926. Spiders from the Virgin Islands. *Trans. Connect. Acad. Arts Sci.* **28**: 21-78.

Platnick, N. I. 1998. Advances in spider taxonomy 1992-1995 with redescriptions 1940-1980. New York, *New York Entomological Society*, 976 pp.

Platnick, N. I. & D. X. Song. 1986. A review of the zelotine spiders (Araneae, Gnaphosidae) of China. *Am. Mus. Novit.* **2848**: 1-22.

Platnick, N. I. 2009. The world spider catalog, version 9.5. American Museum of Natural History. Available from: http://research.amnh.org/entomology/spiders/catalog/index.html (accessed 30 June 2007).

Prószyński, J. 1971a. Redescriptions of the A. E. Grube's East Siberian species of Salticidae (Aranei) in the collection of the Wroclaw Zoological Museum. *Annls zool. Warsz.* **28**: 205-226.

Prószyński, J. 1971b. Notes on systematics of Salticidae (Arachnida, Aranei). I-VI. *Annls zool. Warsz.* **28**: 227-255.

Prószyński, J. 1973a. Revision of the spider genus *Sitticus* Simon, 1901 (Aranei, Salticidae), III. *Sitticus penicillatus* (Simon, 1875) and related forms. *Annls zool. Warsz.* **30**: 71-95.

Prószyński, J. 1973b. Systematic studies on east Palearctic Salticidae, II. Redescriptions of Japanese Salticidae of the Zoological Museum in Berlin. *Annls zool. Warsz.* **30**: 97-128.

Prószyński, J. 1976. Studium systematyczno-zoogeograflczne nad rodzina Salticidae (Aranei) Regionów Palearktycznego i Nearktycznego. *Wyzsza Szkola Pedagogiczna Siedlcach* **6**: 1-260.

Prószyński, J. 1979. Systematic studies on East Palearctic Salticidae III. Remarks on Salticidae of the USSR. *Annls zool. Warsz.* **34**: 299-369.

Prószyński, J. 1982. Salticidae (Araneae) from Mongolia. *Annls hist.-nat. Mus. natn. hung.* **74**: 273-294.

Prószyński, J. 1983a. Position of genus *Phintella* (Araneae: Salticidae). *Acta arachn. Tokyo* **31**: 43-48.

Prószyński, J. 1983b. Redescriptions of types of Oriental and Australian Salticidae (Aranea) in the Hungarian Natural History Museum, Budapest. *Folia ent. hung.* **44**: 283-297.

Prószyński, J. 1984a. Atlas rysunków diagnostycznych mniej znanych Salticidae (Araneae). *Wyzsza Szkola Rolniczo-Pedagogiczna, Siedlcach* **2**: 1-177.

Prószyński, J. 1984b. Remarks on *Anarrhotus*, *Epeus* and *Plexippoides* (Araneae, Salticidae). *Annls zool. Warsz.* **37**: 399-410.

Prószyński, J. 1984c. Remarks on *Viciria* and *Telamonia* (Araneae, Salticidae). *Annls zool. Warsz.* **37**: 417-436.

Prószyński, J. 1985. On *Siler*, *Silerella*, *Cyllobelus* and *Natta* (Araneae, Salticidae). *Annls zool. Warsz.* **39**: 69-85.

Prószyński, J. 1987. *Atlas rysunkow diagnostycznych mniej znanych Salticidae 2*. Zeszyty Naukowe Wyzszej Szkoly Rolniczo-Pedagogicznej, Siedlcach.

Prószyński, J. 1990. *Catalogue of Salticidae (Araneae): Synthesis of Quotations in the World Literature since 1940, with Basic Taxonomic Data since 1758*. Wyzsza Szkola Rolniczo-Pedagogiczna W Siedlcach, 366 pp.

Prószyński, J. 1992a. Salticidae (Araneae) of the Old World and Pacific Islands in several US collections. *Annls zool., Warsz.* **44**: 87-163.

Prószyński, J. 1992b. Salticidae (Araneae) of India in the collection of the Hungarian National Natural History Museum in Budapest. *Annls zool., Warsz.* **44**: 165-277.

Prószyński, J. 2001. Remarks on jumping spiders of the genus *Damoetas* related to *Myrmarachne* (Araneae: Salticidae) with description of two new species. *Annls zool. Warsz.* **51**: 517-522.

Prószyński, J. & K. Zochowska. 1981. Redescriptions of the O. P.-Cambridge Salticidae (Araneae) types from Yarkand, China. *Polskie Pismo ent.* **51**: 13-35.

Prószyński, J. & W. Starega. 1971. Pajaki-Aranei. *Kat. Fauny polski* **33**: 1-382.

Prószyński, J. 2007 Monograph of the Salticidae (Araneae) of the World. Version revised in part on February 12th, 2007

Rakov, S. Y. & D. V. Logunov. 1997a. A critical review of the genus *Heliophanus* C. L. Koch, 1833, of Middle Asia and the Caucasus (Aranei Salticidae). *Arthropoda Selecta* **5**(3/4): 67-104.

Rakov, S. Y. & D. V. Logunov. 1997b. Taxonomic notes on the genus *Menemerus* Simon, 1868 in the fauna of Middle Asia (Araneae, Salticidae). *Proc. 16th Europ. Coll. Arachnol.*, pp. 271-279.

Reimoser, E. 1919. Katalog der echten Spinnen (Araneae) des Paläarktischen Gebietes. *Abh. zool. bot. Ges. Wien* **10**(2): 1-280.

Reimoser, E. 1934. The spiders of Krakatau. *Proc. zool. Soc. Lond.* **1934**(1): 13-18.

Roberts, M. J. 1985. *The spiders of Great Britain and Ireland*, Volume 1: Atypidae to Theridiosomatidae. Harley Books, Colchester, England.

Roberts, M. J. 1995. *Collins Field Guide: Spiders of Britain & Northern Europe*. HarperCollins, London, 383 pp.

Roberts, M. J. 1998. *Spinnengids*. Tirion, Baarn, Netherlands, 397 pp.

Roewer, C. F. 1951. Neue Namen einiger Araneen-Arten. *Abh. naturw. Ver. Bremen* **32**: 437-456.

Roewer, C. F. 1965. Die Lyssomanidae und Salticidae-Pluridentati der Äethiopischen Region (Araneae). *Annls Mus. r. Afr. cent.* (Sci. Zool.) **139**: 1-86.

Rossi, F. W. 1846. Neue Arten von Arachniden des k. k. Museums, beschrieben und mit Bemerkungen über verwandte Formen begleitet. *Naturw. Abh. Wien* **1**: 11-19.

Scharff, N. & J. A. Coddington. 1997. A phylogenetic analysis of the orb-weaving spider family Araneidae (Arachnida, Araneae). *Zool. J. Linn. Soc.* **120**: 355-434.

Schenkel, E. 1918. Neue Fundorte einheimischer Spinnen. *Verh. naturf. Ges. Basel.* **29**: 69-104.

Schenkel, E. 1923. Beitrage zur Spinnenkunde. Beiträge zur Kenntnis der Wirbellosen terrestrischen Nivalfauna der schweizerischen Hochgebirge. Liestal, 1919. *Verh. naturf. Ges. Basel.* **34**: 78-127.

Schenkel, E. 1936. Schwedisch-chinesische wissenschaftliche Expedition nach den nordwestlichen Provinzen Chinas, unter Leitung von Dr Sven Hedin und Prof. Sü Ping-chang. Araneae gesammelt vom schwedischen Artz der Exped. *Ark. Zool.* **29(A1)**: 1-314.

Schenkel, E. 1938a. Die Arthropodenfauna von Madeira nach den Ergebnissen der Reise von Prof. Dr O. Lundblad, Juli-August 1935. *Ark. Zool.* **30(A7)**: 1-42.

Schenkel, E. 1938b. Spinnentiere von der Iberischen Halbinsel, gesammelt von Prof. Dr O. Lundblad, 1935. *Ark. Zool.* **30(A24)**: 1-29.

Schenkel, E. 1953. Chinesische Arachnoidea aus dem Museum Hoangho-Peiho in Tientsin. *Bolm Mus. nac. Rio de J.* (N.S., Zool.) **119**: 1-108.

Schenkel, E. 1963. Ostasiatische Spinnen aus dem Muséum d'Histoire naturelle de Paris. *Mém. Mus. natn. Hist. nat. Paris* (A, Zool.) **25**: 1-481.

Schmidt, G. 1977. Zur Spinnenfauna von Hierro. *Zool. Beitr.* (N.F.) **23**: 51-71.

Schmidt, G. 1956. Zur Fauna der durch canarische Bananen eingeschleppten Spinnen mit Beschreibungen neuer Arten. *Zool. Anz.* **157**: 140-153.

Schmidt, G. 1982. Zur Spinnenfauna von La Palma. *Zool. Beitr.* (N. F.) **27**: 393-414.

Scopoli, J. A. 1763. Entomologia carniolica, exhibens insecta carniolae indigena et distributa in ordines, genera, species, varietates. *Methodo Linnaeana.* Vindobonae, 420 pp. (Araneae, pp. 392-404).

Seo, B. K. 1985. Three unrecorded species of salticid spider from Korea. *Korean Arachnol.* **1(2)**: 13-21.

Seo, B. K. 1986. One unrecorded species of salticid spider from Korea (II). *Korean Arachnol.* **2(1)**: 23-26.

Seo, B. K. 1988. A new species of genus *Evarcha* (Araneae: Salticidae) from Korea. *J. Inst. nat. Sci.* **7**: 91-93.

Seo, B. K. 1992a. A new species of genus *Evarcha* (Araneae: Salticidae) from Korea (II). *Korean Arachnol.* **7**: 159-162.

Seo, B. K. 1992b. Four newly record species in the Korean salticid fauna (III). *Korean Arachnol.* **7**: 179-186.

Seo, B. K. 1992c. Descriptions of two species of the family Thomisidae from Korea. *Korean Arachnol.* **8**: 79-84.

Shinkai, E. 1969. *Spiders of Tokyo.* Arachnological Society of East Asia, Osaka, 65 pp.

Sierwald, P. & J. A. Coddington. 1988. Functional aspects of the male palpal organ in *Dolomedes tenebrosus*, with notes on the mating behavior (Araneae, Pisauridae). *J. Arachnol.* **16**: 262-265.

Simon, E. 1864. *Histoire naturelle des araignées (aranéides).* Paris, pp. 1-540.

Simon, E. 1866. Sur quelques araignées d'Espagne. *Ann. Soc. ent. Fr.* **6**: 281-292.

Simon, E. 1868. Monographie des espèces européennes de la famille des attides (Attidae Sundewall. - Saltigradae Latreille). *Ann. Soc. ent. Fr.* (4)**8**: 11-72, 529-726.

Simon, E. 1871. Révision des Attidae européens. Supplément à la monographie des Attides (Attidae Sund.). *Ann. Soc. ent. Fr.* (5)**1**: 125-230, 330-360.

Simon, E. 1875a. Description de *Tetrix leprieuri* et note sur *T. variegata* d'Algérie. *Ann. Soc. ent. Fr.* (5)**5**(Bull.): 62-63.

Simon, E. 1875b. Description des plusieurs Salticides d'Europe. *Ann. Soc. ent. Fr.* (5)**5**(Bull.): 92-95.

Simon, E. 1876. *Les arachnides de France*. Paris, **3**: 1-364.

Simon, E. 1877. Etudes arachnologiques. 5e Mémoire. IX. Arachnides recueillis aux îles Phillipines par MM. G. A. Baer et Laglaise. *Ann. Soc. ent. Fr.* (5)**7**: 53-96.

Simon, E. 1880. Etudes arachnologiques. 11e Mémoire. XVII. Arachnides recueilles aux environs de Pékin par M. V. Collin de Plancy. *Ann. Soc. ent. Fr.* (5)**10**: 97-128.

Simon, E. 1885a. Matériaux pour servir à la faune arachnologique de la Nouvelle Calédonie. *Ann. Soc. ent. Belg.* **29**(C.R.): 37-92.

Simon, E. 1885b. Matériaux pour servir à la faune arachnologiques de l'Asie méridionale. I. Arachnides recuellis à Wagra-Karoor près Gundacul, district de Bellary par M. M. Chaper. II. Arachnides recuellis à Ramnad, district de Madura par M. l'abbé Fabre. *Bull. Soc. zool. France* **10**: 1-39.

Simon, E. 1885f. Etudes sur les Arachnides recuellis en Tunisie en 1883 et 1884 par MM. A. Letourneux, M. Sédillot et Valéry Mayet, membres de la mission de l'Exploration scientifique de la Tunisie. In *Exploration scientifique de la Tunisie*. Paris, pp. 1-55.

Simon, E. 1886. Arachnides recuellis par M. A. Pavie (sous chef du service des postes au Cambodge) dans le royaume de Siam, au Cambodge et en Cochinchine. *Act. Soc. linn. Bord.* **40**: 137-166.

Simon, E. 1888. Etudes arachnologiques. 21e Mémoire. XXIX. Descriptions d'espèces et de genres nouveaux de l'Amérique centrale et des Antilles. *Ann. Soc. ent. Fr.* (6)**8**: 203-216.

Simon, E. 1889. Etudes arachnologiques. 21e Mémoire. XXXIII. Descriptions de quelques espèces receillies au Japon, par A. Mellotée. *Ann. Soc. ent. Fr.* (6)**8**: 248-252.

Simon, E. 1899. Contribution à la faune de Sumatra. Arachnides recueillis par M. J. L. Weyers, à Sumatra. (Deuxiéme mémoire). *Ann. Soc. ent. Belg.* **43**: 78-125.

Simon, E. 1900a. Arachnida. In Fauna Hawaiiensis, or the zoology of the Sandwich Isles: being results of the explorations instituted by the Royal Society of London promoting natural knowledge and the British Association for the Advancement of Science. London, **2**: 443-519.

Simon, E. 1900b. Descriptions d'arachnides nouveaux de la famille des Attidae. *Ann. Soc. ent. Belg.* **44**: 381-407.

Simon, E. 1900c. Liste des arachnides recueillis par M. Ch. E. Porter en 1898-1899 et descriptions d'espèces nouvelles. *Rev. chil. hist. nat.* **4**: 49-55.

Simon, E. 1900d. Etudes arachnologiques. 30e Mémoire. XLVII. Descriptions d'espèces nouvelles de la famille des Attidae. *Ann. Soc. ent. Fr.* **69**: 27-61.

Simon, E. 1901a. *Histoire naturelle des araignées*. Paris, 2: 381-668.

Simon, E. 1901b. Descriptions d'arachnides nouveaux de la famille des Attidae (suite). *Ann. Soc. ent. Belg.* **45**: 141-161.

Simon, E. 1902a. Etudes arachnologiques. 31e Mémoire. LI. Descriptions d'espèces nouvelles de la famille des Salticidae (suite). *Ann. Soc. ent. Fr.* **71**: 389-421.

Simon, E. 1903a. *Histoire naturelle des araignées.* Paris, 2: 669-1080.

Simon, E. 1903b. Descriptions d'arachnides nouveaux de Madagascar, faisant partie des collections du Muséum. *Bull. Mus. hist. nat. Paris* **9**: 133-140.

Simon, E. 1903c. Etudes arachnologiques. 33e Mémoire. LIII. Arachnides recueillis à Phuc-Son (Annam) par M. H. Fruhstorfer (nov-dec. 1899). *Ann. Soc. ent. Fr.* **71**: 725-736.

Simon, E. 1904. Arachnides recueillis par M. A. Pavie en Indochine. In *Mission Pavie en Indochine 1879-1895. III. Recherches sur l'histoire naturells de l'Indochine Orientale.* Paris, pp. 270-295.

Simon, E. 1906. Description d'un arachnide cavernicole du Tonkin. *Bull. Soc. ent. France* **1906**: 27.

Smith, F. P. 1907. Some British spiders taken in 1907. *Jour. Queck. Micr. Cl.* (2)**10**: 177-190.

Song, D. X. 1982. Some new records and synonyms of Chinese spiders. *Zool. Res. Kunming* **3**: 101-102. [宋大祥. 1982. 中国蜘蛛的新记录和异名. 动物学研究, 3: 101-102.]

Song, D. X. 1987. *Spiders from Agricultural Regions of China (Arachnida: Araneae).* Agriculture Publishing House, Beijing, 376 pp. [宋大祥. 1987. 中国农区蜘蛛. 北京：农业出版社, 376 pp.]

Song, D. X. & J. Y. Chai. 1991. New species and new records of the family Salticidae from Hainan, China (Arachnida: Araneae). 13-30. In: Qian, Y. W. *et al.*, *Animal Science Research.* Beijing: China Forestry Publ. House. [宋大祥, 柴建原. 1991. 海南跳蛛科新种和新记录种记述(蛛形纲:蜘蛛目). 13-30.见: 钱燕文等, 动物学研究. 北京: 中国林业出版社.]

Song, D. X. & J. Y. Chai. 1992. On new species of jumping spiders (Araneae: Salticidae) from Wuling Mountains area, southwestern China. *J. Xinjiang Univ.* **9(3)**: 76-86. [宋大祥, 柴建原. 1992. 中国西南武陵山区跳蛛新种记述(蜘蛛目:跳蛛科). 新疆大学学报(自然科学版), **9(3)**: 76-86.]

Song, D. X. & L. S. Gong. 1992. A new species of the genus *Gedea* from China (Araneae: Salticidae). *Acta zootaxon. sin.* **17**: 291-293. [宋大祥, 龚联溯. 1992. 中国格蛛属一新种(蜘蛛目:跳蛛科). 动物分类学报, **17**: 291-293.]

Song, D. X. & M. Hubert. 1983. A redescription of the spiders of Beijing described by E. Simon in 1880. *J. Huizhou Teachers Coll.* **1983(2)**: 1-23. [宋大祥, 米歇尔·于培. 1983. 法国西蒙记述的北京蜘蛛再研究. 惠州学院学报, **1983(2)**: 1-23]

Song, D. X. & M. S. Zhu. 1998a. A new genus and two new species of Hong Kong spiders (Gnaphosidae, Corinnidae). *J. Hebei. norm. Univ. (nat. Sci.)* **22**: 104-108. [宋大祥, 朱明生. 1998a. 香港蜘蛛一新属二新种(平腹蛛科, 圆颚蛛科). 河北师范大学学报(自然科学版), **22**: 104-108.]

Song, D. X. & M. S. Zhu. 1998b. Two new species of the family Salticidae (Araneae) from China. *Acta arachnol. sin.* **7**: 26-29. [宋大祥, 朱明生. 1998b. 中国跳蛛科(蜘蛛目)2 新种. 蛛形学报, **7**: 26-29.]

Song, D. X. & Li, S. Q. 1997. Spiders of Wuling Mountains area. In: Song, D. X. (ed.) *Invertebrates of Wuling Mountains Area, Southwestern China.* Beijing: Science Press, pp. 400-448. [宋大祥, 李枢强. 1997. 武陵山地区的蜘蛛. 400-448. 见: 宋大祥, 武陵山地区的无脊椎动物. 北京: 科学出版社.]

Song, D. X., J. Chen & M. S. Zhu. 1997. Arachnida: Araneae. In Yang, X. K. (ed.), *Insects of the Three Gorge Reservoir area of Yangtze River.* Chongqing: Chongqing Publ. House, 2: 1704-1743. [宋大祥, 陈建, 朱

明生. 1997. 蛛形纲:蜘蛛目. 见: 杨星科等, 长江三峡库区昆虫. 重庆出版社, **2**: 1704-1743.]

Song, D. X., M. B. Gu & Z. F. Chen. 1988. Three new species of the family Salticidae from Hainan, China. *Bull. Hangzhou Normal Coll.* (nat. Sci.) **1988(6)**: 70-74. [宋大祥, 顾茂彬, 陈樟福. 1988. 海南跳蛛科三新种. 杭州师范学院学报(自然科学版), **1988(6)**: 70-74.]

Song, D. X., M. S. Zhu & J. Chen. 1999. *The Spiders of China.* Shijiazhuang: Hebei Sci. Technol. Publ. House, 640 pp.

Song, D. X., M. S. Zhu & S. Q. Li. 1993. Arachnida: Araneae. *Animals of Longqi Mountain* **1993**: 852-890. [宋大祥, 朱明生, 李枢强. 1993. 蛛形纲: 蜘蛛目. 龙栖山动物, **1993**: 852-890.]

Song, D. X., N. L. Zhou & Y. L. Wang. 1991. Description of the female of *Icius courtauldi* (Araneae: Salticidae). *Acta zootaxon. sin.* 16: 248-249. [宋大祥, 周娜丽, 王玉兰. 1991. 考氏伊蛛雌蛛的描述 (蜘蛛目:跳蛛科). 动物分类学报, **16**: 248-249]

Song, D. X., S. Y. Yu & H. F. Yang. 1982. A supplement note on some species of spiders from China. *Acta Sci. nat. Univ. Intramongolicae* 13: 209-213. [宋大祥, 喻叔英, 杨海峰. 1982. 我国数种蜘蛛的补充记述. 内蒙古大学学报(自然科学版), **13**: 209-213.]

Song, D. X., S. Y. Yu & J. W. Shang. 1981. A preliminary note on spiders from Inner Mongolia. *Acta Sci. nat. Univ. Intramongolicae* 12: 81-92. [宋大祥, 喻叔英, 尚进文. 1981. 内蒙古蜘蛛的初步研究. 内蒙古大学学报(自然科学版), **12**: 81-92.]

Song, D. X., Z. Q. Chen & L. S. Gong. 1990. Description of the female spider of the species *Portia quei* Zabka (Salticidae). *Sichuan J. Zool.* **9**(1): 15-16. [宋大祥, 陈壮全, 龚联溆. 1990. 奎孔蛛(跳蛛科)雌蛛记述. 四川动物, **9**(1): 15-16.]

Song, D. X., L. P. Xie, M. S. Zhu & K. Y. Wu. 1997. Notes on some jumping spiders (Araneae: Salticidae) of Hong Kong. *Sichuan J. Zool.* **16**: 149-152. [宋大祥, 谢莉萍, 朱明生, 胡嘉仪. 1997. 香港跳蛛记述 (蜘蛛目:跳蛛科). 四川动物, **16**: 149-152.]

Song, D. X., Z. Q. Chen & L. S. Gong. 1991. A new species of the genus *Spartaeus* from China (Araneae: Salticidae). *Acta zootaxon. sin.* 16: 424-427. [宋大祥, 陈壮全, 龚联溆. 1991. 我国雀跳蛛属一新种 (蜘蛛目:跳蛛科). 动物分类学报, **16**: 424-427.]

Strand, E. 1907. Diagnosen neuer Spinnen aus Madagaskar und Sansibar. *Zool. Anz.* **31**: 725-748.

Strand, F. 1918. Zur Kenntnis japanischer Spinnen, I und II. *Arch. Naturg.* **82**(A11): 73-113.

Su, Y. & G. M. Tang. 2005. Four new records of Salticidae from China (Araneae: Salticidae). *Acta arachnol. sin.* 14: 83-88. [苏亚, 唐贵明. 2005. 中国跳蛛科 4 新纪录种记述(蜘蛛目:跳蛛科). 蛛形学报, **14**: 83-88.]

Sundevall, J. C. 1833. Svenska spindlarnes beskrifning. Fortsättning och slut. *Kongl. Svenska Vet. Ak. Handl.* **1832**: 172-272.

Taczanowski, L. 1871. Les aranéides de la Guyane française. *Horae Soc. ent. Ross.* **8**: 32-132.

Taczanowski, L. 1878. Les Aranéides du Pérou. Famille des Attides. *Bull. Soc. imp. nat. Moscou* **53**: 278-374.

Tang, G. & C. M. Yin. 2000. One new species of the genus *Pseudopoda* from south China (Araneae: Sparassidae). *Acta Laser Biol. Sinica* 9: 274-275. [唐果, 尹长民. 2000. 我国南方巨蟹蛛属一新种(蜘蛛目:遁蛛科). 激光生物学报, **9**: 274-275.]

Tang, G., C. M. Yin & X. J. Peng. 2006. A new species of the genus *Asemonea* from China (Araneae,

Salticidae). *Acta zootaxon. sin.* **31**: 547-548.

Tang, Y. Q. & D. X. Song. 1990. Notes on some species of the spider found in Ninxia Hui Autonomous Region of China. *J. Lanzhou Univ. (nat. Sci.)* **26**: 48-54. [唐迎秋, 宋大祥. 1990. 宁夏数种蜘蛛记述. 兰州大学学报(自然科学版), **26**: 48-54.]

Tang, Y. Q. & Y. T. Yang. 1997. A new species of the genus *Portia* from China (Araneae: Salticidae). *Acta zootaxon. sin.* **22**: 353-355. [唐迎秋, 杨友桃. 1997. 中国孔蛛属一新种(蜘蛛目:跳蛛科). 动物分类学报, **22**: 353-355.]

Tanikawa, A. 1992. A newly recorded spider, *Plexippus pococki* Thorell, 1895 (Araneae: Salticidae), from Japan. *Atypus* **100**: 13-16.

Thorell, T. 1872. *Remarks on synonyms of European spiders. Part III*. Upsala, pp. 229-374.

Thorell, T. 1873. *Remarks on synonyms of European spiders. Part IV*. Uppsala, pp. 375-645.

Thorell, T. 1875. Descriptions of several European and North African spiders. *Kongl. Svenska. Vet.-Akad. Handl.* **13**(5): 1-203.

Thorell, T. 1877. Studi sui Ragni Malesi e Papuani. I. Ragni di Selebes raccolti nel 1874 dal Dott. O. Beccari. *Ann. Mus. civ. stor. nat. Genova* **10**: 341-637.

Thorell, T. 1878. Studi sui ragni Malesi e Papuani. II. Ragni di Amboina raccolti Prof. O. Beccari. *Ann. Mus. civ. stor. nat. Genova* **13**: 1-317.

Thorell, T. 1881. Studi sui Ragni Malesi e Papuani. III. Ragni dell'Austro Malesia e del Capo York, conservati nel Museo civico di storia naturale di Genova. *Ann. Mus. civ. stor. nat. Genova* **17**: 1-727.

Thorell, T. 1887. Viaggio di L. Fea in Birmania e regioni vicine. II. Primo saggio sui ragni birmani. *Ann. Mus. civ. stor. nat. Genova* **25**: 5-417.

Thorell, T. 1890a. Aracnidi di Nias e di Sumatra raccolti nel 1886 dal Sig. E. Modigliani. *Ann. Mus. civ. stor. nat. Genova* **30**: 5-106.

Thorell, T. 1890b. Diagnoses aranearum aliquot novarum in Indo-Malesia inventarum. *Ann. Mus. civ. stor. nat. Genova* **30**: 132-172.

Thorell, T. 1891. Spindlar från Nikobarerna och andra delar af södra Asien. *Kongl. Svenska. Vet.-Acad. Handl.* **24**(2): 1-149.

Thorell, T. 1892. Studi sui ragni Malesi e Papuani. IV, 2. *Ann. Mus. civ. stor. nat. Genova* **31**: 1-490.

Thorell, T. 1895. *Descriptive Catalogue of the Spiders of Burma*. London, pp. 1-406.

Tikader, B. K. 1974. Studies on some jumping spiders of the genus *Marpissa* from India (family-Salticidae). *Proc. Indian Acad. Sci.* **79**(B): 204-215.

Tu, H. S. & M. S. Zhu. 1986. New records and one new species of spiders from China. *J. Hebei Normal Univ.* (nat. Sci. Ed.) **1986(2)**: 88-97. [屠黑锁, 朱明生. 1986. 中国蜘蛛数新记录和1新种记述. 河北师范大学学报(自然科学版), **1986(2)**: 88-97.]

Tullgren, A. 1944. Svensk Spindelfauna. 3. Araneae (Salticidae, Thomisidae, Philodromidae och Eusparassidae). Stockholm, pp. 1-108.

Tyschchenko, V. P. 1965. A new genus and new species of spiders (Aranei) from Kazakhstan. *Ent. Obozr.* **44**: 696-704.

Vinson, A. 1863. Aranéides des îles de la Réunion, Maurice et Madagascar. Paris, i-cxx, 1-337.

Walckenaer, C. A. 1802. *Faune parisienne. Insectes. ou Histoire abrégée des insectes de environs de Paris.* Paris 2: 187-250.

Walckenaer, C. A. 1805. Tableau des aranéides ou caractères essentiels des tribus, genres, familles et races que renferme le genre Aranea de Linné, avec la désignation des espèces comprises dans chacune de ces divisions. Paris, 88 pp.

Walckenaer, C. A. 1826. Aranéides. *In Faune française ou histoire naturelle générale et particulière des animaux qui se trouvent en France, constamment ou passagèrement, à la surface du sol, dans les eaux qui le baignent et dans le littoral des mers qui le bornent par Viellot, Desmarrey, Ducrotoy, Audinet, Lepelletier et Walckenaer.* Paris, livr. 11-12: 1-96.

Walckenaer, C. A. 1837. *Histoire naturelle des insectes. Aptères.* Paris, 1: 1-682.

Walckenaer, C. A. 1847. *Histoire naturelles des Insects. Aptères.* Paris, 4: 1-623 (Araneae, pp. 365-564).

Wanless, F. R. 1978. A revision of the spider genera *Belippo* and *Myrmarachne* (Araneae: Salticidae) in the Ethiopian region. *Bull. Br. Mus. nat. Hist.* (Zool.) **33**: 1-139.

Wanless, F. R. 1984a. A review of the spider subfamily Spartaeinae nom. n. (Araneae: Salticidae) with descriptions of six new genera. *Bull. Br. Mus. nat. Hist.* (Zool.) **46**: 135-205.

Wanless, F. R. 1984b. A revision of the spider genus *Cyrba* (Araneae: Salticidae) with the description of a new presumptive pheromone dispersing organ. *Bull. Br. Mus. nat. Hist.* (Zool.) **47**: 445-481.

Wanless, F. R. 1984c. Araneae-Salticidae. Contributions à l'étude de la faune terrestre des îles granitiques de l'archipel des Séchelles (Mission P.L.G. Benoit - J.J. Van Mol). *Annls Mus. r. Afr. cent.* **241**: 1-84.

Wanless, F. R. 1987. Notes on spiders of the family Salticidae. 1. The genera *Spartaeus*, *Mintonia* and *Taraxella. Bull. Br. Mus. nat. Hist.* (Zool.) **52**: 107-137.

Wanless, F. R. 1988. A revision of the spider group Astieae (Araneae: Salticidae) in the Australian region. *New Zealand J. Zool.* **15**: 81-172.

Weiss, I. 1979. Das Männchen von *Phlegra m-nigra* (Kulczyński, 1891), nebst Betrachtungen über Bau und Funktion der Kopulationsorgane mitteleuropäischer Arten der Gattung *Phlegra* s. l. (Arachnida: Araneae: Salticidae). *Studii Comun. Muz. Brukenthal* (St. nat.) **23**: 239-250.

Wesolowska, W. 1981a. Salticidae (Aranei) from North Korea, China and Mongolia. *Annls zool. Warsz.* **36**: 45-83.

Wesolowska, W. 1981b. Redescriptions of the E. Schenkel's East Asiatic Salticidae (Aranei). *Annls zool. Warsz.* **36**: 127-160.

Wesolowska, W. 1986. A revision of the genus *Heliophanus* C. L. Koch, 1833 (Aranei: Salticidae). *Annls zool. Warsz.* **40**: 1-254.

Wesolowska, W. 1993a. Notes on the genus *Natta* Karsch, 1879 (Araneae, Salticidae). *Genus* (Wroclaw) **4**: 17-32.

Wesolowska, W. 1993b. On the genus *Tularosa* Peckham *et* Peckham, 1903 (Araneae, Salticidae). *Genus* (Wroclaw) **4**: 33-40.

Wesolowska, W. 1993c. A revision of the spider genus *Massagris* Simon, 1900 (Araneae, Salticidae). *Genus*

(Wroclaw) **4**: 133-141.

Wesolowska, W. 1999. A revision of the spider genus *Menemerus* in Africa (Araneae: Salticidae). *Genus* **10**: 251-353.

Wesolowska, W. 2000a. New and little known species of jumping spiders from Zimbabwe (Araneae: Salticidae). *Arnoldia Zimbabwe* **10**: 145-174.

Wesolowska, W. 2000b. A redescription of *Lophostica mauriciana* Simon, 1902 (Araneae: Salticidae). *Genus* **11**: 95-98.

Wesolowska, W. & A. Russell-Smith. 2000. Jumping spiders from Mkomazi Game Reserve in Tanzania (Araneae Salticidae). *Trop. Zool.* **13**: 11-127.

Wijesinghe, D. P. 1992. A new genus of jumping spider from Borneo with notes on the spartaeine palp (Araneae: Salticidae). *Raffles Bull. Zool.* **40**: 9-19.

Workman, T. & M. E. Workman. 1894. *Malaysian Spiders*. Belfast, pp. 9-24.

Wu, A. G. & Z. Z. Yang. 2008. One new species of the genus *Laufeia* from Yunnan, China (Araneae: Salticidae). *Acta arachnol. sin.* **17**: 19-20.

Wunderlich, J. 1992. Die Spinnen-Fauna der Makaronesischen Inseln: Taxonomie, Ökologie, Biogeographie und Evolution. *Beitr. Araneol.* **1**: 1-619.

Xiao, X. Q. 1991. Description of the female spider of *Hasarina contortospinosa* (Araneae: Salticidae). *Acta zootaxon. Sin.* **16**: 383-384. [肖小芹. 1991. 螺旋哈蛛雌蛛的描述(蜘蛛目:跳蛛科). 动物分类学报, **16**: 383-384.]

Xiao, X. Q. 1993. Description of the male spider of *Icius koreanus* (Araneae: Salticidae). *Acta zootaxon. sin.* **18**: 123-124. [肖小芹. 1993. 朝鲜伊蛛雄蛛的描述(蜘蛛目:跳蛛科). 动物分类学报, **18**: 123-124.]

Xiao, X. Q. & C. M. Yin. 1991a. Two new species of the family Salticidae from China (Arachnida: Araneae). *Acta zootaxon. sin.* **16**: 48-53. [肖小芹, 尹长民. 1991a. 中国跳蛛科两新种记述(蛛形纲:蜘蛛目). 动物分类学报, **16**: 48-53.]

Xiao, X. Q. & C. M. Yin. 1991b. A new species of the genus *Meata* from China (Araneae: Salticidae). *Acta zootaxon. sin.* **16**: 150-152. [肖小芹, 尹长民. 1991b. 中国杯蛛属一新种(蜘蛛目:跳蛛科). 动物分类学报, **16**: 150-152.]

Xiao, X. Q. & S. P. Wang. 2004. Description of the genus *Myrmarachne* from Yunnan, China (Araneae, Salticidae). *Acta zootaxon. sin.* **29**: 263-265.

Xiao, X. Q. & S. P. Wang. 2005. Description of the genus *Harmochirus* from China (Araneae, Salticidae). *Acta zootaxon. sin.* **30**: 527-528.

Xiao, X. Q. & S. P. Wang. 2007. Description of the female spider of *Myrmarachne hanoii* Zabka (Araneae, Salticidae). *Acta zootaxon. sin.* **32**: 1004-1005.

Xie, L. P. 1993. New records of Salticidae from China (Arachnida: Araneae). *Acta Sci. nat. Univ. norm. Hunan* **16**: 358-361. [谢莉萍. 1993. 中国跳蛛科新纪录种(蛛形纲:蜘蛛目). 湖南师范大学自然科学学报, **16**: 358-361.]

Xie, L. P. & C. M. Yin. 1990. Two new species and three newly recorded species of the genus *Synagelides* from China (Araneae: Salticidae). *Acta zootaxon. sin.* **15**: 298-304. [谢莉萍, 尹长民. 1990. 中国合跳

蛛属二新种及三新纪录种(蜘蛛目:跳蛛科). 动物分类学报, **15**: 298-304.]

Xie, L. P. & C. M. Yin. 1991. Two new species of Salticidae from China (Arachnida: Araneae). *Acta zootaxon. sin.* **16**: 30-34. [谢莉萍, 尹长民. 1991. 中国跳蛛科二新种(蛛形纲:蜘蛛目). 动物分类学报, **16**: 30-34.]

Xie, L. P. & J. P. Kim. 1996. Three new species of the genus *Oxyopes* from China (Araneae: Oxyopidae). *Korean Arachnol.* **12(2)**: 33-40.

Xie, L. P. & X. J. Peng. 1993. One new species and two newly recorded species of the family Salticidae from China (Arachnida: Araneae). *Acta arachn. sin.* **2**: 19-22. [谢莉萍, 彭贤锦. 1993. 中国跳蛛科 1 新种及 2 新记录种记述(蛛形纲:蜘蛛目). 蛛形学报, **2**: 19-22]

Xie, L. P. & X. J. Peng. 1995a. Four species of Salticidae from the southern China (Arachnida: Araneae). *Acta zootaxon. sin.* **20**: 289-294. [谢莉萍, 彭贤锦. 1995a. 中国南方四种跳蛛(蛛形纲:蜘蛛目). 动物分类学报, **20**: 289-294]

Xie, L. P. & X. J. Peng. 1995b. Spiders of the genus *Thyene* Simon (Araneae: Salticidae) from China. *Bull. Br. arachnol. Soc.* **10**: 104-108.

Xie, L. P., X. J. Peng & J. P. Kim. 1993. Three new species of the genus *Habrocestoides* from China (Araneae: Salticidae). *Korean Arachnol.* **9**: 23-29.

Xie, L. P., C. M. Yin, H. M. Yan & J. P. Kim. 1996. Two new species of the family Clubionidae from China (Arachnida: Araneae). *Korean Arachnol.* **12(1)**: 97-101.

Xie, L. P., X. J. Peng, Y. J. Zhang, L. S. Gong & J. P. Kim. 1997. Five new species of the family Uloboridae (Arachnida: Araneae) from China. *Korean Arachnol.* **13(2)**: 33-39 [N.B.: name of first author mistakenly given as L. P. Xian in publication].

Yaginuma, T. 1955. Revision of scientific names of Japanese spiders. *Atypus* **8**: 13-16.

Yaginuma, T. 1960. *Spiders of Japan in Colour.* Hoikusha, Osaka, 186 pp.

Yaginuma, T. 1962. *The Spider Fauna of Japan.* Osaka, Arachnol. Soc. East Asia, 74 pp.

Yaginuma, T. 1967a. Three new spiders (*Argiope, Boethus* and *Cispius*) from Japan. *Acta arachn. Tokyo* **20**: 50-64.

Yaginuma, T. 1967b. Revision and new addition to fauna of Japanese spiders, with descriptions of seven new species. *Lit. Dep. Rev. Otemon Gakuin Univ. Osaka* **1**: 87-107.

Yaginuma, T. 1967c. Records of *Synagelides agoriformis* Strand, 1906. *Atypus* **43**: 22.

Yaginuma, T. 1967d. Noteworthy spiders collected recently. *Atypus* **44**: 21-23.

Yaginuma, T. 1986. *Spiders of Japan in Color* (new ed.). Hoikusha Publ. Co., Osaka.

Yin, C. M. & J. F. Wang. 1979. A classification of the jumping spiders (Araneae, Salticidae) collected from the agricultural fields and other habitats. *J. Hunan Teacher's Coll.* (nat. Sci. Ed.) **1979(1)**: 27-63. [尹长民, 王家福. 1979. 农田及其他生境跳蛛鉴别. 湖南师范学院, **1979(1)**: 27-63.]

Yin, C. M. & J. F. Wang. 1981. On the female of three jumping spiders from China. *Acta zootaxon. sin.* **6**: 268-272. [尹长民, 王家福. 1981. 我国跳蛛科三种雌蛛的描记. 动物分类学报, **6**: 268-272.]

Zabka, M. 1981a. Salticidae from Kashmir and Ladakh (Arachnida, Araneae). *Senckenberg. biol.* **61**: 407-413.

Zabka, M. 1981b. New species of *Yaginumaella* Prószyński, 1976 and *Helicius* Prószyński, 1976 (Araneae, Salticidae) from Bhutan and Burma. *Entomologica basil.* **6**: 5-41.

Zabka, M. 1985. Systematic and zoogeographic study on the family Salticidae (Araneae) from Viet-Nam. *Annls zool. Warsz.* **39**: 197-485.

Zabka, M. 1992a. *Orsima* Simon (Araneae: Salticidae), a remarkable spider from Africa and Malaya. *Bull. Br. arachnol. Soc.* **9**: 10-12.

Zabka, M. 1992b. Salticidae (Arachnida: Araneae) of Oriental, Australian and Pacific regions, VIII. A new genus from Australia. *Rec. West. Aust. Mus.* **15**: 673-684.

Zabka, M. 1997. Salticidae: Pajaki skaczace (Arachnida: Araneae). *Fauna Polski* **19**: 1-188.

Zhang, F. & C. Zhang. 2003. On two newly recorded species of the spider from China (Araneae: Salticidae, Hahniidae). *J. Hebei Univ. (nat. Sci. Ed.)* **23**: 51-54. [张锋, 张超. 2003. 中国蜘蛛2新记录种记述(蜘蛛目:跳蛛科, 栅蛛科). 河北大学学报(自然科学版), **23**: 51-54.]

Zhang, J. X & D. Q. Li. 2005. Four new and one newly recorded species of the jumping spiders (Araneae: Salticidae: Lyssomaninae & Spartaeinae) from (sub) tropical China. *Raffles Bull. Zool.* **53**: 221-229.

Zhang, W. S. & C. D. Zhu. 1987. Notes of spiders from Hebei Province, China. *J. Norman Bethune Univ. med. Sci.* **13**: 33-35. [张维生, 朱传典. 1987. 河北省蜘蛛记述. 吉林大学学报(医学版), **13**: 33-35.]

Zhang, J. X., D. X. Song & D. Q. Li. 2003. Six new and one newly recorded species of Salticidae (Arachnida: Araneae) from Singapore and Malaysia. *Raffles Bull. Zool.* **51**: 187-195.

Zhang, J. X., H. M. Chen & J. P. Kim. 2004. New discovery of the female *Asemonea sichanensis* [sic] (Araneae, Salticidae) from China. *Korean Arachnol.* **20**: 7-11.

Zhang, J. X., J. R. W. Woon & D. Q. Li. 2006. A new genus and species of jumping spiders (Araneae: Salticidae: Spartaeinae) from Malaysia. *Raffles Bull. Zool.* **54**: 241-244.

Zhang, Y. Q., D. X. Song & M. S. Zhu. 1992. Notes on a new and eight newly recorded species of jumping spiders in Guangxi, China (Araneae: Salticidae). *J. Guangxi agric. Univ.* **11(4)**: 1-6. [张永强, 宋大祥, 朱明生. 1992. 广西跳蛛1新种和8新纪录种记述. 广西农业生物科学, **11(4)**: 1-6.]

Zhang, B. S. & M. S. Zhu. 2007. A new species of the genus *Yaginumaella* from China (Araneae: Salticidae). *J. Dali Univ.* **6**: 1-2. [张保石, 朱明生. 2007. 中国雅蛛属1新种(蜘蛛目:跳蛛科). 大理学院学报, **6**: 1-2.]

Zhao, J. Z. 1993. *Spiders in the Cotton Fields in China.* Wuhan: Wuhan Publishing House. 552 pp. [赵敬钊. 1993. 中国棉田蜘蛛. 武汉：武汉出版社. 552 pp]

Zhou, N. L. & D. X. Song. 1988. Notes on some jumping spiders from Xinjiang, China. *J. August 1st agric. Coll.* **37**: 1-14. [周娜丽, 宋大祥. 1988. 新疆跳蛛记述. 八一农学院学报, **37**: 1-14.]

Zhu, M. S., *et al.* (eds.). 1985. *Crop Field Spiders of Shanxi Province.* Agriculture Planning Committee of Shanxi Province. 237pp. [朱明生等. 1985. 山西农田蜘蛛. 山西省农业区划委员会. 237pp.]

Zhu, M. S., Z. Z. Yang & Z. S. Zhang. 2007. Description of a new species and a newly recorded species of the family Salticidae from China (Araneae: Salticidae). *J. Hebei Univ. (nat. Sci. Ed.)* **27**: 511-517. [朱明生, 杨自忠, 张志升, 2007. 中国跳蛛科1新种和1新纪录种(蛛形纲:蜘蛛目). 河北大学学报(自然科学版), **27**: 511-517.]

Abstract

The present work of the arachnid fauna is concerned with the family Salticidae, order Araneae. Two parts are included:

I. Genera account

    Brief history of study

    Morphological characteristics

    Taxonomic classification

    Economic significance

    Materials and Methods

    Geographical distribution

II. Systematic account

A total of 386 species belonging to 85 genera are reported. For each species included in this volume, the following topics are treated: scientific nomenclature, descriptions, illustrations, specimens examined and geography data with emphasis on distributional localities in China. Closely related and easily confused genera and species are discussed.

Keys to the Chinese species are given as below:

Asianellus Logunov *et* Heciak, 1996

Key to species

1. Male ·· 2

    Female ·· 3

2. Embolus distinct visible in ventral view ································ *A. potanini*

    Embolus invisible in ventral view ··· *A. festivus*

3. Atrium separated far away from the hood ····························· *A. festivus*

    Atrium close to the hood ·· 4

4. Atrium almost circular ··· *A. potanini*

    Atrium semicircular ·· *A. yuzhongensis*

Bianor Peckham *et* Peckham, 1886

Key to species

1. Male ·· 2
   Female ·· 3
2. Embolus originated from the position of 9:00 o'clock ·· *B. angulosus*
   Embolus originated from the position of 6:00 o'clock ·· *B. incitatus*
3. Hood bell-shaped ·· *B. hongkong*
   Hood about square-shaped ·· *B. angulosus*

Burmattus Prószyński, 1992

Key to species

1. Ejaculation tube distinctly visible ·· *B. sinicus*
   Ejaculation tube invisible ··· 2
2. Median portion of tibial apophysis expended in dorsal view ··· *B. nitidus*
   Median portion of tibial apophysis not expended in dorsal view ··· *B. pococki*

Carrhotus Thorell, 1891

Key to species

1. Male ·· 2
   Female ·· 4
2. Posterior lobe of genital bulb horn-shaped in ventral view ·· *C. sannio*
   Posterior lobe of genital bulb not horn-shaped in ventral view ··· 3
3. Tibial apophysis shorter, hook-shaped in retrolateral view ·· *C. viduus*
   Tibial apophysis longer, finger-shaped in retrolateral view ·· *C. xanthogramma*
4. Spermathecae with lateral horn-shaped apophysis ·· *C. sannio*
   Spermathecae without above-mentioned apophysis ·· 5
5. Epigynum without median septum ·· *C. viduus*
   Epigynum with median septum ··· 6
6. Median septum about 3/4 long of epigynum ·· *C. xanthogramma*
   Median septum about 1/3 long of epigynum ·· *C. coronatus*

Chinattus Logunov, 1999

Key to species

1. Male ··· 2
   Female ··· 7
2. Tibia with two apophyses ·· *C. tibialis*
   Tibia with one apophysis ·· 3
3. Tibia apophysis with blunt terminal ·· *C. validus*
   Tibia apophysis with acuate terminal ·· 4
4. Genital bulb with an apophysis in lateral view ······································· 5
   Genital bulb without apophysis in lateral view ······································· 6
5. Tibia apophysis wider and larger in lateral view ···································· *C. sinensis*
   Tibia apophyses slender in lateral view ·· *C. taiwanensis*
6. The posterior genital bulb oval in ventral view ······································ *C. furcatus*
   The posterior genital bulb triangular in ventral view ····························· *C. undulates*
7. Epigynum weakly sclerotized, vulva visible in ventral view ··················· 8
   Epigynum strongly sclerotized, vulva invisible in ventral view ·············· 10
8. Posterior plate of epigynum without round internal structure ················ *C. tibialis*
   Posterior plate of epigynum with round internal structure ····················· 9
9. Accessory gland on the top of copulatory ducts ···································· *C. emeiensis*
   Accessory gland on the middle of copulatory ducts ······························· *C. undulates*
10. Accessory gland covered by lamella ·· *C. wulingoides*
    Accessory gland not covered by lamella ··· *C. wulingensis*

Dendryphantes C. L. Koch, 1837

Key to species

1. Male ··· 2
   Female ··· 5
2. Conductor distinctly visible ·· 3
   Conductor invisible ·· 4
3. Conductor slender equally wide ·· *D. fusconotatus*
   Conductor thicker with much thicker base ·· *D. biankii*
4. Embolus with tapering terminal, lanciform ·· *D. hastatus*
   Embolus with finger-shaped terminal ·· *D. potanini*
5. Copulatory openings on the top of epigynum ·· 6
   Copulatory openings on the middle of epigynum ····································· 7

6. Copulatory ducts shorter, folded longitudinally ·· ***D. pseudochuldensis***

   Copulatory ducts longer, folded transversely ·· ***D. linzhiensis***

7. Atrium smaller, slit-shaped ·· 8

   Atrium much larger ·· 9

8. Copulatory ducts shorter, simply folded ·· ***D. potanini***

   Copulatory ducts much longer, folded and circled ······································· ***D. hastatus***

9. Copulatory ducts with slightly expanded parts near copulatory openings ·············· ***D. yadongensis***

   Copulatory ducts with extremely expanded parts near copulatory openings ·············· 10

10. One atrium ·· ***D. fusconotatus***

    Two atria ·· ***D. biankii***

Epeus Peckham *et* Peckham, 1886

Key to species

1. Male ·· 2

   Female ··· 6

2. Cymbial lateral horn-shaped apophysis longer, extended to the middle of the tibia ·············· ***E. glorius***

   Cymbial lateral horn-shaped apophysis shorter, extend to the terminal of the tibia ·············· 3

3. Tongue-shaped apophysis on the anterior genital bulb ··· 4

   Tongue-shaped apophysis on the posterior genital bulb ··· 5

4. Tongue-shaped apophysis originated from the position of 12:00 o'clock ·············· ***E. guangxi***

   Tongue-shaped apophysis originated from the position of 3:00 o'clock ·············· ***E. bicuspidatus***

5. Tongue-shaped apophysis slender, at the position of 5:00 o'clock ······················ ***E. tener***

   Tongue-shaped apophysis stouter, at the position of 6:00 o'clock ······················ ***E. alboguttatus***

6. Copulatory openings longitudinal almost vertical ··· ***E. alboguttatus***

   Copulatory openings and y-axis lie at an angle of about 45 degrees······················ ***E. tener***

Epocilla Thorell, 1887

Key to species

1. Male ·· 2

   Female ··· 3

2. Embolus shorter than 1/20 long of the bulb ·· ***E. calcarata***

   Embolus longer than 1/2 long of the bulb ·· ***E. blairei***

3. Epigynum with an inversed V-shaped concave in the posterior center margin ·············· ***E. picturata***

   Epigynum with a semicircular concave in the posterior center margin···················· 4

4. Spermatheca with a outgrowth on its middle part ·· ***E. calcarata***

   Spermatheca with a outgrowth on its top ·· ***E. blairei***

Euophrys C. L. Koch, 1834

Key to species

1. Male··2
   Female··8
2. Cymbium with a downwards lateral apophysis on its base ····················*E. wenxianensis*
   Cymbium without lateral apophysis on its base ···3
3. Embolus with cap-shaped terminal ···*E. albopalpalis*
   Embolus with thin terminal···4
4. The base of embolus not twisted into loop ···5
   The base of embolus twisted into loop ··6
5. Sperm duct much longer, S-shaped in ventral view ·····························*E. frontalis*
   Sperm duct C-shaped in ventral view ···*E. kataokai*
6. Sperm duct S-shaped in ventral view ··*E. nepalica*
   Sperm duct C-shaped in ventral view ··7
7. The terminal of embolus slender, filiform ···································*E. everestensis*
   The terminal of embolus whip-shaped ···*E. namulinensis*
8. Spermatheca with a membranaceous agglomerate surrounding copulatory ducts on its top ···············9
   Spermatheca without membranaceous agglomerate on its top ···························10
9. Copulatory ducts shorter, not folded ··*E. bulbus*
   Copulatory ducts longer, folded in many loops ·································*E. frontalis*
10. Spermatheca longitudinal, longer than wide ·····································*E. atrata*
    Spermatheca transverse, not longer than wide ··11
11. Copulatory ducts shorter, not folded ··*E. nangqianensis*
    Copulatory ducts longer, folded in loop ··12
12. Spermatheca expand slightly, its diameter about 3 times the diameter of copulatory ducts ·················
    ··*E. yulungensis*
    Spermathecas diameter is more than 4 times the diameter of copulatory ducts ················13
13. Copulatory ducts folded in a large loop with the diameter about as same as that of spermatheca··········
    ··*E. rufibaris*
    Copulatory ducts with helical terminal···*E. kataokai*

Eupoa Zabka, 1985

Key to species

1. Male···2
   Female··4

2. Median apophysis invisible in ventral view ·· *E. yunnanensis*
   Median apophysis visible in ventral view ··· 3
3. Median apophysis with straight, finger-shaped terminal ·· *E. jingwei*
   Median apophysis with hook-shaped terminal ·· *E. nezha*
4. Terminal of copulatory ducts merged ·· *E. liaoi*
   Copulatory ducts not merged ·· 5
5. Posterior plate of epigynum with 2 apophyses and round internal structures ··············· *E. hainanensis*
   Posterior plate of epigynum without apophysis and round internal structure ··············· *E. maculata*

Evarcha Simon, 1902

Key to species

1. Male ·· 2
   Female ··· 17
2. Tibia with one apophysis ·· 3
   Tibia with three apophyses ·· 14
3. The terminal of tibial apophysis not bifurcate ··· 4
   Tibial apophysis with bifurcated terminal ·· 12
4. Tibial apophysis with taper terminal ··· 5
   Tibial apophysis with blunt terminal ··· 8
5. Genital bulb with posterior lobe in ventral view ··· *E. arcuata*
   Genital bulb without posterior lobe in ventral view ·· 6
6. Embolus originated from the position of 12:00 o'clock ··· *E. digitata*
   Embolus originated from the position of 11:00 o'clock ·· 7
7. Embolus terminal extended to tibial apophysis ·· *E. pseudopococki*
   Embolus terminal extended up to the bulb ·· *E. pococki*
8. Genital bulb with a cone-shaped apophysis in lateral view ··· 9
   Genital bulb without cone-shaped apophysis in lateral view ·· 10
9. Sperm duct visible ··· *E. proszynski*
   Sperm duct invisible ··· *E. falcata*
10. Embolus with tip terminal ·· *E. mongolica*
    Embolus with blunt terminal ·· 11
11. Tibial apophysis with flat terminal in lateral view ··· *E. mikhailovi*
    Tibial apophysis with depressed terminal in lateral view ··· *E. laetabunda*
12. Embolus longer, enclosed the genital bulb one and a half circles, its terminal filiform ·········· *E. bulbosa*
    Embolus shorter, on the top of genital bulb ·· 13
13. Embolus crossed with conductor in lateral view ··· *E. orientalis*

Embolus not crossed with conductor in lateral view ·· *E. hirticeps*

14. The terminal of retrolateral tibial apophysis without teeth ································· 15

    The terminal of retrolateral tibial apophysis with teeth ································· 16

15. The intermedial apophysis slender ··· *E. coreana*

    The intermedial apophysis smaller and shorter ·· *E. wulingensis*

16. The terminal of retrolateral tibial apophysis with 4 teeth ······················· *E. albaria*

    The terminal of retrolateral tibial apophysis with 7 teeth ························· *E. fasciata*

17. Posterior plate of epigynum without apophysis ··· 18

    Posterior plate of epigynum with apophysis ·· 19

18. Median septum 8 times longer than wide ··· *E. laetabunda*

    Median septum 2 times shorter than wide ·································· *E. optabilis*

19. Copulatory opening almost circular ··· 20

    Copulatory opening about parentheses-shaped ································· 21

20. Copulatory ducts shorter, simply folded in S-shaped ··························· *E. falcata*

    Copulatory ducts longer, folded in spiral-shaped ······························· *E. flavocincta*

21. Copulatory ducts shorter, simply folded or straight ····························· 22

    Copulatory ducts longer, folded many times ································· 26

22. Copulatory duct straight···; ·· *E. albaria*

    Copulatory duct floded in S-shaped ·· 23

23. Atrium merged posteriorly ·· *E. arcuata*

    Atrium not merged posteriorly ·· 24

24. Atrium merged anteriorly ·· *E. mikhailovi*

    Atrium not merged anteriorly ··· 25

25. The two apophyses on posterior plate connected ······························ *E. orientalis*

    The two apophyses on posterior plate not connected ·························· *E. mongolica*

26. Epigynum about half long as wide ·· *E. proszynski*

    Epigynum slightly shorter than wide ································· *E. falcata xinglongensis*

Gedea Simon, 1902

Key to species

1. Male ·· 2

   Female ·· 4

2. Ventral tibial apophysis longer than retrolateral tibial apophysis ············· *G. unguiformis*

   Ventral tibial apophysis shorter than retrolateral tibial apophysis ·············· 3

3. Conductor invisible ··· *G. daoxianensis*

   Conductor distinctly visible ··· *G. sinensis*

4. Atrium parentheses-shaped ·· *G. daoxianensis*

   Atrium circular ··· *G. unguiformis*

Harmochirus Simon, 1885

Key to species

1. Male ··· 2

   Female ··· 4

2. Genital bulb cone-shaped in lateral view ··· *H. proszynski*

   Genital bulb slightly expended in lateral view ··· 3

3. Tibial apophysis wider and bigger in lateral view, its terminal became sharp suddenly ······ *H. brachiatus*

   Tibial apophysis narrower in lateral view, its terminal taper ······································· *H. pineus*

4. Atrium width 2 more times than long ··· *H. brachiatus*

   Atrium width less 2 times than long ··· *H. pineus*

Hasarius Simon, 1871

Key to species

1. Male ··· 2

   Female ··· 3

2. Tibia much longer; embolus much shorter, spine-shaped ····································· *H. adansoni*

   Embolus much longer, S-shaped ··· *H. dactyloides*

3. Atrium circular ··· *H. adansoni*

   Atrium not circular ·· 4

4. Epigynum with bell-shaped hood ··· *H. dactyloides*

   Epigynum without hood ·· *H. kweilinensis*

Heliophanus C. L. Koch, 1833

Key to species

1. Male ··· 2

   Female ··· 10

2. Embolus beak-shaped in ventral view, its terminal twisted ······························· *H. baicalensis*

   The terminal of embolus not twisted ··· 3

3. Embolus slender, almost as long as genital bulb ··· *H. flavipes*

   Embolus shorter than genital bulb ·· 4

4. The top of embolus with an incision ··· *H. simplex*

The top of embolus without incision ···5

5. Genital bulb with a cone-shaped apophysis near the base of embolus in ventral view ·······*H. cuspidatus*

   Genital bulb without cone-shaped apophysis near the base of embolus in ventral view ···················6

6. Embolus straight, finger-shaped ···7

   Embolus curved, spine-shaped ···8

7. Dorsal tibial apophysis at the middle of tibial ································· *H. potanini*

   Dorsal tibial apophysis at the top of tibial ································*H. patagiatus*

8. Embolus clockwise in ventral view································*H. lineiventris*

   Embolus anticlockwise in ventral view ·······································9

9. Genital bulb about 2 time longer than wide in ventral view ···············*H. curvidens*

   Genital bulb about as long as wide in ventral view ·······················*H. ussuricus*

10. Epigynum with posterior basal plate ····································*H. baicalensis*

    Epigynum without posterior basal plate ································· 11

11. Atrium merged ·· 12

    Atrium not merged··· 15

12. Atrium triangular, much wider posteriorly, close to the epigastric furrow ···············*H. ussuricus*

    Atrium far away from the epigastric furrow································ 13

13. Atrium surrounded with rim ···*H. lineiventris*

    Atrium without rim ··· 14

14. Copulatory openings near the top of atrium, open upwards····················*H. flavipes*

    Copulatory openings near the middle of atrium, open downwards ···············*H. potanini*

15. Atrium circular ···*H. auratus*

    Atrium arc-shaped ·· 16

16. Atrium procurved ·· 17

    Atrium not procurved·· 18

17. Copulatory openings elliptic···*H. dubius*

    Copulatory openings arc-shaped ···*H. simplex*

18. Copulatory openings parentheses-shaped·································*H. cuspidatus*

    Copulatory openings reversed parentheses-shaped ·························*H. patagiatus*

Icius Simon, 1876

Key to species

1. Male···2

   Female ···3

2. Dorsal tibial apophysis bifurcated, shorter than ventral one in lateral view ···················*I. bilobus*

   Dorsal tibial apophysis not bifurcated, longer than ventral one in lateral view ···············*I. hamatus*

3. Atrium on the base of epigynum ·· *I. gyirongensis*

    Atrium on the upside of epigynum ··· 4

4. Atrium circular ··· *I. hamatus*

    Atrium semicircular ·· *I. hongkong*

Irura Peckham *et* Peckham, 1901

Key to species

1. Male ·· 2

    Female ·· 6

2. Embolusshorter, spine-shaped ·· *I. longiochelicera*

    Embolus slender, filiform ··· 3

3. Retrolateral cymbial apophysis hook-shaped in dorsal view ··············· *I. hamatapophysis*

    Retrolateral cymbial apophysis not hook-shaped in dorsal view ····················· 4

4. Tibial without apophysis ·· *I. yueluensis*

    Tibial with apophysis ·· 5

5. Retrolateral cymbial apophysis horn-shaped in lateral view ················· *I. yunnanensis*

    Retrolateral cymbial apophysis triangular in lateral view ··················· *I. trigonapophysis*

6. Epigynum with hood ·· 7

    Epigynum without hood ··· 8

7. Hood triangular, between the spemarthecae ······························· *I. longiochelicera*

    Hood arc-shaped, above the spemarthecae ································· *I. yueluensis*

8. Spemarthecae slightly expand, with one room ····························· *I. yunnanensis*

    Spemarthecae distinctly expand, with two rooms ······························· 9

9. Spemarthecae with two longitudinally arranged rooms ················· *I. hamatapophysis*

    Spemarthecae with two transversely arranged rooms ···················· *I. trigonapophysis*

Langona Simon, 1901

Key to species

1. Male ··· 2

    Female ·· 4

2. Embolus distinctly visible ·· *L. bhutanica*

    Embolus invisible ··· 3

3. Tibial apophysis stout, cone-shaped ··· *L. hongkong*

    Tibial apophysis slender, finger-shaped ·· *L. tartarica*

4. Epigynum without hood ·· *L. tartarica*

Epigynum with hood ···5

5. Atrium almost longitudinally parallel ···***L. atrata***

Atrium diagonal ··6

6. Epigynum weakly sclerotized, vulva indistinctly visible································***L. biangula***

Epigynum strongly sclerotized, vulva invisible···***L. maculata***

Laufeia Simon, 1889

Key to species

1. Embolus shorter than 1/3 genital bulb width ··***L. aenea***

Embolus longer the genital bulb width··2

2. Embolus not twisted ··***L. proszynskii***

Embolus twisted with one circle ··***L. liujiapingensis***

Marpissa C. L. Koch, 1846

Key to species

1. Male··2

Female ···4

2. Tibial apophysis with acuate terminal in lateral view·······························***M. milleri***

Tibial apophysis with blunt terminal in lateral view ·······························3

3. Embolus originated from the position of 11:00 o'clock ·····························***M. pomatia***

Embolus originated from the position of 9:00 o'clock·······························***M. pulla***

4. Copulatory ducts folded in spiral-shaped ··***M. pulla***

Copulatory ducts not folded in spiral-shaped ···5

5. Atrium close to the promargin of epigynum ···***M. linzhiensis***

Atrium close to the posterior margin of epigynum ·······························6

6. Atrium connected to the cpigastric furrow ···***M. milleri***

Atrium separated away from the epigastric furrow································***M. pomatia***

Mendoza Peckham *et* Peckham, 1894

Key to species

1. Male··2

Female ···5

2. Cymbium longer than wide in lateral view ···***M. pulchra***

Cymbium not longer than wide in lateral view ·······································3

3. Embolus originated from the position of 11:00 o'clock ·· *M. canestrinii*

  Embolus originated from the position of 9:00 o'clock·· 4

4. Genital bulb about 0.63 times as wide as cymbium in ventral view ························· *M. nobilis*

  Genital bulb about 0.78 times as wide as cymbium in ventral view ······················· *M. elongata*

5. Scape triangular ··· *M. canestrinii*

  Scape tongue-shaped ··· 6

6. Copulatory ducts simply folded, without knot ·· *M. elongata*

  Copulatory ducts folded with knots ·· 7

7. Copulatory ducts folded in 8-shaped ·· *M. nobilis*

  Copulatory ducts folded in C-shaped··· *M. pulchra*

Menemerus Simon, 1868

Key to species

1. Male··· 2

  Female ·· 3

2. Tibial apophysis longer, finger-shaped·· *M. bivittatus*

  Tibial apophysis shorter and acuate ··· *M. brachygnathus*

3. Atrium less than half long of epigynum ·· *M. pentamaculatus*

  Atrium about 3/4 long of epigynum ··· 4

4. Median septum extended to the upside 3/4 position of epigynum ·························· *M. fulvus*

  Median septum extended to the top of epigynum ··· 5

5. Median septum narrow and strip-shaped ·· *M. brachygnathus*

  Median septum triangular·· *M. bivittatus*

Myrmarachne Macleay, 1839

Key to species

1. Male··· 2

  Female ·· 19

2. Tibial apophysis indistinct in ventral view ··· 3

  Tibial apophysis distinct in ventral view·· 5

3. The left part of embolus surrounding the fringe of genital bulb in ventral view ··············· *M. hanoii*

  The left part of embolus in inside (away from the fringe) of the bulb in ventral view ··················· 4

4. Embolus shorter, its terminal not reach the fringe of cymbium ······························ *M. volatilis*

  Embolus longer, its terminal beyond the fringe of cymbium ································ *M. japonica*

5. Tibial apophysis with pincer-shaped terminal in ventral view······························· *M. inermichelis*

Terminal of tibial apophysis not pincer-shaped in ventral view ·································· 6

6. Chelicera with three rows of teeth ·································· *M. globosa*

Chelicera with two rows of teeth ·································· 7

7. Chelicera fag with outgrowth on median portion ·································· *M. kuwagata*

Chelicera fag without outgrowth ·································· 8

8. Cymbial terminal with a thick spur ·································· *M. maxillosa*

Cymbial terminal without thick spur ·································· 9

9. Embolus top spiral distinctly smaller than basal one ·································· 10

Embolus top spiral almost as large as basal one ·································· 14

10. Chelicera with less than five teeth on retromargin ·································· *M. annamita*

Chelicera with five or more teeth on retromargin ·································· 11

11. Tibial apophysis twisted in lateral view ·································· *M. gisti*

Tibial apophysis not twisted in lateral view ·································· 12

12. Terminal of embolus twisted ·································· *M. plataleoides*

Terminal of embolus not twisted ·································· 13

13. Embolus with a taper terminal ·································· *M. kiboschensis*

Embolus with a blunt terminal ·································· *M. linguiensis*

14. Embolus with a blunt terminal ·································· *M. circulus*

Embolus with a taper terminal ·································· 15

15. Tibial apophysis cover the cymbium in ventral view ·································· 16

Tibial apophysis not cover the cymbium in ventral view ·································· 18

16. Tibial apophysis not twisted in ventral view ·································· *M. lugubris*

Tibial apophysis twisted in ventral view ·································· 17

17. Cymbium and tibia with feather-shaped hair ·································· *M. schenkeli*

Cymbium without feather-shaped hair ·································· *M. maxillosa septemdentata*

18. Tibial apophysis not twisted in lateral view ·································· *M. brevis*

Tibial apophysis twisted in lateral view ·································· *M. formicaria*

19. Atrium closed ·································· 20

Atrium open ·································· 27

20. Epigynum without hood ·································· 21

Epigynum with hood ·································· 22

21. There is a crescent ossification between the atrium ·································· *M. annamita*

There is no crescent-shaped ossification connected the atrium ·································· *M. elongata*

22. Hood semicircular ·································· *M. schenkeli*

Hood triangular ·································· 23

23. Copulatory ducts folded with knots ·································· *M. volatilis*

Copulatory ducts without knots ·································· 24

24. Hood as wide as long ·································· 25

Hood wider than long ·· 26

25. Atrium circular ··· *M. globosa*

Atrium elliptic ·· *M. circulus*

26. Hood close to the bottom of copulatory ducts in dorsal view ··············· *M. plataleoides*

Hood away from the bottom of copulatory ducts in dorsal view ············ *M. hanoii*

27. Epigynum with 2 pairs of atriae ·· *M. gisti*

Epigynum with 1 pair of atriae ·· 28

28. Atrium on the middle or lower part of epigynum ························· 29

Atrium on the upside of epigynum ······································· 31

29. Atrium on the lower part of epigynum ·································· *M. inermichelis*

Atrium on the middle part of epigynum ·································· 30

30. The promargin of atrium hook-shaped ·································· *M. formicaria*

The promargin of atrium arc-shaped ····························· *M. maxillosa septemdentata*

31. Atrium smaller, triangular ··· *M. japonica*

Atrium bigger, semicircular ··· *M. lugubris*

Neon Simon, 1876

Key to species

1. Male ·· 2

Female ··· 5

2. Visible portion of embolus shorter, originated from the position of 10:00 o'clock in ventral view ··········
··· *N. reticulatus*

Visible portion of embolus longer, originated from the middle or posterior margin of genital bulb ········ 3

3. Embolus with straight filiform terminal ································· *N. levis*

Embolus with strip terminal ·· 4

4. Embolus terminal folded with knots ····································· *N. ningyo*

Embolus terminal S-shaped, without knots ································ *N. minutus*

5. Epigynum without median septum ·· *N. zonatus*

Epigynum with median septum ·· 6

6. Median septum on the middle or lower part of epigynum ···················· 7

Median septum on the upside of epigynum ······························· 8

7. Copulatory ducts longer, folded in large loops, part of them agglomerated ············· *N. wangi*

Copulatory ducts shorter, simply folded ································· *N. levis*

8. Copulatory ducts longer, folded in loops ································· *N. minutus*

Copulatory ducts shorter, not folded ···································· *N. reticulatus*

Pancorius Simon, 1902

Key to species

1. Male ···2
   Female ··5
2. Genital bulb with caudiform protuberance ································· *P. hainanensis*
   Genital bulb without protuberance ···3
3. Embolus longer, flagelliform ·· *P. cheni*
   Embolus shorter, spine-shaped ··4
4. Embolus originated from the position of 9:00 o'clock ·················· *P. crassipes*
   Embolus originated from the position of 12:00 o'clock ·················· *P. magnus*
5. Epigynum hood indistinct ··· *P. hongkong*
   Epigynum hood distinct ···6
6. Epigynum with long bar-shaped median septum ···················· *P. crassipes*
   Epigynum without median septum ···7
7. Anterior spermathecae much bigger than posterior spermathecae ···············8
   Anterior spermathecae smaller than posterior spermathecae ·······················9
8. Hoods below the atrium ··· *P. minutus*
   Hoods between the atrium ··· *P. goulufengensis*
9. Atrium transverse, arc-shaped ·· *P. taiwanensis*
   Atrium diagonal, eyebrow-shaped ·· *P. magnus*

Pellenes Simon, 1876

Key to species

1. Male ···2
   Female ··6
2. Tibial apophysis distinct in ventral view ······································3
   Tibial apophysis invisible in ventral view ··4
3. Genital bulb longer than wide ··· *P. nigrociliatus*
   Genital bulb about as long as wide ··· *P. epularis*
4. Cymbium without posterior apophysis ······································· *P. gobiensis*
   Cymbium with posterior apophysis ···5
5. Tibial apophysis with cuspate terminal ······································· *P. sibiricus*
   Tibial apophysis with slightly expanded terminal ····················· *P. tripunctatus*
6. Epigynum with median septum ···7
   Epigynum without median septum ···9

7.　Spermathecae especially expanded, near spherical, copulatory ducts invisible ················ *P. gobiensis*

　　Spermathecae slightly expanded, copulatory ducts longer ·· 8

8.　Hood almost as wide as long ·· *P. tripunctatus*

　　Hood much longer than wide·· *P. sibiricus*

9.　Spermathecae especially expanded, near spherical, copulatory ducts invisible ·················· *P. gerensis*

　　Spermathecae slightly expanded, copulatory ducts longer ·· 10

10.　Atrium bigger, semicircular ·· *P. denisi*

　　Atrium indistinct ··· *P. nigrociliatus*

Phaeacius Simon, 1900

Key to species

1.　Genital bulb with conic apophysis on its top in lateral view·························· *P. yunnanensis*

　　Genital bulb without conic apophysis in lateral view ································· 2

2.　In retrolateral view, retrolateral tibial apophysis longer, its terminal extend to the top 2/3 position of genital bulb··· *P. malayensis*

　　In retrolateral view, retrolateral tibial apophysis shorter, its terminal extend to the middle of genital bulb·

　　··· *P. yixin*

Phintella Strand in Bösenberg *et* Strand, 1906

Key to species

1.　Male·· 2

　　Female ··· 14

2.　Genital bulb without outgrowth on the base of embolus ································· 3

　　Genital bulb with outgrowth on the base of embolus ···································· 8

3.　Embolus no shorter than tibial apophysis··· *P. versicolor*

　　Embolus much shorter than tibial apophysis ·· 4

4.　Embolus with finger-shaped terminal ·· 5

　　Embolus with spine-shaped terminal ··· 6

5.　The portion of genital bulb above sperm duct 1/3 long of the bulb ·················· *P. hainani*

　　The portion of genital bulb above sperm duct 1/4 long of the bulb ·················· *P. abnormis*

6.　The portion of genital bulb above sperm duct 1/2 long of the bulb ·················· *P. arenicolor*

　　The portion of genital bulb above sperm duct shorter than 1/2 long of the bulb ·················· 7

7.　Genital bulb without distinct posterior lobe in ventral view ························· *P. parva*

　　Genital bulb with distinct posterior lobe in ventral view ···························· *P. bifurcilinea*

8.　Tibial with two apophyses ·· *P. vittata*

Tibial with one apophysis ···9

9. Outgrowth triangular ···*P. suavis*

Outgrowth not triangular ···10

10. Outgrowth bigger, its promargin covered on the promargin of genital bulb ············*P. aequipeiformis*

Outgrowth smaller, its promargin separated away from the promargin of genital bulb ···················11

11. Tibial apophysis with hook-shaped terminal ··12

Tibial apophysis with straight terminal ···13

12. The portion of genital bulb above sperm duct shorter than1/3 long of the bulb···········*P. debilis*

The portion of genital bulb above sperm duct 1/3 long of the bulb ·······················*P. popovi*

13. Genital bulb with a conic apophysis in lateral view··*P. cavaleriei*

Genital bulb without distinct conic apophysis in lateral view ·····························*P. linea*

14. Atrium smaller, indistinct ···15

Atrium distinct···19

15. Copulatory ducts between the spemarthecae ···*P. accentifera*

Copulatory ducts not between the spemarthecae ···16

16. Atrium above the spemarthecae··17

Atrium not above the spemarthecae ···18

17. Posterior plate of epigynum extend to the middle part of spemarthecae ···············*P. abnormis*

Posterior plate of epigynum below the spemarthecae····························*P. linea*

18. Atrium outside the spemarthecae ··*P. bifurcilinea*

Atrium between the spemarthecae ···*P. popovi*

19. Atrium merged ···20

Atrium not merged··22

20. Atrium merged completely ···21

Atrium merged incompletely ··*P. arenicolor*

21. Atrium near conversely triangular ··*P. versicolor*

Atrium near elliptic ···*P. debilis*

22. Copulatory ducts longer than spemarthecae ···*P. parva*

Copulatory ducts not longer than spemarthecae ·····································23

23. Atrium parentheses-shaped ···*P. cavaleriei*

Atrium reversed parentheses-shaped ···*P. pygmaea*

Phlegra Simon, 1876

Key to species

1. Male···2

Female ··4

2. Tibial with three apophyses ·· *P. pisarskii*
Tibial with two apophyses ··· 3

3. Ventral tibial apophysis shorter than retrolateral tibial one in lateral view ···························· *P. fasciata*
Ventral tibial apophysis longer than retrolateral tibial one in lateral view ··············· *P. cinereofasciata*

4. The portion of copulatory ducts near the openings straight, longer than 1/2 long of the epigynum ··········
··· *P. thibetana*
The portion of copulatory ducts near the opening shorter and twisted ·· 5

5. Atrium circular ··· *P. fasciata*
Atrium not circular ··· *P. cinereofascia*

Plexippoides Prószyński, 1984

Key to species

1. Male··· 2
Female ··· 13

2. Tibial apophysis downward, hook-shaped in lateral view······································· *P. annulipedis*
Tibial apophysis upward in lateral view ··· 3

3. The terminal of tibial apophysis expanded and truncated in ventral view ····················· *P. validus*
The terminal of tibial apophysis not expanded in ventral view···································· 4

4. Cymbium without lateral apophysis on its base ·· 5
Cymbium with lateral apophysis on its base ·· 6

5. Embolus originated from the position of 3:00 o'clock··································· *P. linzhiensis*
Embolus originated from the position of 12:00 o'clock ······························ *P. digitatus*

6. Tibial apophysis on the back of cymbial apophysis in ventral view ·················· *P. cornutus*
Tibial apophysis on the ventral side of cymbial apophysis in ventral view··············· 7

7. The ear-shaped apophysis not out of the margin of genital bulb ··························· 8
The ear-shaped apophysis out of the margin of genital bulb ·······························9

8. Tibial apophysis with hook-shaped terminal in lateral view ···························· *P. jinlini*
Tibial apophysis with straight terminal in lateral view ···························· *P. szechuanensis*

9. Cymbial apophysis upward, short and spine-shaped in lateral view···················· *P. potanini*
Cymbial apophysis downward in lateral view ··· 10

10. Embolus originated from the position of 3:00 o'clock·································· *P. regius*
Embolus originated from the position of 4:00 o'clock······························· 11

11. Posterior margin of genital bulb away from tibia·································· *P. meniscatus*
Posterior margin of genital bulb close to tibia ·· 12

12. Ventral tibial apophysis extend horizontally ·· *P. doenitzi*
Ventral tibial apophysis extend right and upwards ··························· *P. discifer*

13. Epigynum without shadow of copulatory ducts ·· 14

    Epigynum with distinct shadow of copulatory ducts ··· 15

14. Copulatory openings longitudinal and elliptic, on the center of epigynum ·············· *P. meniscatus*

    Copulatory openings circular, on the upside of epigynum ······························ *P. jinlini*

15. Epigynum without median septum ··· 16

    Epigynum with median septum ·· 17

16. Atrium merged ··· *P. szechuanensis*

    Atrium not merged ·· *P. regiusoides*

17. Atrium narrower than median septum ·· *P. doenitzi*

    Atrium much wider than median septum ·· 18

18. Median septum with much wider base ··· *P. zhangi*

    Median septum with much wider terminal ·· 19

19. Atrium much wider anteriorly ··· *P. discifer*

    Anterior and posterior margin of atrium almost equal ···································· 20

20. The length of atrium about 2 times of its width ··· *P. potanini*

    Atrium slightly longer than wide ·· *P. regius*

Plexippus C. L. Koch, 1846

Key to species

1. Male ·· 2

    Female ·· 5

2. Embolus stout, its terminal truncated ··· *P. yinae*

    Embolus slender ·· 3

3. Embolus base with an inner bulge ··· *P. paykulli*

    Embolus base without inner bulge ·· 4

4. Genital bulb with serrated margin on the portion bellow the embolus ······················ *P. setipes*

    Genital bulb with smooth margin on the portion bellow the embolus ······················· *P. petersi*

5. Hood on the top of epigynum ··· 6

    Hood on the middle of epigynum ·· 7

6. Epigynum near square-shaped ··· *P. petersi*

    Epigynum near triangular ··· *P. bhutani*

7. Hood bellow the atrium ··· *P. paykulli*

    Hood between the atrium ·· *P. setipes*

Portia **Karsch, 1878**

Key to species

1. Male ·· 2

   Female ·· 10

2. Tibial with more than three apophyses ·· 3

   Tibial with three apophyses ·· 4

3. Tibial with four apophyses ··· *P. jianfeng*

   Tibial with five apophyses ··· *P. songi*

4. Retrolateral tibial apophysis bar-shaped in ventral view ·· 5

   Retrolateral tibial apophysis finger-shaped in ventral view ·· 6

5. Embolus longer, its terminal extended to the middle of genital bulb in lateral view ············· *P. fimbriata*

   Embolus shorter, its terminal only extended to the top of genital bulb in lateral view ········· *P. heteroidea*

6. Embolus shorter than the width of genital bulb ·· 7

   Embolus much longer than the width of genital bulb ·· 8

7. The terminal of embolus beyond the cymbial lateral margin ·································· *P. taiwanica*

   The terminal of embolus not beyond the cymbial lateral margin ································· *P. wui*

8. Intermedial tibial apophysis longer, slightly shorter than retrolateral apophysis in ventral view ···········

   ·· *P. labiata*

   Intermedial tibial apophysis shorter than 1/4 long of the retrolateral apophysis in ventral view ·········· 9

9. The portion of embolus beyond the cymbial lateral margin about 1/3 long of the embolus ·········· *P. quei*

   The portion of embolus beyond the cymbial lateral margin about 1/4 long of the embolus ····· *P. orientalis*

10. Epigynum without median septum ··· 11

    Epigynum with median septum ··· 14

11. Spemarthecae peanut-shaped ··· *P. songi*

    Spemarthecae pear-shaped ··· 12

12. Atrium elliptic ··· *P. labiata*

    Atrium transverse slit-shaped ··· 13

13. Atrium closed ··· *P. taiwanica*

    Atrium open ··· *P. quei*

14. Atrium transverse slit-shaped ··· *P. fimbriata*

    Atrium circular ·· 15

15. Copulatory ducts bar-shaped ··· *P. zhaoi*

    Copulatory ducts invisible ··· *P. heteroidea*

Pseudicius Simon, 1885

Key to species

1. Male···2
    Female ···10

2. Genital bulb with diagonal furrow···3
    Genital bulb without diagonal furrow ···5

3. Embolus stout, finger-shaped·· *P. koreanus*
    Embolus longer ··4

4. The two rami of tibial apophysis almost with equal length in ventral view ·············· *P. cinctus*
    The ventral ramus of tibial apophysis longer than dorsal one ············· *P. courtauldi*

5. Tibial apophysis not bifurcated ···6
    Tibial apophysis bifurcated ···8

6. Embolus almost straight··· *P. iwatensis*
    Embolus twisted ···7

7. Embolus twist loop-shaped ··· *P. obsoleta*
    Embolus S-shaped ··· *P. vulpes*

8. The dorsal ramus of tibial apophysis with sawtooth ············· *P. wesolowskae*
    The dorsal ramus of tibial apophysis without sawtooth ·····························9

9. Embolus longer, spine-shaped··· *P. frigidus*
    Embolus shorter, finger-shaped ·· *P. zabkai*

10. Epigynum with hood ···11
    Epigynum without hood···14

11. Epigynum with one hood ··· *P. vulpes*
    Epigynum with two hoods ···12

12. Copulatory openings circular·· *P. cambridgei*
    Copulatory openings slit-shaped ···13

13. Epigynum much longer than wide ······································· *P. frigidus*
    The length of epigynum almost equal to its width ························· *P. deletus*

14. Epigynum with median septum ··15
    Epigynum without median septum ···19

15. Median septum wider than 1/2 wide of atrium············· *P. cinctus*
    Median septum narrower than 1/10 wide of atrium ·······························16

16. Copulatory ducts stout···17
    Copulatory ducts slender ···18

17. Spemarthecae smaller, pear-shaped ···························· *P. wenshanensis*
    Spemarthecae bigger, kidney-shaped··································· *P. courtauldi*

18. Copulatory ducts simply folded ·· *P. iwatensis*
    Copulatory ducts complexly folded ·· *P. obsoleta*
19. Atrium closed ·· *P. wesolowskae*
    Atrium open ·· 20
20. Atrium close to the epigastric furrow ·· *P. koreanus*
    Atrium away from the epigastric furrow ·· 21
21. Copulatory ducts longer, folded in loops ·· *P. yunnanensis*
    Copulatory ducts longer, not folded in loop ·· 22
22. Atrium on the top of epigynum ··· *P. chinensis*
    Atrium on the middle part of epigynum ·· 23
23. Atrium open upwards ·· *P. szechuanensis*
    Atrium open downwards ··· *P. zabkai*

Ptocasius Simon, 1885

Key to species

1. Male ·· 2
   Female ·· 4
2. Embolus stout, slightly longer than genital bulb ·· *P. songi*
   Embolus slender, flagelliform, more than 2 times longer than genital bulb ················· 3
3. Embolus originated from the position of 5:00 o'clock ···································· *P. strupifer*
   Embolus originated from the position of 3:00 o'clock ···································· *P. kinhi*
4. Two hoods close to each other ··· *P. montiformis*
   Two hoods away from each other ··· 5
5. Hood close to the epigastric furrow ·· *P. yunnanensis*
   Hood away from the epigastric furrow ·· 6
6. The promargin of atrium merged ·· *P. lizhiensis*
   The promargin of atrium not merged ··· 7
7. Spemarthecae pear-shaped ··· *P. strupifer*
   Spemarthecae tube-shaped ··· *P. vittatus*

Rhene Thorell, 1869

Key to species

1. Male ·· 2
   Female ·· 9
2. Conductor invisible ··· *R. rubrigera*

Conductor distinct ·· 3

3. Conductor bow-shaped ··· 4

Conductor straight ··· 7

4. Embolus and conductor cross each other ································ *R. biembolusa*

Embolus and conductor not cross each other ································· 5

5. Conductor bigger, lamellar ·· *R. atrata*

Conductor slender ·· 6

6. Conductor with cuspidal terminal ································· *R. digitata*

Conductor with blunt terminal ································· *R. albigera*

7. Genital bulb with three apophyses on the top ············ *R. triapophyses*

Genital bulb with two apophyses on the top ····························· 8

8. Conductor bigger, lamellar ·· *R. ipis*

Conductor thinner, finger-shaped ······································· *R. setipes*

9. Promargin of atrium merged ·· *R. indica*

Atrium separate each other ·· 10

10. Atrium almost transverse ·· *R. rubrigera*

Atrium diagonal ··· 11

11. Atrium closed ··· *R. plana*

Atrium open ·· 12

12. Hood away from the epigastric furrow ································ *R. biembolusa*

Hood close to the epigastric furrow ······································· 13

13. Copulatory ducts longer, folded with many semicircles ············· *R. flavigera*

Copulatory ducts shorter, simply folded in S-shaped ················· *R. atrata*

Sibianor Logunov, 2001

Key to species

1. Male ·· 2

Female ·· 4

2. Genital bulb without apophysis on its base ······························· *S. latens*

Genital bulb with apophysis on its base ································· 3

3. Tibial apophysis longer, with curving terminal ························· *S. pullus*

Tibial apophysis shorter, with straight terminal ························· *S. annae*

4. The hood about half long of wide ······································ *S. pullus*

Hood longer than wide ·· 5

5. The promargin of atrium not merged ································ *S. aurocinctus*

The promargin of atrium merged ······································· *S. latens*

Siler Simon, 1889

Key to species

1. Male ·· 2
   Female ·· 5
2. Embolus thicker, its base about half wide of the bulb ············· ***S. semiglaucus***
   Embolus thinner, its base less than half wide of the bulb ······························· 3
3. Embolus zonary, longer than genital bulb ··························· ***S. collingwoodi***
   Embolus shorter than genital bulb ·· 4
4. Embolus spine-shaped ··· ***S. cupreus***
   Embolus finger-shaped ·· ***S. severus***
5. Epigynum with median septum ·· ***S. collingwoodi***
   Epigynum without median septum ·· 6
6. Atrium slit-shaped ·· ***S. bielawskii***
   Atrium pore-shaped ·· 7
7. Spemarthecae bigger, pear-shaped ····································· ***S. cupreus***
   Spemarthecae smaller, spherical ······································ ***S. semiglaucus***

Sitticus Simon, 1901

Key to species

1. Male ·· 2
   Female ··· 10
2. Embolus longer than 3/4 perimeter of the genital bulb ··································· 3
   Embolus shorter than 1/2 perimeter of the genital bulb ································· 5
3. Embolus about 1.5 times perimeter of the genital bulb ·················· ***S. fasciger***
   Embolus about 3/4 perimeter of the genital bulb ······································· 4
4. Embolus originated from the position of 4:00 o'clock ················ ***S. floricola***
   Embolus originated from the position of 5:00 o'clock ············· ***S. zimmermanni***
5. Embolus originated from the position of 10:00 o'clock ················ ***S. sinensis***
   Embolus originated from the position of 8:00 o'clock ·································· 6
6. The middle part of embolus expanded ······························ ***S. niveosignatus***
   The middle part of embolus not expanded ··· 7
7. Embolus spine-shaped, its terminal tapering ··· 8
   Embolus finger-shaped, its terminal slightly thin ······································· 9
8. Tibial apophysis longer, its terminal extended to the promargin of bulb ··········· ***S. avocator***

Tibial apophysis shorter, its terminal slightly above the base of bulb ························ *S. clavator*

9. Tibial apophysis longer, its terminal extend to the promargin of bulb ·················· *S. albolineatus*

Tibial apophysis shorter, its terminal slightly above the base of bulb ·················· *S. penicillatus*

10. Epigynum with median septum ··· 11

Epigynum without median septum ··· 16

11. Atrium closed ·· 12

Atrium open ··· 13

12. Spermathecae with two rooms ··· *S. wuae*

Spermathecae with one room ·· *S. taiwanensis*

13. The posterior margin of atrium merged ··· *S. floricola*

The posterior margin of atrium not merged ··· 14

14. Median septum wider, with wider terminal ·· *S. nitidus*

Median septum much narrower, its terminal equal to base ······························· 15

15. The length of median septum about 6 times long of its width ····················· *S. penicillatus*

The length of median septum about 4 times long of its width ····················· *S. clavator*

16. Atrium indistinct ·· 17

Atrium distinct ··· 18

17. Copulatory openings posterior ·· *S. albolineatus*

Copulatory openings anterior ·· *S. fasciger*

18. Posterior plate of epigynum distinct ·· *S. zimmermanni*

Posterior plate of epigynum invisible ·· 19

19. Atrium merged completely ·· *S. niveosignatus*

Atrium parentheses-shaped ·· 20

20. Copulatory ducts longer, with a long ramus opened into copulatory openings except the bow-shaped part

·· *S. avocator*

Copulatory ducts shorter, only with the bow-shaped part ························· *S. sinensis*

Spartaeus Thorell, 1891

Key to species

1. Male ··· 2

Female ·· 5

2. Tibia with two apophyses ·· *S. jianfengensis*

Tibia with more than two apophyses ··· 3

3. Tibia with four apophyses ·· *S. platnicki*

Tibia with three apophyses ·· 4

4. Membraneous conductor distinct in ventral view ······························· *S. zhangi*

Conductor invisible in ventral view ·· *S. emeishan*

5. Epigynum with two long longitudinal bands ································· *S. platnicki*

Epigynum without longitudinal band ··· 6

6. Copulatory openings circular ··· 7

Copulatory openings not circular ··· 8

7. Spermathecae arranged longitudinally ·· *S. emeishan*

Spermathecae arranged diagonally ··· *S. jianfengensis*

8. Epigynum with V-shaped band on its base ······································ *S. ellipticus*

Epigynum with two short arc-shaped band on its base ······················· *S. thailandicus*

Stenaelurillus Simon, 1886

Key to species

1. Tibia with two apophyses in lateral view ································· *S. triguttatus*

Tibia with one apophysis in lateral view ··· 2

2. All three apophyses on top of genital bulb anti-clockwise ··················· *S. minutus*

Only one of the three apophyses on top of genital bulb anti-clockwise ··············· *S. hainanensis*

Synagelides Strand in Bösenberg *et* Strand, 1906

Key to species

1. Male ·· 2

Female ·· 8

2. Tibia with distinct apophysis ··· 3

Tibia without apophysis ·· 5

3. Tibia with two apophyses ··· *S. lushanensis*

Tibia with one apophysis ·· 4

4. Embolus with annular sclerite on its base in ventral view ···················· *S. annae*

The base of embolus invisible in ventral view ······························· *S. palpalis*

5. Sclerite lamellar in lateral view ··· 6

Sclerite not lamellar in lateral view ··· 7

6. Sclerite with indistinct apophysis in lateral view ·························· *S. agoriformis*

Sclerite with distinct apophysis in lateral view ······························· *S. hubeiensis*

7. Sclerite hoof-shaped in lateral view ·· *S. gambosa*

Sclerite S-shaped in lateral view ··· *S. zhaoi*

8. Epigynum without hood ·· 9

Epigynum with hood ··· 14

9. Epigynum with median septum ·· *S. gambosa*
    Epigynum without median septum ·· 10
10. Atrium closed ··· *S. huangsangensis*
    Atrium open ··· 11
11. The promargin of atrium merged ·· 12
    Atrium not merged ·· 13
12. Atrium arranged transversely ·· *S. tianmu*
    Atrium arranged longitudinally ·· *S. yunnan*
13. Atrium line-shaped ·· *S. zhilcovae*
    Atrium arc-shaped ··· *S. agoriformis*
14. Epigynum with median septum ·· 15
    Epigynum without median septum ·· 17
15. Hood away from the top of copulatory ducts in dorsal view ········· *S. zonatus*
    Hood close to the top of copulatory ducts in dorsal view ············ 16
16. Copulatory ducts folded longitudinally in S-shaped ··················· *S. annae*
    Copulatory ducts folded longitudinally in C-shaped ··················· *S. cavaleriei*
17. Hood on the middle part of epigynum ······································ *S. zhaoi*
    Hood on the top of epigynum ··· 18
18. The length of hood 2 times longer than wide ··························· *S. lushanensis*
    Hood slightly longer or shoter than wide ·································· 19
19. The length of hood about half long of its width ························· *S. longus*
    Hood slightly longer than wide ··· 20
20. The anterior part of vulva close to each other ··························· *S. zebrus*
    The anterior part of vulva away from each other ························ *S. palpaloides*

Talavera Peckham *et* Peckham, 1909

Key to species

1. The female with three longitudinal bands penetrated whole abdomen ·················· *T. trivittata*
    The female without the above mentioned band ································ 2
2. Copulatory ducts longer, folded in big loop ··································· *T. petrensis*
    Copulatory ducts shorter, folded with knots ·································· *T. aequipes*

Telamonia Thorell, 1887

Key to species

1. Male ··· 2

Female ·· 4

2. Embolus originated from the position of 3:00 o'clock in ventral view ························· *T. caprina*

Embolus originated from the position of 11:00 o'clock in ventral view ························· 3

3. Tibia apophysis with denticles on its middle part ·· *T. vlijmi*

Tibia apophysis without denticle on its middle part·· *T. festiva*

4. Copulatory openings longitudinal ·· 5

Copulatory openings transverse ·· 6

5. Copulatory ducts folded transversely ·· *T. vlijmi*

Copulatory ducts folded longitudinally ··· *T. luxiensis*

6. Copulatory ducts much shorter, folded in five spirals ····································· *T. festiva*

Copulatory ducts much longer, folded in eight spirals ····································· *T. caprina*

Thiania C. L. Koch, 1846

Key to species

1. Male··· 2

Female ·· 5

2. Tibia apophysis without tooth on its top ··· 3

Tibia apophysis with small teeth on its top ··· 4

3. The terminal of tibia apophysis beyond the top of genital bulb in lateral view ············· *T. cavaleriei*

The terminal of tibia apophysis beyond the middle of genital bulb in lateral view ··········· *T. inermis*

4. Tibia apophysis spoon-shaped in ventral view··· *T. bhamoensis*

Tibia apophysis finger-shaped in ventral view ··· *T. suboppressa*

5. Epigynum without median septum ··· *T. bhamoensis*

Epigynum with median septum ·· 6

6. Copulatory openings diagonal, on the top of epigynum ································· *T. luteobrachialis*

Copulatory openings longitudinal, on the middle of epigynum ························· *T. suboppressa*

Thyene Simon, 1885

Key to species

1. Embolus originated from the downside of genital bulb in ventral view··························· 2

Embolus originated from the upside of genital bulb in ventral view ··························· 3

2. Genital bulb with three to five radial striae··· *T. radialis*

Genital bulb without radial striae ·· *T. orientalis*

3. Embolus longer, enclosed the genital bulb with two circles ······························· *T. imperialis*

Embolus enclosed the genital bulb with one circle ·· 4

4. Embolus originated from the position of 12:00 o'clock in ventral view ·················· *T. triangula*

    Embolus originated from the position of 10:00 o'clock in ventral view ···································5

5. Tongue-shaped apophysis originated from the position of 6:00 o'clock ·················· *T. yuxiensis*

    Tongue-shaped apophysis originated from the position of 10:00 o'clock ················· *T. bivittata*

Yaginumaella Prószyński, 1979

Key to species

1. Male ···2

    Female ···10

2. Conductor distinct ··· *Y. longnanensis*

    Conductor invisible ···3

3. Cymbium with a apophysis on its lateral margin ······································ *Y. medvedevi*

    Cymbium without apophysis on its lateral margin ···4

4. Basal lobe of genital bulb horn-shaped in ventral view ···································5

    Basal lobe of genital bulb indistinct in ventral view ·······································6

5. Tibial apophysis curved in anti-clockwise in retrolateral view ···················· *Y. lobata*

    Tibial apophysis curved in clockwise retrolateral view····························· *Y. flexa*

6. Genital bulb with big basal lobe in retrolateral view····································7

    Basal lobe of genital bulb indistinct in retrolateral view ·································8

7. Tibial apophysis tapering in retrolateral view··· *Y. nepalica*

    Tibial apophysis wide and stout in retrolateral view ·························· *Y. wenxianensis*

8. Embolus originated from the position of 9:00 o'clock···························· *Y. thakkholaica*

    Embolus originated from the position of 8:00 o'clock····································9

9. Embolus thicker, its mid diameter about 1/2 diameter of sperm duct·············· *Y. lushiensis*

    Embolus thinner, its mid diameter about 1/4 diameter of sperm duct ············· *Y. wuermli*

10. Epigynum with two keratose hoods ···11

    Epigynal hood indistinct ···19

11. Copulatory openings longitudinal ···12

    Copulatory openings not longitudinal ···14

12. Hood almost as wide as long ··· *Y. nepalica*

    Hood much wider than long ···13

13. Copulatory ducts thin and longer, folded longitudinally······················· *Y. bilaguncula*

    Copulatory ducts thick and shorter, folded transversely ······················· *Y. wenxianensis*

14. Copulatory openings above the copulatory ducts··15

    Copulatory openings below the copulatory ducts ································· *Y. variformis*

15. Spermathecae near globular ·· *Y. badongensis*

Spermathecae near tube-shaped ·· 16

16. Hood much wider than long ··· *Y. medvedevi*

　　Hood not wider than long ··· 17

17. Copulatory openings transverse ·· *Y. nanyuensis*

　　Copulatory openings diagonal ·· 18

18. Epigynum longer than wide ·· *Y. wuermli*

　　Epigynum wider than long ··· *Y. montana*

19. Copulatory ducts shorter and straight ··· *Y. longnanensis*

　　Copulatory ducts longer and twisted ·· 20

20. Atrium bigger and distinct ·· *Y. thakkholaica*

　　Atrium indistinct ··· *Y. lushiensis*

Yllenus Simon, 1868

Key to species

1. Male ·· 2

　　Female ··· 9

2. Cymbium slender, bow-shaped ··· 3

　　Cymbium shorter, not bow-shaped ·· 7

3. Tibia with two apophyses ··· 4

　　Tibia with one apophysis ··· 5

4. The distance between genital bulb and distal portion of cymbium slightly shorter than the length of genital bulb ··· *Y. bajan*

　　The distance between genital bulb and distal portion of cymbium about 1/4 length of genital bulb ·········

　　·· *Y. robustior*

5. Cymbium without basal apophysis in retrolateral view ···························· *Y. maoniuensis*

　　Cymbium with basal apophysis in retrolateral view ·· 6

6. Embolus thicker, flagelliform ·· *Y. auspex*

　　Embolus thinner, filiform ·· *Y. pseudobajan*

7. Tibial apophysis thick and strong ··· *Y. flavociliatus*

　　Tibial without apophysis ··· 8

8. Sperm duct arc-shaped in ventral view ······································· *Y. albocinctus*

　　Sperm duct almost circular in ventral view ······································ *Y. salsicola*

9. Epigynum without hood ·· 10

　　Epigynum with hood ··· 11

10. Copulatory ducts folded in spiral-shaped, epigynum longer than wide ················ *Y. bajan*

　　Copulatory ducts folded in loop, epigynum wider than long ··················· *Y. maoniuensis*

11. Atrium reversedly parentheses-shaped ·· 12

    Atrium not reversedly parentheses-shaped ·· 13

12. Copulatory ducts folded in conic spiral-shaped ······················· *Y. robustior*

    Copulatory ducts folded in spiral-shaped ······································· *Y. bator*

13. Spermathecae arranged longitudinally ······································· *Y. salsicola*

    Spermathecae arranged transversely ·· 14

14. Copulatory ducts longer, folded in three loops ····················· *Y. namulinensis*

    Copulatory ducts not folded in loop ·· 15

15. Spermathecae near spherical ·· *Y. albocinctus*

    Spermathecae tube-shaped ··· *Y. auspex*

中 名 索 引

（按汉语拼音排序）

A

阿贝宽胸蝇虎 383

埃普蝇犬 278

埃氏劳弗蛛 204

矮金蝉蛛 306

艾普蛛属 90

安东莫鲁蛛 230

安氏合跳蛛 445

安氏西菱蛛 398

暗宽胸蝇虎 384

暗列锡蛛 208

暗色兰戈纳蛛 197

暗色西菱蛛 402

暗跳蛛属 37

鳌跳蛛属 62

B

巴东雅蛛 490

巴莫方胸蛛 476

巴托尔树跳蛛 512

巴彦树跳蛛 511

白斑贝塔蛛 48

白斑艾普蛛 91

白斑猎蛛 122

白斑猫跳蛛 57

白长腹蝇虎 521

白触斑蛛 101

白树跳蛛 509

白线跃蛛 413

斑腹蝇象 181

斑兰戈纳蛛 202

斑马合跳蛛 457

斑马蛛属 519

斑尤波蛛 116

斑蛛属 100

棒跃蛛 416

胞蛛属 79

豹跳蛛属 34

杯蛛属 215

贝氏翠蛛 404

贝塔蛛属 48

彼得怜蛛 463

笔状跃蛛 422

扁蝇虎属 223

卞氏追蛛 81

波氏金蝉蛛 305

波氏猎蛛 139

波氏缅蛛 52

波氏拟蝇虎 328

波氏闪蛛 177

波氏亚蛛 41

波氏追蛛 85

波状华蛛 71

不丹兰戈纳蛛 199

不丹蝇虎 335

布氏艳蛛 97

布氏蛛属 49

C

叉宽胸蝇虎 386

叉蚁蛛 246

叉状华蛛 66

长螯翘蛛 189

长触螯跳蛛 62

长触合跳蛛 454

长跗兰格蛛 195

长腹蒙蛛 219

长腹牛蛛 469

长腹蚁蛛 237

长腹蝇虎属 521

长合跳蛛 451

陈氏后雅蛛 505

陈氏盘蛛 268

齿沃蛛 488

垂雅蛛 493

唇形孔蛛 348

粗脚盘蛛 269

粗面兰戈纳蛛 203

粗树跳蛛 517

翠蛛属 403

D

大盘蛛 273

大卫塔沙蛛 466

代比金蝉蛛 300

带绯蛛 313

带猎蛛 130

带新跳蛛 261

带状合跳蛛 461

单突蛛属 265

道格德蛛 147

道蝇狼 290

德氏拟蝇虎 323

德氏蝇犬 276

滇长腹蝇虎 522

蝶蛛属 262

东方孔蛛 349

东方猎蛛 138

东方莎茵蛛 484

兜跳蛛属 375

短螯蚁蛛 235

短颌扁蝇虎 225

多彩纽蛛 472

多彩艳蛛 100

多色金蝉蛛 308

E

峨眉华蛛 65

峨眉散蛛 429

颚蚁蛛 249

二岐伊蛛 183

F

方胸蛛属 475

绯蛛属 311

弗勒脊跳蛛 264

弗氏纽蛛 474

伏蚁蛛 253

G

噶尔蝇犬 279

高尚蒙蛛 220

戈壁蝇犬 279

格德蛛属 146

蛤莫蛛属 156

蛤沙蛛属 162

弓拱猎蛛 123

龚氏西马蛛 410

沟渠蝇虎 338

钩突翘蛛 188

钩伊蛛 185

岣嵝峰盘蛛　270
冠猫跳蛛　55
光滑新跳蛛　255
广西艾普蛛　94
桂林蛤沙蛛　165

H

哈蛛属　160
海南金蝉蛛　302
海南盘蛛　271
寒冷拟伊蛛　366
韩国猎蛛　125
韩国拟伊蛛　367
合跳蛛属　422
河内蚁蛛　242
黑斑单突蛛　266
黑斑蝇狼　289
黑斑蛛　102
黑豹跳蛛　35
黑扁蝇虎　226
黑猫跳蛛　58
黑色蝇虎　336
黑铜蛛　61
黑线蝇犬　281
横纹蝇狮　214
后雅蛛属　505
狐拟伊蛛　369
湖北合跳蛛　450
花腹金蝉蛛　297
花蛤沙蛛　162
花跃蛛　419
华南菱头蛛　45
华蛛属　64
环拟拟伊蛛　362
环纹树跳蛛　510
环蚁蛛　236
环足拟蝇虎　318

黄带猎蛛　131
黄宽胸蝇虎　388
黄绒树跳蛛　513
黄桑合跳蛛　449
黄闪蛛　174
黄蚁蛛　250
黄枝方胸蛛　479
黄棕蝇狮　213
灰带绯蛛　311
昏蛛属　285

J

机敏金蝉蛛　296
姬岛苦役蛛　155
吉隆伊蛛　184
吉蚁蛛　239
脊跳蛛属　263
尖峰散蛛　431
尖峰孔蛛　347
尖闪蛛　171
简闪蛛　178
剑桥拟伊蛛　361
剑跳蛛属　76
胶跳蛛属　150
角猫跳蛛　56
角拟蝇虎　319
角突翘蛛　191
金蝉蛛属　291
金点闪蛛　167
金林拟蝇虎　324
金希兜跳蛛　376
精卫尤波蛛　114
胫节华蛛　69
巨刺布氏蛛　49
锯艳蛛　98
卷带跃蛛　417

K

卡氏斑蛛　106

卡氏方胸蛛　477

卡氏合跳蛛　446

卡氏金蝉蛛　299

卡氏蒙蛛　217

开普纽蛛　470

考氏拟伊蛛　364

科氏翠蛛　405

孔蛛属　342

苦役蛛属　153

酷翠蛛　409

宽齿跳蛛　396

宽胸蝇虎属　382

昆孔蛛　350

阔莎茵蛛　483

L

莱奇蛛属　207

莱氏剑蛛　76

兰戈纳蛛属　197

兰格蛛属　195

蓝翠蛛　406

劳弗蛛属　204

类王拟蝇虎　330

类武陵华蛛　74

丽跳蛛属　75

丽亚蛛　40

怜蛛属　462

镰猎蛛　128

镰闪蛛　168

廖氏尤波蛛　115

列伟胞蛛　79

列锡蛛属　208

猎蛛属　120

裂菱头蛛　47

林芝兜跳蛛　377

林芝拟蝇虎　325

林芝蝇狮　210

林芝追蛛　85

临桂蚁蛛　247

鳞斑莱奇蛛　207

鳞状猎蛛　123

菱头蛛属　44

刘家坪劳弗蛛　205

陇南雅蛛　494

卢格蚁蛛　248

卢氏雅蛛　496

庐山合跳蛛　452

泸溪纽蛛　473

路树跳蛛　518

螺旋哈蛛　160

螺蝇狮　211

M

马卡蛛属　209

马莱昏蛛　285

马氏铜蛛　60

脉似蚁蛛　441

猫跳蛛属　54

毛垛兜跳蛛　379

毛首猎蛛　132

矛状追蛛　84

牦牛树跳蛛　379

梅氏雅蛛　497

美丽蒙蛛　222

美丽跳蛛　75

美蛛属　152

蒙古猎蛛　135

蒙蛛属　216

米氏猎蛛　134

缅蛛属　51

模羽蛛　144

摩挡蛛属　228

蘑菇杯蛛　215

莫鲁蛛属　230

莫氏马卡蛛　209

N

南木林斑蛛　107

南木林树跳蛛　515

南岳雅蛛　499

囊谦斑蛛　108

哪吒尤波蛛　71

尼泊尔斑蛛　109

尼泊尔雅蛛　500

拟巴彦树跳蛛　516

拟斑蛛属　357

拟波氏猎蛛　141

拟长触合跳蛛　455

拟呼勒德追蛛　86

拟伊蛛属　360

拟蝇虎属　317

鸟跃蛛　415

宁新跳蛛　257

牛蛛属　468

纽蛛属　470

P

盘触拟蝇虎　322

盘蛛属　267

磐田拟斑蛛　357

皮氏绯蛛　314

普拉纳宽胸蝇虎　391

普氏蛤莫蛛　159

普氏劳弗蛛　206

普氏猎蛛　140

普氏散蛛　432

Q

七齿蚁蛛　252

齐氏合跳蛛　460

齐氏跃蛛　426

前斑蛛　105

强壮华蛛　72

乔氏蚁蛛　237

翘蛛属　187

琼斯坦蛛　437

琼尤波蛛　113

球斑马蛛　520

球斑蛛　103

球蚁蛛　240

曲雅蛛　492

R

日本合跳蛛　444

日本塔沙蛛　468

日本蚁蛛　244

荣艾普蛛　92

柔弱艾普蛛　97

S

萨克雅蛛　490

鳃蛤莫蛛　157

三斑蝇犬　284

三带怜蛛　464

三点暗跳蛛　38

三点斯坦蛛　439

三角莎茵蛛　486

三突宽胸蝇虎　395

散蛛属　427

莎茵蛛属　481

山地雅蛛　498

山形兜跳蛛　377

删拟伊蛛　365

闪蛛属 166

扇形金蝉蛛 294

上位蝶蛛 262

射纹莎茵蛛 485

申氏蚁蛛 251

饰圈兜跳蛛 381

树跳蛛属 508

双带扁蝇虎 223

双带金蝉蛛 294

双带莎茵蛛 482

双尖艾普蛛 92

双角兰戈纳蛛 200

双屏雅蛛 491

斯坦蛛属 436

四川暗跳蛛 37

四川拟伊蛛 368

四川拟蝇虎 331

似蚁蛛属 440

松林蛤莫蛛 158

宋氏兜跳蛛 378

宋氏孔蛛 352

苏氏金蝉蛛 307

绥宁脊跳蛛 264

T

塔沙蛛属 466

台湾华蛛 68

台湾孔蛛 353

台湾盘蛛 275

台湾右蛛 89

台湾跃蛛 424

泰国散蛛 434

弹簧拟蝇虎 326

蹄形合跳蛛 448

天目合跳蛛 456

条纹金蝉蛛 303

条纹宽胸蝇虎 394

条纹蝇虎 340

条蚁蛛 233

跳蛛属 396

同足怜蛛 462

铜头摩挡蛛 229

铜蛛属 60

头蛛属 77

椭圆散蛛 428

V

纹豹跳蛛 36

W

弯曲闪蛛 170

王拟蝇虎 329

王氏新跳蛛 260

网新跳蛛 259

微突斑蛛 110

微西菱蛛 399

韦氏拟伊蛛 372

文山拟伊蛛 371

文县斑蛛 111

文县雅蛛 503

沃氏后雅蛛 507

沃蛛属 488

乌苏里闪蛛 180

无刺方胸蛛 478

无刺蚁蛛 243

吴氏孔蛛 355

吴氏雅蛛 504

吴氏跃蛛 425

五斑扁蝇虎 228

武陵华蛛 74

武陵猎蛛 143

X

西伯利亚蝇犬 282

西藏绯蛛 316
西藏缅蛛 51
西藏跃蛛 420
西菱蛛属 398
西马蛛属 410
蜥状蝇象 182
喜猎蛛 133
细齿方胸蛛 480
线腹闪蛛 174
香港兰戈纳蛛 201
香港菱头蛛 46
香港美蛛 152
香港盘蛛 189
香港伊蛛 186
小金蝉蛛 304
小盘蛛 274
小斯坦蛛 438
小新跳蛛 256
新跳蛛属 254
兴隆镰猎蛛 129
锈宽胸蝇虎 392
悬闪蛛 172
雪斑跃蛛 421

Y

雅蛛属 489
亚东苦役蛛 155
亚东追蛛 87
亚蛛属 39
炎黄华蛛 66
眼斑头蛛 78
眼兰格蛛 196
眼猎蛛 137
艳蛛属 97
一心昏蛛 286
伊皮斯宽胸蝇虎 390
伊蛛属 183

蚁蛛属 231
异形金蝉蛛 292
异形孔蛛 345
异形雅蛛 502
翼膜闪蛛 176
尹氏蝇虎 341
隐蔽西菱蛛 400
印度宽胸蝇虎 390
缨孔蛛 344
蝇虎属 335
蝇狼属 288
蝇犬属 276
蝇狮属 210
蝇象属 181
尤波蛛属 115
右蛛属 88
榆中亚蛛 43
羽蛛属 144
玉翠蛛 408
玉朗斑蛛 112
玉溪莎茵蛛 487
岳麓翘蛛 192
悦金蝉蛛 309
跃蛛属 412
云南兜跳蛛 381
云南合跳蛛 456
云南昏蛛 287
云南拟伊蛛 373
云南翘蛛 193
云南尤波蛛 119
云南羽蛛

Z

扎氏拟伊蛛 374
张氏拟蝇虎 334
张氏散蛛 435
爪格德蛛 149

赵氏合跳蛛 458

赵氏孔蛛 356

褶腹蚁蛛 245

针管胶跳蛛 150

枝似蚁蛛 440

指状蛤沙蛛 164

指状宽胸蝇虎 387

指状猎蛛 127

指状拟蝇虎 320

中国缅蛛 53

中国拟伊蛛 362

中华格德蛛 148

中华跃蛛 423

珠峰斑蛛 104

侏拟斑蛛 359

壮拟蝇虎 332

追蛛属 80

棕色追蛛 82

学 名 索 引

A

abnormis, Jotus   292

abnormis, Phintella   292

accentifera, Phintella   294

accentifera, Telamonia   294

adansoni, Hasarius   162

adansonii, Attus   162

Aelurillus   34

aenea, Laufeia   135

aeneiceps, Bianor   229

aeneiceps, Modunda   229

aenescens, Bianor   399

aequipeiformis, Phintella   294

aequipes, Euophrys   462

aequipes, Salticus   462

aequipes, Talavera   462

afrata, Dendryphantes   385

agoriformis, Synagelides   444

albaria, Evarcha   122

albarius, Hasarius   122

albigera, Rhanis   383

albigera, Rhene   383

albo-cinctus, Attus   509

albocinctus, Yllenus   509

alboguttata, Viciria   91

alboguttatus, Epeus   91

albolimatus, Brettus   48

albolineatus, Attus   413

albolineatus, Sitticus   413

albomaculatus, Pellenes   276

albopalpalis, Euophrys   101

angulosus, Bianor   45

annae, Sibianor   398

annae, Synagelides   445

annamita, Myrmarachne   233

annulipedis, Plexippoides   318

annulipedis, Plexippus   318

antoninus, Mogrus   230

arcuata, Evarcha   123

arcuatus, Araneus   123

arenicolor, Attus   296

arenicolor, Phintella   296

Asemonea   37

Asianellus   39

atrata, Euophrys   102

atrata, Langona   197

atrata, Rhene   384

atratus, Dendryphantes   384

atratus, Homalattus   384

auratus, Heliophanus   167

aurocinctus, Bianor   399

aurocinctus, Heliophanus   399

aurocinctus, Sibianor   399

auspex, Attus   510

auspex, Yllenus   510

avocator, Attus   415

avocator, Sitticus   415

B

badongensis, Yaginumaella   490

baicalensis, Heliophanus   168

bajan, Yllenus   511

bator, Yllenus   512

berlandi, Heliophanus   170

bhamoensis, Thiania   476

bhutani, Plexippus 335

bhutanica, Langona 199

biangula, Langona 131

biankii, Dendryphantes 81

Bianor 44

bicolor, Aranea 58

bicuspidatus, Epeus 92

bicuspidatus, Plexippodes 92

bielawskii, Siler 404

biembolusa, Rhene 386

bifurcilinea, Phintella 297

bifurcilinea, Telamonia 297

bilaguncula, Yaginumaella 491

bilobus, Icius 183

bivittata, Thyene 482

bivittatus, Menemerus 223

bivittatus, Salticus 223

blairei, Epocilla 97

bonneti, Menemerus 223

brachiatus, Ballus 157

brachiatus, Harmochirus 157

brachygnathus, Menemerus 225

brachygnathus, Tapinattus 225

Brettus 48

brevis, Myrmarachne 235

Bristowia 49

bulbosa, Evarcha 123

bulbus, Euophrys 103

bulbus, Zebraplatys 520

Burmattus 51

C

calcarata, Epocilla 98

calcaratus, Plexippus 98

cambridgei, Pseudicius 361

canariensis, Dendryphantes 209

canariensis, Rhene 209

canestrinii, Mendoza 217

caprina, Telamonia 470

caprina, Viciria 470

Carrhotus 54

cavaleriei, Dexippus 299

cavaleriei, Icius 299

cavaleriei, Phintella 299

cavaleriei, Synagelides 446

cavaleriei, Tagoria 446

cavaleriei, Thiania 477

Chalcoscirtus 60

Cheliceroides 62

cheni, Pancorius 268

cheni, Yaginumanis 505

Chinattu 64

chinensis, Pseudicius 362

Chrysilla 75

chrysops, Aranea 289

chrysops, Philaeus 289

chuldensis, Dendryphantes 86

cinctus, Icius 363

cinctus, Menemerus 362

cinctus, Pseudicius 362

cinereofasciata, Phlegra 311

cineroeo-fasciatus, Attus 311

circulus, Myrmarachne 236

clavator, Sitticus 416

collingwoodi, Siler 405

collingwoodii, Salticus 405

Colyttus 76

contortospinosa, Hasarina 160

coreana, Evarcha 125

cornutus, Plexippoides 319

coronata, Ergane 55

coronatus, Carrhotus 55

courtauld, Icius 364

courtauldi, Pseudicius 364

crassipes, Evarcha 269

crassipes, Pancorius 269

crassipes, Plexippus 269

cupreus, Siler 406

curvidens, Heliophanus 170

curvidens, Salticus 170

cuspidatus, Heliophanus 171

Cyrba 77

Cytaea 79

D

dactyloides, Habrocestoides 164

dactyloides, Hasarius 164

daoxianensis, Gedea 147

daoxianensis, Philaeus 290

davidi, Tasa 466

davidi, Thianella 466

debilis, Chrysilla 300

debilis, Phintella 300

deletus, Menemerus 365

deletus, Pseudicius 365

Dendryphantes 80

denisi, Pellenes 276

denticulata, Wanlessia 488

Dexippus 88

diardi, Attus 181

diardi, Hyllus 181

difficilis, Jotus 296

digitata, Evarcha 127

digitata, Rhene 387

digitatus, Plexippoides 320

discifer, Plexippoides 322

discifer, Plexippus 322

discifos, Plexippoides 322

doenitzi, Hasarius 323

doenitzi, Plexippoides 323

dubius, Heliophanus 172

dybowskii, Marpissa 211

E

elegans, Aranea 313

ellipticus, Spartaeus 428

elongata, Marpissa 219

elongata, Myrmarachne 327

elongate, Mendoza 219

elongate, Tauala 469

elongatus, Icius 219

emeiensis, Chinattus 65

emeiensis, Habrocestoides 65

emeishan, Spartaeus 429

Epeus 90

epigynalis, Nungia 262

Epocilla 97

epularis, Pellenes 278

epularis, Salticus 278

erratica, Euophrys 357

Euophrys 100

Eupoa 113

Evarcha 120

everestensis, Euophrys 104

F

falcata, Evarcha 128

falcatus, Araneus 128

falcatus, Heliophanus 168

fasciata, Evarcha 130

fasciata, Phlegra 313

fasciatus, Attus 313

fasciger, Attus 417

fasciger, Sitticus 417

Featheroides 144

festiva, Euophrys 40

festiva, Phlegra 40

festiva, Telamonia 472

festivus, Asianellus 40

fimbriata, Portia 344

fimbriatus, Salticus   344

flavigera, Rhanis   388

flavigera, Rhene   388

flavipes, Heliophanus   173

flavipes, Salticus   173

flavociliatus, Yllenus   513

flavocincta, Evarcha   131

flavocincta, Maevia   131

flexa, Yaginumaella   492

floricola, Euophrys   419

floricola, Sitticus   419

formicaria, Aranea   237

formicaria, Myrmarachne   237

frenata, Ocrisiona   264

frigidus, Menemerus   366

frigidus, Pseudicius   366

frontalis, Aranea   105

frontalis, Euophrys   105

fulvus, Hasarius   226

fulvus, Menemerus   226

fungiformis, Meata   215

furcatus, Chinattus   66

furcatus, Habrocestoides   66

furvus, Lycidas   208

fuscipes, Phlegra   311

fusconotatus, Attus   82

fusconotatus, Dendryphantes   82

G

gambosa, Synagelides   448

Gedea   146

Gelotia   150

geminus, Habrocestoides   69

geminus, Heliophanus   69

gerensis, Pellenes   279

gisti, Myrmarachne   239

globosa, Myrmarachne   240

glorius, Epeus   92

gobiensis, Pellenes   279

gongi, Simaetha   410

goulufengensis, Pancorius   270

guangxi, Epeus   94

gyirongensis, Icius   184

H

Habrocestum   152

hainanensis, Eupoa   114

hainanensis, Pancorius   271

hainanensis, Stenaelurillus   437

hainani, Phintella   302

Hakka   153

hamata, Marpissa   185

hamatapophysis, Irura   188

hamatapophysis, Kinhia   188

hamatus, Icius   185

hamifer, Yllenus   517

hanoii, Myrmarachne   242

Harmochirus   156

Hasarina   160

Hasarius   162

hastatus, Dendryphantes   84

hastatus, Araneus   84

Heliophanus   166

heteroidea, Portia   345

heterospineus, Spartaeus   432

heterospinosa, Bristowia   49

himeshimensis, Hakka   153

himeshimensis, Menemerus   153

himeshimensis, Pseudicius   153

hirticeps, Evarcha   132

hirticeps, Pharacocerus   132

hongkong, Bianor   46

hongkong, Icius   186

hongkong, Langona   201

hongkong, Pancorius   272

hongkongensis, Habrocestum   152

hotingchiehi, Bianor 45

hoyi, Evarcha 140

huangsangensis, Synagelides 449

hubeiensis, Synagelides 450

hunanensis, Evarcha 132

Hyllus 181

I

Icius 183

imperialis, Attus 483

imperialis, Thyene 483

incitatus, Bianor 47

incognitus, Plexippus 336

indica, Rhene 390

inermichelis, Myrmarachne 243

inermis, Marpissa 478

inermis, Thiania 478

ipis, Rhene 390

Irura 187

iwatensis, Euophrys 357

iwatensis, Pseudeuophrys 357

J

japonica, Myrmarachne 244

japonicus, Salticus 244

jianfeng, Portia 347

jianfengensis, Spartaeus 431

jingwei, Eupoa 114

jinlini, Plexippoides 324

joblotii, Aranea 237

joblotii, Myrmarachne 238

K

kataokai, Euophrys 106

kiboschensis, Myrmarachne 245

kinhi, Ptocasius 376

koreanus, Icius 367

koreanus, Pseudicius 367

koreanus, Salticus 153

kuwagata, Myrmarachne 246

kweilinensis, Habrocestoides 165

kweilinensis, Habrocestum 165

kweilinensis, Hasarius 165

L

labiata, Portia 348

labiatus, Linus 348

lacertosus, Hyllus 182

lacertosus, Plexippus 182

laetabunda, Ergane 133

laetabunda, Euophrys 133

laetabunda, Evarcha 133

Langerra 195

Langona 197

latens, Sibianor 401

latidentatus, Salticus 395

Laufeia 204

lauta, Chrysilla 75

Lechia 207

lehtineni, Colyttus 76

lesserti, Myrmarachne 251

levii, Cytaea 79

levis, Attus 255

levis, Neon 255

liaoi, Eupoa 115

linea, Euophrys 303

linea, Jotus 303

linea, Phintella 303

lineiventris, Heliophanus 174

linguiensis, Myrmarachne 247

linzhiensis, Dendryphantes 86

linzhiensis, Marpissa 210

linzhiensis, Plexippoides 325

linzhiensis, Ptocasius 377

liujiapingensis, Laufeia 205

lobata, Yaginumaella 493

longicymbia, Langerra　195

longiochelicera, Irura　192

longiochelicera, Kinhia　192

longipalpis, Cheliceroides　62

longnanensis, Yaginumaella　494

longus, Synagelides　451

lugubris, Myrmarachne　248

lugubris, Salticus　248

lushanensis, Synagelides　452

lushiensis, Yaginumaella　496

luteobrachialis, Thiania　479

luxiensis, Telamonia　473

Lycidas　208

M

Macaroeris　209

maculata, Eupoa　113

maculata, Langona　202

magister, Marpissa　217

magnus, Pancorius　273

malayensis, Phaeacius　285

maoniuensis, Philaeus　510

maoniuensis, Yllenus　510

Marpissa　210

martensi, Chalcoscirtus　60

maxillosa, Myrmarachne　249

maxillosus, Toxeus　249

Meata　215

medvedevi, Yaginumaella　497

melloteei, Phintella　296

Mendoza　216

Menemerus　223

meniscatus, Plexippoides　326

mikhailovi, Evarcha　134

milleri, Marpissa　211

minutus, Neon　256

minutus, Pancorius　274

minutus, Stenaelurillus　438

m-nigrum, Aelurillus　35

Modunda　228

moebi, Macaroeris　209

moebii, Dendryphantes　209

Mogrus　230

mongolica, Evarcha　135

montana, Yaginumaella　498

montiformis, Ptocasius　377

munitus, Jotus　308

Myrmarachne　231

N

namulinensis, Euophrys　107

namulinensis, Yllenus　515

nangqianensis, Euophrys　108

nanyuensis, Yaginumaella　499

Neon　254

nepalica, Euophrys　109

nepalica, Yaginumaella　500

nezha, Eupoa　117

nigrimaculatus, Onomastus　266

nigritus, Chalcoscirtus　61

nigritus, Euophrys　61

nigritus, Heliophanus　61

nigrociliatus, Attus　281

nigrociliatus, Pellenes　281

ningyo, Neon　257

nipponica, Tasa　468

nitidus, Burmattus　51

nitidus, Marpissa　51

nitidus, Sitticus　420

niveo-signatus, Attus　421

niveosignatus, Sitticus　421

nobilis, Attus　220

nobilis, Marpissa　220

nobilis, Mendoza　220

Nungia　262

O

ocellata, Cyrba 78

ocellata, Euophrys 78

Ocrisiona 263

oculina, Langerra 196

Onomastus 265

optabilis, Evarcha 137

optabilis, Plexippus 137

orientalis, Evarcha 138

orientalis, Pharacocerus 138

orientalis, Portia 349

orientalis, Thyene 484

P

pallidus, Zeuxippus 521

palpalis, Synagelides 454

palpaloides, Synagelides 455

Pancorius 267

paralbaria, Evarcha 125

paraviduus, Sitticus 415

parva, Phintella 304

parvus, Icius 304

patagiatus, Heliophanus 176

paykulli, Plexippus 336

paykullii, Attus 336

Pellenes 276

penicillatus, Attus 422

penicillatus, Sitticus 422

pentamaculata, Menemerus 228

petersi, Plexippus 338

petersii, Euophrys 338

petrensis, Euophrys 463

petrensis, Talavera 463

Phaeacius 285

Philaeus 288

Phintella 291

Phlegra 311

pichoni, Carrhotus 58

pichoni, Phlegra 40

picturata, Epocilla 100

pineus, Harmochirus 158

pisarskii, Phlegra 314

plana, Rhene 391

planus, Ballus 391

plataleoides, Myrmarachne 250

plataleoides, Salticus 250

platnicki, Spartaeus 432

Plexippoides 317

Plexippus 335

pococki, Burmattus 52

pococki, Evarcha 139

pocockii, Plexippus 52

pomatia, Aranea 212

pomatia, Marpissa 212

popovi, Icius 305

popovi, Phintella 305

Portia 342

potanini, Asianellus 41

potanini, Dendryphantes 87

potanini, Heliophanus 177

potanini, Phlegra 41

potanini, Plexippoides 328

potanini, Salticus 396

proszynski, Evarcha 140

proszynski, Harmochirus 159

proszynskii, Laufeia 206

Pseudeuophrys 357

Pseudicius 360

pseudobajan, Yllenus 516

pseudochuldensis, Dendryphantes 86

pseudolaetabunda, Evarcha 135

pseudopococki, Evarcha 141

Ptocasius 375

pulchra, Marpissa 220, 222

pulchra, Mendoza 222

pulla, Marptusa   214

pulla, Marpissa   214

pullus, Bianor   402

pullus, Harmochirus   402

pullus, Sibianor   402

pupus, Icius   297

pygmaea, Euophrys   306

pygmaea, Phintella   306

Q

quei, Portia   350

R

radialis, Thyene   485

ramitus, Synageles   440

regius, Plexippoides   329

regiusoides, Plexippoides   330

reticulatus, Neon   259

reticulatus, Salticus   259

Rhene   382

robustior, Yllenus   517

rubriger, Homalattus   392

rubrigera, Rhene   392

rufibarbis, Attus   110

rufibaris, Euophrys   110

S

salsicola, Attulus   518

salsicola, Yllenus   518

Salticus   396

sannio, Carrhotus   56

sannio, Plexippu   56

schenkeli, Myrmarachne   251

schensiensis, Menemerus   226

semiglaucus, Cyllobelus   408

semiglaucus, Siler   408

septemdentata, Myrmarachne maxillosa   252

setipes, Plexippus   340

setipes, Rhene   394

severus, Cyllobelus   409

severus, Siler   409

Sibianor   398

sibiricus, Pellenes   282

sichuanensis, Asemonea   37

sichuanensis, Evarcha   138

Siler   403

Simaetha   410

simplex, Heliophanus   178

sinensis, Chinattus   66

sinensis, Gedea   148

sinensis, Habrocestoides   66

sinensis, Sitticus   423

sinicus, Burmattus   53

Sitticus   412

songi, Portia   352

songi, Ptocasius   378

Spartaeus   427

squamata, Lechia   207

Stenaelurillus   436

strupifer, Ptocasius   379

suavis, Phintella   307

suavis, Thiania   307

suboppressa, Thiania   480

suilingensis, Ocrisiona   264

Synageles   440

Synagelides   442

syringopalpis, Gelotia   150

szechuanensis, Plexippoides   331

szechuanensis, Pseudicius   368

szechwanensis, Habrocestoides   71

T

taiwanensis, Chinattus   68

taiwanensis, Dexippus   89

taiwanensis, Pancorius   275

taiwanensis, Sitticus   424

taiwanica, Portia　353

Talavera　462

tartarica, Langona　203

tartarica, Phlegra　203

tartaricus, Aelurillus　203

Tasa　466

Tauala　468

Telamonia　470

tener, Epeus　97

tener, Evenust　97

thailandicus, Spartaeus　434

thakkholaica, Ptocasius　501

thakkholaica, Yaginumaella　501

Thiania　475

thibetana, Phlegra　316

Thyene　481

tianmu, Synagelides　456

tibialis, Chinattus　69

tibialis, Habrocestoides　69

tibialis, Phintella　69

triangula, Thyene　486

triapophyses, Rhene　395

trigonapophysis, Irura　191

trigonapophysis, Kinhia　191

triguttatus, Stenaelurillus　439

tripunctata, Aranea　284

tripunctatus, Pellenes　184

trispila, Asemonea　38

trivittata, Euophrys　464

trivittata, Talavera　464

typicus, Featheroides　144

U

undulatus, Chinattus　71

undulatus, Habrocestoides　71

undulatus, Heliophanus　71

undulatovittata, Euophrys　369

unguiformis, Gedea　149

ussuricus, Heliophanus　180

V

validus, Chinattus　72

validus, Habrocestoides　72

validus, Plexippoides　332

variformis, Yaginumaella　502

venator, Attus　441

venator, Synageles　441

versicolor, Chrysilla　308

versicolor, Phintella　308

versicolor, Plexippus　308

viduus, Carrhotus　57

viduus, Plexippus　57

v-insignitus, Aelurillus　36

vittata, Phintella　309

vittatus, Plexippus　309

vittatus, Ptocasius　381

vlijmi, Telamonia　474

vlijmi, Viciria　474

volatilis, Hermosa　253

volatilis, Myrmarachne　253

vulpes, Attus　369

vulpes, Icius　369

vulpes, Pseudicius　369

W

wangi, Neon　260

wanlessi, Yaginumanis　488

Wanlessia　488

wenshanensis, Pseudicius　371

wenxianensis, Euophrys　111

wenxianensis, Evarcha　503

wenxianensis, Yaginumaella　503

wesolowskae, Pseudicius　372

wuae, Sitticus　425

wuermli, Ptocasius　504

wuermli, Yaginumaella　504

wui, Portia 355

wulingensis, Chinattus 73

wulingensis, Evarcha 143

wulingensis, Habrocestoides 73

wulingoides, Chinattus 74

wulingoides, Habrocestoides 74

X

xanthogramma, Carrhotus 58

xanthogramma, Carrhotus bicolor 58

xinglongensis, Evarcha falcata 129

Y

yadongensis, Dendryphantes 87

yadongensis, Icius 155

yadongensis, Hakka 155

Yaginumaella 489

Yaginumanis 505

yinae, Plexippus 341

yixin, Phaeacius 286

Yllenus 508

yueluensis, Irura 192

yueluensis, Kinhia 192

yulungensis, Euophrys 112

yunnan, Synagelides 456

yunnanensis, Eupoa 119

yunnanensis, Featheroides 145

yunnanensis, Kinhia 193

yunnanensis, Irura 193, 194

yunnanensis, Menemerus 373

yunnanensis, Phaeacius 287

yunnanensis, Pseudicius 373

yunnanensis, Ptocasius 381

yunnanensis, Zeuxippus 522

yuxiensis, Thyene 487

yuzhongensis, Asianellus 43

yuzhongensis, Phlegra 43

Z

zabkai, Pseudicius 374

Zebraplatys 519

Zeuxippus 521

《中国动物志》已出版书目

《中国动物志》

兽纲　第六卷　啮齿目 (下)　仓鼠科　罗泽珣等　2000，514 页，140 图，4 图版。

兽纲　第八卷　食肉目　高耀亭等　1987，377 页，66 图，10 图版。

兽纲　第九卷　鲸目　食肉目　海豹总科　海牛目　周开亚　2004，326 页，117 图，8 图版。

鸟纲　第一卷　第一部　中国鸟纲绪论　第二部　潜鸟目　鹱形目　郑作新等　1997，199 页，39 图，4 图版。

鸟纲　第二卷　雁形目　郑作新等　1979，143 页，65 图，10 图版。

鸟纲　第四卷　鸡形目　郑作新等　1978，203 页，53 图，10 图版。

鸟纲　第五卷　鹤形目　鸻形目　鸥形目　王岐山、马鸣、高育仁　2006，644 页，263 图，4 图版。

鸟纲　第六卷　鸽形目　鹦形目　鹃形目　鸮形目　郑作新、冼耀华、关贯勋　1991，240 页，64 图，5 图版。

鸟纲　第七卷　夜鹰目　雨燕目　咬鹃目　佛法僧目　鴷形目　谭耀匡、关贯勋　2003，241 页，36 图，4 图版。

鸟纲　第八卷　雀形目　阔嘴鸟科　和平鸟科　郑宝赉等　1985，333 页，103 图，8 图版。

鸟纲　第九卷　雀形目　太平鸟科　岩鹨科　陈服官等　1998，284 页，143 图，4 图版。

鸟纲　第十卷　雀形目　鹟科(一)　鸫亚科　郑作新、龙泽虞、卢汰春　1995，239 页，67 图，4 图版。

鸟纲　第十一卷　雀形目　鹟科(二)　画眉亚科　郑作新、龙泽虞、郑宝赉　1987，307 页，110 图，8 图版。

鸟纲　第十二卷　雀形目　鹟科(三)　莺亚科　鹟亚科　郑作新、卢汰春、杨岚、雷富民等　2010，439 页，121 图，4 图版。

鸟纲　第十三卷　雀形目　山雀科　绣眼鸟科　李桂垣、郑宝赉、刘光佐　1982，170 页，68 图，4 图版。

鸟纲　第十四卷　雀形目　文鸟科　雀科　傅桐生、宋榆钧、高玮等　1998，322 页，115 图，8 图版。

爬行纲　第一卷　总论　龟鳖目　鳄形目　张孟闻等　1998，208 页，44 图，4 图版。

爬行纲　第二卷　有鳞目　蜥蜴亚目　赵尔宓、赵肯堂、周开亚等　1999，394 页，54 图，8 图版。

爬行纲　第三卷　有鳞目　蛇亚目　赵尔宓等　1998，522 页，100 图，12 图版。

两栖纲　上卷　总论　蚓螈目　有尾目　费梁、胡淑琴、叶昌媛、黄永昭等　2006，471 页，120 图，16 图版。

两栖纲　中卷　无尾目　费梁、胡淑琴、叶昌媛、黄永昭等　2009，957 页，549 图，16 图版。

两栖纲　下卷　无尾目　蛙科　费梁、胡淑琴、叶昌媛、黄永昭等　2009，888 页，337 图，16 图版。

硬骨鱼纲　鲽形目　李思忠、王惠民　1995，433 页，170 图。

硬骨鱼纲　鲇形目　褚新洛、郑葆珊、戴定远等　1999，230 页，124 图。

硬骨鱼纲　鲤形目(中)　陈宜瑜等　1998，531 页，257 图。

硬骨鱼纲　鲤形目(下)　乐佩绮等　2000，661 页，340 图。

硬骨鱼纲　鲟形目　海鲢目　鲱形目　鼠鱚目　张世义　2001，209 页，88 图。

硬骨鱼纲　灯笼鱼目　鲸口鱼目　骨舌鱼目　陈素芝　2002，349 页，135 图。

硬骨鱼纲　鲀形目　海蛾鱼目　喉盘鱼目　鮟鱇目　苏锦祥、李春生　2002，495 页，194 图。

硬骨鱼纲　鲉形目　金鑫波　2006，739 页，287 图。

硬骨鱼纲　鲈形目(四)　刘静等　2016，312 页，142 图，15 图版。

硬骨鱼纲　鲈形目(五)　虾虎鱼亚目　伍汉霖、钟俊生等　2008，951 页，575 图，32 图版。

硬骨鱼纲　鳗鲡目　背棘鱼目　张春光等　2010，453 页，225 图，3 图版。

硬骨鱼纲　银汉鱼目　鳉形目　颌针鱼目　蛇鳚目　鳕形目　李思忠、张春光等　2011，946 页，345 图。

圆口纲　软骨鱼纲　朱元鼎、孟庆闻等　2001，552 页，247 图。

昆虫纲　第一卷　蚤目　柳支英等　1986，1334 页，1948 图。

昆虫纲　第二卷　鞘翅目　铁甲科　陈世骧等　1986，653 页，327 图，15 图版。

昆虫纲　第三卷　鳞翅目　圆钩蛾科　钩蛾科　朱弘复、王林瑶　1991，269 页，204 图，10 图版。

昆虫纲　第四卷　直翅目　蝗总科　癞蝗科　瘤锥蝗科　锥头蝗科　夏凯龄等　1994，340 页，168 图。

昆虫纲　第五卷　鳞翅目　蚕蛾科　大蚕蛾科　网蛾科　朱弘复、王林瑶　1996，302 页，234 图，18 图版。

昆虫纲　第六卷　双翅目　丽蝇科　范滋德等　1997，707 页，229 图。

昆虫纲　第七卷　鳞翅目　祝蛾科　武春生　1997，306 页，74 图，38 图版。

昆虫纲　第八卷　双翅目　蚊科(上)　陆宝麟等　1997，593 页，285 图。

昆虫纲　第九卷　双翅目　蚊科(下)　陆宝麟等　1997，126 页，57 图。

昆虫纲　第十卷　直翅目　蝗总科　斑翅蝗科　网翅蝗科　郑哲民、夏凯龄　1998，610 页，323 图。

昆虫纲　第十一卷　鳞翅目　天蛾科　朱弘复、王林瑶　1997，410 页，325 图，8 图版。

昆虫纲　第十二卷　直翅目　蚱总科　梁络球、郑哲民　1998，278 页，166 图。

昆虫纲　第十三卷　半翅目　姬蝽科　任树芝　1998，251 页，508 图，12 图版。

昆虫纲　第十四卷　同翅目　纩蚜科　瘿绵蚜科　张广学、乔格侠、钟铁森、张万玉　1999，380 页，121 图，17+8 图版。

昆虫纲　第十五卷　鳞翅目　尺蛾科　花尺蛾亚科　薛大勇、朱弘复　1999，1090 页，1197 图，25 图版。

昆虫纲　第十六卷　鳞翅目　夜蛾科　陈一心　1999，1596 页，701 图，68 图版。

昆虫纲　第十七卷　等翅目　黄复生等　2000，961 页，564 图。

昆虫纲　第十八卷　膜翅目　茧蜂科(一)　何俊华、陈学新、马云　2000，757 页，1783 图。

昆虫纲　第十九卷　鳞翅目　灯蛾科　方承莱　2000，589 页，338 图，20 图版。

昆虫纲　第二十卷　膜翅目　准蜂科　蜜蜂科　吴燕如　2000，442 页，218 图，9 图版。

昆虫纲　第二十一卷　鞘翅目　天牛科　花天牛亚科　蒋书楠、陈力　2001，296 页，17 图，18 图版。

昆虫纲　第二十二卷　同翅目　蚧总科　粉蚧科　绒蚧科　蜡蚧科　链蚧科　盘蚧科　壶蚧科　仁蚧科　王子清　2001，611 页，188 图。

昆虫纲　第二十三卷　双翅目　寄蝇科(一)　赵建铭、梁恩义、史永善、周士秀　2001，305 页，183 图，11 图版。

昆虫纲　第二十四卷　半翅目　毛唇花蝽科　细角花蝽科　花蝽科　卜文俊、郑乐怡　2001，267 页，362 图。

昆虫纲　第二十五卷　鳞翅目　凤蝶科　凤蝶亚科　锯凤蝶亚科　绢蝶亚科　武春生　2001，367 页，163 图，8 图版。

昆虫纲　第二十六卷　双翅目　蝇科(二)　棘蝇亚科(一)　马忠余、薛万琦、冯炎　2002，421 页，614 图。

昆虫纲　第二十七卷　鳞翅目　卷蛾科　刘友樵、李广武　2002，601 页，16 图，136+2 图版。

昆虫纲　第二十八卷　同翅目　角蝉总科　犁胸蝉科　角蝉科　袁锋、周尧　2002，590 页，295 图，4 图版。

昆虫纲　第二十九卷　膜翅目　螯蜂科　何俊华、许再福　2002，464 页，397 图。

昆虫纲　第三十卷　鳞翅目　毒蛾科　赵仲苓　2003，484 页，270 图，10 图版。

昆虫纲　第三十一卷　鳞翅目　舟蛾科　武春生、方承莱　2003，952 页，530 图，8 图版。

昆虫纲　第三十二卷　直翅目　蝗总科　槌角蝗科　剑角蝗科　印象初、夏凯龄　2003，280 页，144 图。

昆虫纲　第三十三卷　半翅目　盲蝽科　盲蝽亚科　郑乐怡、吕楠、刘国卿、许兵红　2004，797 页，228 图，8 图版。

昆虫纲　第三十四卷　双翅目　舞虻总科　舞虻科　螳舞虻亚科　驼舞虻亚科　杨定、杨集昆　2004，334 页，474 图，1 图版。

昆虫纲　第三十五卷　革翅目　陈一心、马文珍　2004，420 页，199 图，8 图版。

昆虫纲　第三十六卷　鳞翅目　波纹蛾科　赵仲苓　2004，291 页，153 图，5 图版。

昆虫纲　第三十七卷　膜翅目　茧蜂科(二)　陈学新、何俊华、马云　2004，581 页，1183 图，103 图版。

昆虫纲　第三十八卷　鳞翅目　蝙蝠蛾科　蛱蛾科　朱弘复、王林瑶、韩红香　2004，291 页，179 图，8 图版。

昆虫纲　第三十九卷　脉翅目　草蛉科　杨星科、杨集昆、李文柱　2005，398 页，240 图，4 图版。

昆虫纲　第四十卷　鞘翅目　肖叶甲科　肖叶甲亚科　谭娟杰、王书永、周红章　2005，415 页，95 图，8 图版。

昆虫纲　第四十一卷　同翅目　斑蚜科　乔格侠、张广学、钟铁森　2005，476 页，226 图，8 图版。

昆虫纲　第四十二卷　膜翅目　金小蜂科　黄大卫、肖晖　2005，388 页，432 图，5 图版。

昆虫纲　第四十三卷　直翅目　蝗总科　斑腿蝗科　李鸿昌、夏凯龄　2006，736 页，325 图。

昆虫纲　第四十四卷　膜翅目　切叶蜂科　吴燕如　2006，474 页，180 图，4 图版。

昆虫纲 第四十五卷 同翅目 飞虱科 丁锦华 2006, 776 页, 351 图, 20 图版。

昆虫纲 第四十六卷 膜翅目 茧蜂科 窄径茧蜂亚科 陈家骅、杨建全 2006, 301 页, 81 图, 32 图版。

昆虫纲 第四十七卷 鳞翅目 枯叶蛾科 刘有樵、武春生 2006, 385 页, 248 图, 8 图版。

昆虫纲 蚤目(第二版, 上下卷) 吴厚永等 2007, 2174 页, 2475 图。

昆虫纲 第四十九卷 双翅目 蝇科(一) 范滋德、邓耀华 2008, 1186 页, 276 图, 4 图版。

昆虫纲 第五十卷 双翅目 食蚜蝇科 黄春梅、成新月 2012, 852 页, 418 图, 8 图版。

昆虫纲 第五十一卷 广翅目 杨定、刘星月 2010, 457 页, 176 图, 14 图版。

昆虫纲 第五十二卷 鳞翅目 粉蝶科 武春生 2010, 416 页, 174 图, 16 图版。

昆虫纲 第五十三卷 双翅目 长足虻科(上下卷) 杨定、张莉莉、王孟卿、朱雅君 2011, 1912 页, 1017 图, 7 图版。

昆虫纲 第五十四卷 鳞翅目 尺蛾科 尺蛾亚科 韩红香、薛大勇 2011, 787 页, 929 图, 20 图版。

昆虫纲 第五十五卷 鳞翅目 弄蝶科 袁锋、袁向群、薛国喜 2015, 754 页, 280 图, 15 图版。

昆虫纲 第五十六卷 膜翅目 细蜂总科(一) 何俊华、许再福 2015, 1078 页, 485 图。

昆虫纲 第五十七卷 直翅目 螽斯科 露螽亚科 康乐、刘春香、刘宪伟 2013, 574 页, 291 图, 31 图版。

昆虫纲 第五十八卷 襀翅目 叉𧉍总科 杨定、李卫海、祝芳 2014, 518 页, 294 图, 12 图版。

昆虫纲 第五十九卷 双翅目 虻科 许荣满、孙毅 2013, 870 页, 495 图, 17 图版。

昆虫纲 第六十卷 半翅目 扁蚜科 平翅绵蚜科 乔格侠、姜立云、陈静、张广学、钟铁森 2017, 414 页, 137 图, 8 图版。

昆虫纲 第六十一卷 鞘翅目 叶甲科 叶甲亚科 杨星科、葛斯琴、王书永、李文柱、崔俊芝 2014, 641 页, 378 图, 8 图版。

昆虫纲 第六十二卷 半翅目 盲蝽科(二) 合垫盲蝽亚科 刘国卿、郑乐怡 2014, 297 页, 134 图, 13 图版。

昆虫纲 第六十三卷 鞘翅目 拟步甲科(一) 任国栋等 2016, 534 页, 248 图, 49 图版。

昆虫纲 第六十四卷 膜翅目 金小蜂科(二) 金小蜂亚科 肖晖、黄大卫、矫天扬 2019, 495 页, 186 图, 12 图版。

昆虫纲 第六十五卷 双翅目 鹬虻科、伪鹬虻科 杨定、董慧、张魁艳 2016, 476 页, 222 图, 7 图版。

昆虫纲 第六十七卷 半翅目 叶蝉科 (二) 大叶蝉亚科 杨茂发、孟泽洪、李子忠 2017, 637 页, 312 图, 27 图版。

昆虫纲 第六十八卷 脉翅目 蚁蛉总科 王心丽、詹庆斌、王爱芹 2018, 285 页, 2 图, 38 图版。

无脊椎动物 第一卷 甲壳纲 淡水枝角类 蒋燮治、堵南山 1979, 297 页, 192 图。

无脊椎动物 第二卷 甲壳纲 淡水桡足类 沈嘉瑞等 1979, 450 页, 255 图。

无脊椎动物 第三卷 吸虫纲 复殖目(一) 陈心陶等 1985, 697 页, 469 图, 10 图版。

无脊椎动物 第四卷 头足纲 董正之 1988, 201 页, 124 图, 4 图版。

无脊椎动物 第五卷 蛭纲 杨潼 1996, 259 页, 141 图。

无脊椎动物　第六卷　海参纲　廖玉麟　1997，334 页，170 图，2 图版。

无脊椎动物　第七卷　腹足纲　中腹足目　宝贝总科　马绣同　1997，283 页，96 图，12 图版。

无脊椎动物　第八卷　蛛形纲　蜘蛛目　蟹蛛科　逍遥蛛科　宋大祥、朱明生　1997，259 页，154 图。

无脊椎动物　第九卷　多毛纲(一)　叶须虫目　吴宝铃、吴启泉、丘建文、陆华　1997，323 页，180 图。

无脊椎动物　第十卷　蛛形纲　蜘蛛目　园蛛科　尹长民等　1997，460 页，292 图。

无脊椎动物　第十一卷　腹足纲　后鳃亚纲　头楯目　林光宇　1997，246 页，35 图，24 图版。

无脊椎动物　第十二卷　双壳纲　贻贝目　王祯瑞　1997，268 页，126 图，4 图版。

无脊椎动物　第十三卷　蛛形纲　蜘蛛目　球蛛科　朱明生　1998，436 页，233 图，1 图版。

无脊椎动物　第十四卷　肉足虫纲　等辐骨虫目　泡沫虫目　谭智源　1998，315 页，273 图，25 图版。

无脊椎动物　第十五卷　粘孢子纲　陈启鎏、马成伦　1998，805 页，30 图，180 图版。

无脊椎动物　第十六卷　珊瑚虫纲　海葵目　角海葵目　群体海葵目　裴祖南　1998，286 页，149 图，20 图版。

无脊椎动物　第十七卷　甲壳动物亚门　十足目　束腹蟹科　溪蟹科　戴爱云　1999，501 页，238 图，31 图版。

无脊椎动物　第十八卷　原尾纲　尹文英　1999，510 页，275 图，8 图版。

无脊椎动物　第十九卷　腹足纲　柄眼目　烟管螺科　陈德牛、张国庆　1999，210 页，128 图，5 图版。

无脊椎动物　第二十卷　双壳纲　原鳃亚纲　异韧带亚纲　徐凤山　1999，244 页，156 图。

无脊椎动物　第二十一卷　甲壳动物亚门　糠虾目　刘瑞玉、王绍武　2000，326 页，110 图。

无脊椎动物　第二十二卷　单殖吸虫纲　吴宝华、郎所、王伟俊等　2000，756 页，598 图，2 图版。

无脊椎动物　第二十三卷　珊瑚虫纲　石珊瑚目　造礁石珊瑚　邹仁林　2001，289 页，9 图，55 图版。

无脊椎动物　第二十四卷　双壳纲　帘蛤科　庄启谦　2001，278 页，145 图。

无脊椎动物　第二十五卷　线虫纲　杆形目　圆线亚目(一)　吴淑卿等　2001，489 页，201 图。

无脊椎动物　第二十六卷　有孔虫纲　胶结有孔虫　郑守仪、傅钊先　2001，788 页，130 图，122 图版。

无脊椎动物　第二十七卷　水螅虫纲　钵水母纲　高尚武、洪惠馨、张士美　2002，275 页，136 图。

无脊椎动物　第二十八卷　甲壳动物亚门　端足目　蜮亚目　陈清潮、石长泰　2002，249 页，178 图。

无脊椎动物　第二十九卷　腹足纲　原始腹足目　马蹄螺总科　董正之　2002，210 页，176 图，2 图版。

无脊椎动物　第三十卷　甲壳动物亚门　短尾次目　海洋低等蟹类　陈惠莲、孙海宝　2002，597 页，237 图，4 彩色图版，12 黑白图版。

无脊椎动物　第三十一卷　双壳纲　珍珠贝亚目　王祯瑞　2002，374 页，152 图，7 图版。

无脊椎动物　第三十二卷　多孔虫纲　罩笼虫目　稀孔虫纲　稀孔虫目　谭智源、宿星慧　2003，295 页，193 图，25 图版。

无脊椎动物　第三十三卷　多毛纲(二)　沙蚕目　孙瑞平、杨德渐　2004，520 页，267 图，1 图版。

无脊椎动物　第三十四卷　腹足纲　鹑螺总科　张素萍、马绣同　2004，243 页，123 图，5 图版。

无脊椎动物　第三十五卷　蛛形纲　蜘蛛目　肖蛸科　朱明生、宋大祥、张俊霞　2003，402 页，174

图，5 彩色图版，11 黑白图版。

无脊椎动物　第三十六卷　甲壳动物亚门　十足目　匙指虾科　梁象秋　2004，375 页，156 图。

无脊椎动物　第三十七卷　软体动物门　腹足纲　巴锅牛科　陈德牛、张国庆　2004，482 页，409 图，8 图版。

无脊椎动物　第三十八卷　毛颚动物门　箭虫纲　萧贻昌　2004，201 页，89 图。

无脊椎动物　第三十九卷　蛛形纲　蜘蛛目　平腹蛛科　宋大祥、朱明生、张锋　2004，362 页，175 图。

无脊椎动物　第四十卷　棘皮动物门　蛇尾纲　廖玉麟　2004，505 页，244 图，6 图版。

无脊椎动物　第四十一卷　甲壳动物亚门　端足目　钩虾亚目(一)　任先秋　2006，588 页，194 图。

无脊椎动物　第四十二卷　甲壳动物亚门　蔓足下纲　围胸总目　刘瑞玉、任先秋　2007，632 页，239 图。

无脊椎动物　第四十三卷　甲壳动物亚门　端足目　钩虾亚目(二)　任先秋　2012，651 页，197 图。

无脊椎动物　第四十四卷　甲壳动物亚门　十足目　长臂虾总科　李新正、刘瑞玉、梁象秋等　2007，381 页，157 图。

无脊椎动物　第四十五卷　纤毛门　寡毛纲　缘毛目　沈韫芬、顾曼如　2016，502 页，164 图，2 图版。

无脊椎动物　第四十六卷　星虫动物门　螠虫动物门　周红、李凤鲁、王玮　2007，206 页，95 图。

无脊椎动物　第四十七卷　蛛形纲　蜱螨亚纲　植绥螨科　吴伟南、欧剑峰、黄静玲　2009，511 页，287 图，9 图版。

无脊椎动物　第四十八卷　软体动物门　双壳纲　满月蛤总科　心蛤总科　厚壳蛤总科　鸟蛤总科　徐凤山　2012，239 页，133 图。

无脊椎动物　第四十九卷　甲壳动物亚门　十足目　梭子蟹科　杨思谅、陈惠莲、戴爱云　2012，417 页，138 图，14 图版。

无脊椎动物　第五十卷　缓步动物门　杨潼　2015，279 页，131 图，5 图版。

无脊椎动物　第五十一卷　线虫纲　杆形目　圆线亚目(二)　张路平、孔繁瑶　2014，316 页，97 图，19 图版。

无脊椎动物　第五十二卷　扁形动物门　吸虫纲　复殖目（三）　邱兆祉等　2018，746 页，401 图。

无脊椎动物　第五十三卷　蛛形纲　蜘蛛目　跳蛛科　彭贤锦　2020，612 页，392 图。

无脊椎动物　第五十四卷　环节动物门　多毛纲(三)　缨鳃虫目　孙瑞平、杨德渐　2014，493 页，239 图，2 图版。

无脊椎动物　第五十五卷　软体动物门　腹足纲　芋螺科　李凤兰、林民玉　2016，288 页，168 图，4 图版。

无脊椎动物　第五十六卷　软体动物门　腹足纲　凤螺总科、玉螺总科　张素萍　2016，318 页，138 图，10 图版。

无脊椎动物　第五十七卷　软体动物门　双壳纲　樱蛤科　双带蛤科　徐凤山、张均龙　2017，236 页，50 图，15 图版。

无脊椎动物　第五十八卷　软体动物门　腹足纲　艾纳螺总科　吴岷　2018，300 页，63 图，6 图版。

无脊椎动物　第五十九卷　蛛形纲　蜘蛛目　漏斗蛛科　暗蛛科　朱明生、王新平、张志升　2017，727
　　页，384 图，5 图版。

《中国经济动物志》

兽类　寿振黄等　1962，554 页，153 图，72 图版。

鸟类　郑作新等　1963，694 页，10 图，64 图版。

鸟类(第二版)　郑作新等　1993，619 页，64 图版。

海产鱼类　成庆泰等　1962，174 页，25 图，32 图版。

淡水鱼类　伍献文等　1963，159 页，122 图，30 图版。

淡水鱼类寄生甲壳动物　匡溥人、钱金会　1991，203 页，110 图。

环节(多毛纲)　棘皮　原索动物　吴宝铃等　1963，141 页，65 图，16 图版。

海产软体动物　张玺、齐钟彦　1962，246 页，148 图。

淡水软体动物　刘月英等　1979，134 页，110 图。

陆生软体动物　陈德牛、高家祥　1987，186 页，224 图。

寄生蠕虫　吴淑卿、尹文真、沈守训　1960，368 页，158 图。

《中国经济昆虫志》

第一册　鞘翅目　天牛科　陈世骧等　1959，120 页，21 图，40 图版。

第二册　半翅目　蝽科　杨惟义　1962，138 页，11 图，10 图版。

第三册　鳞翅目　夜蛾科(一)　朱弘复、陈一心　1963，172 页，22 图，10 图版。

第四册　鞘翅目　拟步行虫科　赵养昌　1963，63 页，27 图，7 图版。

第五册　鞘翅目　瓢虫科　刘崇乐　1963，101 页，27 图，11 图版。

第六册　鳞翅目　夜蛾科(二)　朱弘复等　1964，183 页，11 图版。

第七册　鳞翅目　夜蛾科(三)　朱弘复、方承莱、王林瑶　1963，120 页，28 图，31 图版。

第八册　等翅目　白蚁　蔡邦华、陈宁生，1964，141 页，79 图，8 图版。

第九册　膜翅目　蜜蜂总科　吴燕如　1965，83 页，40 图，7 图版。

第十册　同翅目　叶蝉科　葛钟麟　1966，170 页，150 图。

第十一册　鳞翅目　卷蛾科(一)　刘友樵、白九维　1977，93 页，23 图，24 图版。

第十二册　鳞翅目　毒蛾科　赵仲苓　1978，121 页，45 图，18 图版。

第十三册　双翅目　蠓科　李铁生　1978，124 页，104 图。

第十四册　鞘翅目　瓢虫科(二)　庞雄飞、毛金龙　1979，170 页，164 图，16 图版。

第十五册　蜱螨目　蜱总科　邓国藩　1978，174 页，707 图。

第十六册　鳞翅目　舟蛾科　蔡荣权　1979，166 页，126 图，19 图版。

第十七册　蜱螨目　革螨股　潘綜文、邓国藩　1980，155 页，168 图。

第十八册　鞘翅目　叶甲总科(一)　谭娟杰、虞佩玉　1980，213 页，194 图，18 图版。

第十九册　鞘翅目　天牛科　蒲富基　1980，146 页，42 图，12 图版。

第二十册　鞘翅目　象虫科　赵养昌、陈元清　1980，184 页，73 图，14 图版。

第二十一册　鳞翅目　螟蛾科　王平远　1980，229页，40图，32图版。

第二十二册　鳞翅目　天蛾科　朱弘复、王林瑶　1980，84页，17图，34图版。

第二十三册　螨　目　叶螨总科　王慧芙　1981，150页，121图，4图版。

第二十四册　同翅目　粉蚧科　王子清　1982，119页，75图。

第二十五册　同翅目　蚜虫类(一)　张广学、钟铁森　1983，387页，207图，32图版。

第二十六册　双翅目　虻科　王遵明　1983，128页，243图，8图版。

第二十七册　同翅目　飞虱科　葛钟麟等　1984，166页，132图，13图版。

第二十八册　鞘翅目　金龟总科幼虫　张芝利　1984，107页，17图，21图版。

第二十九册　鞘翅目　小蠹科　殷惠芬、黄复生、李兆麟　1984，205页，132图，19图版。

第三十册　膜翅目　胡蜂总科　李铁生　1985，159页，21图，12图版。

第三十一册　半翅目(一)　章士美等　1985，242页，196图，59图版。

第三十二册　鳞翅目　夜蛾科(四)　陈一心　1985，167页，61图，15图版。

第三十三册　鳞翅目　灯蛾科　方承莱　1985，100页，69图，10图版。

第三十四册　膜翅目　小蜂总科(一)　廖定熹等　1987，241页，113图，24图版。

第三十五册　鞘翅目　天牛科(三)　蒋书楠、蒲富基、华立中　1985，189页，2图，13图版。

第三十六册　同翅目　蜡蝉总科　周尧等　1985，152页，125图，2图版。

第三十七册　双翅目　花蝇科　范滋德等　1988，396页，1215图，10图版。

第三十八册　双翅目　蠓科(二)　李铁生　1988，127页，107图。

第三十九册　蜱螨亚纲　硬蜱科　邓国藩、姜在阶　1991，359页，354图。

第四十册　蜱螨亚纲　皮刺螨总科　邓国藩等　1993，391页，318图。

第四十一册　膜翅目　金小蜂科　黄大卫　1993，196页，252图。

第四十二册　鳞翅目　毒蛾科(二)　赵仲苓　1994，165页，103图，10图版。

第四十三册　同翅目　蚧总科　王子清　1994，302页，107图。

第四十四册　蜱螨亚纲　瘿螨总科(一)　匡海源　1995，198页，163图，7图版。

第四十五册　双翅目　虻科(二)　王遵明　1994，196页，182图，8图版。

第四十六册　鞘翅目　金花龟科　斑金龟科　弯腿金龟科　马文珍　1995，210页，171图，5图版。

第四十七册　膜翅目　蚁科(一)　唐觉等　1995，134页，135图。

第四十八册　蜉蝣目　尤大寿等　1995，152页，154图。

第四十九册　毛翅目(一)　小石蛾科　角石蛾科　纹石蛾科　长角石蛾科　田立新等　1996，195页，271图，2图版。

第五十册　半翅目(二)　章士美等　1995，169页，46图，24图版。

第五十一册　膜翅目　姬蜂科　何俊华、陈学新、马云　1996，697页，434图。

第五十二册　膜翅目　泥蜂科　吴燕如、周勤　1996，197页，167图，14图版。

第五十三册　蜱螨亚纲　植绥螨科　吴伟南等　1997，223页，169图，3图版。

第五十四册　鞘翅目　叶甲总科(二)　虞佩玉等　1996，324页，203图，12图版。

第五十五册　缨翅目　韩运发　1997，513页，220图，4图版。

Serial Faunal Monographs Already Published

FAUNA SINICA

Mammalia vol. 6 Rodentia III: Cricetidae. Luo Zexun *et al.*, 2000. 514 pp., 140 figs., 4 pls.

Mammalia vol. 8 Carnivora. Gao Yaoting *et al.*, 1987. 377 pp., 44 figs., 10 pls.

Mammalia vol. 9 Cetacea, Carnivora: Phocoidea, Sirenia. Zhou Kaiya, 2004. 326 pp., 117 figs., 8 pls.

Aves vol. 1 part 1. Introductory Account of the Class Aves in China; part 2. Account of Orders listed in this Volume. Zheng Zuoxin (Cheng Tsohsin) *et al.*, 1997. 199 pp., 39 figs., 4 pls.

Aves vol. 2 Anseriformes. Zheng Zuoxin (Cheng Tsohsin) *et al.*, 1979. 143 pp., 65 figs., 10 pls.

Aves vol. 4 Galliformes. Zheng Zuoxin (Cheng Tsohsin) *et al.*, 1978. 203 pp., 53 figs., 10 pls.

Aves vol. 5 Gruiformes, Charadriiformes, Lariformes. Wang Qishan, Ma Ming and Gao Yuren, 2006. 644 pp., 263 figs., 4 pls.

Aves vol. 6 Columbiformes, Psittaciformes, Cuculiformes, Strigiformes. Zheng Zuoxin (Cheng Tsohsin), Xian Yaohua and Guan Guanxun, 1991. 240 pp., 64 figs., 5 pls.

Aves vol. 7 Caprimulgiformes, Apodiformes, Trogoniformes, Coraciiformes, Piciformes. Tan Yaokuang and Guan Guanxun, 2003. 241 pp., 36 figs., 4 pls.

Aves vol. 8 Passeriformes: Eurylaimidae-Irenidae. Zheng Baolai *et al.*, 1985. 333 pp., 103 figs., 8 pls.

Aves vol. 9 Passeriformes: Bombycillidae, Prunellidae. Chen Fuguan *et al.*, 1998. 284 pp., 143 figs., 4 pls.

Aves vol. 10 Passeriformes: Muscicapidae I: Turdinae. Zheng Zuoxin (Cheng Tsohsin), Long Zeyu and Lu Taichun, 1995. 239 pp., 67 figs., 4 pls.

Aves vol. 11 Passeriformes: Muscicapidae II: Timaliinae. Zheng Zuoxin (Cheng Tsohsin), Long Zeyu and Zheng Baolai, 1987. 307 pp., 110 figs., 8 pls.

Aves vol. 12 Passeriformes: Muscicapidae III Sylviinae Muscicapinae. Zheng Zuoxin, Lu Taichun, Yang Lan and Lei Fumin *et al.*, 2010. 439 pp., 121 figs., 4 pls.

Aves vol. 13 Passeriformes: Paridae, Zosteropidae. Li Guiyuan, Zheng Baolai and Liu Guangzuo, 1982. 170 pp., 68 figs., 4 pls.

Aves vol. 14 Passeriformes: Ploceidae and Fringillidae. Fu Tongsheng, Song Yujun and Gao Wei *et al.*, 1998. 322 pp., 115 figs., 8 pls.

Reptilia vol. 1 General Accounts of Reptilia. Testudoformes and Crocodiliformes. Zhang Mengwen *et al.*, 1998. 208 pp., 44 figs., 4 pls.

Reptilia vol. 2 Squamata: Lacertilia. Zhao Ermi, Zhao Kentang and Zhou Kaiya *et al.*, 1999. 394 pp., 54 figs., 8 pls.

Reptilia vol. 3 Squamata: Serpentes. Zhao Ermi *et al.*, 1998. 522 pp., 100 figs., 12 pls.

Amphibia vol. 1 General accounts of Amphibia, Gymnophiona, Urodela. Fei Liang, Hu Shuqin, Ye Changyuan and Huang Yongzhao *et al.*, 2006. 471 pp., 120 figs., 16 pls.

Amphibia vol. 2 Anura. Fei Liang, Hu Shuqin, Ye Changyuan and Huang Yongzhao *et al.*, 2009. 957 pp., 549 figs., 16 pls.

Amphibia vol. 3 Anura: Ranidae. Fei Liang, Hu Shuqin, Ye Changyuan and Huang Yongzhao *et al.*, 2009. 888 pp., 337 figs., 16 pls.

Osteichthyes: Pleuronectiformes. Li Sizhong and Wang Huimin, 1995. 433 pp., 170 figs.

Osteichthyes: Siluriformes. Chu Xinluo, Zheng Baoshan and Dai Dingyuan *et al.*, 1999. 230 pp., 124 figs.

Osteichthyes: Cypriniformes II. Chen Yiyu *et al.*, 1998. 531 pp., 257 figs.

Osteichthyes: Cypriniformes III. Yue Peiqi *et al.*, 2000. 661 pp., 340 figs.

Osteichthyes: Acipenseriformes, Elopiformes, Clupeiformes, Gonorhynchiformes. Zhang Shiyi, 2001. 209 pp., 88 figs.

Osteichthyes: Myctophiformes, Cetomimiformes, Osteoglossiformes. Chen Suzhi, 2002. 349 pp., 135 figs.

Osteichthyes: Tetraodontiformes, Pegasiformes, Gobiesociformes, Lophiiformes. Su Jinxiang and Li Chunsheng, 2002. 495 pp., 194 figs.

Ostichthyes: Scorpaeniformes. Jin Xinbo, 2006. 739 pp., 287 figs.

Ostichthyes: Perciformes IV. Liu Jing *et al.*, 2016. 312 pp., 143 figs., 15 pls.

Ostichthyes: Perciformes V: Gobioidei. Wu Hanlin and Zhong Junsheng *et al.*, 2008. 951 pp., 575 figs., 32 pls.

Ostichthyes: Anguilliformes Notacanthiformes. Zhang Chunguang *et al.*, 2010. 453 pp., 225 figs., 3 pls.

Ostichthyes: Atheriniformes, Cyprinodontiformes, Beloniformes, Ophidiiformes, Gadiformes. Li Sizhong and Zhang Chunguang *et al.*, 2011. 946 pp., 345 figs.

Cyclostomata and Chondrichthyes. Zhu Yuanding and Meng Qingwen *et al.*, 2001. 552 pp., 247 figs.

Insecta vol. 1 Siphonaptera. Liu Zhiying *et al.*, 1986. 1334 pp., 1948 figs.

Insecta vol. 2 Coleoptera: Hispidae. Chen Sicien *et al.*, 1986. 653 pp., 327 figs., 15 pls.

Insecta vol. 3 Lepidoptera: Cyclidiidae, Drepanidae. Chu Hungfu and Wang Linyao, 1991. 269 pp., 204 figs., 10 pls.

Insecta vol. 4 Orthoptera: Acrioidea: Pamphagidae, Chrotogonidae, Pyrgomorphidae. Xia Kailing *et al.*, 1994. 340 pp., 168 figs.

Insecta vol. 5 Lepidoptera: Bombycidae, Saturniidae, Thyrididae. Zhu Hongfu and Wang Linyao, 1996. 302 pp., 234 figs., 18 pls.

Insecta vol. 6 Diptera: Calliphoridae. Fan Zide *et al.*, 1997. 707 pp., 229 figs.

Insecta vol. 7 Lepidoptera: Lecithoceridae. Wu Chunsheng, 1997. 306 pp., 74 figs., 38 pls.

Insecta vol. 8 Diptera: Culicidae I. Lu Baolin *et al.*, 1997. 593 pp., 285 pls.

Insecta vol. 9 Diptera: Culicidae II. Lu Baolin *et al.*, 1997. 126 pp., 57 pls.

Insecta vol. 10 Orthoptera: Oedipodidae, Arcypteridae III. Zheng Zhemin and Xia Kailing, 1998. 610 pp.,

323 figs.

Insecta vol. 11 Lepidoptera: Sphingidae. Zhu Hongfu and Wang Linyao, 1997. 410 pp., 325 figs., 8 pls.

Insecta vol. 12 Orthoptera: Tetrigoidea. Liang Geqiu and Zheng Zhemin, 1998. 278 pp., 166 figs.

Insecta vol. 13 Hemiptera: Nabidae. Ren Shuzhi, 1998. 251 pp., 508 figs., 12 pls.

Insecta vol. 14 Homoptera: Mindaridae, Pemphigidae. Zhang Guangxue, Qiao Gexia, Zhong Tiesen and Zhang Wanfang, 1999. 380 pp., 121 figs., 17+8 pls.

Insecta vol. 15 Lepidoptera: Geometridae: Larentiinae. Xue Dayong and Zhu Hongfu (Chu Hungfu), 1999. 1090 pp., 1197 figs., 25 pls.

Insecta vol. 16 Lepidoptera: Noctuidae. Chen Yixin, 1999. 1596 pp., 701 figs., 68 pls.

Insecta vol. 17 Isoptera. Huang Fusheng *et al.*, 2000. 961 pp., 564 figs.

Insecta vol. 18 Hymenoptera: Braconidae I. He Junhua, Chen Xuexin and Ma Yun, 2000. 757 pp., 1783 figs.

Insecta vol. 19 Lepidoptera: Arctiidae. Fang Chenglai, 2000. 589 pp., 338 figs., 20 pls.

Insecta vol. 20 Hymenoptera: Melittidae and Apidae. Wu Yanru, 2000. 442 pp., 218 figs., 9 pls.

Insecta vol. 21 Coleoptera: Cerambycidae: Lepturinae. Jiang Shunan and Chen Li, 2001. 296 pp., 17 figs., 18 pls.

Insecta vol. 22 Homoptera: Coccoidea: Pseudococcidae, Eriococcidae, Asterolecaniidae, Coccidae, Lecanodiaspididae, Cerococcidae, Aclerdidae. Wang Tzeching, 2001. 611 pp., 188 figs.

Insecta vol. 23 Diptera: Tachinidae I. Chao Cheiming, Liang Enyi, Shi Yongshan and Zhou Shixiu, 2001. 305 pp., 183 figs., 11 pls.

Insecta vol. 24 Hemiptera: Lasiochilidae, Lyctocoridae, Anthocoridae. Bu Wenjun and Zheng Leyi (Cheng Loyi), 2001, 267 pp., 362 figs.

Insecta vol. 25 Lepidoptera: Papilionidae: Papilioninae, Zerynthiinae, Parnassiinae. Wu Chunsheng, 2001. 367 pp., 163 figs., 8 pls.

Insecta vol. 26 Diptera: Muscidae II: Phaoniinae I. Ma Zhongyu, Xue Wanqi and Feng Yan, 2002. 421 pp., 614 figs.

Insecta vol. 27 Lepidoptera: Tortricidae. Liu Youqiao and Li Guangwu, 2002. 601 pp., 16 figs., 2+136 pls.

Insecta vol. 28 Homoptera: Membracoidea: Aetalionidae and Membracidae. Yuan Feng and Chou Io, 2002. 590 pp., 295 figs., 4 pls.

Insecta vol. 29 Hymenoptera: Dyrinidae. He Junhua and Xu Zaifu, 2002. 464 pp., 397 figs.

Insecta vol. 30 Lepidoptera: Lymantriidae. Zhao Zhongling (Chao Chungling), 2003. 484 pp., 270 figs., 10 pls.

Insecta vol. 31 Lepidoptera: Notodontidae. Wu Chunsheng and Fang Chenglai, 2003. 952 pp., 530 figs., 8 pls.

Insecta vol. 32 Orthoptera: Acridoidea: Gomphoceridae, Acrididae. Yin Xiangchu, Xia Kailing *et al.*, 2003. 280 pp., 144 figs.

Insecta vol. 33 Hemiptera: Miridae, Mirinae. Zheng Leyi, Lü Nan, Liu Guoqing and Xu Binghong, 2004. 797 pp., 228 figs., 8 pls.

Insecta vol. 34 Diptera: Empididae, Hemerodromiinae and Hybotinae. Yang Ding and Yang Chikun, 2004.

334 pp., 474 figs., 1 pls.

Insecta vol. 35 Dermaptera. Chen Yixin and Ma Wenzhen, 2004. 420 pp., 199 figs., 8 pls.

Insecta vol. 36 Lepidoptera: Thyatiridae. Zhao Zhongling, 2004. 291 pp., 153 figs., 5 pls.

Insecta vol. 37 Hymenoptera: Braconidae II. Chen Xuexin, He Junhua and Ma Yun, 2004. 518 pp., 1183 figs., 103 pls.

Insecta vol. 38 Lepidoptera: Hepialidae, Epiplemidae. Zhu Hongfu, Wang Linyao and Han Hongxiang, 2004. 291 pp., 179 figs., 8 pls.

Insecta vol. 39 Neuroptera: Chrysopidae. Yang Xingke, Yang Jikun and Li Wenzhu, 2005. 398 pp., 240 figs., 4 pls.

Insecta vol. 40 Coleoptera: Eumolpidae: Eumolpinae. Tan Juanjie, Wang Shuyong and Zhou Hongzhang, 2005. 415 pp., 95 figs., 8 pls.

Insecta vol. 41 Diptera: Muscidae I. Fan Zide *et al.*, 2005. 476 pp., 226 figs., 8 pls.

Insecta vol. 42 Hymenoptera: Pteromalidae. Huang Dawei and Xiao Hui, 2005. 388 pp., 432 figs., 5 pls.

Insecta vol. 43 Orthoptera: Acridoidea: Catantopidae. Li Hongchang and Xia Kailing, 2006. 736pp., 325 figs.

Insecta vol. 44 Hymenoptera: Megachilidae. Wu Yanru, 2006. 474 pp., 180 figs., 4 pls.

Insecta vol. 45 Diptera: Homoptera: Delphacidae. Ding Jinhua, 2006. 776 pp., 351 figs., 20 pls.

Insecta vol. 46 Hymenoptera: Braconidae: Agathidinae. Chen Jiahua and Yang Jianquan, 2006. 301 pp., 81 figs., 32 pls.

Insecta vol. 47 Lepidoptera: Lasiocampidae. Liu Youqiao and Wu Chunsheng, 2006. 385 pp., 248 figs., 8 pls.

Insecta Saiphonaptera(2 volumes). Wu Houyong *et al.*, 2007. 2174 pp., 2475 figs.

Insecta vol. 49 Diptera: Muscidae. Fan Zide *et al.*, 2008. 1186 pp., 276 figs., 4 pls.

Insecta vol. 50 Diptera: Syrphidae. Huang Chunmei and Cheng Xinyue, 2012. 852 pp., 418 figs., 8 pls.

Insecta vol. 51 Megaloptera. Yang Ding and Liu Xingyue, 2010. 457 pp., 176 figs., 14 pls.

Insecta vol. 52 Lepidoptera: Pieridae. Wu Chunsheng, 2010. 416 pp., 174 figs., 16 pls.

Insecta vol. 53 Diptera Dolichopodidae(2 volumes). Yang Ding *et al.*, 2011. 1912 pp., 1017 figs., 7 pls.

Insecta vol. 54 Lepidoptera: Geometridae: Geometrinae. Han Hongxiang and Xue Dayong, 2011. 787 pp., 929 figs., 20 pls.

Insecta vol. 55 Lepidoptera: Hesperiidae. Yuan Feng, Yuan Xiangqun and Xue Guoxi, 2015. 754 pp., 280 figs., 15 pls.

Insecta vol. 56 Hymenoptera: Proctotrupoidea(I). He Junhua and Xu Zaifu, 2015. 1078 pp., 485 figs.

Insecta vol. 57 Orthoptera: Tettigoniidae: Phaneropterinae. Kang Le *et al.*, 2013. 574 pp., 291 figs., 31 pls.

Insecta vol. 58 Plecoptera: Nemouroides. Yang Ding, Li Weihai and Zhu Fang, 2014. 518 pp., 294 figs., 12 pls.

Insecta vol. 59 Diptera: Tabanidae. Xu Rongman and Sun Yi, 2013. 870 pp., 495 figs., 17 pls.

Insecta vol. 60 Hemiptera: Hormaphididae, Phloeomyzidae. Qiao Gexia, Jiang Liyun, Chen Jing, Zhang Guangxue and Zhong Tiesen, 2017. 414 pp., 137 figs., 8 pls.

Insecta vol. 61 Coleoptera: Chrysomelidae: Chrysomelinae. Yang Xingke, Ge Siqin, Wang Shuyong, Li Wenzhu and Cui Junzhi, 2014. 641 pp., 378 figs., 8 pls.

Insecta vol. 62 Hemiptera: Miridae(II): Orthotylinae. Liu Guoqing and Zheng Leyi, 2014. 297 pp., 134 figs., 13 pls.

Insecta vol. 63 Coleoptera: Tenebrionidae(I). Ren Guodong *et al.*, 2016. 534 pp., 248 figs., 49 pls.

Insecta vol. 64 Chalcidoidea : Pteromalidae(II): Pteromalinae. Xiao Hui *et al.*, 2019. 495 pp., 186 figs., 12 pls.

Insecta vol. 65 Diptera: Rhagionidae and Athericidae. Yang Ding, Dong Hui and Zhang Kuiyan. 2016. 476 pp., 222 figs., 7 pls.

Insecta vol. 67 Hemiptera: Cicadellidae (II): Cicadellinae. Yang Maofa, Meng Zehong and Li Zizhong. 2017. 637pp., 312 figs., 27 pls.

Insecta vol. 68 Neuroptera: Myrmeleontoidea. Wang Xinli, Zhan Qingbin and Wang Aiqin. 2018. 285 pp., 2 figs., 38 pls.

Invertebrata vol. 1 Crustacea: Freshwater Cladocera. Chiang Siehchih and Du Nanshang, 1979. 297 pp.,192 figs.

Invertebrata vol. 2 Crustacea: Freshwater Copepoda. Shen Jiarui *et al.*, 1979. 450 pp., 255 figs.

Invertebrata vol. 3 Trematoda: Digenea I. Chen Xintao *et al.*, 1985. 697 pp., 469 figs., 12 pls.

Invertebrata vol. 4 Cephalopode. Dong Zhengzhi, 1988. 201 pp., 124 figs., 4 pls.

Invertebrata vol. 5 Hirudinea: Euhirudinea and Branchiobdellidea. Yang Tong, 1996. 259 pp., 141 figs.

Invertebrata vol. 6 Holothuroidea. Liao Yulin, 1997. 334 pp., 170 figs., 2 pls.

Invertebrata vol. 7 Gastropoda: Mesogastropoda: Cypraeacea. Ma Xiutong, 1997. 283 pp., 96 figs., 12 pls.

Invertebrata vol. 8 Arachnida: Araneae: Thomisidae and Philodromidae. Song Daxiang and Zhu Mingsheng, 1997. 259 pp., 154 figs.

Invertebrata vol. 9 Polychaeta: Phyllodocimorpha. Wu Baoling, Wu Qiquan, Qiu Jianwen and Lu Hua, 1997. 323pp., 180 figs.

Invertebrata vol. 10 Arachnida: Araneae: Araneidae. Yin Changmin *et al.*, 1997. 460 pp., 292 figs.

Invertebrata vol. 11 Gastropoda: Opisthobranchia: Cephalaspidea. Lin Guangyu, 1997. 246 pp., 35 figs., 28 pls.

Invertebrata vol. 12 Bivalvia: Mytiloida. Wang Zhenrui, 1997. 268 pp., 126 figs., 4 pls.

Invertebrata vol. 13 Arachnida: Araneae: Theridiidae. Zhu Mingsheng, 1998. 436 pp., 233 figs., 1 pl.

Invertebrata vol. 14 Sacodina: Acantharia and Spumellaria. Tan Zhiyuan, 1998. 315 pp., 273 figs., 25 pls.

Invertebrata vol. 15 Myxosporea. Chen Chihleu and Ma Chenglun, 1998. 805 pp., 30 figs., 180 pls.

Invertebrata vol. 16 Anthozoa: Actiniaria, Ceriantharis and Zoanthidea. Pei Zunan, 1998. 286 pp., 149 figs., 22 pls.

Invertebrata vol. 17 Crustacea: Decapoda: Parathelphusidae and Potamidae. Dai Aiyun, 1999. 501 pp., 238 figs., 31 pls.

Invertebrata vol. 18 Protura. Yin Wenying, 1999. 510 pp., 275 figs., 8 pls.

Invertebrata vol. 19 Gastropoda: Pulmonata: Stylommatophora: Clausiliidae. Chen Deniu and Zhang Guoqing,

1999. 210 pp., 128 figs., 5 pls.

Invertebrata vol. 20 Bivalvia: Protobranchia and Anomalodesmata. Xu Fengshan, 1999. 244 pp., 156 figs.

Invertebrata vol. 21 Crustacea: Mysidacea. Liu Ruiyu (J. Y. Liu) and Wang Shaowu, 2000. 326 pp., 110 figs.

Invertebrata vol. 22 Monogenea. Wu Baohua, Lang Suo and Wang Weijun, 2000. 756 pp., 598 figs., 2 pls.

Invertebrata vol. 23 Anthozoa: Scleractinia: Hermatypic coral. Zou Renlin, 2001. 289 pp., 9 figs., 47+8 pls.

Invertebrata vol. 24 Bivalvia: Veneridae. Zhuang Qiqian, 2001. 278 pp., 145 figs.

Invertebrata vol. 25 Nematoda: Rhabditida: Strongylata I. Wu Shuqing *et al.*, 2001. 489 pp., 201 figs.

Invertebrata vol. 26 Foraminiferea: Agglutinated Foraminifera. Zheng Shouyi and Fu Zhaoxian, 2001. 788 pp., 130 figs., 122 pls.

Invertebrata vol. 27 Hydrozoa and Scyphomedusae. Gao Shangwu, Hong Hueshin and Zhang Shimei, 2002. 275 pp., 136 figs.

Invertebrata vol. 28 Crustacea: Amphipoda: Hyperiidae. Chen Qingchao and Shi Changtai, 2002. 249 pp., 178 figs.

Invertebrata vol. 29 Gastropoda: Archaeogastropoda: Trochacea. Dong Zhengzhi, 2002. 210 pp., 176 figs., 2 pls.

Invertebrata vol. 30 Crustacea: Brachyura: Marine primitive crabs. Chen Huilian and Sun Haibao, 2002. 597 pp., 237 figs., 16 pls.

Invertebrata vol. 31 Bivalvia: Pteriina. Wang Zhenrui, 2002. 374 pp., 152 figs., 7 pls.

Invertebrata vol. 32 Polycystinea: Nasellaria; Phaeodarea: Phaeodaria. Tan Zhiyuan and Su Xinghui, 2003. 295 pp., 193 figs., 25 pls.

Invertebrata vol. 33 Annelida: Polychaeta II Nereidida. Sun Ruiping and Yang Derjian, 2004. 520 pp., 267 figs., 193 pls.

Invertebrata vol. 34 Mollusca: Gastropoda Tonnacea, Zhang Suping and Ma Xiutong, 2004. 243 pp., 123 figs., 1 pl.

Invertebrata vol. 35 Arachnida: Araneae: Tetragnathidae. Zhu Mingsheng, Song Daxiang and Zhang Junxia, 2003. 402 pp., 174 figs., 5+11 pls.

Invertebrata vol. 36 Crustacea: Decapoda, Atyidae. Liang Xiangqiu, 2004. 375 pp., 156 figs.

Invertebrata vol. 37 Mollusca: Gastropoda: Stylommatophora: Bradybaenidae. Chen Deniu and Zhang Guoqing, 2004. 482 pp., 409 figs., 8 pls.

Invertebrata vol. 38 Chaetognatha: Sagittoidea. Xiao Yichang, 2004. 201 pp., 89 figs.

Invertebrata vol. 39 Arachnida: Araneae: Gnaphosidae. Song Daxiang, Zhu Mingsheng and Zhang Feng, 2004. 362 pp., 175 figs.

Invertebrata vol. 40 Echinodermata: Ophiuroidea. Liao Yulin, 2004. 505 pp., 244 figs., 6 pls.

Invertebrata vol. 41 Crustacea: Amphipoda: Gammaridea I. Ren Xianqiu, 2006. 588 pp., 194 figs.

Invertebrata vol. 42 Crustacea: Cirripedia: Thoracica. Liu Ruiyu and Ren Xianqiu, 2007. 632 pp., 239 figs.

Invertebrata vol. 43 Crustacea: Amphipoda: Gammaridea II. Ren Xianqiu, 2012. 651 pp., 197 figs.

Invertebrata vol. 44 Crustacea: Decapoda: Palaemonoidea. Li Xinzheng, Liu Ruiyu, Liang Xingqiu and Chen Guoxiao, 2007. 381 pp., 157 figs.

Invertebrata vol. 45 Ciliophora: Oligohymenophorea: Peritrichida. Shen Yunfen and Gu Manru, 2016. 502 pp., 164 figs., 2 pls.

Invertebrata vol. 46 Sipuncula, Echiura. Zhou Hong, Li Fenglu and Wang Wei, 2007. 206 pp., 95 figs.

Invertebrata vol. 47 Arachnida: Acari: Phytoseiidae. Wu weinan, Ou Jianfeng and Huang Jingling. 2009. 511 pp., 287 figs., 9 pls.

Invertebrata vol. 48 Mollusca: Bivalvia: Lucinacea, Carditacea, Crassatellacea and Cardiacea. Xu Fengshan. 2012. 239 pp., 133 figs.

Invertebrata vol. 49 Crustacea: Decapoda: Portunidae. Yang Siliang, Chen Huilian and Dai Aiyun. 2012. 417 pp., 138 figs., 14 pls.

Invertebrata vol. 50 Tardigrada. Yang Tong. 2015. 279 pp., 131 figs., 5 pls.

Invertebrata vol. 51 Nematoda: Rhabditida: Strongylata (II). Zhang Luping and Kong Fanyao. 2014. 316 pp., 97 figs., 19 pls.

Invertebrata vol. 52 Platyhelminthes: Trematoda: Dgenea (III). Qiu Zhaozhi et al.. 2018. 746 pp., 401 figs.

Invertebrata vol. 53 Arachnida: Araneae: Salticidae. Peng Xianjin.2020. 612pp., 392 figs.

Invertebrata vol. 54 Annelida: Polychaeta (III): Sabellida. Sun Ruiping and Yang Dejian. 2014. 493 pp., 239 figs., 2 pls.

Invertebrata vol. 55 Mollusca: Gastropoda: Conidae. Li Fenglan and Lin Minyu. 2016. 288 pp., 168 figs., 4 pls.

Invertebrata vol. 56 Mollusca: Gastropoda: Strombacea and Naticacea. Zhang Suping. 2016. 318 pp., 138 figs., 10 pls.

Invertebrata vol. 57 Mollusca: Bivalvia: Tellinidae and Semelidae. Xu Fengshan and Zhang Junlong. 2017. 236 pp., 50 figs., 15 pls.

Invertebrata vol. 58 Mollusca: Gastropoda: Enoidea. Wu Min. 2018. 300 pp., 63 figs., 6 pls.

Invertebrata vol. 59 Arachnida: Araneae: Agelenidae and Amaurobiidae. Zhu Mingsheng, Wang Xinping and Zhang Zhisheng. 2017. 727 pp., 384 figs., 5 pls.

ECONOMIC FAUNA OF CHINA

Mammals. Shou Zhenhuang et al., 1962. 554 pp., 153 figs., 72 pls.

Aves. Cheng Tsohsin et al., 1963. 694 pp., 10 figs., 64 pls.

Marine fishes. Chen Qingtai et al., 1962. 174 pp., 25 figs., 32 pls.

Freshwater fishes. Wu Xianwen et al., 1963. 159 pp., 122 figs., 30 pls.

Parasitic Crustacea of Freshwater Fishes. Kuang Puren and Qian Jinhui, 1991. 203 pp., 110 figs.

Annelida. Echinodermata. Prorochordata. Wu Baoling et al., 1963. 141 pp., 65 figs., 16 pls.

Marine mollusca. Zhang Xi and Qi Zhougyan, 1962. 246 pp., 148 figs.

Freshwater molluscs. Liu Yueyin et al., 1979.134 pp., 110 figs.

Terrestrial molluscs. Chen Deniu and Gao Jiaxiang, 1987. 186 pp., 224 figs.

Parasitic worms. Wu Shuqing, Yin Wenzhen and Shen Shouxun, 1960. 368 pp., 158 figs.

Economic birds of China (Second edition). Cheng Tsohsin, 1993. 619 pp., 64 pls.

ECONOMIC INSECT FAUNA OF CHINA

Fasc. 1 Coleoptera: Cerambycidae. Chen Sicien *et al.*, 1959. 120 pp., 21 figs., 40 pls.

Fasc. 2 Hemiptera: Pentatomidae. Yang Weiyi, 1962. 138 pp., 11 figs., 10 pls.

Fasc. 3 Lepidoptera: Noctuidae I. Chu Hongfu and Chen Yixin, 1963. 172 pp., 22 figs., 10 pls.

Fasc. 4 Coleoptera: Tenebrionidae. Zhao Yangchang, 1963. 63 pp., 27 figs., 7 pls.

Fasc. 5 Coleoptera: Coccinellidae. Liu Chongle, 1963. 101 pp., 27 figs., 11pls.

Fasc. 6 Lepidoptera: Noctuidae II. Chu Hongfu *et al.*, 1964. 183 pp., 11 pls.

Fasc. 7 Lepidoptera: Noctuidae III. Chu Hongfu, Fang Chenglai and Wang Lingyao, 1963. 120 pp., 28 figs., 31 pls.

Fasc. 8 Isoptera: Termitidae. Cai Bonghua and Chen Ningsheng, 1964. 141 pp., 79 figs., 8 pls.

Fasc. 9 Hymenoptera: Apoidea. Wu Yanru, 1965. 83 pp., 40 figs., 7 pls.

Fasc. 10 Homoptera: Cicadellidae. Ge Zhongling, 1966. 170 pp., 150 figs.

Fasc. 11 Lepidoptera: Tortricidae I. Liu Youqiao and Bai Jiuwei, 1977. 93 pp., 23 figs., 24 pls.

Fasc. 12 Lepidoptera: Lymantriidae I. Chao Chungling, 1978. 121 pp., 45 figs., 18 pls.

Fasc. 13 Diptera: Ceratopogonidae. Li Tiesheng, 1978. 124 pp., 104 figs.

Fasc. 14 Coleoptera: Coccinellidae II. Pang Xiongfei and Mao Jinlong, 1979. 170 pp., 164 figs., 16 pls.

Fasc. 15 Acarina: Lxodoidea. Teng Kuofan, 1978. 174 pp., 707 figs.

Fasc. 16 Lepidoptera: Notodontidae. Cai Rongquan, 1979. 166 pp., 126 figs., 19 pls.

Fasc. 17 Acarina: Camasina. Pan Zungwen and Teng Kuofan, 1980. 155 pp., 168 figs.

Fasc. 18 Coleoptera: Chrysomeloidea I. Tang Juanjie *et al.*, 1980. 213 pp., 194 figs., 18 pls.

Fasc. 19 Coleoptera: Cerambycidae II. Pu Fuji, 1980. 146 pp., 42 figs., 12 pls.

Fasc. 20 Coleoptera: Curculionidae I. Chao Yungchang and Chen Yuanqing, 1980. 184 pp., 73 figs., 14 pls.

Fasc. 21 Lepidoptera: Pyralidae. Wang Pingyuan, 1980. 229 pp., 40 figs., 32 pls.

Fasc. 22 Lepidoptera: Sphingidae. Zhu Hongfu and Wang Lingyao, 1980. 84 pp., 17 figs., 34 pls.

Fasc. 23 Acariformes: Tetranychoidea. Wang Huifu, 1981. 150 pp., 121 figs., 4 pls.

Fasc. 24 Homoptera: Pseudococcidae. Wang Tzeching, 1982. 119 pp., 75 figs.

Fasc. 25 Homoptera: Aphidinea I. Zhang Guangxue and Zhong Tiesen, 1983. 387 pp., 207 figs., 32 pls.

Fasc. 26 Diptera: Tabanidae. Wang Zunming, 1983. 128 pp., 243 figs., 8 pls.

Fasc. 27 Homoptera: Delphacidae. Kuoh Changlin *et al.*, 1983. 166 pp., 132 figs., 13 pls.

Fasc. 28 Coleoptera: Larvae of Scarabaeoidae. Zhang Zhili, 1984. 107 pp., 17. figs., 21 pls.

Fasc. 29 Coleoptera: Scolytidae. Yin Huifen, Huang Fusheng and Li Zhaoling, 1984. 205 pp., 132 figs., 19 pls.

Fasc. 30 Hymenoptera: Vespoidea. Li Tiesheng, 1985. 159pp., 21 figs., 12pls.

Fasc. 31 Hemiptera I. Zhang Shimei, 1985. 242 pp., 196 figs., 59 pls.

Fasc. 32 Lepidoptera: Noctuidae IV. Chen Yixin, 1985. 167 pp., 61 figs., 15 pls.

Fasc. 33 Lepidoptera: Arctiidae. Fang Chenglai, 1985. 100 pp., 69 figs., 10 pls.

Fasc. 34 Hymenoptera: Chalcidoidea I. Liao Dingxi *et al.*, 1987. 241 pp., 113 figs., 24 pls.

Fasc. 35 Coleoptera: Cerambycidae III. Chiang Shunan. Pu Fuji and Hua Lizhong, 1985. 189 pp., 2 figs., 13 pls.

Fasc. 36 Homoptera: Fulgoroidea. Chou Io *et al.*, 1985. 152 pp., 125 figs., 2 pls.

Fasc. 37 Diptera: Anthomyiidae. Fan Zide *et al.*, 1988. 396 pp., 1215 figs., 10 pls.

Fasc. 38 Diptera: Ceratopogonidae II. Lee Tiesheng, 1988. 127 pp., 107 figs.

Fasc. 39 Acari: Ixodidae. Teng Kuofan and Jiang Zaijie, 1991. 359 pp., 354 figs.

Fasc. 40 Acari: Dermanyssoideae, Teng Kuofan *et al.*, 1993. 391 pp., 318 figs.

Fasc. 41 Hymenoptera: Pteromalidae I. Huang Dawei, 1993. 196 pp., 252 figs.

Fasc. 42 Lepidoptera: Lymantriidae II. Chao Chungling, 1994. 165 pp., 103 figs., 10 pls.

Fasc. 43 Homoptera: Coccidea. Wang Tzeching, 1994. 302 pp., 107 figs.

Fasc. 44 Acari: Eriophyoidea I. Kuang Haiyuan, 1995. 198 pp., 163 figs., 7 pls.

Fasc. 45 Diptera: Tabanidae II. Wang Zunming, 1994. 196 pp., 182 figs., 8 pls.

Fasc. 46 Coleoptera: Cetoniidae, Trichiidae, Valgidae. Ma Wenzhen, 1995. 210 pp., 171 figs., 5 pls.

Fasc. 47 Hymenoptera: Formicidae I. Tang Jub, 1995. 134 pp., 135 figs.

Fasc. 48 Ephemeroptera. You Dashou *et al.*, 1995. 152 pp., 154 figs.

Fasc. 49 Trichoptera I: Hydroptilidae, Stenopsychidae, Hydropsychidae, Leptoceridae. Tian Lixin *et al.*, 1996. 195 pp., 271 figs., 2 pls.

Fasc. 50 Hemiptera II: Zhang Shimei *et al.*, 1995. 169 pp., 46 figs., 24 pls.

Fasc. 51 Hymenoptera: Ichneumonidae. He Junhua, Chen Xuexin and Ma Yun, 1996. 697 pp., 434 figs.

Fasc. 52 Hymenoptera: Sphecidae. Wu Yanru and Zhou Qin, 1996. 197 pp., 167 figs., 14 pls.

Fasc. 53 Acari: Phytoseiidae. Wu Weinan *et al.*, 1997. 223 pp., 169 figs., 3 pls.

Fasc. 54 Coleoptera: Chrysomeloidea II. Yu Peiyu *et al.*, 1996. 324 pp., 203 figs., 12 pls.

Fasc. 55 Thysanoptera. Han Yunfa, 1997. 513 pp., 220 figs., 4 pls.

(Q-4516.01)

ISBN 978-7-03-063853-3

定价：**368.00** 元